# TRAVAUX GRAPHIQUES

# BIBLIOTHÈQUE

DU

# CONDUCTEUR DE TRAVAUX PUBLICS

---

## VOLUMES PARUS

| Volume | Prix |
|---|---|
| Mathématiques (2e édit.) | 12 » |
| Mécanique, Hydraulique, Thermodynamique (2e édit.) | 15 » |
| Chimie et Physique appliquées | 12 » |
| Résistance des matériaux, I | 15 » |
| — — II | 15 » |
| — — III | 12 » |
| Topographie — Instruments | 12 » |
| Topographie — Méthodes | 15 » |
| Travaux graphiques | 12 » |
| Maçonneries | 10 » |
| Bois et Métaux | 8 » |
| Tracé et Terrassements | 15 » |
| Fouilles et Fondations | 12 » |
| Droit civil | 8 » |
| Droit administratif général | 9 » |
| Droit commercial et industriel | 10 » |
| Procédure civile et Droit pénal | 8 » |
| Exécution des travaux publics | 12 » |
| Organisation des services de travaux publics | 8 » |
| Comptabilité des travaux publics et tenue des bureaux | 12 » |
| Comptabilité départementale, vicinale, communale et commerciale | 12 » |
| Rôle social et économique des voies de communication | 10 » |
| Rapports de service | 12 » |
| Hygiène | 7 50 |
| Routes et Chemins vicinaux | 12 » |
| Voie publique | 12 » |
| Distribution des eaux | 15 » |
| Égouts, Assainissement | 18 » |
| Plantations, Jardins, Promenades | 11 » |
| Éclairage (2e édit.) | 15 » |
| Ports maritimes, I | 15 » |
| — — II | 15 » |
| Exploitation des Ports maritimes | 15 » |
| Ponts et Ouvrages en maçonnerie | 15 » |
| Zoologie appliquée, Pisciculture, Ostréiculture | 12 » |
| Législation des eaux | 15 » |
| Construction et Voie | 12 50 |
| Locomotives et Matériel roulant | 12 » |
| Exploitation technique des chemins de fer et tramways | 16 » |
| Exploitation commerciale des chemins de fer | 16 » |
| Tramways et Automobiles (2e édit.) | 15 » |
| Législation des chemins de fer et tramways | 10 » |
| Contrôle des chemins de fer et tramways | 12 » |
| Géologie et Minéralogie appliquées | 12 » |
| Exploitation des mines (2e édit.) | 9 » |
| Chaudières à vapeur | 12 » |
| Machines à vapeur | 15 » |
| Machines hydrauliques | 10 » |
| Législation et Contrôle des mines | 12 » |
| Législation et Contrôle des appareils à vapeur | 8 » |
| Législation du bâtiment | 15 » |
| Architecture | 15 » |
| Charpente et Couverture | 10 » |
| Menuiserie, Serrurerie, Plomberie, Peinture, Vitrerie | 10 » |
| Fumisterie, Chauffage et Ventilation | 10 » |
| Devis et Évaluations | 15 » |
| Agriculture | 9 » |
| Hydraulique agricole, I | 12 » |
| — II | 15 » |
| — III | 15 » |
| Génie rural | 10 » |
| Électricité — Théorie | 12 » |
| Électricité — Applications | 12 » |
| Photographie, Reproduction des dessins | 9 » |
| Génie | 12 » |
| Sciences et Arts militaires | 12 » |

BIBLIOTHÈQUE DU CONDUCTEUR DE TRAVAUX PUBLICS

# TRAVAUX GRAPHIQUES



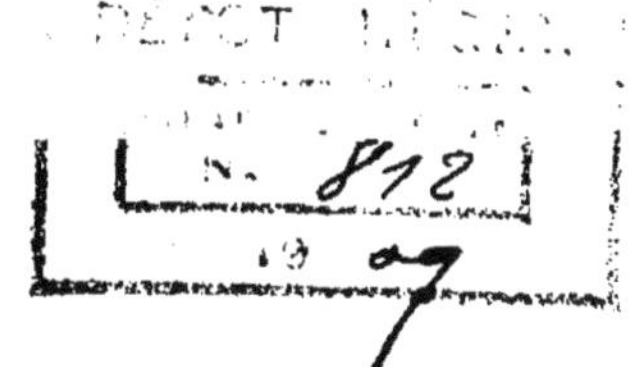

PAR

ÉMILE JAULIN

SOUS-INGÉNIEUR DES PONTS ET CHAUSSÉES

PARIS

H. DUNOD ET E. PINAT, ÉDITEURS

49, Quai des Grands-Augustins, 49

1909

**BIBLIOTHÈQUE DU CONDUCTEUR DE TRAVAUX PUBLICS**

PUBLIÉE SOUS LES AUSPICES

**DE MM. LES MINISTRES DES TRAVAUX PUBLICS DES POSTES ET TÉLÉGRAPHES DE L'AGRICULTURE, DU COMMERCE ET DE L'INDUSTRIE DE L'INSTRUCTION PUBLIQUE, DE LA JUSTICE DE L'INTÉRIEUR, DE LA GUERRE, DES COLONIES**

---

## Comité de patronage

---

**BARTHOU** Ministre des Travaux publics, des Postes et Télégraphes et ancien Ministre de l'Intérieur.

**BECHMANN** Directeur de la Société du Chemin de fer souterrain N. S.

**BERTEAUX** Ancien Ministre de la Guerre, Membre de la Chambre des députés.

**BOREUX** Directeur de la voie publique et de l'éclairage de la ville de Paris.

**BOSRAMIER** Ingénieur aux. des Ponts et Chaussées en retraite.

**BOURRAT** Membre de la Chambre des députés.

**BOUVARD** Directeur administratif des services d'architecture, des promenades et plantations de la ville de Paris.

**CLAVEILLE** Directeur du Personnel et de la Comptabilité au Ministère des Travaux publics.

**COLMET-DAAGE** Ingénieur en chef des eaux, assainissement et dérivations de Paris.

**COLSON** Conseiller d'Etat, Professeur à l'Ecole des Ponts et Chaussées.

**COMTE (J.)** Ancien directeur des Bâtiments civils et des Palais nationaux.

**DELECROIX** Docteur en droit, Directeur de la *Revue de la Législation des Mines.*

Le **Directeur** de l'Ecole nationale des Ponts et Chaussées.

Le **Directeur** de l'Ecole nationale supérieure des Mines.

Le **Directeur** du Conservatoire national des Arts et Métiers.

Le **Directeur** du personnel et de l'enseignement technique au Ministère du Commerce et de l'Industrie.

**DONIOL** Inspecteur général des Ponts et Chaussées en retraite.

**BOUSQUET (du)** Ingénieur en chef du matériel et de la traction à la C<sup>ie</sup> des Chemins de fer du Nord.

**EYROLLES** — Directeur de l'Ecole spéciale de Travaux publics.
**FLAMANT** — Inspecteur général des Ponts et Chaussées.
Dr **GAUTHIER** (de l'Aude) — Ancien Ministre des Travaux publics.
**GERVAIS** — Membre de la Chambre des députés.
**GRILLOT** — Président honoraire de l'Association des personnels de travaux publics.
**GUILLAIN** — Ancien Ministre des Colonies, Membre de la Chambre des députés.
**HATON DE LA GOUPILLIÈRE** — Membre de l'Institut, Inspecteur général des Mines en retraite.
**HENRY (E.)** — Inspecteur général des Ponts et Chaussées, Vice-Président du Conseil de la vicinalité au Ministère de l'Intérieur.
Me **LE BERQUIER** — Avocat à la Cour d'Appel de Paris.
**LOUIS MARTIN** — Avocat, Professeur libre de droit, Membre de la Chambre des députés.
**MAGNIN** — Ancien Ministre de l'Agriculture, du Commerce et des Finances, Sénateur inamovible.
**MARTINIE** — Contrôleur général de l'Administration de l'Armée.
**PHILIPPE** — Directeur honoraire de l'Hydraulique agricole au Ministère de l'Agriculture.
**PILLET** — Professeur au Conservatoire des Arts et Métiers.
**PIOT** — Sénateur, ancien Entrepreneur de Travaux publics.
**PONTICH** (de) — Directeur des Travaux de Paris.
Le **Président** de l'Association philotechnique.
Le **Président** de l'Association polytechnique.
Le **Président** de la Société des Anciens Elèves des Ecoles d'Arts et Métiers.
Le **Président** de l'Association des personnels de travaux publics.
Le **Président** de la Société des Ingénieurs civils de France.
Le **Président** de la Société des Ingénieurs coloniaux.
Le **Président** de la Société de Topographie de France.
Le **Président** de la Société de Topographie parcellaire de France.
**QUENNEC** — Directeur de l'Octroi de Paris.
**RÉSAL** — Professeur à l'Ecole des Ponts et Chaussées.
**ROUCHÉ** — Professeur au Conservatoire des Arts et Métiers.
**TISSERAND** — Conseiller-maître à la Cour des Comptes.

---

## BIBLIOTHÈQUE DU CONDUCTEUR DE TRAVAUX PUBLICS

---

**Pierre JOLIBOIS,** FONDATEUR
Ancien Directeur et Président du Comité de Rédaction, ancien Conseiller municipal de Paris, ancien Conseiller général de la Seine
ancien Président de l'Association des personnels de travaux publics

---

# Comité de rédaction

---

### Bureau :

PRÉSIDENT :

**BONNAL** — Ingénieur civil, Directeur de la Compagnie des Tramways à vapeur du département de l'Aude, Professeur à l'Association philotechnique.

VICE-PRÉSIDENTS :

**DACREMONT** — Ingénieur des Ponts et Chaussées (Navigation de la Seine).

**FALCOU** — Chef du Secrétariat des services d'architecture, des promenades et plantations.

**LANAVE** — Ingénieur à la Société du Chemin de fer souterrain N. S., Rédacteur en chef de *la Tribune des Travaux publics.*

**VIDAL** — Inspecteur particulier de l'exploitation commerciale des Chemins de fer de P.-L.-M.

SECRÉTAIRES :

**BONDU** — Commissaire de surveillance administrative des Chemins de fer (P.-L.-M.).

**DIÉBOLD** — Sous-Inspecteur de l'Assainissement de Paris.

**DUFOUR (Ph.)** — Commis principal des Ponts et Chaussées (Contrôle P.-L.-M.), Lauréat de l'Académie française.

**LEMARCHAND** — Conseiller municipal de Paris, conseiller général de la Seine.

---

## Membres du Comité :

| | |
|---|---|
| **ARANA** | Membre du Comité consultatif de la Navigation et des Ports. |
| **AUCAMUS** | Ingénieur des Arts et Manufactures, sous-ingénieur aux chemins de fer du Nord. |
| **CANAL** | Contrôleur des comptes des Chemins de fer (Orléans). |
| **CHABAGNY** | Ingénieur municipal (contrôle et revision). |
| **COLAS** | Ingénieur aux Chemins de fer de l'Etat. |
| **DARIÈS** | Ingénieur de la Ville de Paris, Licencié ès Sciences, Professeur à l'Association philotechnique et à l'Ecole spéciale de Travaux publics. |
| **DECRESSAIN** | Sous-ingénieur des Mines (Service des appareils à vapeur), Professeur à l'Ecole d'Horlogerie. |
| **DEJUST** | Ingénieur de la Ville de Paris, Professeur à l'Ecole centrale des Arts et Manufactures. |
| **GRIMAUD** | Ingénieur chef du service des Travaux publics de la Martinique. |
| **HALLOUIN** | Inspecteur principal de l'Exploitation commerciale des Chemins de fer de l'Etat. |
| **LÉVY-SALVADOR** | Ingénieur du Service technique de l'Hydraulique agricole au Ministère de l'Agriculture. |
| **MALETTE (G.)** | Sous-ingénieur des Ponts et Chaussées, Agent voyer cantonal (Service ordinaire et vicinal de la Seine). |
| **MUNSCH** | Rédacteur principal à la Préfecture de la Seine. |
| **PRADÈS** | Sous-chef de bureau au Ministère de l'Agriculture, Membre du Conseil d'administration de l'Association philotechnique. |
| **PRÉVOT** | Conducteur faisant fonctions d'Ingénieur des Ponts et Chaussées (Service du nivellement général de la France). |
| **REBOUL** | Sous-ingénieur des Mines (Service des appareils à vapeur). |
| **ROUSSEAU (Ph.)** | Secrétaire général de la Société française des Ingénieurs coloniaux. |
| **ROUX** | Ingénieur des Ponts et Chaussées (Service ordinaire et vicinal). |
| **SAINT-PAUL** | Conducteur principal du service municipal des Eaux. |
| **SIMONET** | Ingénieur à la Société du Chemin de fer souterrain N. S. |

# TRAVAUX GRAPHIQUES

## CHAPITRE I

### GÉOMÉTRIE DESCRIPTIVE

1. Soit un solide quelconque A, par exemple un parallélipipède rectangle, placé devant deux plans rectangulaires

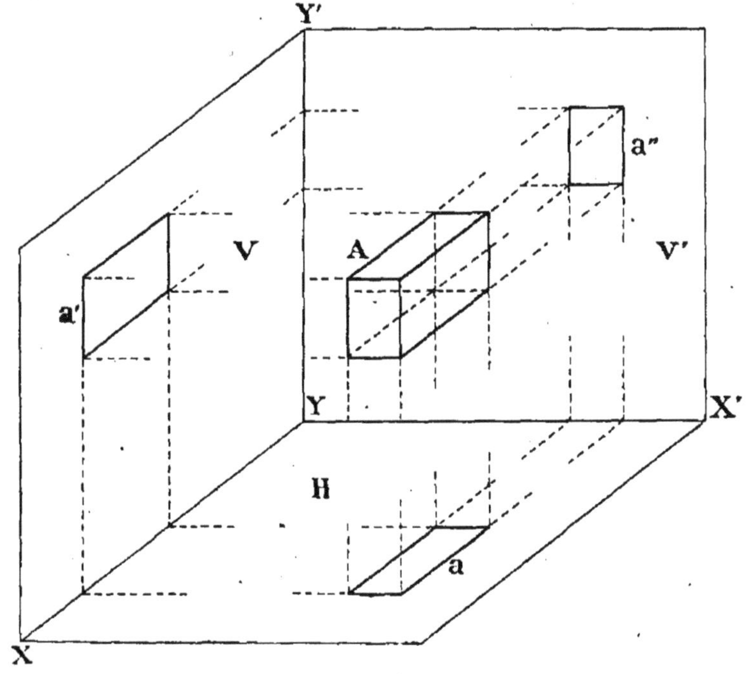


FIG. 1.

de projection, H horizontal et V vertical. Si des divers points de ce solide on abaisse des perpendiculaires sur les plans H et V, on obtient deux figures *a* et *a'* qui sont respectivement la projection horizontale et la projection verticale du solide.

Dans les dessins, on projette également le solide en *a"* sur un deuxième plan vertical V', perpendiculaire aux deux premiers.

Si l'on fait tourner ensuite le plan V' autour de la verticale YY', jusqu'à ce qu'il se trouve dans le plan V et que l'on

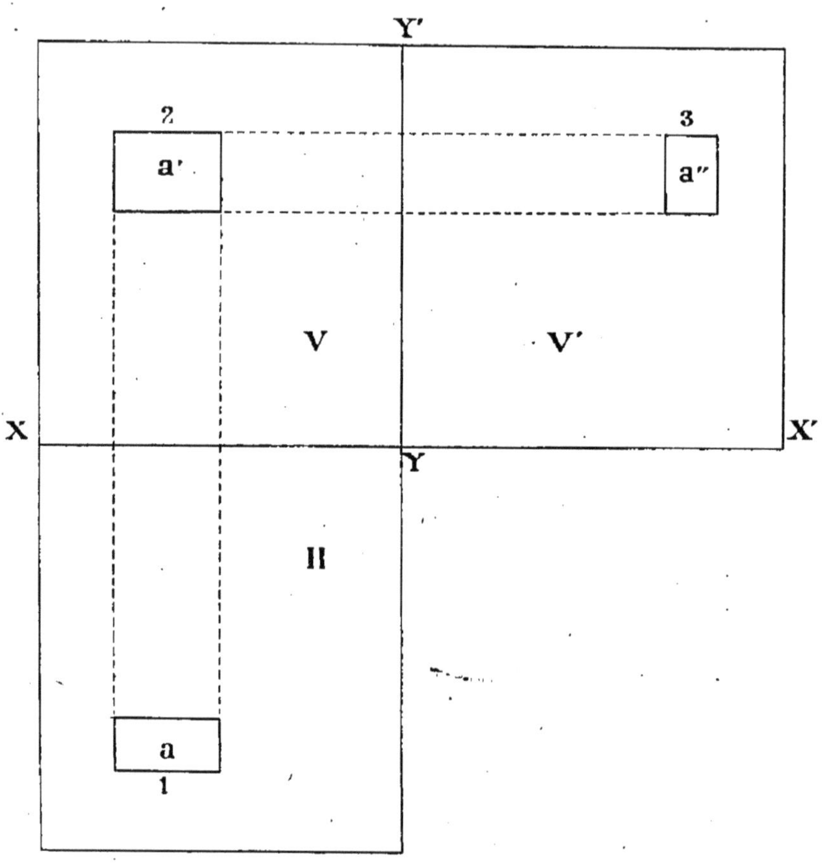


Fig. 2.

fasse tourner le tout autour de la *ligne de terre* XY pour le rabattre sur le plan H, on obtiendra le *géométral* (*fig.* 2), comportant les trois projections essentielles du solide qui suffisent à le définir complètement en forme et en dimensions, savoir :

1° Le *plan* ou projection horizontale H;
2° L'*élévation* ou projection verticale V;
3° La *vue de côté* ou projection verticale de profil V'.

On a supposé des plans rectangulaires, ce qui est le cas le plus général de la pratique; mais il arrive parfois que, dans l'établissement des épures, on utilise des plans faisant entre eux des angles quelconques.

Le but de la géométrie descriptive est de déterminer les projections d'un objet; elle comporte successivement les constructions nécessaires pour la représentation du *point*, de la *ligne droite* et du *plan*. Nous passerons rapidement en revue les principes généraux de cette science.

**2. Point.** — Les projections $a$ et $a'$ d'un point A de l'espace

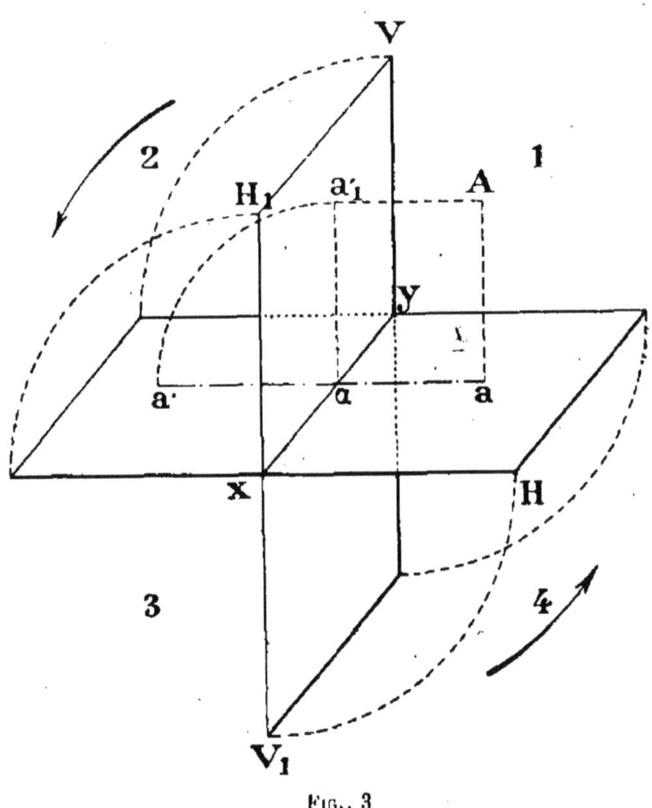


Fig.. 3

s'obtiennent en abaissant de ce point les perpendiculaires, A$a$ et A$a'_1$ sur les plans de projection (*fig.* 3).

Puis, en rabattant le plan vertical autour de la ligne de terre $xy$ sur le plan horizontal, on remarque que le point $a$ ne bouge pas, mais que le point $a'_1$ vient en $a'$ sur la perpendiculaire $a\alpha$ menée de $a$ sur la ligne de terre; il est situé à une distance $\alpha a' = \alpha a'_1$.

Dans ces conditions, pour obtenir l'épure du point il suffit de porter sur une verticale, à partir d'un point $\alpha$ sur la ligne de terre, les longueurs $\alpha a'$ et $\alpha a$. Dans cette épure (*fig.* 4), la longueur $\alpha a'$ représente la distance du point A de l'espace au plan vertical, et $\alpha a$ celle du point au plan horizontal.

Il est d'usage à peu près général, en géométrie descriptive, de représenter les projections par les minuscules correspondantes aux majuscules employées pour les points de l'espace, la projection verticale se distinguant par l'addition de l'accent, qui se prononce *prime*.

Les plans de projection forment *quatre angles dièdres* qui sont numérotés 1 à 4 dans le sens inverse à celui de la marche des aiguilles d'une montre :

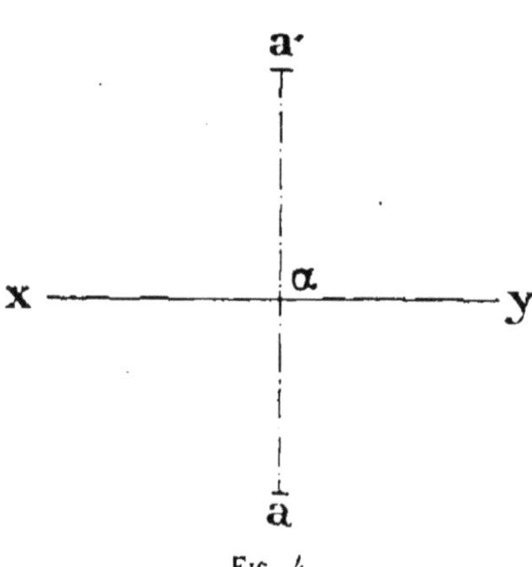

Fig. 4.

Le premier dièdre est dit antérieur supérieur;

Le deuxième, postérieur supérieur;

Le troisième, postérieur inférieur;

Le quatrième, antérieur inférieur.

On suppose généralement que l'objet est situé dans le premier dièdre. Toutefois on peut avoir à déterminer les projections de divers points situés dans les autres dièdres, et il convient de donner les indications nécessaires à ce sujet.

Les projections d'un point dans les divers cas ci-dessus sont représentées sur la figure 5, et l'épure relative à chacun de ces cas est donnée figure 6. L'indice inférieur 1 à 4 donne le numéro du dièdre correspondant.

V
H
y
x
$A_2$
$a''_2$
$\alpha_4$
$a'_4$
$a_4$
$a_3$
$a''_1$
$A_1$
$a'_3$
$\alpha_3$
$\alpha_2$
$a_2$
$a'_2$
$a'_1$
$\alpha_1$
$a_1$
$a''_4$
$A_4$
$A_3$
$a''_3$

Fig. 5.

$a_2$
$a'_2$
$a_3$
$a'_1$
x
$\alpha_1$
$\alpha_2$
$\alpha_3$
$\alpha_4$
y
$a_1$
$a'_3$
$a'_4$
$a_4$

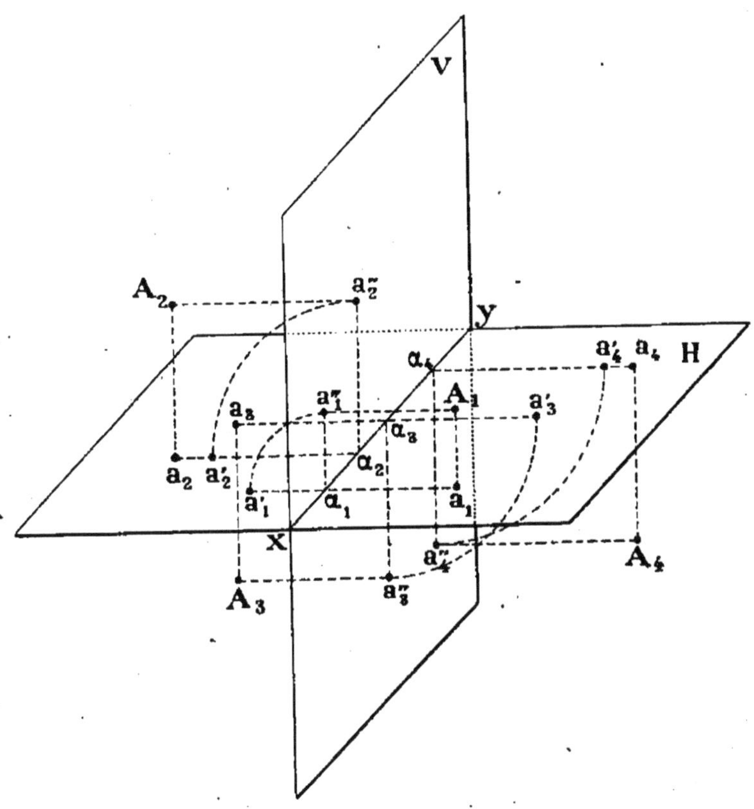

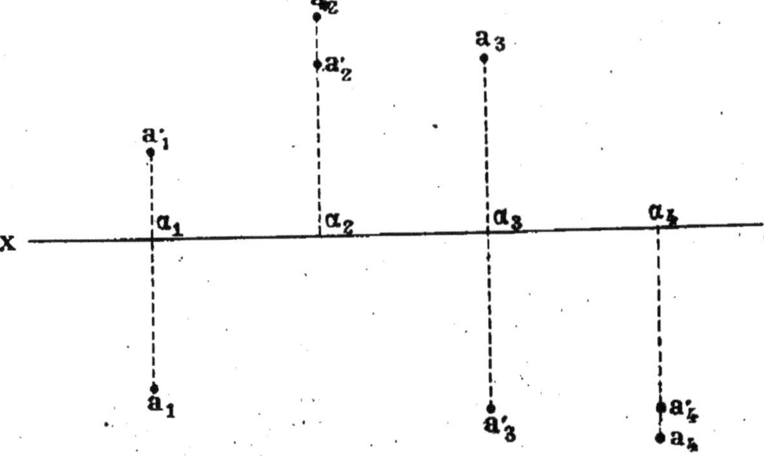

Fig. 6.

## LIGNE DROITE

La ligne droite étant définie par deux points, sa projection est la droite qui réunit les projections des deux points.

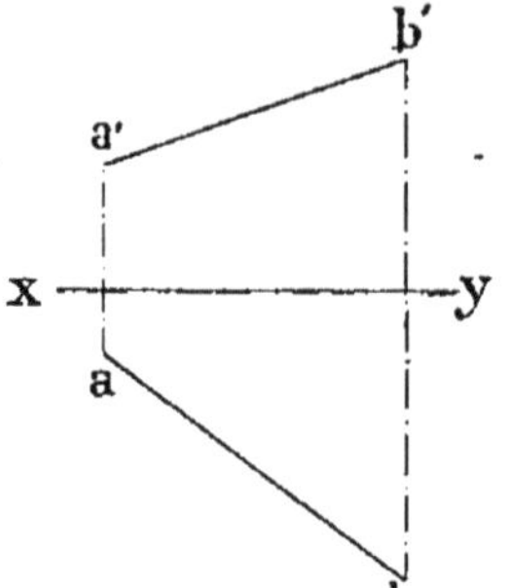

Fig. 7.

Les projections d'une droite sur les plans V et H se composent donc de deux droites. Elles sont obtenues sur l'épure en joignant les projections de même nom de deux points de la droite (*fig.* 7).

Lorsqu'une droite est perpendiculaire au plan de projection, sa projection sur ce plan est un point, intersection de la droite et du plan.

Cas particuliers. — **Les projections des deux points sont sur une même ligne de rappel.** — I. Les deux projections de la droite sont perpendiculaires à la ligne de terre [*fig.* 8 (1)], et alors la droite de l'espace est une *droite de profil*, c'est-à-dire une droite située dans un plan perpendiculaire aux deux plans de projection.

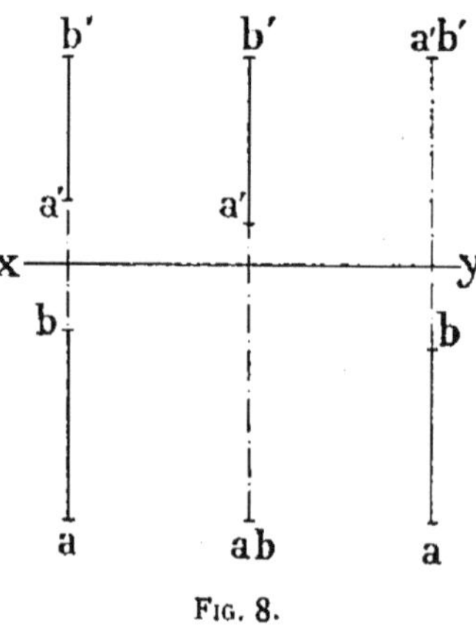

Fig. 8.

II. La projection verticale de la droite est perpendiculaire à la ligne de terre, et la projection horizontale est un point [*fig.* 8 (2)].

Dans ce cas, la droite de l'espace est une *verticale*.

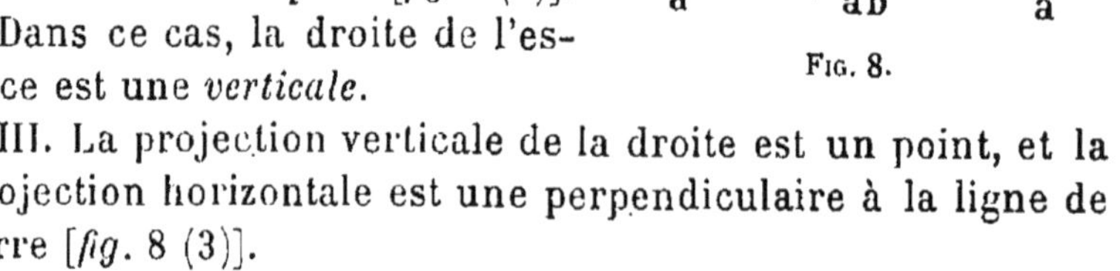

III. La projection verticale de la droite est un point, et la projection horizontale est une perpendiculaire à la ligne de terre [*fig.* 8 (3)].

La droite de l'espace est une droite *de bout*, c'est-à-dire une horizontale située dans un plan perpendiculaire aux deux plans de projection.

**Épure d'une droite dans différentes positions.** — L'*horizontale* est une droite parallèle au plan horizontal.

La projection verticale $a'b'$ est alors parallèle à la ligne de

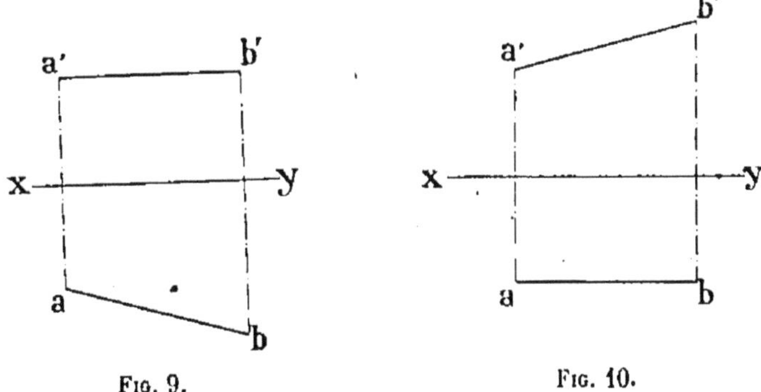


Fig. 9. Fig. 10.

terre et sa projection horizontale $ab$ est quelconque (*fig.* 9).

La *ligne de front* est une droite parallèle au plan vertical; sa projection verticale $a'b'$ est quelconque, mais sa projection horizontale $ab$ est parallèle à la ligne de terre $xy$ (*fig.* 10).

Une horizontale parallèle à la ligne de terre a ses deux projections parallèles à cette ligne (*fig.* 11).

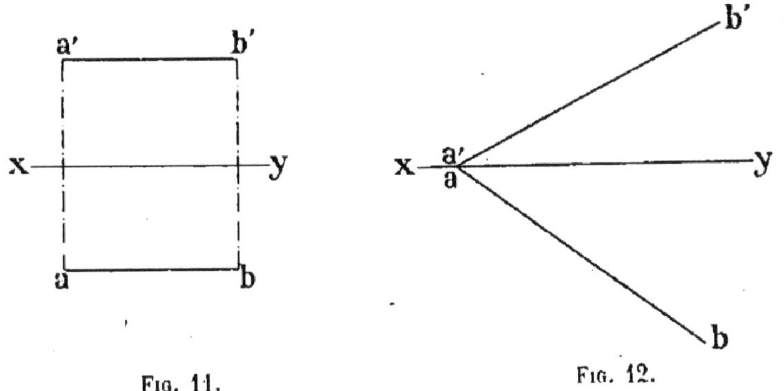


Fig. 11. Fig. 12.

Enfin, lorsqu'une droite rencontre la ligne de terre, ses deux projections se coupent sur cette ligne (*fig.* 12).

**Traces d'une droite.** — Les traces d'une droite sont les points où cette droite rencontre les plans de projection.

La droite parallèle à la ligne de terre est la seule qui n'ait pas de traces.

PROBLÈME. — *Étant données les projections d'une droite, trouver ses traces* (*fig.* 13).

La trace horizontale H s'obtient en prolongeant la projection verticale $a'b'$ jusqu'à la ligne de terre en $h'$ et en élevant de ce point une perpendiculaire à $xy$, elle rencontre la projection horizontale $ab$ au point H, qui est la trace cherchée.

La trace verticale V' s'obtient d'une manière analogue, en prolongeant la projection horizontale $ab$ jusqu'à $xy$ en $v$.

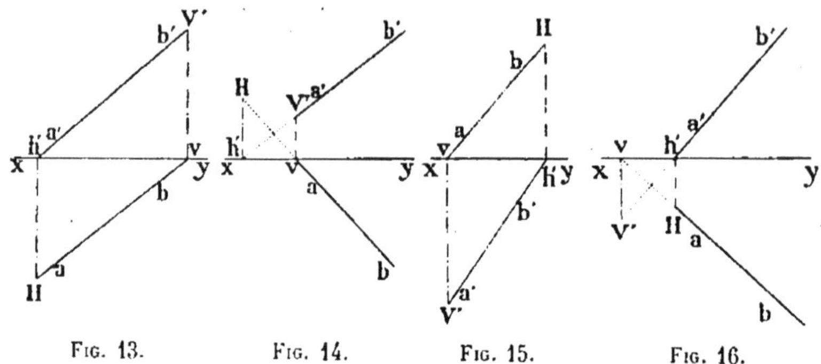

FIG. 13. FIG. 14. FIG. 15. FIG. 16.

La perpendiculaire, élevée de ce point sur $xy$, rencontre la projection verticale en V' qui est la trace cherchée.

Les figures 14, 15 et 16 indiquent les dispositions de l'épure, suivant que la droite de l'espace est située dans le deuxième, le troisième ou le quatrième dièdre.

**Méthodes générales pour la construction des épures.** — Avant de passer aux divers problèmes de la géométrie descriptive, il convient de parler sommairement des méthodes employées pour la construction des épures. Ce sont :

1° Les rabattements ;

2° Les rotations ;

3° Les changements de plans de projection.

1° *Méthode des rabattements.* — Cette méthode consiste à faire tourner le plan, contenant la figure à étudier, autour d'une de ses traces, qui sont les intersections du plan avec les plans de projection, et le rabattre sur l'un de ces plans de projection. On effectue alors sur cette figure rabattue les constructions nécessaires et on relève ensuite les projections obtenues dans la position primitive.

2° *Méthode des rotations.* — Dans cette méthode, qui donne les mêmes résultats que la précédente, on fait tourner le plan contenant la figure d'un certain angle autour d'un axe, pour le rendre parallèle à l'un des plans de projection ou dans toute autre position convenable.

On construit alors l'épure dans cette nouvelle position et on ramène les résultats dans la position primitive par une rotation inverse.

3° *Méthode du changement des plans de projection.* — La résolution d'un problème se simplifie parfois lorsque la figure occupe une position particulière par rapport aux plans de projection; on est donc conduit dans ce cas à adopter de nouveaux plans de projection.

On résout le problème dans ces plans et il suffit ensuite de faire les projections dans les plans primitifs.

## PROBLÈMES DIVERS SUR LES DROITES

I. *Trouver les traces d'une droite située dans un plan de profil* (*fig.* 17). — Le plan est donné par ses traces $\alpha P'$ et $\alpha P$ qui sont, dans le cas présent, perpendiculaires à la ligne de terre $xy$ et les projections de la droite sont $a'b'$ et $ab$.

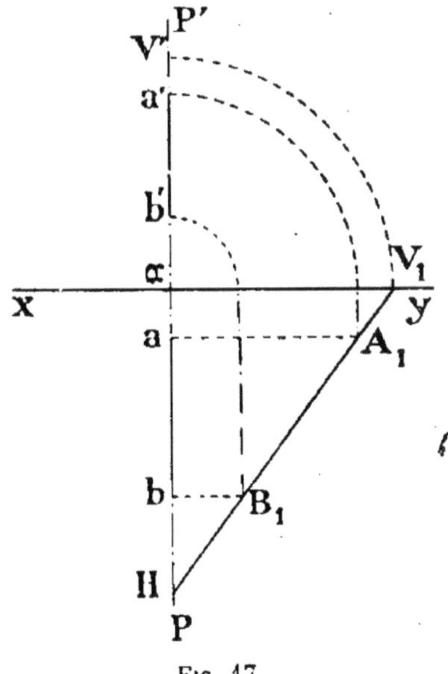

Fig. 17.

En rabattant sur le plan horizontal le plan de profil autour de sa trace horizontale $\alpha P$, la droite suivra le mouvement, et les points A et B de l'espace viendront en $A_1$ et $B_1$, tels que $aA_1 = \alpha a'$ et $bB_1 = \alpha b'$.

La droite de l'espace sera donc rabattue en $A_1B_1$, sa trace horizontale sera forcément le point de rencontre H avec la trace horizontale du plan et le point de rencontre $V_1$, de $A_1B_1$ avec la ligne de terre, sera le rabattement de la trace verticale.

Il suffit, pour obtenir cette dernière en position, de relever le plan de profil et, dans ce mouvement, H ne change pas, mais $V_1$ vient en V′ sur la trace verticale du plan tel que $\alpha V' = \alpha V_1$.

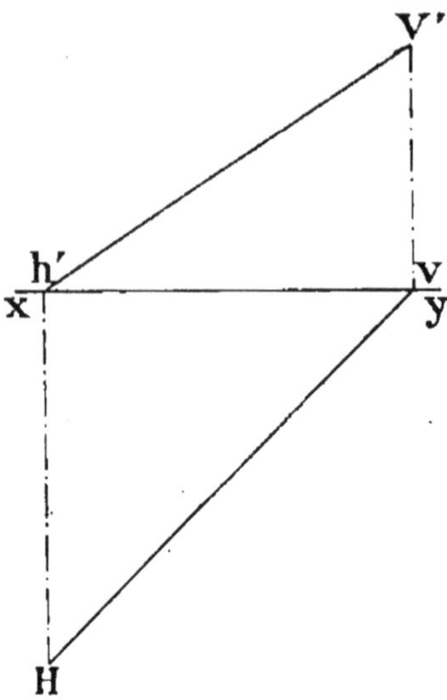

Fig. 18.

Le point V′ est alors la trace verticale de la droite.

II. *Étant données les traces d'une droite, construire ses projections* (*fig.* 18).

Si V′ et H sont les traces de la droite, le point V′ se projette horizontalement en *v* sur la ligne de terre, et le point H se projette verticalement en *h*′ également sur la ligne de terre.

La projection horizontale de la droite est alors H*v* et sa projection verticale *h*′V′.

III. *Étant données les projections de deux points, trouver leur distance réelle, c'est-à-dire la vraie grandeur de la droite qui les joint.*

1° *Par les rabattements* (*fig.* 19). — Si *ab* et *a*′*b*′ sont les projections de la droite qui joint les points donnés, il suffira, pour obtenir la distance entre les points A et B de l'espace, de rabattre, sur le plan horizontal, le plan qui projette horizontalement la droite autour de sa trace qui est, dans ce cas, la projection horizontale *ab*.

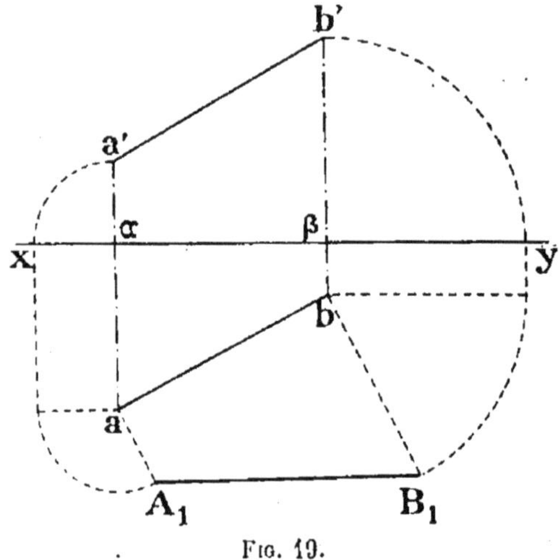

Fig. 19.

A cet effet, on mènera par les points $a$ et $b$ des perpendiculaires à $ab$ et on fera la construction indiquée par l'épure, qui se résume à porter $bB_1 = \beta b'$ et $aA_1 = \alpha a'$.

La droite $A_1B_1$ donnera la vraie grandeur de la distance entre les deux points de l'espace A et B.

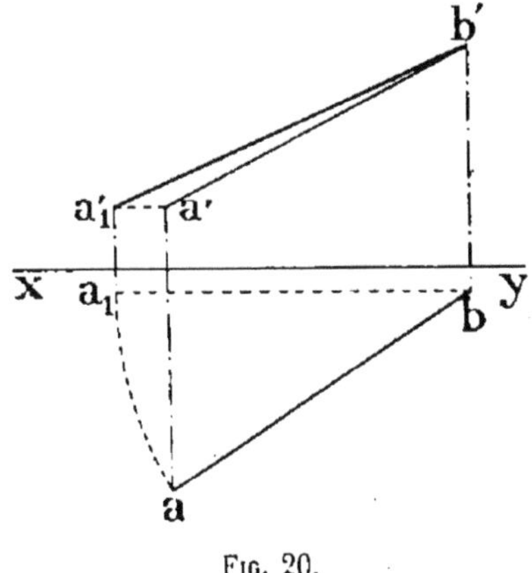

FIG. 20.

2° *Par une rotation* (*fig.* 20). — Il suffit de faire tourner le plan projetant horizontalement la droite autour de la charnière $Bb$, le point B étant celui de l'espace, de manière à l'amener parallèlement au plan vertical.

Dans ce mouvement, la projection horizontale $ba$ vient en $ba_1$ parallèle à la ligne de terre, la projection $b'$ ne change pas, mais le point $a'$ se meut sur une parallèle à la ligne de terre, et sa nouvelle position se trouvera sur la ligne de projection de $a_1$, c'est-à-dire en $a'_1$. La projection de la droite en vraie grandeur est alors $b'a'_1$.

IV. *Étant données les projections d'une droite, trouver les angles qu'elle fait avec les plans de projection.*

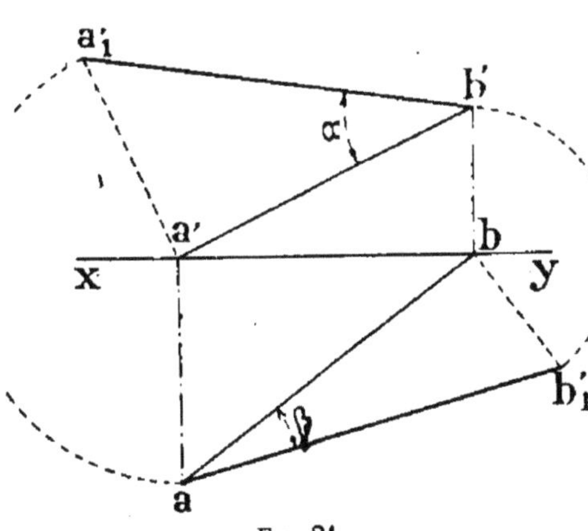

FIG. 21.

L'angle d'une droite et d'un plan est celui formé par la droite avec sa projection sur le plan.

1° *Par les rabattements* (*fig.* 21). — Si $ab$ et $a'b'$ sont les projections de la droite, $b'$ et $a$ étant les traces de cette droite, la projection horizontale $ab$ forme avec la droite de l'espace et la projetante $bb'$ un triangle rectangle qu'il suffit de rabattre sur le plan horizontal autour de $ab$, en portant sur une perpendiculaire à $ab$ la distance $bb'_1 = bb'$.

L'angle β en $a$ est alors celui formé par la droite avec le plan horizontal.

En opérant de la même manière avec la projection verticale $a'b'$, c'est-à-dire en portant sur une perpendiculaire à $a'b'$, $a'a'_1 = a'a$, on obtient la droite rabattue $a'_1b'$ qui détermine l'angle α en $b'$ formé par la droite avec le plan vertical.

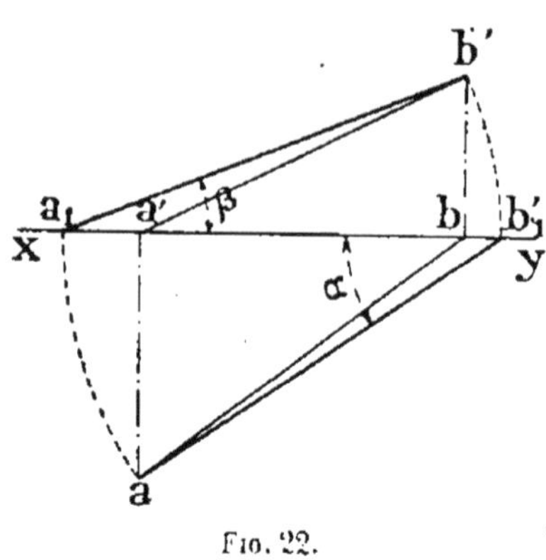

Fig. 22.

2° *Par rotation* (*fig.* 22). — On fait tourner successivement les triangles de l'espace autour des projetantes $bb'$ et $aa'$ des traces de la droite pour les amener dans le plan vertical et dans le plan horizontal.

Dans le plan vertical, $a$ vient en $a_1$, tel que $ba_1 = ba$, et l'angle β est celui formé par la droite et le plan horizontal.

Dans le plan horizontal, $b'$ vient en $b'_1$, tel que $a'b'_1 = a'b'$, et l'angle α est celui formé par la droite et le plan vertical.

## DU PLAN

Un plan peut être défini par deux droites concourantes, par deux droites parallèles, par une droite et un point, enfin par trois points.

On représente généralement un plan par deux droites concourantes qui sont ses intersections avec les plans de projection, ce sont les *traces* du plan.

Dans cette hypothèse, les traces se rencontrent toujours sur la ligne de terre.

La figure 23 donne l'épure d'un plan quelconque représenté par ses deux traces αP et αP', qui se rencontrent sur la ligne de terre au point α. Le plan sera désigné par P'αP.

*Les traces d'un plan sont les lieux géométriques des traces de même nom des droites situées dans le plan.*

En effet, la trace horizontale d'une droite du plan est située à la fois dans le plan horizontal et dans le plan considéré, elle appartient donc forcément à leur intersection qui est la trace horizontale du plan.

Il en est de même pour les traces verticales.

D'après cet énoncé, il est très facile de déterminer les projections d'une droite quelconque du plan.

Il suffit de prendre sur la trace verticale un point $a'$ et sur la trace horizontale un point $b$.

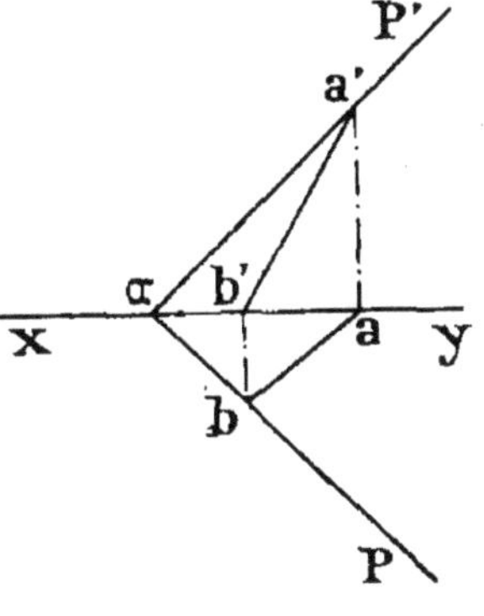

Fig. 23.

Ces deux points sont alors les traces de la droite que l'on projettera sur la ligne de terre en $a$ et $b'$. En joignant $b'a'$ et $ab$, on obtient les deux projections de la droite AB située dans le plan donné.

## ÉPURE D'UN PLAN DANS DIFFÉRENTES POSITIONS

**Plan perpendiculaire au plan horizontal.** — Trace verticale perpendiculaire à la ligne de terre et trace horizontale quelconque (*fig.* 24). P'αP est un plan *vertical.*

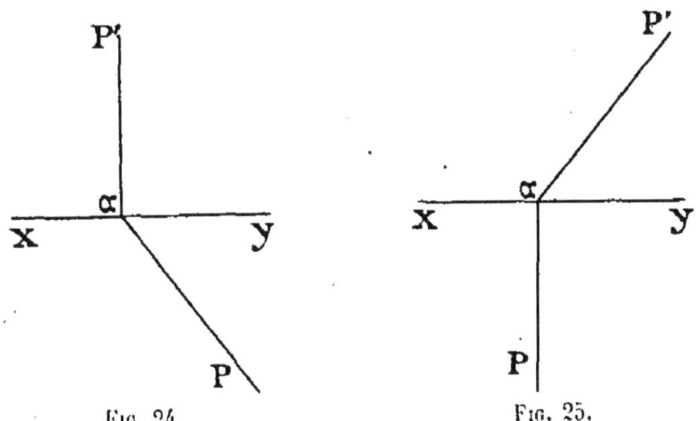

Fig. 24. Fig. 25.

**Plan perpendiculaire au plan vertical.** — Trace horizontale perpendiculaire à la ligne de terre et trace verticale quelconque (*fig.* 25). P'αP est un plan *de bout.*

**Plan perpendiculaire à la ligne de terre.** — Les deux traces sont perpendiculaires à la ligne de terre (*fig.* 26). P′αP est alors un plan de *profil.*

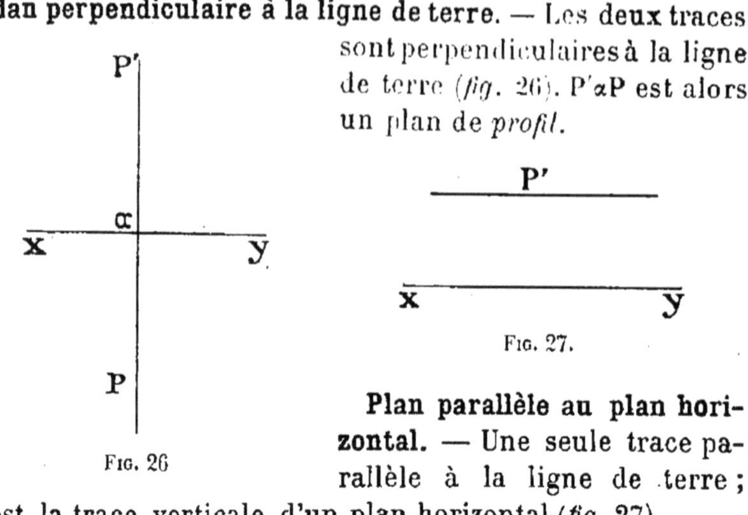


Fig. 26

Fig. 27.

**Plan parallèle au plan horizontal.** — Une seule trace parallèle à la ligne de terre ; P′ est la trace verticale d'un plan horizontal (*fig.* 27).

**Plan parallèle au plan vertical.** — Une seule trace parallèle à la ligne de terre ; cette trace est représentée en P (*fig.* 28).

Fig. 28.

Fig. 29.

**Plan parallèle à la ligne de terre sans l'être à l'un des plans de projection.** — Les deux traces P et P′ sont parallèles à la ligne de terre (*fig.* 29).

**Horizontale d'un plan** (*fig.* 30). — Toute droite menée dans un plan parallèlement au plan horizontal est une horizontale du plan, sa projection horizontale *ab* est parallèle à la trace horizontale du plan donné αP ; sa projection verticale *a′b′* est parallèle à la ligne de terre.

La trace verticale de l'horizontale est *a′* sur αP′, et il suffit alors, pour mener une horizontale quelconque du plan, de prendre un point *a′* sur la trace verticale, de mener par ce point une parallèle à la ligne de terre, de projeter $a'$ en $a$ et de mener par $a$ une parallèle $ab$ à $\alpha$P.

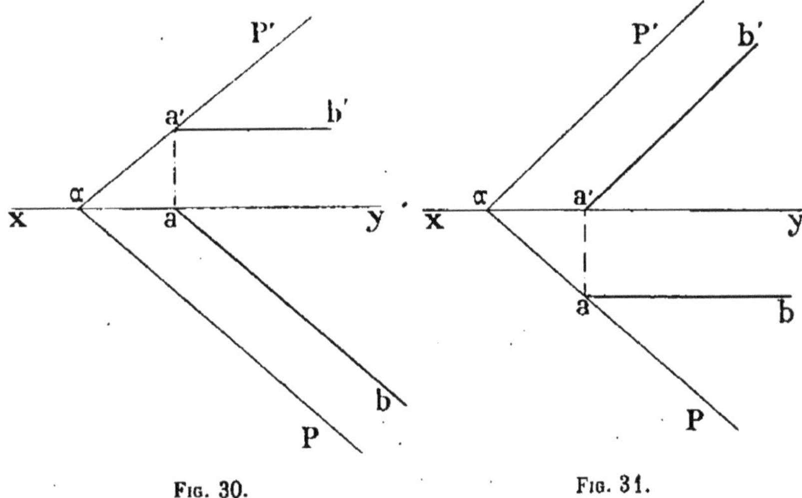


Fig. 30. Fig. 31.

**Frontale d'un plan** (*fig.* 31). — La même construction peut être faite par rapport au plan vertical. La projection horizontale $ab$ de la frontale ou ligne de front est parallèle à la ligne de terre, et sa projection verticale $a'b'$ parallèle à la trace verticale $\alpha$P' du plan.

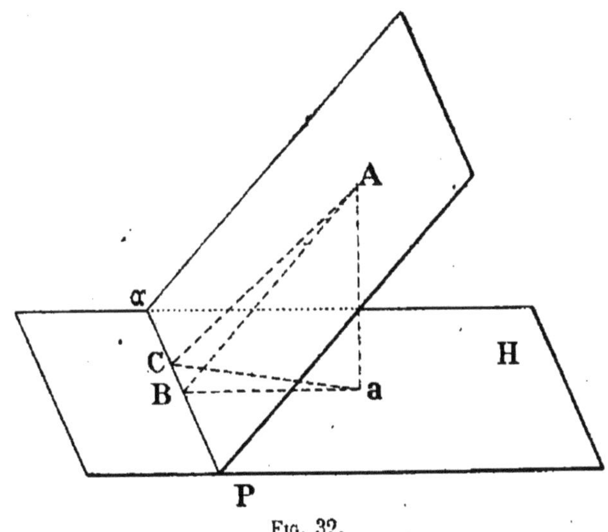


Fig. 32.

**Ligne de plus grande pente d'un plan** (*fig.* 32). — C'est la droite AB menée dans un plan perpendiculairement à la trace horizontale $\alpha$P. Cette droite est donc normale à la trace du plan. Elle jouit de la propriété de former, avec sa projection horizontale B*a*, un angle plus grand que celui formé par toute autre droite du plan telle que AC, avec sa projection horizontale *a*C.

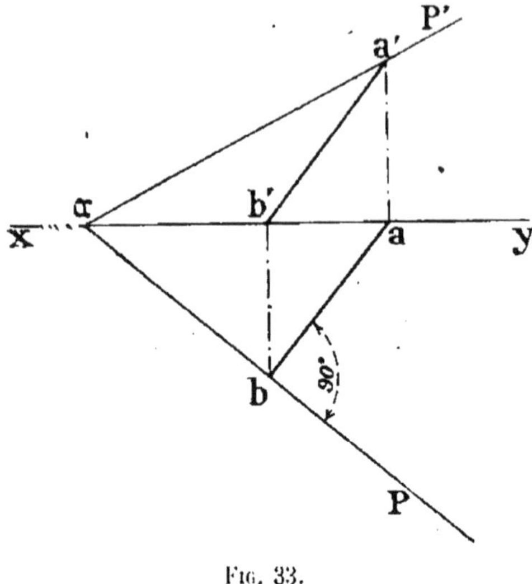


FIG. 33.

*Épure de la ligne de plus grande pente du plan* (*fig.* 33). — La projection horizontale de la ligne de plus grande pente est perpendiculaire à la trace horizontale du plan.

Il suffit donc de mener par un point quelconque *b* de la trace horizontale du plan une perpendiculaire *ab* à $\alpha$P pour obtenir la projection horizontale de la ligne de plus grande pente; la projection verticale est alors *b'a'*, la trace verticale *a'* se trouvant sur la trace verticale du plan.

**Plans parallèles** — Les traces de même nom de deux plans parallèles sont parallèles (*fig.* 34).

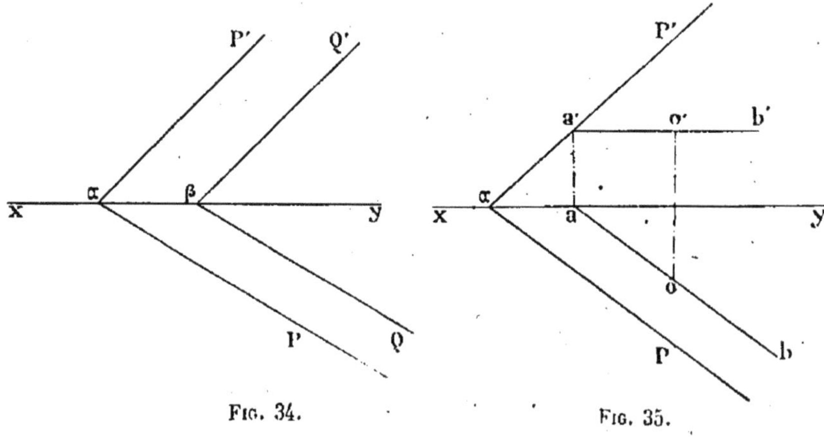


FIG. 34. FIG. 35.

*Étant données les traces d'un plan et l'une des projections d'un point de ce plan, trouver l'autre projection* (*fig.* 35).

Si P'αP sont les traces du plan donné et O la projection horizontale d'un point de ce plan, il suffit, pour déterminer la projection verticale du point, de mener une *horizontale* du plan passant par ce point.

La projection horizontale de l'*horizontale* est alors *ab*, sa projection verticale *a'b'* et la projection verticale du point est *o'* sur *a'b'*.

*Construire les traces d'un plan connaissant les projections de la ligne de plus grande pente de ce plan* (*fig.* 33).

Les projections de la ligne de plus grande pente sont *a'b'* et *ab*. La trace horizontale du plan est perpendiculaire à *ab* et passe par la trace horizontale *b* de la ligne de plus grande pente, soit alors αP perpendiculaire à *ab*.

La trace verticale du plan est la droite qui joint le point α à la trace verticale *a'* de la ligne de plus grande pente, soit αP'.

*Construire les traces d'un plan passant par deux droites qui se coupent* (*fig.* 36).

On détermine les traces des droites données et on joint entre elles celles de même nom.

Les lignes P'α et αP ainsi obtenues sont les traces du plan demandé.

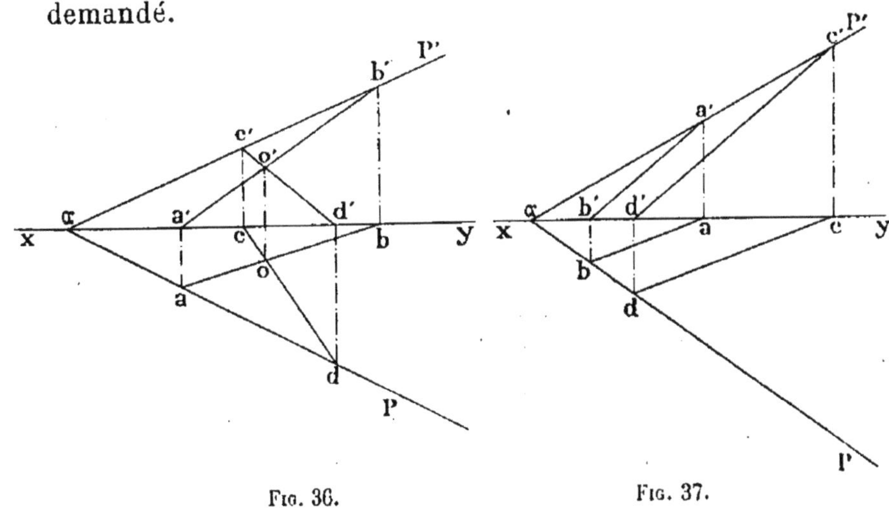


Fig. 36. Fig. 37.

Le point (*o'o*) intersection des deux droites est un point du plan.

Si les deux droites sont parallèles (*fig.* 37), le problème se résout de la même manière.

*Étant données les traces d'un plan, déterminer les angles que fait ce plan avec les plans de projection.*

1° *Angle avec le plan horizontal* (*fig.* 38). — On mène la ligne de plus grande pente du plan $ab$ et $a'b'$ et on rabat cette ligne sur le plan horizontal en portant sur la perpendiculaire élevée en $b$ à $ab$ la longueur $bb'_1 = bb'$.

La droite rabattue est alors $ab'_1$ et l'angle cherché est $bab'_1$.

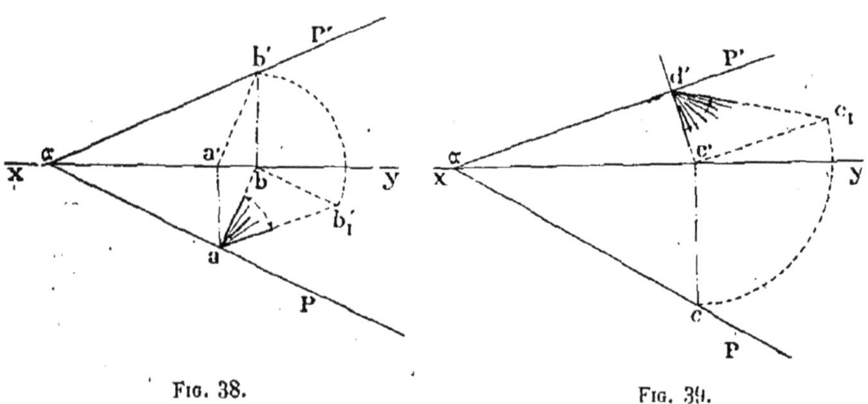


Fig. 38. Fig. 39.

2° *Angle avec le plan vertical* (*fig.* 39). — Une construction analogue indiquerait l'angle du plan donné avec le plan vertical qui est $c'd'c_1$.

INTERSECTION DE DEUX PLANS

*Étant données les traces de deux plans, déterminer les projections de leur intersection* (*fig.* 40). — Les traces verticales se coupent en $a'$ et les traces horizontales en $b$. Ces points étant tous deux dans l'un et l'autre des plans donnés appartiennent à l'intersection cherchée.

Il suffit de projeter les points $a'$ et $b$ sur la ligne de terre et de tirer les droites $a'b'$ et $ab$ qui sont les projections de l'intersection.

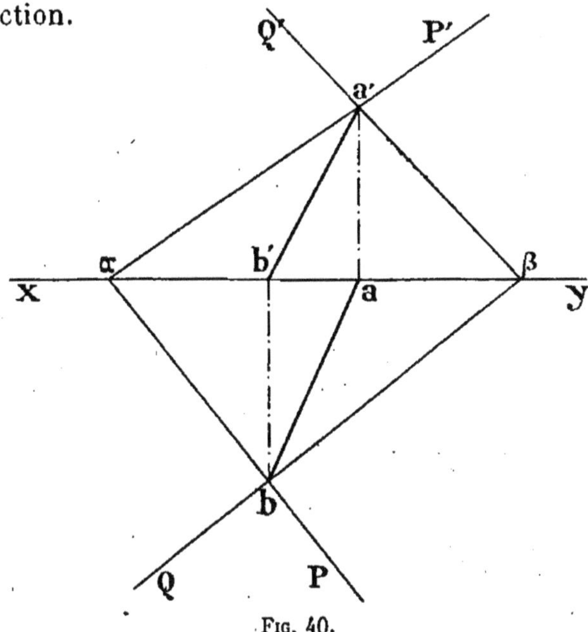


Fig. 40.

Cas particuliers. — 1° *Les traces horizontales des deux plans*

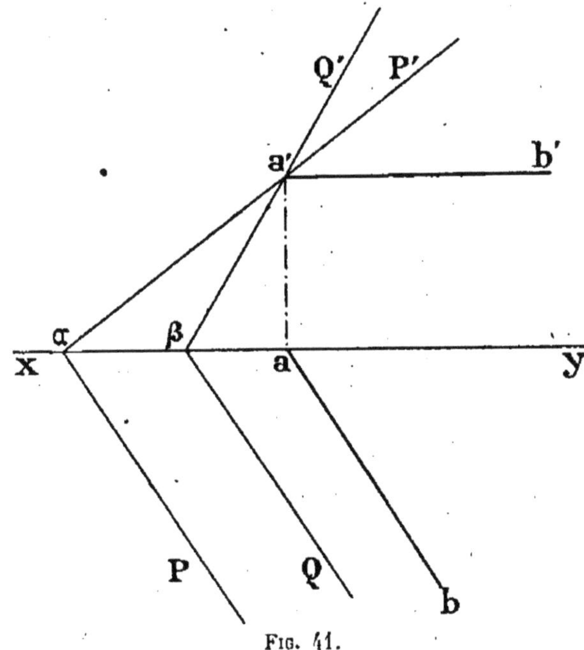


Fig. 41.

*sont parallèles* (*fig.* 41). — L'intersection des deux plans est horizontale et, alors, la projection verticale $a'b'$ de cette intersection est parallèle à la ligne de terre, elle passe par sa trace verticale $a'$, qui est le point de rencontre des deux traces verticales des plans; sa projection horizontale $ab$ est parallèle aux traces horizontales des deux plans.

2° *L'un des plans est parallèle à l'un des plans de projection.* — Les traces du plan quelconque sont P'αP, et la trace du plan parallèle au plan horizontal est M'N' (*fig.* 42).

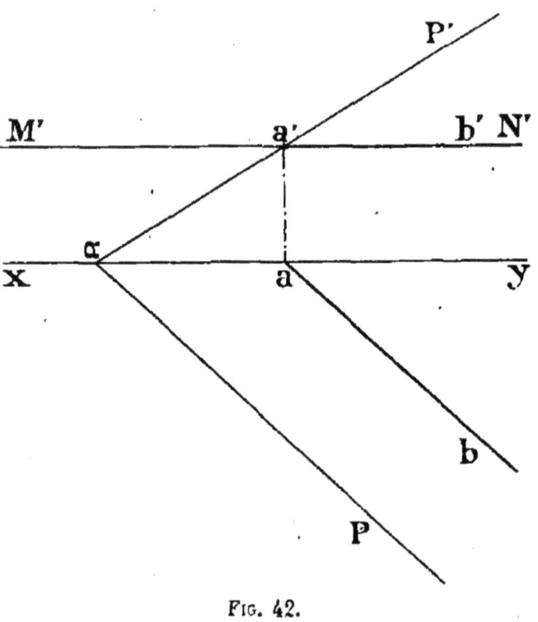


Fig. 42.

L'intersection de ces deux plans est une horizontale dont la projection verticale $a'b'$ est parallèle à la ligne de terre et se confond avec la trace M'N' et la projection horizontale $ab$ est parallèle à la trace αP.

3° *Les deux plans sont parallèles à la ligne de terre* (*fig.* 43). — L'intersection est aussi parallèle à la ligne de terre et ses deux projections le sont également.

En coupant par un plan de profil MM', on pourra déterminer par rabattement, les intersections de ce plan avec chacun des plans donnés et le point de rencontre de ces deux intersections appartiendra à l'intersection cherchée.

Le rabattement sur le plan horizontal donne les deux droites $ca'_1$ et $db'_1$ qui se rencontrent en $o_1$.

En relevant le plan de profil, $o_1$ vient en $o$ sur une parallèle à

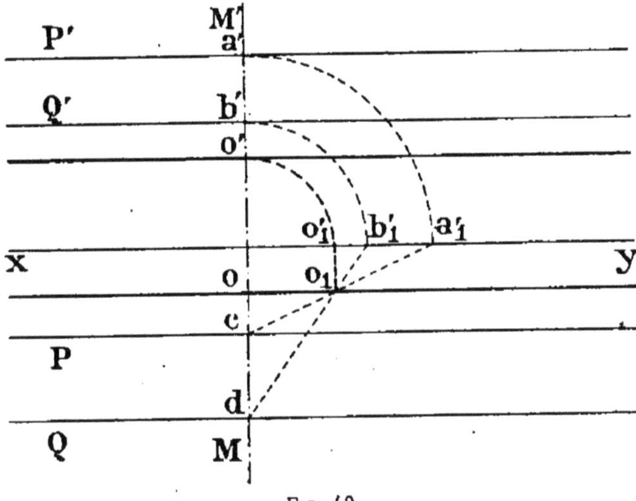


Fig. 43.

la ligne de terre et en $o'$ ; ce sont les deux projections du point d'intersection. Les projections de la droite d'intersection sont parallèles à la ligne de terre et passent par les points $o'$ et $o$.

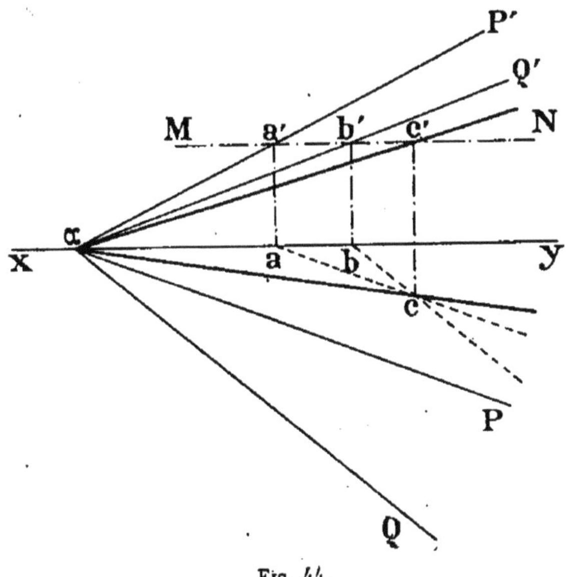


Fig. 44.

4° *Les traces des deux plans se rencontrent au même point* α *de la ligne de terre* (*fig.* 44). — L'intersection passe aussi par le point $\alpha$ de la ligne de terre.

On obtiendra un second point en coupant les deux plans donnés par un plan auxiliaire horizontal.

Les intersections avec les deux plans donnés sont deux horizontales qui se coupent au point C de l'espace qui est le second point cherché et dont les projections sont $c'$ et $c$. Les projections de l'intersection des deux plans sont alors $\alpha c'$ et $\alpha c$.

5° *L'un des plans passe par la ligne de terre et un point* $(g, g')$ (*fig.* 45). — On fera passer par le point G de l'espace le plan horizontal M'N' (*fig.* 42).

Son intersection avec P'αP est l'horizontale définie par ses

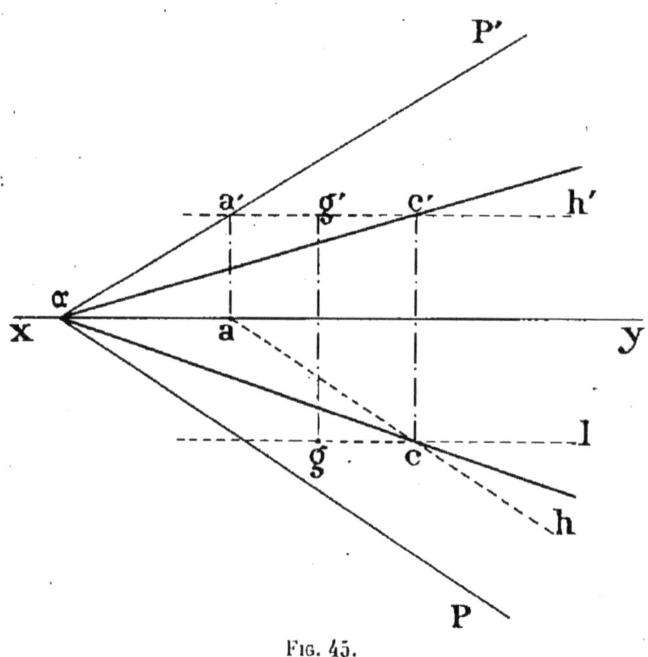


Fig. 45.

projections $a'h'$, $ah$, et celle avec le plan passant par la ligne de terre est également une horizontale définie par les projections $g'h'$ et $gl$. Ces deux horizontales se coupent en un point C de l'espace dont les projections sont $c'$ et $c$.

L'intersection des deux plans est donc la droite définie par les projections $\alpha c'$ et $\alpha c$.

6° *Les traces de chacun des plans sont sur le prolongement l'une de l'autre (fig. 46).* — Le point de rencontre des traces

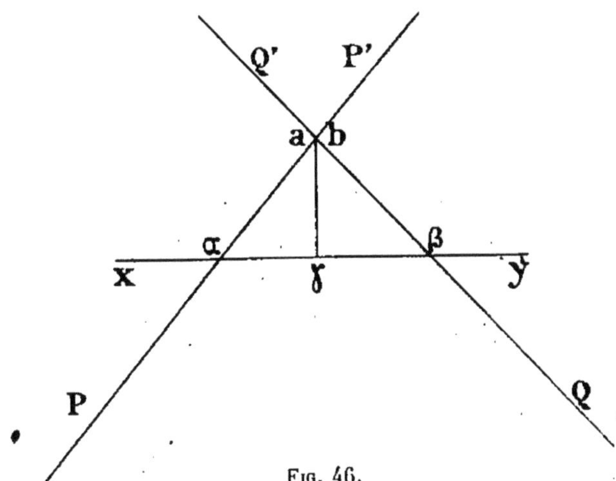


Fig. 46.

des plans $ab$ est alors à la fois la trace verticale et la trace horizontale de la droite d'intersection. Celle-ci est donc située dans un plan de profil et ses projections sont $a\gamma$ et $\gamma b$.

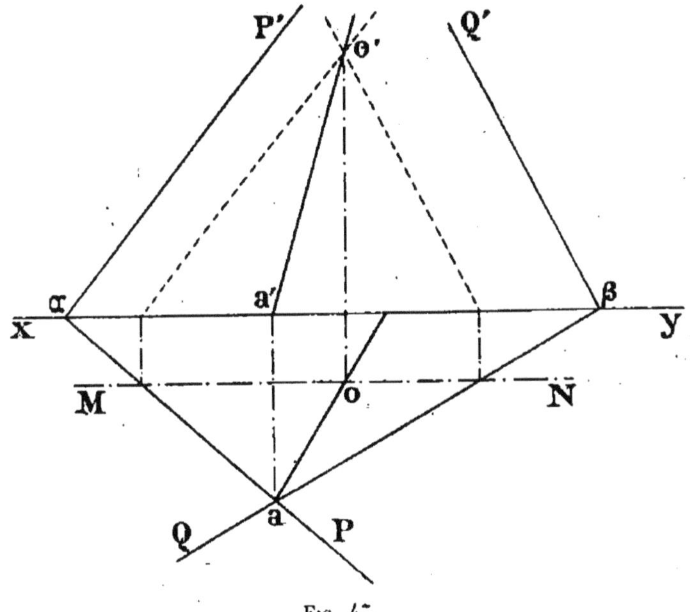


Fig. 47.

7° *Les traces verticales des deux plans ne se rencontrent pas dans les limites de l'épure (fig. 47).* — En coupant par un plan

MN parallèle au plan vertical, on détermine deux frontales dont les projections verticales se coupent en $o'$ qui appartient à l'intersection des deux plans, laquelle passe déjà par la trace horizontale $a$. Les projections de l'intersection seront alors $o'a'$ et $oa$.

8° *Les traces verticales ainsi que les traces horizontales ne se rencontrent pas dans les limites de l'épure* (*fig.* 48). — On cou-

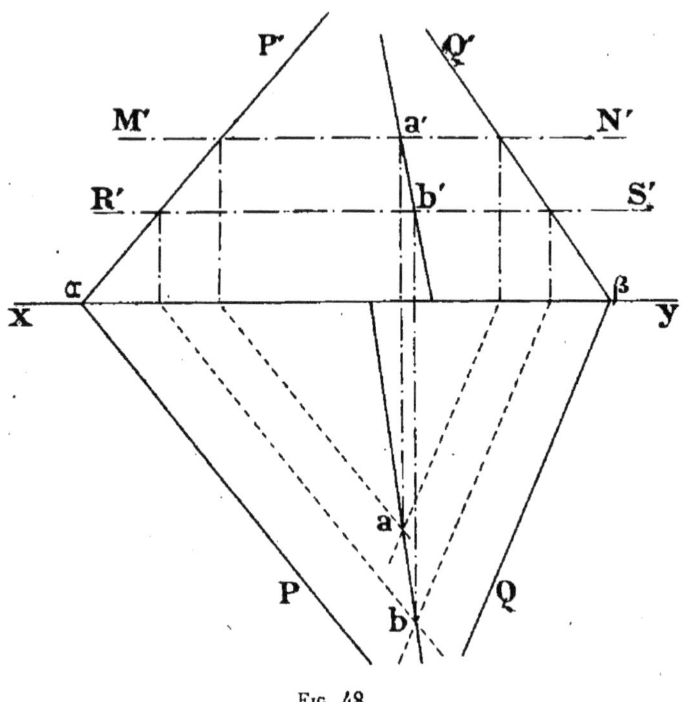


Fig. 48.

pera les plans donnés par deux plans auxiliaires M'N' et R'S', parallèles au plan horizontal par exemple, et on déterminera les intersections de ces plans avec les plans donnés qui sont des horizontales faciles à tracer ; les projections de l'intersection des deux plans sont alors $a'b'$ et $ab$.

**Intersection d'une droite et d'un plan.** — L'intersection d'une droite et d'un plan est un point.

Pour trouver ce point, on fait passer par la droite un plan quelconque dont on détermine l'intersection avec le plan donné. Le point cherché se trouve alors à la rencontre de cette intersection et de la droite donnée.

Ainsi l'intersection du plan P'αP *et de la droite a'b'*, *ab* se déterminera en menant par la droite le plan QβQ'. Son intersection avec P'αP est *c'd'*, *cd* qui rencontre la droite donnée au point *oo'*. C'est le point d'intersection de la droite et du plan P'αP (*fig.* 50).

*On simplifie l'épure en menant par la droite donnée a'b'-ab*

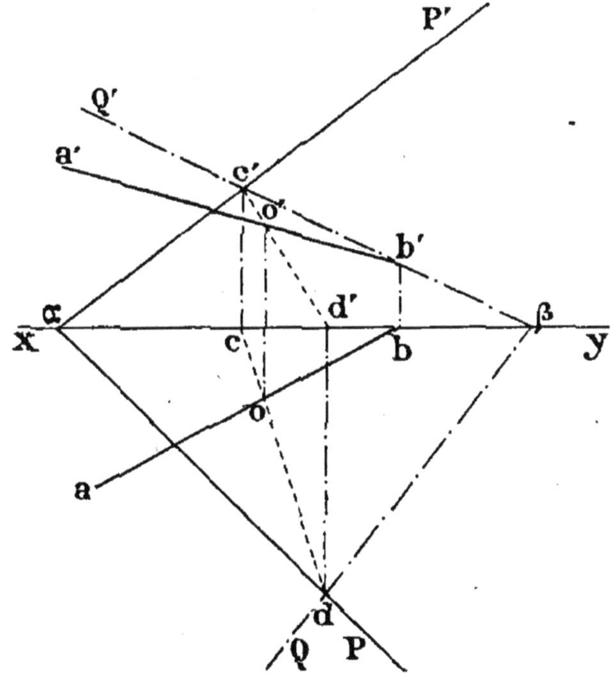


Fig. 50.

*un plan projetant horizontalement ou verticalement* cette droite (*fig.* 51).

Dans le premier cas, le plan est Q'βQ; il coupe le plan donné P'αP suivant la droite *d'c'*, β*c*, et alors le point d'intersection cherché *o'o* se trouve à la rencontre des *deux droites* AB et DC de l'espace dont on connait les projections.

Dans le deuxième cas, le plan projetant verticalement la

droite est R'γR ; il coupe le plan donné P'αP suivant la droite $k'_1\gamma$, $k_1k$ et le point d'intersection cherché est toujours

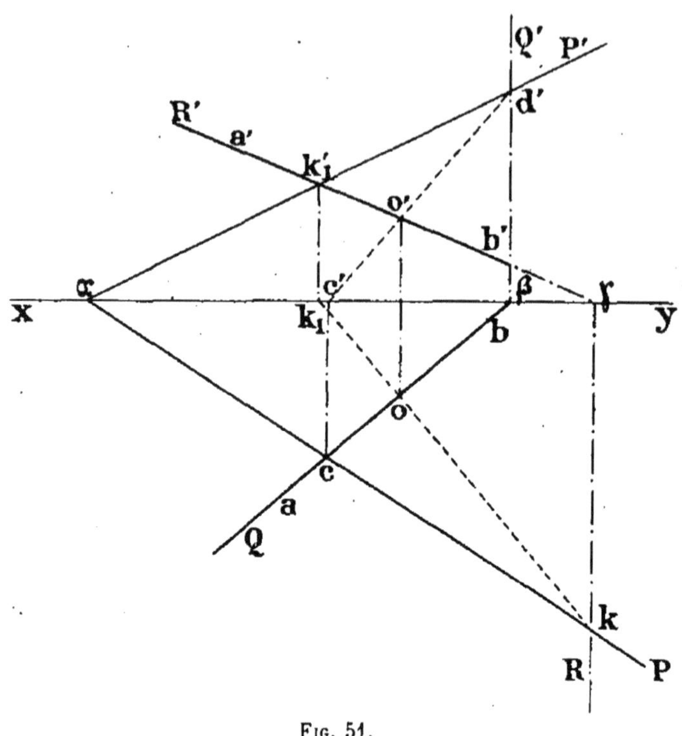


Fig. 51.

le point $o'o$, rencontre des droites AB et $K_1K$ de l'espace dont les projections sont déterminées.

**Distance d'un point à un plan** (*fig.* 52). — Cette distance se mesure par la longueur de la perpendiculaire abaissée du point $m'm$ sur le plan P'αP.

Les projections d'une droite perpendiculaire à un plan sont perpendiculaires aux traces de ce plan, soit alors $m'c'$ perpendiculaire à P'α et $mb$ perpendiculaire à αP.

En menant le plan Q'β$m$ projetant horizontalement la perpendiculaire, l'intersection de ce plan et du plan donné est $a'b'$-β$b$, qui rencontre cette perpendiculaire au point $o'o$. Les projections de la longueur cherchée sont $m'o'$ et $mo$ ; pour obtenir cette longueur en vraie grandeur, il suffit de rendre le plan contenant la droite parallèle au plan vertical par

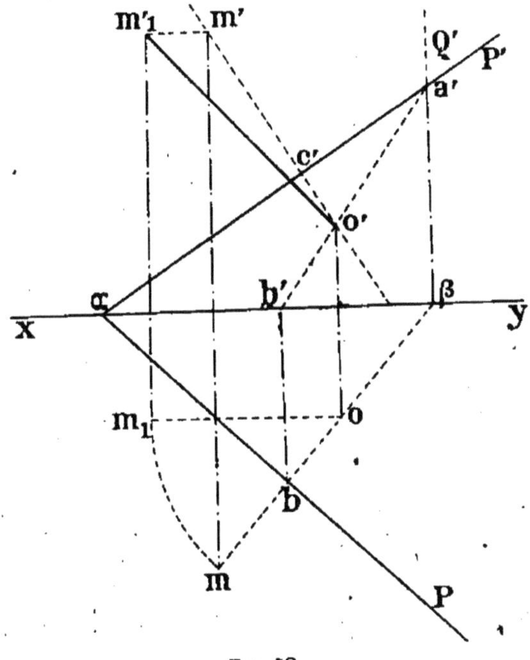


Fig. 52.

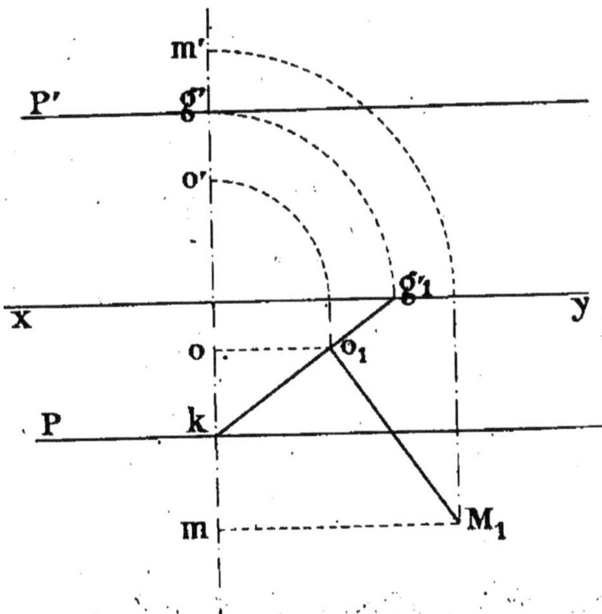


Fig. 53.

une rotation autour de $o'o$ ; le point $m$ vient en $m_1$ et $m'$ en $m'_1$. La vraie grandeur cherchée est alors la distance $o'm'_1$.

CAS PARTICULIER. — *Le plan est parallèle à la ligne de terre* (*fig.* 53). — Les traces du plan P′ et P étant parallèles à la ligne de terre, le problème peut être résolu en menant par le point donné $m'm$ un plan de profil dont l'intersection avec le plan donné peut être rabattue sur le plan horizontal en $kg'_1$. Dans ce rabattement, le point M de l'espace vient en $M_1$, et la distance du point au plan est donnée en vraie grandeur par la perpendiculaire $M_1o_1$ abaissée sur $kg'_1$.

Les projections du point O seraient $o'$ et $o$.

**Méthode des rabattements.** — Quelques exemples simples de rabattements ont déjà été donnés, mais le problème suivant contient la solution générale pour un point et par conséquent pour plusieurs points ou une surface.

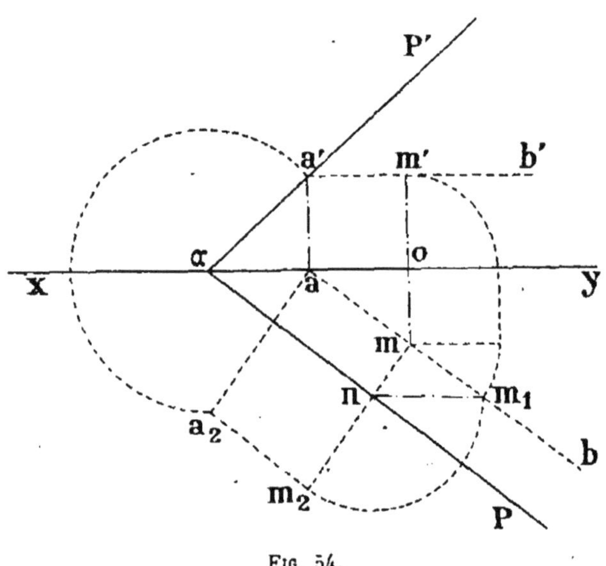


Fig. 54.

*Étant données les traces d'un plan et les projections d'un point de ce plan, déterminer la position que prend ce point lorsque le plan, ayant tourné autour de l'une de ses traces, s'est rabattu sur le plan de projection de même nom* (*fig.* 54). —

Soient P′αP le plan et $m'm$ les projections d'un point situé dans ce plan.

En rabattant le plan donné sur le plan horizontal, en le faisant tourner autour de sa trace horizontale, le point $m$ se déplace sur une perpendiculaire à la trace horizontale αP. Le point M de l'espace est le sommet d'un triangle rectangle qui serait rabattu sur le plan horizontal autour de $mn$ en $mm_1n$ tel que $mm_1 = om'$. Mais, dans le mouvement autour de αP, le point $m_1$ vient en $m_2$ tel que $nm_2 = nm_1$, et le point $m_2$ est alors la position définitive du point M de l'espace dans le plan horizontal, lors du rabattement du plan donné autour de sa trace horizontale.

On obtiendrait le même résultat en menant par le point donné l'horizontale du plan $a'b'$-$ab$, et en rabattant cette horizontale sur le plan horizontal en $a_2m_2$, suivant la construction indiquée.

*Le problème inverse du précédent s'énoncerait ainsi :*

Étant données les traces d'un plan P′αP et le rabattement

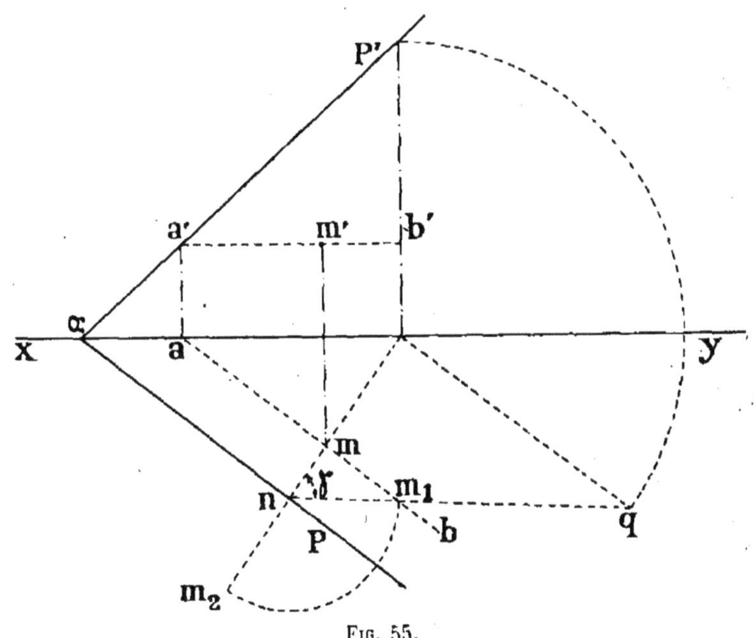


Fig. 55.

d'un point $m_2$ de ce plan sur l'un des plans de projection, déterminer les projections de ce point (*fig.* 55).

Soient P′αP le plan et $m_2$ le point donné. On élèvera la perpendiculaire $m_2n$ à αP, et on cherchera l'angle γ du plan donné avec le plan horizontal. On portera $nm_1 = nm_2$, et par le point $m_1$ on mènera une parallèle à αP, qui rencontre $nm_2$ prolongée au point $m$ qui est la projection horizontale du point cherché.

La projection verticale $m'$ s'obtient au moyen de l'horizontale du plan $a'b'$-$ab$.

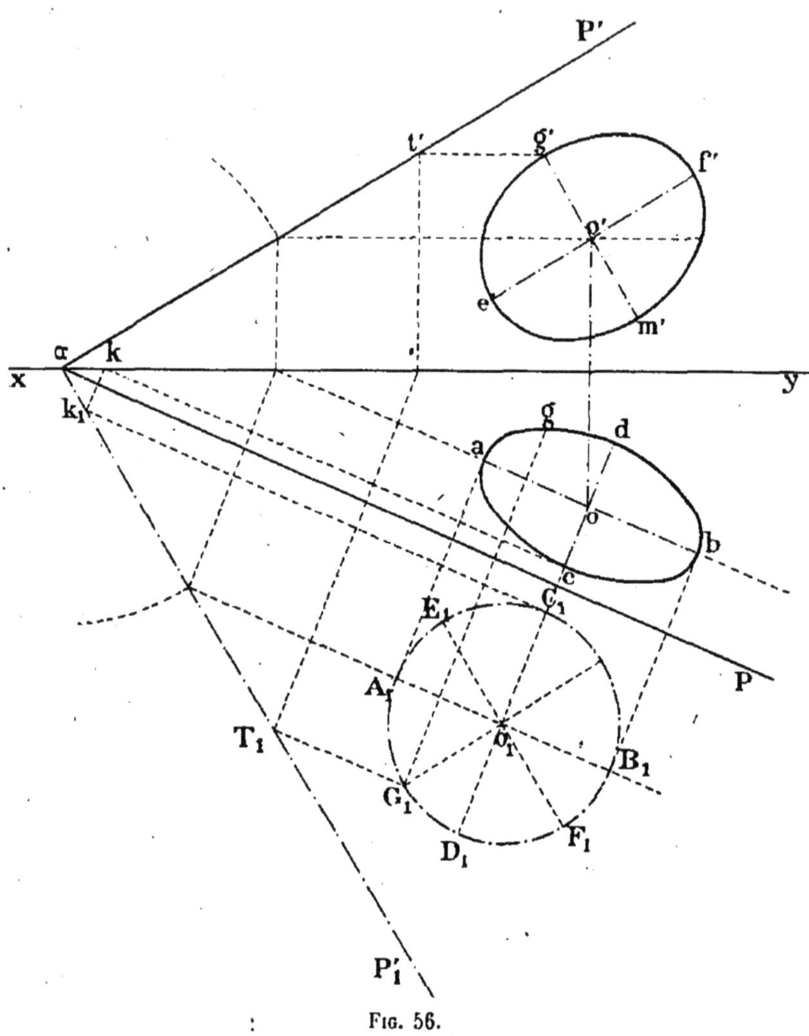


Fig. 56.

**Problème.** — *Connaissant les projections du centre et le rayon d'un cercle situé dans un plan donné, construire les projections de ce cercle* (*fig.* 56).

Soient P'αP le plan donné et $oo'$ les projections du centre du cercle contenu dans ce plan.

En rabattant le plan P'αP sur le plan horizontal autour de αP, le centre $oo'$ vient en $o_1$, et la trace verticale du plan en $\alpha P'_1$. Du point $o_1$ comme centre, on tracera en vraie grandeur le cercle avec le rayon donné.

Le diamètre $A_1B_1$ parallèle à la trace αP se relève en $ab$, parallèlement à cette même trace. Le diamètre perpendiculaire $C_1D_1$ vient en $cd$, le point $c$ étant déterminé par le relèvement de l'horizontale du plan rabattu en $C_1k_1$ et le point $d$ en portant $od = oc$. La projection d'un cercle étant une ellipse et les deux axes principaux de cette ellipse étant connus, on pourra la tracer par points.

En projection verticale le diamètre $E_1F_1$ du rabattement, parallèle à $\alpha P_1'$, vient en $e'f'$ parallèle à αP' et avec la vraie grandeur du diamètre donné ; il suffit donc de mener par $o'$ une parallèle à αP' et de porter $o'e' = o'f' = R$.

Le diamètre perpendiculaire se projettera en $g'm'$ perpendiculairement à $e'f'$, on obtiendra le point $g'$ à l'aide de la construction de l'horizontale et on portera ensuite $o'm' = o'g'$. L'ellipse $e'g'f'm'$ pourra alors être tracée par points.

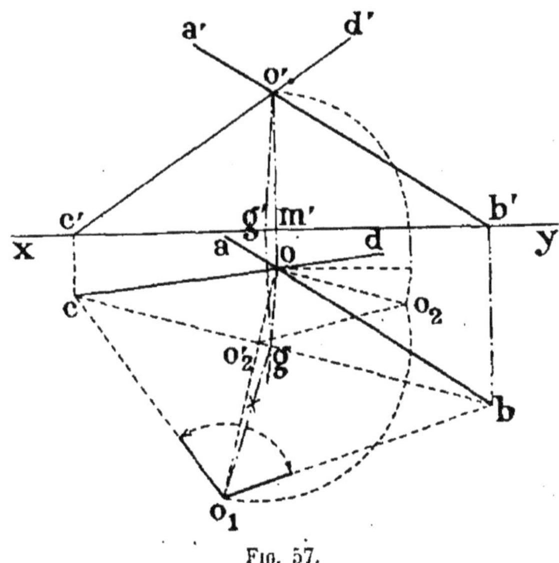


Fig. 57.

**Problèmes relatifs aux angles et aux distances.** — *Déterminer l'angle de deux droites* (*fig.* 57). — On détermine la trace horizontale $cb$, par exemple, du plan qui passe par les deux droites, et l'on rabat ce plan sur le plan horizontal en le faisant tourner autour de $cb$. Le point O de l'espace vient en $o_2$ sur une parallèle à $cb$ menée de $o$ et à une distance $oo_2 = m'o'$ et se rabat en $o_1$ en portant sur une perpendiculaire à $cb$ menée de $o$, $o'_2o_1 = o'_2o_2$. L'angle des deux droites, en vraie grandeur, est alors $co_1b$.

Les projections de la bissectrice de l'angle sont $og$-$o'g'$, obtenues en menant la bissectrice $o_1g$ de l'angle $cob$ dans le rabattement.

*Déterminer l'angle d'une droite et d'un plan.* — Il suffit de déterminer l'angle formé par la droite donnée avec la perpendiculaire abaissée d'un de ses points sur le plan. Le complément de cet angle est l'angle demandé (*fig.* 58).

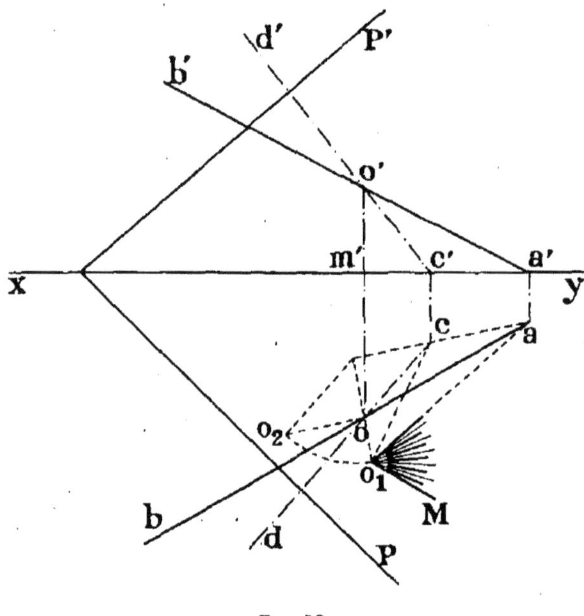


Fig. 58.

On abaisse d'un point quelconque $oo'$ de la droite donnée $b'a'$, $ba$, une perpendiculaire $cd$, $c'd'$ sur le plan, et l'on détermine l'angle $co_1a$ des deux droites. Son complément $ao_1$M, qui est l'angle cherché, est obtenu en élevant en $o_1$ une perpendiculaire sur $o_1c$.

*Déterminer l'angle de deux plans* (*fig.* 59). — Pour déterminer l'angle de deux plans on les coupe par un plan perpendiculaire à leur intersection et on cherche l'angle des deux droites ainsi obtenues. La projection horizontale de l'intersection des deux plans P'αP et Q'βQ est *ab*. Un plan

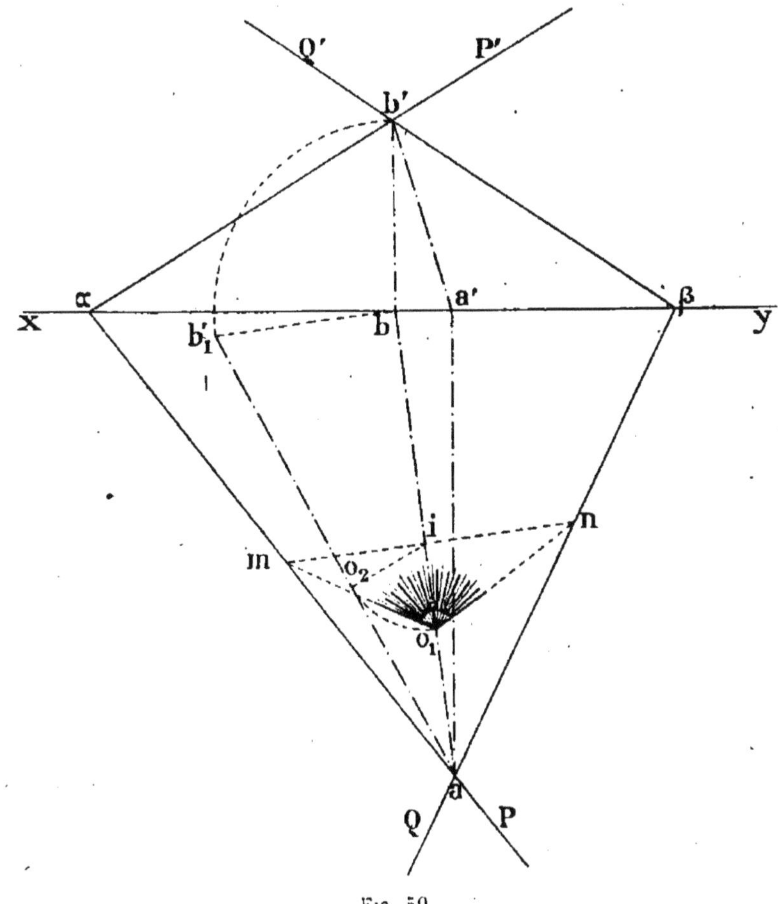


Fig. 59.

perpendiculaire à cette intersection a pour trace horizontale une droite *mn* perpendiculaire à *ab*, et coupe les deux plans suivant deux droites de l'espace O*m* et O*n* formant avec *mn* un triangle dont l'angle en O est l'angle cherché. La ligne de l'espace *i*O est perpendiculaire à *mn* ; car *mn*, étant perpendiculaire sur *ab*, l'est également sur le plan *b'ba* qui projette l'intersection. Si donc le triangle *m*O*n* tourne autour de *mn* pour se rabattre sur le plan horizontal *i*O s'appliquera sur $ia$. Il s'agit donc de déterminer la longueur de la ligne $iO$. Rabattons l'intersection des deux plans donnés en $ab'_1$. La distance du point $i$ à la droite d'intersection est alors perpendiculaire $io_2$ abaissée sur $ab'_1$ qu'il suffit de rabattre en $io_1$ et l'angle cherché est alors $mo_1n$.

*Réduire un angle à l'horizon.* — C'est déterminer la projection horizontale B$a$C d'un angle donné BAC, connaissant les

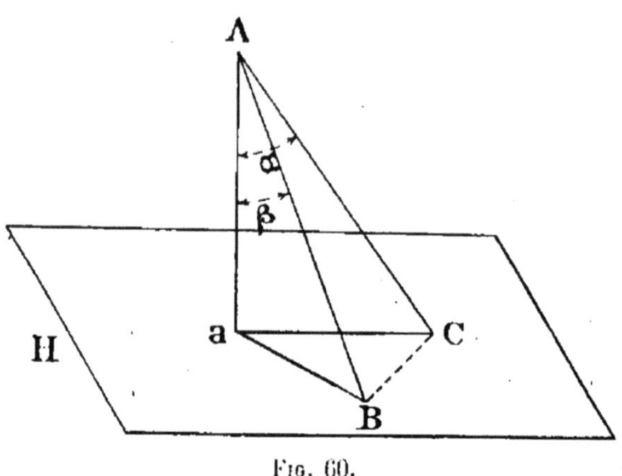


Fig. 60.

angles que forment ses côtés BA et CA avec la verticale A$a$ menée par son sommet (*fig.* 60).

Voici comment on traite l'épure (*fig.* 61) :

On prend pour plan vertical le plan de la face A$a$C, et la

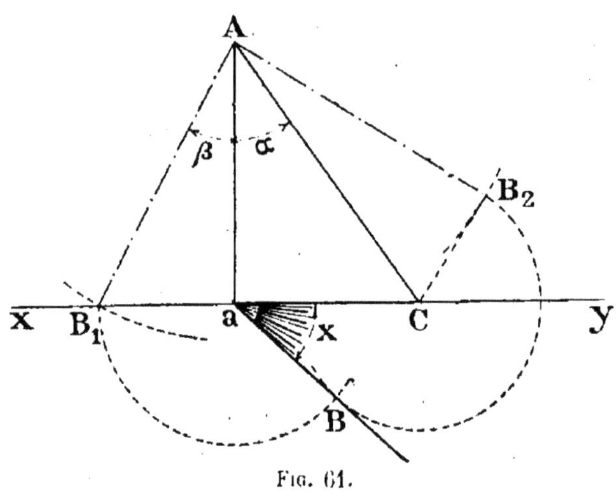


Fig. 61.

face A$a$B se rabat, sur ce même plan, en A$a$B$_1$ ; l'angle $a$AB$_1$ étant égal à l'angle donné $a$AB, la face CAB se rabat suivant

$CAB_2$, le point $B_2$ étant déterminé par la condition $AB_2 = AB_1$.

On décrit du point *a* comme centre un arc de cercle avec $aB_1$ comme rayon et du point C un second arc de cercle avec $CB_2$ comme rayon ; le point de rencontre B de ces deux arcs est la trace horizontale de la droite AB de l'espace. L'angle C*a*B est l'angle réduit à l'horizon.

*Plus courte distance de deux droites.* — Soient deux droites AB, CD de l'espace qui ne sont pas situées dans un même plan (*fig.* 62). Par la droite CD, on fait passer un plan P parallèle à AB, et d'un point quelconque I de AB on abaisse une perpendiculaire sur ce plan. On détermine le point de rencontre G, et par ce point on mène GM parallèle à AB. Enfin par le point de rencontre M avec CD, on mène la parallèle MO à IG, et alors la ligne MO est la plus courte distance des deux droites.

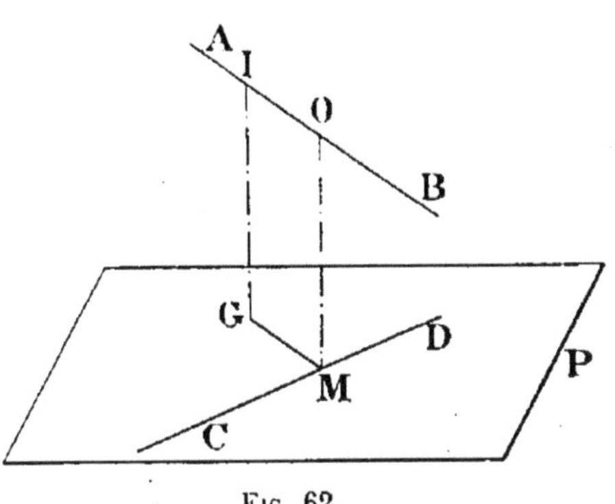


FIG. 62.

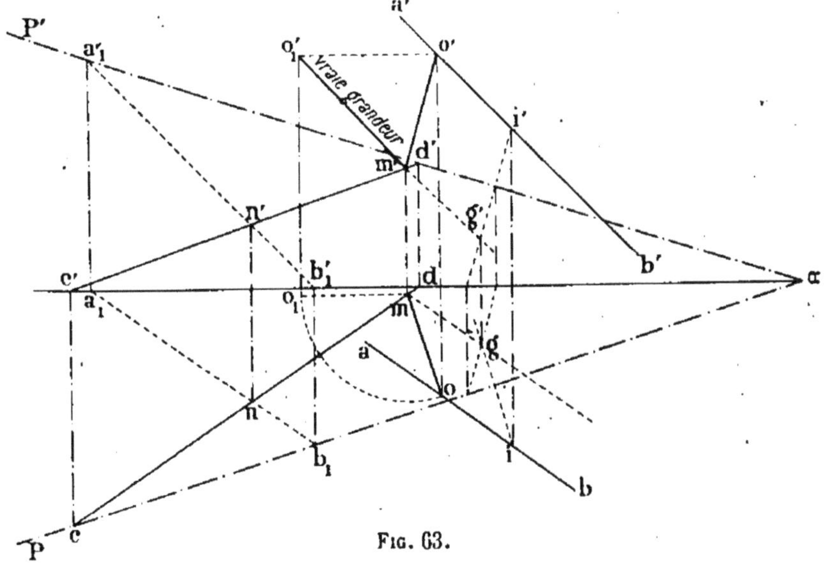


FIG. 63.

Soient *ab*, *a'b'* et *cd*, *c'd'* les deux droites données (*fig.* 63).

Le plan passant par $cd$, $c'd'$ parallèle à la droite $ab$, $a'b'$ a pour traces P'αP. A cet effet on prend une droite auxiliaire $a'_1b'_1$, $a_1b_1$ parallèle à $a'b'$, $ab$ et par les deux droites $cd$, $c'd'$ et $a'_1b'_1$, $a_1b_1$ on fait passer le plan P'αP.

D'un point $ii'$ pris sur $ab$, $a'b'$ on abaisse une perpendiculaire sur ce plan et on recherche le point de rencontre $g'g$ de cette perpendiculaire et du plan au moyen du plan projetant verticalement la perpendiculaire.

Par $gg'$ on mène $gm$, $g'm'$ parallèle à $ab$, $a'b'$ jusqu'à la rencontre de $cd$, $c'd'$ en $m$, $m'$, on mène ensuite $mo$, $m'o'$ parallèle à $ig$, $i'g'$ jusqu'à la rencontre de $ab$, $a'b'$. La ligne $m'o'$, $mo$ ainsi obtenue est la distance demandée, sa vraie grandeur est rabattue $m'o'_1$.

## ANGLES TRIÈDRES

**Premier cas.** — *Étant données les trois faces d'un trièdre déterminer ses trois angles dièdres* (*fig.* 64).

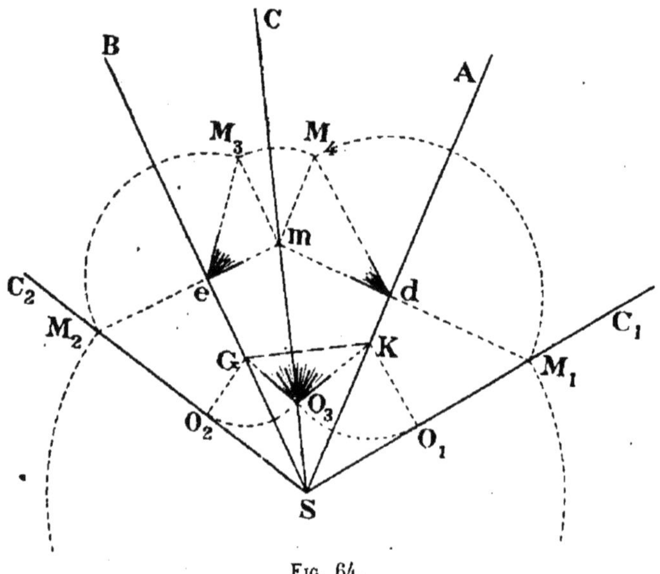


Fig. 64.

Soit BSA l'une des faces. Si l'on suppose les deux autres rabattues en $ASC_1$, $BSC_2$ sur le plan de la première; $SC_1$, $SC_2$

sont les rabattements de l'arête SC. Un point M de cette arête se rabat en $M_1$ et $M_2$ à des distances égales du point S. Par conséquent, si l'on abaisse de ces points des perpendiculaires sur SA et SB, le point $m$ de leur rencontre est la projection du point M de l'espace sur le plan de la figure. Le triangle rectangle de l'espace $Mmd$ peut être rabattu en $mM_1d$ dans lequel $mM_1$ est perpendiculaire à $md$ et $dM_1 = dM_1$. On a alors en $d$ l'angle qui mesure le dièdre SA.

Une construction semblable donne l'angle $M_3em$, qui mesure le dièdre SB.

Pour déterminer l'angle qui mesure le dièdre SC, on imagine un plan perpendiculaire à l'arête SC qui se projette en $Sm$; ce plan a pour trace GK. Il coupe les faces ASC-BSC suivant des perpendiculaires à SC qui se rabattent suivant $KO_1$-$GO_2$, perpendiculaire à $SC_1$ et $SC_2$. On connaît donc les trois côtés du triangle de l'espace OGK qui se rabat en $O_3GK$ et qui donne l'angle cherché.

Deuxième cas (*fig.* 65). — *Construire un trièdre connaissant deux faces et le dièdre compris.* — Les deux faces données sont BSA, $ASC_1$ rabattues toutes deux sur le même plan.

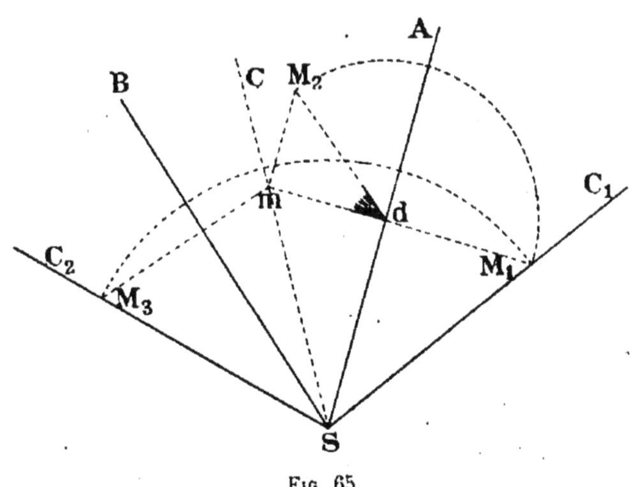


Fig. 65.

D'un point quelconque $M_1$ pris sur $SC_1$ on abaisse une perpendiculaire $M_1d$ sur SA et, du point $d$, on mène $dM_2$ faisant avec $dm$ un angle égal à l'angle plan du dièdre donné, on porte $dM_2 = dM_1$ et on construit le triangle rectangle $M_2md$.

Le point $m$ est la projection du point de l'espace M sur le plan de la face BSA ; si l'on fait tourner la troisième face cherchée autour de l'arête BS, le point $m$ vient en $M_3$ sur une perpendiculaire à BS et tel que l'on ait $SM_3 = SM_1$.

La troisième face BSC est rabattue en $BSC_2$ en projection, l'arête se trouverait en SC.

Les deux dièdres inconnus s'obtiendraient comme dans le premier cas.

Troisième cas. — *Construire un trièdre connaissant deux faces et le dièdre opposé à l'une d'elles* (*fig.* 66). — Les deux faces

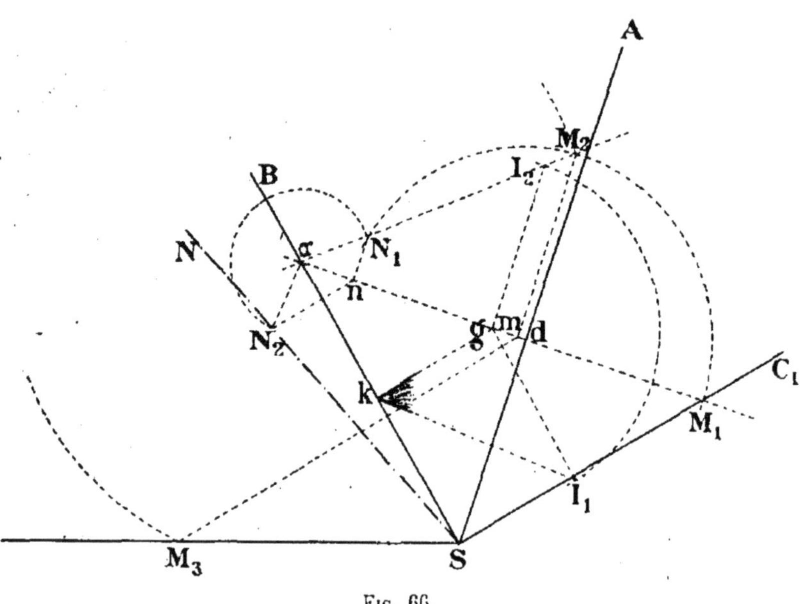


Fig. 66.

données $BSA-ASC_1$ sont situées sur le plan de la face BSA et le dièdre SB opposé à la face rabattue en $ASC_1$ est connu. En abaissant $M_1d$ perpendiculaire sur SA et en imaginant la face $ASC_1$ ramenée à sa position dans l'espace, le point $M_1$ décrira un arc de cercle dont le plan aura pour trace $M_1d$, et alors la projection du point M sera quelque part sur cette ligne. En décrivant une demi-circonférence du point $d$ comme centre avec $dM_1$ pour rayon, on a le rabattement sur le plan de la figure de l'arc de cercle décrit par le point M. Ce point M doit donc être en rabattement autour de $M_1d$ situé quelque part sur cet arc de cercle.

Pour déterminer sa position, on abaisse d'un point quelconque de la droite $M_1d$ la perpendiculaire $kg$ sur SB, et on imagine par $kg$ un plan perpendiculaire à celui de la figure. Ce plan coupera la face BSC de l'espace suivant une certaine ligne KI formant avec $Kg$ un angle égal au dièdre donné, et le plan de l'arc de cercle suivant une droite $g$I formant avec $kg$ et KI un triangle rectangle que l'on construira aisément en $kI_1g$, puisque l'on connaît l'angle aigu en $k$. Prenant ensuite $gI_2 = gI_1$, on a en $I_2$ le rabattement d'un point commun à la face BSC et au plan de l'arc de cercle B, $\alpha$ est un second point commun à ces deux plans, et alors la ligne $\alpha I_2$ est l'intersection rabattue sur le plan de la figure. Le point M appartient à cette intersection et on l'obtient rabattue en $M_2$, et sa projection est en $m$. Un rabattement autour de SB donne le point $M_3$ et en joignant $SM_3$, on obtient la troisième face demandée.

Les faces étant connues, on peut alors déterminer les dièdres qui sont inconnus, comme il a été indiqué précédemment.

Il est à remarquer que $\alpha I_2$ coupe la demi-circonférence en un second point $N_1$ ; il y a une seconde solution qui donne pour troisième face BSN, telle que $\alpha N_2 = \alpha N_1$ et $nN_2$ perpendiculaire à SB.

Si la ligne $\alpha I_2$ était tangente à la demi-circonférence, il n'y aurait qu'une solution.

Le problème serait impossible si $\alpha I_2$ ne rencontrait pas la circonférence.

Quatrième cas. — *Connaissant une face d'un trièdre et les dièdres adjacents, déterminer les deux autres faces et le troisième dièdre.* Ce cas et les suivants se ramènent aux précédents par la considération du trièdre supplémentaire.

Cinquième cas. — *Connaissant deux dièdres d'un trièdre et la face opposée à l'un d'eux, déterminer le troisième dièdre et les deux autres faces.*

Sixième cas. — *Connaissant les trois dièdres d'un trièdre, déterminer les trois faces.*

Par la considération du trièdre supplémentaire, le sixième

cas se ramène au premier, le cinquième au troisième, et le quatrième au second.

## POLYÈDRES

Un polyèdre est un corps limité en tous sens par des plans.

En dehors des *prismes* et des *pyramides*, il existe cinq polyèdres réguliers convexes qui sont :

Le tétraèdre, qui a 4 faces ;
L'hexaèdre, 6 faces ;
L'octaèdre, 8 faces ;
Le dodécaèdre, 12 faces ;
L'icosaèdre, 20 faces.

On indiquera ci-après le tracé sommaire de chacun de ces polyèdres.

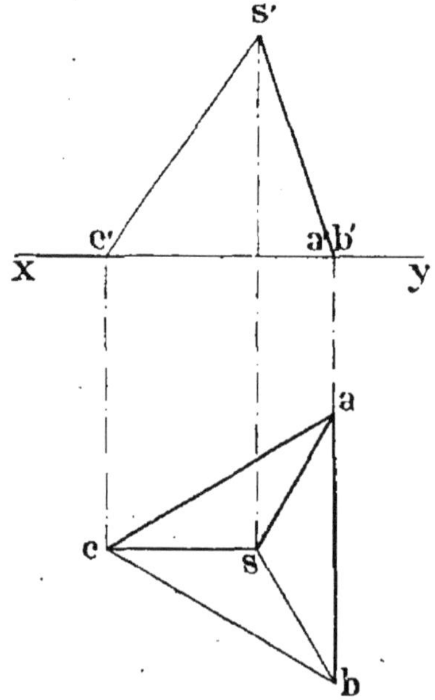

Fig. 67.

I. **Tétraèdre régulier** (*fig.*67). — Toutes les faces sont des triangles équilatéraux combinés trois par trois sur chaque sommet.

La projection horizontale est un triangle équilatéral *abc* et le sommet est au centre du triangle. La droite CS étant de front, on détermine le sommet *s'* en prenant *c's'* égale au côté du triangle équilatéral *ca*.

II. **L'hexaèdre régulier** (*fig.* 68). — Toutes les faces sont des carrés groupés trois par trois sur chaque sommet. Ce polyèdre n'est autre chose que le cube.

Les projections d'un cube reposant sur le plan horizontal

ne présentent aucune difficulté ; les faces supérieure et inférieure sont projetées suivant des droites parallèles à la ligne de terre, et les autres faces sont limitées par des arêtes perpendiculaires à la ligne de terre, et dont la hauteur est égale au côté du carré.

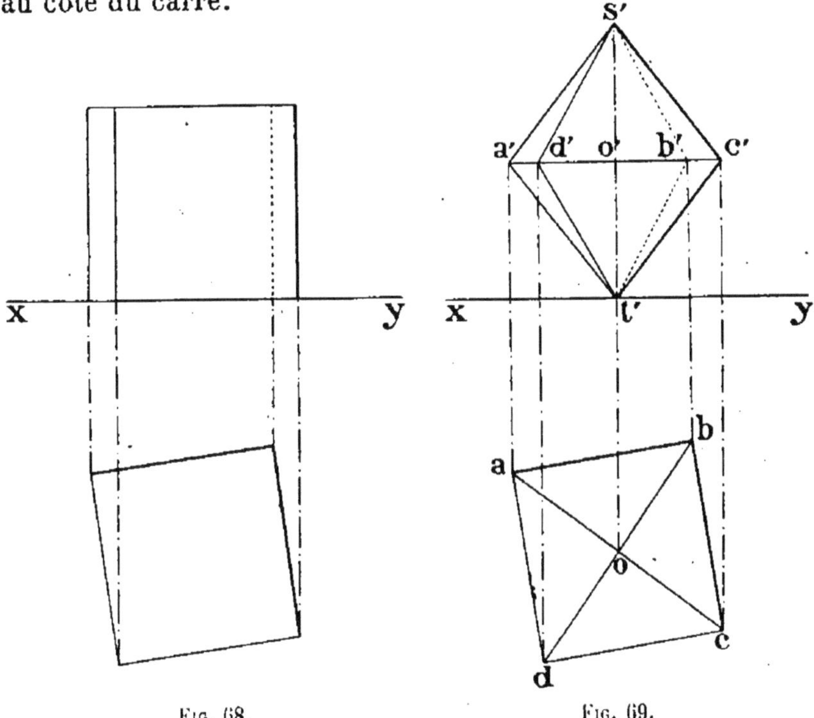


Fig. 68. Fig. 69.

III. **L'octaèdre régulier** (*fig.* 69). — Toutes les faces sont des triangles équilatéraux combinés quatre par quatre sur chaque sommet.

En projection horizontale, on construit le carré *abcd*, et par le centre *o* on mène une verticale sur laquelle on porte de part et d'autre du point *o'* les longueurs *o's'* et *o't'* égales à la moitié de la diagonale du carré. Il ne reste qu'à joindre aux points *a'b'c'd'*.

IV. **Le dodécaèdre régulier** (*fig.* 70). — Toutes les faces sont des pentagones réguliers groupés trois par trois sur chaque sommet et parallèles deux à deux.

*Épure en plan.* — On détermine les sommets d'un décagone et on joint les sommets de deux en deux ; on a ainsi les deux bases du dodécaèdre : la base supérieure *abcde* et la base inférieure, *jwoxy*.

On joint tous les sommets au centre du décagone, on abaisse ensuite d'un sommet *w*, par exemple, une perpendiculaire sur le côté *ox*, et le point d'intersection *v* avec le rayon passant par le sommet *o* détermine la circonférence,

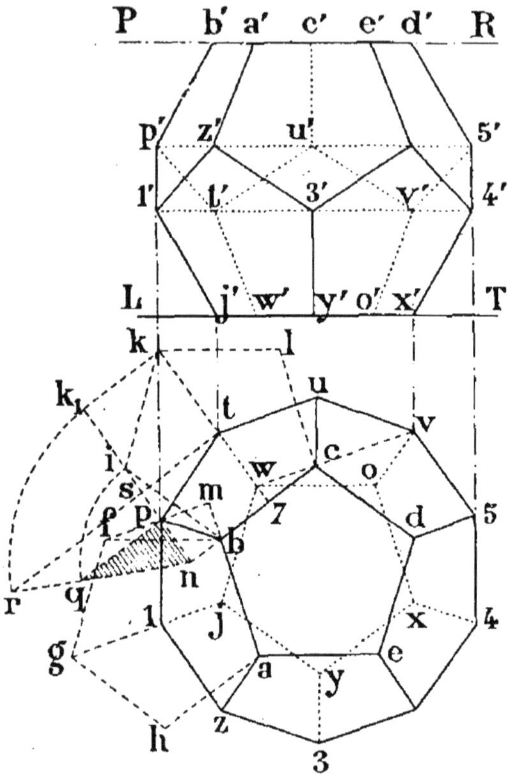


Fig. 70.

décrite du centre, sur laquelle sont situés les sommets extérieurs.

D'ailleurs, si l'on rabat les pentagones *abfgh* et *bclki*, les droites *bi* et *bf* ont *bp* comme projection, car les plans projetants, *in* et *fm*, se coupent en *p*, projection des points *i* et *f*. Le point *p* déterminerait de même la circonférence extrême.

*Épure en élévation.* — Pour obtenir la hauteur des plans horizontaux, on construit en plan le triangle rectangle *rsn* dans lequel $sn = t7$ et $nr = k7$. On aura $Lp' = sr$ et, si l'on prend $nq = ni$, on obtiendra $L1' = pq = c'u'$.

Sur les quatre plans horizontaux ainsi tracés on projettera les points du plan.

Le développement du solide est indiqué sur la figure 71.

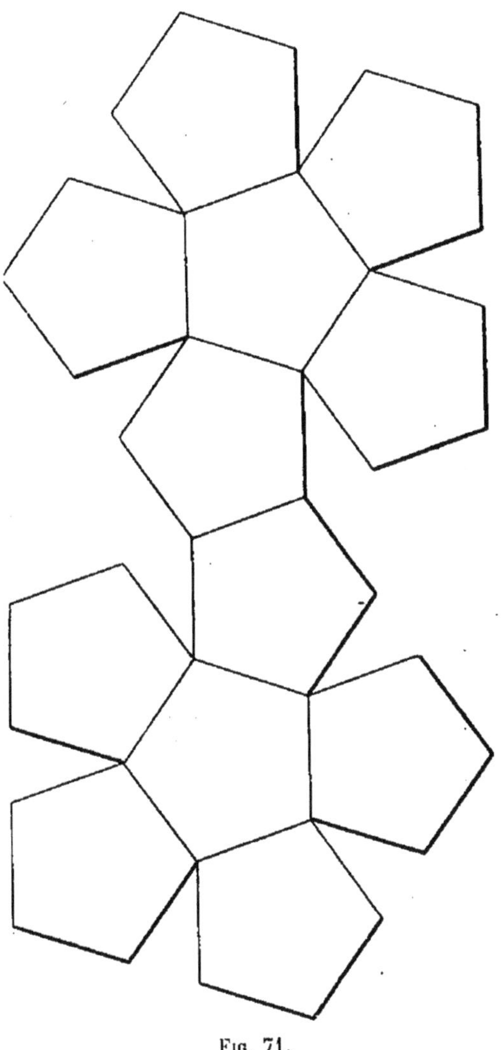

FIG. 71.

V. **L'icosaèdre régulier** (*fig.* 72 et 73). — Toutes les faces sont des triangles équilatéraux combinés cinq par cinq sur chaque sommet. On peut le considérer comme formé de deux pyramides pentagonales régulières réunies par un solide dont les faces sont dix triangles équilatéraux.

*Épure en plan.* — On construit un décagone régulier, mais on joint les sommets de deux en deux. On obtient ainsi deux pentagones *abcde* et *fghik*, qui sont les bases de deux pyramides dont les arêtes sont égales au côté du pentagone.

Le triangle rectangle *asm*, construit sur *as* avec l'hypoténuse égale au côté du pentagone, donne

$$sm = s'i' = s''a',$$

hauteur des pyramides en projection verticale.

Le triangle rectangle $kdn$ construit sur $kd$, projection d'une arête avec le côté du pentagone pour hypoténuse, donne $dn = k'e'$ ou hauteur en projection verticale du solide qui sépare les deux pyramides. On projettera sur les deux parallèles à la

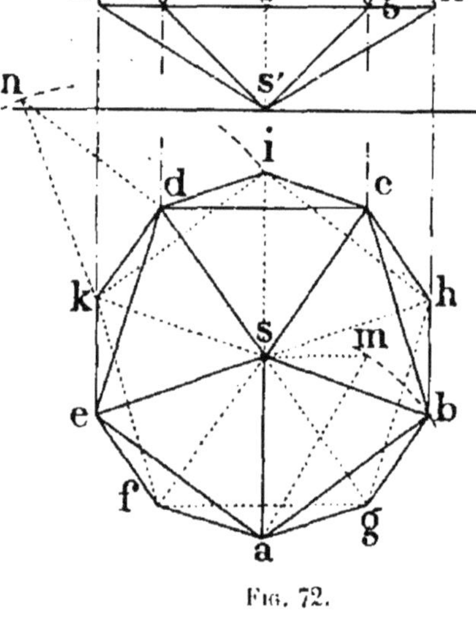


Fig. 72.

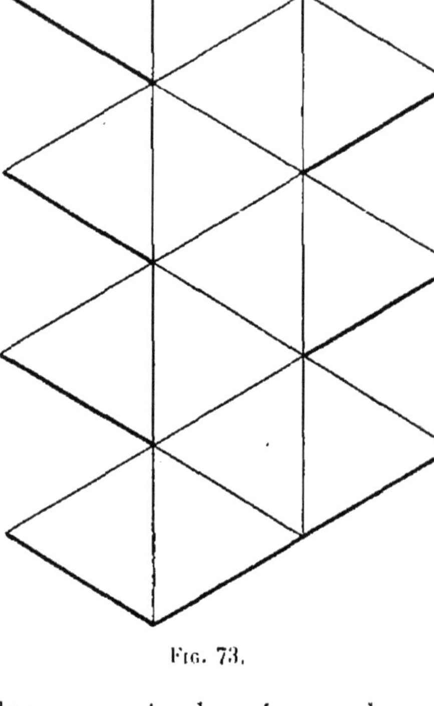

Fig. 73.

ligne de terre $e'b'$ et $k'h'$ les sommets donnés en plan.

Le développement se compose de vingt triangles équilatéraux ayant pour côté l'arête de l'icosaèdre (*fig.* 73).

## POLYÈDRES RÉGULIERS ÉTOILÉS

Ils sont au nombre de quatre, dont trois dodécaèdres, et un icosaèdre. Leurs sommets sont situés de part et d'autre de chacune des faces du polyèdre, et ils ont chacun trente arêtes.

1° Le **dodécaèdre régulier étoilé à sommets pentaèdres convexes** (*fig.* 74) possède douze faces pentagonales étoilées et douze sommets à angles pentaèdres convexes auxquels aboutissent les trente arêtes. On l'obtient en prolongeant dans le dodécaèdre régulier ordinaire les arêtes qui forment les côtés des douze pentagones.

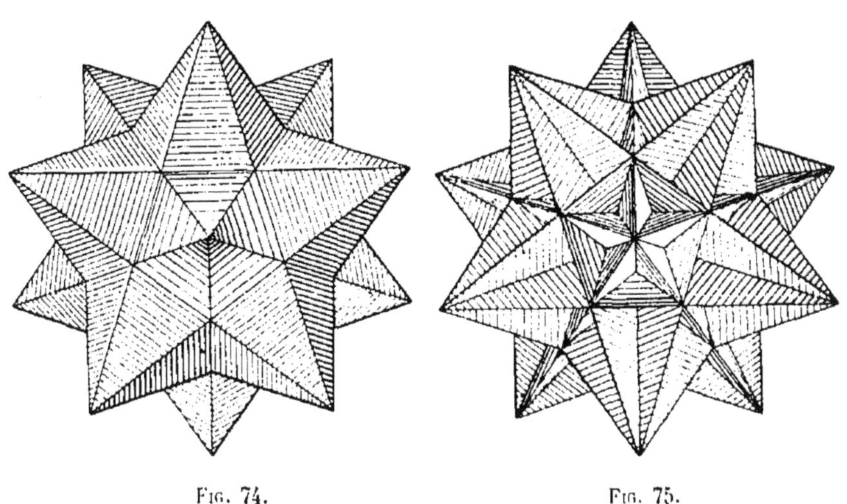

Fig. 74. Fig. 75.

2° Le **dodécaèdre régulier étoilé à sommets pentaèdres étoilés** (*fig.* 75) possède douze faces pentagonales régulières convexes, et les douze sommets, au lieu de terminer des angles pentaèdres, appartiennent à des angles pentaèdres étoilés. On l'obtient en prolongeant dans le dodécaèdre le plan qui contient chaque face jusqu'à la rencontre des plans des cinq faces qui entourent la face opposée.

3° Le **dodécaèdre régulier étoilé à sommets trièdres** (*fig.* 76) possède douze faces pentagonales étoilées et vingt sommets à angles trièdres auxquels aboutissent les trente arêtes. On l'obtient en prolongeant dans le dodécaèdre les arêtes qui forment les côtés des douze pentagones convexes.

4° **L'icosaèdre régulier étoilé** (*fig.* 77) possède vingt faces triangulaires et douze sommets. On l'obtient en prolongeant dans l'icosaèdre régulier ordinaire chaque face jusqu'à la rencontre des plans des trois triangles entourant la face opposée à celle que l'on considère.

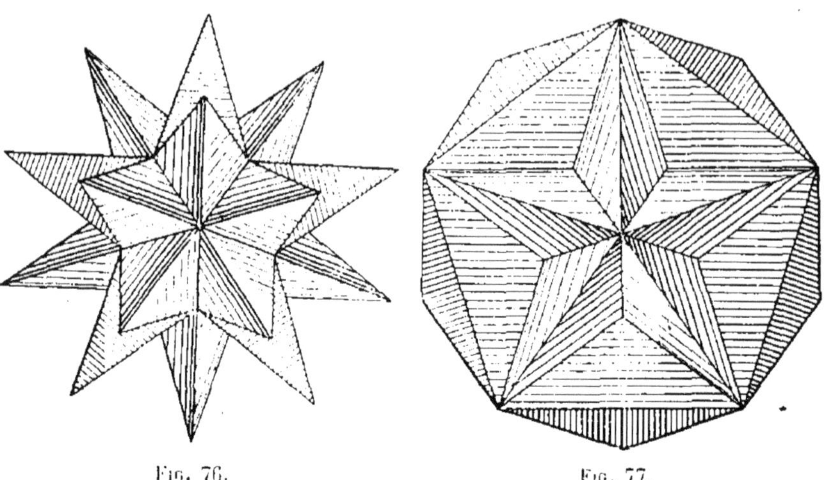

FIG. 76. FIG. 77.

**Construire les projections d'un prisme sur un plan quelconque** (*fig.* 78). — On supposera qu'il s'agit d'un prisme droit à base hexagonale dont il faut représenter les projections sur le plan donné par ses traces P'αP.

On fait à la manière ordinaire le rabattement du plan donné sur le plan horizontal, la trace verticale vient alors en $\alpha P'_1$, et on construit en vraie grandeur la base hexagonale du prisme $A_1B_1C_1D_1E_1F_1$.

On relèvera ensuite les différents sommets en projections au moyen des horizontales du plan donné.

Ainsi, par exemple, pour le sommet $F_1$ qui vient en $F'_1$ sur $\alpha P'_1$ et qui se relève en F' sur αP'. Les projections de ce sommet sont alors *f'*-*f* obtenues par la rencontre de l'horizontale F'*f'*, α'*f* avec la ligne de rabattement $F_1f$.

Il est à remarquer que le prisme, étant droit, est perpendiculaire au plan donné et alors les arêtes sont perpendiculaires aux traces du plan.

On déterminera la droite sur laquelle il faut porter la vraie grandeur de l'arête en faisant tourner la direction de l'arête en projection horizontale *cm*, qui est perpendiculaire

à $\alpha P$ jusqu'à la rendre parallèle au plan vertical en $c'm'_1$.
Sur cette droite il suffira de porter la longueur de l'arête

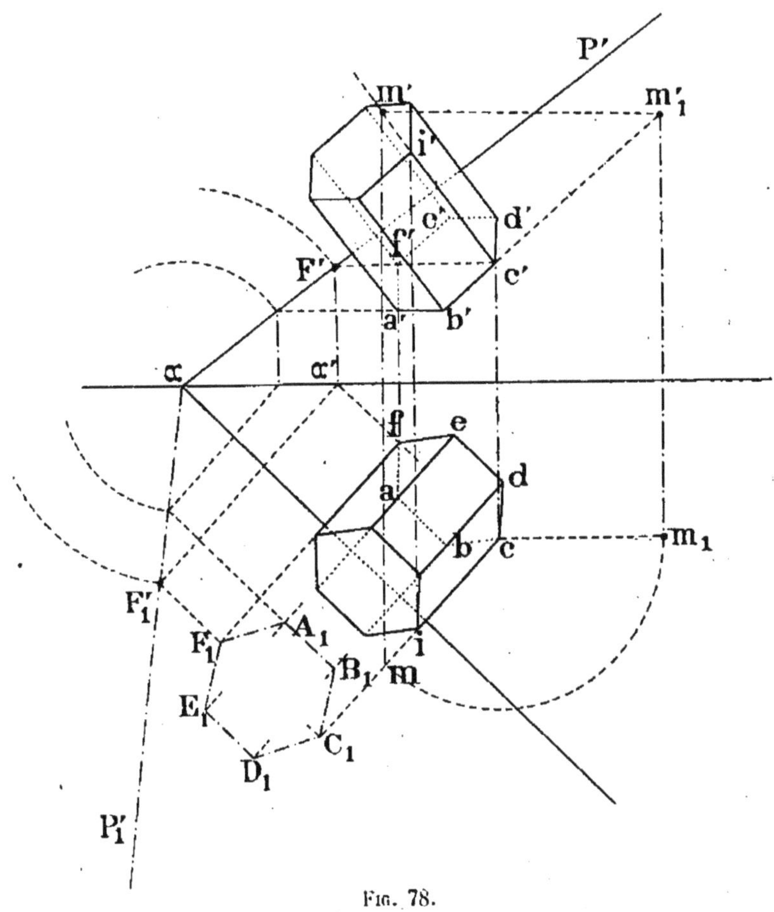


FIG. 78.

$c'i'_1$ et de ramener le point $i'_1$ en projection, savoir : $i'$ en projection verticale et $i$ en projection horizontale.

Le prisme s'achèvera facilement ensuite.

## SURFACES COURBES

Une surface géométrique peut être considérée comme engendrée par une ligne, droite ou courbe, appelée *génératrice*, qui se meut en s'appuyant sur certaines lignes, qu'on appelle *directrices*.

Une surface de révolution (*fig.* 79) est engendrée par la rotation d'une ligne quelconque ABC autour d'un axe fixe XY.

Dans ce mouvement autour de l'axe, un point B quelconque de la *génératrice* ABC, décrit une circonférence dont le centre O est le pied de la perpendiculaire BO abaissée sur l'axe. — La circonférence décrite par chacun des points de la génératrice est un *parallèle* de la surface.

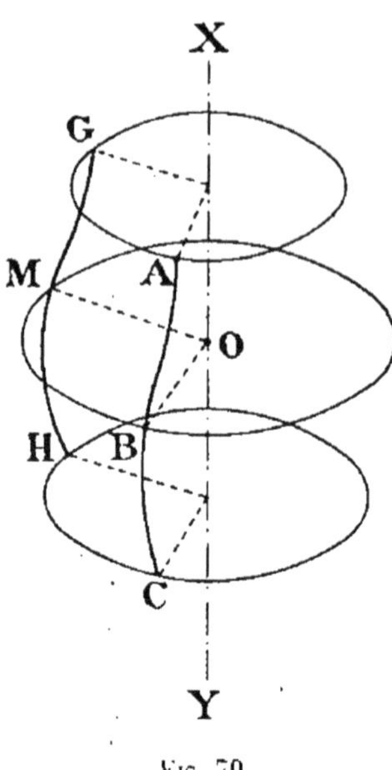

Fig. 79.

Tous les parallèles étant perpendiculaires à l'axe sont parallèles entre eux.

On appelle *méridien* tout plan passant par l'axe et *méridienne* toute section faite par un plan méridien.

On choisit généralement pour génératrice une méridienne.

Si cette méridienne est une droite parallèle à l'axe, la surface est un *cylindre de révolution*. Si la droite rencontre l'axe, c'est alors un *cône de révolution*.

Les surfaces de révolution prennent des noms différents suivant les courbes méridiennes qui leur servent de génératrices.

Lorsque la courbe méridienne est un cercle dont le centre se trouve sur l'axe, on obtient alors la *sphère*; mais, si le centre est en dehors de l'axe, on détermine une surface en forme d'anneau qui est le *tore*.

L'*ellipsoïde de révolution* est la surface engendrée par une ellipse tournant autour d'un de ses axes.

L'*hyperboloïde de révolution* est la surface engendrée par une hyperbole tournant autour d'un de ses axes.

L'hyperboloïde est à une nappe ou à deux nappes selon que l'hyperbole tourne autour de son axe imaginaire ou de son axe réel.

Le *paraboloïde de révolution* est la surface engendrée par une parabole tournant autour de son axe.

Une *surface réglée* est engendrée par une ligne droite qui se déplace suivant une loi déterminée

On peut démontrer que trois lignes quelconques, A, B, C (*fig.* 80) déterminent une surface réglée. Il suffit de faire voir que, si on prend un point quelconque sur l'une de ces trois lignes, il est possible de mener par ce point un nombre limité de droites s'appuyant sur les deux autres.

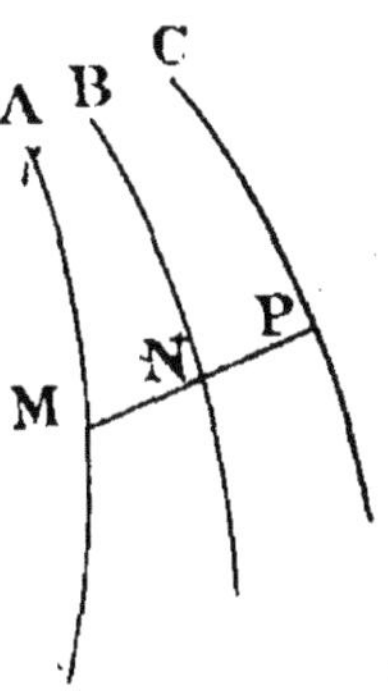

Fig. 80.

Soit M, un point quelconque de A, pris comme sommet de deux cônes ayant pour directrices respectives les lignes B et C. Ces deux cônes auront généralement une ou plusieurs génératrices communes telles que MNP; ces droites passeront par le point M de A et s'appuieront sur les lignes B et C situées sur les deux cônes.

Les directrices A, B et C peuvent être courbes ou droites; elles peuvent être remplacées par des surfaces sur lesquelles doivent s'appuyer les génératrices ou par des *plans directeurs* auxquels ces génératrices doivent rester parallèles.

Parmi les surfaces réglées, celles qui peuvent être déroulées de manière à s'appliquer sur un plan, sans déchirure ni duplication, sont des *surfaces développables*.

Celles qui ne jouissent pas de cette propriété sont des *surfaces gauches*.

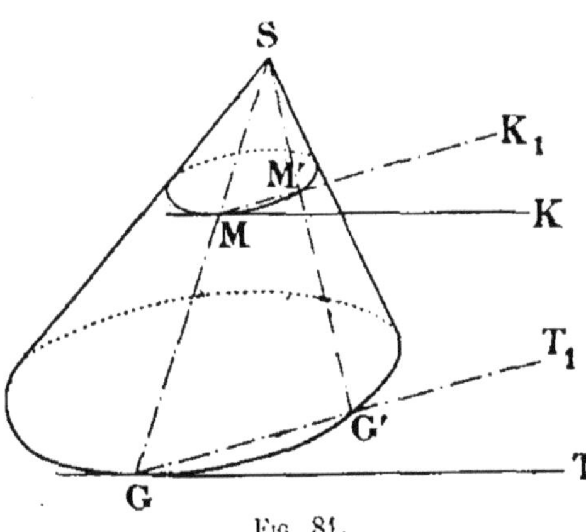

Fig. 81.

## PLANS TANGENTS

Si l'on trace sur une surface donnée toutes les courbes en nombre infini qui passent par un point, le *plan tangent* a la propriété de contenir toutes les tangentes à ces courbes.

Soit un cône (*fig.* 81), le plan tangent au point G est déterminé par les droites SG et GT.

Le plan tangent au point M de la génératrice SG est SMK.

Or, si l'on mène la sécante $GT_1$ et la génératrice SG'M', les lignes $GT_1$ et $MK_1$ sont dans un même plan. Les limites de ces droites sont GT et MK, qui sont toujours dans le même plan, c'est-à-dire le plan tangent.

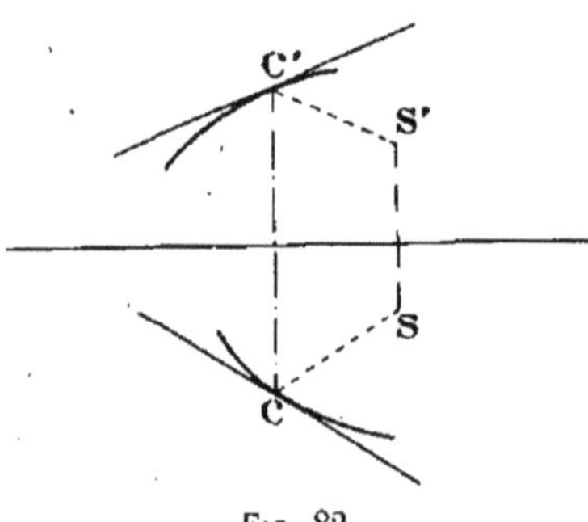

Fig. 82.

Le plan tangent au cône est donc le même le long de la génératrice.

Pour déterminer dans une épure le plan tangent à un cône, en un point C de la génératrice SC, il suffit de mener la tangente à la courbe au point C. Ce sont les traces horizontale et verticale du plan tangent (*fig.* 82).

**Plan tangent au cône mené par un point extérieur** (*fig.* 83). — Le cône repose sur le plan horizontal, et il est

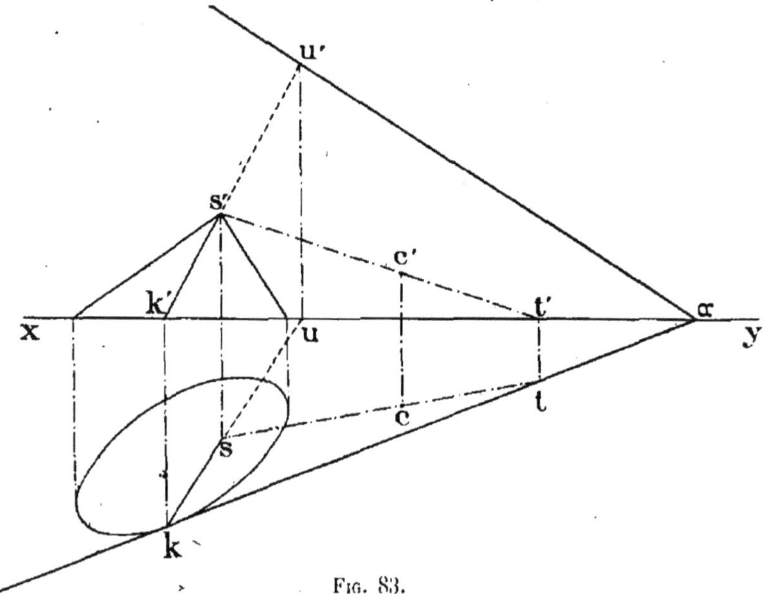

Fig. 83.

défini par sa base en projection horizontale et par le sommet *s'-s*. Le point donné est *c'-c*.

Il faut mener la droite *sc-s'c'* qui passe par le point et par le sommet du cône et chercher le point *tt'* où cette droite perce le plan horizontal. La tangente *tk* est alors la trace horizontale du plan tangent cherché.

La trace verticale s'obtient en joignant le point α à la trace verticale *u'*, de la génératrice *s'k'* qui est la droite de tangence du plan cherché. La trace verticale est alors *αu'*.

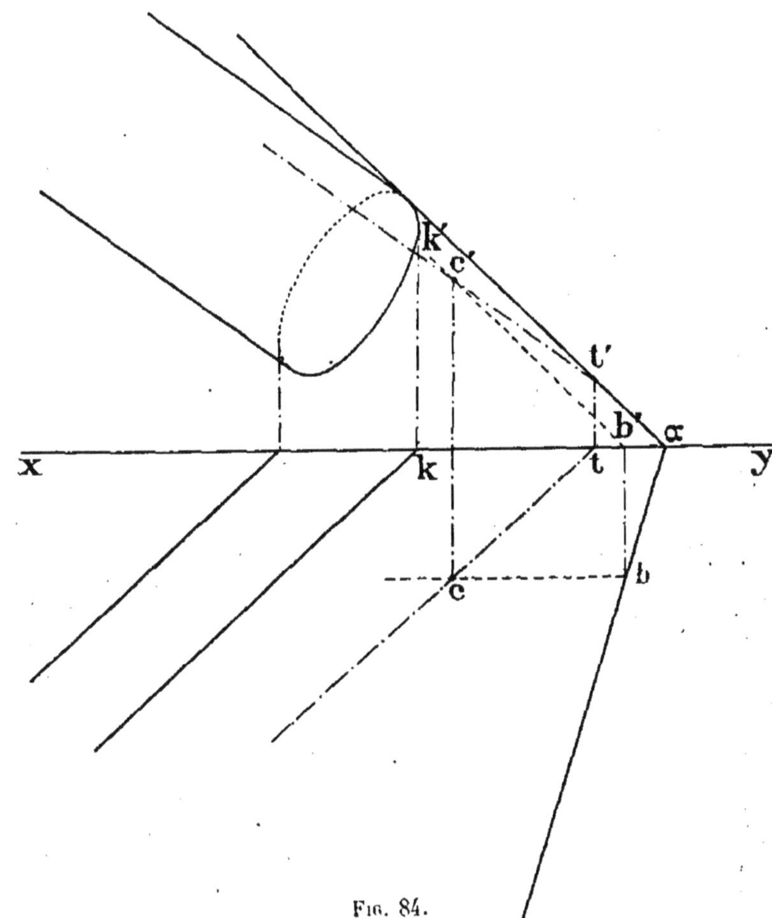


FIG. 84.

**Plan tangent au cylindre par un point extérieur** (*fig.* 84). — La base du cylindre est dans le plan vertical et le point donné est *cc'*.

Par ce point *cc'* on mène une parallèle *c't'-ct* aux génératrices du cylindre et par la trace verticale *t'* de cette droite on mène la tangente *αk'* à la base du cylindre qui est la trace verticale du plan tangent.

La trace horizontale s'obtient en menant une ligne de front *cb-c'b'* parallèle à *αk'*, et cette trace passe par la trace horizontale *b* de la ligne de front.

On remarquera que c'est la même construction que pour le cône en considérant le cylindre comme un cône dont les génératrices se rencontrent à l'infini.

**Plan tangent au cône parallèle à une droite donnée** (*fig.* 85). — La droite donnée est D'-D.

Par le sommet *ss'* du cône, on mène une droite *s't'-st* pa-

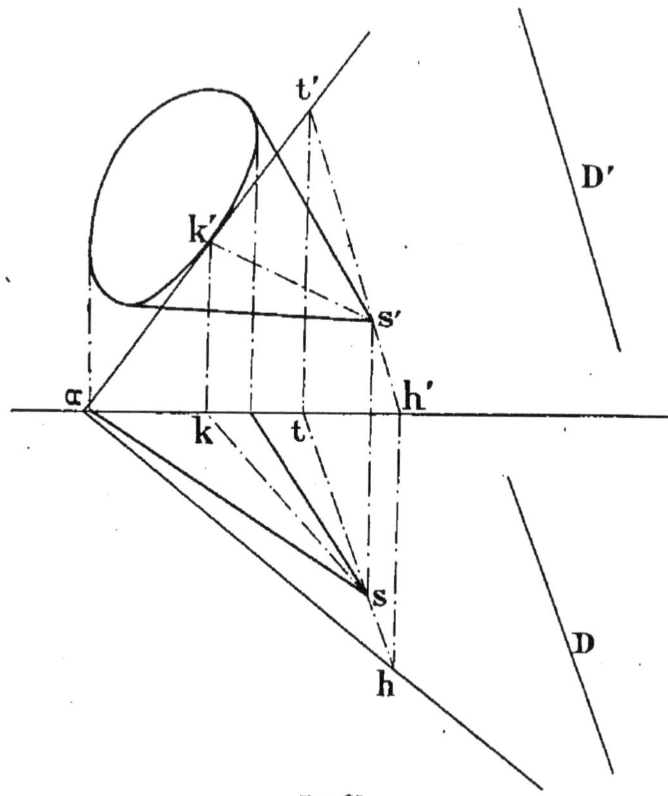


Fig. 85.

rallèle à la droite donnée, et par sa trace verticale *t'* on mène une tangente *t'k'* à la projection verticale de la base qui est la trace verticale du plan tangent.

La trace horizontale du plan tangent *αh* passe par *α* et par la trace horizontale *h* de la droite parallèle à la droite donnée.

**Plan tangent au cylindre parallèle à une droite donnée** (*fig.* 86). — Par un point C de la droite donnée D, on mène une parallèle aux génératrices du cylindre ; ces deux droites déterminent un plan dont la trace horizontale est QT.

On mène à la base AB du cylindre une tangente RK paral-

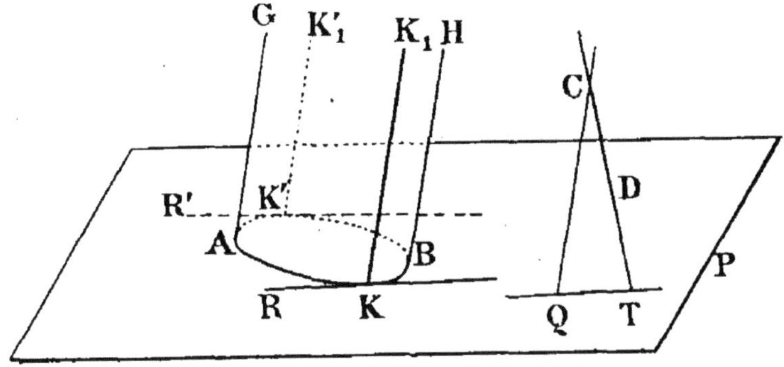


Fig. 86.

lèle à la trace de ce plan. On mène la génératrice de tangence du cylindre $KK_1$ qui est contenue dans le plan tangent.

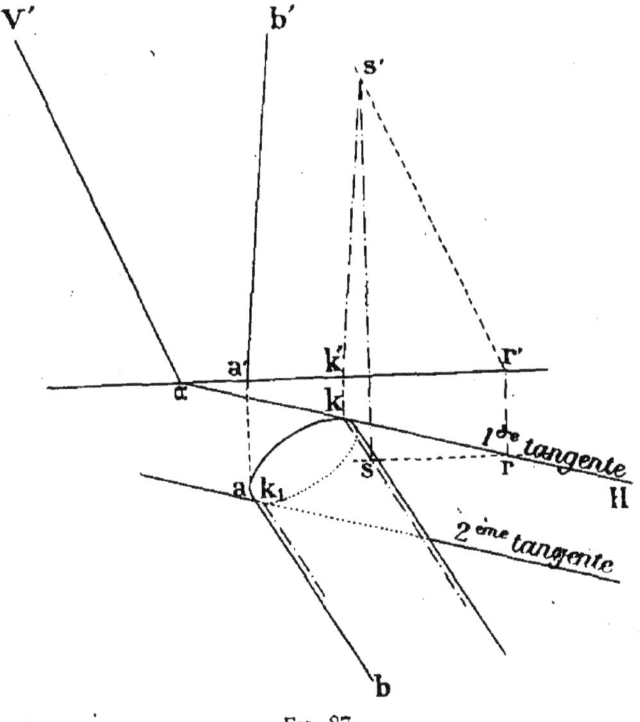


Fig. 87.

Il y a deux tangentes répondant à la question : KR et K'R'.

Sur l'épure (*fig.* 87 et 88), la base est dans le plan horizontal. La droite donnée est D-D' et la direction des génératrices

$ab$-$a'b'$. Par le point $c$-$c'$ de D-D' on mène une parallèle aux génératrices du cylindre, ce qui détermine la trace horizontale $qt$ du plan qui contient ces deux droites. Il suffit ensuite

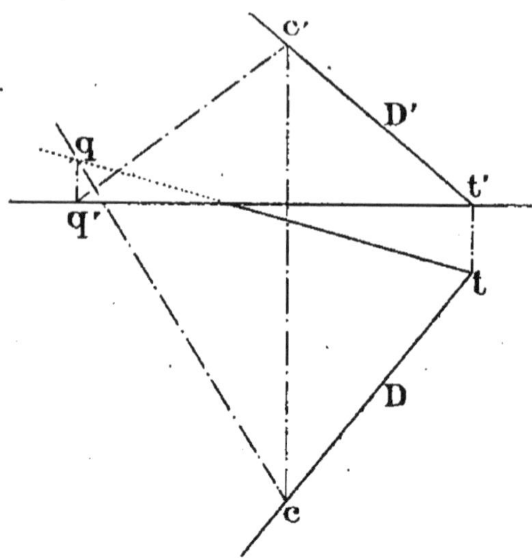


de mener à la base donnée une tangente αH parallèle à $qt$ pour obtenir la trace horizontale du plan tangent cherché.

En menant une ligne de front $sr$-$s'r'$ du plan tangent, la trace verticale αV' de ce plan est parallèle à $s'r'$.

L'épure comporte les deux traces tangentes dans le plan horizontal.

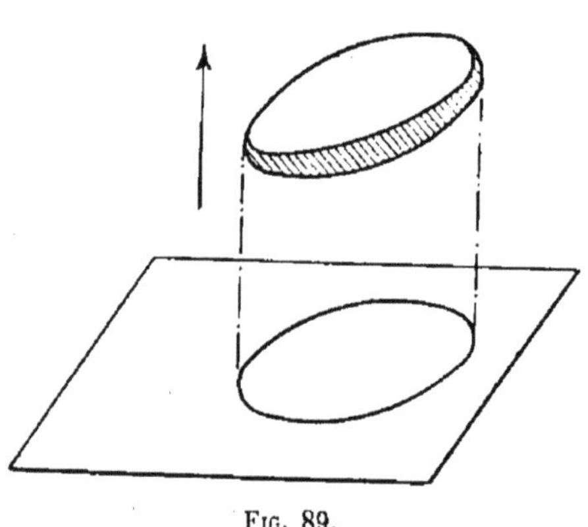

Fig. 89.

**Contours apparents.** — Pour les solides à représenter sur le plan horizontal (*fig.* 89), le spectateur est supposé placé à l'infini au-dessus de ce plan dans la direction de la flèche.

Le contour apparent horizontal est alors le lieu des points de contact de tous les plans tangents perpendiculaires au plan horizontal.

Pour les solides à représenter dans le plan vertical, le spectateur est supposé placé à l'infini en avant de ce plan. Le contour apparent vertical est alors le lieu des points de contact de tous les plans tangents perpendiculaires au plan vertical.

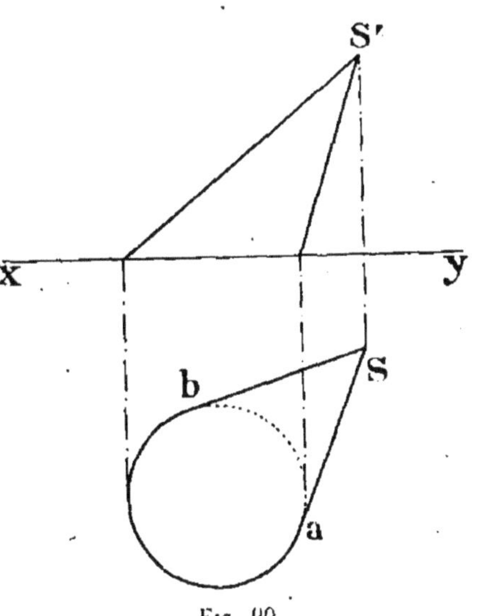

Fig. 90.

**Contours apparents du cône** (*fig.* 90). — Pour obtenir le contour apparent horizontal du cône, on mène des plans tangents perpendiculaires au plan horizontal et passant par le sommet S.

Pour le contour apparent vertical du cône on mène des

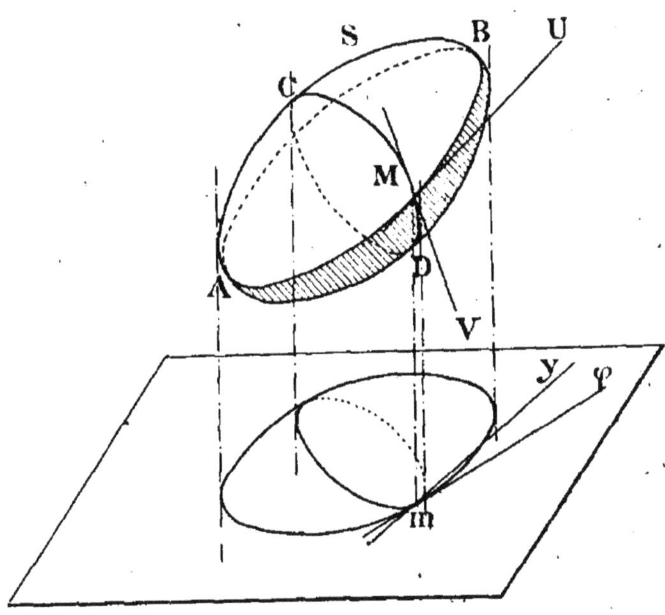

Fig. 91.

plans tangents perpendiculaires au plan vertical et passant par le sommet S'.

Théorème. — *Une courbe quelconque* CD *tracée sur une surface* S *a sa projection tangente au contour apparent* (*fig.* 91). — Le point M où cette courbe rencontre la séparative AB, étant donné, on projette ce point en $m$ et on mène les tangentes $m\varphi$ et $my$ qui sont les projections de MU et MV respectivement tangentes à la séparative AB et à la courbe CD. Or, ces tangentes sont dans le plan tangent à la surface S, de plus, la séparative est le lieu des plans verticaux tangents à la dite surface, et le plan MUV est un de ces plans; par conséquent $m\varphi$ se confond avec $my$ et est alors tangente à la courbe en $m$.

Comme application de ce principe, on reconnaîtra que dans le cône de la figure 90 la courbe de base doit être tangente au contour apparent.

## SECTIONS PLANES

Problème. — *Construire les projections et la vraie grandeur de la section faite dans la pyramide* SABCD *par le plan* P'αP *oblique aux deux plans de projection* (*fig.* 92). — On détermine l'intersection du plan avec l'une des arêtes SA-S'A' par exemple, à l'aide du plan projetant la droite verticalement, on obtient le point $g$-$g'$. Si on prolonge AB jusqu'à sa rencontre en N avec la trace αP, le point N est la trace horizontale de l'intersection du plan SAB avec P'αP. N$g$ est donc la projection horizontale de cette intersection, et alors $gh$ est l'un des côtés de la section. Il suffit de prolonger de même DA en M et CD en L pour obtenir les côtés $gi$-$ik$ et de joindre $kh$ pour obtenir la section entière.

En projection verticale, les quatre points $ghki$ se projettent en $g'h'k'i'$ sur les arêtes.

Le rabattement de la section s'obtient en faisant tourner le plan sécant autour de αP. Le point $g$ vient en $G_1$ sur une perpendiculaire à αP tel que $RG_1 = Rg_1$ et $RG_1$ est l'hypoténuse d'un triangle rectangle dont $gg_1 = g'_1g'$.

On obtiendrait de la même manière les autres points de la section qui, alors rabattue en vraie grandeur, est $G_1H_1K_1I_1$.

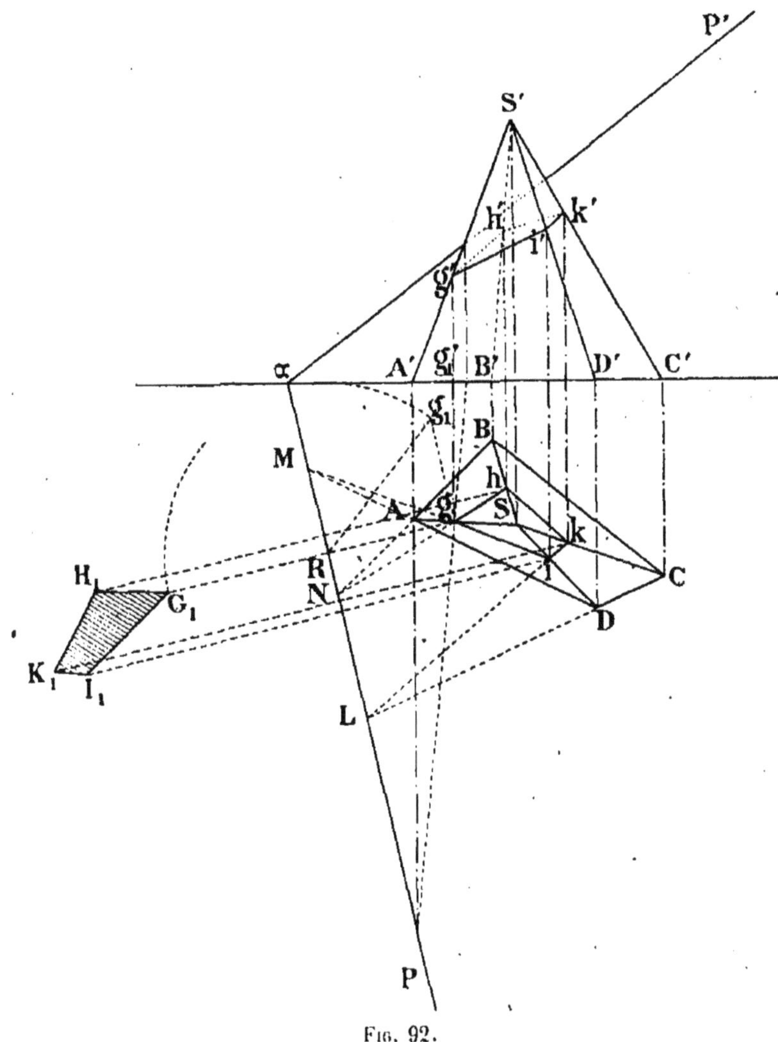


Fig. 92.

**Section plane d'un cône** (*fig.* 93). — Le principe général consiste à chercher l'intersection des génératrices du cône avec le plan donné. On cherche l'intersection d'une génératrice quelconque *s'a'-sa* avec le plan donné P'αP. Il suffit de prendre le plan projetant la droite horizontalement par l'intersection de *s'a'* et *ω'p'* pour obtenir le point *mm'* qui est un point de la section cherchée. Les autres points s'obtiendraient de la même manière.

*Tangente.* — Dans les sections planes il est souvent utile de rechercher les tangentes aux différents points.

Pour déterminer la tangente en un point de la section, on mène le plan tangent en ce point et on cherche l'intersec-

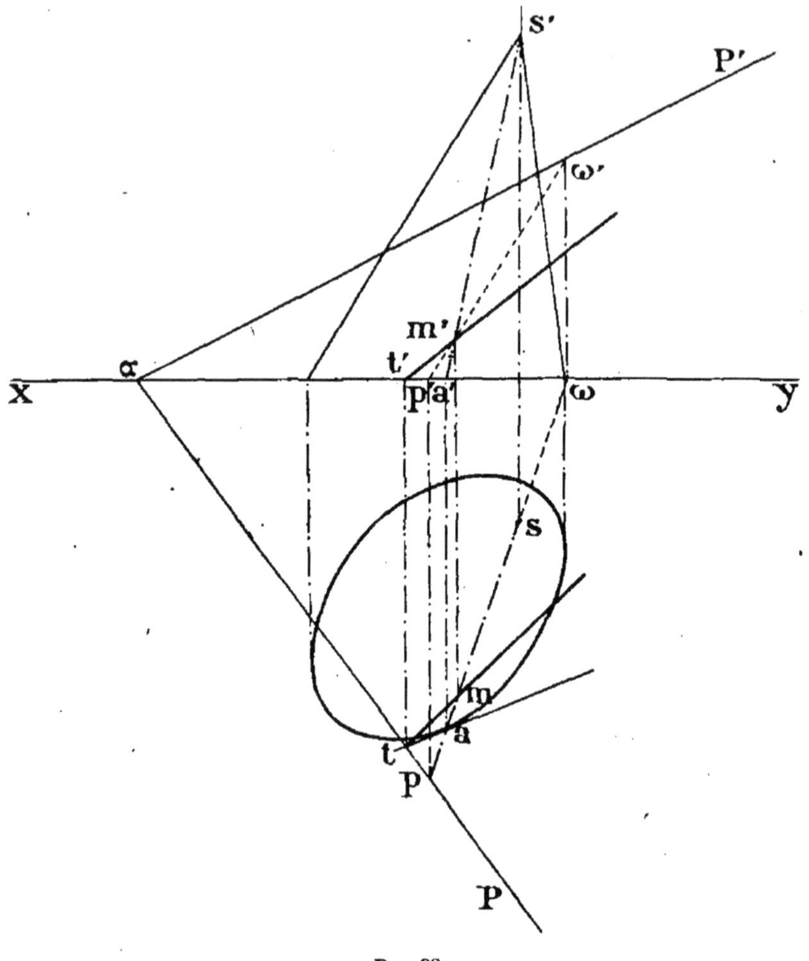


Fig. 93.

tion de ce plan avec le plan sécant. Cette intersection est la tangente.

Ainsi pour déterminer la tangente au point *m* on mène en *a* la tangente à la directrice horizontale. Cette tangente est la trace horizontale du plan tangent; le point *t* d'intersection avec la trace horizontale du plan sécant est un second point de la tangente dont les projections sont alors *tm* et *t'm'*.

Les différentes sections, faites dans un cône par un plan, sont de deux sortes :

1° Section fermée ;

2° Section à branches infinies.

Pour ces sections, il convient de rechercher de prime abord le point le plus haut ou le plus bas de la section par la condition qu'en ces points la tangente est horizontale.

Ensuite il y a lieu d'examiner si la section contient des branches infinies ou non.

*Point le plus haut* (*fig.* 94). — La tangente est l'intersection du plan tangent et du plan sécant. Or, cette tangente

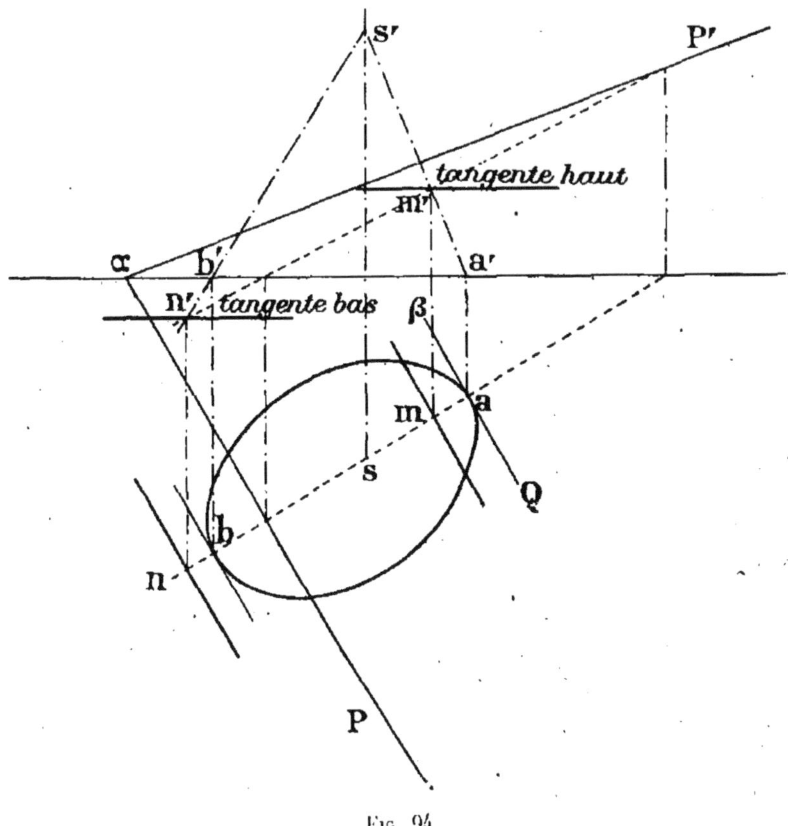


Fig. 94.

étant horizontale est une horizontale de ces deux plans dont les traces horizontales sont par conséquent parallèles. En menant une parallèle à $\alpha P$, tangente à la projection horizontale de la base en $a$, on obtient la trace du plan tangent le long de la génératrice $sa$-$s'a'$. Le point d'intersection de cette génératrice avec le plan sécant, qui s'obtient à l'aide du plan projetant la droite $sa$ horizontalement, est $m$, $m'$ qui est le point le plus haut. La tangente en ce point est horizontale et parallèle à $\alpha P$ et à $\beta Q$, trace horizontale du plan tangent.

*Point le plus bas.* — La même construction est indiquée pour le point le plus bas, mais il faut mener la parallèle à la trace horizontale du plan sécant, tangente à la projection horizontale du cône en $b$. Le reste de la construction est identique à celle du point le plus haut et détermine le point $nn'$ qui, sur l'épure, se trouve dans le deuxième dièdre.

**Branches infinies.** — Pour que la section présente des branches infinies, il faut que le cône ait des génératrices parallèles au plan sécant. On s'en assurera en menant par le sommet un plan parallèle au plan donné. Si ce plan coupe le cône, c'est qu'il aura des génératrices parallèles au plan et situées par conséquent à l'infini.

*Épure* (*fig.* 95). — On transporte le plan $P\alpha P'$ au sommet du cône et, à cet effet, on mène une ligne de front du nouveau plan $st$-$s't'$ par le sommet. La trace $\beta P_1$ de ce plan est parallèle à $\alpha P$ et passe par $t$, si elle coupe la base, on est en présence de branches infinies.

Le plan tangent le long de la génératrice $s'a'$-$sa$ coupe la trace $\alpha P$ en $0$; c'est un point de la tangente à la section. Enfin, en menant par ce point $0$ une parallèle à la génératrice $s'a'$-$sa$, on obtient *l'asymptote* $0'\psi'$-$0\psi$, c'est-à-dire la tangente à l'infini.

**Section plane d'un cylindre** (*fig.* 96). — La directrice A'C'B' du cylindre est dans le plan vertical de projection et les génératrices sur le plan horizontal sont A'K et B'F. Le plan donné est $P'\alpha P$.

On trace une génératrice quelconque RG qui rencontre le plan donné en un point pour lequel on peut déterminer la tangente à la section. Cette tangente est l'intersection du plan tangent le long d'une génératrice avec le plan sécant.

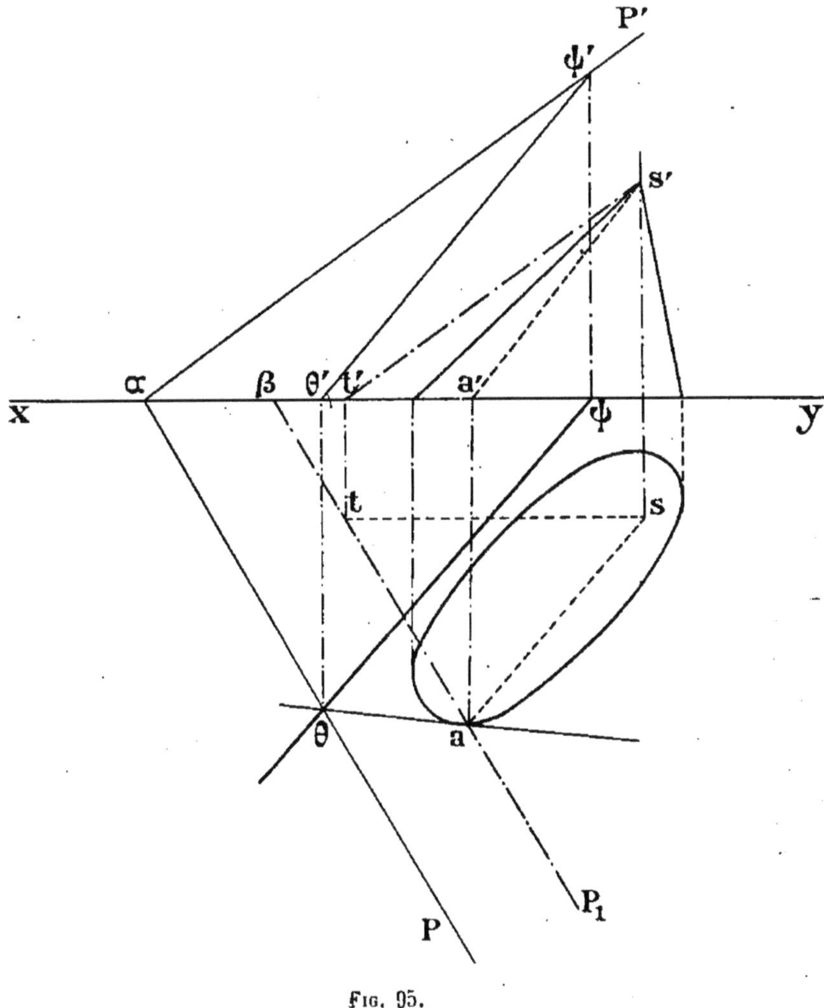


Fig. 95.

La trace verticale du plan tangent le long de la génératrice RG est βR' tangente au point R'; sa trace horizontale βP est parallèle à cette génératrice. L'intersection des deux plans et, par conséquent, la tangente cherchée est $Pr$-$P_1r'$ qui détermine le point $m$ sur la génératrice RG, et, par suite, sa projection verticale $m'$.

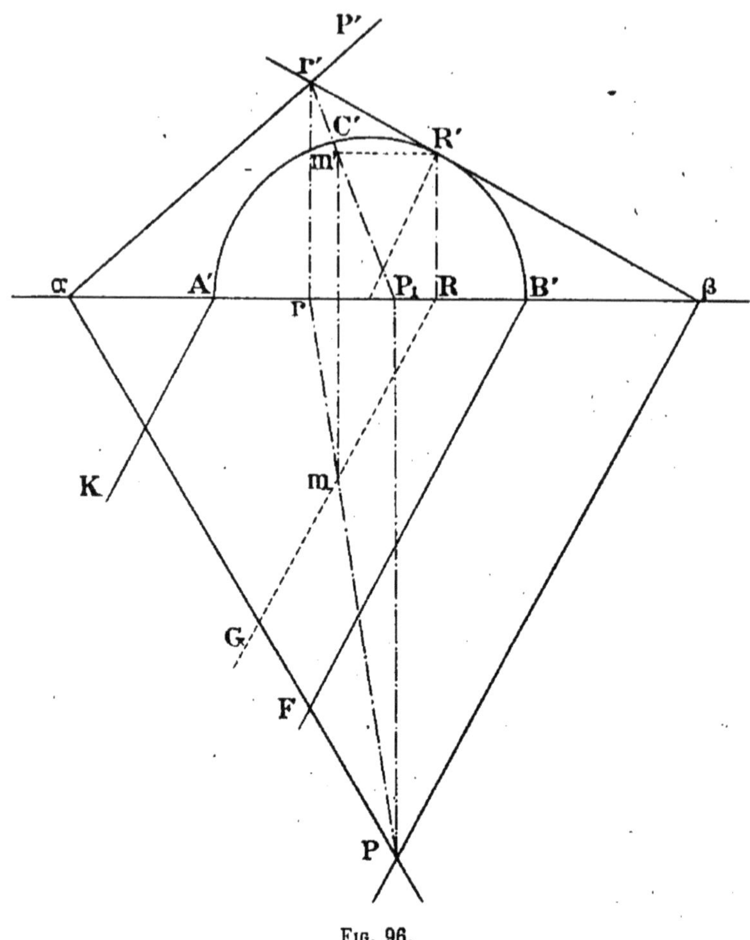


Fig. 96.

Comme vérification $P_1r'$ doit passer par le point $m'$ obtenu au moyen de l'horizontale du plan $m'R'$-$mR$.

## INTERSECTION DE DEUX SURFACES

**Solution générale du problème de l'intersection de deux surfaces.** — On donne deux surfaces S et S' dont il faut déterminer l'intersection. On coupe ces deux surfaces par une surface auxiliaire telle que l'intersection avec chacune des surfaces données soit facilement construite. On trouve ainsi deux courbes dont le point d'intersection appartient à l'intersection cherchée.

**Intersection de deux cônes** (*fig.* 97). — Pour appliquer la méthode générale au cas de deux cônes $Ass'$ et $Bs_1s'_1$, on

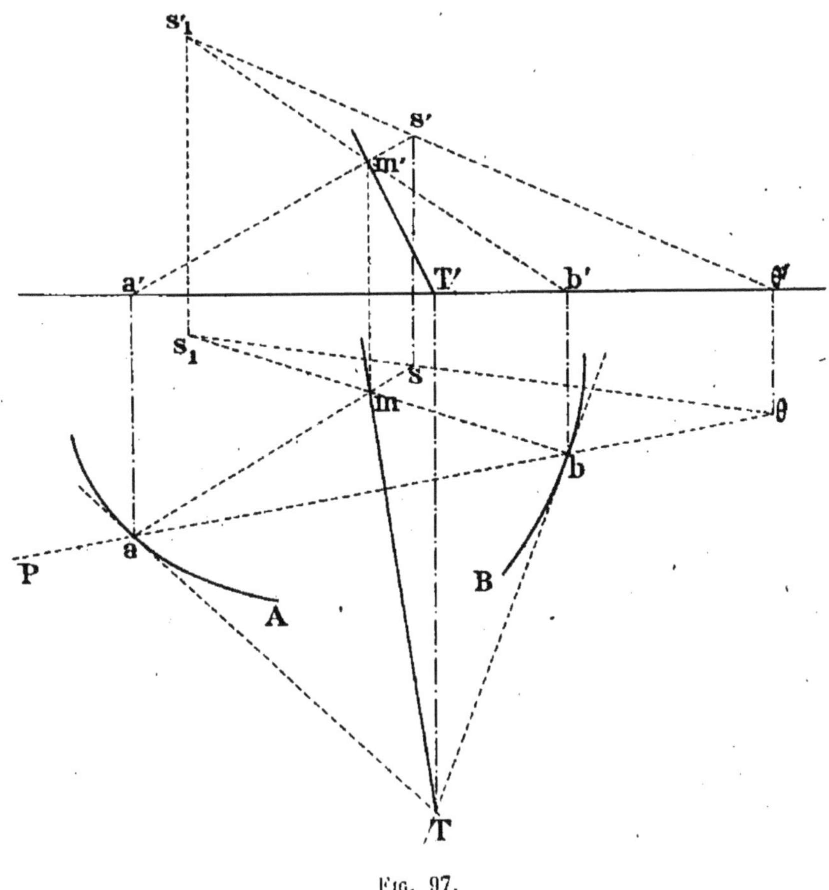


Fig. 97.

prendra pour surfaces auxiliaires des plans qui contiennent les génératrices.

A cet effet, on joint les sommets par une droite $s_1s$-$s'_1s'$ dont la trace horizontale est $\theta$ et par laquelle on mène des plans qui coupent les deux bases. Ainsi, par exemple, le plan $\theta$P détermine dans les cônes les génératrices $a's'$-$as$ et $b's'_1$-$bs_1$. Le point d'intersection des génératrices est $m$-$m'$ qui appartient à l'intersection des deux cônes.

On obtient la tangente au point *m*, *m'* en menant le plan tangent suivant chacune des génératrices *am*-*bm*. L'intersection T*m*-T'*m'* de ces deux plans est la tangente cherchée au point *m*,*m'* de l'intersection.

La disposition des bases peut se présenter de deux manières différentes qui donnent lieu à un *arrachement* ou à une *pénétration*.

Il y a *arrachement* lorsque les cônes se présentent comme

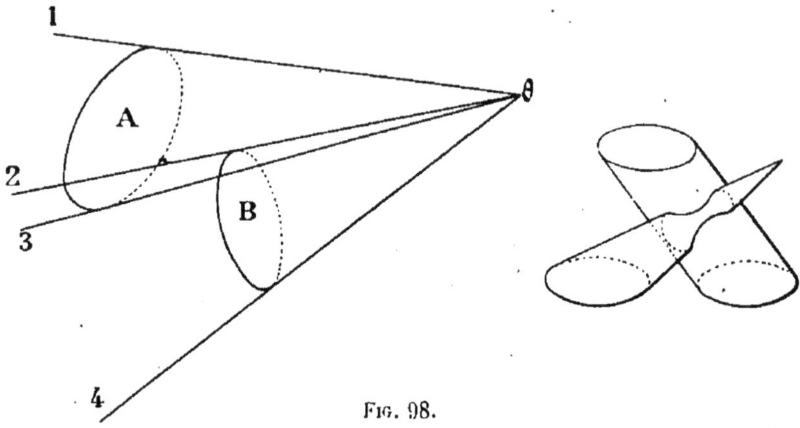


Fig. 98.

dans la figure 98. L'angle utile dans les limites duquel les deux cônes forment intersection est 203, et il faut alors pour déterminer cette intersection prendre les plans passant par θ et se mouvant dans cet angle.

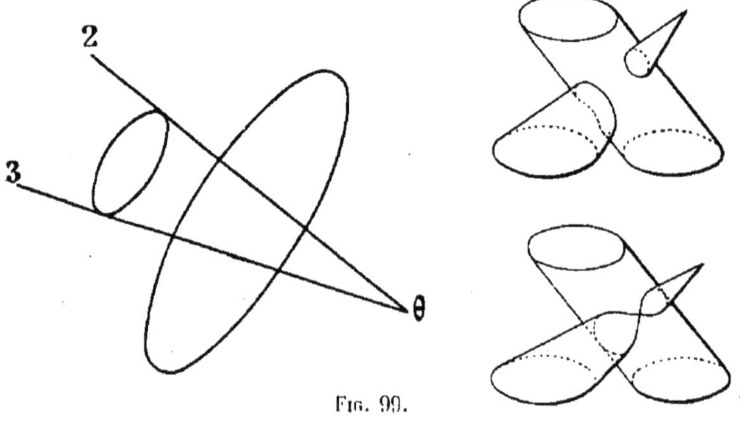


Fig. 99.

Dans le cas d'une *pénétration*, les cônes se présentent comme l'indique la figure 99. L'angle utile est 203 et l'intersection présente une *courbe d'entrée* et une *courbe de sortie.*

*Cas particulier de l'intersection de deux cônes* A'α'α et B'β'β *dont les deux bases sont dans un plan vertical ayant pour trace*

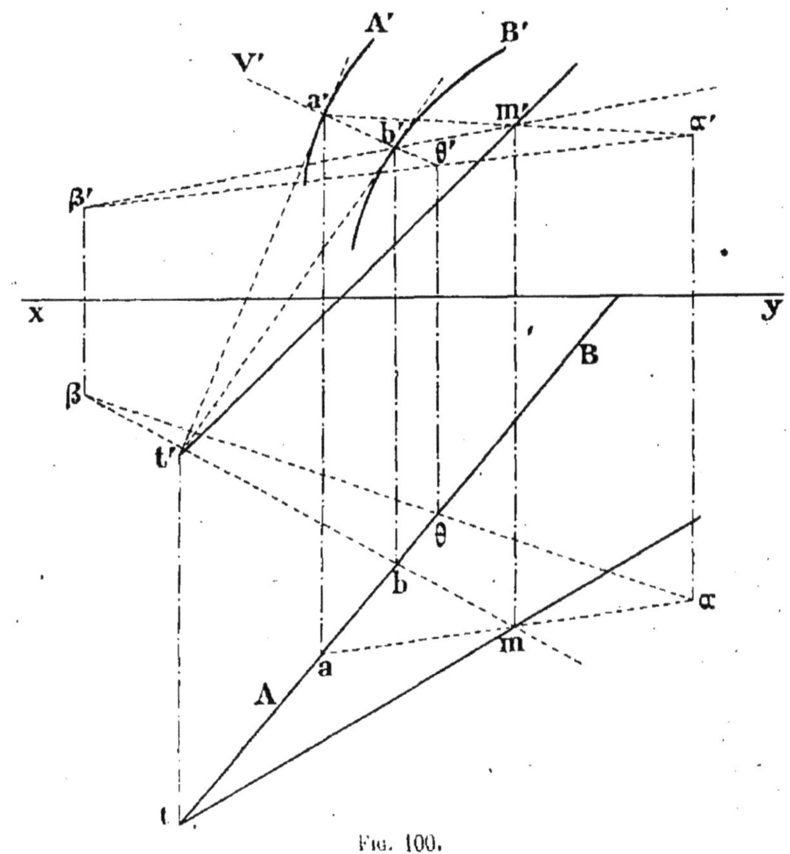


FIG. 100.

*horizontale* AB (*fig.* 100). — On joindra les sommets αβ-α'β' par une droite, ce qui déterminera le point θ, θ' dans le même plan AB que les bases. Par θ' on mènera un plan dont la trace verticale θ'V' coupe les deux bases en *a'* et *b'*, ce qui détermine les génératrices *a'*α'-*a*α et *b'*β'-*b*β. Leur point de rencontre *m'*-*m* est un point de l'intersection des deux cônes. La tangente *tm*-*t'm'* s'obtient en menant les plans tangents le long des génératrices *a'*α'-*b'*β', dont le point d'intersection détermine le point *t'* qu'on projette horizontalement en *t*.

**Intersection d'un cône et d'un cylindre.** — 1° *Les bases sont dans le plan horizontal* (*fig.* 101). — Le cône est défini par sa

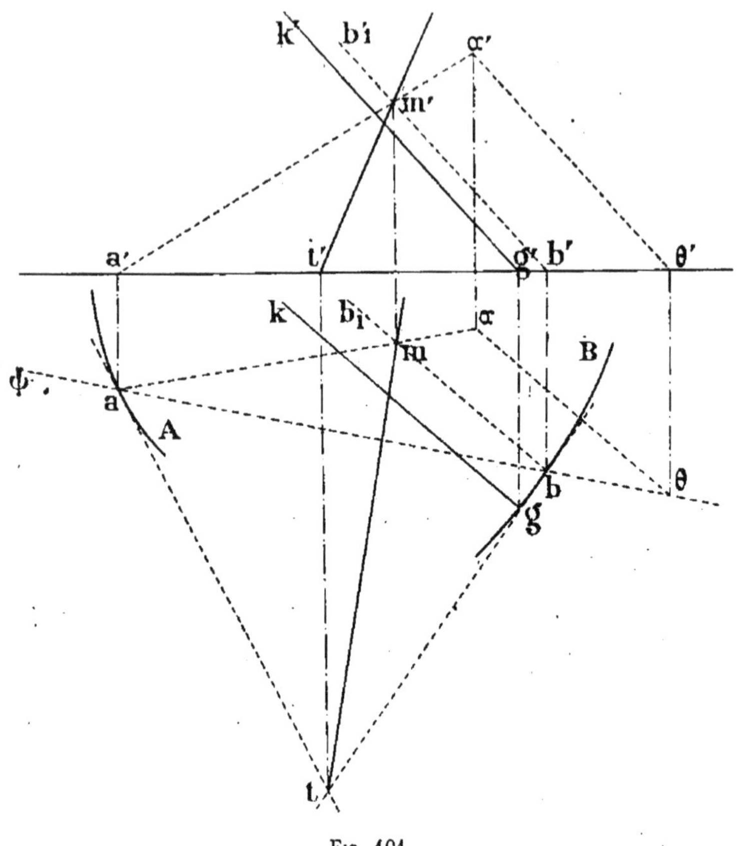


Fig. 101.

base A et son sommet $\alpha',\alpha$ et le cylindre par sa base B, et la direction des génératrices $g'k'$-$gk$.

Il faut couper les deux solides par des plans passant par le sommet du cône et parallèles aux génératrices du cylindre.

A cet effet on mène par le sommet $\alpha$, $\alpha'$du cône une parallèle à la génératrice $kg$-$k'g'$ du cylindre. On obtient ainsi le point $\theta\theta'$ par lequel on mènera les plans coupant les bases.

Ainsi l'intersection du plan dont la trace horizontale est $\theta\varphi$ avec les bases, détermine les génératrices $a'\alpha'$-$a\alpha$ et $b'b'_1$-$bb_1$, qui se rencontrent au point $m'$-$m$ qui appartient à l'intersection du cône et du cylindre.

La tangente $t'm'$-$tm$ en ce point s'obtient comme précédemment par l'intersection des plans tangents l'un au cône l'autre au cylindre.

La méthode qui vient d'être appliquée est identique dans le cas de deux cônes, mais en considérant le cylindre comme un cône dont le sommet est à l'infini.

2° ***Le cylindre a sa base dans le plan vertical, les génératrices sont perpendiculaires au plan vertical, et le cône a sa base***

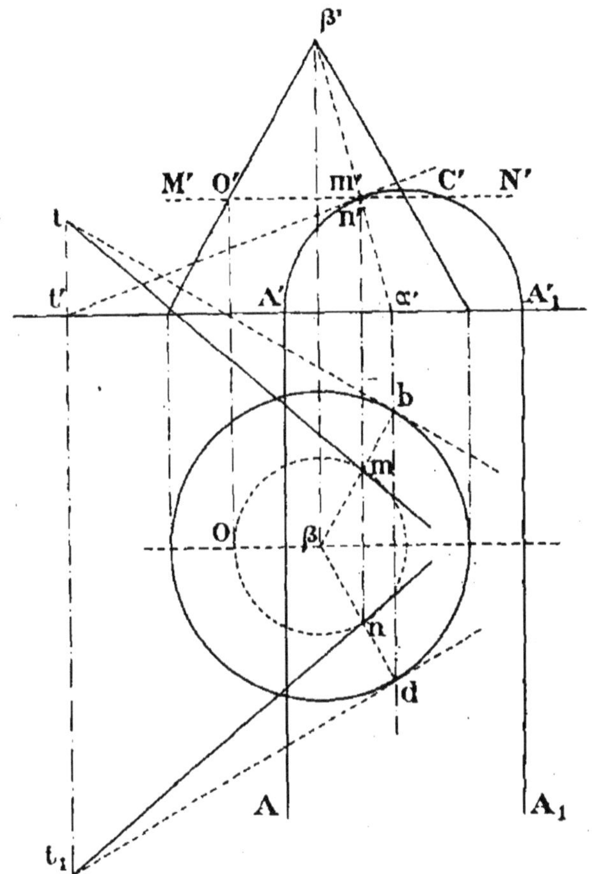


Fig. 102.

***dans le plan horizontal*** (*fig.* 102). — La projection verticale du cylindre est $A'C'A'_1$, et sa projection horizontale $A'AA'_1A_1$. Le sommet du cône se projette en $\beta, \beta'$.

On mène le plan $\alpha'\beta'$-$bd$ qui passe par le sommet du cône et qui est perpendiculaire au plan vertical. L'intersection des génératrices $\beta b$-$\beta d$ du cône avec la génératrice *mn* du cylindre détermine les points *m* et *n* qui appartiennent à l'intersection. Pour obtenir les tangentes à la section en ces points, on mène le plan tangent au cylindre le long de la génératrice projetée verticalement en *m'* et les tangentes à la base du cône en *b* et *d*; les points *t*, $t_1$ qu'on obtient ainsi sont deux points des tangentes, qui sont alors *tm* et $t_1n$.

Lorsque la base du cône est un cercle, on peut couper les deux solides par des plans horizontaux tels que M'N'. On obtient ainsi dans le cylindre la génératrice *mn* et dans le cône le cercle βO. L'intersection de la génératrice du cylindre avec ce cercle détermine les deux points *m* et *n* qui appartiennent à l'intersection.

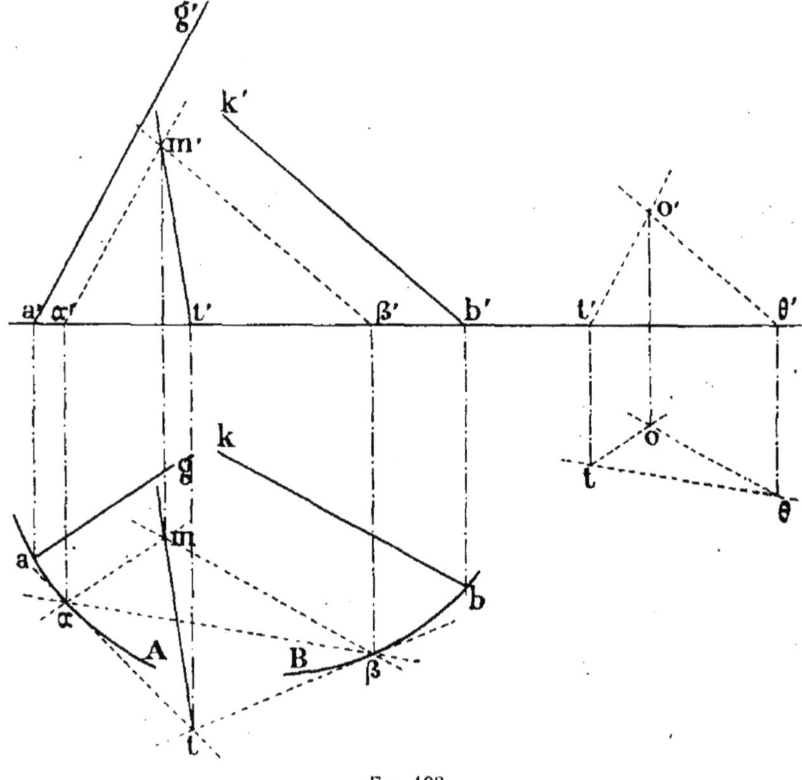


Fig. 103.

**Intersection de deux cylindres.** — 1° *Bases dans le même plan* (*fig.* 103). — Les cylindres ont les bases A et B dans le plan horizontal, et les génératrices sont $a'g'$-$ag$ et $b'k'$-$bk$.

Par un point quelconque de l'espace $o'$-$o$ on mène des parallèles $o't'$-$ot$ et $o'\theta'$-$o\theta$ aux deux génératrices des cylindres. Ces deux droites déterminent un plan auquel il faudra mener

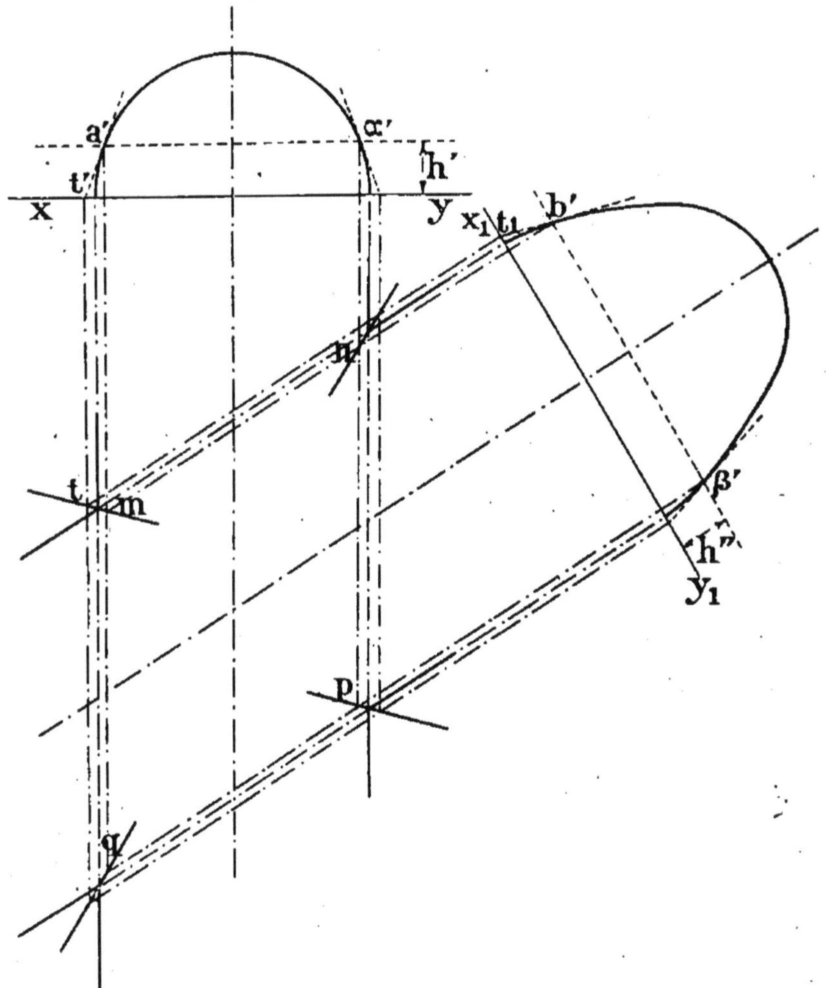


Fig. 104.

parallèlement des plans auxiliaires qui coupent les bases des cylindres.

La trace horizontale du plan servant de direction est $t\theta$ et un plan auxiliaire parallèle, coupant les deux bases, a sa trace $\alpha\beta$ parallèle à $t\theta$.

Ce plan auxiliaire détermine les génératrices $\alpha'm'$-$\alpha m$

et $\beta'm'$-$\beta m$ qui se rencontrent au point $m'$-$m$ qui appartient à l'intersection.

La tangente en ce point $t'm'$-$tm$ serait donnée par l'intersection des plans tangents $\alpha t$ et $\beta t$.

2° *Bases dans des plans différents* (*fig.* 104). — Les génératrices des deux cylindres sont dans des plans parallèles au plan horizontal.

En appliquant la méthode indiquée précédemment, on sera conduit à couper ces cylindres par des plans horizontaux; mais on pourra se dispenser de faire cette construction auxiliaire en opérant de la manière suivante :

On prendra au-dessus de chaque ligne de terre des distances égales, par exemple $h' = h''$, et on mènera respectivement des parallèles aux génératrices, qui seront alors les traces du plan horizontal qui coupe les deux cylindres. Ces génératrices, menées par les points $a'\alpha'$-$b'\beta'$, se rencontrent aux points $m, n, p, q$, qui appartiennent à la courbe d'intersection des deux cylindres.

La tangente au point $m$, par exemple, est l'intersection des plans tangents le long des génératrices projetées en $a'$ et $b'$. La construction est indiquée sur l'épure et consiste à mener les droites $a't'$ et $b't_1$ tangentes aux bases aux points $a'$ et $b'$. Le point de rencontre $t$ des traces $t't$ et $t_1t$ de ces plans tangents est un point de passage de la tangente $tm$.

## DÉVELOPPEMENT DES SURFACES

Les surfaces développables sont le cylindre et le cône. On indiquera ci-après les méthodes pour opérer le développement de ces surfaces.

**Développement d'un cylindre.** — 1° Cylindre droit (*fig.* 105). — Le cylindre droit de rayon A$o$ se développe suivant le rectangle $m'n'p'q'$, dans lequel la longueur $q'p' = m'n'$ est égale à $2\pi R$.

Si l'on fait une section PQ oblique sur l'axe et perpendiculaire au plan vertical, on détermine un point d'inflexion

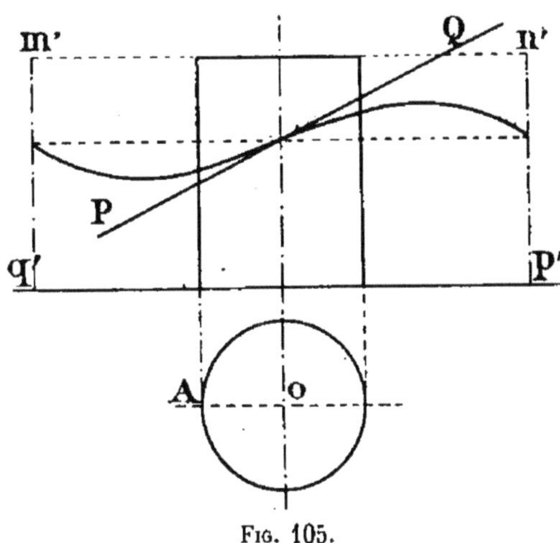


Fig. 105.

dans la courbe développée appartenant à la génératrice du plan tangent perpendiculaire au plan sécant.

*Pont biais* (*fig.* 106). — On porte en *ab* la demi-circonférence développée.

En projetant $A_1B_1C_1A_2B_2C_2$, on obtient les courbes $a_1c_1b_1$,

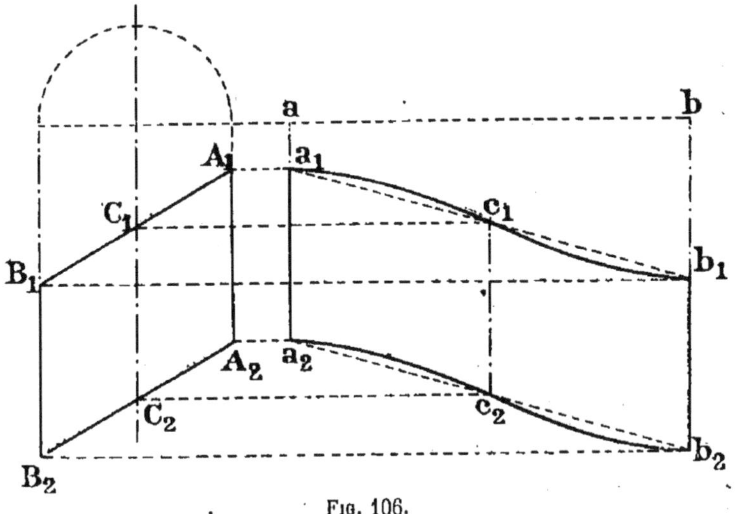


Fig. 106.

$a_2c_2b_2$, qui sont des sinusoïdes. Les points $c_1$ et $c_2$ sont le points d'inflexion.

2° Cylindre quelconque. — Pour effectuer le développement d'un cylindre, il faut connaître la section droite et la longueur des génératrices.

La base est A et la génératrice est en projection $a'f'$-$af$ par rapport à la ligne de terre $x_2y_2$ (*fig.* 107).

On prendra le plan vertical parallèle à la génératrice ; la

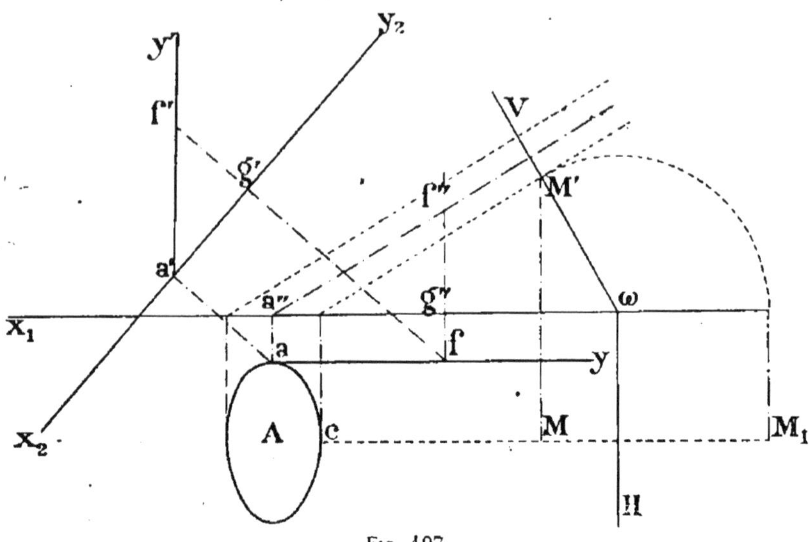


Fig. 107.

nouvelle ligne de terre est alors $x_1y_1$, et cette génératrice vient en vraie grandeur suivant $a''f''$ telle que $g''f'' = g'f'$.

En ce qui concerne la section droite, on coupera par le plan VωH normal à la génératrice et un point M', M de cette section vient en $M_1$ dans le rabattement sur le plan horizontal, et on opèrera de même pour tous les autres points de la section droite. Avec ces éléments on peut alors construire, comme précédemment, le développement du cylindre.

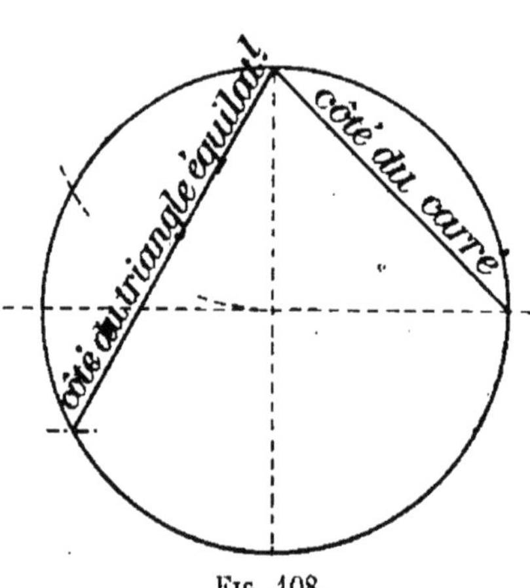


Fig. 108.

Remarque. — Il existe un moyen graphique très pratique pour trouver la longueur de la circonférence pour le développement du cylindre (*fig.* 108).

Dans la circonférence de rayon donné on inscrit :

1° Le côté du triangle équilatéral ;

2° Le côté du carré.

La somme de ces deux lignes est, à très peu près, égale à la demi-circonférence.

En effet, le côté du triangle équilatéral est :

$$R\sqrt{3} = R \times 1{,}73$$

le côté du carré est :

$$R\sqrt{2} = R \times 1{,}41$$

$$\text{TOTAL} \ldots\ldots\ldots \quad R \times 3{,}14$$

Il suffit donc de doubler le résultat obtenu pour avoir la longueur de la circonférence.

**Développement du cône** (*fig.* 109). — Le cône est donné par son sommet $ss'$ et la base *abcd*. On tracera un arc de cercle avec la génératrice $s'a'$ pour rayon, et on portera en développement la longueur de la circonférence de base de A en $A_1$, et la surface $SA_1CA$ sera le cône développé.

Un point $m'$ de la section du cône par un plan $P'\alpha P$ se projette sur la génératrice $Sp$ en $m$. Si l'on veut placer ce point $m$ sur le développement, on portera l'arc $cp$ de C en P et $s'\mu$ de S en M.

Pour tracer la tangente au point M à la section dans le développement, on porte sur la tangente au développement de la base en P, $PT = tp$, et la droite TM est la tangente en M à la section développée.

On pourrait déterminer, de la même manière, différents points de la section, et on obtiendrait ainsi le développement $AA'_1MC_1A''_1A_1CA$, pour lequel on a :

$$AA'_1 = A_1A''_1 = a'a'_1,$$
$$CC_1 = c'_1c'.$$

Remarque. — Au lieu de porter la longueur de la circonférence en $ACA_1$, il est plus commode de calculer l'angle en S.

En appelant R le rayon de la base, et R' la longueur de la génératrice SA, on a :

$$\text{arc } ACA_1 = 2\pi R.$$

Or :

360° correspondent à la longueur........ $2\pi R'$

et

180° correspondent à la longueur........ $\pi R'$

1° représente 180 fois moins ou........ $\frac{\pi R'}{180}$

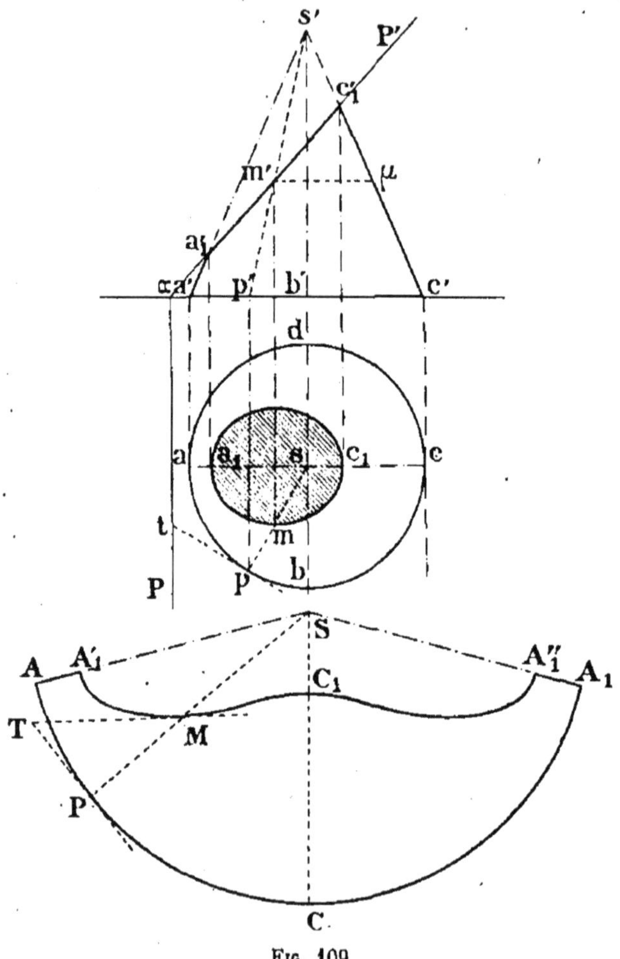


Fig. 109.

Les $n$ degrés de l'angle $ASA_1$ seront représentés par l'arc $\frac{\pi R'}{180} \times n°$.

On peut donc écrire l'égalité :

$$\frac{n°\pi R'}{180} = 2\pi R,$$

puisque cet arc est égal à $2\pi R$, ou encore après simplification

$$n^\circ = 360 \frac{R}{R'}.$$

L'angle en S est donc égal à 360° multiplié par le rapport du rayon de la base à la longueur de la génératrice.

## PLANS TANGENTS AUX SURFACES DE RÉVOLUTION

Problème. — *Mener un plan tangent à une surface de révolution par un point quelconque de la surface* (*fig.* 110). — Les

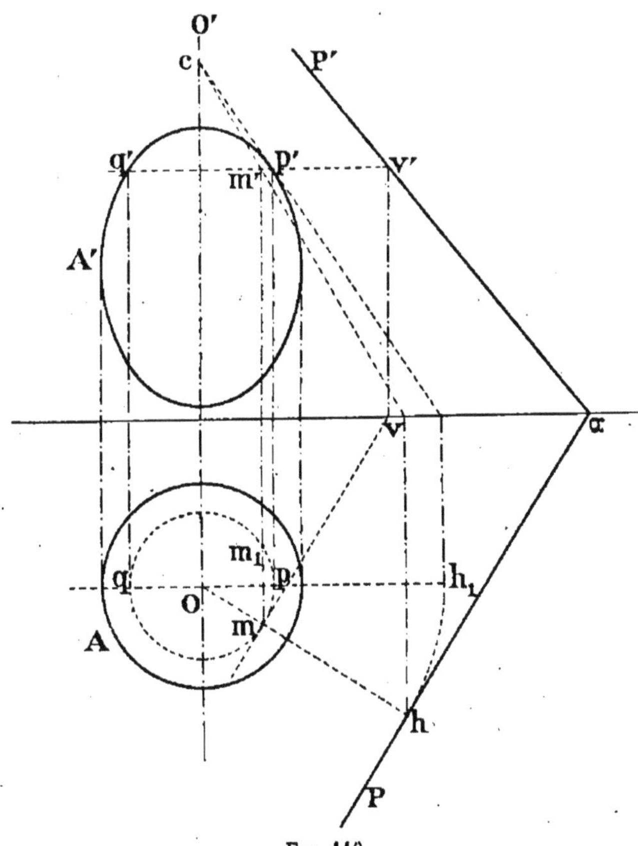


Fig. 110.

projections horizontale et verticale de la surface de révolution sont A et A' et la projection verticale d'un point de la surface est $m'$ par lequel on veut mener un plan tangent. Le parallèle de la surface qui passe par ce point est projeté verticalement suivant $p'q'$ et horizontalement en vraie grandeur suivant la circonférence $pq$. On mène la tangente au point $p'$ du contour apparent. Sa trace horizontale est $h_1$ qu'on ramène en $h$ sur la ligne qui passe par l'axe O de la surface et par le point $m$. La trace horizontale du plan tangent $\alpha$P est perpendiculaire à $om$ en $h$. On obtient la trace verticale $\alpha$P' à l'aide de l'horizontale du plan $mv,m'v'$.

Remarque. — On a supposé que le point se trouvait en avant de la surface; mais, s'il se trouvait en arrière, il faudrait opérer en projection horizontale sur le point $m_1$.

Problème. — *Déterminer la courbe de contact d'une surface de révolution et d'un cylindre circonscrit parallèle à une droite donnée ab-a'b'.*

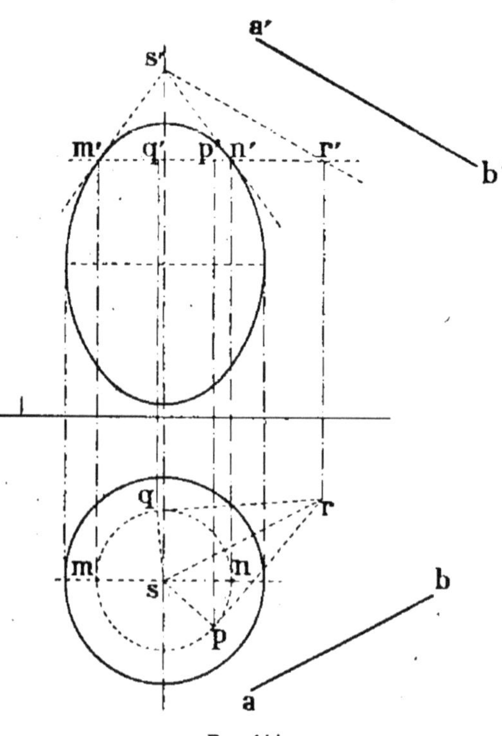


Fig. 111.

1° Méthode des cônes tangents (*fig.* 111). — La courbe cherchée est le lieu des points de contact de la surface avec les plans tangents qu'on peut lui mener parallèlement à la droite donnée.

On prend un parallèle quelconque $m'n'$-$mn$ et on circonscrit à la surface un cône de révolution suivant ce parallèle, puis on mène à ce cône les plans tangents parallèles à $ab$-$a'b'$.

Il suffit pour cela de tracer la droite $s'r'$-$sr$ parallèle à $a'b'$-$ab$, dont la trace sur le plan de la base du cône est $r$ par laquelle on mènera les deux tangentes $qr$ et $pr$ à la base. Ces droites sont les traces horizontales des plans tangents, et les deux points $pp'$ et $qq'$ appartiennent à la courbe de contact cherchée.

En déplaçant le parallèle, on déterminerait les autres points de la courbe.

2° Méthode des sphères tangentes (*fig.* 112). — Cette méthode s'emploie avec avantage, car elle réduit le nombre d'opérations à effectuer.

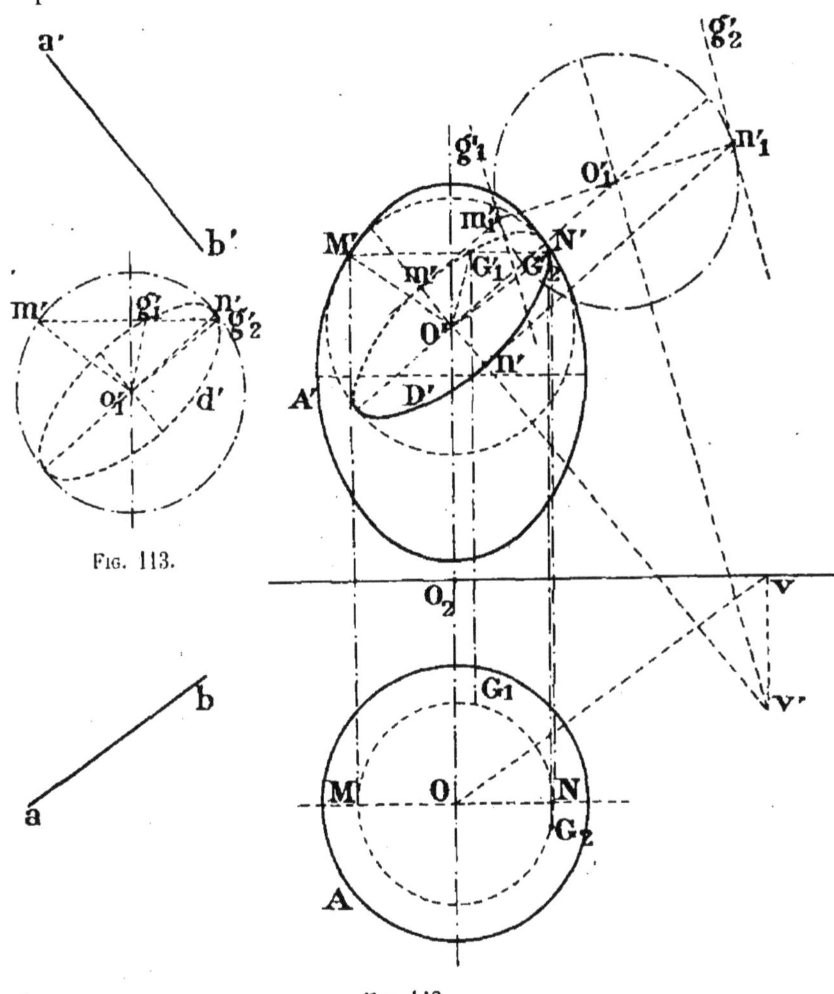


Fig. 113.

Fig. 112.

Soit un parallèle M'N', MN sur lequel on veut déterminer le point de contact de la surface avec un plan tangent parallèle à une droite $ab$, $a'b'$.

A cet effet, on cherche le centre OO′ de la sphère tangente à la surface suivant le parallèle donné en menant la normale M′O′ au point M′ du parallèle situé sur le méridien principal, et on détermine l'ellipse D′ qui est la projection verticale de la circonférence de contact de cette sphère avec le cylindre circonscrit parallèle à *ab-a′b′*.

Les points $G'_1G'_2$ communs à O′ et à M′N′ sont les projections verticales de deux points qui satisfont à la question. On en déduit les projections horizontales $G_1$ et $G_2$ situées sur la projection horizontale MN du parallèle considéré.

La construction de l'ellipse s'effectue de la manière suivante : on détermine la trace verticale *v′* de la droite *v′*O′-*v*O parallèle à *a′b′-ab* qui passe par le centre O′-O de la sphère, et on coupe le cylindre et la sphère par un plan projetant cette droite verticalement.

Ce plan détermine dans la sphère une circonférence et dans le cylindre deux génératrices projetées suivant *v′*O′.

En rabattant le tout sur le plan vertical, le centre O′ vient en $O'_1$ tel que $O'O'_1 = OO_2$, la circonférence est de même rayon que celui de la sphère, la droite O′*v′*-O*v* vient en $v'O'_1$ et les génératrices $g'_1m'_1$, $g'_2n'_1$ sont tangentes à la circonférence et parallèles à $O'_1v'$, ce qui détermine les deux points $m'_1$, $n'_1$, qui se projettent en *m′n′* sur *v′*O′. La distance *m′n′* est le petit axe de l'ellipse.

On répète cette construction pour une série de parallèles, mais il est inutile de faire chaque fois la construction de l'ellipse. En effet, toutes les sphères pouvant être considérées comme des surfaces homothétiques, les lignes de contact de ces sphères avec des cylindres circonscrits parallèles à une même droite sont projetées verticalement suivant des ellipses homothétiques.

On construira donc à part (*fig.* 113) sur une sphère quelconque la projection *d′* de la courbe de contact avec le cylindre circonscrit parallèle à la direction donnée *ab*, *a′b′*. Ensuite on mènera $o'_1m'$ parallèle à O′M′ et *m′n′* parallèle à M′N′. Les points $g'_1$, $g'_2$ sont les homologues des points cherchés qu'on obtiendra sur la figure 112 en menant les rayons $O'G'_1$, $O'G'_2$ parallèles à $O'_1g'_1$-$O'_1g'_2$.

On pourra donc déplacer le parallèle et répéter cette construction au moyen de l'ellipse de la figure 113 tracée une fois pour toutes.

3° Méthode de rotation (*fig.* 114). — En un point $oo'$ de l'axe on mène le rayon $os$-$o's'$ parallèle à la direction don-

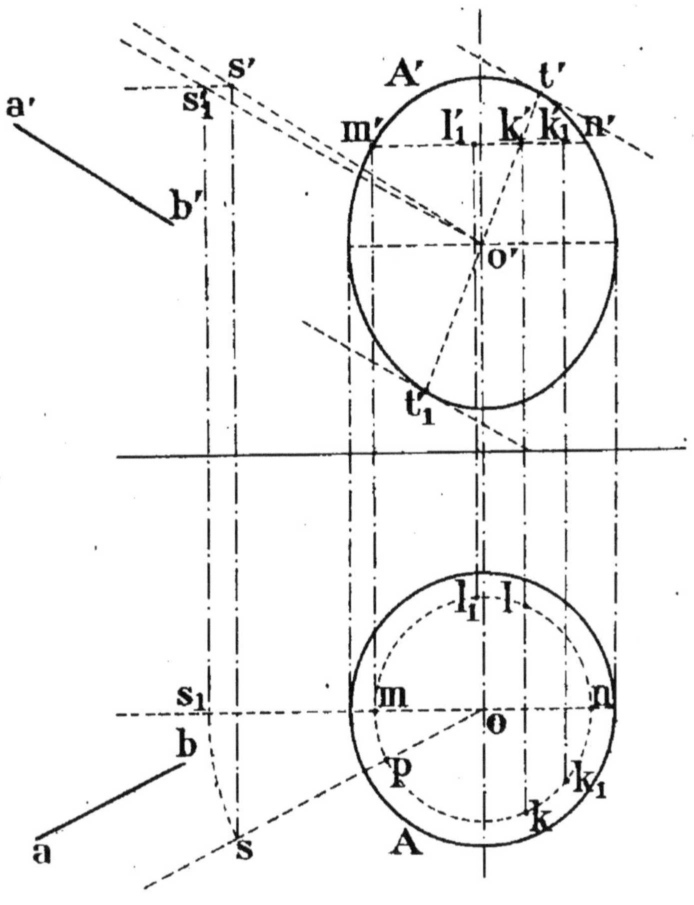


Fig. 114.

née $ab$-$a'b'$. On amène ensuite ce rayon par rotation dans un plan parallèle au plan vertical, en $o's'_1$-$os_1$. On mène des tangentes à la surface parallèles à cette nouvelle direction qui déterminent les points $t'$-$t'_1$ sur le méridien principal. La ligne $t't'_1$ contient les points de la courbe de contact ramenés dans un plan perpendiculaire au plan vertical. Dans cette position, si l'on trace un parallèle quelconque $m'n'$, les points de la courbe de contact situés sur ce parallèle sont projetés verticalement en $k'$ et horizontalement en $k$ et $l$. On les ramène facilement par une rotation en $k_1k'_1$ et $l_1l'_1$ en portant $ll_1 = kk_1 = mp$. On répète cette construction sur un certain nombre de parallèles.

**Hyperboloïde de révolution.** — On n'a considéré jusqu'ici que des surfaces de révolution déterminées par un méridien. On peut facilement revenir à ce cas quand la génératrice de la surface est une courbe tout à fait quelconque.

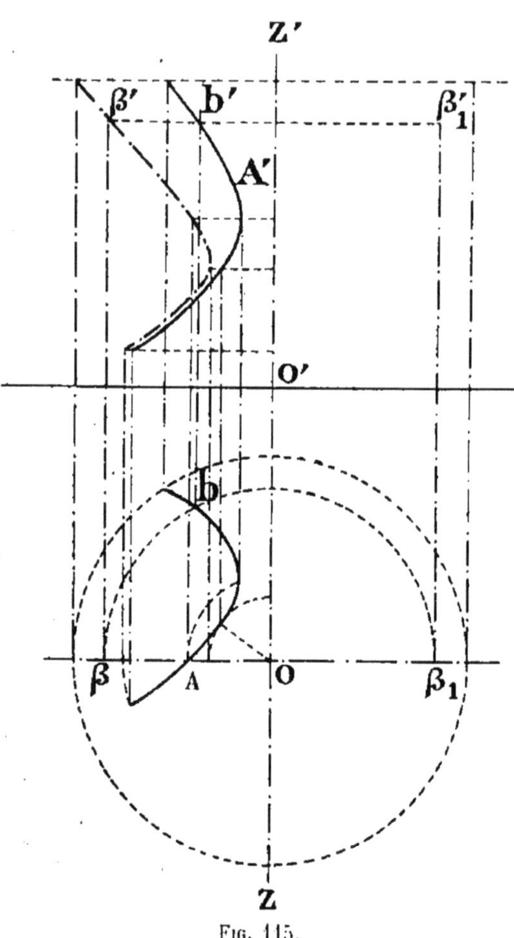

Fig. 115.

Soient AA' (*fig.* 115) la génératrice, et $oo'z'$ l'axe de la surface de révolution.

En considérant le parallèle engendré par un point quelconque $bb'$ de cette courbe, ce parallèle rencontre le plan du méridien principal en deux points $\beta\beta'$-$\beta_1\beta'_1$. Si l'on répète cette construction pour un certain nombre de points, on obtiendra deux courbes en projection verticale, symétriques par rapport à l'axe $oo'z'$ et telles que chacune, en tournant autour de l'axe, engendrera la même surface que la direction proposée.

**Surface de révolution engendrée par une ligne droite** (*fig.* 116). — Considérons le cas particulier où la génératrice de la surface est une droite parallèle au plan vertical de projection et qui est représentée dans la position AA'.

Si l'on applique à un point quelconque *mm'* de cette droite la construction ci-dessus, on détermine un point $\mu$, $\mu'$ du méridien principal.

En répétant cette construction un certain nombre de fois

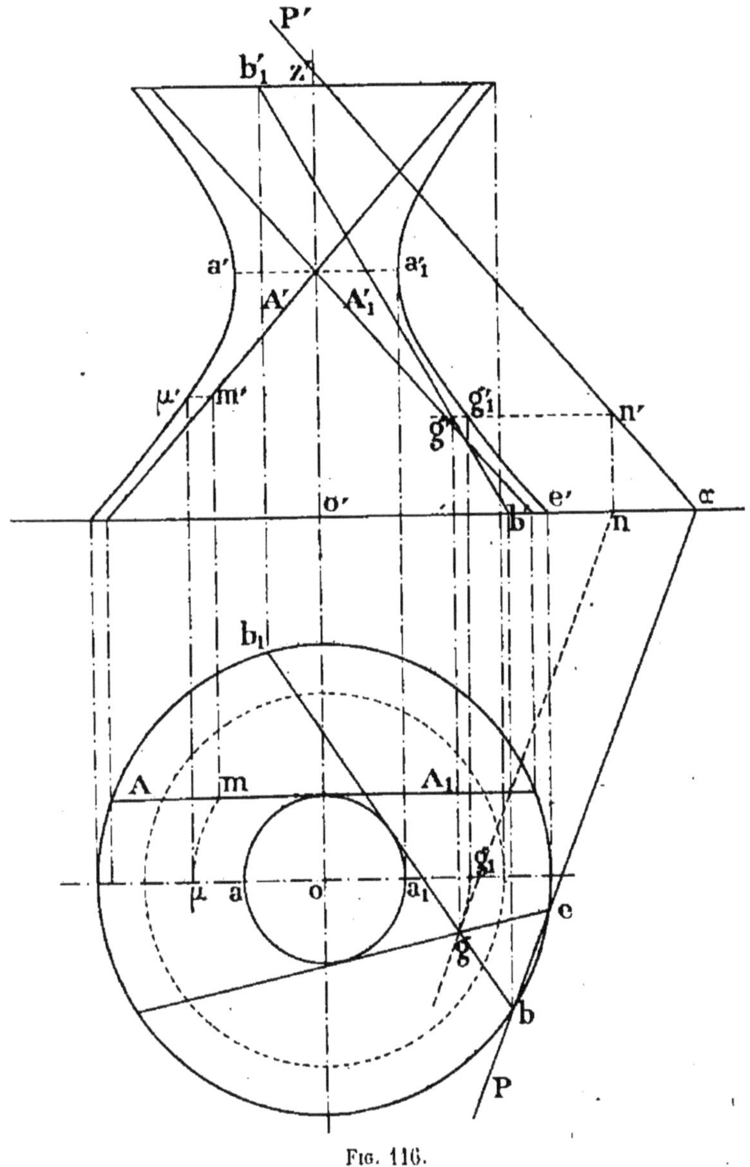


Fig. 116.

et joignant les points obtenus par une courbe, on obtient la projection verticale du méridien principal. On démontre que cette courbe est une hyperbole ayant pour axe transverse la projection verticale $a'a'_1$ du cercle de gorge $aa_1$, et pour une de ses asymptotes la projection A′ de la génératrice donnée; la surface considérée est donc un hyperboloïde de révolution à une nappe.

L'hyperboloïde définie ci-dessus peut être encore engendrée par une seconde droite $A_1A_1'$ ayant même projection horizontale que la première, et ayant sa projection verticale $A'_1$ symétrique de A′ par rapport à la projection verticale $o'z'$ de l'axe.

**Plan tangent à l'hyperboloïde de révolution par un point de la surface.** — Soit $g$ (*fig.* 116) la projection horizontale du point donné dont la projection verticale $g'$ peut être obtenue soit au moyen du parallèle $g_1'g'$ de rayon $og_1 = og$ qui passe par le point, soit au moyen de la projection verticale $b'b'_1$ d'une génératrice rectiligne $bb_1$ en projection horizontale. Les deux génératrices passant par le point $g$, projetées horizontalement suivant les tangentes $bg$-$eg$ à la projection horizontale du cercle de gorge, sont situées dans le plan tangent, qui se trouve ainsi déterminé. La trace horizontale de ce plan $\alpha$P est la droite $bc$, qui joint les traces horizontales des deux génératrices. Il est facile d'en déduire la trace verticale $\alpha$P′ au moyen de l'horizontale du plan $g'n'$-$gn$.

Problème. — *Déterminer la courbe de contact d'un hyperboloïde de révolution avec un cylindre circonscrit parallèle à une droite donnée, qui est la courbe d'ombre propre de l'hyperboloïde* (*fig.* 117). — On fait passer des plans par une génératrice et par une droite parallèle aux rayons lumineux (droite donnée) issue du cercle supérieur. Ces deux lignes déterminent un plan tangent à la surface, parallèle aux rayons lumineux, et le point de contact de ce plan avec la surface est le point de l'ombre propre.

On choisit d'autres génératrices et on effectue la même construction pour obtenir d'autres points.

La génératrice choisie est $a'b'$-$ab$, et la droite parallèle aux rayons lumineux est $b'c'$-$bc$.

On joint les traces horizontales des deux droites, et la droite $ac$ ainsi obtenue est la trace horizontale du plan tangent. Elle coupe le cercle de base au point $d$, par ce point on mène la génératrice du deuxième système, qui est tangente au cercle de gorge. Le point de rencontre $m$ de ces deux

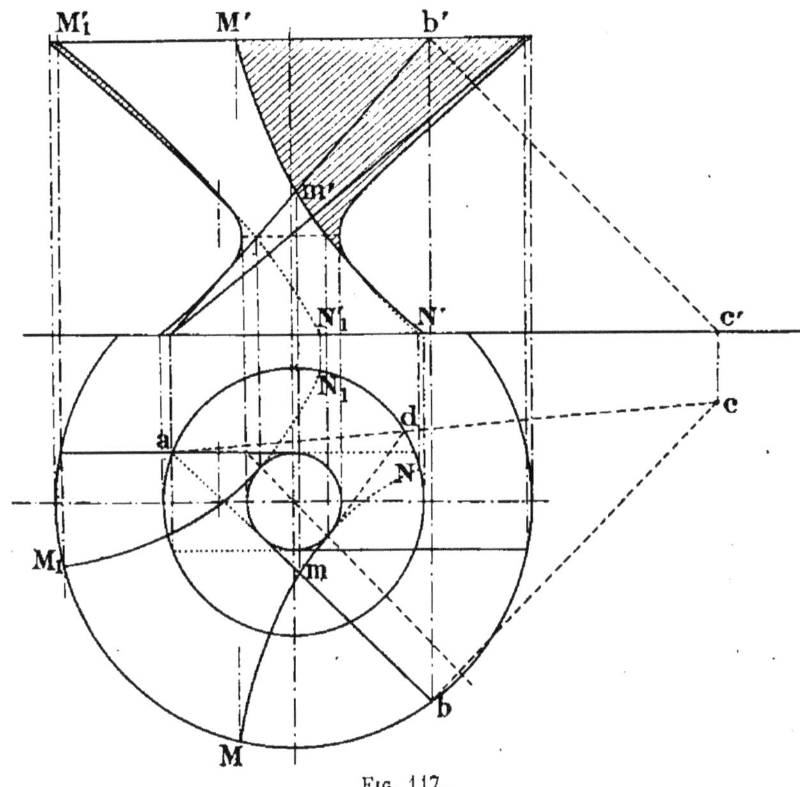


FIG. 117.

génératrices est le point de contact du plan tangent à la surface et, par suite, c'est le point d'ombre propre ; $m$ se rappelle en $m'$ sur la génératrice $a'b'$.

En prenant différentes génératrices, on obtient les deux courbes M'N'-MN et $M'_1N'_1$-$M_1N_1$. Les parties dans l'ombre sont hachurées.

## SURFACES RÉGLÉES

Les surfaces réglées sont engendrées par le mouvement continu d'une ligne droite.

Elles se divisent :

1° En surfaces développables, c'est-à-dire pouvant être

déroulées de manière à s'appliquer sur un plan sans déchirure ni duplicature;

2° En surfaces non développables ou surfaces gauches.

Il convient d'étudier deux surfaces réglées particulières auxquelles on a très souvent recours pour résoudre les problèmes relatifs aux autres surfaces :

L'une qui a deux directrices rectilignes et un plan directeur : le *paraboloïde hyperbolique*;

L'autre qui a trois directrices rectilignes : l'*hyperboloïde à une nappe*.

I. **Paraboloïde hyperbolique.** — Soient deux droites $AB_1$ $AB_1$ (*fig.* 118) parallèles à un plan RS ; CD, $C_1D_1$, deux,

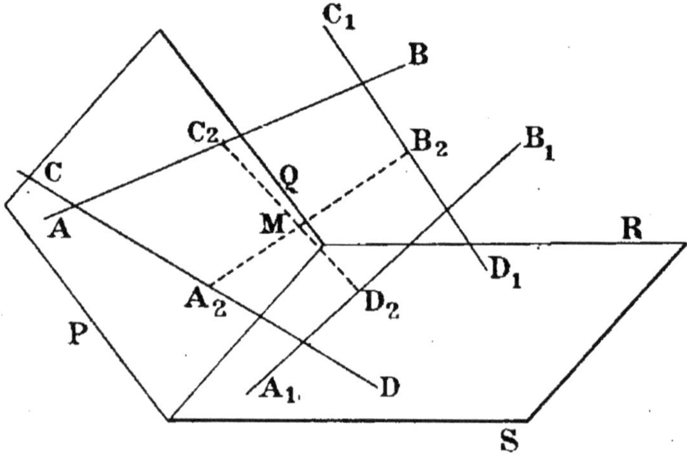


Fig. 118.

droites parallèles à un plan PQ, et s'appuyant sur les deux premières; on démontre par l'analyse que le paraboloïde qui a pour directrices AB, $A_1B_1$ et PQ pour plan directeur coïncide avec celui qui a pour directrices CD, $C_1D_1$ et RS pour plan directeur; de sorte qu'en tout point de la surface d'un paraboloïde hyperbolique passent deux génératrices rectilignes.

On démontre, aussi, que les génératrices d'un paraboloïde partagent les directrices en segments proportionnels.

Problème. — *Mener à un paraboloïde hyperbolique un plan tangent par un point de la surface.* — Soit M un point donné sur le paraboloïde déjà considéré (*fig.* 118); on mènera de ce point une génératrice $C_2D_2$ de l'un des systèmes s'appuyant sur AB et $A_1B_1$, puis une génératrice $A_2B_2$ de l'autre système s'appuyant sur CD et $C_1D_1$. Le plan de ces deux génératrices est le plan demandé.

*Épure* (*fig.* 119). — Soient *ab*, *a'b'*, *cd*, *c'd'*, les deux directrices rectilignes du paraboloïde qui a le plan horizontal pour

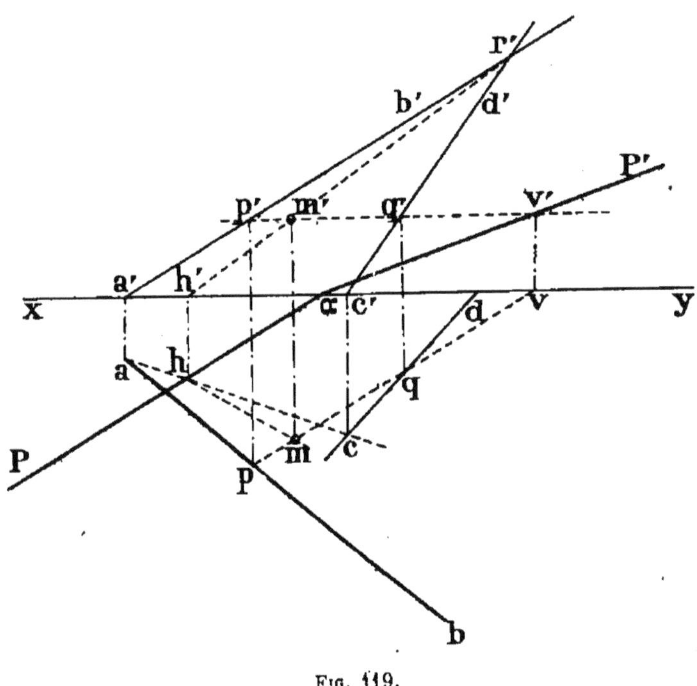


Fig. 119.

plan directeur : soit *m'* la projection verticale d'un point de la surface par lequel on se propose de mener un plan tangent; la projection verticale de la génératrice horizontale qui passe par ce point est la parallèle *p'q'* menée par *m'* à la ligne de terre ; ses points de rencontre avec les directrices sont *pp'*, *qq'*, et sa projection horizontale *pq* ; on en déduit la projection horizontale *m* du point donné.

Pour construire le plan tangent demandé, on connaît déjà une première droite *pq*-*p'q'* passant par le point et située sur la surface; il suffit de mener la seconde génératrice rectiligne qui passe par ce point *m*-*m'* ; or, cette génératrice rencontre toutes les génératrices horizontales et, par suite, celle qui est perpendiculaire au plan vertical mené par le point de rencontre $r'$ de $a'b'$ et $c'd'$ ; sa projection verticale passe donc par $r'$ ; $m'r'$ est la projection verticale de cette génératrice. On obtiendrait facilement la projection verticale de son point de rencontre avec une génératrice horizontale quelconque et, par suite, la projection horizontale de ce point. Il convient d'employer de préférence l'horizontale *ac* située dans le plan horizontal même de projection et qui représente la trace horizontale du paraboloïde. Le point de rencontre avec cette trace est le point $hh'$ qui est la trace horizontale de la génératrice. On obtient ainsi la génératrice $mh$-$m'h'$. En menant par la trace $h$ la parallèle $h\alpha$ à la projection $pq$ de la génératrice horizontale, on a la trace horizontale du plan cherché, on en déduit facilement la trace verticale $\alpha P'$.

PROBLÈME. — *Mener à un paraboloïde hyperbolique un plan tangent parallèle à un plan donné.* — Ce plan tangent est déterminé par les deux génératrices de systèmes différents parallèles au plan donné ; or, ces génératrices sont parallèles respectivement aux deux plans directeurs, elles sont donc parallèles aux intersections de ces plans directeurs avec le plan donné. Les directions de ces génératrices étant connues, on déterminera chacune d'elles en construisant une droite parallèle à une droite donnée et s'appuyant sur deux droites données.

Le point de contact est le point commun à ces deux génératrices.

**Hyperboloïde à une nappe** (*fig.* 120). — Soient AB, $A_1B_1$, $A_2B_2$, les trois directrices rectilignes d'un *hyperboloïde*, et CD, $C_1D_1$, $C_2D_2$, trois positions d'une génératrice rectiligne ; on démontre par l'analyse que l'hyperboloïde engendré par la droite mobile AB, en s'appuyant sur les trois positions fixes CD, $C_1D_1$, $C_2D_2$, coïncide avec l'hyperboloïde qui a pour directrices AB, $A_1B_1$, $A_2B_2$, de sorte qu'en tout point de la surface de l'hyperboloïde passent deux génératrices rectilignes.

PROBLÈME. — *Mener à un hyperboloïde à une nappe un plan tangent par un point de la surface* (*fig.* 120). — Soit M le point donné par lequel on se propose de mener le plan tangent ; on mènera par ce point une génératrice $c_1c_2$ du premier système s'appuyant sur CD, $C_2D_2$ ; puis une génératrice $a_1a_2$

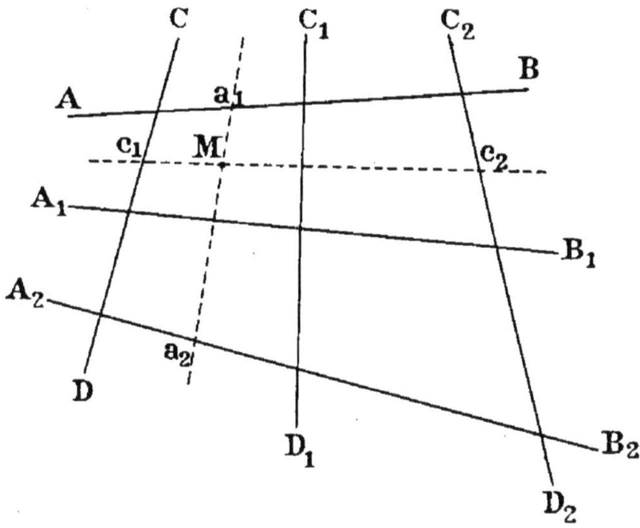


Fig. 120.

du second système s'appuyant sur AB et $A_2B_2$. Le plan $c_1c_2$ et $a_1a_2$ est le plan demandé.

Généralement on ne connaîtra pas immédiatement deux génératrices rectilignes de chaque système, mais on pourra toujours les déterminer par une construction préalable.

# CHAPITRE II

## TRACÉ DES OMBRES

**Généralités.** — Le tracé des ombres a pour objet de déterminer sur la surface des corps les lignes qui séparent les portions éclairées de celles dans l'ombre.

Si les rayons émanent d'un point lumineux à distance finie comme dans le cas du flambeau, ils sont alors convergents et constituent les génératrices d'un cône ayant le flambeau pour sommet.

Lorsque les rayons émanent du soleil, ils sont supposés parallèles.

La position du soleil dans l'espace varie évidemment, et il en est de même de la direction de ses rayons lumineux; mais, dans le tracé des ombres, applicable seulement au dessin géométrique, on admet, pour la simplification des épures, que les rayons lumineux ont une direction fixe établie d'après la convention suivante :

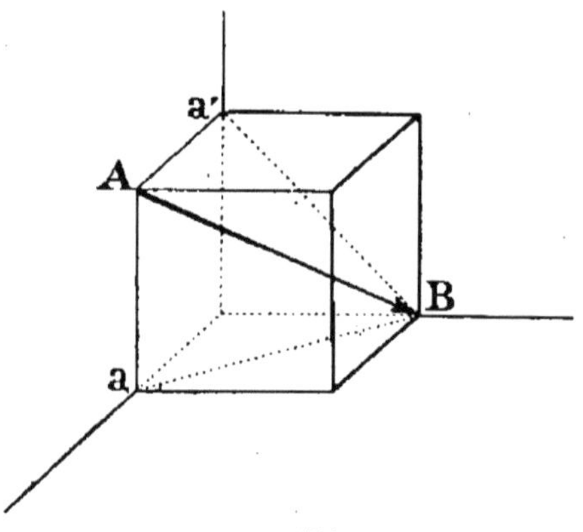

Fig. 121.

**Direction de la lumière.** — On suppose que les rayons sont dirigés suivant la diagonale AB du cube (*fig.* 121).

Les projections de cette diagonale sur les deux plans de

projection sont alors les droites $ab$ et $a'b'$ qui font des angles de 45° avec la ligne de terre (*fig.* 122). Dans le plan horizontal, les rayons sont donc dirigés à 45° de bas en haut vers la droite et dans le plan vertical à 45° de haut en bas vers la droite.

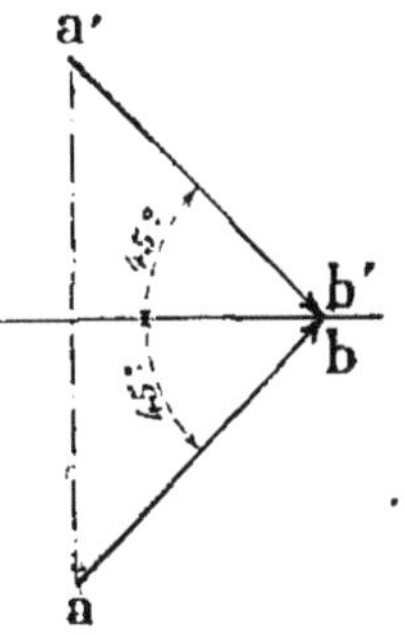

Fig. 122.

Cette convention est également adoptée pour l'application des traits de force dans les dessins.

Il résulte de cette convention spéciale que les largeurs des ombres sont égales aux saillies des objets sur chacun des plans de projection.

**Méthodes employées.** — Dans tous les tracés, on appliquera les méthodes de la géométrie descriptive déjà étudiées plus haut, ce qui permettra de simplifier la résolution des problèmes traités.

D'une manière générale le tracé des ombres consiste à rechercher sur une surface la ligne qui réunit les points de contact des tangentes parallèles à la direction des rayons lumineux menés par le contour de la surface.

Cette ligne est la *séparatrice* d'ombre et de lumière.

La partie dans l'ombre de la surface sera l'*ombre propre*, et la projection de cette séparatrice sur un plan limitera l'*ombre portée* de la surface.

**Rabattement du rayon à 45°** (*fig.* 123). — On a souvent besoin, dans le tracé des ombres, d'obtenir la position du rayon à 45° rabattu sur le plan vertical.

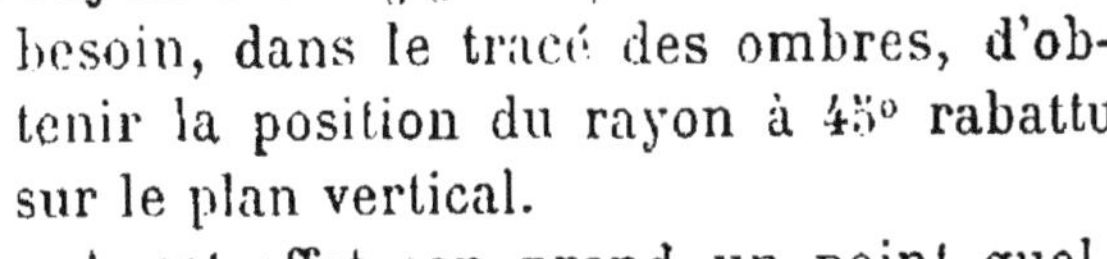
Fig. 123.

A cet effet, on prend un point quelconque $aa'$ sur le rayon à 45° $as$, $a's$, et on rabat $sa$ en $sa_1$. Le point $a'$ se meut horizontalement et vient alors en $a'_1$ sur la verticale de $a_1$.

Le rayon rabattu sur le plan vertical est $sa'_1$ ; il forme avec la ligne de terre un angle désigné ordinairement par $\varphi$.

*Figures élémentaires.* — Les corps solides étant composés

de figures élémentaires, il convient, avant d'aborder le tracé proprement dit des ombres, de donner quelques indications sur la détermination dans les deux plans de projection des ombres de ces figures. Ces indications permettront ensuite d'effectuer les tracés d'une manière simple.

**Ombre d'un point.** — L'ombre d'un point de l'espace, donné par ses deux projections $a'a$, sur les deux plans de projection, est la trace sur ces plans du rayon lumineux à 45° issu de ce point.

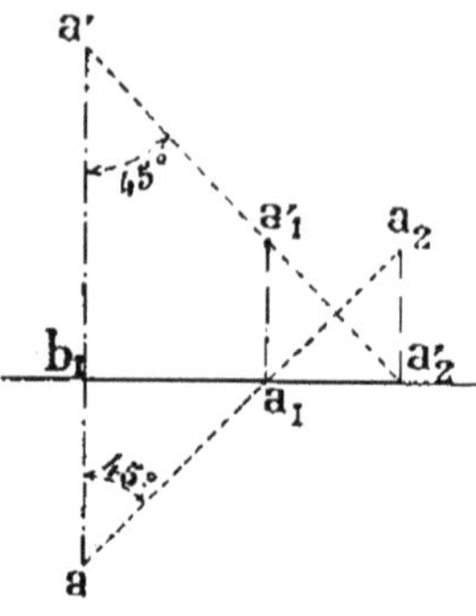

Fig. 124.

Dans la figure 124, l'ombre sur le plan vertical $a'_1$ est la trace verticale du rayon $a'a'_1$, $aa_1$, et l'ombre sur le plan horizontal $a_2$ serait située dans le deuxième dièdre, mais cette dernière n'a pas d'utilité, si l'on suppose que les deux plans de projection sont opaques.

Dans ces conditions, l'ombre d'un point peut se présenter de trois manières (*fig.* 125) :

1° Ombre $a'_1$ sur le plan vertical;

2° Ombre $a_1$ sur le plan horizontal;

3° Enfin, ombre $a_1a'_1$ sur la ligne de terre, lorsque le point se trouve à égale distance des deux plans de projection.

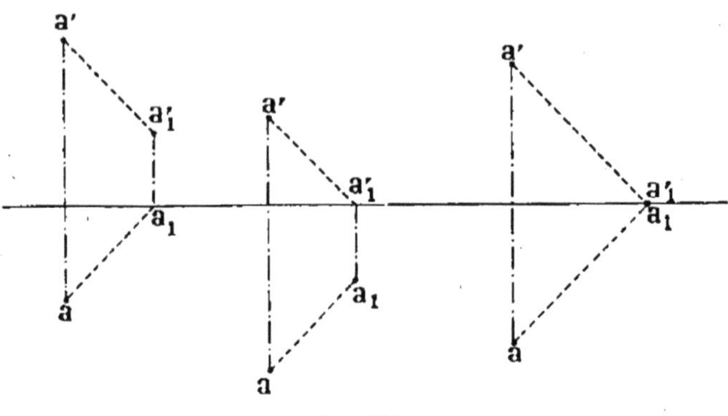

Fig. 125.

**Ombre d'une verticale.** — L'ombre sur le plan horizontal est inclinée à 45°, tandis qu'elle est verticale sur le plan vertical.

Elle peut se présenter de plusieurs façons suivant la position de la droite par rapport aux plans de projection.

La figure 126 représente les trois cas : ombre sur le plan H,

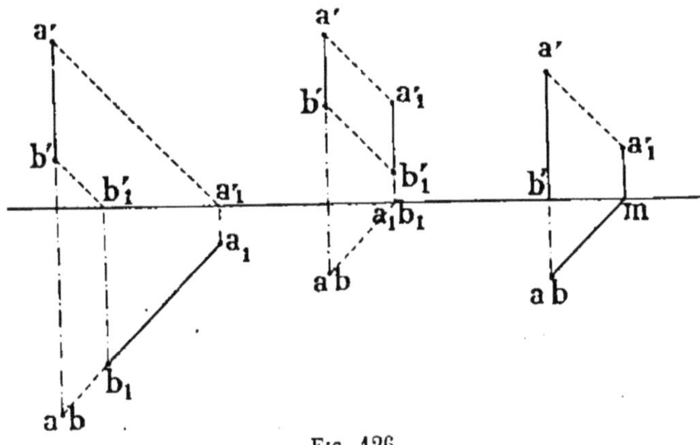

Fig. 126.

sur le plan V, et sur les plans H et V ; et les ombres des verticales considérées $a'_1b'_1$-$a_1b_1$ sont obtenues par les ombres des points qui limitent ces verticales.

**Ombre d'une perpendiculaire au plan vertical.** — L'ombre sur le plan horizontal est perpendiculaire à la ligne de

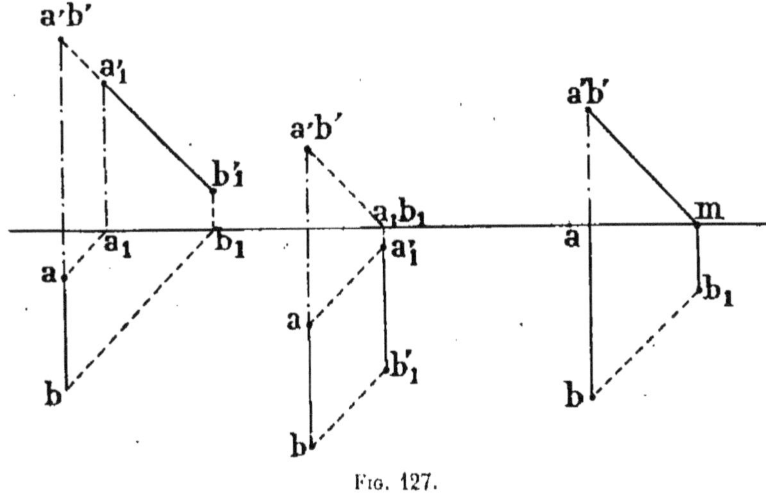

Fig. 127.

terre, tandis qu'elle est inclinée à 45° sur le plan vertical.

La figure 127 donne les principaux cas qui peuvent se présenter : ombre sur le plan V, ombre sur le plan H, et ombre sur les deux plans H et V.

**Ombre d'une parallèle à la ligne de terre.** — L'ombre sur les deux plans de projection est également parallèle à la ligne de terre. Elle est déterminée par la droite qui joint les traces de même nom des rayons issus de ses extrémités.

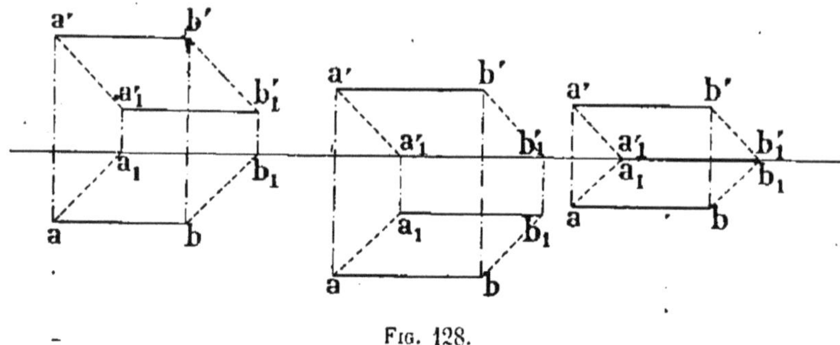


Fig. 128.

La figure 128 donne les cas qui peuvent se présenter : ombre sur le plan V, ombre sur le plan H, et ombre sur la ligne de terre.

**Ombre d'un rectangle de front.** — L'ombre sur le plan vertical est toujours un rectangle et un parallélogramme sur le plan horizontal.

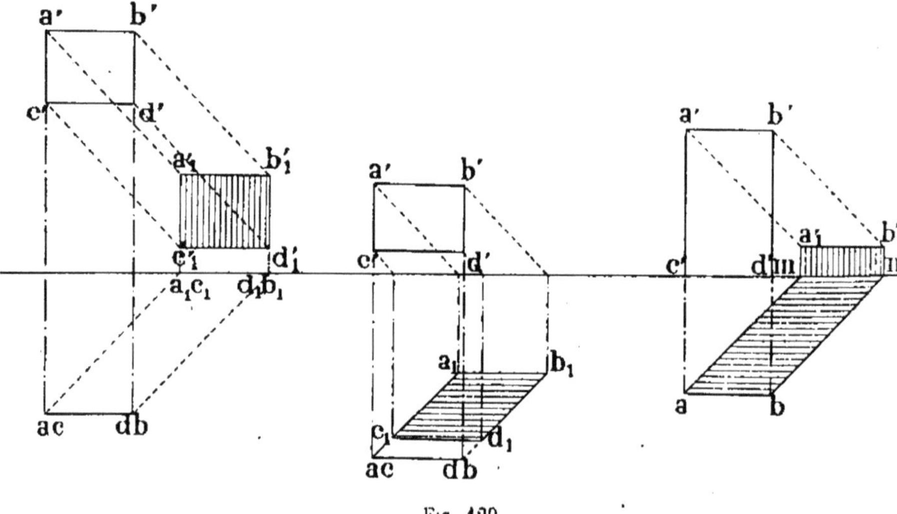


Fig. 129.

En appliquant les tracés précédents, on trouve les différentes ombres représentées sur la figure 129 : ombre sur le plan V, sur le plan H, et sur les plans H et V.

**Ombre d'un cercle parallèle au plan vertical** (*fig.* 130). — L'ombre sur le plan vertical est un cercle de même rayon que le cercle donné, dont le centre se projette en $o'_1$.

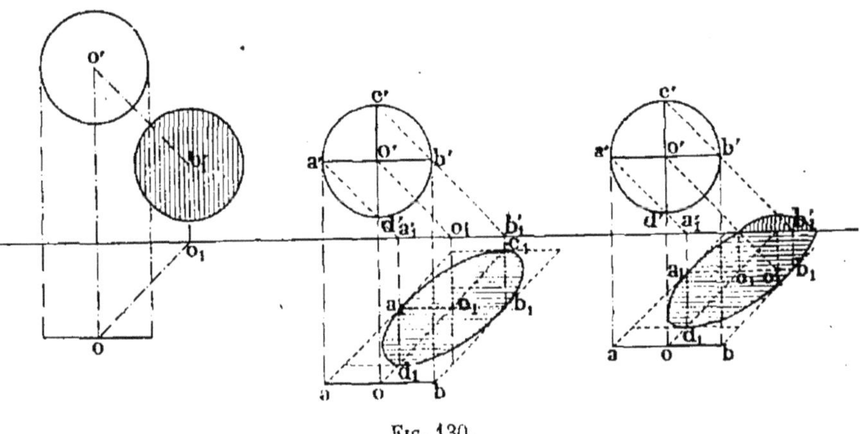

Fig. 130.

L'ombre sur le plan horizontal est une ellipse dont les diamètres conjugués sont $a_1b_1$ et $c_1d_1$ correspondants aux diamètres rectangulaires $a'b'$ et $c'd'$ du cercle.

Enfin, lorsque l'ombre tombe à la fois sur les deux plans de projection, on obtient une portion d'ellipse sur le plan horizontal et un arc de cercle dans le plan vertical.

**Ombre d'un cercle parallèle au plan horizontal.** — Les ombres de ce cercle sur les plans de projection sont inverses de celles du cas précédent, et les traces sont analogues.

**Ombres propres et ombres portées. — Carré sur prisme octogonal** (*fig.* 131). — L'ombre du point $a_2$ sur l'arête *a* vient en $a'_1$, celle du point A vient en $A_1$ sur la face *ab* du prisme et se relève en $A'_1$.

L'ombre de l'horizontale de front A'B' sur la face *bc* est l'horizontale de front $b'c'_1$.

Enfin, la face *cd*, étant inclinée à 45°, se trouve tout entière dans l'ombre.

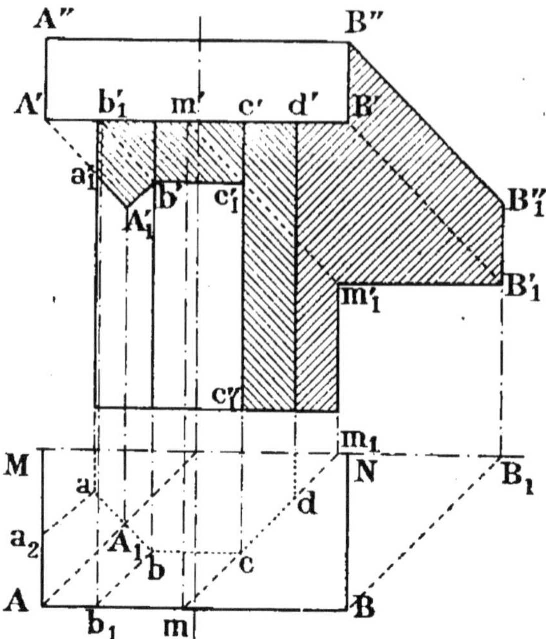


Fig. 131.

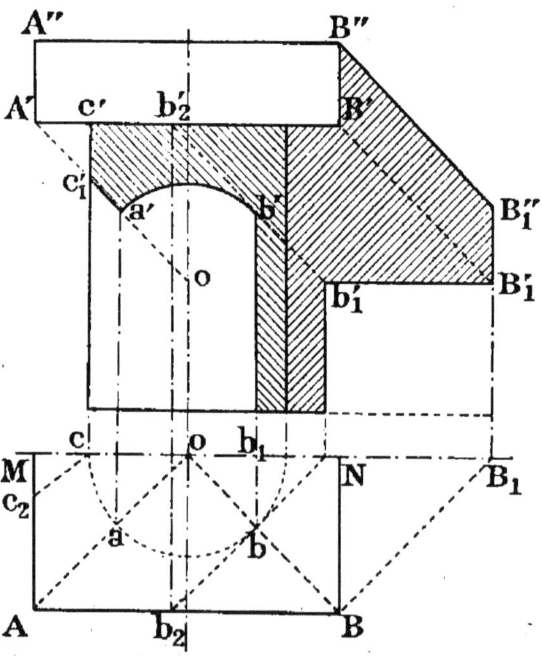


Fig. 132.

En résumé, l'ombre propre est le contour $a'_1A'_1b'c'_1c'$.

L'ombre portée sur le plan vertical s'obtient par la construction indiquée sur l'épure par des rayons à 45°.

**Carré sur cylindre** (*fig.* 132). — L'ombre propre du cylindre s'obtient par la verticale du point de tangence $b$ du rayon $b_2b$ à la base du cylindre.

Le point de perte $b'$ est à l'intersection de cette verticale et du rayon $b'_2b'_1$. L'ombre $a'b'$ de l'horizontale A'B' est un arc de cercle dont le centre est en $o'$ et dont le rayon est celui du cylindre. Enfin, l'ombre de la face AM sur le cylindre est la droite $c'_1a'$.

En résumé, l'ombre propre est le contour $c'_1a'b'b_1$.

L'ombre portée sur le plan vertical est la ligne $b_1b'_1B'_1B''_1B''$, qui se compose de la verticale $b_1b'$ relative au cylindre et du contour $b'_1B'_1B''_1B''$ correspondant à la surface A'A"B"B'.

Il est à remarquer que les trois points $b'_2b'$ et $b'_1$ doivent se trouver sur le même rayon issu du point $b'_2$.

**Prisme hexagonal sur cylindre** (*fig.* 133). — L'ombre propre du prisme est la partie $c'e'f'd'$ correspondant à la face $cd$.

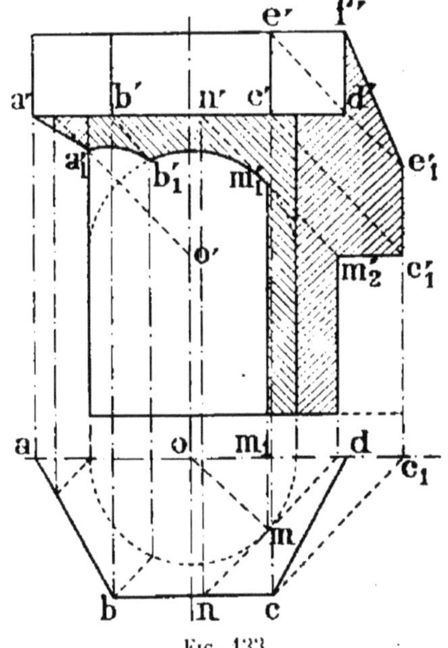

Fig. 133.

L'ombre portée sur le cylindre se compose de l'arc d'ellipse $a'_1b'_1$ produit par le côté $a'b'$, de l'arc de circonférence $b'_1m'_1$ de centre $o'$ et de rayon égal à celui de la circonférence donnée par le côté $b'c'$.

L'ombre propre du cylindre est la verticale $m'_1m_1$.

L'ombre de la verticale $c'e'$ est $c'_1e'_1$ et celle de la droite $e'f'$ est $f'e'_1$, le point $f'$ étant lui-même son ombre.

Enfin, l'ombre de la droite $b'c'$ est $c'_1m'_2$ et celle du cylindre, la verticale issue de $m'_2$.

Il est à remarquer que le côté $ab$ produit une ombre sur le plan vertical qui est $a'a_1'$.

**Cylindre sur cylindre** (*fig.* 134). — L'ombre propre du grand cylindre est la partie $f'e'g'h'$ limitée par la verticale $e'f'$ du point de tangence $e$.

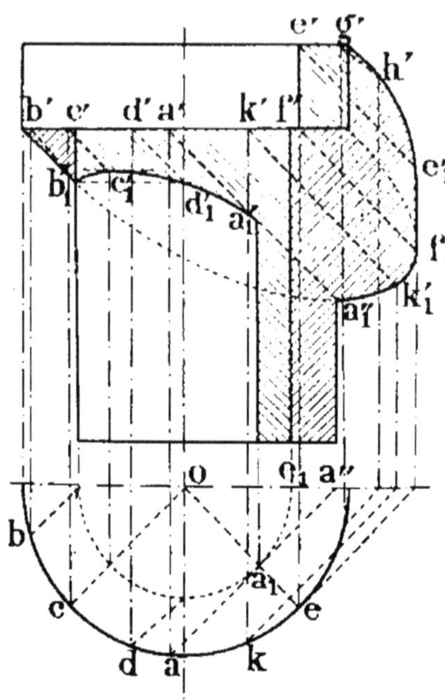


Fig. 134.

Les points $b'$, $c'$, $d'$, de l'arête inférieure du grand cylindre donnent sur le petit cylindre les points de l'ombre portée $b_1'$, $c_1'$, $d_1'$. Le point $b'_1$ se trouve sur le contour apparent ; le point $c_1'$ est le point le plus haut de l'ombre, et le point $d'_1$ est sur l'axe des cylindres. Le point de perte $a'_1$ est donné par la tangente $aa_1$.

L'ombre portée sur le plan vertical est donnée par la séparatrice $g'h'e_1'f_1'k_1'a_1''a''$, dans laquelle $g'h'e_1'$ et $a_1''k_1'f_1'$ sont deux arcs d'ellipse ; $e_1'f_1'$ est une verticale produite par $e'f''$, enfin la verticale issue de $a_1''$ est l'ombre portée du petit cylindre.

**Ombre d'un cône** (*fig.* 135). — L'ombre propre du cône s'obtient en déterminant d'abord l'ombre du sommet $s'$ sur le plan horizontal en $s_1$. On mène ensuite de ce dernier point des tangentes à la projection horizontale de la base. Les séparatrices sont alors $sm$ et $sn$ qui se projettent en $s'n'$ et $s'm'$. La construction précédente montre que, dans le cône, l'ombre propre ne se détermine pas par des tangentes à 45° au cercle de base, comme on le fait trop souvent.

L'ombre portée sur les plans de projection varie naturellement suivant la position du cône par rapport à ces plans.

Dans le cas présent, elle se répartit sur les deux plans, le sommet se projette en $s_1'$ sur le plan vertical, et l'ombre

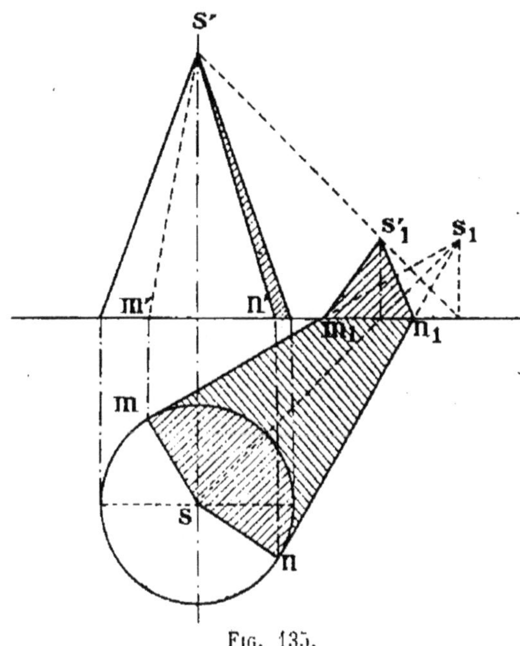


Fig. 135.

portée est alors $s_1'm_1n_1$ sur ce plan vertical et $m_1n_1mn$ sur le plan horizontal.

**Ombre d'un cylindre creux** (*fig.* 136). — Soit le cylindre creux $ab$, $a'b'$, coupé en son milieu par un plan parallèle au plan vertical. L'arête projetée horizontalement en $a$ donne une ombre verticale $a'_1a_1''$ qui coïncide avec l'axe du cylindre. La portion circulaire $aca_1$ donne une courbe qui a pour point de départ $c'$ déterminé par la tangente à 45° à la circonférence $aca_1$. On obtient un point intermédiaire en prenant un point $d$ quelconque qui se projette en $d'$ et donne le point correspondant $d_1'$. La courbe d'ombre est alors $c'd_1'a'_1$.

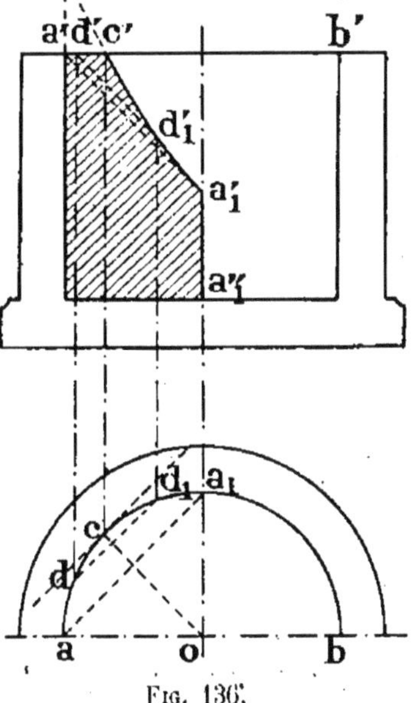


Fig. 136.

**Ombre d'un cylindre creux à axe horizontal** (*fig.* 137). — C'est

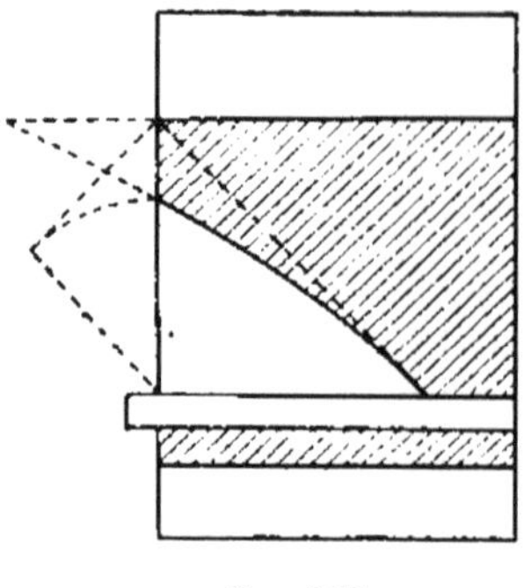

Fig. 137.

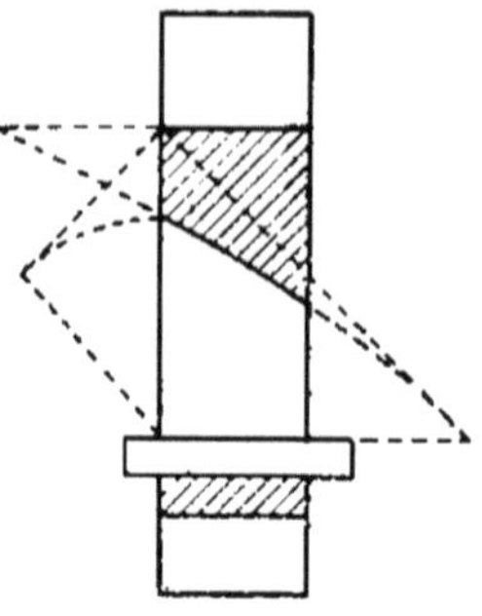

Fig. 138.

le cas d'une arche de pont en plein cintre en coupe axiale. On la désigne sous le nom d'*ombre du pont*.

Les tracés sont identiques aux précédents en tenant compte du changement d'axe.

La figure 138 donne l'exemple d'un pont de petite longueur.

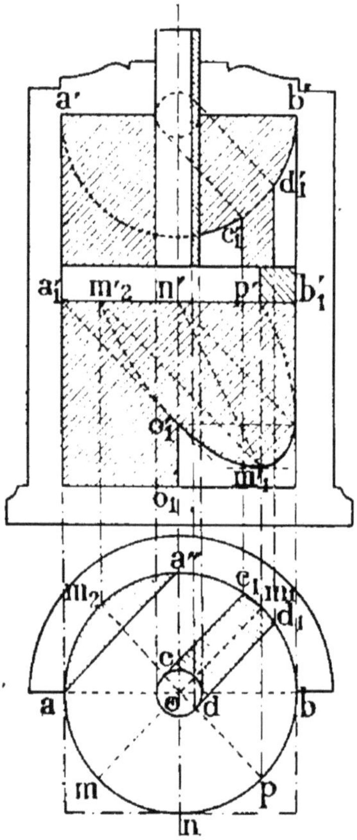

Fig. 139.

**Ombre d'un cylindre de machine à vapeur en coupe avec son piston en saillie** (*fig.* 139). — L'ombre de l'arête *a'b'* donne dans le cylindre une ombre qui est un arc de circonférence dont le rayon est celui du cylindre.

La ligne d'ombre propre de la tige du piston est la verticale de *d*. L'ombre portée de cette tige s'obtient en menant par les points *c* et *d* des rayons à 45°, qui rencontrent en $c_1$ et $d_1$ la paroi intérieure du cylindre. Ces points, ramenés dans la projection verticale en $c_1'$ et $d_1'$, déterminent l'ombre de la tige, qui est verticale.

Les points *a*, *m*, *n*, *p*, *b*, appartenant à la face inférieure du piston, déterminent une portion d'ellipse qui limite l'ombre de ladite face à l'intérieur du cylindre. Au point $m_1'$ la tangente est horizontale. La ligne $n'm_1'$ est un des diamètres conjugués de cette ellipse.

Enfin, l'arête projetée horizontalement en $a$ donne l'ombre verticale $o_1'o_1$, coïncidant avec l'axe du cylindre.

En projection horizontale, les séparatrices sont $aa''$ et $cc_1$, $dd_1$.

**Ombre de la niche sphérique dans un mur droit** (*fig.* 140). — L'ombre se compose de trois parties :

1° L'ombre de l'arête verticale sur le fond cylindrique de la niche ;

2° L'ombre de l'arête circulaire sur cette même partie ;

3° Enfin l'ombre de cette arête circulaire sur la partie sphérique de la niche ;

Le point $a'$ donne une ombre en $a_1'$, et la séparatrice est alors la verticale $a_1'o_1'$. On pourrait facilement construire une série de points tels que $b_1'$ de l'arête circulaire sur le cylindre ; c'est la seconde partie de l'ombre jusqu'au plan $a'c'$.

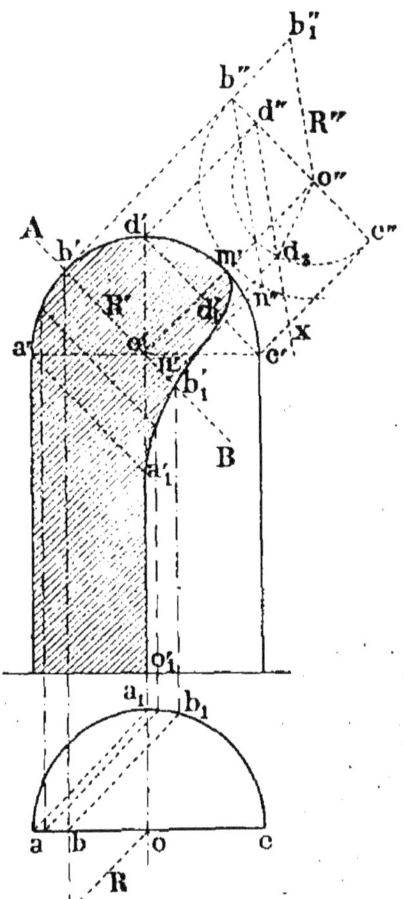

Fig. 140.

Au-dessus du plan $a'c'$, l'ombre se trouve sur la partie sphérique. Pour obtenir des points de la séparatrice, on coupera la niche par le plan AB projetant verticalement les rayons lumineux et passant par $o'$ qu'on rabattra sur le plan vertical. La direction du rayon R,R' viendra alors en R''.

En coupant ensuite la sphère par un plan à 45° passant par le point $d'$, ce dernier point se projette en $d''$. Le rabattement de l'ombre portée de $d'$ se trouvera sur une parallèle $d''x$ à R″ et à son point de rencontre $d_3$ avec le rabattement de la circonférence $d''c''$. Le point $d_3$ rappelé en $d_1'$ sur la projection $d'c'$ de cette circonférence est un point de l'ombre. On pourrait aussi obtenir cette courbe en traçant la portion d'ellipse dont les deux demi-axes sont $o'm'$ et $o'n'$.

**Niche dans un mur droit vu obliquement** (*fig.* 141). — L'ombre se compose toujours de trois parties. Comme dans la niche en mur droit de face, celle du point $a'$ est en $a'_1$ à 45°. On obtiendrait de même l'ombre d'un point faisant partie de l'arc circulaire sur la partie cylindrique de la niche, tel que le point $b'_1$.

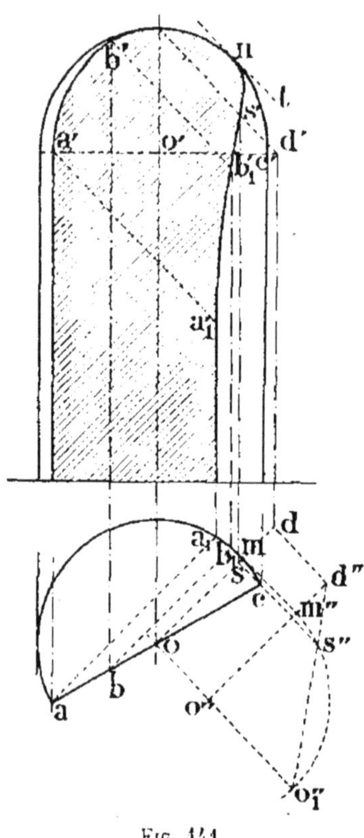

Fig. 141.

Pour déterminer un point de l'ombre sur la partie sphérique, on coupe la projection horizontale de la niche par un plan $od$ parallèle aux rayons lumineux qu'on rabattra sur le plan horizontal en $o''_1d''$ avec la projection du rayon $o''m''$ sur ce plan. Le rabattement du rayon lumineux coupe la sphère en $s''$ et ce point ramené en $s$ donne en $s'$ le point cherché de l'ombre.

Le point $n$, où l'ombre portée se confond avec la partie circulaire de la niche, s'obtient par une tangente $nt$ à l'ellipse de tête à 45°.

**Ombre d'une demi-sphère creuse en plan.** — Cette ombre est dite souvent *ombre à l'écuelle* (*fig.* 142). Par le centre $o'o$ on trace le rayon à 45° $ab$-$a'b'$, qui rencontre le plan horizontal MN, au point $b'$.

En rabattant ce rayon sur le plan MN, le point $b,b'$ vient

en $b_1$ et le rayon rabattu est alors $ab_1$. Il rencontre la sphère au point $c_1$ qu'on ramène en $c$, qui est un point de la séparatrice. L'ombre est une demi-ellipse dont les demi-axes sont $od$ et $oc$. On pourra la tracer par points.

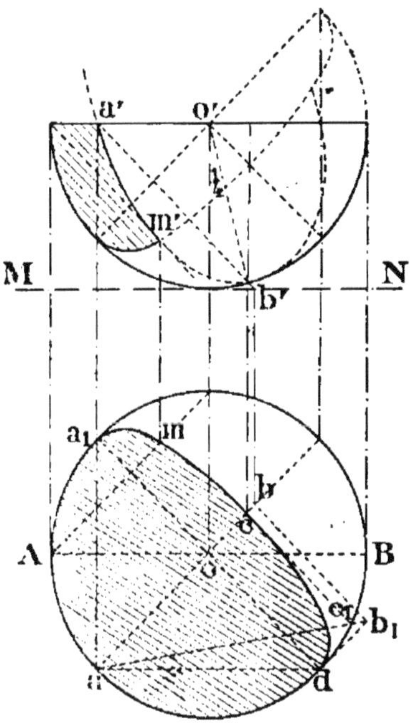

Fig. 142.

Pour obtenir l'ombre portée dans la coupe verticale faite par un plan AB, il suffirait d'effectuer un rabattement sur le plan horizontal parallèlement au plan MN, ce qui déterminerait un point de l'ombre $m'$ commun à deux arcs d'ellipse que l'on peut tracer facilement, car les diamètres conjugués sont connus.

**Ombre du cône creux dit « trou de loup »** (*fig.* 143). — Il convient d'abord de déterminer l'ombre du sommet du cône sur le plan horizontal de la base supérieure en $S_1S'_1$. Les tangentes menées par le point $S_1S'_1$ au cercle de base donnent les points de départ A et B de la courbe en plan. En rabattant la section du cône par le plan $SS_1$ en $C_1SD'$, le rayon rabattu qui part du point $C_1$ fait *l'angle* $\varphi$ avec $C_1D'$, est $C_1M_1$, il détermine l'ombre M. On pourra obtenir des points intermédiaires de la courbe de la façon suivante :

On trace un plan horizontal quelconque PQ et on décrit la circonférence qu'il détermine dans le cône en projection horizontale. On projette à 45° le point $S'_2$ en $S'_3$ et, par suite, en $S_3$. De ce point comme centre avec le rayon déterminé dans le cône par le plan PQ, on décrit deux arcs de cercle qui donnent deux points H et K appartenant à la courbe. L'ombre part du point A', projection du point A. La portion de circonférence AR donne un arc d'ellipse $A'R_1$, qui est l'intersection du cylindre parallèle au rayon lumineux avec le cône.

Le rayon issu de R rencontre la courbe d'ombre en plan

au point $R_1$, ce point est projeté en $R'_1$, il détermine la génératrice $R'_1S'$, qui est l'ombre portée par la génératrice de front RS.

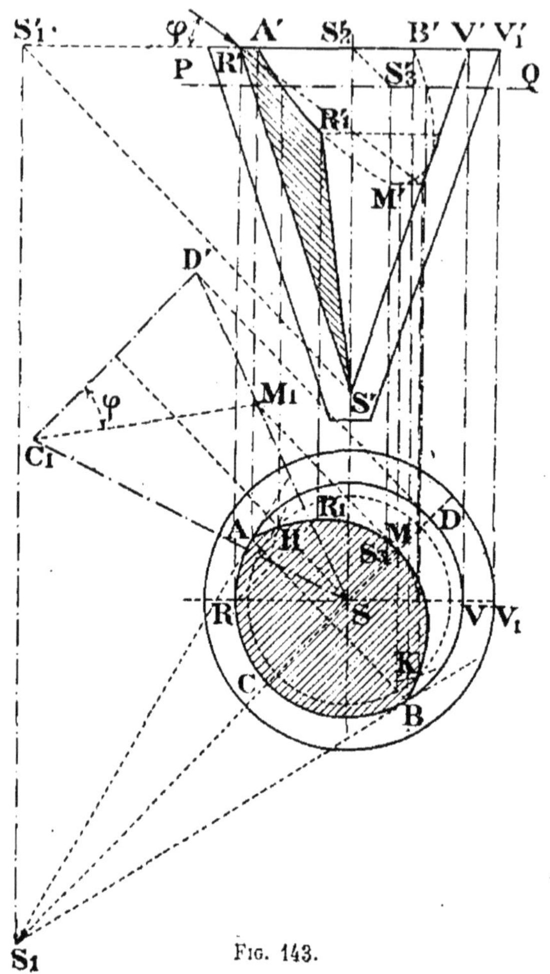


Fig. 143.

**Ombre portée par un carré sur un tronc de cône** (*fig.* 144). — On rabat le rayon à 45° A'R' sur le plan de front qui passe par le sommet du cône, on obtient ainsi le point $m'_1$ sur la génératrice du contour apparent, on ramène ce point en $m'$ sur la génératrice $S'a'$ située dans le plan à 45° qui passe par le sommet S et dont la trace horizontale est AS.

La droite de front A'B' détermine une courbe d'ombre portée, dont on peut obtenir des points par raison de symétrie avec la portion d'ombre déjà déterminée $n'm'$ ; le point $n'$

vient en $k'$ sur l'axe, le point $m'$ vient en $h'$ sur la génératrice à 45° symétrique de $a'm'$. La courbe peut être complétée par les points $t'$ et $v'$ situés à la rencontre des génératrices du contour apparent et de l'horizontale qui passe par R'. Les parties $t'm'$, $v'h'$ sont virtuelles. Le point de perte $g'$, dans

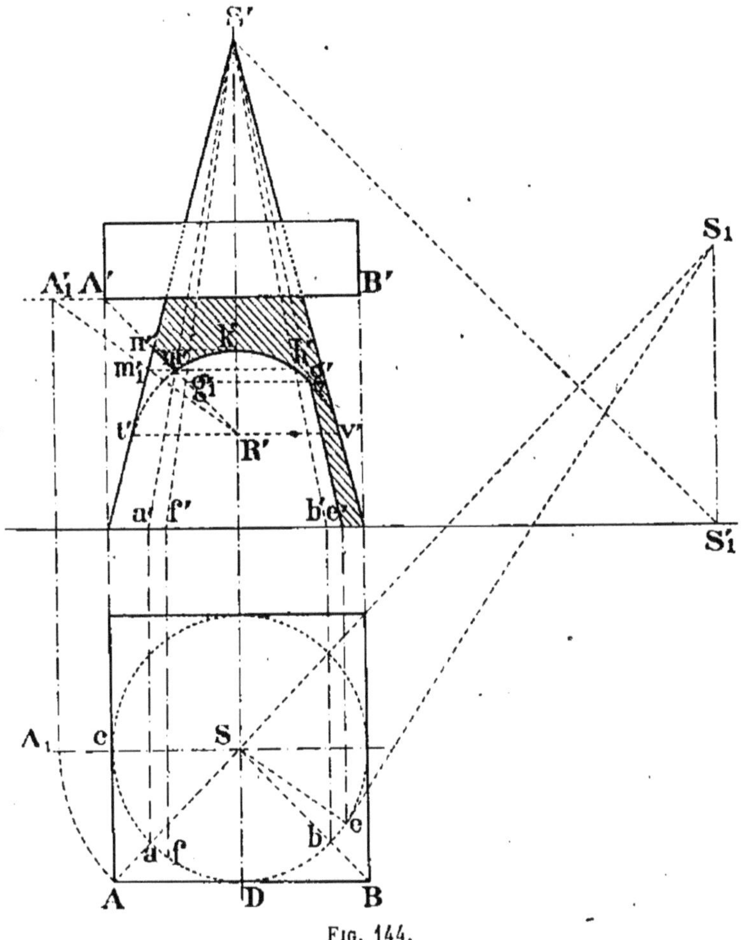


Fig. 144.

l'ombre propre du cône, peut être obtenu en plaçant en plan le point $f$ par rapport à $c$, comme $e$, point de tangence $S_1e$ à la base du cône, est placé par rapport à D. On tracera la génératrice $f'S'$, qui déterminera un point $g'_1$ par son intersection avec A'R'. Ce point $g'_1$, ramené en $g'$, sera le point de perte cherché.

La séparatrice de l'ombre propre du cône est la génératrice $g'e'$.

**Ombre portée par un cercle sur un tronc de cône.** — La séparatrice de l'ombre propre S'A' est obtenue comme précédemment par les tangentes à la base menée par l'ombre $S_1$ du sommet sur le plan horizontal.

L'ombre portée par le cercle C'B'D' est l'intersection du

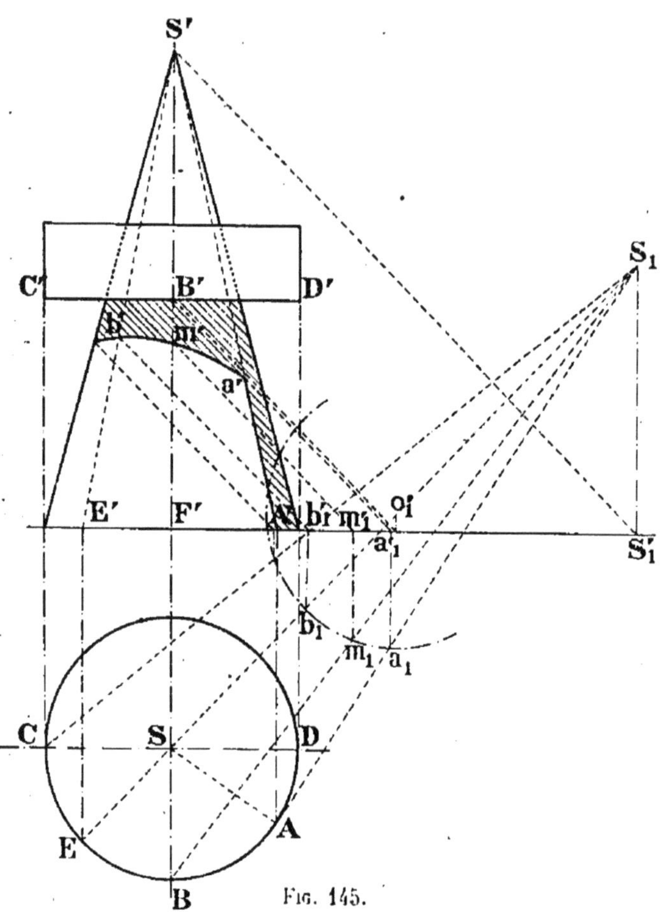


Fig. 145.

cône avec le cylindre de lumière ayant ce cercle pour base. L'ombre du centre du cercle C'D' sur le plan horizontal vient en $o'_1$, et l'ombre de ce cercle sur le plan horizontal est un cercle de même rayon. On obtiendra un point de la courbe d'ombre en coupant les deux surfaces par des plans contenant le rayon $SS_1$. Soit $S_1B$, un de ces plans, la génératrice du cône est BS-F'S'. Celle du cylindre est $m'm'_1$ et l'intersection $m'$ est un point de la courbe d'ombre.

Le point de perte $a'$ et le point le plus haut $b'$ s'obtiennent de la même manière.

**Ombre de la sphère.** — Pour déterminer les ombres propre et portée de la sphère, il faut d'abord rechercher ces ombres dans le cas où le rayon lumineux est rendu parallèle au plan vertical, c'est-à-dire projeté à l'angle $\varphi$ (*fig.* 146).

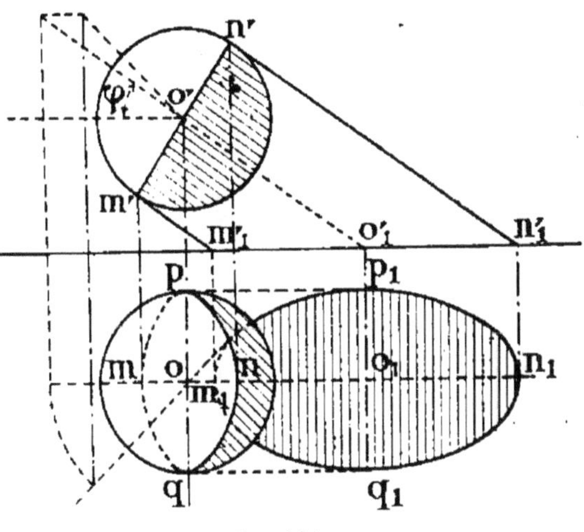


Fig. 146.

La ligne de séparation d'ombre et de lumière se projette en élévation suivant une ligne droite $m'n'$.

En projection horizontale suivant une ellipse dont les axes sont $mn$ et $pq$.

L'ombre portée sur le plan horizontal est l'intersection avec ce plan du cylindre parallèle au rayon $\varphi$. C'est une ellipse dont les axes sont $m_1n_1$ et $p_1q_1$.

L'ombre de la sphère à 45° (*fig.* 147) s'obtient alors en se servant des résultats obtenus sur la *projection horizontale* de la figure précédente et en les orientant à 45°, comme il est indiqué sur l'épure.

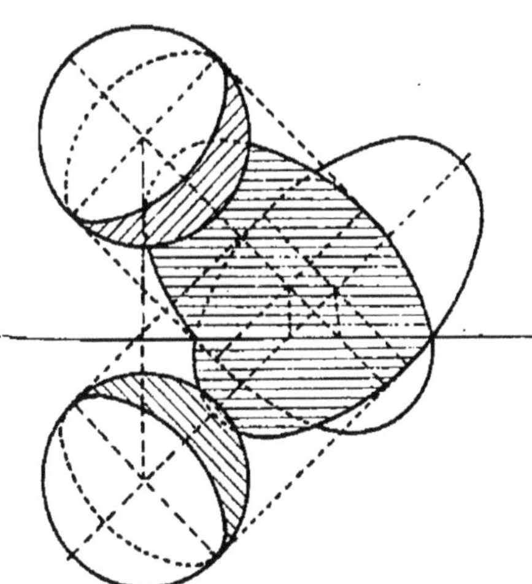

Fig. 147.

**Ombre propre du tore** (*fig.* 148). — Les tangentes à 45° au contour apparent du tore déterminent les points de l'ombre $a'b'$ qui se projettent en $ab$.

Par raison de symétrie, ces points se reproduisent sur l'axe vertical du tore en $cd$-$c'd'$ en élévation sur les horizontales de $a'$ et $b'$, et, en plan, sur les lignes à 45° $ac$ et $bd$. Le point le plus bas $e'$ et le point le plus haut $f'$ s'obtiennent à l'aide du rayon φ. Ils se projettent en $e$ et en $f$ sur le rayon à 45° qui passe par le centre $o$. Les points $g$ et $h$ sont déterminés par les tangentes à 45° au contour apparent horizontal. Ils se projettent verticalement en $g'$ et $h'$ sur l'équateur.

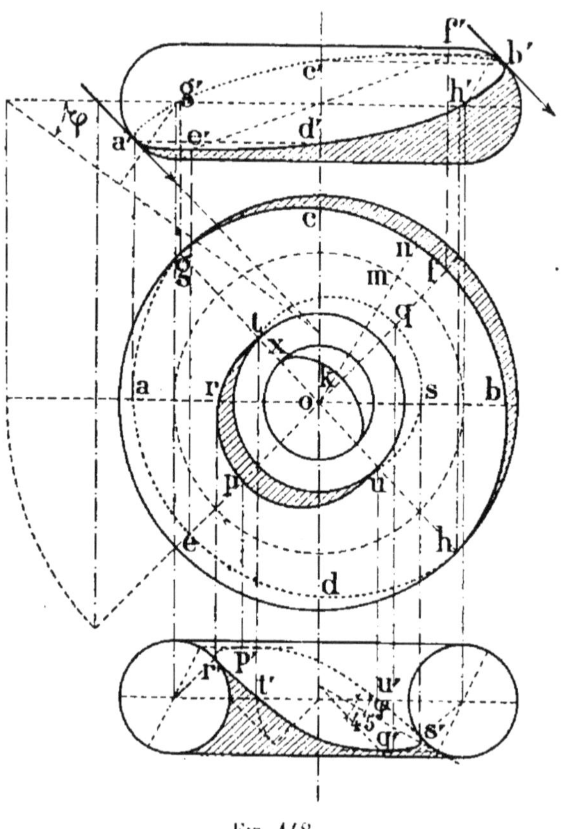


Fig. 148.

Les points ainsi obtenus sont suffisants dans la pratique pour tracer la courbe d'ombre ; cependant on obtiendra des points intermédiaires par le procédé suivant.

On tracera, au centre du tore, une sphère d'un rayon $ox$ égal à celui du cercle générateur du tore, et on tracera la courbe d'ombre propre de cette sphère qui est indiquée sur la figure. On mènera ensuite un rayon quelconque $om$ qui rencontre la courbe d'ombre de la sphère en $k$ et on portera $kn = om$. Le point $n$ appartient à la courbe d'ombre du tore.

Pour l'ombre du tore en coupe, le point le plus haut $p'$ et le point le plus bas $q'$ sont déterminés, comme dans la vue extérieure, par le rayon $\varphi$. La courbe est tangente en élévation aux points intérieurs $r's'$ et aux points $tu$ du plan, qu'on projette facilement dans les deux autres vues.

Le tracé à l'aide de la sphère centrale s'appliquerait également à la courbe d'ombre intérieure du tore.

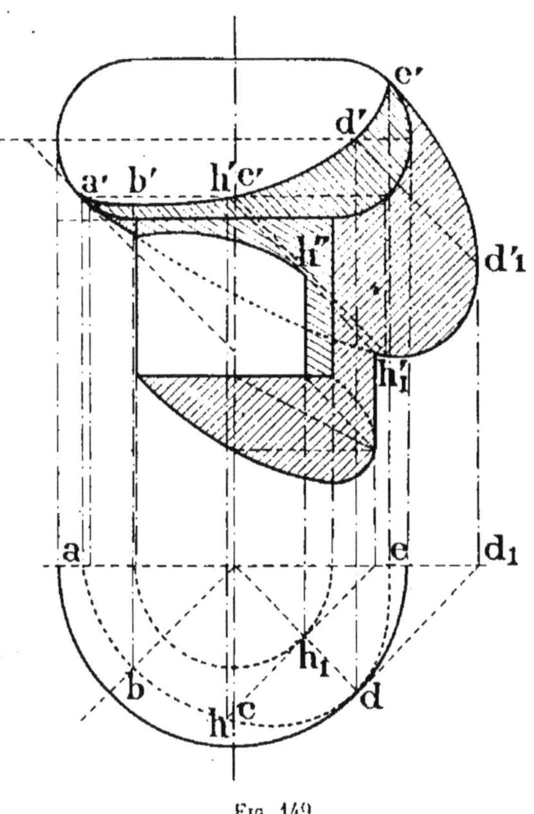


FIG. 149.

**Tore sur cylindre ou cas de l'astragale dans la colonne dorique** (*fig.* 149). — On supposera pour l'ombre portée que le nu du mur est dans le plan de l'axe de la colonne. Les points de l'ombre propre du tore se détermineront comme dans l'exemple précédent.

Ces points sont $a$, $b$, $c$, $d$, $e$, $a'$, $b'$, $c'$, $d'$, $e'$. L'ombre portée sur le fût est donnée par l'ombre propre du tore. On l'obtiendra facilement. Le point de perte dans l'ombre propre du cylindre est donné par la tangente au plan qu'on prolonge jusqu'à la rencontre de la courbe d'ombre. On obtient ainsi le point *h* qu'on relève en *h'* et qui donne *h'*; ce dernier point ressaute sur le nu du mur en $h'_1$, qui est le départ de l'ombre portée sur le mur de la courbe d'ombre propre. On en obtient facilement des points intermédiaires jusqu'au point *e'* qui est lui-même son ombre.

L'ombre portée de la base du cylindre sur le plan vertical est un arc d'ellipse que l'on sait déterminer.

**Gouttes en tronc de pyramide** (*fig.* 150). — Les gouttes sont placées au-dessous du bandeau de l'architrave dans l'entablement à triglyphes.

La figure étant prise sur l'angle de l'entablement et le re-

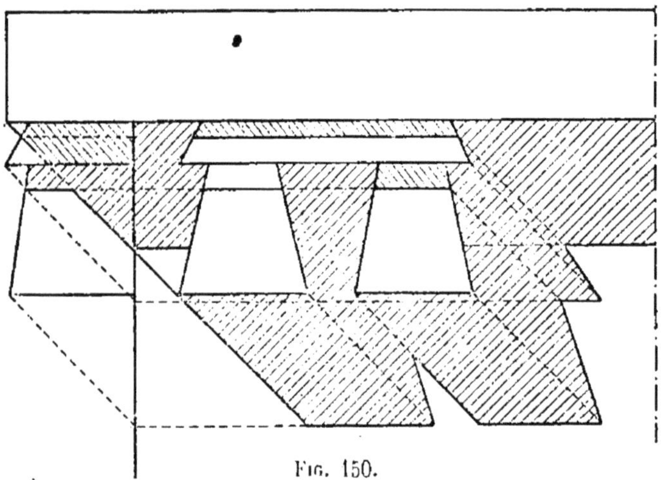

Fig. 150.

tournement étant le même dans les deux plans verticaux, on peut considérer la goutte de gauche comme la vue de côté des deux autres gouttes qui sont vues de face. Dans ces conditions, on peut se dispenser de la vue en plan, et les ombres se déterminent sans difficultés par les constructions simples indiquées sur l'épure.

**Gouttes en tronc de cône** (*fig.* 151). — Dans cette épure, il est nécessaire de connaître la projection horizontale, ce qui fait alors trois projections à déterminer.

L'ombre propre des cônes est déterminée par les tangentes menées du point d'ombre du sommet sur le plan de la base des cônes, comme il a été expliqué précédemment.

L'ombre de l'arête *a'b'* donne une courbe dont le point *c'* se trouve à l'intersection du rayon à 45° et de la génératrice *od* du cône menée par le sommet *o* parallèlement au rayon lumineux. Le point de perte *f'* dans l'ombre propre

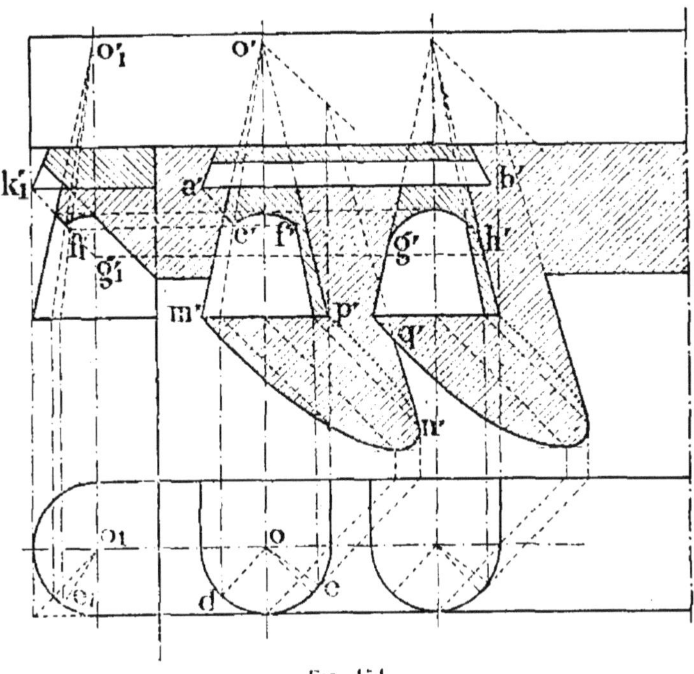


Fig. 151.

du cône s'obtient en reportant la génératrice *oc* en $o_1e_1$ dans la goutte vue de côté, ce qui donne le point $f'_1$ qu'on projette en *f'*. Les points de l'ombre sur le contour apparent de la seconde goutte sont *g'h'*, projection du point $g'_1$ situé à l'intersection du rayon $k'_1g'_1$ avec l'axe $o_1o'_1$.

La base circulaire des cônes donne comme ombre portée une demi-ellipse *m'n'p'*, et le corps de la goutte produit une ombre portée *n'q'* tangente à l'ellipse.

**Fronton circulaire** (*fig.* 152). — Le profil des moulures du fronton est indiqué par une coupe.

Tous les plans étant parallèles, on obtiendra les ombres

portées de la manière suivante appliquée à l'arc ABC, qui projette son ombre sur la doucine située au-dessous.

Dans le rabattement, on mène par le point B' un rayon à 45° qui rencontre la doucine en $B'_1$. On porte, à partir du centre $o$, une distance $oo_1 = B'B'_1$, et du centre $o_1$ avec $oA$

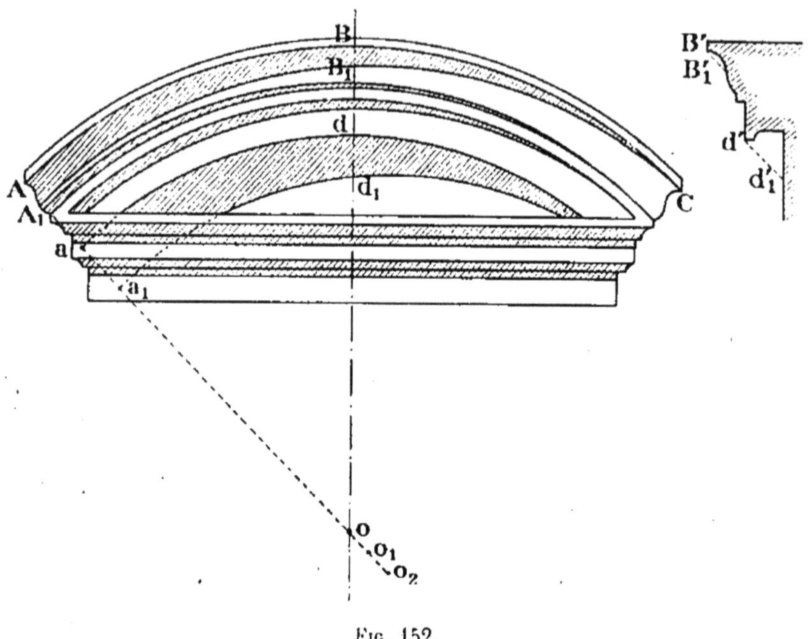


Fig. 152.

comme rayon on décrit la circonférence $A_1B_1$ qui est l'om cherchée.

On opérera de la même manière pour les autres parties ; par exemple pour l'ombre portée de $ad$, on prendra comme centre $o_2$ tel que $oo_2 = d'd'_1$ et comme rayon de l'ombre $o_2a_1 = oa$.

**Fronton triangulaire.** — *Tracé d'un fronton* (*fig.* 153). — Avant de donner le tracé des ombres, il convient d'indiquer comment on établit un fronton.

On décrit sur AB comme diamètre, qui est l'arête supérieure de la corniche, une demi-circonférence qui détermine sur l'axe vertical un point O que l'on prend comme centre d'un arc de cercle ACB. Le point C de l'axe vertical est alors le sommet du fronton, et les deux inclinaisons sont AC et CB.

*Tracé des ombres* (*fig*. 154). — On mène un plan à 45°, MN, dans la projection horizontale du fronton et on rabat sur le plan horizontal PQ. On obtient la section A. Le rayon passant par $b'$ rabattu sur ce même plan en $b''b_1$ détermine le point $a_1$ qu'on relève en $a$ et ensuite en $a'$. Ce dernier point est l'ombre portée de l'arête PV sur la doucine de gauche. Un tracé analogue au moyen du plan à 45° RS, donnerait l'ombre portée sur la doucine de droite. Les deux séparatrices sont

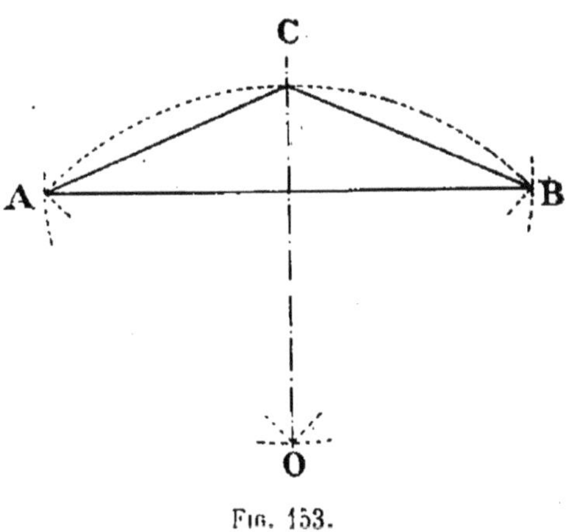

Fig. 153.

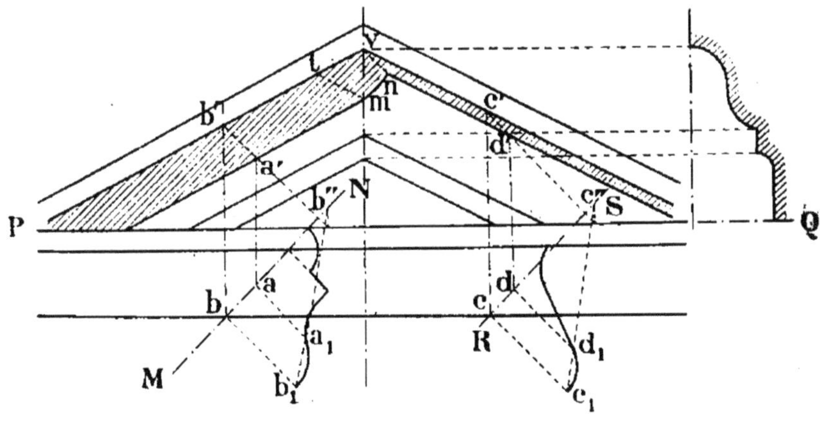

Fig. 154.

rectilignes et elles sont raccordées par une courbe $mn$, qui est l'ombre de la partie rectiligne $t$V sur la doucine de droite.

**Ombre d'une cheminée sur un toit** (*fig*. 155). — Les rayons s'appuient sur les arêtes en diagonale $a$ et $b$.

Les ombres de ces arêtes sont parallèles à la droite MN qui représente l'inclinaison du toit. On obtient facilement l'ombre par des rayons à 45° menés dans la vue de côté auxiliaire et ramenés dans la vue de face.

Ainsi, par exemple, pour le point $m$, on mène le rayon

à 45° $mm_1$ jusqu'au toit MN et, par le point correspondant $m'$ de l'autre vue, on mène également un rayon à 45°. L'horizontale de $m_1$ détermine alors le point $m'_1$, qui appartient à la séparatrice de l'ombre.

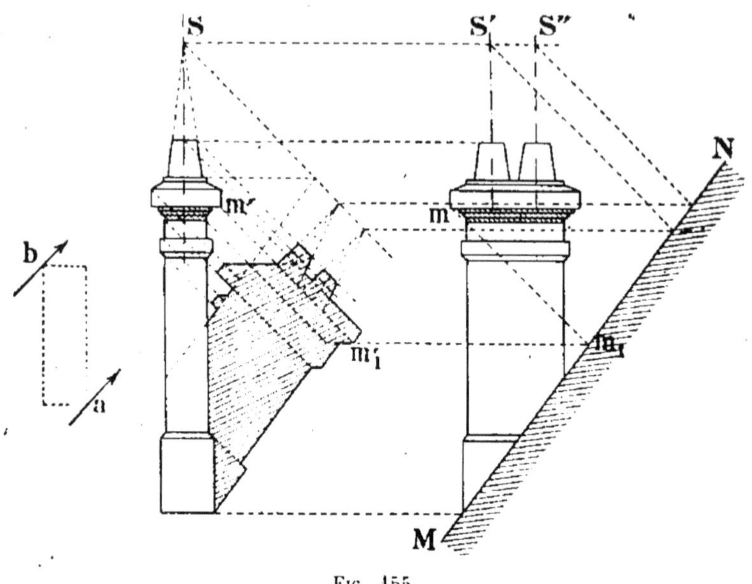


Fig. 155.

On appliquera aux mitres les tracés relatifs aux cônes au moyen des sommets S, S', S".

**Ombre du chapiteau dorique** (*fig.* 156). — Le *tailloir* A' dont le plan est carré donne une ombre sur le *gorgerin*. L'arête qui se projette en $a'$ donne la ligne $a'a'_1$ et l'arête de front $a'b'$ donne un arc $a'_1c'$ qui appartient à une circonférence dont le centre est en $o'$ et dont le rayon est égal à celui du fût de la colonne. L'*échine* est un demi-tore dont l'ombre propre s'obtient comme il a été indiqué précédemment.

L'échine porte ombre à son tour sur le gorgerin suivant une courbe $d'c'm'$ qui s'obtient à l'aide de points pris sur la courbe d'ombre du tore en plan. Le point de perte est donné en $m$ par la tangente à 45° en plan.

L'arête $a'b'$ détermine sur l'échine une section du tore qui est symétrique par rapport à l'axe. Le point le plus haut $p'_1$ est donné en ramenant le point $p'$ sur l'axe en $p'_1$. On obtient des points intermédiaires en traçant un parallèle quelconque qui détermine un point $q'$ sur le contour apparent du tore. On construit ce cercle $oq$ en plan, et la verticale du point $r'$ détermine une ligne $rs$ qu'on reporte à droite et à gauche de

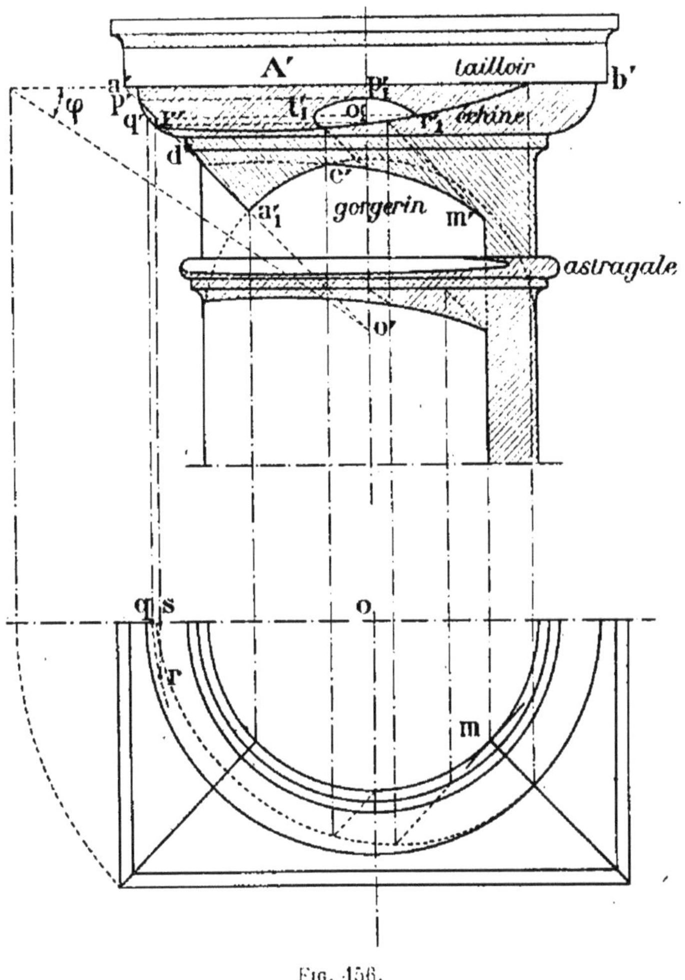


Fig. 156.

l'axe en $o'_1t'_1$ et $o'_1r'_1$. Les ombres propres et portées de l'astragale s'obtiennent sans difficulté par les procédés déjà employés.

**Entablement à modillons** (*fig.* 157). — L'arête AB du larmier porte ombre en $ab$ sur la frise.

Les ombres sur les modillons sont données par le profil qui est en bout à gauche. On obtient les droites $m'n'$. Les ombres portées des modillons sur la frise sont déterminées

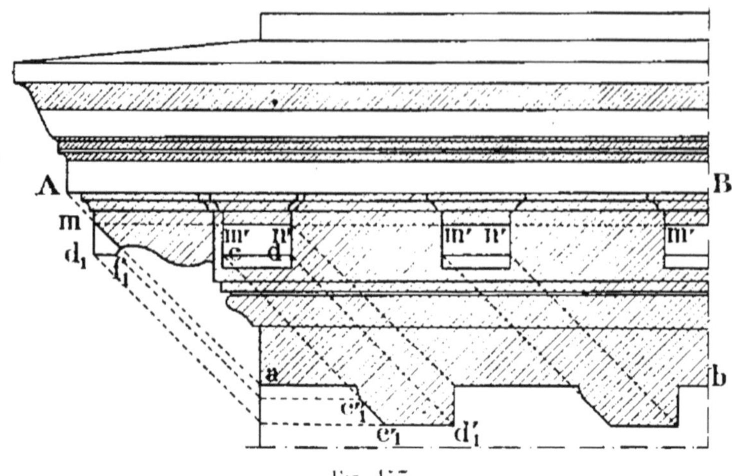


Fig. 157.

par les rayons qui s'appuient sur les lignes $cd$, $dn'$ et $d_1f_1$; la ligne $cd$ est une horizontale de front; elle donne pour ombre une horizontale de front $c'_1d'_1$, la ligne $dn'$ donne une verticale issue de $d'_1$; enfin la ligne $d_1f_1$ qui est une droite de bout donne une ombre à 45° $c''_1c'_1$.

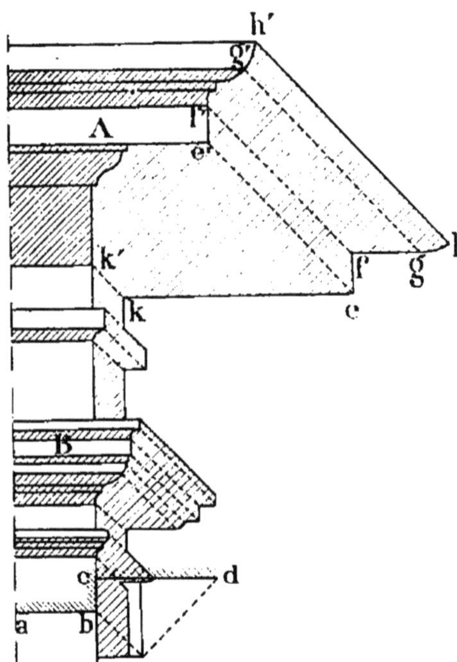


Fig. 158.

**Profil d'angle** (*fig.* 158). — On donne la section horizontale $abcd$, ce qui permet de tracer les rayons à 45°, des parties qui dépassent le mur et d'évaluer ainsi la hauteur de l'ombre portée.

Le larmier A donne une ombre $efgh$, sur le nu du mur, dans laquelle la ligne horizontale $fg$ correspond à la partie dans l'ombre $f'g'$. De même la ligne horizontale *ek* correspond à la partie dans l'ombre *e'k'*. On obtient sans difficulté l'ombre du chapiteau B sur le nu du mur.

**Ombre d'un mur vertical sur un corps de moulures** (*fig.* 159). — On peut déterminer directement les ombres des points de la verticale AB sur le corps des moulures à l'aide du profil donné en C; mais il est à remarquer que le profil déterminé

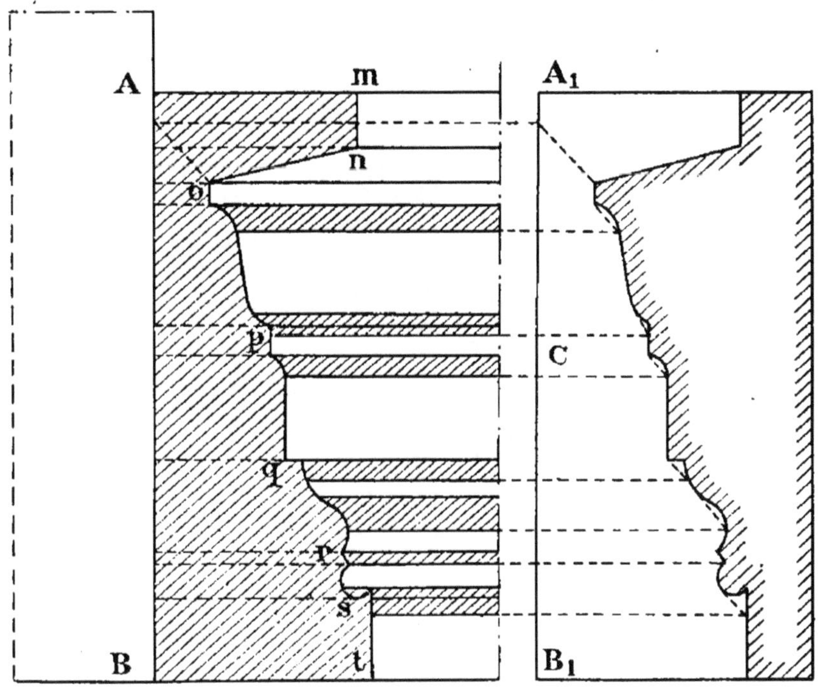


Fig. 159.

par l'ombre portée de la verticale est identique à celui donné en C. Il suffit donc de répéter ce profil à des distances de la droite AB égales à celles données dans le profil C par rapport à la droite $A_1B_1$.

L'ombre portée du mur sur le corps de moulures est alors défini par la séparatrice *mnopqrst*.

**Pilastre. — Ombres de moulures sur des moulures en retournement** (*fig.* 160). — On donne la section horizontale *abcdef*, qui indique les décrochements successifs.

On déterminera d'abord les ombres propres et portées sur le pilastre qui est en avant.

A l'aide de la projection horizontale on recherche ensuite les ombres $A'_1$ et $B'_1$ des points A' et B' au moyen des rayons à 45°, et on reconnaîtra que ces deux profils se con-

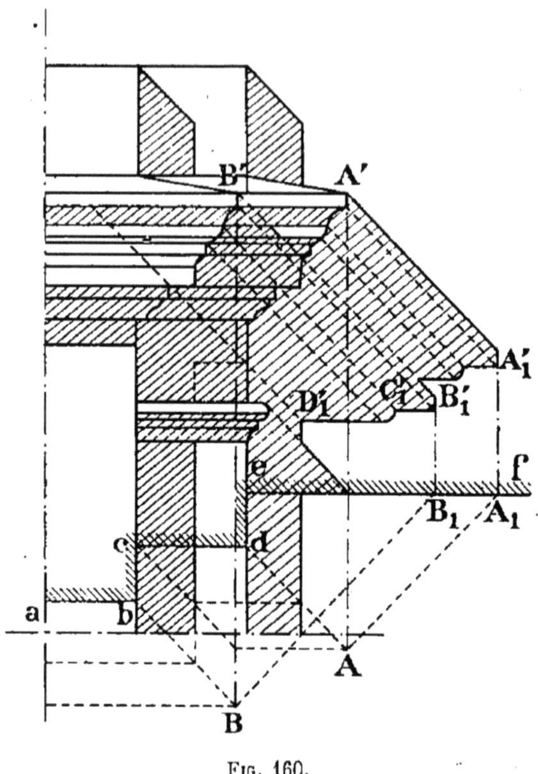


Fig. 160.

fondent suivant $A'_1C'_1B'_1D'_1$. La construction est indiquée sur l'épure.

**Ombre portée par un appentis sur un mur vertical** (*fig.* 161). — Les lignes A'B' et C'D' étant obliques par rapport au mur qui est vertical, on cherchera par des rayons à 45°, $A'A'_1$, $C'C'_1$ et en plan $AA_1$, $CC_1$, les ombres $A'_1$ et $C'_1$ des points A' et C' sur ce mur, et on joindra aux points B' et D'. Ces lignes limiteront l'ombre du toit de l'appentis.

La console est composée d'un montant vertical, d'une poutre horizontale et d'une jambe de force oblique.

Le montant vertical donne sur le mur une ombre égale à sa saillie et l'ombre de la poutre horizontale est donnée par des lignes à 45°. Pour la jambe de force oblique, on cherchera les ombres de points tels que $F'_1$, $H'_1$, $G'_1$ et $G'_2$ sur le plan vertical.

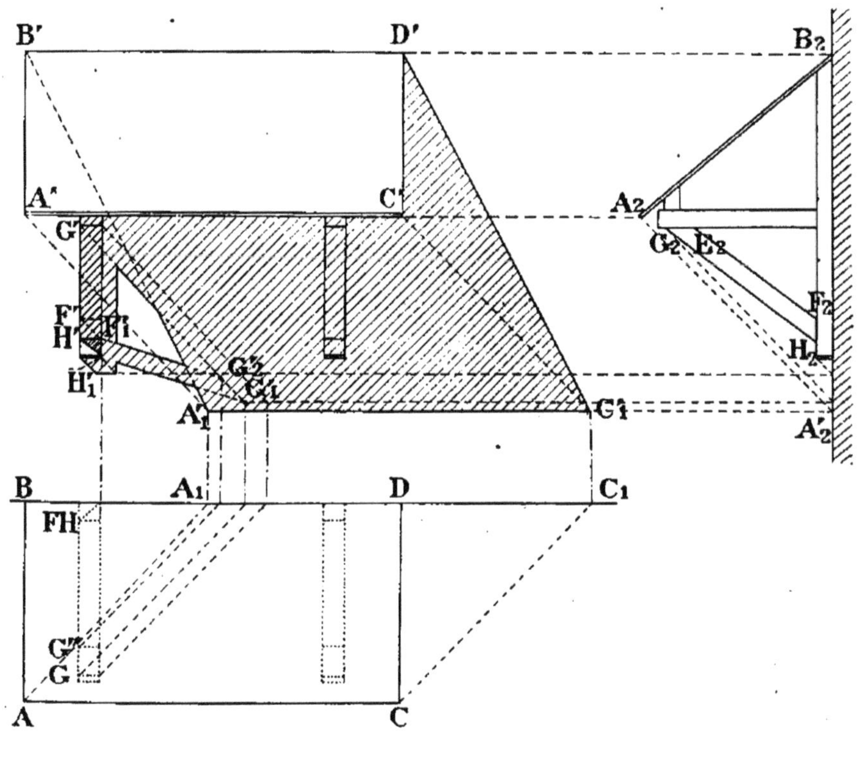


Fig. 161.

Il est à remarquer d'après l'épure que la vue en plan n'est pas indispensable et qu'il suffit de l'élévation et la vue de profil.

**Ombre d'une console** (*fig.* 162). — On donne la vue de côté qui servira à déterminer les ombres dans la vue de face, et on cherchera ensuite l'ombre du profil sur le mur vertical.

Pour la partie courbe de la console, comme précédemment, il est à remarquer qu'on obtient une courbe d'ombre analogue à celle dite *ombre du pont*.

Le point $a'$ ressaute en $a'_1$, et la courbe de la console donne

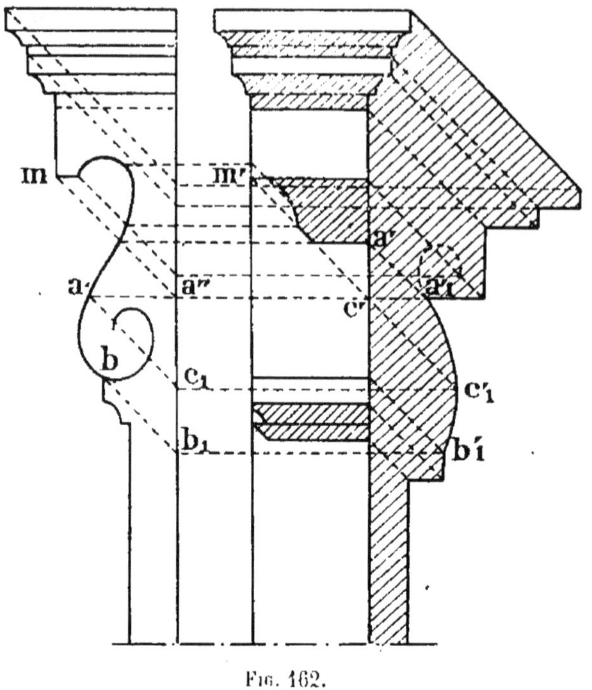


Fig. 162.

une ombre $a'_1b'_1$, dont on obtient facilement un point intermédiaire $c'_1$ à l'aide de la projection auxiliaire $ma''$-$ac'$ et $c'c'_1$.

**Ombre d'un portique** (*fig.* 163). — On voit sur le plan que le portique est formé d'arcs en plein cintre, placés de front avec une arcade de même diamètre qui se retourne perpendiculairement.

Pour les arcs de front, on cherche sur le mur du fond les ombres des centres des arcs qu'on obtient en $o'_2o'_3$. On décrira de ces points des arcs de cercle ayant le rayon de ceux de front, puisque l'ombre est portée sur un plan parallèle.

Il est à remarquer que ces arcs se coupent en un point $o'_4$. L'un de ces arcs provient des rayons qui s'appuient sur l'arc $ab$; l'autre par les rayons qui s'appuient sur une partie de l'arc $cd$.

Pour l'arcade en retour située à gauche, les ombres des demi-cercles seront des demi-ellipses que l'on pourra déterminer par points.

A cet effet, on projette en plan et en élévation les points *e*, *f*, *g*, *h*, *k*, qui divisent la demi-circonférence en quatre parties égales, et on cherche, à l'aide de rayons à 45°, les ombres de ces points sur le mur du fond.

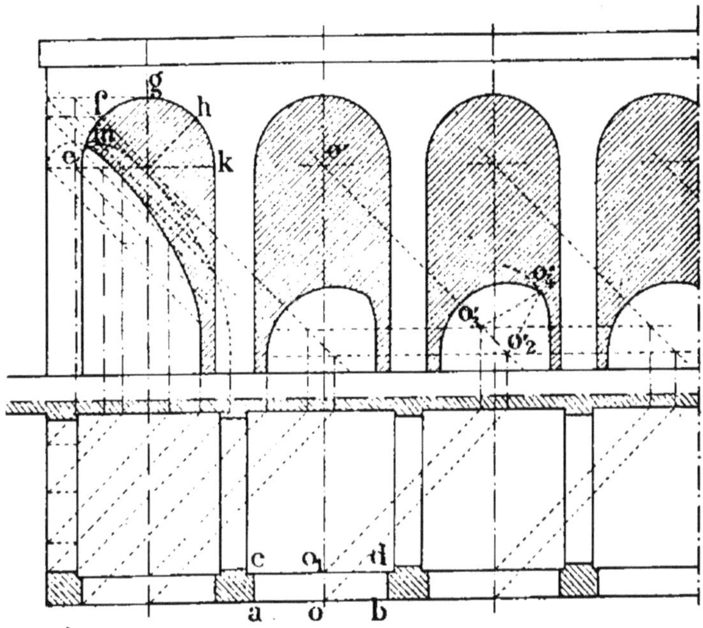


Fig. 163.

On remarquera qu'il existe en *m* un point où les rayons lumineux quittent l'arc qui est en avant pour s'appuyer sur l'arc qui est en arrière.

## CHAPITRE III

# PERSPECTIVE

**Définitions.** — La perspective a pour but de représenter les objets tels qu'on les voit.

La *perspective linéaire* ou perspective des lignes permet de mettre les objets en place, et la *perspective aérienne*, ou perspective des couleurs, permet de donner à ces objets le ton qui leur convient suivant leur place sur le tableau.

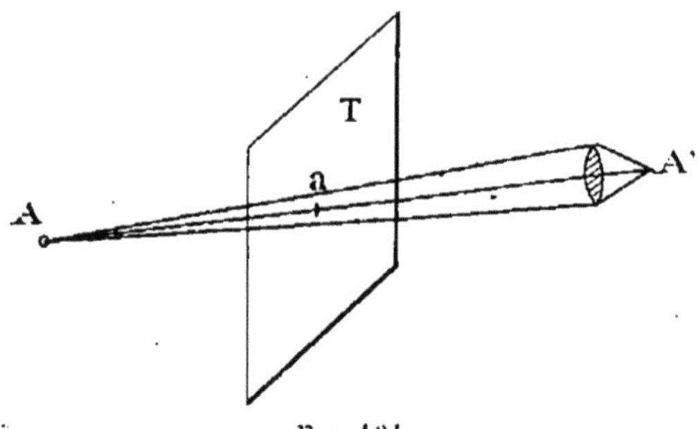

Fig. 164.

On s'occupera dans ce qui va suivre de la perspective linéaire seulement.

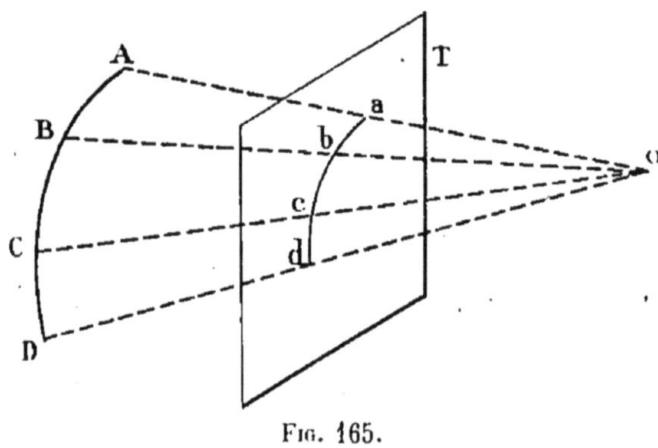

Fig. 165.

Sans entrer dans les détails des phénomènes de la vision, il convient de rappeler que chaque point tel que A envoie à l'œil un faisceau de rayons, qui sont concentrés par l'intermédiaire du cristallin sur la rétine en A', celle-ci reçoit alors l'impression de la vision. Dans ce faisceau de rayons on a l'habitude de ne considérer que le rayon du milieu ou rayon principal AA'.

Si donc on interpose entre le point A et l'œil un tableau T

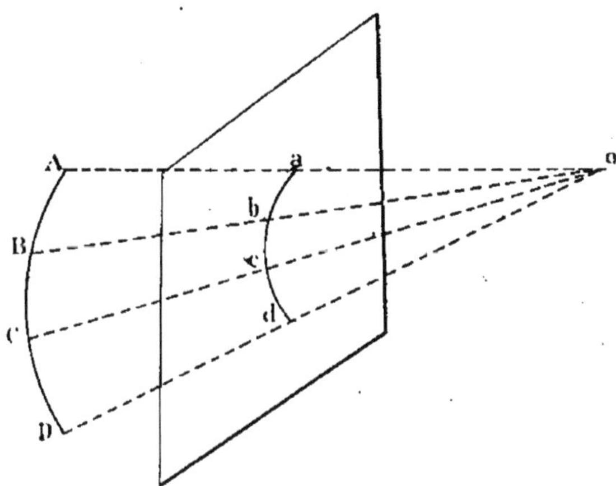


Fig. 166.

(*fig.* 164), la perspective du point A sera le point d'intersection *a* du rayon principal A et du tableau.

Il en serait de même pour une série de points A, B, C et D (*fig.* 165 et 166), et leur perspective serait située à l'intersection du tableau avec les rayons correspondants.

On voit que, si l'on considère l'œil comme sommet *o*, tous les rayons partant de ce sommet et allant aux différents points A, B, C, D d'une courbe forment le *cône perspectif* dont la trace sur le tableau donne la perspective de la courbe.

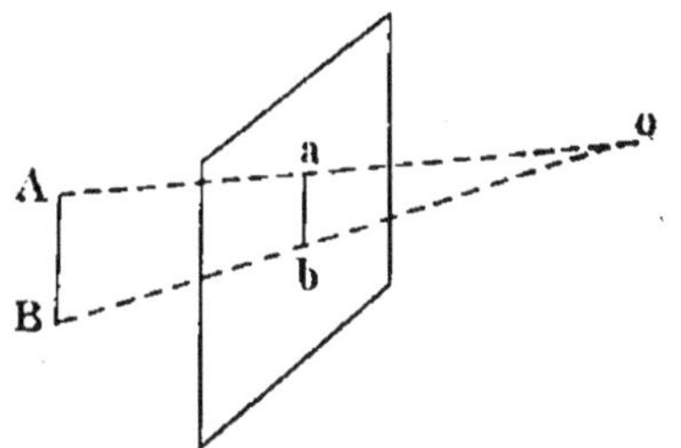


Fig. 167.

Si au lieu d'une courbe on considère une ligne droite, les trois points A, B, O déterminent un plan que l'on appelle *plan perspectif*.

D'autre part, on sait qu'un plan de front est parallèle au tableau et il est à remarquer alors par les figures semblables que présente la construction précédente, que toute droite de front est nécessairement située dans un plan de front et qu'elle est parallèle à sa perspective. Il en est de même si l'on considère une figure située dans un plan de front et cette figure est semblable et parallèle à sa perspective. Ces deux figures sont en outre semblablement placées.

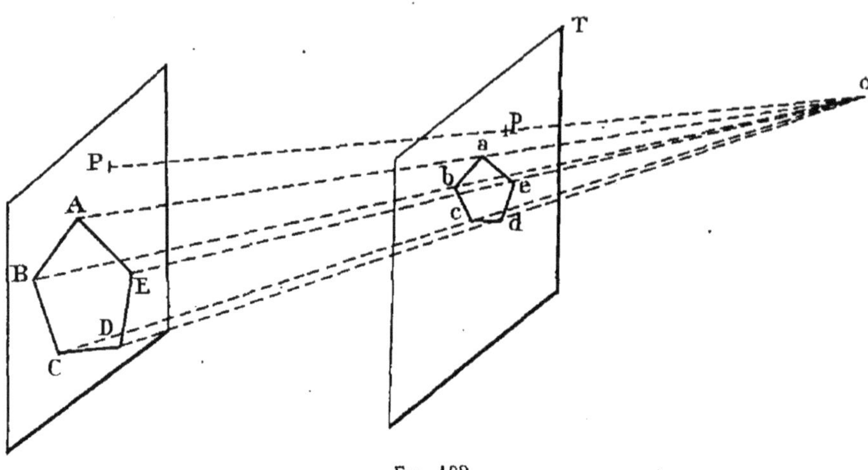


Fig. 168.

Dans ces conditions la perspective est réduite dans un certain rapport qu'il convient de déterminer à cet effet. Si l'on abaisse une perpendiculaire $oP$ qui sera commune au tableau et au plan de front, les figures semblables donnent la proportion :

$$\frac{ob}{oB} = \frac{op}{oP},$$

d'où il suit que le rapport de réduction est égal à celui des distances de l'œil au tableau et au *plan de front* (*fig.* 168).

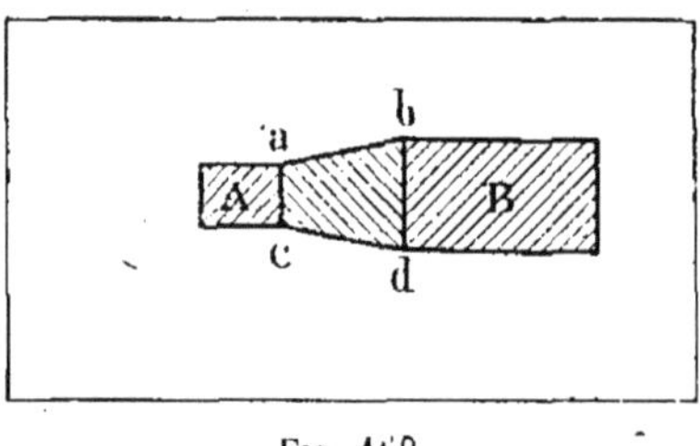


Fig. 169.

Il résulte de là que chaque plan de front a son échelle, et que le rapport deviendra de plus en plus petit à mesure que le plan de front s'éloignera de l'œil. Ainsi A et B représentant des corps de bâtiment éloignés l'un de l'autre d'une certaine quantité, l'échelle du plan de front A sera plus petite que celle du plan de front B (*fig.* 169).

**Fuyantes.** — Toutes les lignes qui comme *ab* et *cd* ne sont pas de front, sont des *lignes fuyantes*.

Soit le point A pris sur le tableau et la ligne quelconque $AM_2$. Si l'on mène, par cette ligne et l'œil O, un plan, il coupera le tableau suivant une droite $Am_2$. Les points M, $M_1$, $M_2$

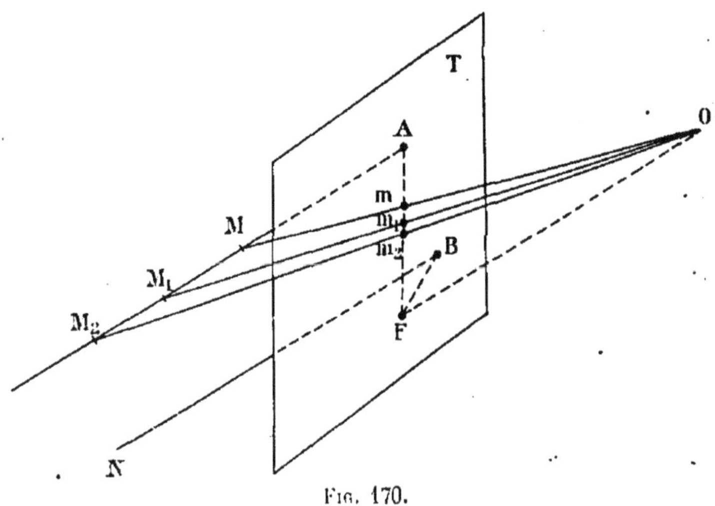


Fig. 170.

de cette droite $AM_2$ donnent sur le tableau les points perspectifs $m_1$, $m_2$, $m_3$; ils vont en s'éloignant du point A et la limite de cet éloignement sera évidemment au point F où la parallèle OF à $AM_2$ rencontre le tableau.

Si l'on considère une autre ligne BN parallèle à $AM_2$, son éloignement aura également pour limite le point F puisqu'il faudra mener par le point O une parallèle à BN qui percera toujours le tableau en F, et il en sera de même de toutes les parallèles. Par conséquent toutes les lignes parallèles, qui ne sont pas situées dans un plan de front, convergent au même point qui est le POINT DE FUITE.

Si l'on mène par l'œil (*fig.* 172), un plan P′ parallèle à un plan quelconque P, il coupe le tableau suivant la droite MN, et alors des lignes telles que A et B du plan P (*fig.* 171) auront, d'après ce qui précède, leurs points de fuite en F et F′ obtenus en menant par le point O des lignes OF et OF′ respectivement parallèles à A et B jusqu'à leur intersection avec le tableau, c'est-à-dire sur la droite MN.

Le plan horizontal passant par l'œil est le *plan d'horizon;*

il coupe le tableau suivant une droite qui est la *ligne d'horizon*. Or, toutes les lignes horizontales étant situées dans des plans horizontaux ont leurs points de fuite sur la ligne d'horizon.

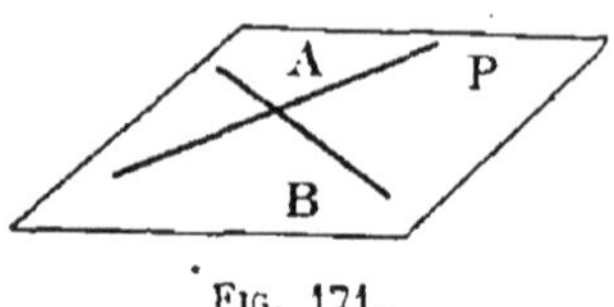

Fig. 171.

Le plan d'horizon coupe tous les objets qu'il rencontre en deux parties, une située au-dessus, et l'autre au-dessous de ce plan. Enfin toutes les figures, situées dans le plan d'horizon, ont leur perspective située sur la ligne d'horizon et se réduisent par conséquent à une droite.

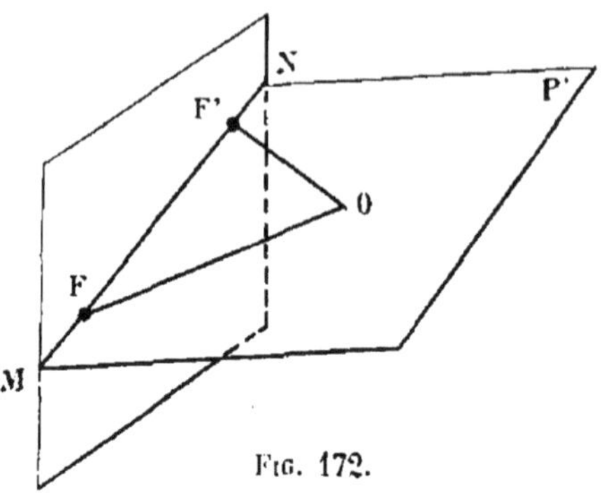

Fig. 172.

**Tracés de la perspective.** — On commencera d'abord les

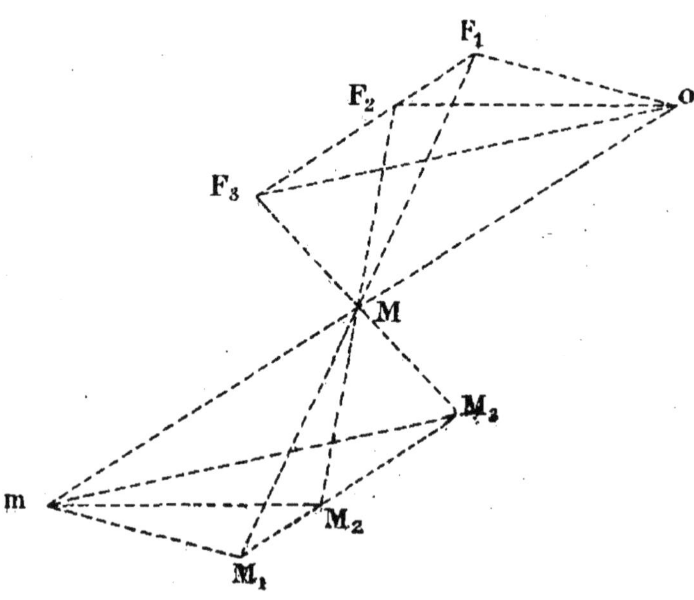

Fig. 173.

tracés de la perspective d'après des figures géométrales, c'est-à-dire le plan et l'élévation.

Cette méthode consiste à faire la perspective du plan comme s'il était seul, puis à faire ensuite la perspective des hauteurs ou l'élévation.

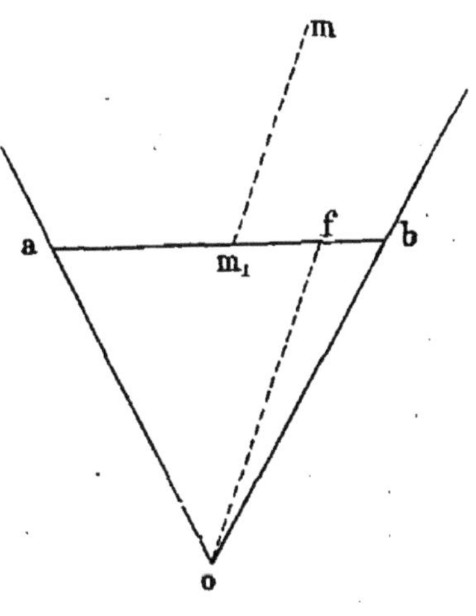

Fig. 174.

Le tracé fondamental sur lequel repose cette méthode est représenté (*fig.* 173).

Si l'on mène du point $m$ des droites indéfinies parallèles à $oF_1$, $oF_2$, $oF_3$, leurs perspectives seront les droites $M_1F_1$, $M_2F_2$, $M_3F_3$ qui joignent les traces $M_1$, $M_2$ et $M_3$ aux points de fuite $F_1$, $F_2$ et $F_3$. Ces droites doivent passer par la perspective M du point considéré qui se trouve ainsi déterminé par leur intersection.

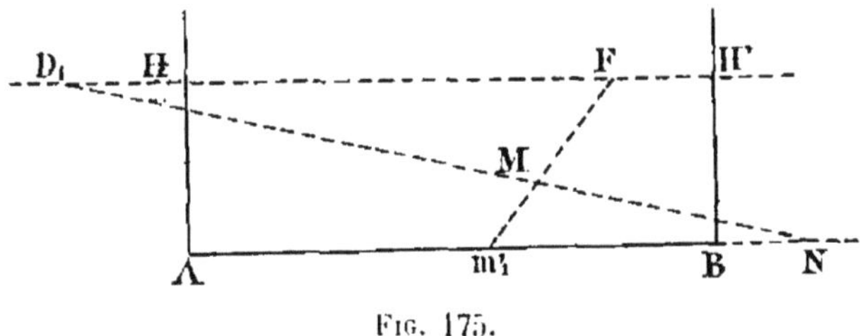

Fig. 175.

Ce tracé fondamental appliqué à la mise en perspective d'un point $m$ sur un tableau, est alors le suivant (*fig.* 174) :

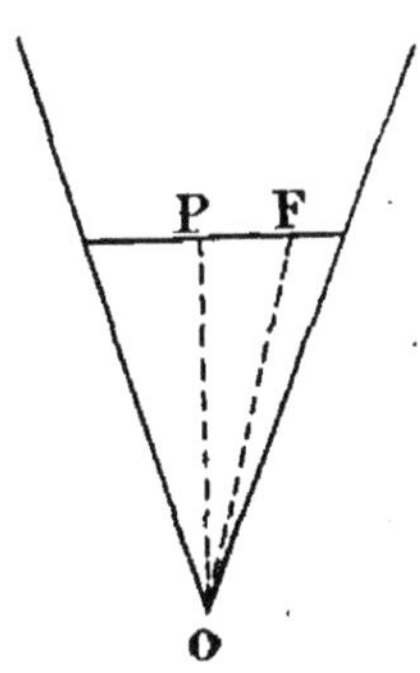

Fig. 176.

En plan, on prend un point de fuite quelconque $f$ sur la projection de la ligne d'horizon, que l'on joint à $o$, c'est le rayon de fuite. Par le point $m$ on mène une parallèle $mm_1$ à $of$. En élévation on considère une longueur de tableau $AB = ab$ et on trace la *ligne d'horizon* HH' (*fig.* 175) :

On porte à partir de H' la longueur $H'F = bf$, ce qui détermine le *point de fuite* F. Le *point de distance* peut être obtenu en portant à droite ou à gauche du point de fuite F la distance $of$, soit alors $FD_1 = of$, puis la longueur $Am'_1 = am_1$, et enfin *l'éloignement* ou *la fuite* $m'_1N = mm_1$. On tire les droites $D_1N$ et $Fm'_1$ et la perspective M (*fig.* 177) du point *m* se trouve à l'intersection de ces deux droites.

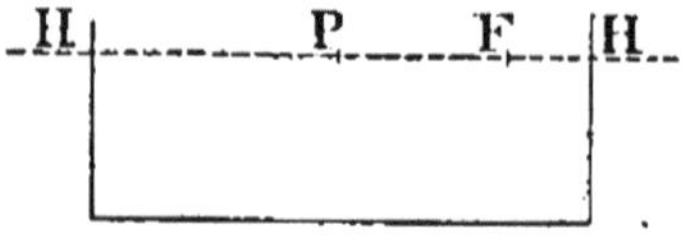

Fig. 177.

Le *point de fuite principal* P est commun à toutes les droites qui sont perpendiculaires au tableau.

La droite *o*P est le *rayon principal de fuite*. Les autres lignes telles que *o*F sont des *rayons accidentels de fuite* et les points tels que F en perspective sont *des points accidentels de fuite* (*fig.* 176).

Il s'en suit qu'à deux dénominations des points de fuite correspondent deux dénominations des points de distance. Ainsi *o*P donnera le *point principal de distance* et *o*F le *point accidentel de distance*.

**Echelle des éloignements ou échelle de fuite.** — Pour cons-

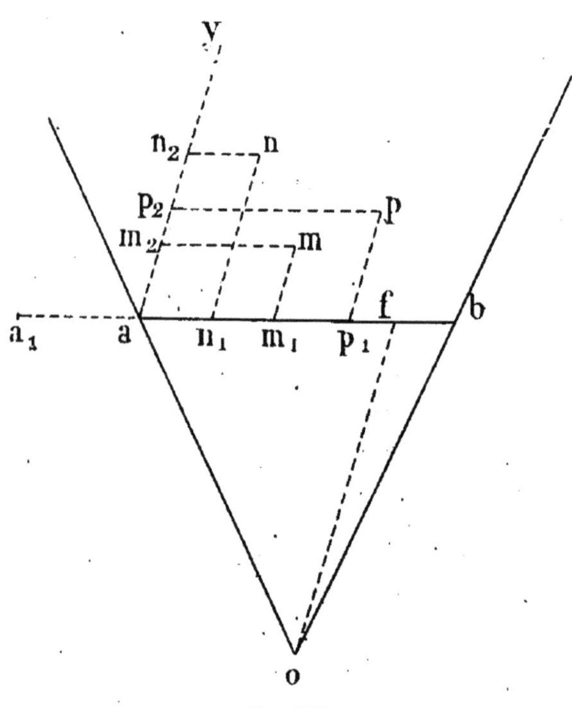

Fig. 178.

truire la perspective de plusieurs points *m*, *n*, *p*, on se sert de *l'échelle des éloignements* ou échelle de fuite qui est la parallèle $ay$ à $of$. De chacun des points $m$, $n$, $p$ on mène les lignes $mm_1$, $nn_1$, $pp_1$ et $mm_2$, $nn_2$, $pp_2$ respectivement parallèles à $of$ et au tableau $ab$. Puis, pour construire la perspective *de ces points* on prend (*fig.* 179) AB $= ab$, on trace la ligne d'horizon HH' et on porte H'F $= bf$. La ligne AF est alors la

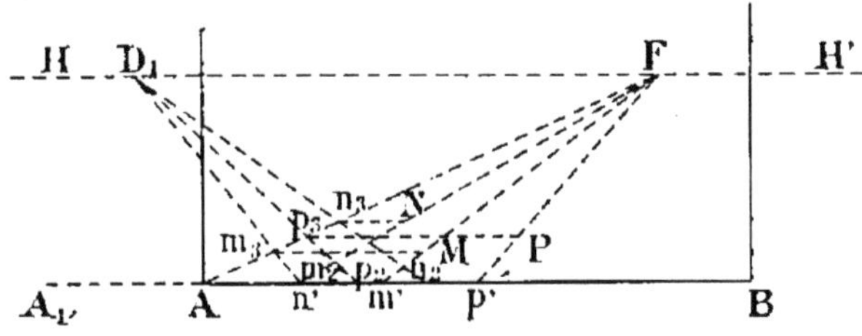


Fig. 179.

ligne de fuite sur le tableau. On porte ensuite les longueurs $an_1$, $am_1$, $ap_1$ sur la droite AB à partir du point A en A$n'$, A$m'$ et A$p'$ et on joint les points obtenus à F. On porte de même les longueurs $am_2$, $ap_2$, $an_2$ relevées sur l'échelle de fuite $ay$, sur AB en A$m_2$, A$p_2$, A$n_2$ et on joint les nouveaux points obtenus au point de distance $D_1$.

Enfin par les intersections $m_3$, $p_3$, $n_3$ des deux faisceaux de droites issus des points $D_1$ et F, on mène des parallèles à AB

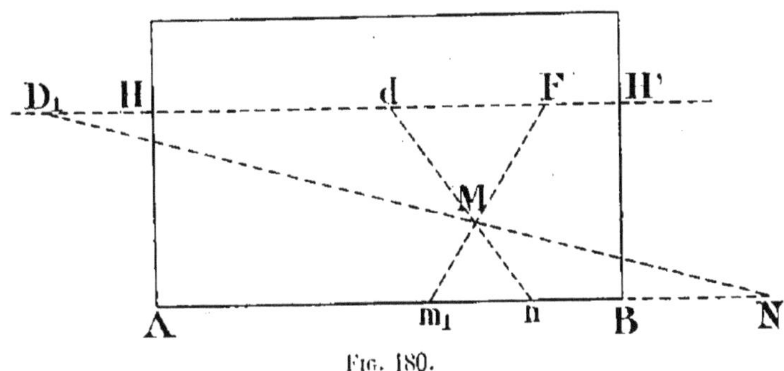


Fig. 180.

qui déterminent les perspectives M, N, P, des points $m$, $n$, $p$.

L'échelle de fuite considérée au point $a$ aurait pu l'être en tout autre point $a_1$ par exemple, pourvu que sur le tableau on ait pris le point correspondant $A_1$, tel que $BA_1 = ba_1$.

Lorsque le point de distance, situé à gauche ou à droite du point de fuite, sort des limites de l'épure, on a recours alors à la simplification suivante qui est d'une grande utilité :

En reprenant la construction ordinaire, on voit que les triangles $D_1$ MF et $m_1$ MN sont semblables (*fig.* 180). Si donc on réduit dans un même rapport 1/3, 2/3, etc., les lignes $FD_1$ et $m_1$ N, on obtient les distances $Fd$ et $m_1n$. La droite $dn$ passera toujours par le point M, et la perspective ne sera pas altérée. On pourra donc, par cette construction, faire rentrer les points de distance dans le tableau, s'ils sortent des limites de l'épure.

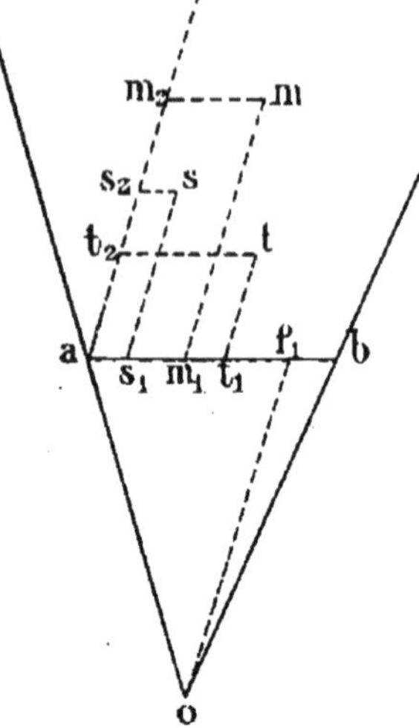


Fig. 181.

**Echelle des largeurs.** — Jusqu'à présent on a pris un tableau dont la largeur est celui donné par le géométral, mais on comprend qu'un plan étant fait sur un demi-grand aigle, ce tableau ne pourrait avoir plus de 30 à 40 centimètres et qu'une perspective exige souvent des dimensions beaucoup plus grandes. Il y a donc nécessité d'augmenter le tableau. Dans l'exemple de la figure on a pris AB égal à $3ab$ et H'F égal à $3fb$. Mais on a obtenu le point $d$ en prenant seulement $Fd = of_1$, puisque d'après la construction précédente cette distance peut-être réduite (*fig.* 181 et 182). Donc au lieu de l'augmenter 3 fois et pour éviter

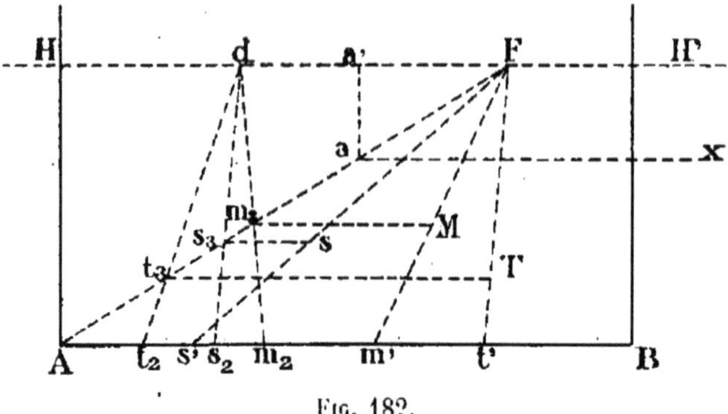


Fig. 182.

d'avoir à tripler aussi les distances des points $s_1$, $m_1$, $t_1$, on les portera sur une droite $ax$ appelée *échelle des largeurs*, qui

par le 1/3 de AF ou, ce qui revient au même, en prenant $Fa' = af_1$ et en élevant $a'a$ jusqu'à $a$F.

Le reste de la construction s'achève comme précédemment en portant les éloignements en $At_2$, $As_2$ et $Am_2$ et en joignant les points $t_2$, $s_2$, et $m_2$ au point $d$ ; les perspectives M, T se trouvent à l'intersection des rayons de fuite passant par $s'$, $m'$, $t'$ et des horizontales menées par les points $t_3$, $s_3$, $m_3$.

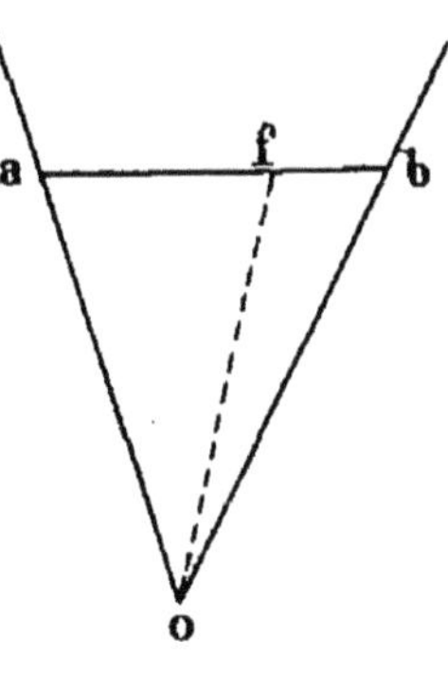

Fig. 183.

On voit que l'amplification n'augmente pas la difficulté du tracé, mais au contraire qu'elle le facilite. — Toutefois, il convient de remarquer que l'échelle des largeurs ne doit pas être près de la ligne d'horizon, car, si cela était, les rayons de fuite ne pourraient être tracés qu'approximativement.

On a supposé un rapport simple, mais le tracé n'est pas plus difficile lorsque ce rapport est quelconque, et au besoin on peut même ne pas s'en préoccuper du tout.

En supposant que le tracé géométral et le tableau soient donnés et que la base $ab$ soit contenue dans AB un certain nombre de fois plus une fraction (*fig.* 183 et 184). On porte $ab$

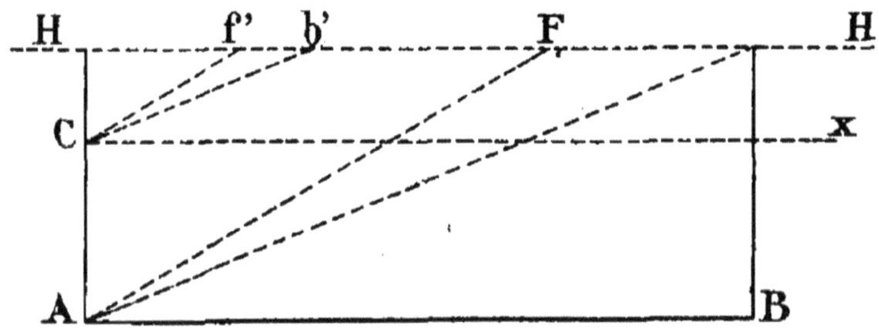

Fig. 184.

de H en $b'$ et $bf$ en $b'f'$ et on mène par le point $b'$ une parallèle à AH' qui détermine le point C. On trace $Cf'$ et on mène AF parallèle à $Cf'$. Le point F ainsi obtenu est le point de fuite ; en menant par le point C la parallèle $Cx$ à la ligne d'horizon HH' on obtient l'échelle des largeurs.

Il est facile de voir que les figures étant semblables on obtient le rapport :

$$\frac{Hf'}{Hb'} = \frac{HF}{HH'},$$

et que, par conséquent, les lignes du tableau sont augmentées dans le rapport du géométral au tableau. Le point H' est situé sur la ligne d'horizon à son intersection avec la verticale du point B (*fig.* 180).

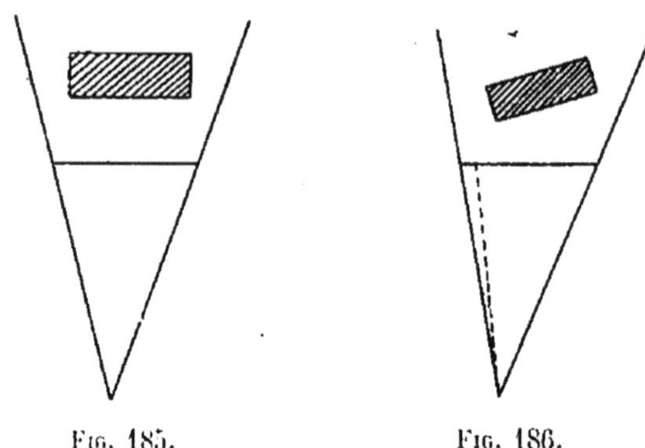

Fig. 185. Fig. 186.

On considère généralement trois cas dans la perspective des édifices.

1° Les *vues de front* qui sont parallèles au tableau ;

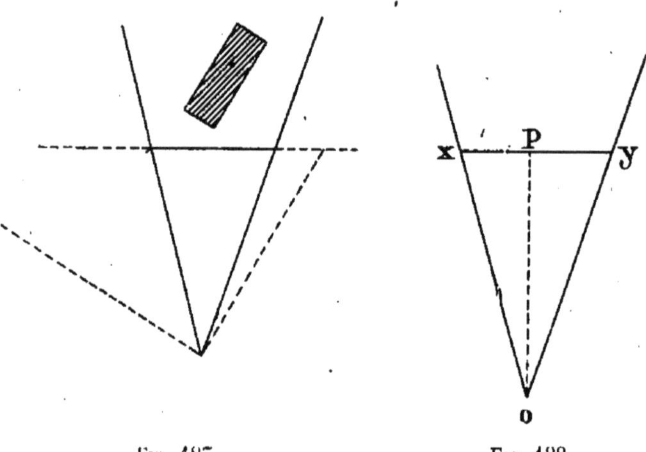


Fig. 187. Fig. 188.

2° Les *vues obliques* qui comportent des séries de lignes obliques au tableau, mais disposées de telle façon que le point de fuite peut être pris sur le tableau ;

3° Enfin les *vues sur l'angle*, qui ont également des lignes obliques au tableau, mais telles que le point de fuite est en dehors du tableau.

On appliquera en général les principes suivants qui donnent les meilleurs résultats :

1° La distance du spectateur à l'objet doit être égale environ à 2 fois et demie ou 3 fois la plus grande dimension de l'objet;

2° L'angle optique doit être compris entre 22 et 25°;

3° La distance *op* doit atteindre 2 fois et demie ou 3 fois la largeur du tableau (*fig.* 188).

**Vue de front.** — La vue de front est extrêmement simple à mettre en perspective.

Ainsi, soit le plan d'un édifice K (*fig.* 189). On numérotera

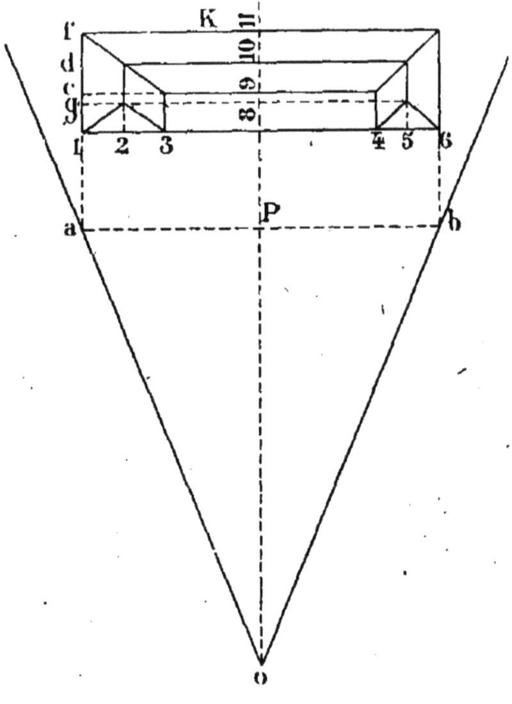


Fig. 189.

les sommets, comme il est indiqué sur le géométral, et l'on prendra en AB une longueur double ou triple de *ab*, suivant les dimensions qu'on voudra donner à l'épure (*fig.* 190). Le point de fuite viendra naturellement en P' au milieu du tableau; on

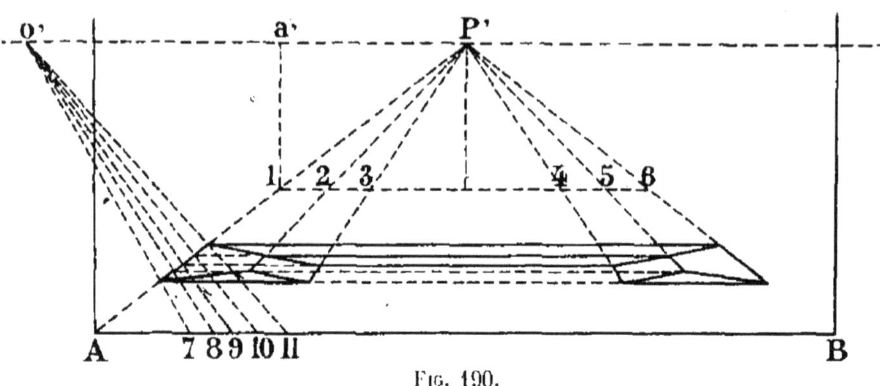


Fig. 190.

prendra donc $P'o' = Po$, puis $P'a' = aP$, ce qui déterminera l'échelle des largeurs. On portera ensuite sur cette échelle les points 1, 2, 3, 4, 5, 6, qui donnent les lignes perpendiculaires au tableau, puis de A en 7, 8, 9, 10, 11, les distances de *a* en 1, *g*, *c*, *d*, *f* relevées sur le géométral.

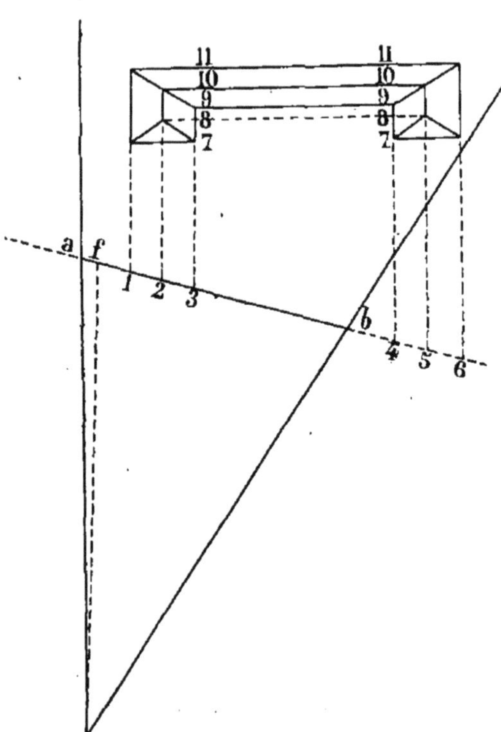


Fig. 191.

On tirera les droites $o'7$, $o'8$, ..., $o'11$ et par leurs points d'intersection avec l'échelle de fuite AP', on mène des parallèles à AB, et la perspective est alors complètement déterminée.

**Vue oblique.** — On prendra le rayon de fuite *of* parallèle à une série de lignes du bâtiment (*fig.* 191). On portera AB = 2 ou 3 *ab* ; HF = 2 ou $3af$ et $Fd = of$. On prendra $Fb' = fb$, et on abaissera la perpendiculaire $b'b_1$ sur HH'; l'horizontale passant par $b_1$ sera l'échelle des largeurs.

On portera sur l'échelle des longueurs les distances $b_1$1, $b_1$-2, ..., $b_1$-6 égales à celles du géométral $b$-1, $b$-2, ..., $b$-6. On prendra ensuite pour première échelle de fuite la ligne 4, 11 et on relèvera sur une bande de papier les points

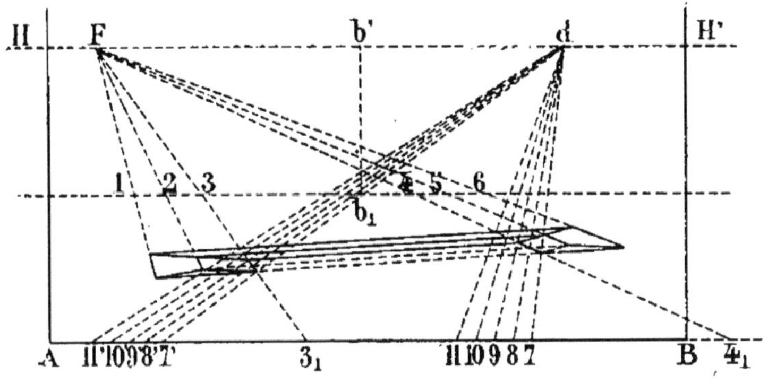


Fig. 192.

4, 7, 8, 9, 10, 11 du géométral. On les portera en $4_1$, 7, 8, 9, 10, 11, sur BA. On joindra ces points au point $d$ et les points d'intersection avec $4_1$F seront des points de la figure en perspective. On prendra ensuite pour deuxième échelle de fuite la ligne 3-11 du géométral et on portera de même les distances 3 à 7, 8, 9, 10, 11 de $3_1$ en 7', 8', 9', 10', 11' et les points d'intersection avec $3_{10}$F seront d'autres points. Il ne restera plus qu'à joindre ces points entre eux pour terminer la figure en perspective.

**Perspective du plan d'un perron.** — Le plan du perron est représenté par la figure 193. Le tableau est $ab$, et on suppose le point de vue situé hors des limites de l'épure. Pour déterminer les fuyantes, on élèvera une perpendiculaire sur le milieu P de $ab$ et on prendra les milieux de $a$P et de P$b$, et par ces points on mènera des parallèles aux côtés de l'angle optique. On obtiendra ainsi un point 1/2 $o$ situé à la demi-distance réelle de OP. Ceci fait, on mènera 1/2 $of$, parallèle à 1-17, et on construira le tableau AB (*fig.* 194) double par exemple de $ab$. On portera alors $\mathrm{HF} = 4\text{-}af$ et $\mathrm{F}d = 2 \times \frac{1}{2} of$.

On a ainsi le *point de fuite* F et le *point de distance* $d$ sur HH′, le point F à gauche à l'intersection de $\mathrm{A}a'$. L'échelle des largeurs passe par le milieu de AH. On porte sur l'échelle des

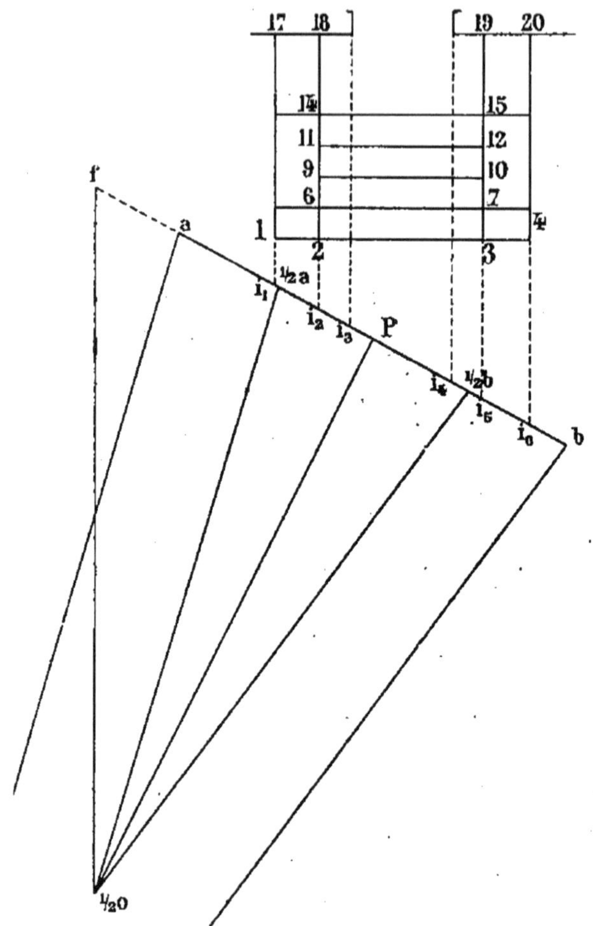


Fig. 193.

largeurs à partir du point $a'$ les distances de $a$ en $i_1, i_2, \ldots, i_6$ du géométral et on joint les points obtenus $i'_1\ i'_2, \ldots, i'_6$ au point de fuite F. On porte ensuite les distances $i_2$, 2, 6, 9, 11, 14, 18 sur AB à partir de $\mathrm{I}_2$, en allant vers A et les distances $i_5$, 3, 7, 10, 12, 15, 19 à partir de $\mathrm{I}_5$ en allant aussi vers A.

On joint les points obtenus au point $d$ par les droites dont

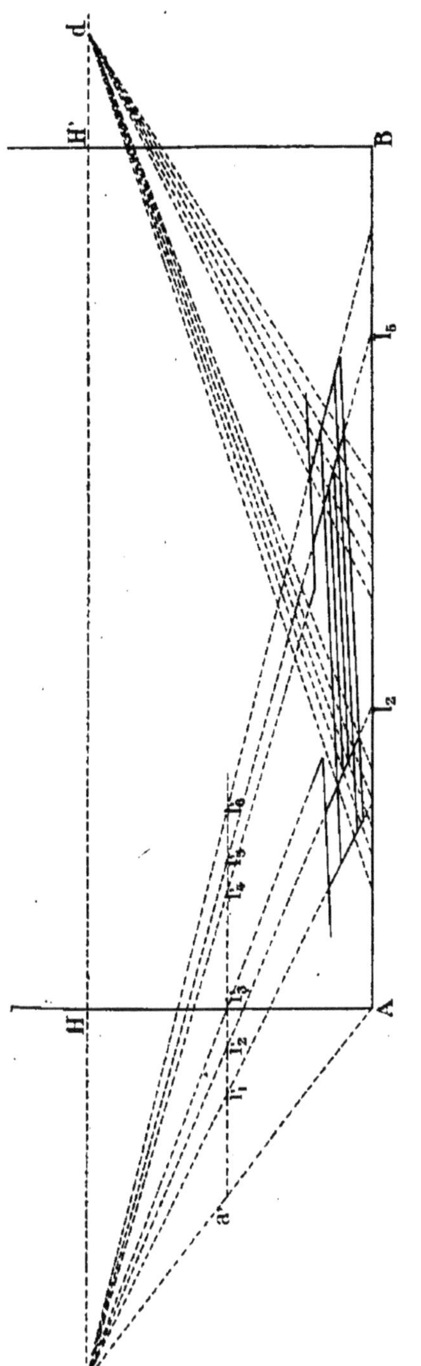


Fig. 194.

l'intersection avec les rayons de fuite correspondants donnent la pers-

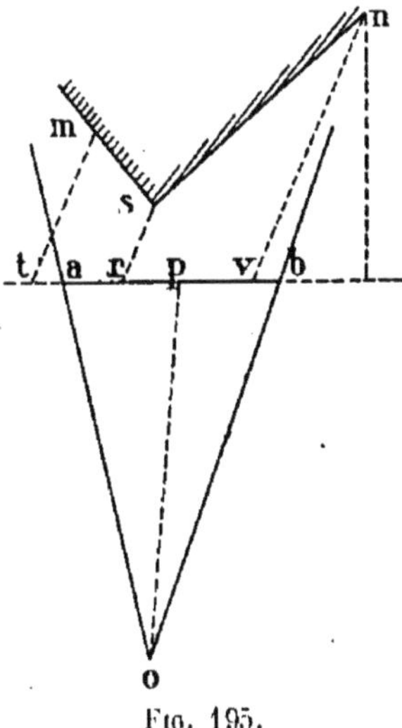


Fig. 195.

pective du perron, vue oblique.

**Vue sur l'angle.** — On prend généralement le point de fuite sur le bord du cadre en F qui est le point de fuite limite pour que la perspective se trouve sur le tableau.

Le point de distance s'obtient en portant F$d$ = $ob$, on pourrait aussi prendre pour point de fuite le pied $p$ de la perpendiculaire abaissée de $o$ (*fig.* 195 et 196).

L'échelle des largeurs est au $\frac{1}{3}$ de **AF**, et on porte sur cette échelle les distances de $b'$ en $v'$, $r'$, $a'$, $t'$ obtenus du géométral sur le tableau en menant des parallèles à *ob* par certains points de la figure. On joint les points de l'échelle

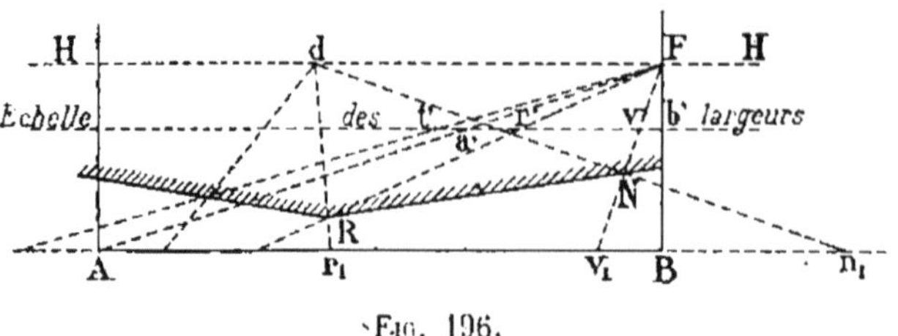


FIG. 196.

des largeurs au point de fuite F, et on obtient sur AB les points correspondants à ceux de l'échelle des largeurs. Il suffit ensuite de porter sur AB les distances telles que $v_1n_1 = vn$ et l'intersection N des droites $Fv_1$ et $n_1d$ est la perspective du point N.

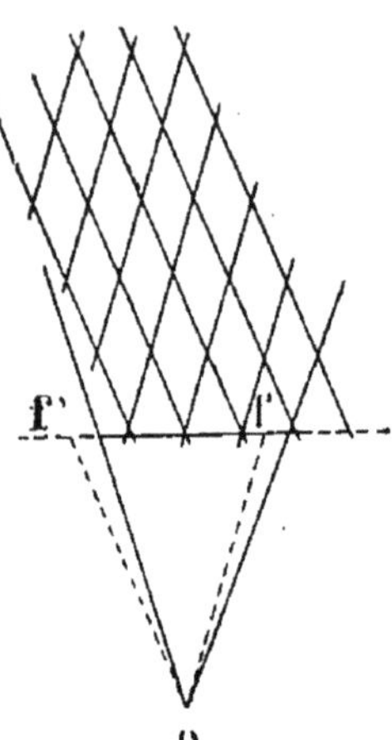


FIG. 197.

**Perspective à 2 points de fuite.** — Certaines perspectives comme les carrelages par exemple, présentent deux séries de lignes parallèles. On prend alors un premier rayon de fuite *of* parallèle à l'une de ces directions et un deuxième rayon *f'* parallèle à l'autre direction (*fig.* 197). On a alors deux points de fuite et on peut se passer du point de distance.

**Procédés divers employés en perspective.** — L'échelle des largeurs est déterminée sur l'échelle de fuite en prenant une partie de cette dernière qui varie suivant l'amplification adoptée : c'est-à-dire que, si l'on a triplé le tableau, on prendra le $\frac{1}{3}$ de l'échelle de fuite.

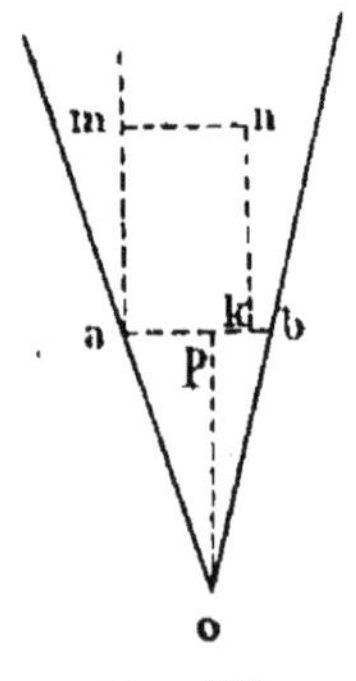


FIG. 198.

D'après cela, on voit que, lorsqu'on augmente beaucoup l'échelle de la perspective, l'échelle des largeurs se rapproche de la ligne d'horizon et il y a indétermination pour les points marqués sur cette échelle. Il ne faut pas, avec la construction précédente, amplifier plus de 7 ou 8 fois.

Si l'on désire obtenir une amplification plus grande, il faut alors employer le procédé suivant :

Supposons une amplification de 12 fois le géométral.

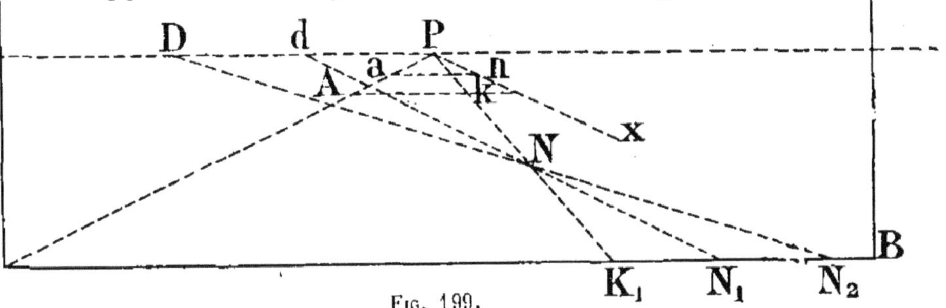


FIG. 199.

Par le procédé ordinaire on prendrait l'échelle des largeurs $Ak$ au $\frac{1}{12}$ de AP ; la distance $Pd = op$ et l'éloignement $K_1N_1 = kn$ (*fig.* 198 et 199).

Au lieu de cela on peut prendre l'échelle des largeurs $Ak$ au $\frac{1}{6}$ de AP, c'est-à-dire 2 fois plus grande et, doubler alors la largeur, la distance et l'éloignement. La perspective N est obtenue ainsi plus exactement.

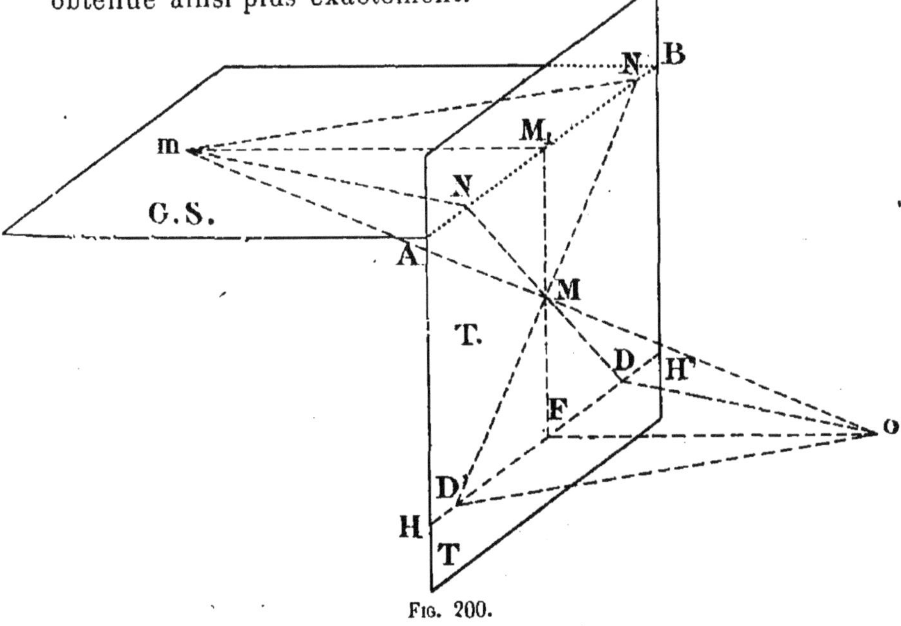


FIG. 200.

**Géométral supérieur.** — Jusqu'ici on n'a considéré que le géométral inférieur, c'est-à-dire l'horizon au-dessus du géométral. Dans les vues marines, par exemple, où la ligne d'horizon est placée en bas du tableau, certains peintres placent le géométral en haut. Il en résulte que la distance entre la ligne d'horizon et le géomé-

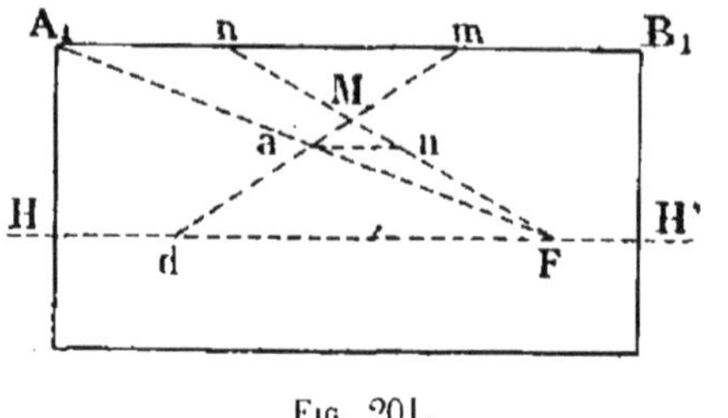

Fig. 201.

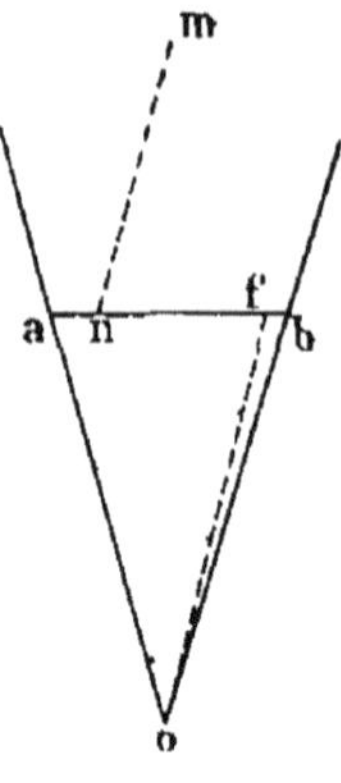

Fig. 202.

tral étant plus grande, la perspective est mieux déterminée.

On voit sur les figures ci-dessus que les constructions sont les mêmes que précédemment.

**Points éloignés.** — D'une manière générale on appelle *point éloigné*, tout point qui sort de la feuille et qui ne peut être utilisé pour y joindre des lignes :

Voici comment on opère alors avec ces points :

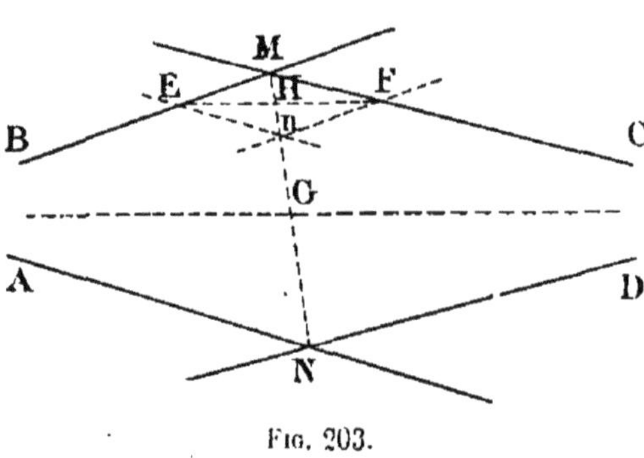

Fig. 203.

I. Soit à joindre deux des points où 4 droites A, B, C, D, se rencontrent.

On prendra, par exemple, le point $n$ situé au $1/4$ de MN et par ce point on mènera des parallèles à A et à D, ce qui déterminera la diagonale EF. Il suffira ensuite de porter 4 fois la longueur $n$H de N en G et de même par le point G la parallèle à EF.

II. Soit une circonférence dont le centre $o$ est situé sur la bissectrice de deux droites A et B dont le point B d'intersection est trop éloigné pour pouvoir être utilisé, on veut mener à cette circonférence une tangente passant par ce point.

Du point $o$ on abaisse des perpendiculaires sur A et B et par des points pris au milieu de ces lignes on mène des parallèles à A et B qui se rencontrent en S. On trace ensuite une circonférence d'un rayon égal à la moitié du rayon donné $o$M, et par le point S on mène une tangente S$t$ à cette circonférence.

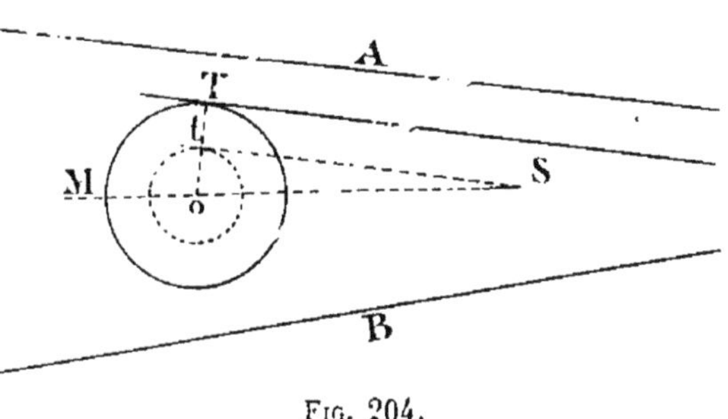


Fig. 204.

Il suffit ensuite de mener à la circonférence donnée une tangente T parallèle à S$t$, pour avoir la solution du problème.

Etant données les droites A$a$, E$c$, et AE, cette dernière divisée aux points B, C, D, il s'agit de joindre ces points à celui où les deux droites A$a$, E$c$, se rencontrent.

A cet effet on prend un point H quelconque sur A$a$, et on le joint aux points B, C, D, E. Ensuite par un point $e$ on

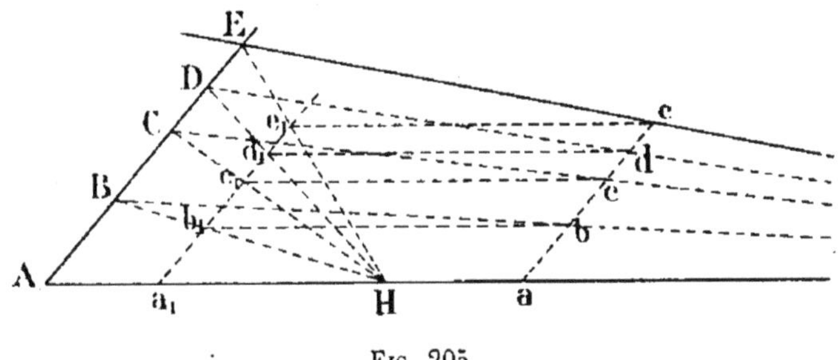


Fig. 205.

mène une parallèle $ea$ à EA et une parallèle $ee_1$ à $a$A. Par le point $e_1$ ainsi déterminé on mène une parallèle $e_1 a_1$ à EA et par tous les points où $e_1 a_1$ rencontre les droites issues du point H on mène des parallèles à A$a$ jusqu'à la droite $ea$. Il ne reste plus ensuite qu'à tirer les droites D$d$, C$c$ et B$b$.

Problèmes. — 1° *Soit une droite* AB *donnée en perspective, il s'agit de la diviser dans un rapport donné.* — On prend un point quelconque *f* sur l'horizon que l'on joint par des droites aux points A et B.

On mène la droite *mn* parallèle à HH', on la partage dans le rapport donné, et on obtient le point *k*. En menant la droite *fk* prolongée jusqu'au point K, celui-ci divise AB dans le rapport donné.

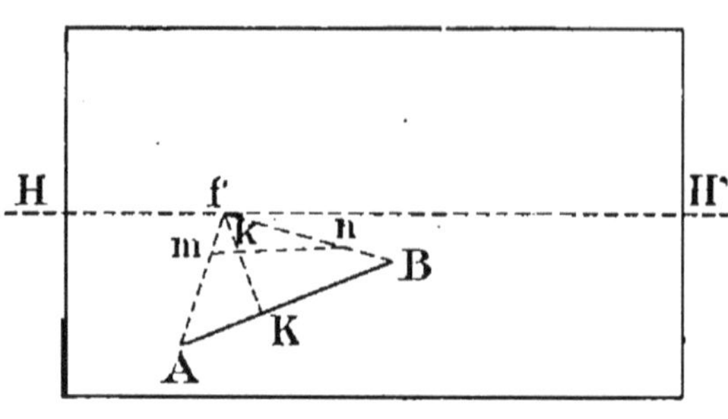


Fig. 206.

Ce même problème peut se présenter de différentes manières, par exemple au-dessus de l'horizon. Si l'on veut connaître le rapport dans lequel est divisée la droite AB par les points C et E, on emploiera la construction ci-dessus, et on mesurera les distances sur l'horizontale *ab* (*fig.* 207).

2° *On veut prolonger* AB *d'une longueur égale à elle-même.* — On prend A*b* = *bc* sur une horizontale du point A. On tire la droite *b*B..., ce qui donne le point *f* sur HH'. On mène

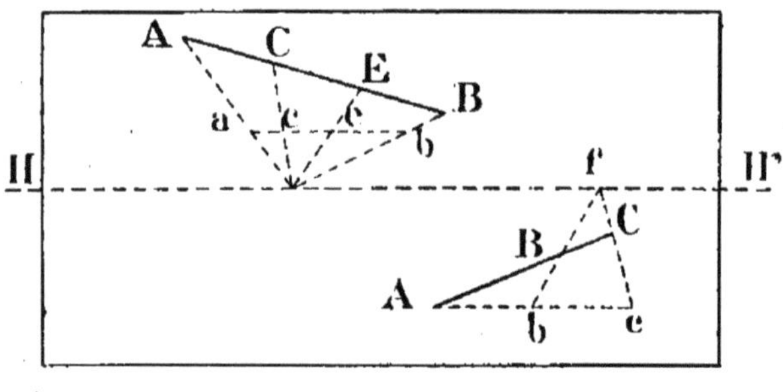


Fig. 207.

ensuite la droite *cf* et on prolonge AB jusqu'en C; la longueur BC est la perspective de AB prolongée d'une longueur égale à elle-même.

**Procédé usité en architecture.** — On a une ligne AF ; il s'agit de porter sur cette ligne une série de longueurs, alternativement égales à AB et BC. Cette disposition se présente souvent pour des piliers et des arcades.

On mène une horizontale par A et d'un point quelconque $f$ de la ligne d'horizon on mène les rayons $f$B et $f$C, ce qui détermine les points $b$ et $c$. On porte alors sur l'horizontale et

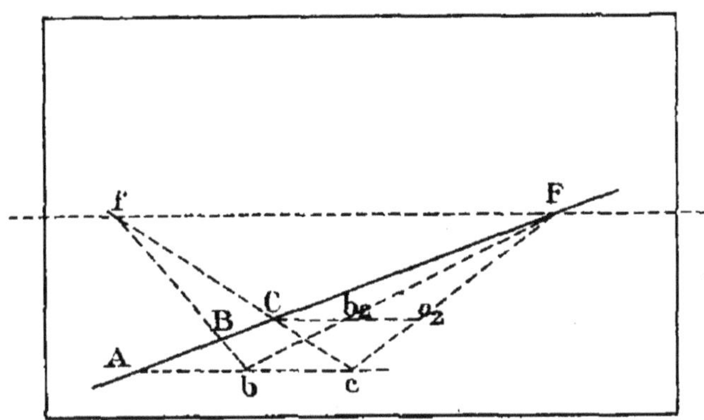


Fig. 208.

alternativement les longueurs A$b$, $bc$ autant de fois qu'il est nécessaire et on joint les points ainsi obtenus au point $f$, les intersections avec A F sont les points cherchés.

Ce tracé oblige quelquefois à porter les divisions sur

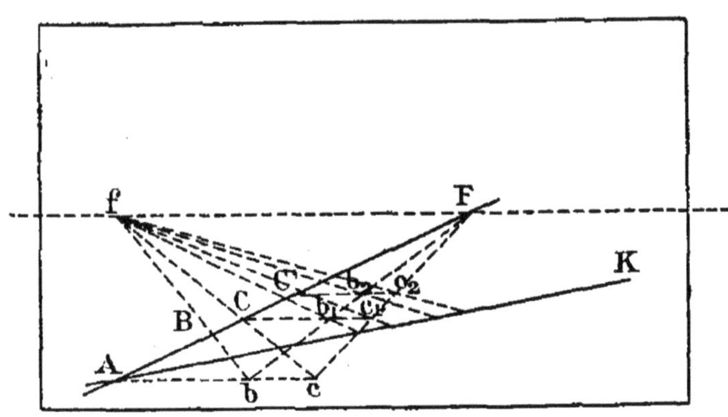


Fig. 209.

l'horizontale en dehors du cadre (*fig.* 208). Pour obvier à cet inconvénient on mène par le point C, par exemple, une horizontale et on joint $b$ et $c$ à F, ce qui détermine les intervalles $Cb_2$ et $b_2c_2$ que l'on porte alternativement sur l'horizontale du point C.

Il peut arriver que le point de fuite de la ligne qu'il s'agit de diviser ne soit pas sur le tableau et qu'on ne puisse l'avoir sur la feuille, voici alors comment on procède (*fig.* 209) : soit la droite AK à diviser, on prendra une droite quelconque AF qui ait son point de fuite en F et on opèrera sur cette ligne comme si c'était elle qui dût être divisée. Les points B et C étant ainsi déterminés comme précédemment, on joint les points $b$ et $c$ à F et par C on mène une horizontale qui détermine deux points $b_1$ et $c_1$. On mène les rayons $fb_1$ et $fc_1$ que l'on prolonge jusqu'à AK. Par C' on tire une autre horizontale qui détermine deux autres points $b_2$ et $c_2$ par lesquels on mène les rayons $fb_2$ et $fc_2$ que l'on prolonge jusqu'à AK et ainsi de suite pour obtenir une série de divisions sur cette droite.

**Tracés sur le géométral en perspective.** — Soit à représenter un carré horizontal de front sur la droite CE comme côté (*fig.* 211). — Si l'on mène sur le géométral une parallèle à la diagonale du carré, on remarque que le point de distance D

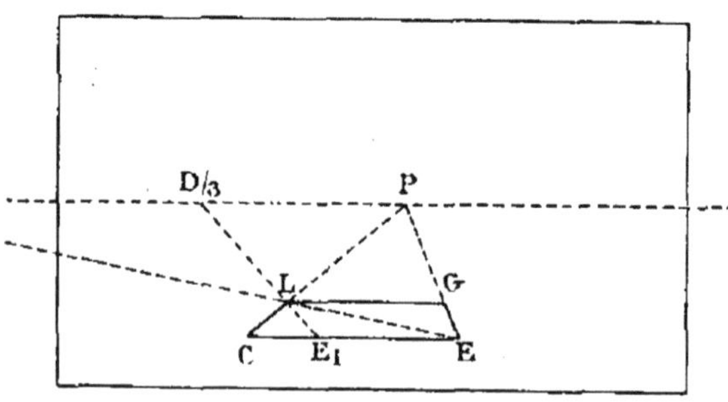


Fig. 210.

qui donnerait la direction de cette diagonale en perspective se trouve en dehors du tableau. On prendra alors comme point de distance $\frac{1}{3}$ $o$D et de même le $\frac{1}{3}$ de CE. La droite qui joint les deux points ainsi obtenus $\frac{1}{3}$ D et $CE_1$ détermine sur CP un point L de la diagonale, et il ne reste plus qu'à mener une horizontale par ce point pour constituer la perspective du carré qui est CLGE (*fig.* 210).

Cette proposition peut se présenter autrement. On désire

faire la perspective d'un carré sur MI comme côté. On joint

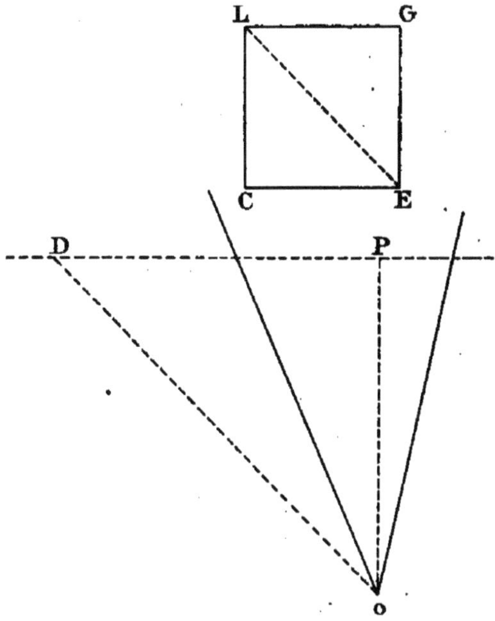


Fig. 211.

$\frac{1}{3}$ D à I, ce qui détermine M*n* et on triple cette distance M*n* en MN (*fig.* 212).

Il suffit pour achever le carré en perspective de mener par le point I une parallèle à MN jusqu'à la rencontre de PN.

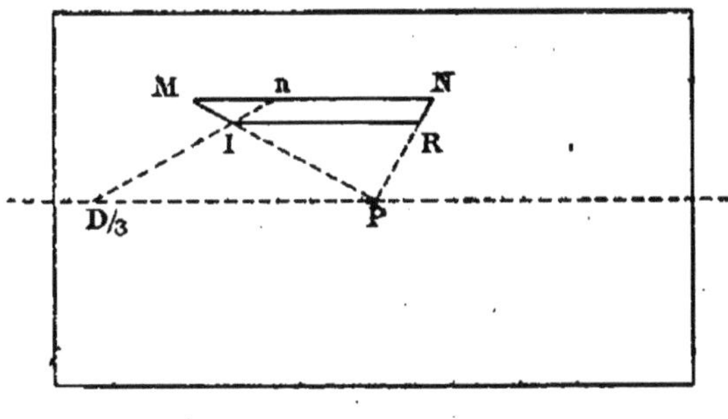


Fig. 212.

On emploie pour les tracés sur le géométral en perspective les deux méthodes suivantes :

1° Méthode du retour au géométral ;

2° Méthode de relèvement.

1° *Méthode du retour au géométral* (*fig.* 213). — Soit la ligne MN en perspective sur laquelle on veut élever au point M

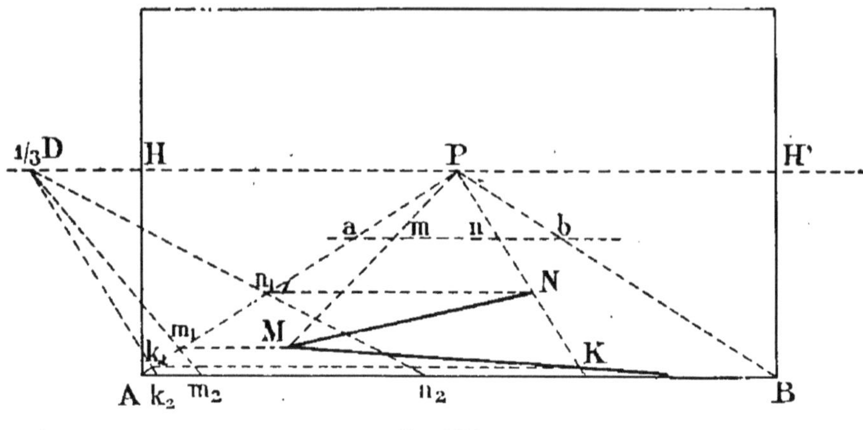


Fig. 213.

une perpendiculaire. On revient au géométral et on trace l'échelle des largeurs au $\frac{1}{3}$ de AB puisque la distance est égale à $\frac{1}{3}$ D. On porte les distances *am*, *mn* et *nb* sur la figure 214, et on élève des perpendiculaires en *m* et *n* à *ab* sur lesquelles on porte les longueurs $Mm = Am_2$ et $Nn = An_2$. En joignant MN, on a la droite donnée sur le géométral. La perpendiculaire en M est MK. En portant $Ak_2 = n$K et en menant le rayon $k_2 \frac{1}{3}$ D, il suffit ensuite de tirer l'horizontale de $k_1$ jusqu'à la rencontre de PN pour obtenir en perspective la perpendiculaire MK cherchée.

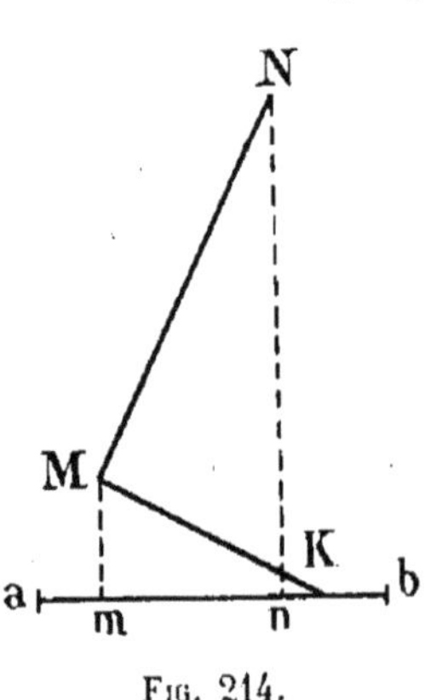


Fig. 214.

Cette méthode est générale et se résume en ceci : On revient du perspectif au géométral, on fait les constructions sur ce géométral et on retourne ensuite au perspectif.

2° *Méthode de relèvement* (*fig.* 215). — Supposons que l'on veuille construire un carré sur la ligne en perspective NM.

On prend une droite quelconque XY parallèle à HH' et on fait tourner la figure autour de cette droite jusqu'à ce que le géométral devienne parallèle au tableau. A cet effet on tire les rayons PM et PN et aux points R et S obtenus sur l'échelle des largeurs on élève des perpendiculaires. On tire également les rayons du point de distance $\frac{1}{2}$ D par exemple

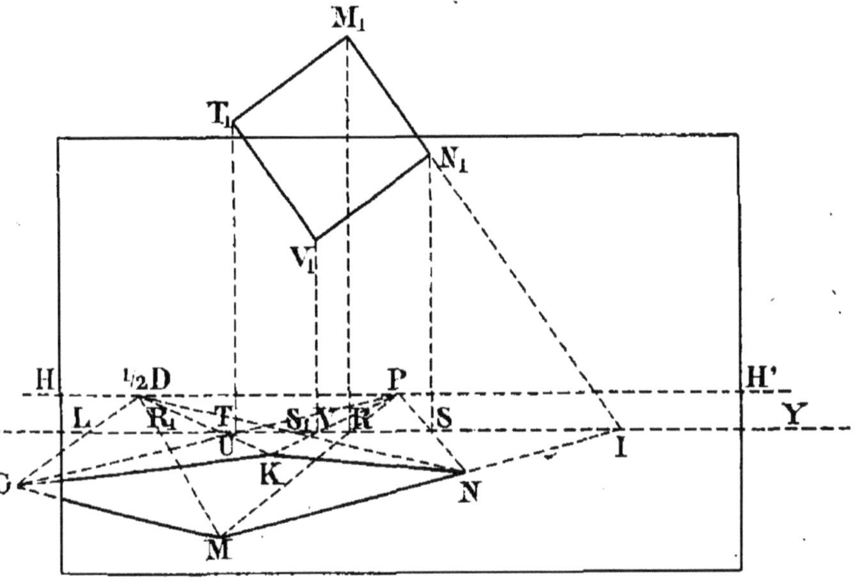


FIG. 215.

qui déterminent sur XY les points $R_1S_1$. Le point de distance ayant été pris à $\frac{1}{2}$ D on portera 2 fois la longueur $RR_1$ de R en $M_1$ et de même 2 fois $SS_1$ de S en $N_1$, ce qui déterminera la droite $M_1N_1$ en vraie grandeur dans le plan déterminé par XY.

Comme vérification, les droites MN et $M_1N_1$ doivent se rencontrer sur XY en I.

On construit ensuite le carré sur $M_1N_1$ et, pour le tracer en perspective, il faudra faire la construction inverse de celle précédente, c'est-à-dire on abaisse de $T_1$ et $V_1$ des perpendiculaires sur XY et l'on joint les pieds de ces perpendiculaires T et V à P. Puis on porte la moitié de $TT_1$ de T en L sur XY et la moitié de $VV_1$ de V en U. Les rayons L $\frac{1}{2}$ D et U $\frac{1}{2}$ D déterminent avec PG et PK les points G et K. Il suffit ensuite de mener GM, GK et KN pour achever le carré en perspective

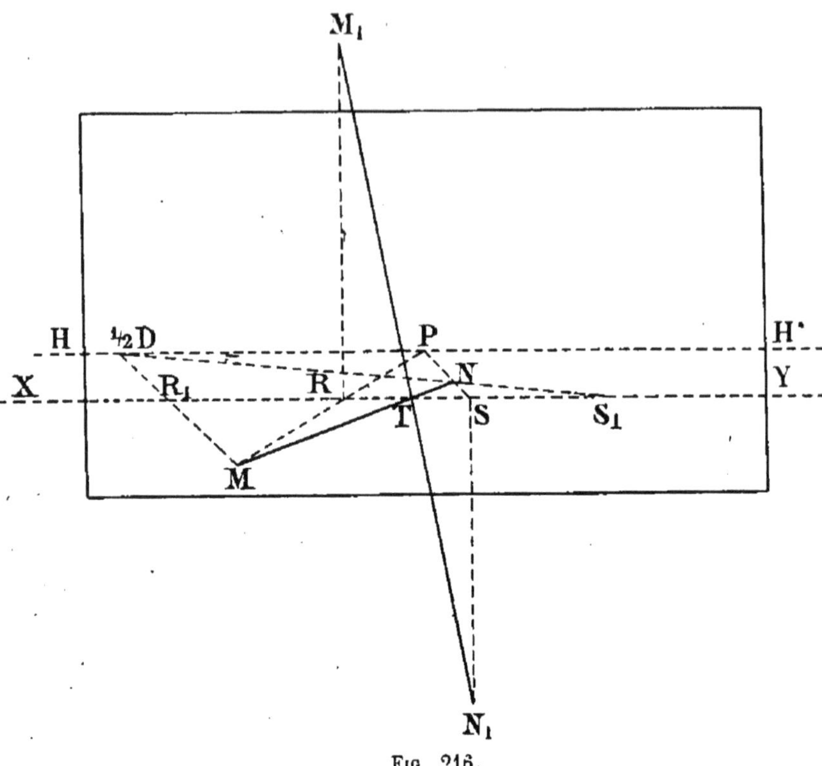


Fig. 216.

Remarque (*fig.* 216). — Si le point N est au-dessus de la

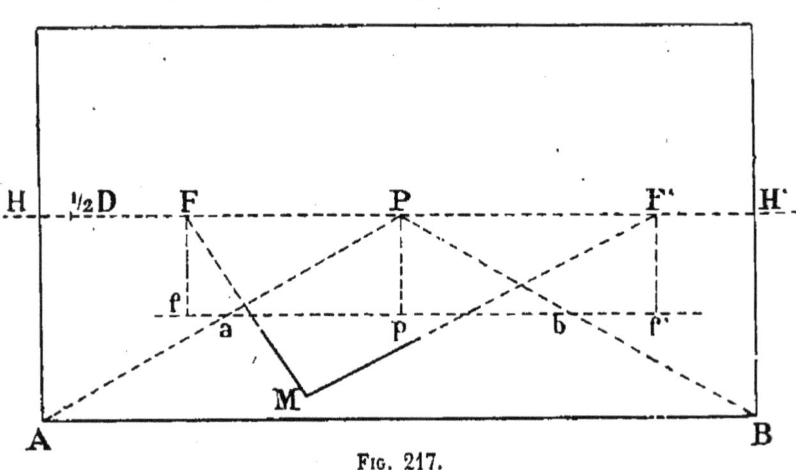


Fig. 217.

droite XY le relèvement s'opèrera de la même manière, mais le point N viendra en $N_1$ au-dessous de la ligne XY et la ligne

MN relevée sera $M_1N_1$. Elle devra passer par le point T où MN coupe XY.

**Application des méthodes précédentes à un angle** (*fig.* 217 et 218). — Première méthode. — *Retour au géométral.* Soit l'angle en M. On trace l'échelle des largeurs à la moitié de AP et on porte les points *f*, *a*, *p*, *b*, *f'* dans la figure 218. Elevant en *p* une perpendiculaire sur laquelle on porte une longueur *p*N égale à 2 fois P $\frac{1}{2}$ D, l'angle *f*N*f'* est l'angle cherché.

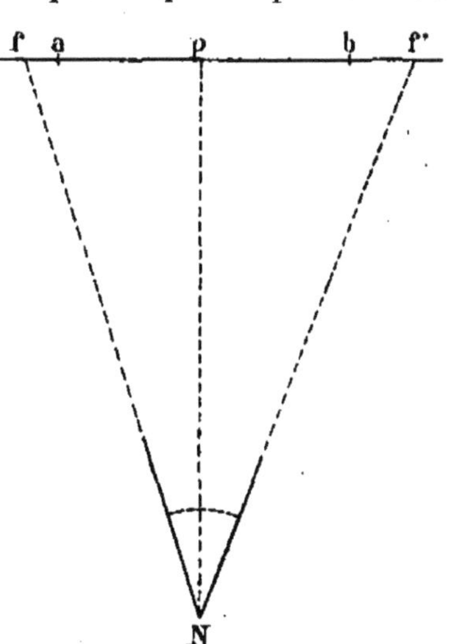

Fig. 218.

Méthode de relèvement (*fig.* 219). — Soit l'angle en M. On mène par K une perpendiculaire, on joint M à $\frac{1}{2}$ $D_1$, on porte KS 2 fois sur $KM_1$ ; on joint alors $M_1$ à R et à J ; l'angle en vraie grandeur est $RM_1J$.

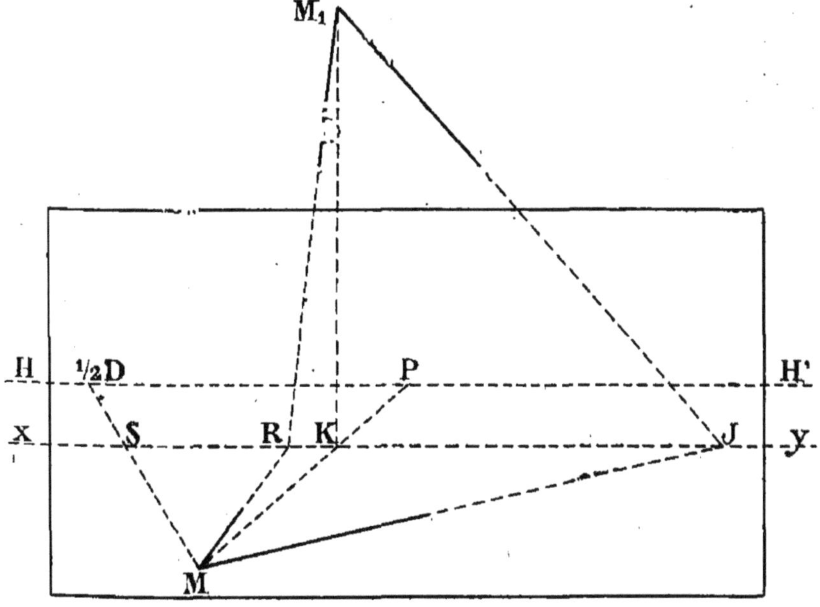

Fig. 219.

**Relèvement avec les points accidentels de fuite et de distance** (*fig.* 220). — On peut appuyer un relèvement sur des points accidentels de fuite et de distance réduite, pourvu qu'on connaisse l'angle, que font avec le tableau les droites qui leur correspondent.

Soient F′ et $\frac{1}{2}$ D′ des points accidentels de fuite et de distance réduite. Pour savoir où se place un point S du géométral quand on relève ce plan en le faisant tourner autour d'une horizontale de front $xy$, il faut tracer les droites

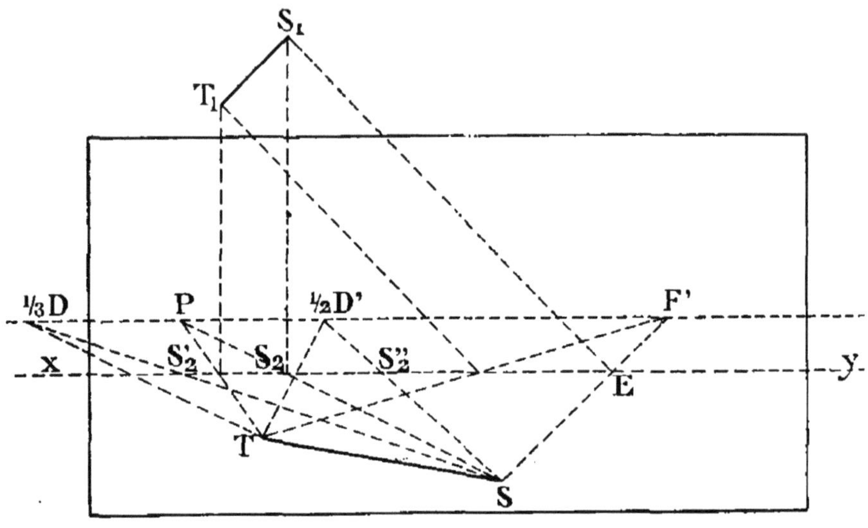


Fig. 220.

SF′, S $\frac{1}{2}$ D′, puis mener du point E sous l'angle $x$ES$_1$, qui doit être donné, une droite ES$_1$ double de ES″$_2$. La même opération faite pour le point T donnerait le point T$_1$ et la droite ST relevée serait S$_1$ T$_1$.

Pour trouver les points principaux à l'aide de ces points accidentels, on tracera S$_1$S$_2$ perpendiculaire à $xy$, on joindra SS$_2$, ce qui donnera le point principal de fuite P, et on portera de S$_2$ en S′$_2$ une fraction simple aussi grande que possible de cette ligne S$_1$S$_2$, ici c'est le tiers, ce qui déterminera le point de distance $\frac{1}{3}$ D, correspondant au point principal P.

La figure indique aussi comment on doit disposer les constructions du problème inverse, c'est-à-dire déterminer les points accidentels relatifs à une ligne donnée ST, ou à un point S, quand on connaît les points principaux.

Soient P et $\frac{1}{3}$ D les points principaux et S un point du géométral. On joindra S à P et à $\frac{1}{3}$ D ; on élèvera en $S_2$ une perpendiculaire à $xy$, on portera sur $S_2S_1$ une longueur égale à 3 fois $S_2S'_2$ ; on fera en $S_1$ un angle complémentaire de l'angle donné et la ligne $S_1$ E ainsi déterminée viendra rencontrer en E la ligne $xy$ ; on joindra SE, on aura le point F' pour point de fuite accidentel. Le point de distance correspondant s'obtiendra en prenant la moitié de $S_1$ E qu'on portera de E en $S''_2$, joignant $SS''_2$ on obtiendra $\frac{1}{2}$ D' pour point de distance correspondant.

## PERSPECTIVE DES COURBES

THÉORÈME. — *La perspective de la tangente à une courbe est tangente à la perspective de cette courbe.* — En effet, la tan-

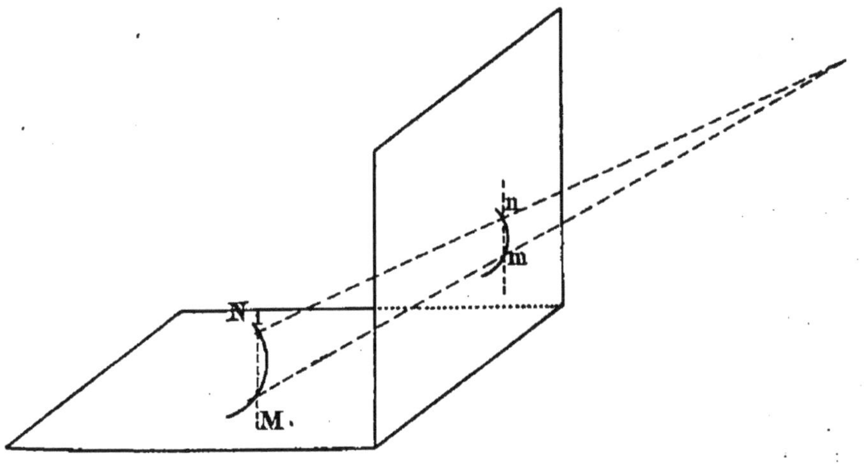


FIG. 221.

gente est la limite des positions que prend la ligne MN dont la perspective est *mn*. Or, quand ces deux points se réuniront au point M par exemple, le point $n$ se confondra en $m$ et $mn$ sera la tangente en $m$.

Deux moyens peuvent être employés pour mettre une courbe en perspective :

1° Prendre des points sur la courbe et les mettre en perspective.

2° Dessiner sur la courbe des carreaux qu'on met facilement en perspective et faire passer la courbe, dans ces carreaux en perspective, comme elle passe dans les carreaux du géométral. Cette méthode s'appelle le *graticolage*.

On emploie ce moyen le plus souvent et pour des courbes qui ne nécessitent pas une grande précision.

**Perspective du cercle.** — On emploie plusieurs méthodes pour mettre un cercle en perspective.

1° La plus ancienne, et celle que les artistes emploient de préférence, est basée sur le problème suivant :

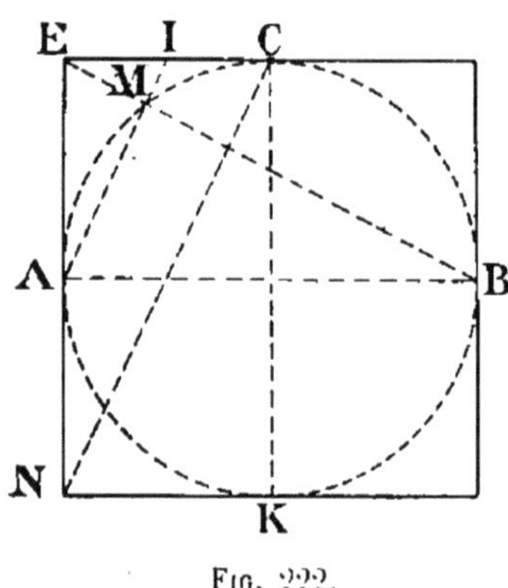

Fig. 222.

Si l'on joint B à E et A à I moitié de CE, je dis que le point M est sur la circonférence (*fig.* 222).

En effet les deux triangles BAE, CEN sont égaux ; donc BAE sera semblable à AEI obtenu en menant AI parallèle à CN au milieu de EC ; donc l'angle en A de AEI est égal à l'angle en B de ABE et comme AB est perpendiculaire à AE, il faut que BE soit perpendiculaire sur AI ; donc l'angle AMB est droit et le point M est sur la circonférence.

Soit à tracer un cercle sur le diamètre de front AB.

On tracera d'abord la perspective du carré qui circonscrit ce cercle.

Pour cela on joindra A et B au point P (*fig.* 223) ; on prendra la moitié de $o$A et la moitié de $o$B et on joindra ces points au point de distance $\frac{1}{2}$ D ; les intersections C et K de ces lignes avec $o$P détermineront les côtés de front du carré. Ceci fait, pour tracer le cercle, on répétera la construction ci-dessus, c'est-à-dire qu'on joindra BE et AI qui détermineront le point M de la circonférence. La même construction faite

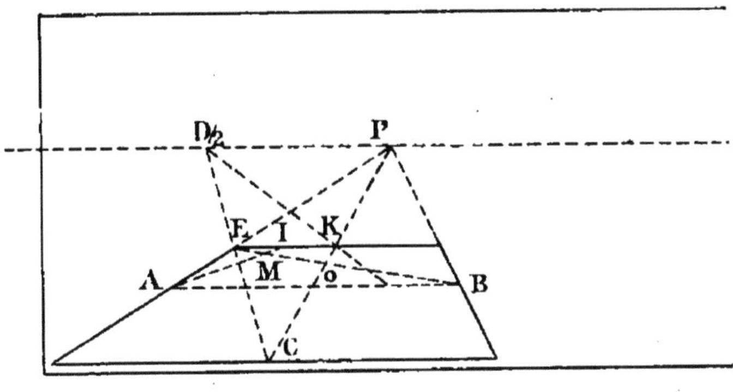


Fig. 223.

sur les autres carrés partiels déterminera d'autres points et l'on aura ainsi pour tracer le cercle 8 points pour 4 desquels les côtés du carré seront les tangentes.

2° *Mettre un cercle en perspective sur un diamètre perpendiculaire au tableau.* — Soit KC le diamètre perpendiculaire au tableau (*fig.* 224). On trace par ces points des horizontales qui

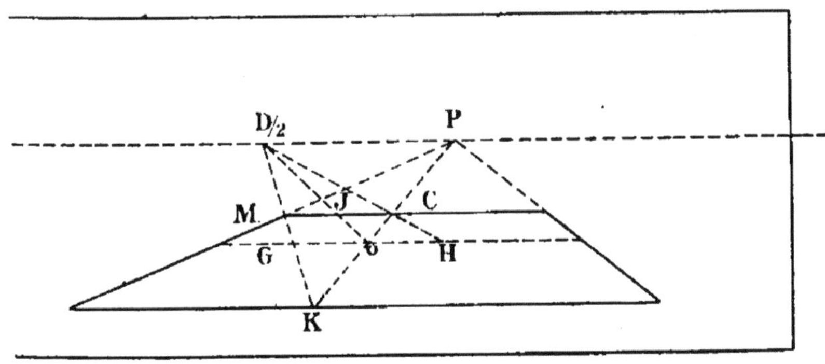


Fig. 224.

seront les directions des côtés de front du carré. Il faut déterminer le milieu perspectif *o* de KC. Pour cela on joindra K et C à $\frac{1}{2}$ D. On prendra le milieu J de MC qu'on joindra à $\frac{1}{2}$ D, ce qui déterminera le point *o*, et, par conséquent, la position du diamètre de front. On portera deux fois de chaque côté de KC les longueurs $oG$ et $oH$, ce qui détermine entièrement le carré. On retombe ainsi dans le cas précédent; il ne reste plus qu'à tracer le cercle, comme il a été indiqué.

**Perspective d'un cercle sur un diamètre oblique au tableau** (*fig.* 225). — On cherche d'abord le milieu perspectif $o$ du diamètre MN. Le diamètre de front passe par ce point. Puis on relève les points M et N autour de ce diamètre de

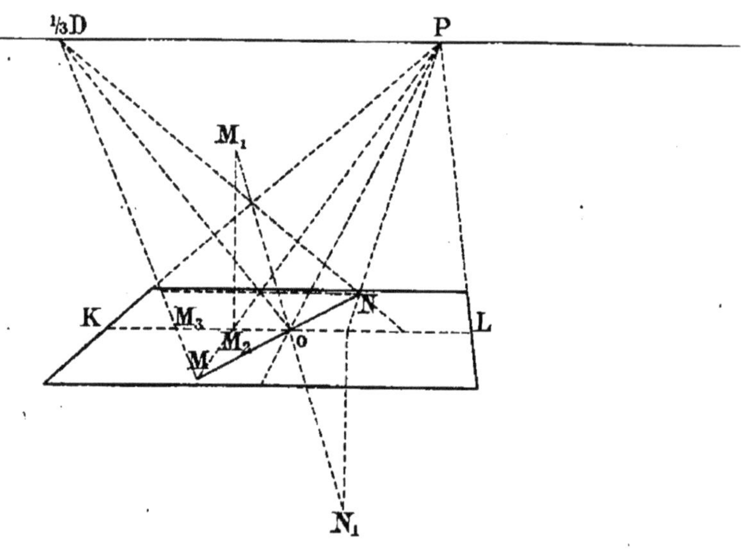


Fig. 225.

front. Portant 3 fois $M_2M_3$ sur $M_2M_1$ puisqu'on a pris $\frac{1}{3}$ D, ils viendront en $M_1$ et $N_1$. On obtient alors le diamètre du cercle $oM_1$ que l'on porte de $o$ en K. On joint KP, LP puis on détermine le diamètre perpendiculaire, comme on l'a vu précédemment et on achèvera le carré. On peut alors tracer, par points, le cercle inscrit dans ce carré.

**Perspective d'un cercle passant par trois points** (*fig.* 226). — Soient les trois points A, B, C. On prend une ligne $xy$ passant par A et on fait le relèvement autour de cette ligne. B, vient en $B_1$, C en $C_1$. Le point A n'a pas bougé puisqu'il est sur la ligne de rotation. On fait passer un cercle par ces trois points A, $B_1$, $C_1$. On relève le centre $o_1$. Pour cela on joint *m*P. On porte la moitié de $mo_1$ de *m* en *n* et on joint *n* à $\frac{1}{2}$ D. L'intersection de cette ligne avec le diamètre perpendiculaire au tableau donne le point O. Le diamètre de front

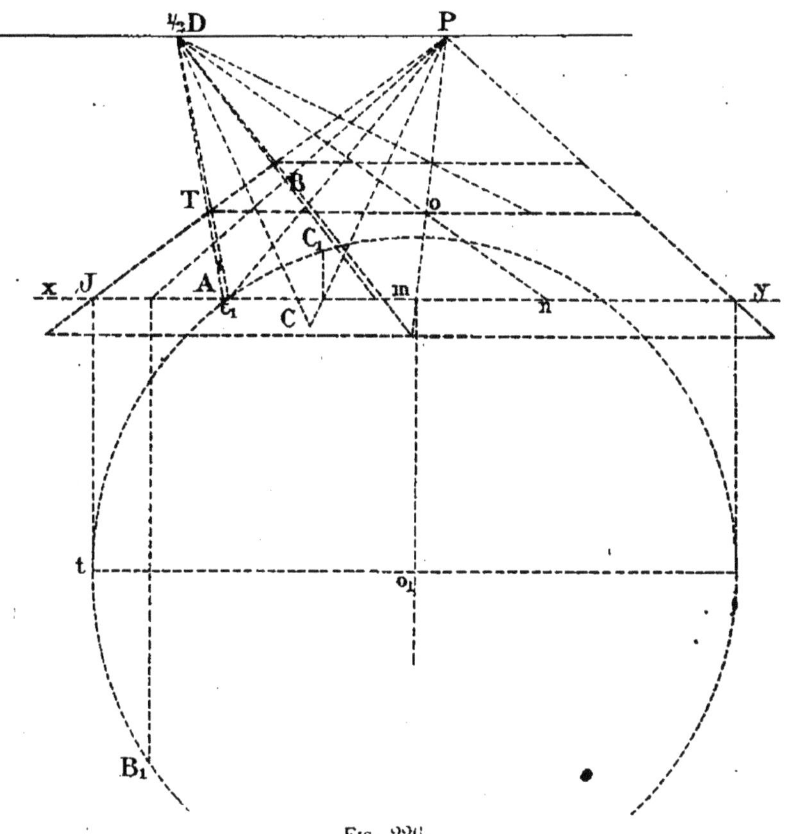


Fig. 226.

passe par ce point. Pour déterminer sa longueur, on prend la moitié de J*t* et on la porte de J en $t_1$ ; on joint $t_1$ à $\frac{1}{2}$ D. On a le point T extrémité du diamètre de front. Portons *o*T de l'autre côté. Le reste de la construction est semblable à ce que l'on a vu ci-dessus.

**Cercles concentriques.** — Supposons qu'on ait à tracer plusieurs cercles concentriques 1, 2, 3, 4, 5. On prend un rayon quelconque $o$-1′, on tire [1-1′ jusqu'à HH′, on mène F-2, F-3, F-4, F-5 qui déterminent 2′-3′-4′-5′ qui sont des

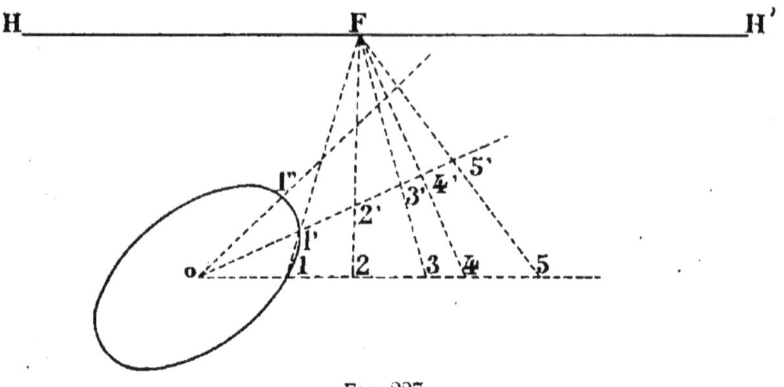


Fig. 227.

points des cercles cherchés. On peut répéter cette opération en menant d'autres rayons $o$-1″, etc.

**Principe des hauteurs** (*fig.* 228). — Soit donnée en plan et en élévation la ligne MN, M′N′. La hauteur $M_0M'$ étant prise au-dessus d'une ligne XY, on détermine, sur cette figure, la

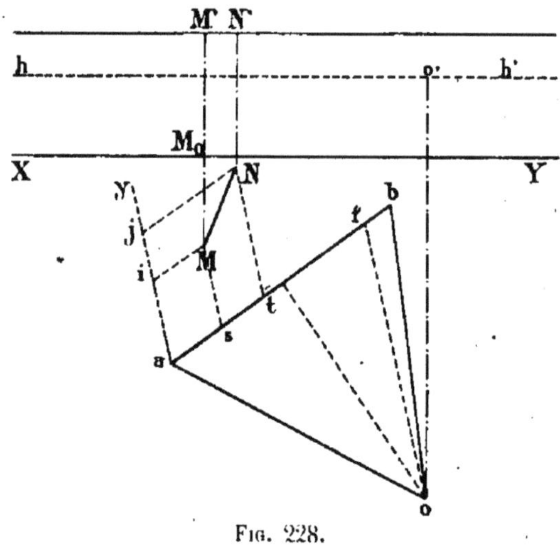


Fig. 228.

ligne d'horizon $hh'$, le tableau $ab$, le point de vue $o$, qui se projette verticalement en $o'$, le rayon $of$ parallèle à l'échelle de fuite $ay$. On mène par les points M et N des parallèles au

K1
M'
R1
N'
M1
N1
C'
H
d
F
H'
Echelle des largeurs
a
J
t
C
Echelle des hauteurs
i1
i
N
M
Echelle de fuite
A
I k J
R
B
B1

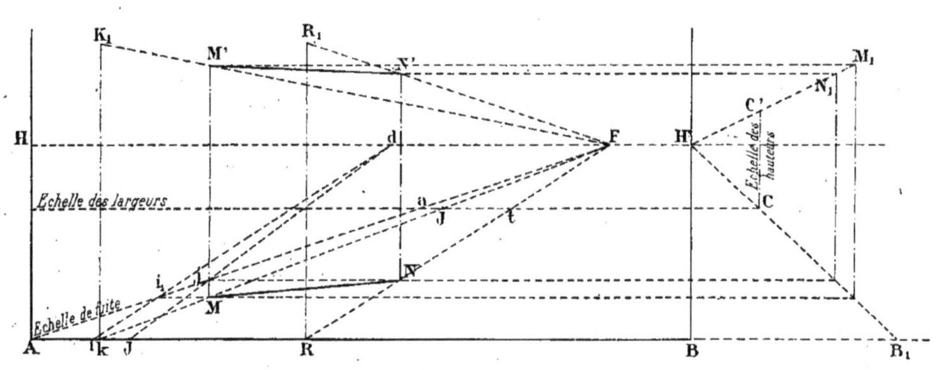

Fig. 220.

tableau et des parallèles à l'échelle *ay* qui déterminent les points *i*, *j*, *s*, *t*. On établit la perspective de MN comme on l'a fait jusqu'à présent. On triple *ab* qui devient AB, et on porte la hauteur de la ligne d'horizon *hh'* au-dessus de XY 3 fois de B en H'. On obtient la ligne d'horizon HH'. On détermine F en prenant 3 fois *bf* ; on joint A à F ; l'échelle des largeurs passe au tiers de H'B.

On porte les largeurs *a*, *s*, *t* (*fig.* 228) en *a*, *s*, *t* (*fig.* 229). On joint au point F. Le point de distance vient en *d* à une distance $Fd = of$. Portons les distances *a*, *i*, *j* en A, *i*, *j* ; on joint au point *d* ; on obtient les points $i_1$, $j_1$ sur l'échelle de fuite ; en menant de ces derniers points des parallèles à AB jusqu'à la rencontre des lignes F*s*, F*t*. On obtient M et N. En joignant ces points, on a la perspective de la ligne MN du géométral.

Pour obtenir les hauteurs prolongeons FM jusqu'en *k*; élevons $kK_1$ et portons 3 fois les hauteurs $M_0M'$; joignons $K_1F$; le plan $FK_1K$ contient toutes les verticales de hauteur $M_0M'$ et la verticale du point M détermine le point M'. Opérons de même pour le point N à l'aide du point R, et on obtient N'. La ligne M'N' est la perspective des points M' et N'.

On opère d'une façon plus abrégée et plus commode en faisant sortir l'échelle des hauteurs à droite du tableau. Ce tracé a l'avantage de débarrasser l'épure des lignes nécessaires à la construction.

On mène une ligne quelconque H'B. On porte, à partir de l'échelle des largeurs, une hauteur $CC' = M_0M'$. Cette ligne CC' devient l'échelle des hauteurs; on mène H'C', puis, des points M et N, des horizontales jusqu'à $H'B_1$ et des verticales jusqu'en $M_1N_1$ ; les horizontales menées jusqu'à l'intersection des lignes $FK_1$, FR, déterminent les points M'N'.

Le tracé que l'on vient d'indiquer complète la perspective ; elle contient les trois grandes divisions suivantes :

L'échelle de fuite ou des éloignements ;

L'échelle des largeurs;

L'échelle des hauteurs.

## PERSPECTIVE DES SOLIDES

**Perspective d'une croix.** — Les figures 230 et 231 représentent la perspective d'une croix.

On a construit le plan en perspective d'après les principes indiqués précédemment. On a triplé les dimensions de la

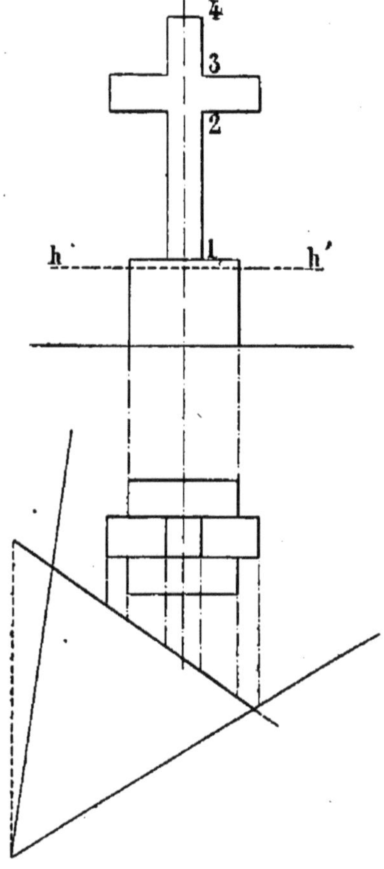


Fig. 230.

figure 230, et porté ensuite sur l'échelle des hauteurs $a'Z$ les points 1, 2, 3, 4 de la figure 230. Les constructions se suivent facilement sur l'épure.

Le principe des hauteurs s'applique au cas où le plan et l'élévation sont à la même échelle, mais il arrive souvent que l'élévation est à une échelle différente du plan.

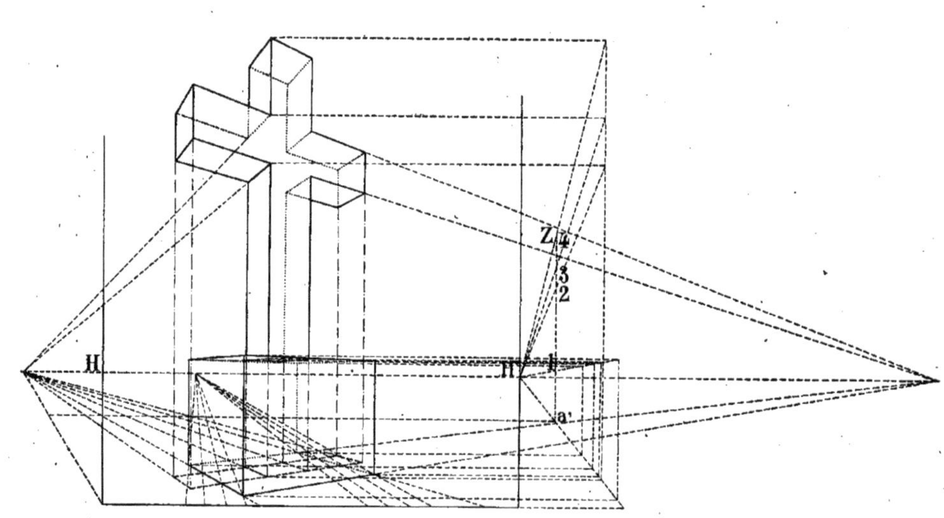


Fig. 231.

Prenons deux échelles supposées dans un rapport simple.

Soient (*fig.* 232) le plan et (*fig.* 233) l'élévation établie à une échelle double du plan, et supposons que l'on fasse la perspective (*fig.* 234) à une échelle double du plan.

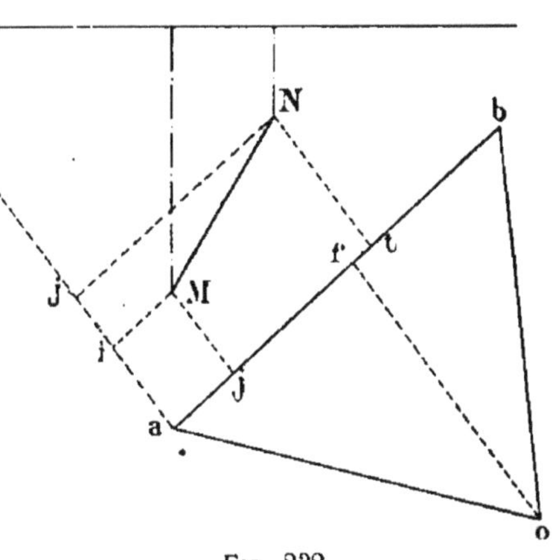


Fig. 232.

On portera la moitié de *oh'*, deux fois ou, ce qui revient au même, la distance entière *oh'* de A en H. C'est la ligne d'horizon. Puis on construit la perspective de MN en plan, on porte sur l'échelle des hauteurs une distance *cc'* égale à la moitié de RM'. On porte aussi H'V de V en V' et V'Z est la nouvelle échelle des hauteurs sur laquelle on pourra porter les dimensions de la figure 233 sans avoir à les réduire.

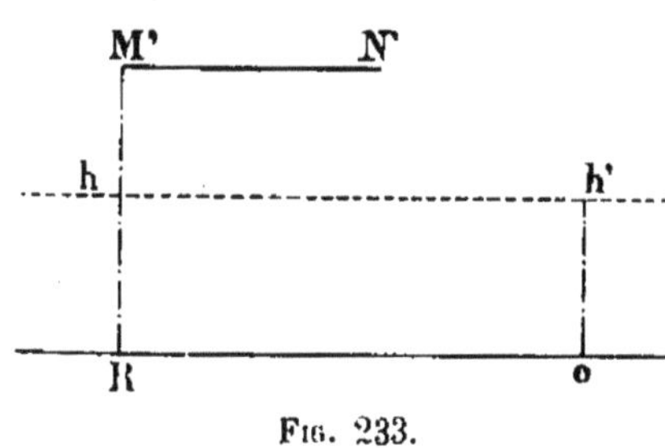


Fig. 233.

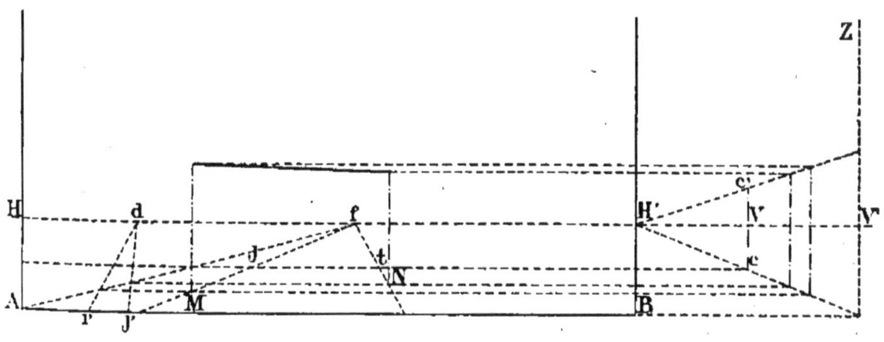


Fig. 234.

**Problème** (*fig.* 235). — *Construire un cylindre vertical sur ab dont la hauteur soit 3 fois la base.* — Le contour apparent du cylindre est formé par deux génératrices tangentes à la courbe de base mais qui ne passent pas par les points $a$ et $b$.

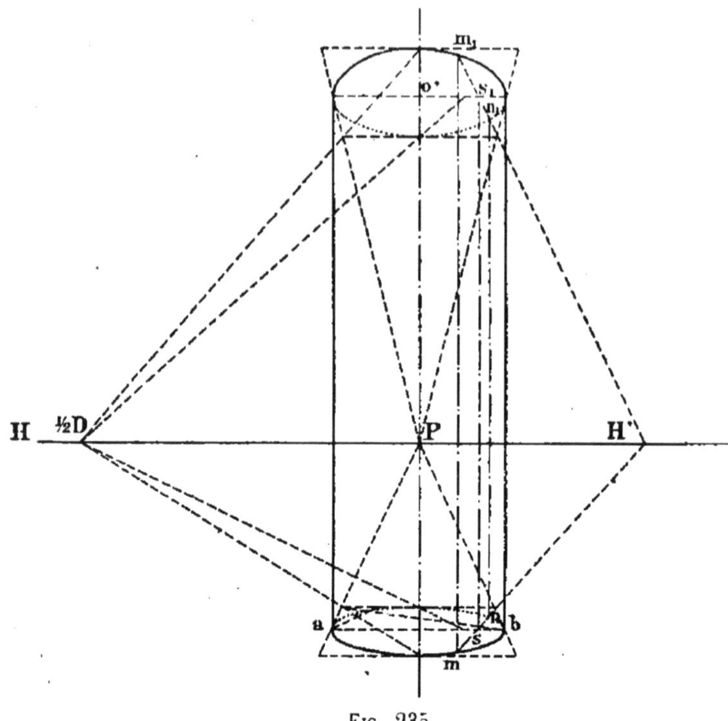


Fig. 235.

Portons sur OO′ 3 fois $ab$, construisons les perspectives des carrés qui inscrivent les bases, traçons ces cercles en perspective d'après l'une des méthodes qui a été indiquée et menons les génératrices tangentes à ces courbes. On pourrait déterminer le cercle du haut d'après celui de base en menant une ligne $H'S_1$ et sur cette dernière les deux points $m_1$ et $n_1$, d'après $m$ et $n$.

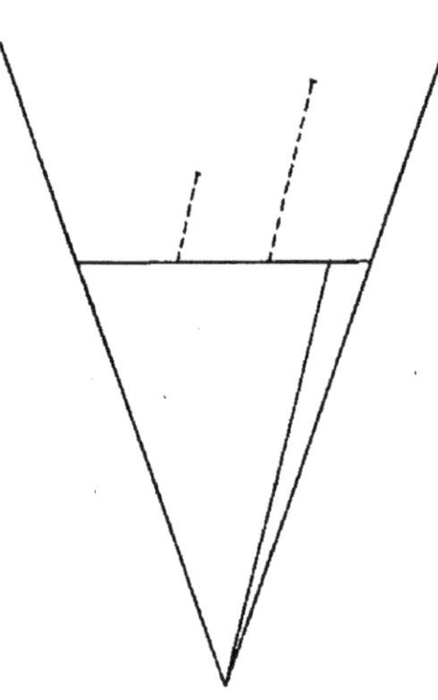

Fig. 236.

On indiquera plus loin une méthode pour déterminer exactement le point de tangence des génératrices.

*Cas particulier.* — On a vu comment on opérait lorsque le plan et l'élévation étaient à des échelles différentes, mais on a opéré sur un rapport simple; rien n'empêche cependant de tracer l'échelle des hauteurs, même quand le rapport est quelconque et qu'il n'est pas simple.

Soient (*fig.* 237 et 238) le plan et l'élévation dans un rap-

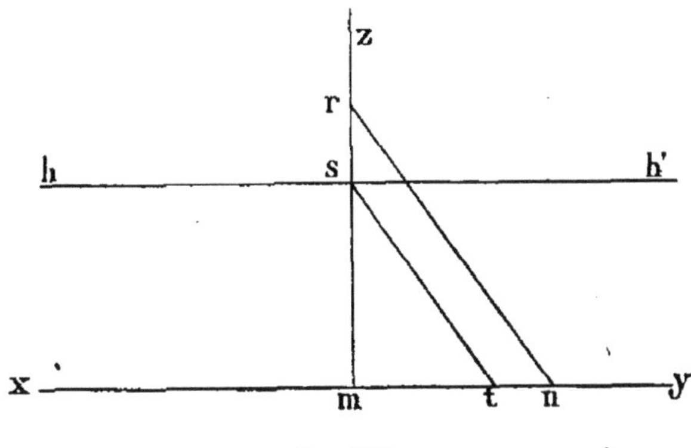


Fig. 237.

port quelconque avec le plan. Faisons la perspective triple de la figure. Portons sur la ligne $xy$ la longueur $mn$ égale à l'unité de longueur pour le plan, et en $mr$ l'unité de longueur pour l'élévation. Joignons $rn$ et menons $st$ par

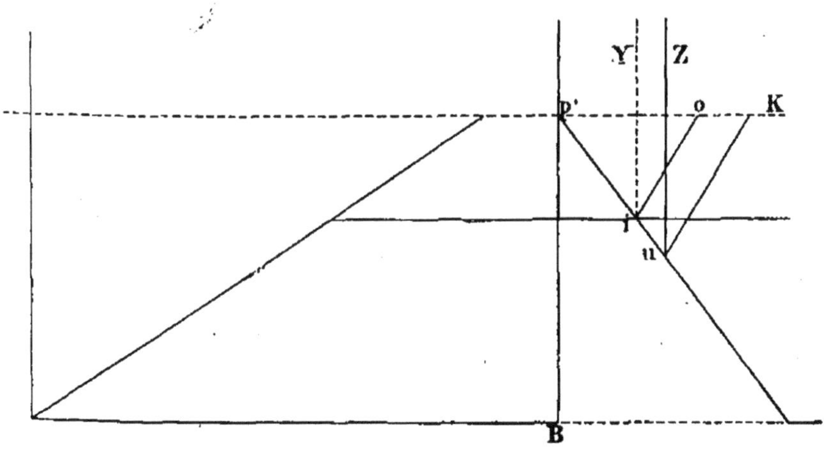


Fig. 238.

le point $s$ de la ligne d'horizon parallèle à $rn$. Cette ligne détermine $mt$ hauteur de l'horizon à l'échelle du plan. Portons $mt$ 3 fois de B en $p'$ (*fig.* 238), c'est la ligne d'horizon.

L'échelle des hauteurs si l'élévation était à la même échelle que le plan serait Y. Portons l'unité de longueur de l'élévation de p′ en K et celle du plan de p′ en *o*, joignons *oi* et menons K*u* parallèle à *oi*, le point *u* détermine la place de l'échelle des hauteurs de la figure. Cette échelle est Z. Cette construction, on le voit, repose sur les triangles semblables.

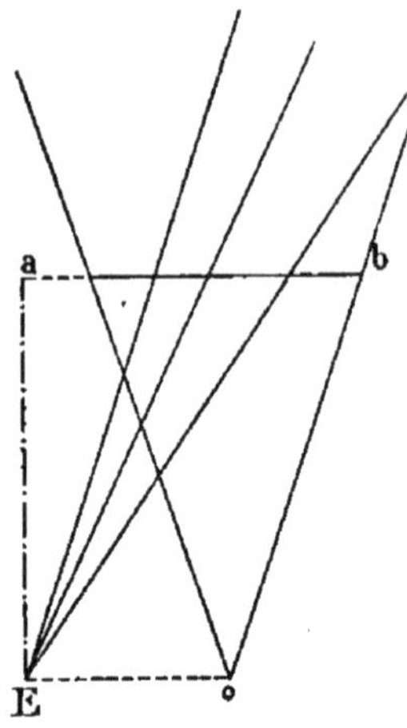


Fig. 239.

Théorème. — *Les lignes de la figure qui se rencontrent en un point E situé dans le plan de front du spectateur sont parallèles en perspective, et réciproquement les lignes parallèles en perspective se rencontrent dans le plan de front du spectateur.*

Soient (*fig.* 240) deux lignes parallèles en perspective A et B. Faisons tourner autour de *xy*; portons 2 fois GE sur GE′, le point E vient en E′, et les lignes parallèles en perspective

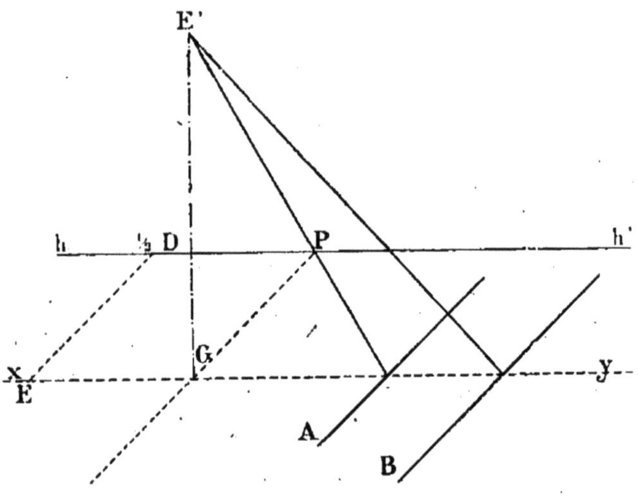


Fig. 240.

concourent au point E′. Ce tracé va permettre de mener les tangentes de la figure 241.

Supposons qu'il s'agisse de mener des tangentes parallèles à K sur le cercle décrit sur *ab*.

Par le point P menons une parallèle PG à cette ligne K. Relevons en $G_1$ à une distance égale à $2P \frac{1}{2} D$; menons de $G_1$ des tangentes au cercle et par les points *m* et *n* où ces

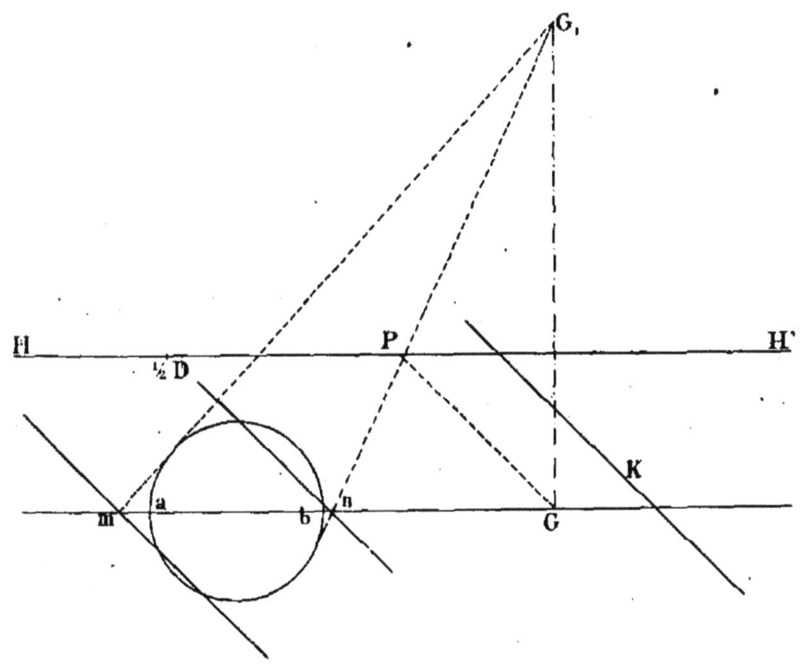


Fig. 241.

tangentes rencontrent *ab* menons des parallèles à K. Ces lignes sont tangentes au cercle en perspective.

En appliquant ce tracé au cylindre vertical de la figure, on aurait déterminé les points des génératrices qui limitent le contour.

**Perspective d'une église.** — La figure 245 représente la perspective d'une église faite d'après le plan quadruplé.

Il n'y a rien dans cette épure qui n'ait été déjà indiqué; aussi ne présente-t-elle aucune difficulté.

Cette figure a pour but de montrer que la perspective obtenue correspond à une infinité de positions du plan.

Ainsi dans la figure 242 les arcs sont perpendiculaires à l'axe et dans la figure 243, ils sont obliques.

La perspective sera la même dans les deux cas, si l'on a pris dans la figure 242 le point principal, et dans la figure 243 le point accidentel, parallèles à la direction des grandes

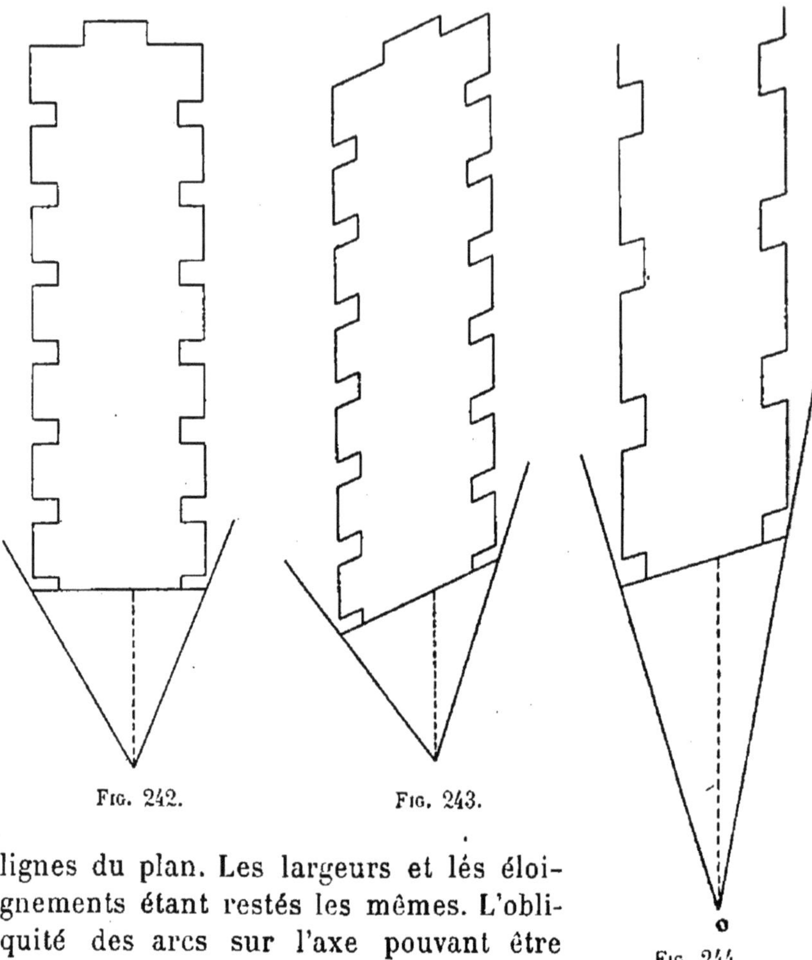

Fig. 242.

Fig. 243.

Fig. 244.

lignes du plan. Les largeurs et lés éloignements étant restés les mêmes. L'obliquité des arcs sur l'axe pouvant être quelconque, on voit qu'il y a une infinité de positions du plan donnant une perspective unique.

Dans la figure 244 les largeurs sont restées les mêmes, mais les éloignements et le point *o* ont été doublés, ce qui n'altère pas la perspective.

On voit que cette dernière disposition peut aussi varier à l'infini si on a soin de faire varier les éloignements et le point de vue dans le même rapport.

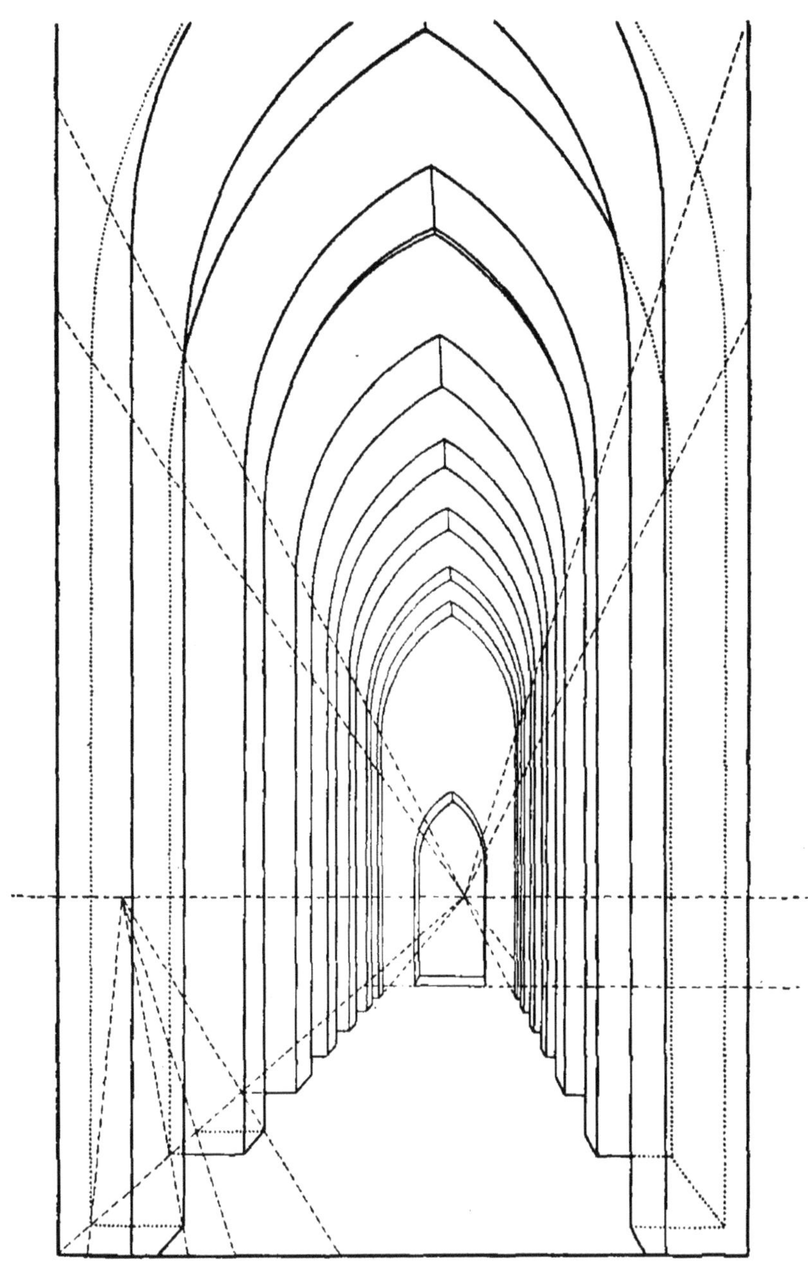

Fig. 245.

**Voûtes d'arêtes** (*fig.* 246). — On supposera qu'on veut composer en perspective. On ne se servira donc pas de géométral. Les pilastres se détermineront en portant *bz* égale à la demi-largeur du pilastre ; la droite $z\frac{1}{2}$ D déterminera le point E. On fera ensuite $zx$ égale à la demi-largeur de la voûte et $x\frac{1}{2}$ D déterminera le point I. Dans cet exemple on suppose que la voûte est construite sur un plan carré.

Tous les autres points s'obtiendront de la même manière.

La voûte proposée étant le résultat de la rencontre de deux berceaux d'une hauteur égale, on sait que les arêtiers ou intersections des deux cylindres formant l'intrados sont deux ellipses verticales dont les projections horizontales coïncident avec les diagonales EG et HI du carré formant le plan de la voûte.

Cherchons un point de l'arêtier : on coupera la courbe par un plan horizontal ST ; on mènera SP, TP et les verticales $SS_1$, $TT_1$. Aux points $M_1N_1$ où $S_1P$ rencontre les diagonales, on élèvera des perpendiculaires jusqu'à la rencontre de SP en M et N, qui sont deux points de la courbe à la même hauteur que S.

On pourra déterminer par la même construction tous les points analogues situés sur la droite SP ; mais ce moyen ne conviendrait plus pour construire les points $m$ et $n$, parce que les intersections de la droite TP par les verticales des points $m_1$ $n_1$ seraient trop obliques. On oérpera de la manière suivante :

On prendra sur la ligne HH' un point F qui pourrait être quelconque, mais qui est ici le point de fuite des diagonales du plan. On mènera $d$F, puis les lignes $n_1n_2$, $m_1m_2$, $n_2n_3$, $m_2m_3$ jusqu'à la rencontre de F$t$, et les horizontales des points $m_3n_3$ détermineront les points $m$ et $n$.

Pour construire les tangentes aux quatre points M, N, $m$, $n$, on tracera les tangentes aux points S et T qui détermineront le point de rencontre $g$, on mènera $gg'$, puis F$g'$ et les lignes U$v_1$ et $v_1v_2$ ; l'horizontale du point $v_2$ déterminera le point o sur P$g$, d'où l'on peut mener les tangentes.

Le point R centre de la voûte est le point où se rencontrent les deux arêtiers. Les tangentes en ce point sont parallèles aux diagonales du plan, elles ont par conséquent même point de fuite que celles-ci; on les obtient en joignant RF, RF'.

q
g'
u
S
T
t
o
Y₂
M
m
m₃
R
N'
n
n₄
F' H ½D
P
H'
F
G
N₁
U
n₁
n₂
E
M₁
m₁
m₂
v₁
H
a
b
Z
S₁
u₁
x
T₁
C
K
d

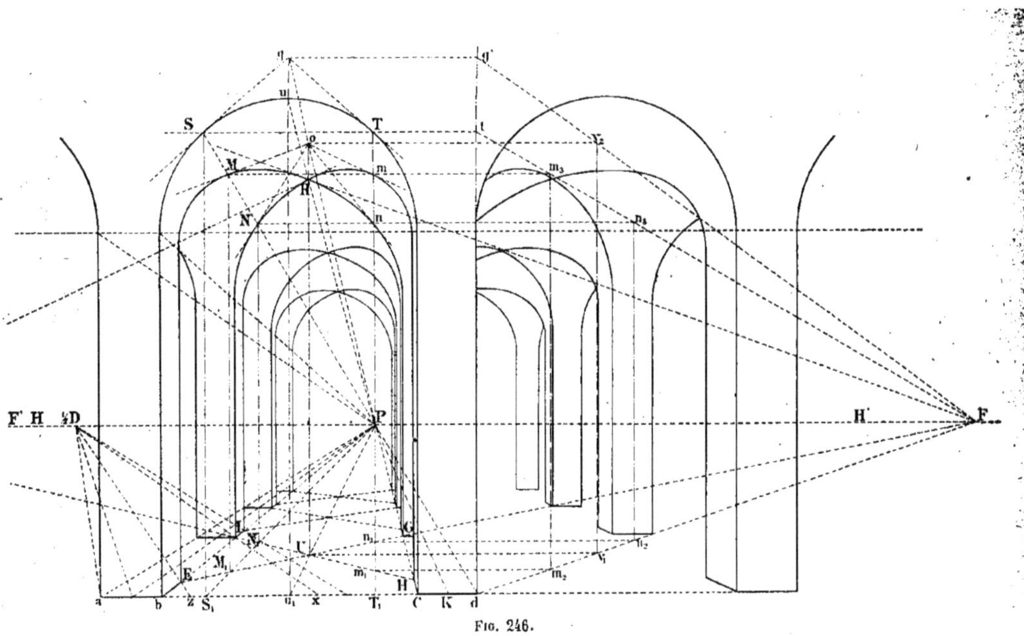

FIG. 246.

Toutes les autres voûtes se construiront comme la première, en portant, à partir du point K et à droite, les distances qui ont été déterminées à gauche.

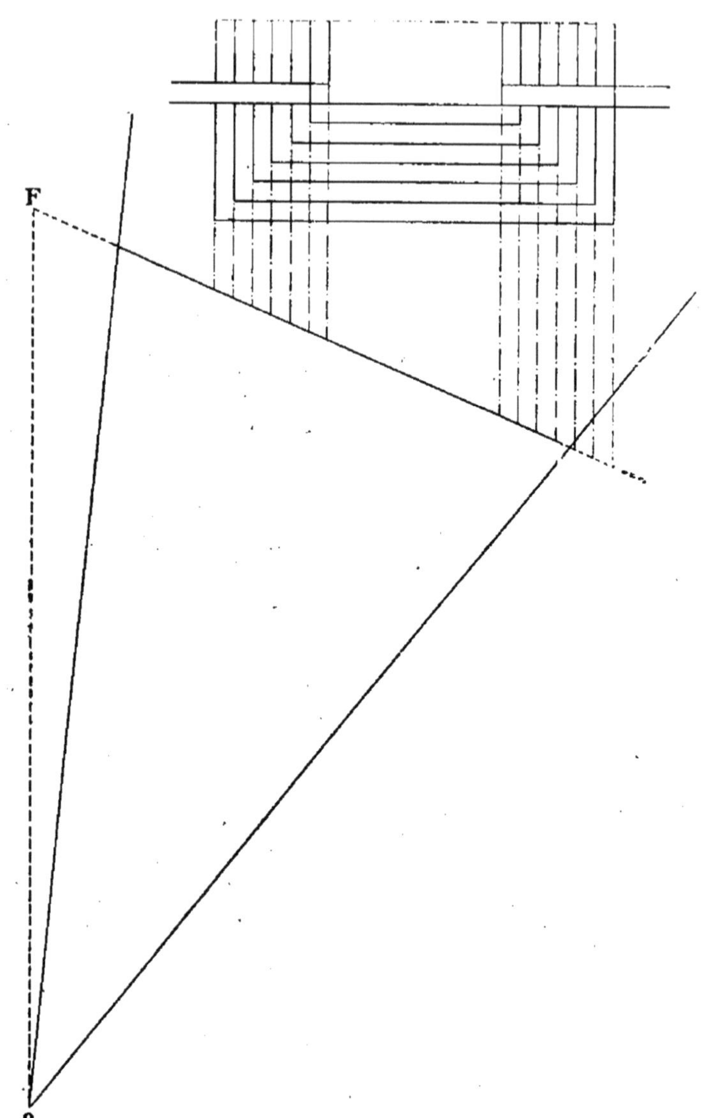


Fig. 247.

**Perspective d'un escalier.** — On mettra en perspective le géométral de la figure 247, comme il a été indiqué précédemment et de préférence en dessous ou à part pour ne pas en brouiller l'épure.

On a doublé les dimensions du géométral; l'échelle des largeurs est MK, celle des hauteurs KK'. A partir du point K on portera 14 hauteurs de marche qu'on joindra au point H'; des points GG' on mènera des horizontales qui donneront les hauteurs dans chacun des plans correspondant aux points G et G'; on ramènera ces points sur les verticales élevées en ces points et en joignant 1'-2' par exemple, on aura les perspectives des arêtes des marches. Les lignes perpendiculaires à ces directions vont au point F. On opérera de la même façon pour les marches des escaliers situés au-dessus du premier.

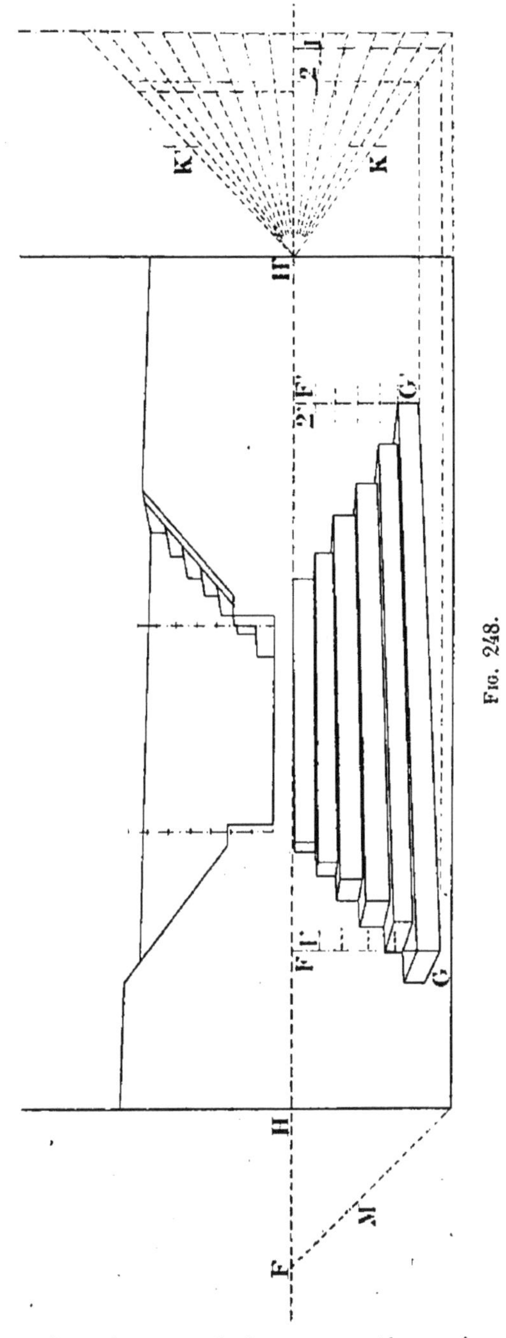

Fig. 248.

**Perspective d'un prisme.** — On voit que dans certaines perspectives, comme celle de la figure précédente par exemple, il est indispensable de placer la perspective du géométral au-dessous de la perspective qu'on se propose d'obtenir en raison des facilités qui en résultent.

On emploie pour cela deux méthodes :

1° Abaissement du géométral ;

2° Déplacement du géométral.

1° *Abaissement du géométral.* — Cette disposition est représentée (*fig.* 249 et 250). Elle consiste à abaisser le géométral en *conservant la même ligne d'horizon.*

Supposons que l'on ait un prisme à mettre en perspective.

Triplons pour la perspective les dimensions de la figure.

Traçons la ligne d'horizon HH′ comme d'ordinaire en triplant la hauteur de l'horizon (*fig.* 250), ce qui donne la hauteur AH. Prenons au-dessous de AB une ligne quelconque $A_1B_1$ que l'on considère comme un nouveau tableau. Puisque l'on conserve la même ligne d'horizon, la nouvelle échelle des largeurs viendra au tiers de $A_1H$ en ZZ′ ; le point de fuite $f$ viendra en F, et l'échelle de fuite sera $A_1F$ ; on portera les points $a$, $s$, $r$ en $a_1$, $s_1$, $r_1$, que l'on joindra à F. On portera ensuite les points $s$, $u$, $v$ en 1, 2, 3, que l'on joindra à $d$ qui est le point de distance ordinaire, obtenu en prenant $Fd = of$. On prendra de même $r$, $t$, $k$, qu'on portera en 1′, 4, 5 et qu'on joindra également à $d$. On aura ainsi déterminé le carré $u_1\ v_1\ k_1\ t_1$.

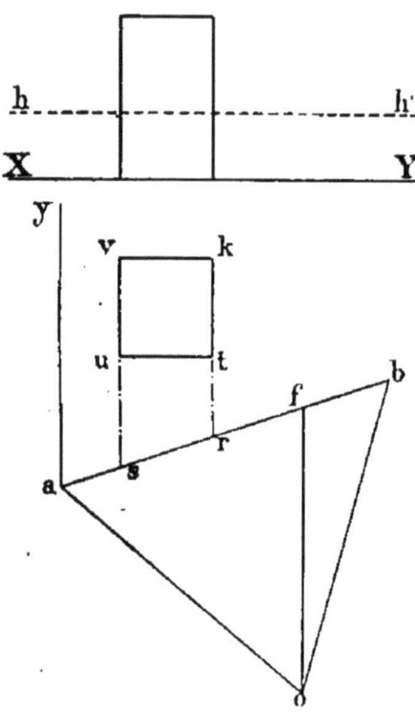

Fig. 249.

Traçons maintenant la ligne quelconque H′G′ et menons par les points $u_1, v_1, k_1, t_1$ des horizontales jusqu'à la rencontre de cette ligne et des verticales jusqu'à la rencontre de H′G ; de nouvelles horizontales menées de cette dernière ligne jusqu'à la rencontre des verticales correspondantes des points $u_1$, $v_1$, $k_1$, $t_1$, détermineront le carré en perspective sur le véritable tableau.

Pour les hauteurs on portera à partir de la *véritable*

échelle des largeurs $xx'$, et sur la *véritable* échelle des hauteurs, la hauteur du prisme donnée par la figure 250 qui

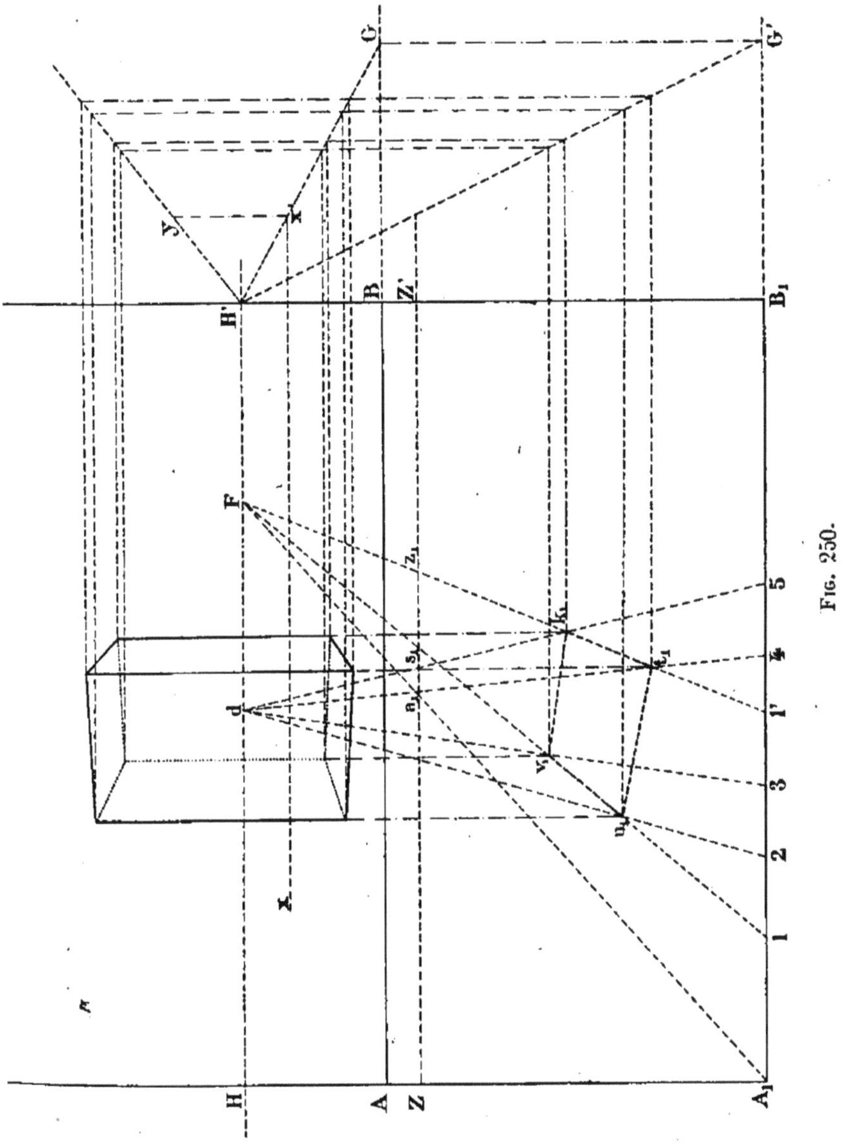


Fig. 250.

viendra en $x'y$. On joindra H'$y$. Les verticales qui ont été déjà menées à partir de la ligne H'G' détermineront sur cette ligne H'$y$ les hauteurs des différentes arêtes du prisme. Il suffira de reporter ces hauteurs par des horizontales sur les verticales menées des points $u_1$, $v_1$, $k_1$, $t_1$, et le prisme sera déterminé en perspective.

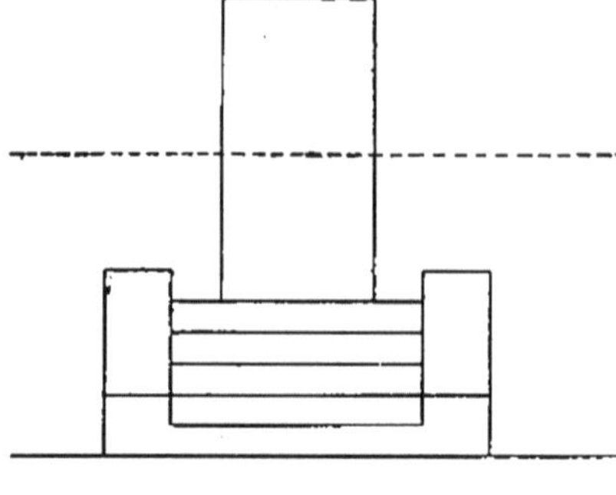

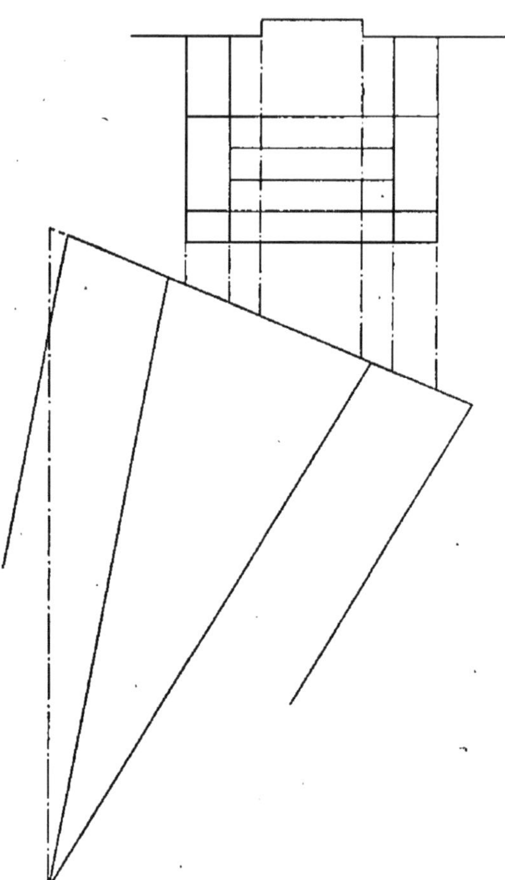

Fig. 251.

2° *Déplacement du géométral.* — Cette méthode ne diffère pas sensiblement de la précédente et il n'est pas besoin de faire de tracé pour l'expliquer.

Elle consiste à mettre le géométral au-dessous du tableau en le déplaçant tout entier avec sa ligne d'horizon.

On emploie quelquefois ces deux méthodes simultanément ; et le choix de l'un ou de l'autre dépend de la disposition des tracés. C'est à celui qui fait l'épure à discerner lequel des deux convient le mieux au cas dont il s'occupe.

**Perspective d'un perron.** — Toutes les opérations nécessaires pour faire cette perspective ne présentent rien qui n'ait été déjà indiqué.

On a fait d'abord la perspective du plan au-dessous du tableau, en se servant de la véritable ligne d'horizon :

puis on a tracé la ligne H′G et l'échelle des hauteurs ZZ′ sur laquelle on a porté les hauteurs des marches et de la porte de la figure 251. Puis on a joint les points obtenus à H′.

Il faut maintenant mener des horizontales par tous les

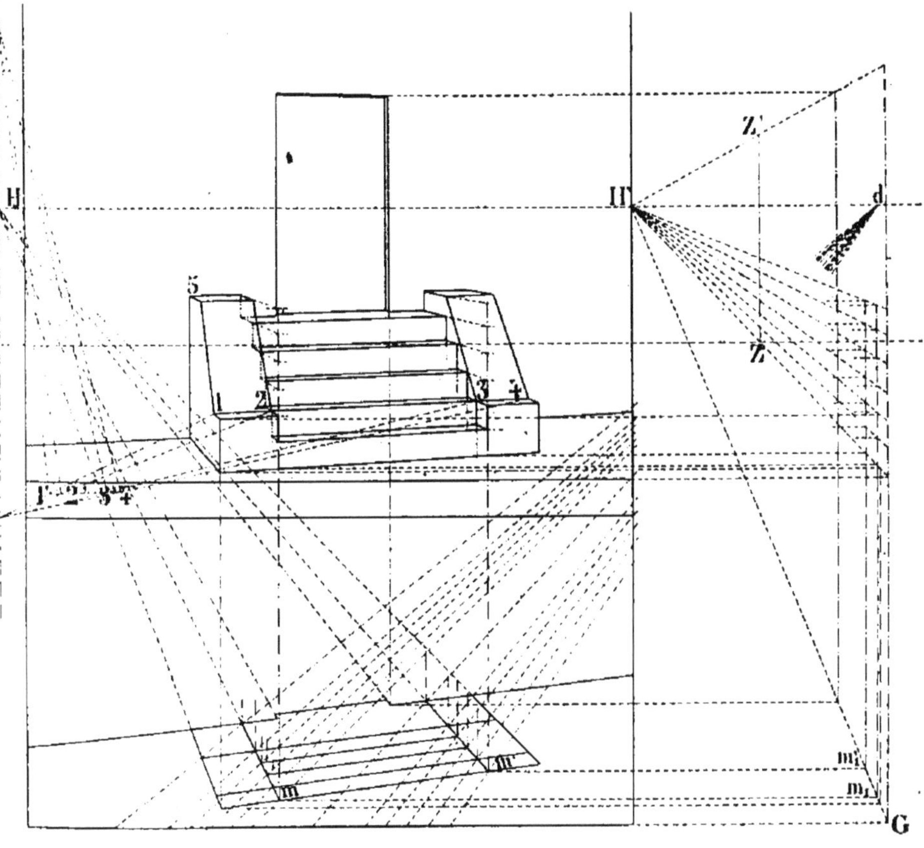


Fig. 252.

points du plan mis en perspective primitivement jusqu'à la ligne H′G, puis des verticales jusqu'aux hauteurs correspondantes et enfin des horizontales de ces derniers points jusqu'à la rencontre des verticales menées directement des points correspondants du plan.

Pour déterminer les arêtes des marches on mènera de chaque point $m$ et $m'$ du plan une horizontale et une verticale. Les verticales menées des points $m_1$ et $m'_1$ détermineront les hauteurs des marches dans le plan de la première marche. On reportera ces points par des horizontales sur les premières verticales des points $m$ et $m'$ et on joindra ces derniers au point F. On aura ainsi le plan horizontal de chaque

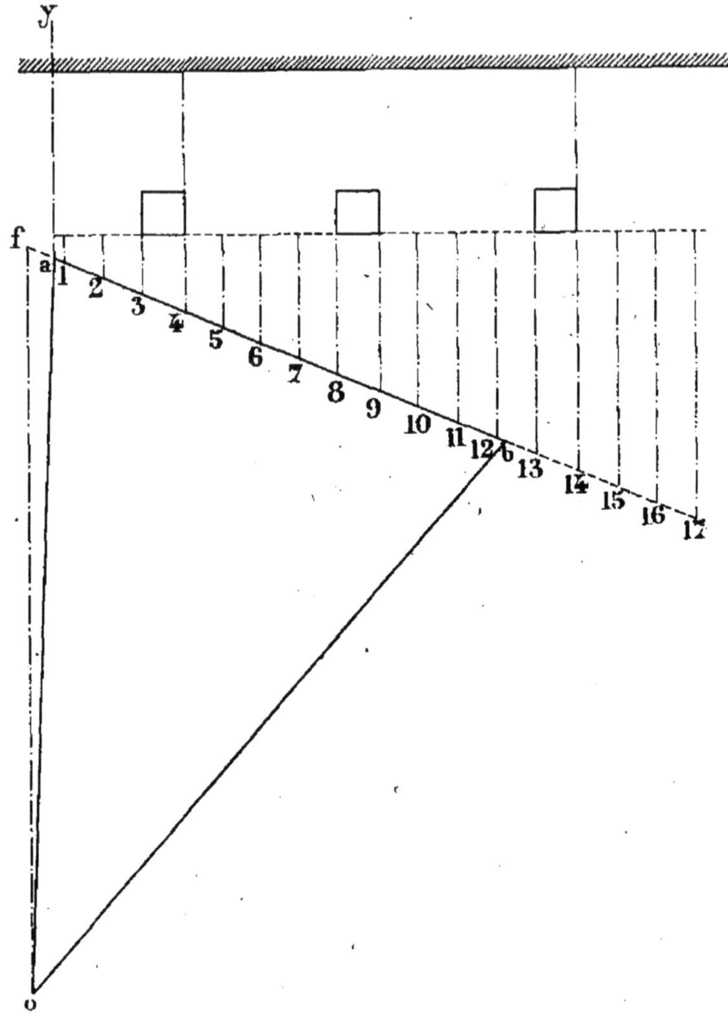


Fig. 253.

marche et les verticales menées des points correspondants du plan détermineront par leur intersection le profil des marches et contremarches sur chaque rampant. Il ne restera qu'à joindre.

On voit qu'on pourrait obtenir les lignes des rampants directement. On peut cependant employer un autre moyen.

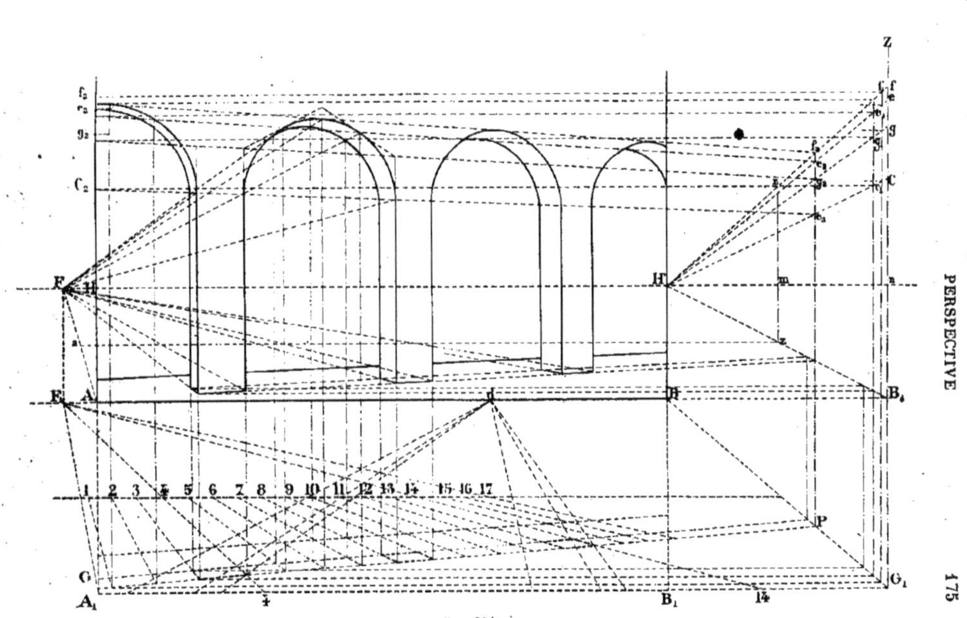


Fig. 254.

Ces lignes ont un point de fuite qui se trouve sur la verticale passant par le point F, point de fuite des lignes perpendiculaires à la face du mur. Quand donc le point de fuite de ces lignes sera sur l'épure; on déterminera une de ces lignes qu'on prolongera jusqu'à la verticale du point F et on joindra les autres points au point ainsi obtenu.

Ici ce point de fuite n'est pas sur l'épure. On joindra alors les points 1, 2, 3, 4, à un point quelconque I pris sur la verticale qui passe par F en un point quelconque, on mènera 1' 4' parallèle à 1.4 et 1' F' parallèle à 1.5 qui aura été déterminé directement. On obtiendra ainsi un point F' qu'on joindra aux autres points 2' 3' 4' et il ne restera plus qu'à mener des parallèles à ces dernières lignes par les points 2, 3, 4.

**Vue oblique d'une galerie fuyante.** — Le géométral est indispensable pour faire cette perspective. Il est représenté par les figures 253 pour le plan et 255 pour les hauteurs; on double le tableau *ab* sur une ligne $A_1B_1$ située au-dessous et pour établir le plan comme on l'a déjà fait.

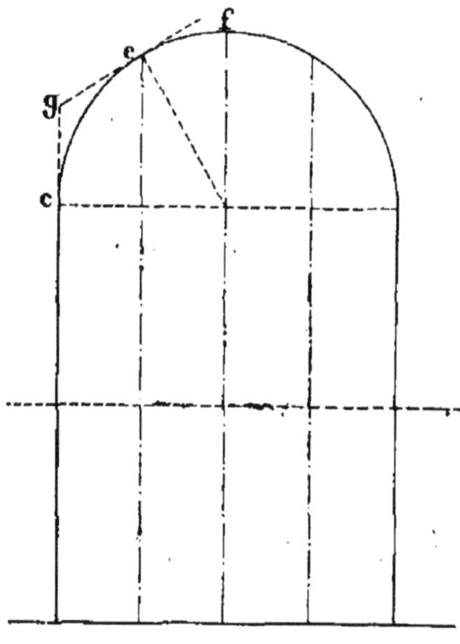


FIG. 255.

Le tracé du plan n'offre rien de particulier. On remarquera que l'élévation est donnée à une échelle double de celle du plan. L'échelle des largeurs pour le plan étant la ligne *az* et celle des hauteurs *zz* on prendra une longueur $mn = H'm$, et l'échelle des hauteurs correspondant à la figure 255 sera $B_3Z$. Sur cette dernière échelle on portera donc les points *c*, *g*, *e*, *f* de la figure 255 que l'on joindra à H'. Sur le plan en perspective on prolongera la ligne PG jusqu'au point G de rencontre avec le bord vertical du cadre. Par ce point G on mènera la ligne $GG_1$, et la verticale $G_1f_1$, et on transportera par des horizontales les points $e_1$, $g_1$, $e_1$, $f_1$ en $e_2$, $g_2$, $e_2$, $f_2$. Joignant ces derniers points aux points $e_3$, $g_3$, $e_3$, $f_3$, déterminé par $Pf_3$, on aura les horizontales situées dans le plan des courbes de la galerie. Les verticales, menées des points correspondants du plan, détermineront suffisamment ces courbes. D'après la construction adoptée on obtient facilement les tangentes aux courbes aux points $e$.

**Composition en perspective.** — On emploie pour composer en perspective la méthode de la *corde de l'arc.*

Supposons qu'on ait (*fig.* 256) la ligne MN et qu'on veuille composer sur cette ligne. On ramène par des arcs de cercle décrits du point M, les points R et N en $R_1$ et $N_1$; ces points se trouvent alors ramenés dans un plan de front et le point de fuite des cordes est en $f$. On peut alors composer sur ce plan de front sans le secours du géométral. Les deux triangles $MNN_1$, $fFo$

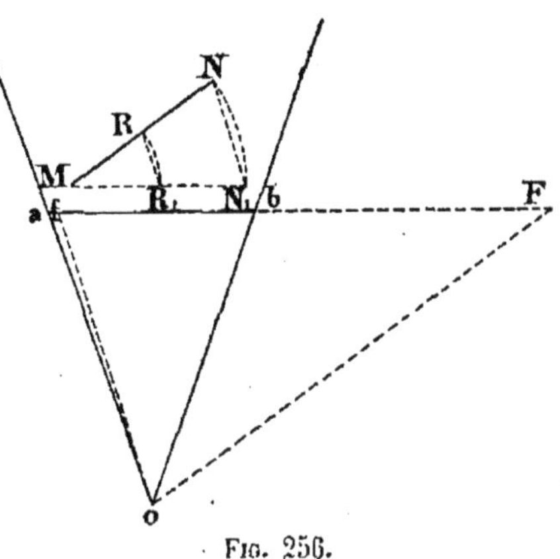

Fig. 256.

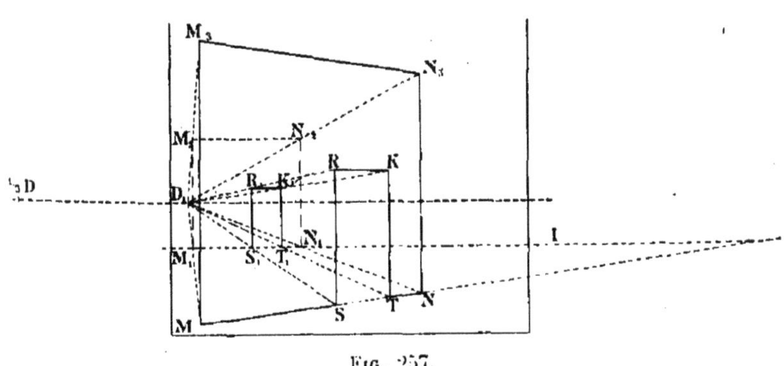

Fig. 257.

sont semblables, et, puisque le premier est isocèle, il en résulte que $fF = Fo$, et le point F est le point de fuite de MN.

Supposons donc qu'on ait (*fig.* 257) le point $f$ en $D_1$ et la ligne MN en perspective. On prendra une ligne quelconque I; les cordes de M et N ont $D_1$ pour point de fuite on les y joindra. On déterminera la ligne $M_1N_1$ en largeur et $M_1$ $M_2$ pour les hauteurs, on aura ainsi un plan de front dans lequel on fera les constructions à composer ; la porte indiquée sur l'épure par exemple $S_1T_1R_1K_1$ qu'on ramènera en STRK, et les points $M_2$ $N_2$ en $M_3$ $N_3$ et la vue oblique sera déterminée.

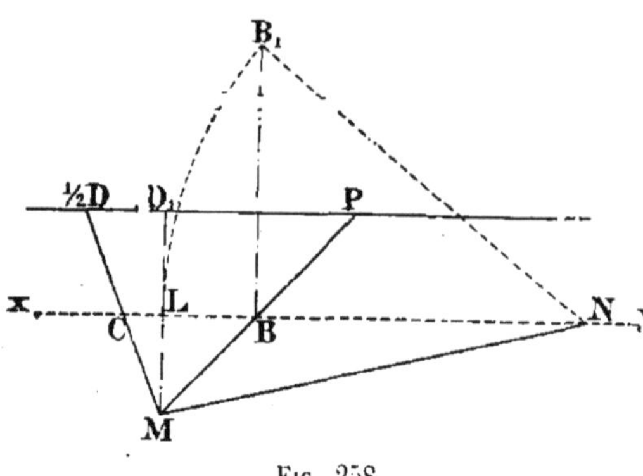

Fig. 258.

On pourrait obtenir le point de fuite des cordes sans géométral (*fig.* 258).

Soit la ligne MN. On joindra M au point principal P. On mènera l'horizontale *xy* passant par N ; au point B on élèvera une perpendiculaire égale à deux fois BC, et du point N on tracera l'arc de cercle $B_1L$ ; joignant ML, on aura le point de fuite $D_1$.

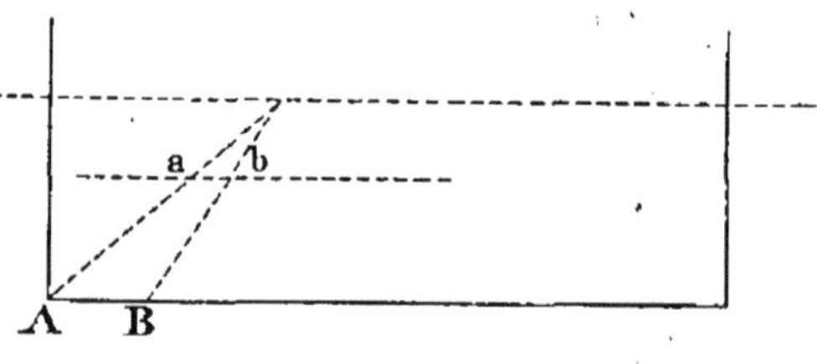

Fig. 259.

Il est bon de connaître l'échelle du plan de front sur lequel se fait le relèvement (*fig.* 259).

Pour cela, si l'on opère avec les dimensions données de la maison, on portera l'unité donnée dans le plan sur le bord du tableau en AB ; joignant à un point de la ligne d'horizon, la ligne *ab* représentera l'unité dans le plan de front considéré.

**Voûtes d'arêtes vues obliquement** (*fig.* 260). — Le géométral nécessaire pour faire cette perspective est représenté (*fig.* 261). On voit par la disposition du plan que les diagonales des carrés sont placées sur le prolongement les unes des autres; on aura donc deux séries de lignes qui ont chacune un point de fuite, les unes parallèles à *of*, les autres à *og*.

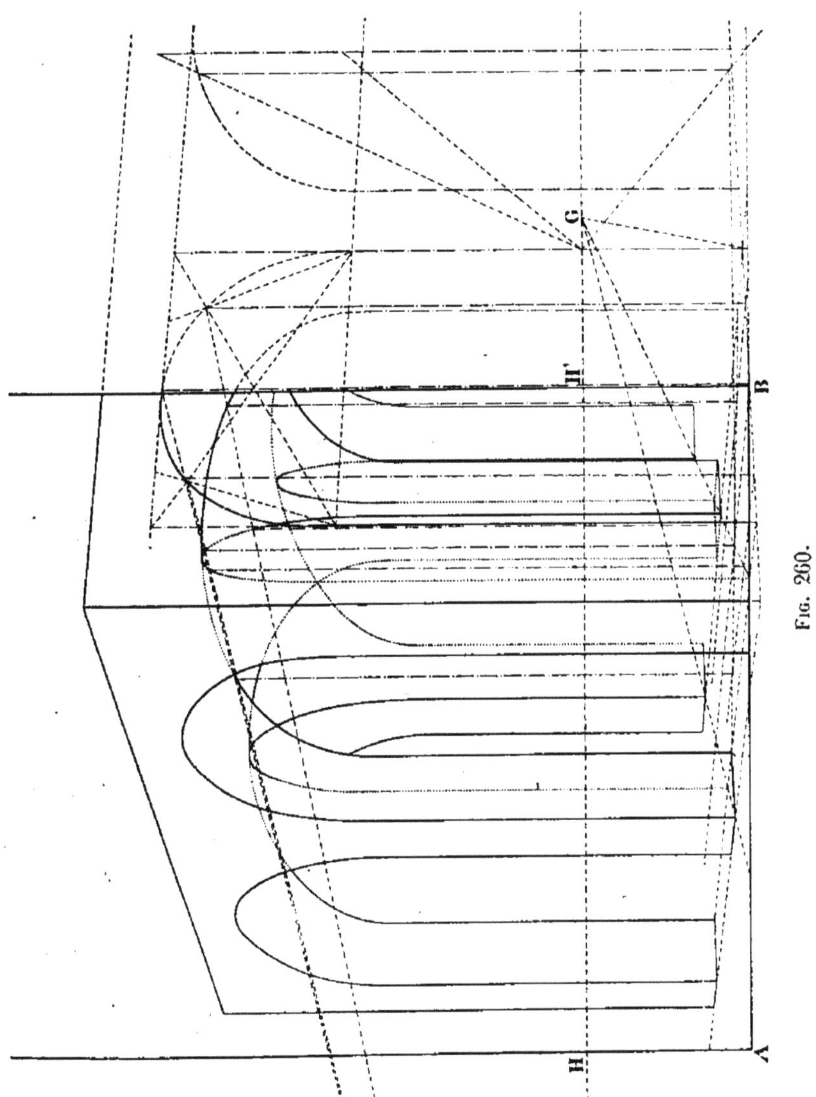


Fig. 260.

On fera donc une perspective à deux points de fuite. On a vu comment on opérait dans ce cas.

Toutes les constructions sont semblables à celles qui ont été indiquées pour les voûtes d'arêtes de front.

**Lunette.** — La lunette est la pénétration de deux berceaux dont la montée n'est pas la même. Il en résulte une courbe d'intersection qui est représentée par la figure 262.

Traçons la galerie perpendiculaire au tableau à l'aide des points P et $\frac{1}{2}$ D que l'on se donne ainsi que le rayon ON du

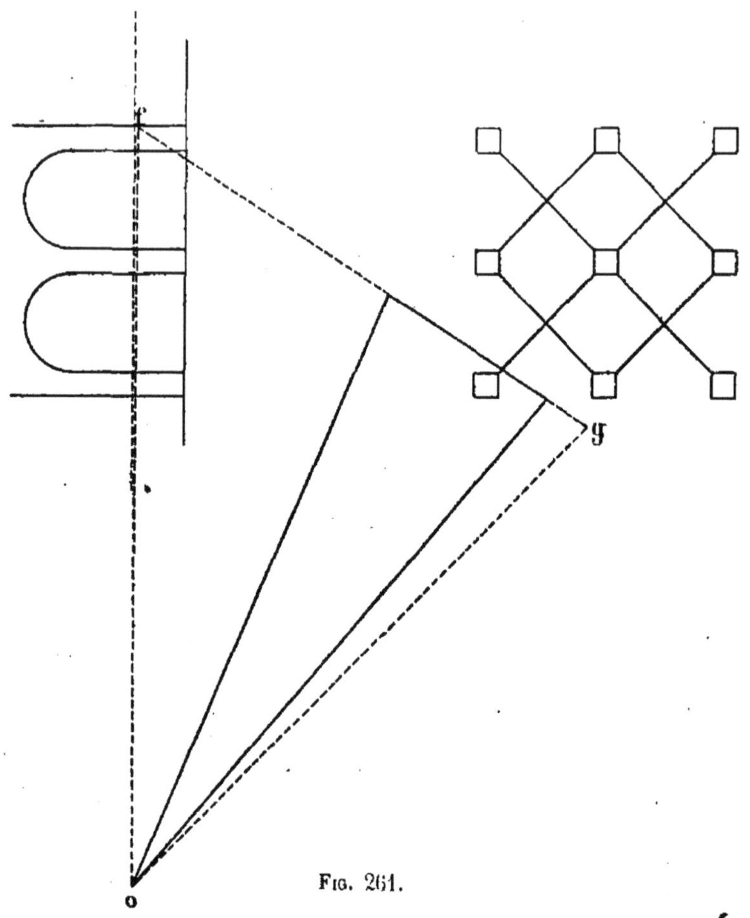


Fig. 261.

petit berceau. Traçons B$\frac{1}{2}$ D qui détermine l'axe du petit berceau, et puisque on a pris $\frac{1}{2}$ D, on prendra les lignes BC et BE égales à la moitié du rayon ON du petit berceau. En joignant C et E à $\frac{1}{2}$ D on déterminera les arêtes verticales $cc_1$, $ee_1$ jusqu'à la ligne des naissances $c_1$P.

Pour déterminer la courbe d'intersection on supposera qu'on prolonge le plan du mur du grand berceau au-dessus de la ligne des naissances. Il en résultera pour le petit ber-

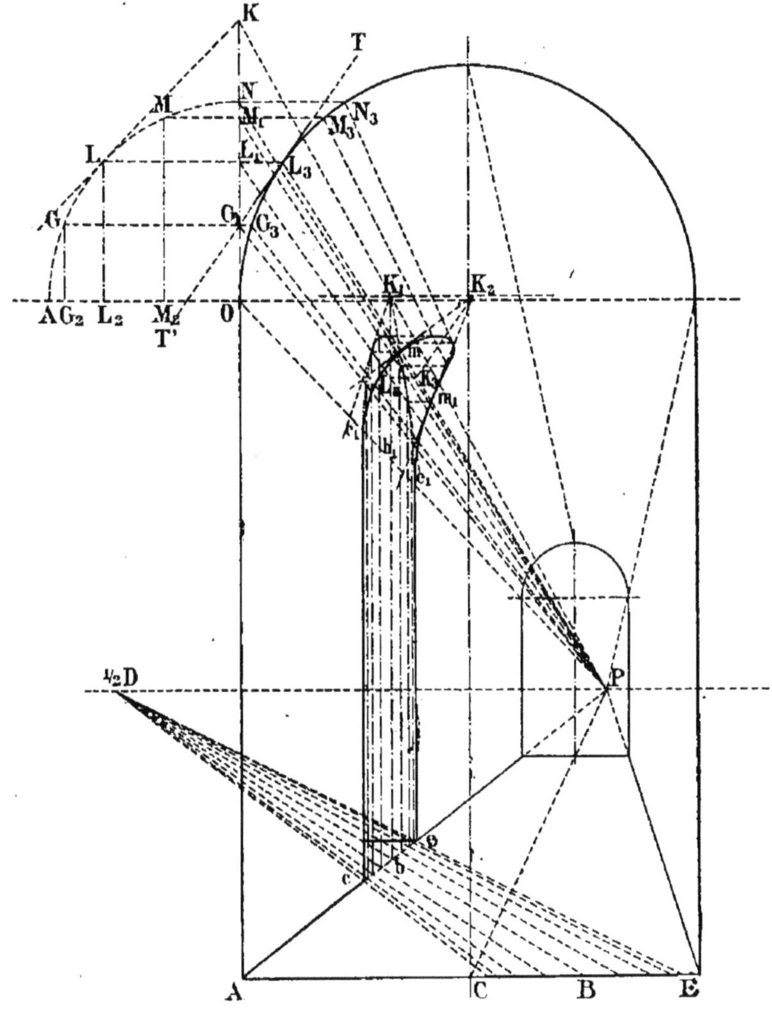


Fig. 262.

ceau une section elliptique qu'on pourra tracer de la manière suivante :

On divisera le quart de cercle AN en 4 parties égales, on mènera par ces points des horizontales qui viendront en

$G_1$, $L_1$, $M_1$, que l'on joindra à P. On prendra la moitié des distances $OM_2$, $M_2L_2$, $L_2G_2$, $G_2A$, et on portera ces longueurs ainsi réduites à droite et à gauche du point B, on joindra à $\frac{1}{2}$ D et aux intersections sur AP on mènera des verticales qui

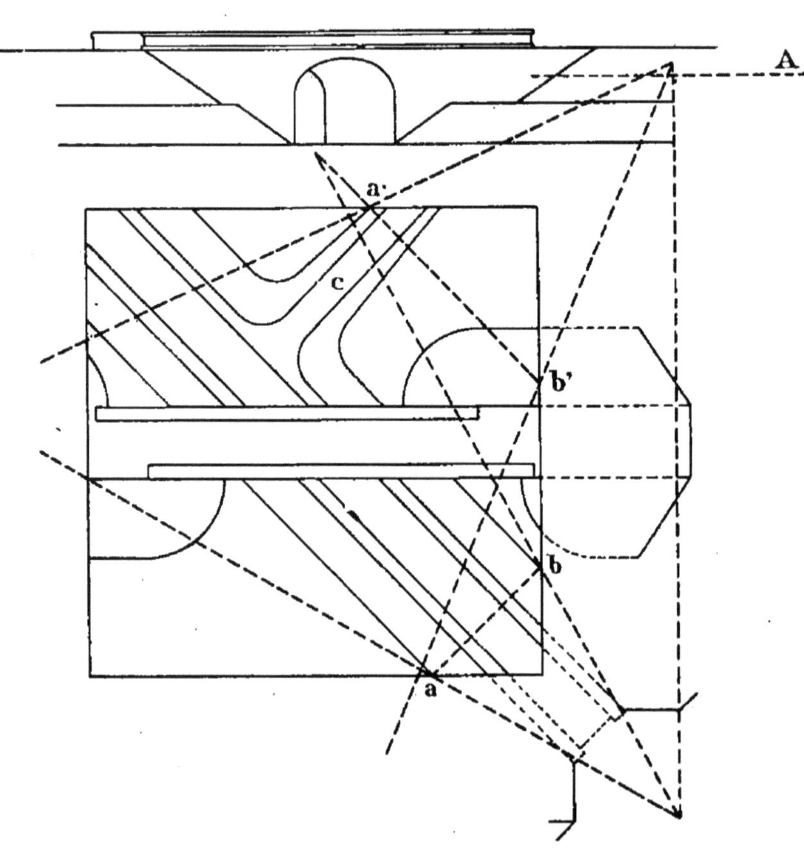


Fig. 263.

couperont les lignes menées des points $OG_1L_1M_1N$ au point P. On aura ainsi des points de l'ellipse.

Pour avoir maintenant la courbe d'intersection sur le grand berceau on mènera des horizontales par chaque point de l'ellipse qui vient d'être déterminée et l'on joindra les points $G_3$, $E_3$, $M_3$, $N_3$ au point P.

Par leur intersection avec les horizontales, ces lignes détermineront la perspective de la courbe de pénétration.

*Tangentes.* — On mènera la tangente au cercle en L et celle en $L_3$. Menant $KK_1$ on obtiendra le point $K_1$ sur l'axe du petit berceau d'où partent les deux tangentes à l'ellipse de la section droite. On mènera l'horizontale $L_1K_3$ et par le point $K_3$ de rencontre avec $L_3P$ on mènera $K_3K_2$ parallèle à la tangente TT' ; la ligne $K_1K_2$ est la trace des plans tangents aux deux génératrices considérés dans le petit berceau et les tangentes à la courbe d'intersection sont $K_2m$ et $K_2m_1$.

**Perspective d'un pont biais.** — La figure 263 représente l'ouvrage en plan et en élévation. On y voit la route en *déblai*

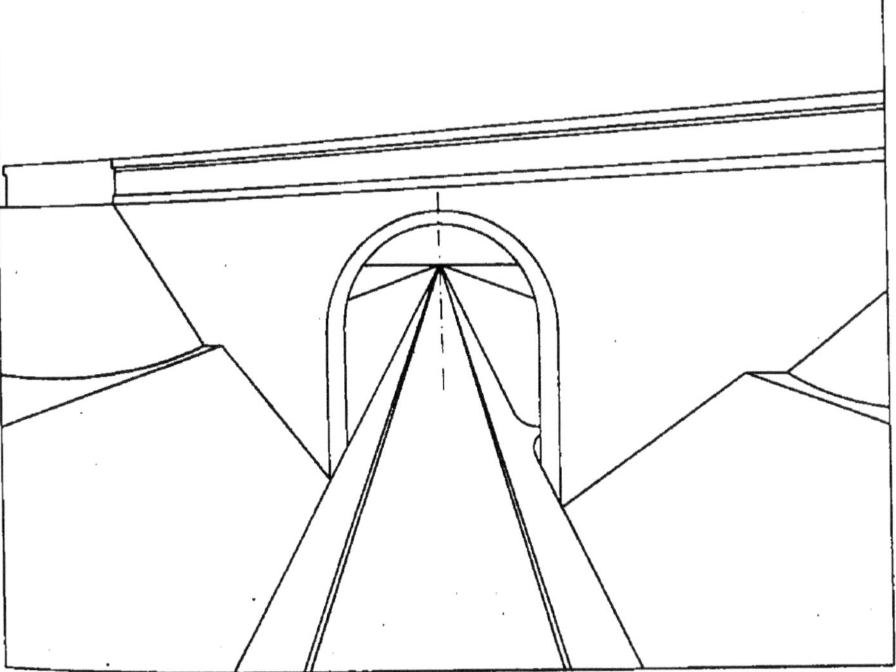

Fig. 264.

traversée obliquement par le chemin de fer qui est en remblai. Perpendiculairement à la route en *c* est un petit chemin en rampe. On a fait deux vues perspectives.

La figure 264 a été faite avec le tableau *ab* perpendiculaire à la route et la hauteur d'horizon A. Pour la figure 265 on a pris le tableau *a'b'* perpendiculaire au petit chemin, et pour avoir une vue à vol d'oiseau qui permette d'embrasser l'ouvrage en entier, on a pris la ligne d'horizon en B. Il n'y a rien dans les tracés qui n'ait déjà été décrit, aussi ne s'y arrêtera-t-on pas.

Pour la figure 264, on fera la remarque suivante : on aurait mieux fait de prendre le tableau un peu obliquement par rapport à la route, afin de ne pas avoir les lignes de cette route devant le spectateur jusqu'à la ligne d'horizon, ce qui est d'un mauvais effet.

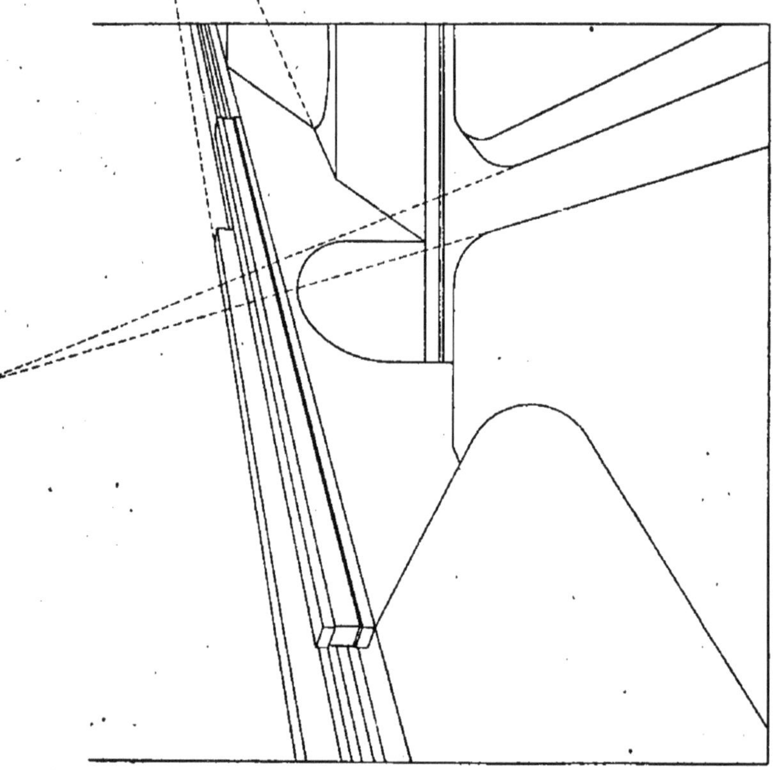

Fig. 265.

**Ligne d'horizon en dehors de l'épure.** — Il arrive dans quelques perspectives, comme les vues à vol d'oiseau par

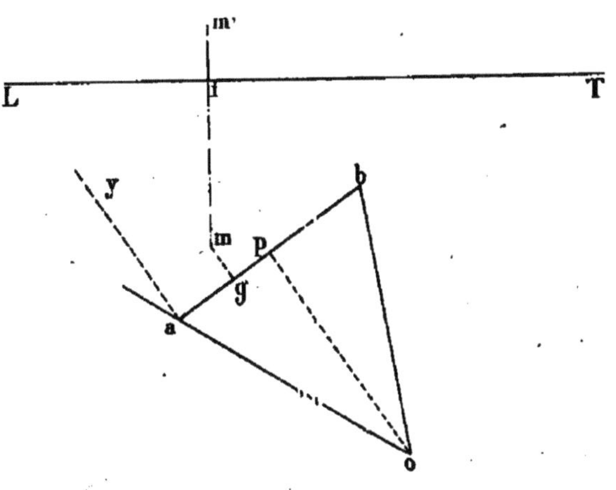


Fig. 266.

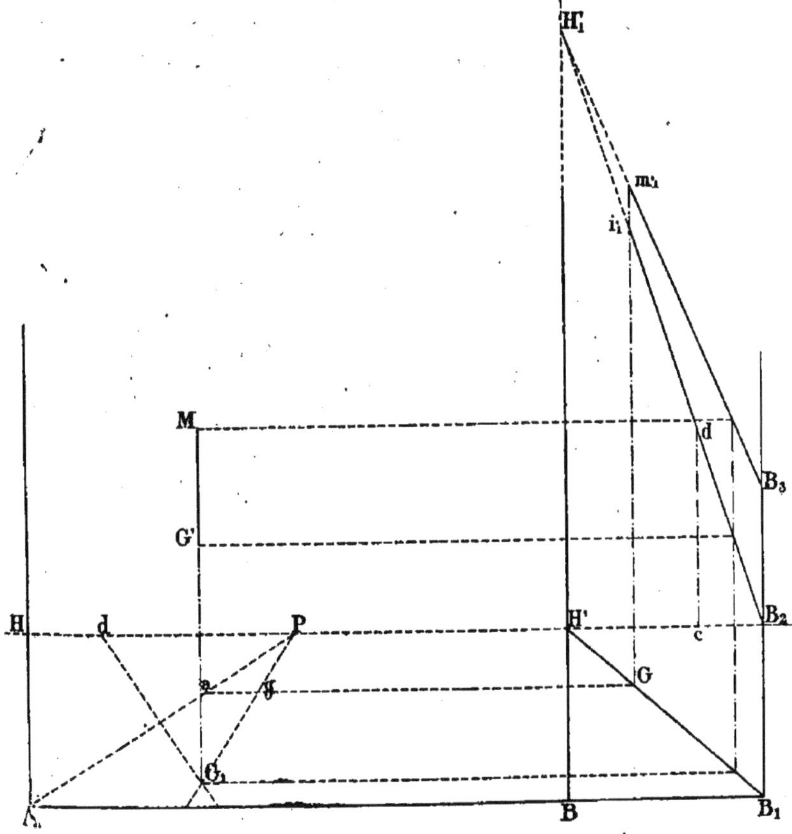


Fig. 267.

exemple, que la ligne d'horizon est placée très haut et ne peut être employée sur l'épure. On emploie alors la construction représentée par les figures 266 et 267.

Triplons les dimensions de la figure 266. Prenons une ligne d'horizon arbitraire HH' et déterminons, comme il a été fait jusqu'ici, la perspective $G_1$ du point *m*, puis considérons la ligne HH' comme un nouveau tableau.

Pour tracer la véritable ligne d'horizon, il faudrait porter à partir de H' 3 fois la distance de la ligne HH' à la ligne LT de la figure 266. On supposera que cette distance est très grande et qu'elle ne peut pas être indiquée sur l'épure.

Ayant mené la ligne quelconque $H'B_1$ on prendra le tiers de $H'B_2$, et on portera *cd* égale à une fois la hauteur de l'horizon de la figure 266; menant $B_2d$, il est clair que cette ligne ira au point $H'_1$ de la véritable ligne d'horizon ; on pourra donc déjà, à l'aide de cette ligne, déterminer sur le vrai tableau la perspective G' du point *m*.

Pour la hauteur on portera en $B_2B_3$, 3 fois la hauteur *im'* de la figure 266 et en $i'_1m'_1$ sur la ligne $Gm'_1$ une fois cette hauteur.

A l'aide de la nouvelle ligne $B_3m'_1$ qui va également au point $H'_1$ on déterminera la perspective M du point *m*.

## OMBRES EN PERSPECTIVE

**Ombres portées par le soleil** (*fig.* 268). — 1° *Le soleil est devant le spectateur.* Soit la ligne AB en perspective. Le soleil est en S ; sa projection sur l'horizon est $S_1$; joignons A à $S_1$ et B à S, l'ombre de la droite AB est $AB_1$.

Si la ligne en perspective est donnée en AC, de telle sorte que SC soit parallèle à $AB_1$, l'ombre est indéfinie, on l'arrête au cadre. Si on a la droite AE, l'ombreest en $AE_1$, ce qui indique que la limite de l'ombre dépasse le plan de front du spectateur ; l'ombre est aussi indéfinie. On l'arrête au cadre.

2° *Le soleil est derrière le spectateur* (*fig.* 269), soit la ligne AB en perspective.

Le soleil est en S, sa projection sur l'horizon est $S_1$; joignons S à B et $S_1$ à A, l'ombre de la droite AB est $AB_1$.

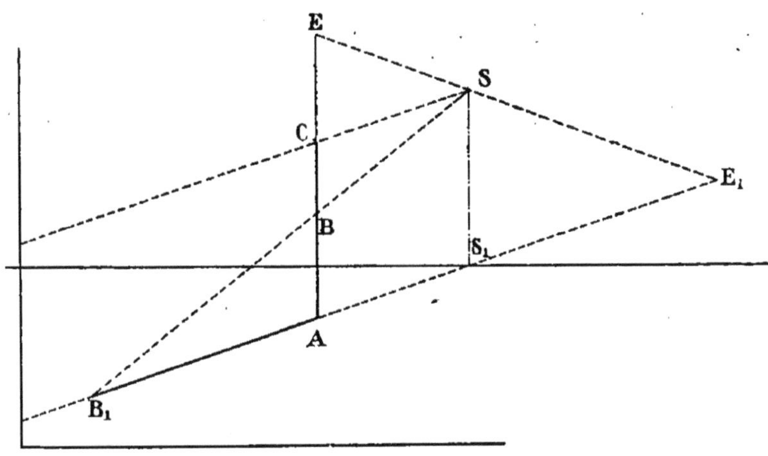


Fig. 268.

3° *Le soleil est dans le plan de front du spectateur* (*fig.* 270). On se donne la direction R des rayons, et du point B on mène une parallèle à cette direction jusqu'à la rencontre de la parallèle à l'horizon menée par le point A. L'ombre est $AB_1$.

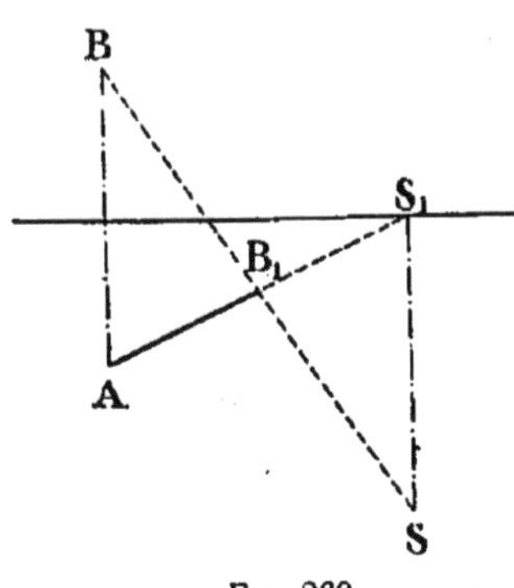


Fig. 269.

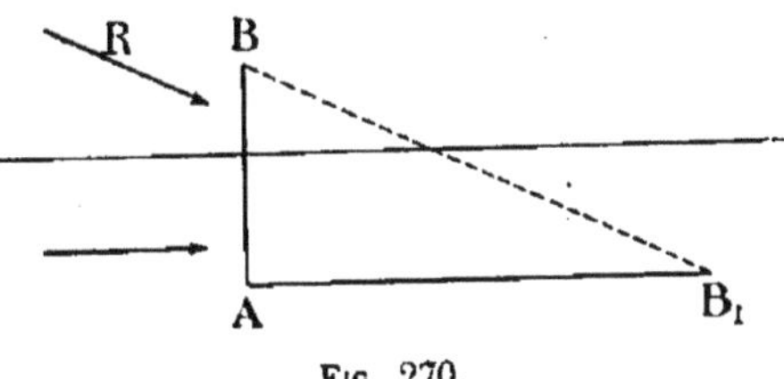


Fig. 270.

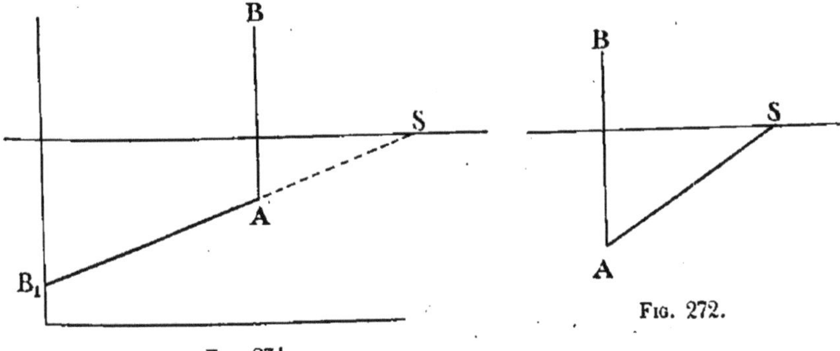


Fig. 271.

Fig. 272.

4° *Le soleil est à l'horizon* (*couchant ou levant*). Dans ce cas le soleil n'a qu'une projection qui se réduit au point S.

Si le soleil est devant le spectateur l'ombre (*fig.* 271) est indéfinie, c'est $AB_1$ ; on l'arrête au cadre.

Si le soleil est derrière le spectateur, l'ombre est AS, (*fig.* 272) ; on l'arrête à l'horizon.

**Ombres portées par un flambeau** (*fig.* 273). — Soit le spectateur en *o*, le tableau en T : supposons le flambeau S *devant* le spectateur, sa projection sur le sol est $S'_1$. La perspective du flambeau est S′ sur le tableau T; la perspective de la projection est $S_1$. Dans ce cas la perspective du flambeau est au-dessus de la ligne d'horizon, la perspective de sa projection est au-dessous.

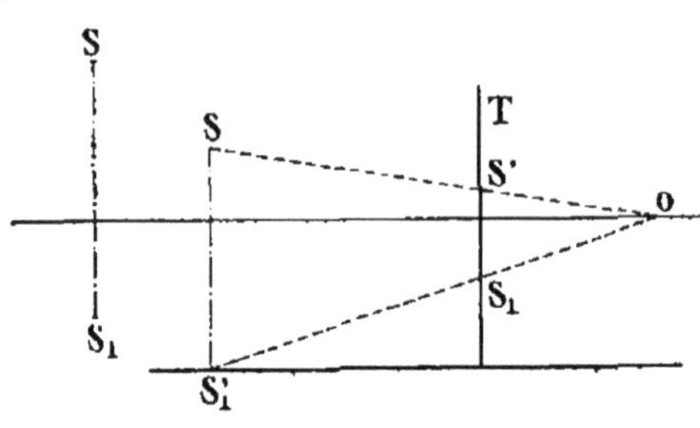

Fig. 273.

Si le flambeau était au-dessous de la ligne d'horizon, sa perspective et celle de sa projection seraient toutes deux au-dessous de la ligne d'horizon.

Si le flambeau était derrière le spectateur en S, $S_1$, ce serait le contraire de la figure 273. La perspective du flambeau serait au-dessous et la perspective de sa projection serait au-dessus de la ligne d'horizon.

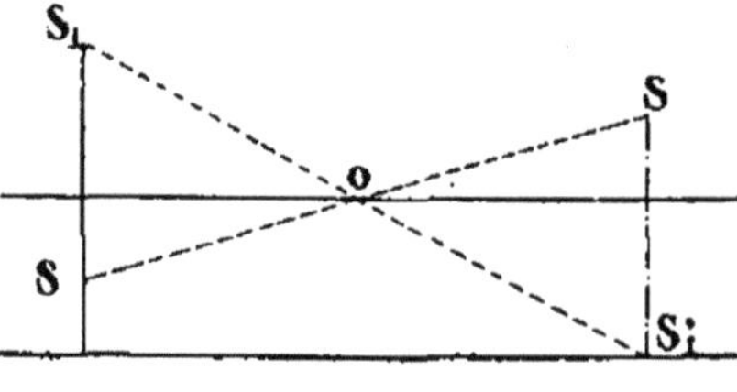

Fig. 274.

Si le flambeau était dans le plan de front du spectateur, le rayon, passant par le point lumineux et par le point *o*, serait parallèle au tableau et la perspective du flambeau serait à l'infini.

**Hauteur du point lumineux** (*fig.* 275). — Par rapport à une droite AB, le point lumineux pourra occuper l'une des trois positions S, S′, S″. Dans la position S, le soleil étant au-dessus du point B l'ombre est limitée.

Dans la position S′, le soleil est à la même hauteur que le point B, l'ombre est infinie. Enfin dans la position S″ le soleil est au-dessous de B, l'ombre est infinie également.

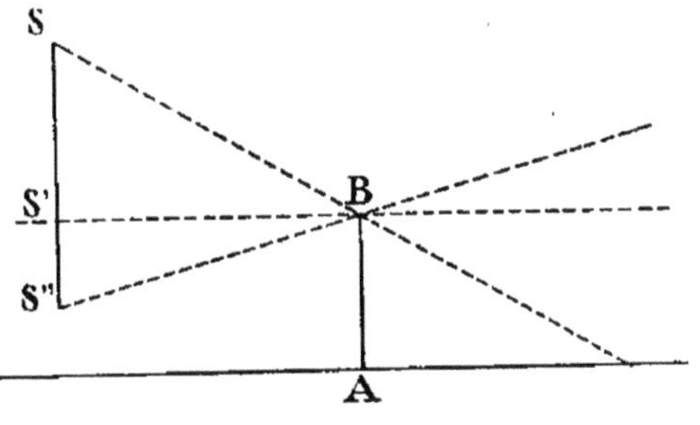

Fig. 275.

Pour reconnaître lequel est le plus élevé d'un point B ou du point lumineux S (*fig.* 276), il suffit de joindre les points A et B au point de fuite et de voir la position du point S par rapport à la ligne B*f*.

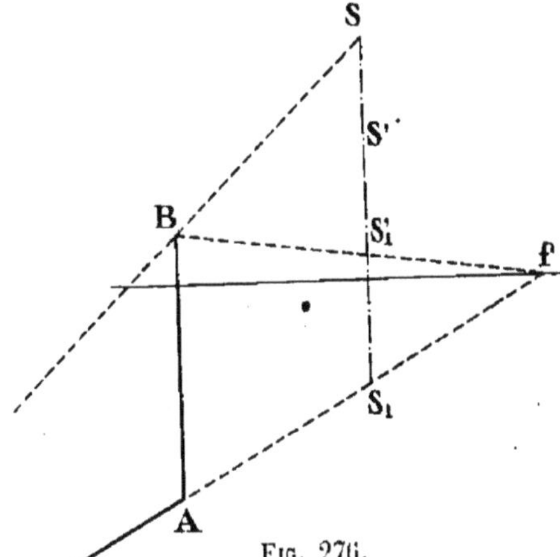

Fig. 276.

Dans l'épure de la figure, le point S est plus élevé que B, et l'on voit que c'est dans ce cas seulement que l'ombre est limitée.

**Ombre d'une verticale sur un plan horizontal.** — Soit la droite AB. On suppose le point lumineux devant le spectateur. L'ombre est limitée mais au delà du cadre de l'épure.

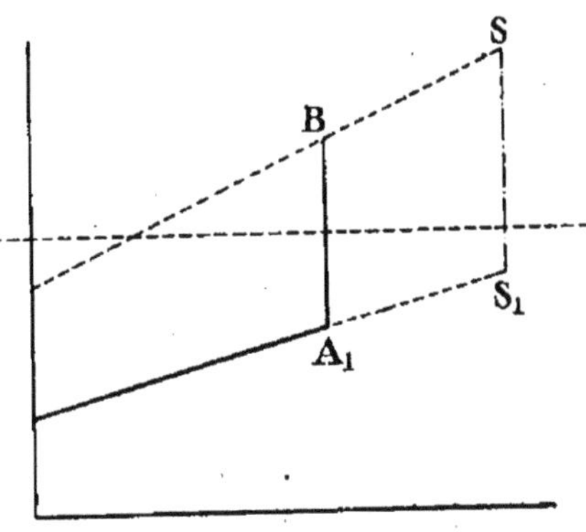

Fig. 277.

Le point lumineux est placé devant le spectateur entre le tableau et la droite.

Si le point lumineux est en S, l'ombre est limitée suivant $AB_1$ (*fig.* 278). Si le point est S′, l'ombre va jusqu'à la ligne d'horizon ; si c'est S″, le point de rencontre est au delà de la ligne d'horizon, mais on l'arrête à cette ligne.

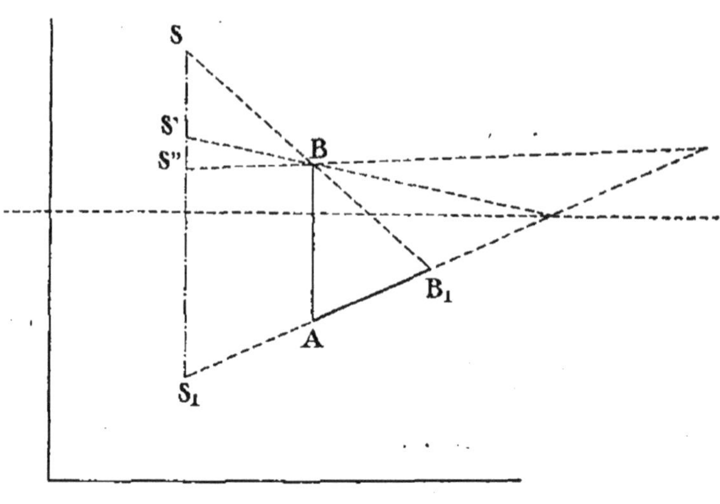


Fig. 278.

*Point lumineux derrière le spectateur.* — En perspective l'ombre est $AB_1$ (*fig.* 280).

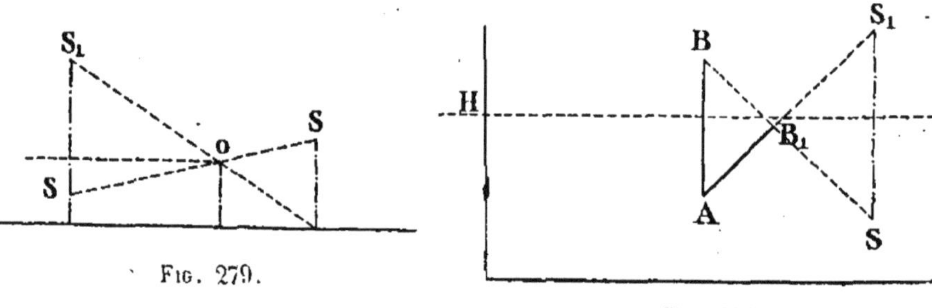


Fig. 279.

Fig. 280.

**Ombre d'une verticale sur un plan vertical.** — Le soleil est derrière le spectateur. Sa perspective est S, la perspective de sa projection $S_1$.

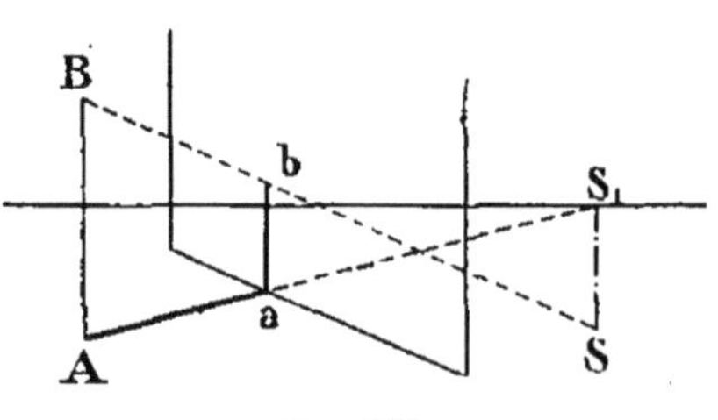


Fig. 281.

L'ombre est d'abord A*a*, puis se redresse en *ab* sur le plan vertical (*fig.* 281).

**Ombre d'un plan vertical sur un plan horizontal.** — Le point lumineux est devant le spectateur. Le plan vertical est ABCE. On joint les points A et B à $S_1$ et les points C et E à S; l'ombre est $ABE_1C_1$. La ligne $E_1C_1$ doit avoir même point de fuite que AB (*fig.* 282).

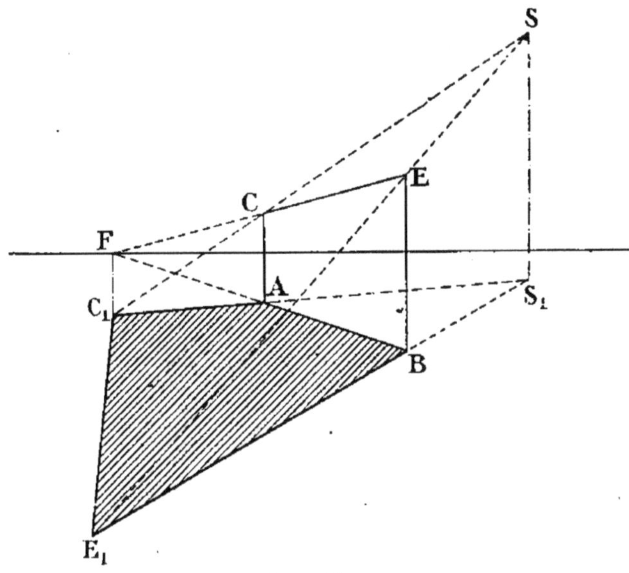


Fig. 282.

**Ombres d'horizontales sur un plan vertical. — 1° *Horizontales de front*.** Supposons un mur avec un avant-corps. Le

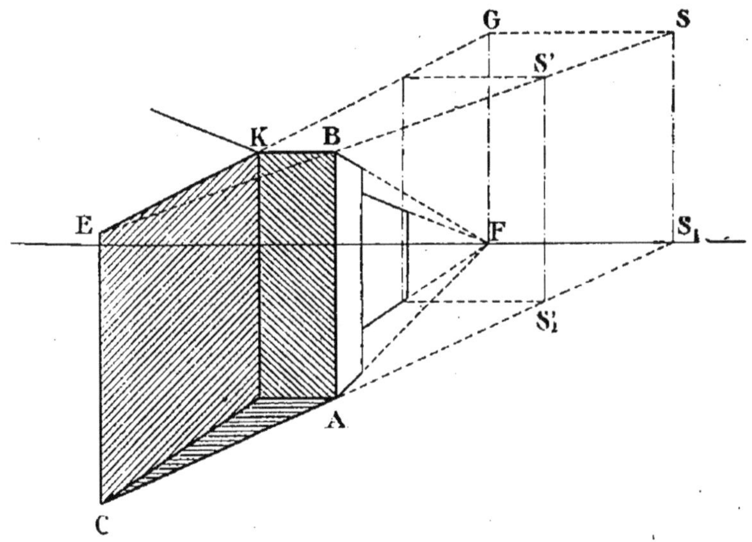


Fig. 283.

point lumineux est en S, sa projection en $S_1$. L'ombre portée par la verticale AB est AC sur le plan horizontal, et CE sur le plan vertical du mur ; KE est l'ombre de l'horizontale KB sur le mur vertical. Le point de fuite de cette dernière ligne est en G sur la verticale menée du point F.

L'ombre propre et l'ombre portée sont indiquées par des hachures (*fig.* 283).

2° *Horizontales quelconques.* — Le soleil est devant le spectateur en S. Sa projection est $S_1$ sur l'horizon.

Les tracés sont les mêmes que dans l'exemple précédent.

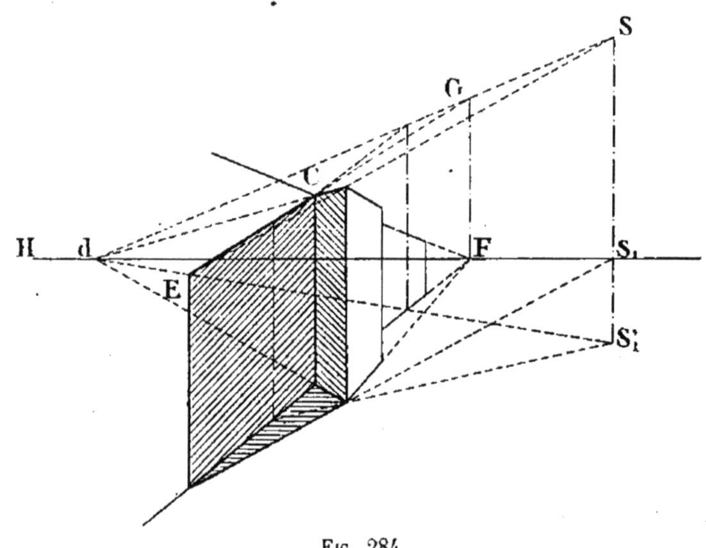


Fig. 284.

La ligne EC va au point G déterminé en joignant *d*S et élevant FG (*fig.* 284).

Le tracé en trait fin représente l'ombre pour un point $SS'_1$ qui serait un flambeau dont la projection serait $S'_1$.

**Ombre d'une droite inclinée sur un plan horizontal.** — Le soleil derrière le spectateur en $SS_1$ (*fig.* 285).

Soit la droite BE, le plan vertical qui la contient est ABEC. On joint A et C à $S_1$ et B et E à S, les points de rencontre donnent $B_1E_1$ qui est l'ombre de BE. Le point de fuite de $B_1E_1$ est en *f*, où FS rencontre la ligne d'horizon. On a donc deux manières de trouver l'ombre de BE : 1° en cherchant l'ombre directement comme on vient de le faire ; 2° en déterminant le point *f*.

Pour déterminer ce point *f*, comme il faut joindre FS, on

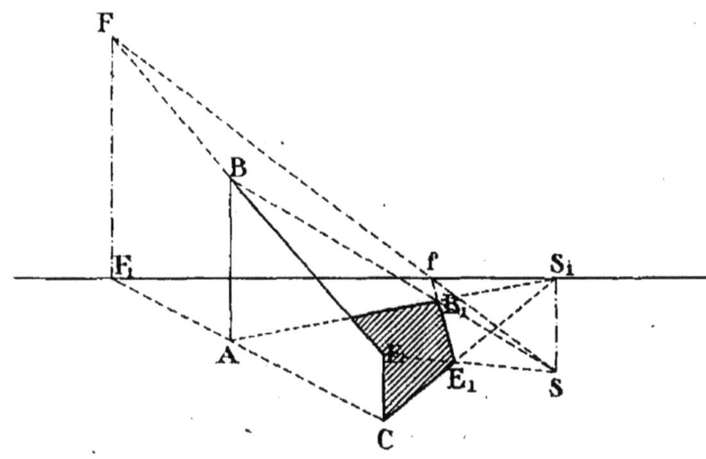


Fig. 285.

voit que **F** pourrait se trouver trop haut pour qu'on puisse joindre ; dans ce cas on a recours au tracé de la figure 286.

On coupe par une ligne $xy$ parallèle à HH' et on mène

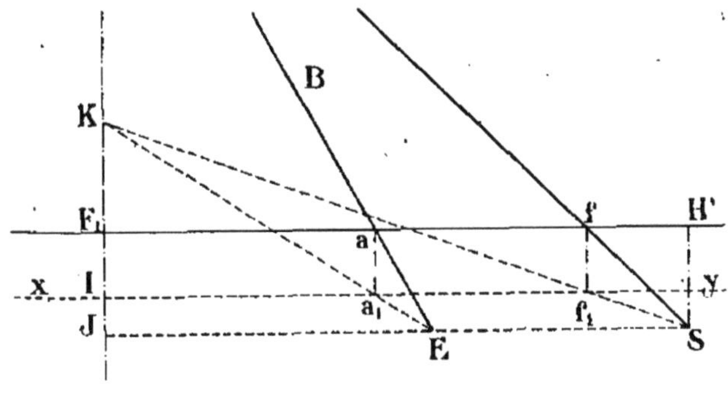


Fig. 286.

aussi une parallèle passant par le point S. On a la ligne BE qui est donnée, on projette $a$ en $a_1$, on mène $Ea_1$, jusqu'en K, on joint KS qui détermine $f_1$ sur $xy$. On relève par une verticale ce dernier point en $f$, la ligne S$f$ va au point F.

**Ombre d'une pyramide triangulaire sur un plan horizontal et sur un plan vertical.** — Le soleil est derrière le spectateur.

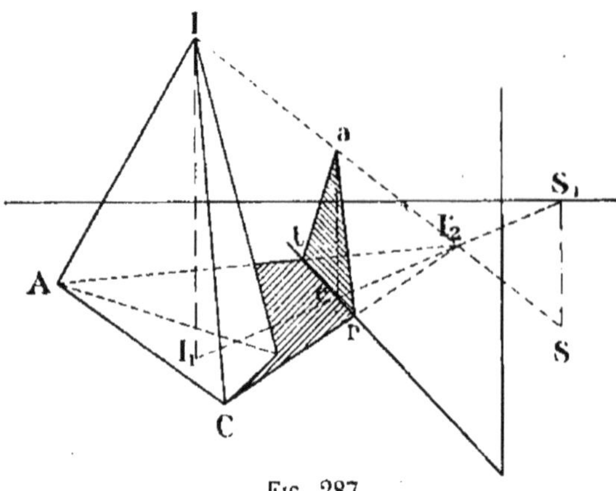


Fig. 287.

La perpendiculaire du sommet est $II_1$. Sur le plan horizontal on voit que l'ombre entière de la pyramide serait $ACI_2$, mais elle se relève aux points *t* et *r* et la verticale du sommet au point *c*.

On relève ce dernier point par une verticale jusqu'en *a*, l'ombre sur le plan vertical est *tar*.

*Ombre d'un cône de révolution sur un plan horizontal et sur un plan vertical. — Soleil derrière (fig. 288).*

Les tracés sont les mêmes que dans le cas précédent.

Il faut remarquer que dans ces deux derniers cas on n'a eu besoin ni du point de fuite ni du point de distance.

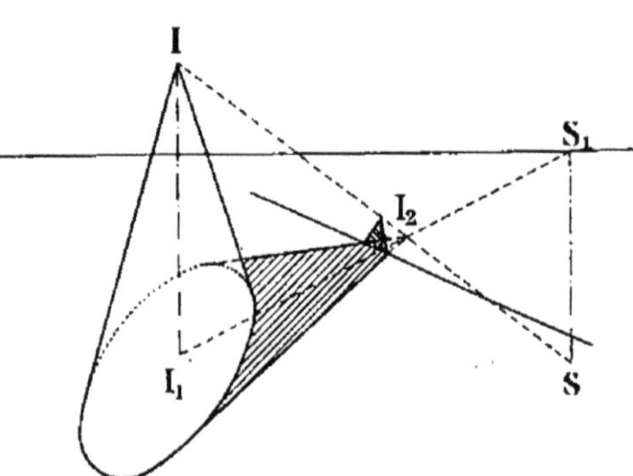


Fig. 288.

**Ombres sur des plans inclinés.** — Prisme quadrangulaire portant ombre sur une pyramide.

Les rayons sont supposés parallèles entre eux et parallèles au tableau, c'est-à-dire que le soleil est dans le plan de front du spectateur. On se donne donc la direction $RR_1$ des rayons.

Cherchons d'abord l'ombre des points ABC sur le plan horizontal comme si la pyramide n'existait pas; ces points viennent en A'B'C'. L'ombre de la pyramide sur le plan horizontal est $FGI_2$, elle se confond en K avec l'ombre du prisme. Cherchons maintenant l'ombre des points ABC sur le plan incliné EGI de la face de la pyramide. Pour cela menons la ligne $I_1R$ parallèle au rayon $R_1$, et passant par le pied $I_1$ de la perpendiculaire du sommet.

Cette ligne rencontre EG en R, on a donc deux points R et I contenus dans le plan de la face de la pyramide et parallèlement aux rayons lumineux.

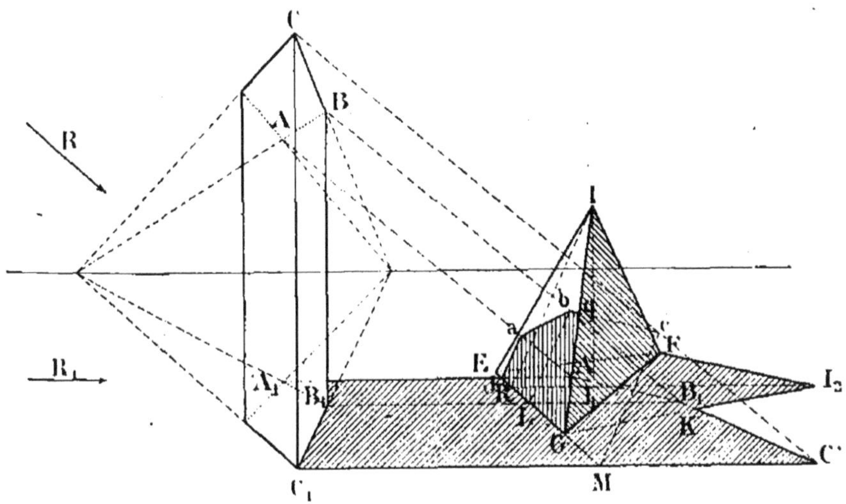


Fig. 289.

La ligne RI est la trace du plan vertical qui contient $RI_1$ sur la face de la pyramide.

Les points J, L et M où les horizontales des points $A_1$, $B_1$, $C_1$ rencontrent la trace EM, se relèvent parallèlement à cette trace RI. Le point $a$ de l'ombre sur la face de la pyramide est à l'intersection des lignes J$a$ et A$a$. Les autres points se déterminent de la même manière.

**Ombre d'un perron.** — La figure 290 est la perspective d'un perron dont le plan et l'élévation sont donnés par les figures 291 et 292. On ne dira rien de la perspective qui sera facilement établie.

On a supposé le soleil derrière le spectateur, de sorte qu'il vient en S et sa projection en $S_1$.

On cherchera l'ombre des points **A, B, C, D, E, sur** les différents plans des marches.

L'ombre de la ligne AB s'arrête en B, sur le plan de la deuxième marche. L'ombre de BC est $B_1C_1$ et est dirigée vers le point F.

On cherchera maintenant l'ombre de CD sur le plan des

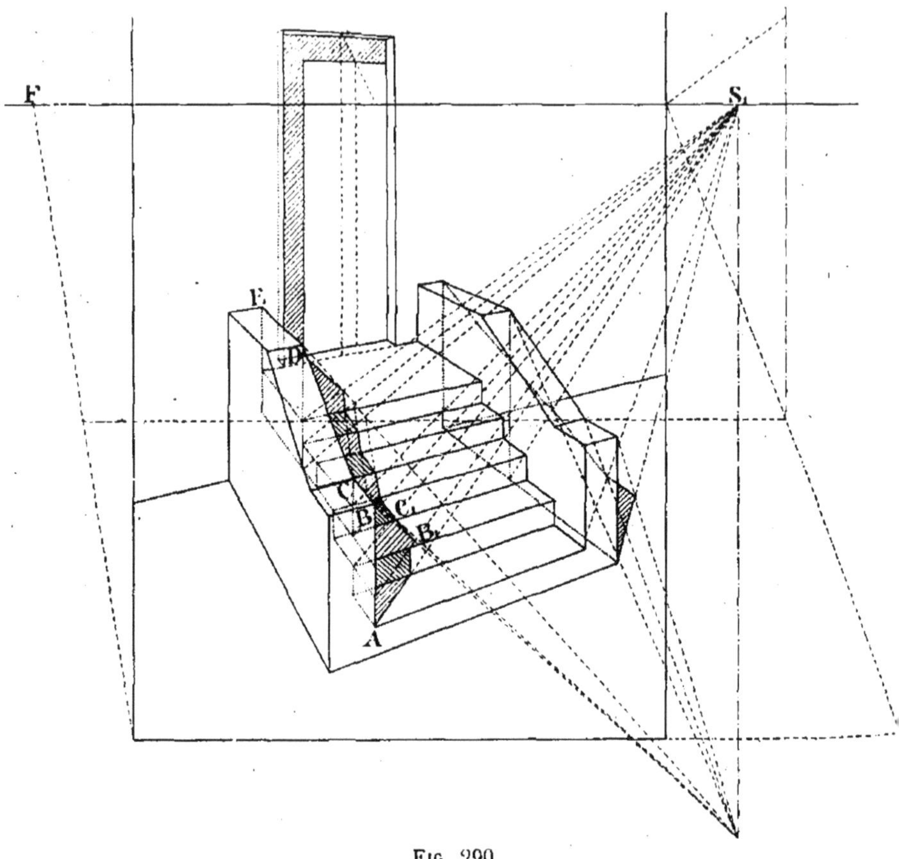


Fig. 290.

troisième, quatrième et cinquième marches en n'y traçant que la partie qui sera vue, et on joindra ces lignes aux arêtes des marches, ce qui déterminera l'ombre sur les contre-marches.

Les opérations sont indiquées clairement sur l'épure.

**Ombre portée par un flambeau dans un intérieur** (*fig.* 293). — Supposons la perspective de front, elle sera facile à tracer sans géométral.

Le flambeau étant donné en S, sa projection est $S_1$. On

tracera les projections du flambeau sur les faces des murs en $S_2$, $S_3$, $S_4$, $S_5$, $S_6$, $S_7$.

Le reste des constructions est indiqué suffisamment sur l'épure.

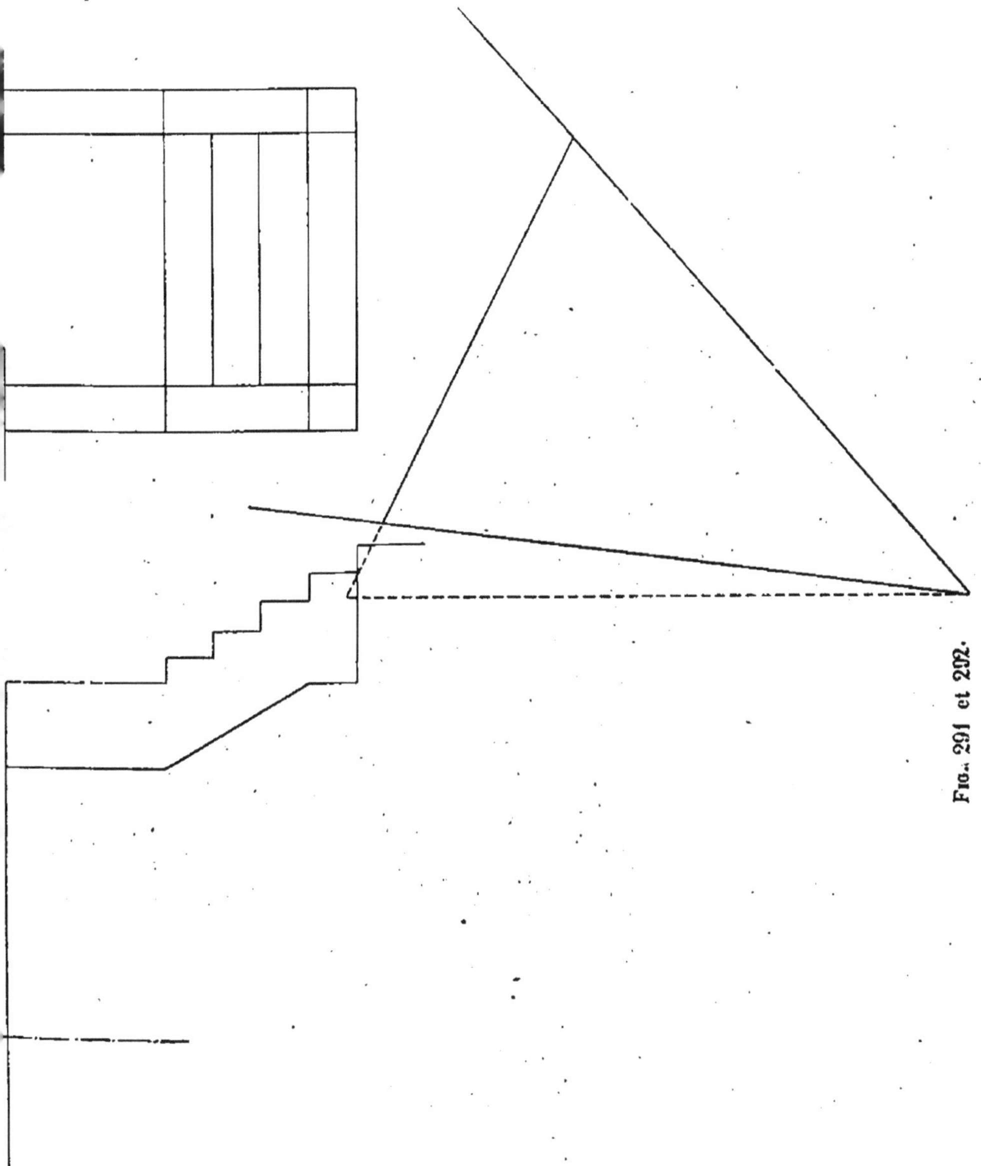

Fig. 291 et 292.

**Ombres dans les berceaux.** — Berceau perpendiculaire au tableau avec tête de front (*fig.* 294, 295 et 296).

1° *Le soleil est devant le spectateur en* $SS_1$. — L'ombre de

Fig. 203.

l'arête AB est $Acb$. — $Ac$ est sur le plan horizontal et $cb$ sur le plan vertical.

Pour tracer l'ombre de la courbe sur le parement vertical, cherchons l'ombre d'un point de cette courbe G par exemple, il se projette en $G_1$ joignons $G_1$ à $S_1$ et G à S; le point $g$ est l'ombre cherchée. On obtiendrait d'autres points de la même manière.

Pour obtenir la tangente au point de l'ombre $g$, menons la tangente en G jusqu'à l'arête IZ la tangente cherchée est $Zg$ (*fig.* 294).

Il reste à chercher l'ombre de la courbe de tête sur l'intrados à partir des naissances.

Cette ombre est une courbe qui est l'intersection de deux cylindres : l'un est le cylindre d'intrados; l'autre le cylindre formé par les rayons lumineux dont le point de fuite est en S.

On tracera donc MN parallèle à PS, on joindra M à S et N à P; le point d'intersection de ces deux lignes $m$ est un

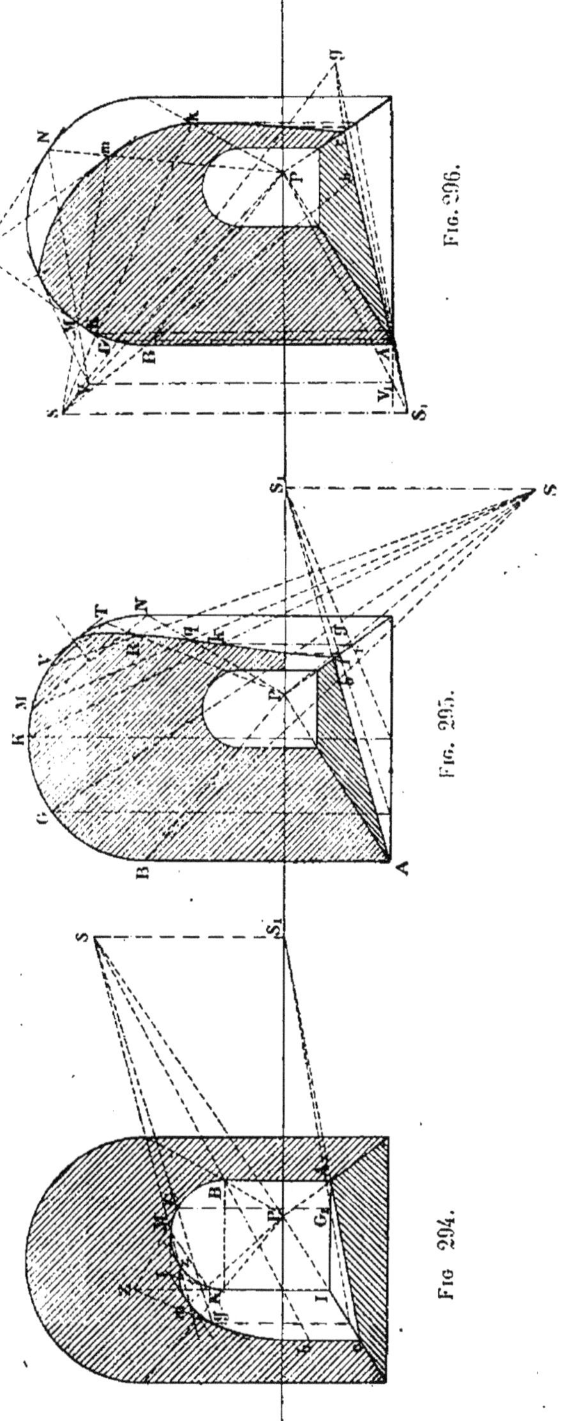

Fig. 294.

Fig. 295.

Fig. 296.

point de la courbe. On aurait autant de points qu'on voudrait en menant des plans analogues à MN parallèle à SP.

La courbe devra aboutir en Z, déterminé par la tangente à la courbe du berceau parallèlement à SP. La tangente au point *m* passe par le point *t*, intersection des tangentes aux points M et N.

2° Même disposition, mais en changeant la direction des rayons lumineux (*fig*. 295).

Le soleil est derrière le spectateur en $SS_1$.

Les constructions sont les mêmes.

L'ombre du point B vient en *b*, l'ombre de l'arête verticale AB est par conséquent A*b*. Cherchons l'ombre de la courbe de tête sur le plan horizontal. Un point G de cette courbe vient en *g*, on a donc la portion de courbe *bf*, qui s'arrête au piédroit en *f*, et qui se relève sur ce piédroit.

Prenons un autre point K qui se relève en *r* et vient en *k*. On a ainsi l'ombre de la courbe, sur le piédroit jusqu'aux naissances en prenant un nombre suffisant de points.

Pour tracer l'ombre de la courbe de tête sur l'intrados faisons comme précédemment (c'est toujours l'intersection de deux cylindres). Prenons un plan MN parallèle à SP, joignons M à S et N à P; on a un point Q de la courbe d'ombre; on en aurait un autre R à l'aide du plan VT, et ainsi autant qu'il serait nécessaire.

3° Supposons maintenant un flambeau situé entre le plan de front du spectateur et le plan de tête, soit $SS_1$.

L'ombre de B est *b*. Un point G de la courbe vient en *g*; on a la courbe *bg* sur le plan horizontal; elle s'arrête en *i*. Un autre point K donne un point *k* sur le piédroit.

Pour l'ombre sur l'intrados on a l'intersection d'un cylindre, le berceau, et d'un cône (les rayons lumineux partant du point S).

Faisons passer par le sommet du cône une droite parallèle aux génératrices du cylindre, c'est SP; sa projection est $S_1P$. Cette droite rencontre le plan de tête en V et $V_1$; menons du point V une ligne MN quelconque, joignons S à M, N à P; le point d'intersection *m* de ces deux lignes est un point de la courbe d'ombre. Le tracé de la tangente en *m* se voit facilement sur l'épure (*fig*. 296).

4° *Cylindre oblique au tableau.* — Le flambeau est entre le le plan de front du spectateur et le plan de tête en $SS_1$.

L'ombre de $cL$ est $cil$. Joignant S et $S_1$ à $f$, on détermine $g$ et $g_1$ sur le plan du mur du berceau. On mène ensuite du point $g$ une droite quelconque MN, puis on joint M à S, N à $f$;

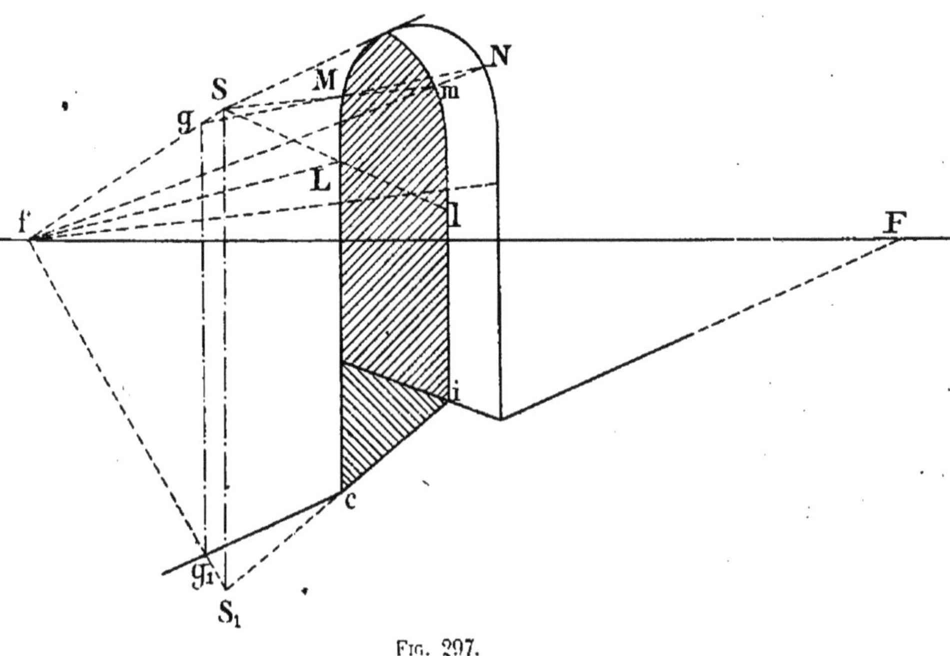


Fig. 297.

le point d'intersection $m$ est un point de la courbe d'ombre (*fig.* 297).

5° *Ombre d'une droite sur l'intrados d'un berceau.* — Le flambeau est situé entre le plan de front du spectateur et le plan de tête (*fig.* 298).

Soit la droite AB. Joignons $S_1A$, on a l'ombre sur le plan horizontal; cette ombre se relève en $q$ sur la paroi verticale du mur jusqu'aux naissances. A partir de là c'est une courbe. Pour la déterminer traçons un certain nombre de lignes dans le plan horizontal allant à P. Relevons les points 1, 2, 3, 4, 5 sur la courbe de tête en 1', 2', 3', 4', 5' (la construction est indiquée seulement pour deux points 1', 2'); joignons ces points à P et aux points d'intersection de la ligne $5q$, relevons par des verticales jusqu'à l'intersection des lignes 1'P, 2'P, on obtient ainsi autant de points de la courbe.

Si ces lignes se coupaient trop obliquement, on aurait

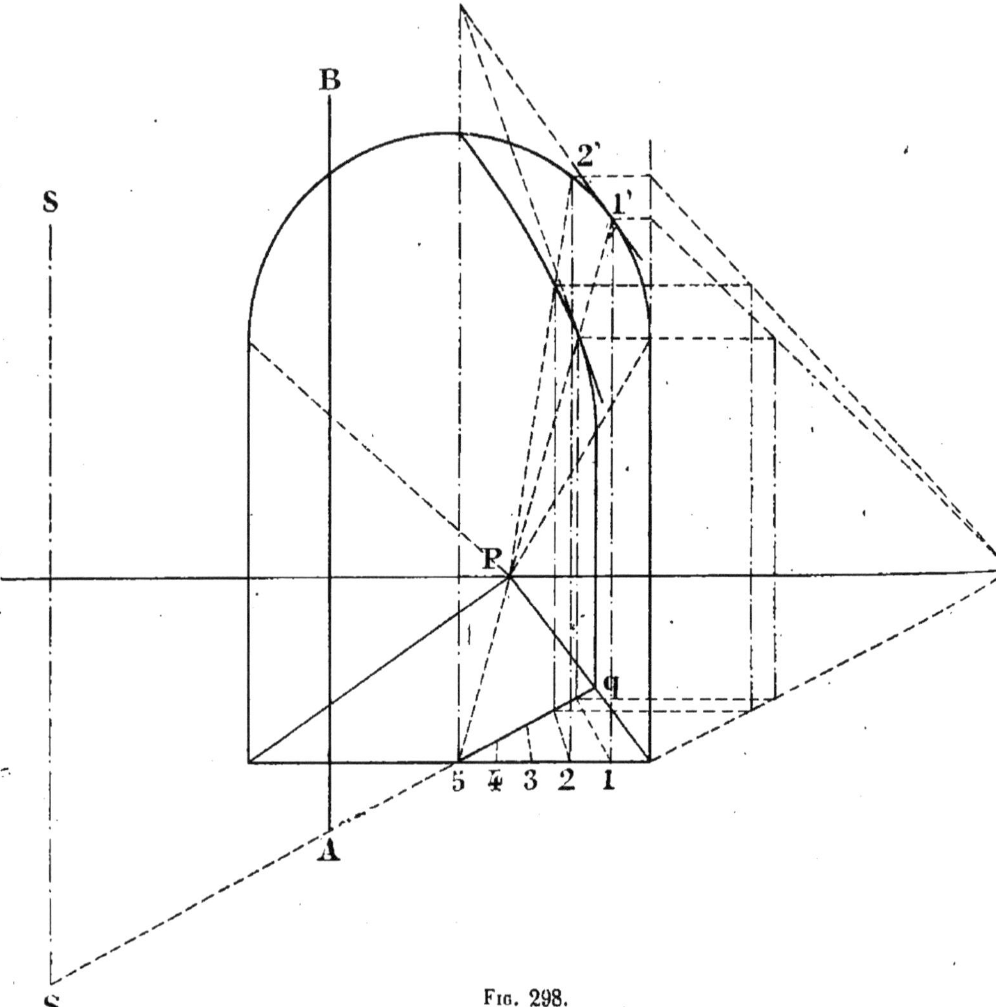


Fig. 298.

recours à la construction représentée à droite de la figure, en joignant à un point quelconque de la ligne d'horizon; construction qui a déjà été indiquée pour les voûtes d'arêtes de front.

**Ombre d'un cylindre horizontal sur le plan horizontal.** — Le soleil est devant le spectateur en $SS_1$.

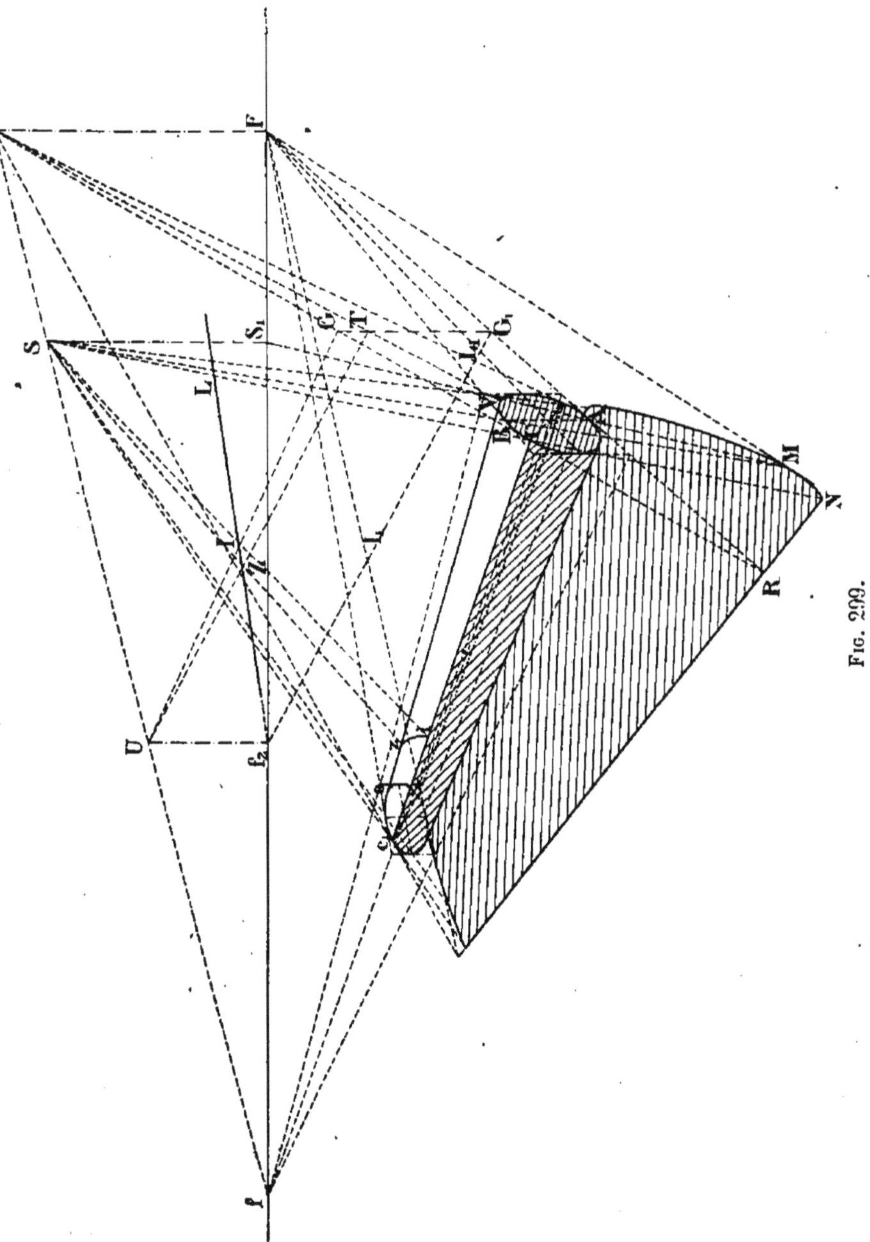

Fig. 229.

Traçons le cylindre en perspective à l'aide des points F et *f*. La trace verticale du plan d'ombre tangent au cylindre passe par le point $f$ et par le point S; c'est donc $f$K. La ligne FK est la trace verticale du plan des bases du cylindre; menant donc du point K une tangente à l'ellipse, on aura la ligne C$c_1$ qui détermine la séparation d'ombre et de lumière. Il y a une autre ligne séparative symétrique de celle-ci, qui est indiquée en ponctué.

La trace horizontale du plan tangent a un point en R et va

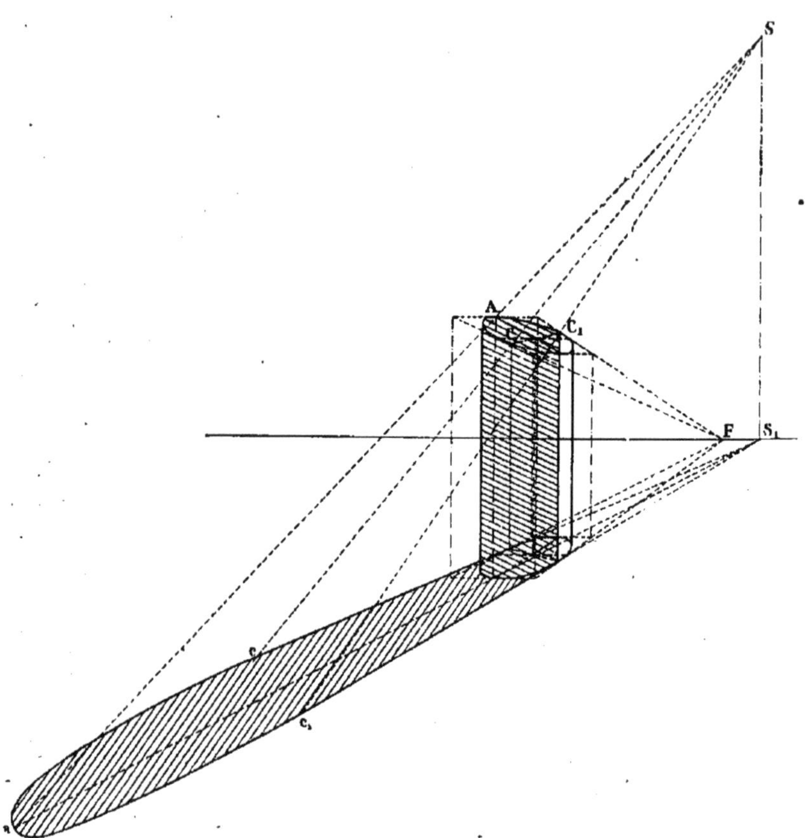


Fig. 300.

au point $f$. On a ainsi la limite de l'ombre portée. Pour avoir la courbe de l'ombre portée par les bases, cherchons l'ombre de la ligne idéale AB; l'ombre du point B est en M et la courbe commence au point N déterminé par la ligne CS. On peut donc tracer cette courbe.

Cherchons sur le cylindre l'ombre portée par une ligne inclinée IL. Cette ligne et sa projection $I_1L_1$ vont en $f_2$. La ligne $I_1L_1$ rencontre le plan vertical de la base du cylindre en $G_1$ et la verticale rencontre le plan tangent en G ; d'un autre côté la trace du plan vertical, qui contient $I_1L_1$ est $f_2U$ ; donc la ligne UG est située dans le plan tangent. Cette ligne UG rencontre la ligne donnée IL en un point I, menant SI, on a l'ombre de ce point en $i$ sur la ligne de séparation d'ombre et de lumière. Cherchons un second point. La ligne $G_1G$ rencontre le plan qui contient l'arête V en un point T et la ligne TZ rencontre IL en Z ; donc l'ombre du point Z est en z sur l'arête V et l'ombre de la droite sur le cylindre est $iz$.

**Ombre d'un cylindre vertical sur un plan horizontal** (*fig.* 300). — Le soleil est supposé devant le spectateur en $SS_1$. Traçons la perspective du cylindre à l'aide du point F. La trace du plan d'ombre tangent au cylindre est $SS_1$ ; on peut donc tracer immédiatement du point $S_1$ l'ombre du cylindre sur le plan horizontal et les points de tangence à l'ellipse donnent en même temps les lignes de séparation d'ombre et de lumière.

Pour avoir l'ombre de la courbe, cherchons l'ombre du point A par exemple, qui vient en $a$. On en pourrait chercher d'autres. La courbe commence en $c$, $c_1$ ombres des points C, $C_1$.

## PERSPECTIVE DES OBJETS PAR RÉFLEXION

**Réflexion dans l'eau.** — L'œil étant placé en $o$ et la nappe d'eau étant BQ, soit à déterminer l'image du point A.

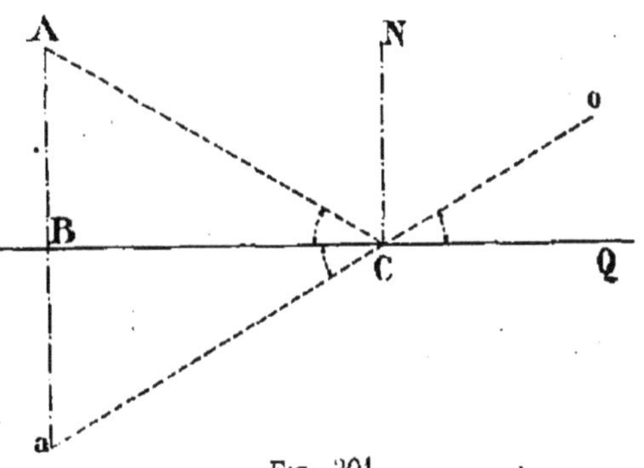


Fig. 301.

L'angle d'incidence étant égal à l'angle de réflexion, on voit que l'image du point A ira en $a$, déterminée symétriquement par rapport au plan BQ.

**Ponceau.** — On voit qu'il suffit de dessiner au-dessous de $xy$ une figure symétrique de la tête du ponceau et au-dessous de $x'y'$ une figure symétrique également de l'escalier. Les constructions sont faciles, il n'y a pas lieu d'insister.

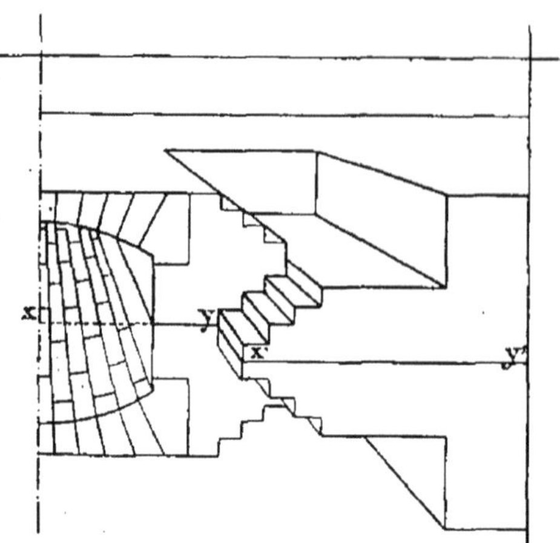


Fig. 302.

On a vu (*fig.* 301) que l'image était symétrique par rapport au plan d'eau. Or, il est toujours bon de savoir quelle est la hauteur de ce plan. Si donc on a une pièce d'eau représentée en perspective par une ellipse et une ligne $M_1M$ prise sur le sol, la symétrie existera, non par rapport au sol, mais par rapport au plan d'eau.

Construisons l'échelle des hauteurs $cZ$ ; et supposons que la hauteur du plan d'eau au-dessous du sol soit $cc'$, on por-

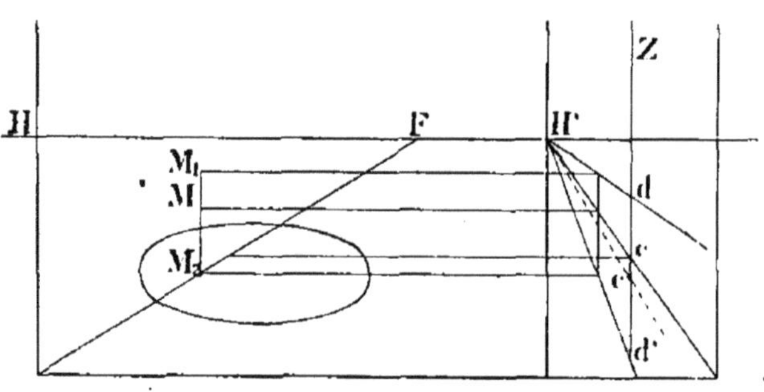


Fig. 303.

tera cette hauteur au-dessous de $c$, et c'est à partir de $c'$ qu'il faudra porter les hauteurs $c'd$ et $c'd'$ de la ligne $MM_1$. On obtiendra ainsi le point $M_1$ et son image $M_2$.

**Miroirs verticaux.** — L'image d'une verticale est verticale. Une horizontale et son image sont dans un même plan horizontal.

Prenons la glace perpendiculaire au tableau. Pour avoir

l'image de la porte il suffit de porter symétriquement par rapport au point O les points 1 et 2 en 1' et 2'. Les frises du

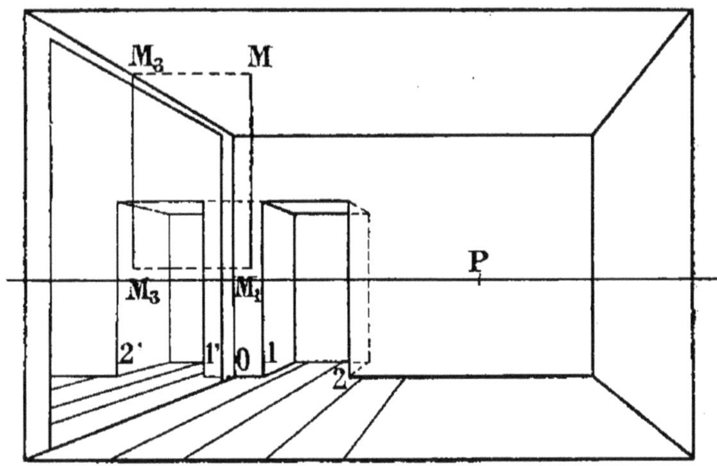


Fig. 304.

parquet, dans la chambre, comme dans la glace vont au point P et si on a une ligne $MM_1$ comme la suspension d'un lustre, elle vient en $M_2M_3$ dans la glace.

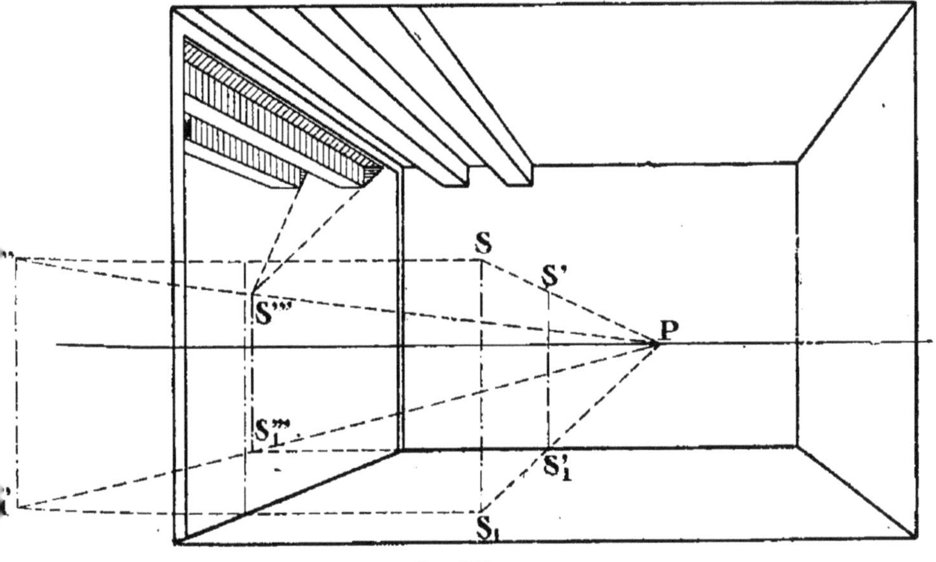


Fig. 305.

**Ombres portées dans les glaces.** — On peut employer deux procédés pour déterminer l'ombre des solives de la figure 305.

1° Tracer l'ombre sur les solives d'abord et les répéter dans la glace ;

2° Considérer l'image de la flamme et celle des solives.

Le flambeau est $SS_1$. Sur le plan du fond il se projette en $S'S'_1$.

On pourrait, à l'aide de ce point, déterminer l'ombre directement sur les solives. Mais si l'on reporte $SS_1$ symétriquement en $S''S''_1$ on pourra à l'aide des points $S'''S'''_1$ déterminer les ombres dans la glace.

**Miroir de front.** — Menons l'horizontale $AA_2$ par le point A et par le point de distance *f*, la ligne *fm* déterminera $A_1$.

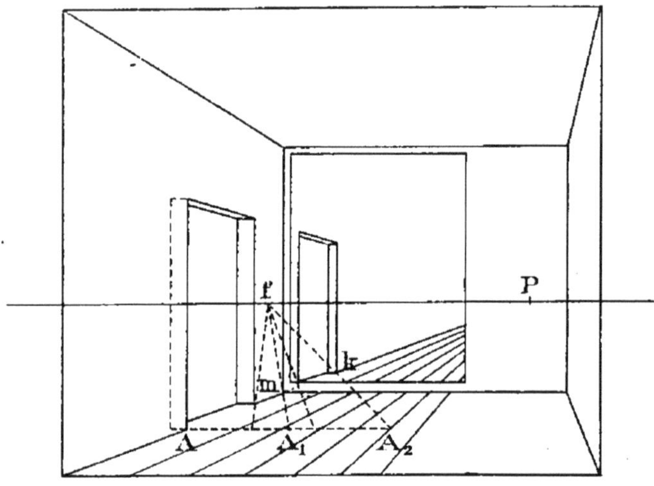


FIG. 306.

On prendra $A_1A_2 = AA_1$ ; joignant le point $A_2$ à *f*, on aura déterminé le point *k* symétrique de A. Les autres points se détermineront de la même manière.

**Glace verticale quelconque.** — Supposons la rencontre de deux murs à angle droit et les deux points de fuite de ces murs F et *f* (*fig.* 307). On tracera l'horizontale de front $AA_2$. On prendra $A_1A_2 = AA_1$ ; on joindra $A_2$ à *f*, ce qui déterminera le point *m* symétrique de A, et ainsi des autres points.

**Miroir perpendiculaire au tableau et incliné sur l'horizon.** — On prolonge la ligne MN jusqu'en *x*, et on ramène *xy*, parallèle aux côtés de la glace. Cette dernière ligne rencontre

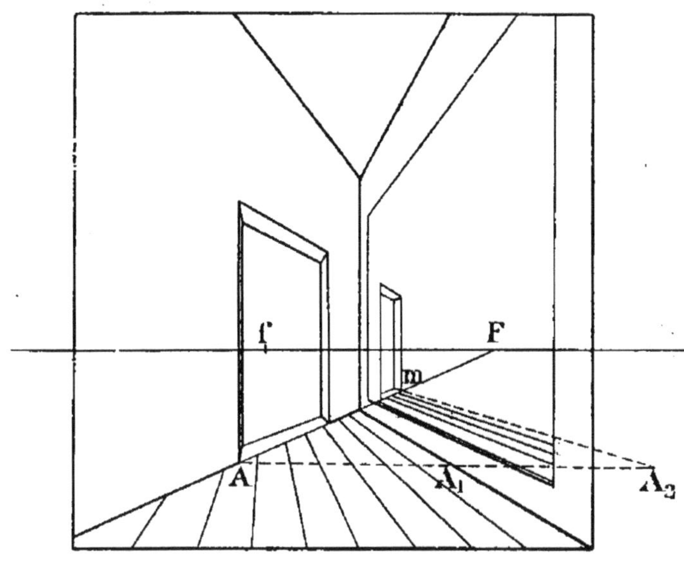


Fig. 307.

Di en *i*. On fera l'angle D'*iy* = D*iy* et on portera sur *i*D' les

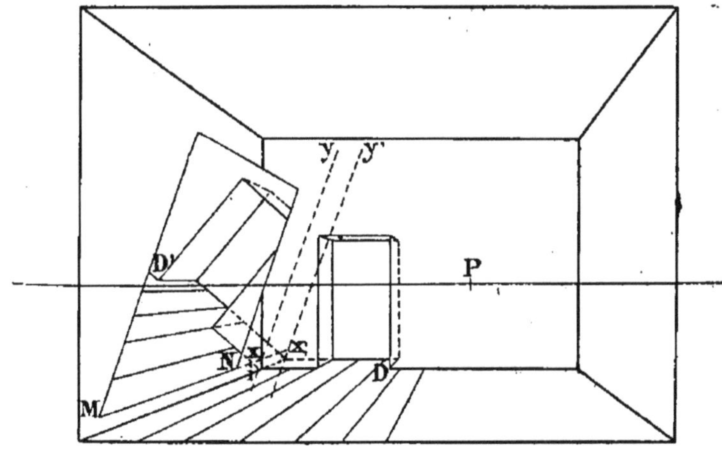


Fig. 308.

longueurs qui sont sur *i*D. On déterminera ainsi les points dans la glace.

On procédera de même par rapport à $x'y'$ pour l'autre côté du mur dans lequel est pratiquée la porte. Les frises du parquet vont en P dans la perspective et dans l'image.

**Miroir incliné dont les horizontales sont de front.** — Supposons le miroir incliné à 45° (*fig.* 309). On portera au-dessus et au-dessous de P une longueur égale à *o*P, ce qui détermi-

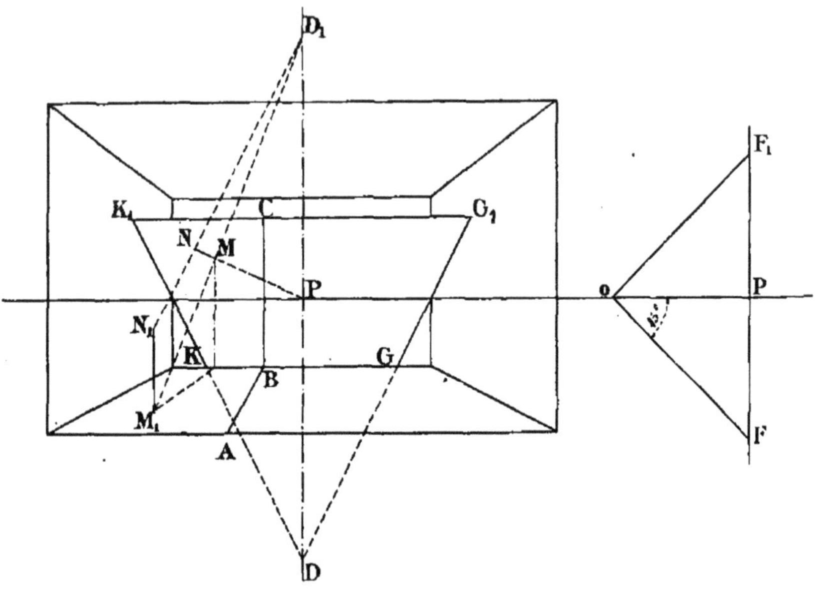


Fig. 309 et 310.

nera les points D et $D_1$. Les lignes $KK_1$ et $GG_1$, vont en D. Une verticale $M_1N_1$ vient en MN et va au point de fuite P. Une autre ligne AB figurant une frise de parquet se redresse verticalement en BC.

**Difficultés que présente la perspective des lointains.** — Dans le cas des objets éloignés, si l'on faisait la perspective d'après le géométral comme on l'a vu, cette perspective étant très près de la ligne d'horizon, il en résulterait de la confusion dans les lignes.

On emploie pour résoudre cette question un procédé particulier. On a déjà indiqué une méthode qui consiste à abaisser le géométral, mais si les objets sont très éloignés, l'emploi de cette méthode conduirait à donner trop de développement à l'abaissement.

Le procédé particulier en question consiste donc, dans le but d'éviter ce développement, à abaisser le géométral pour les objets éloignés seulement.

Soit donc le solide MNRS que l'on supposera très éloigné du tableau *ab* (*fig.* 311 et 312).

Portons 5 fois *ab* en AB et prenons une première ligne d'horizon HH' à une hauteur quelconque, mais suffisante pour tracer les premiers plans qui pourraient se trouver devant MNRS. L'échelle de fuite est AF, l'échelle des largeurs *ax*, l'échelle des hauteurs *cZ*.

Traçons devant MNRS la ligne $a_1b_1$; prenons la longueur $ff_1$ et portons-la de A en $f_2$; joignons au point de distance *d*; on détermine ainsi le point G et la ligne $A_1B_1$, au-dessus de laquelle on porte la ligne d'horizon $H_1H'_1$ quelconque, mais convenable pour donner du développement.

La nouvelle échelle de fuite devient alors $GF_1$, la ligne H'K devient $H'_1I$, l'échelle des largeurs *ax* devient $a_1x_1$ et passe par $c_1$.

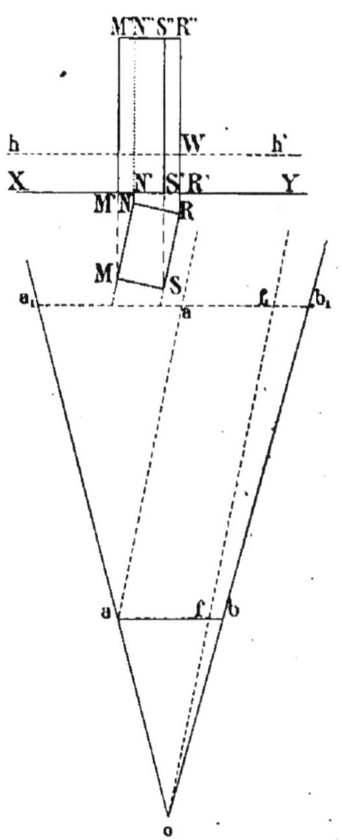

Fig. 311.

Traçons maintenant la perspective $M_1N_1R_1S_1$. Prenons les longueurs VL au-dessous et VT au-dessus de l'horizon prises sur la figure 311. Conduisons les points $M_1N_1R_1S_1$ sur la ligne $H'_1I$ et relevons sur l'échelle les hauteurs $H'_1T$ qui viennent d'être déterminées. — Aux points d'intersection de ces lignes menons des horizontales jusqu'aux verticales des points $M_1N_1R_1S_1$ et la perspective sera construite.

Le bord du tableau serait égal à 5 fois la hauteur R'W (*fig.* 311) portée au-dessous de $H_1$ en O.

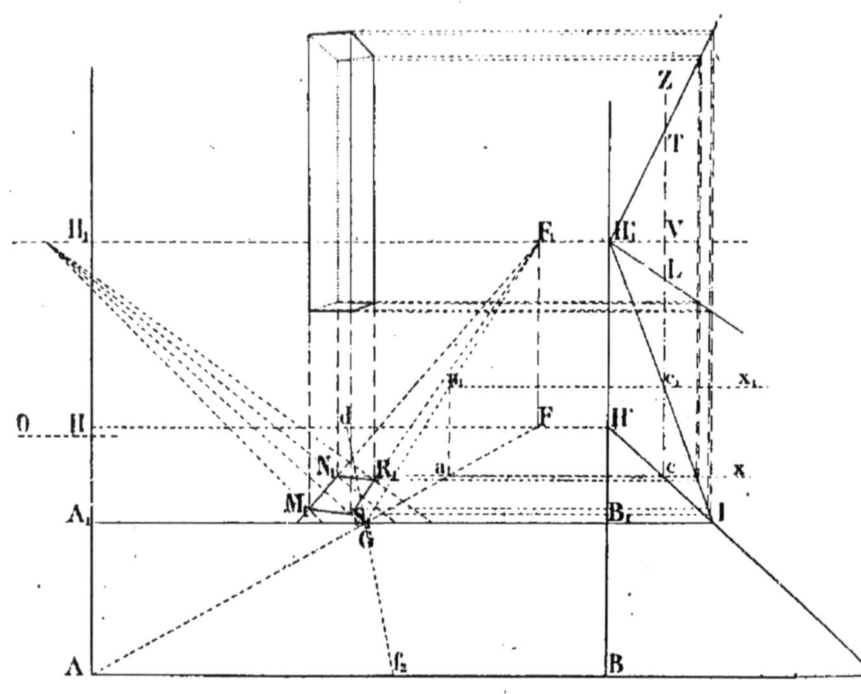


Fig. 312.

## PERSPECTIVE DES MOULURES

**Moulures horizontales.** — Soit à mettre en perspective une corniche d'angle représentée en projections par la figure 313, et dont le profil est donné, en détail et à plus grande échelle, sur la figure 314.

On commencera par inscrire le profil donné dans le rectangle ou solide capable qui constitue la *masse d'épannelage* de la corniche, puis on mettra en perspective par les méthodes ordinaires, et sans se préoccuper des moulures, les éléments de la figure 313; on obtiendra ainsi la figure 315.

On remarquera alors que la corniche étant *de retournement*, les arêtes des moulures se rencontrent dans un plan bissecteur

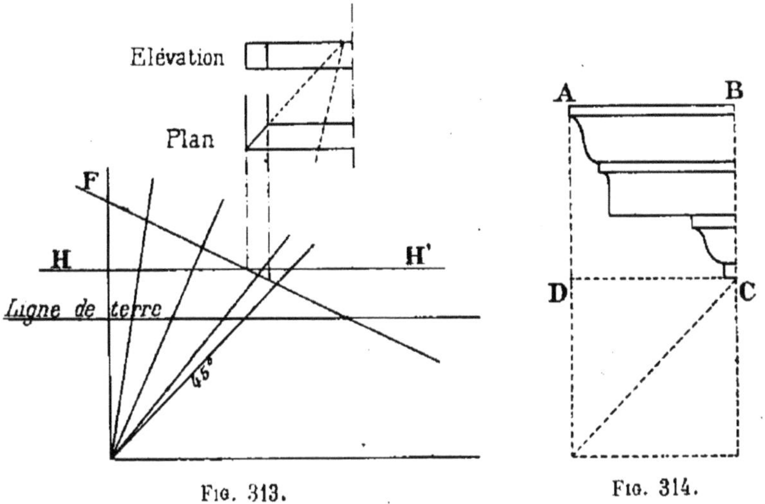


Fig. 313. Fig. 314.

de l'angle droit, c'est-à-dire à 45°. On obtiendra facilement

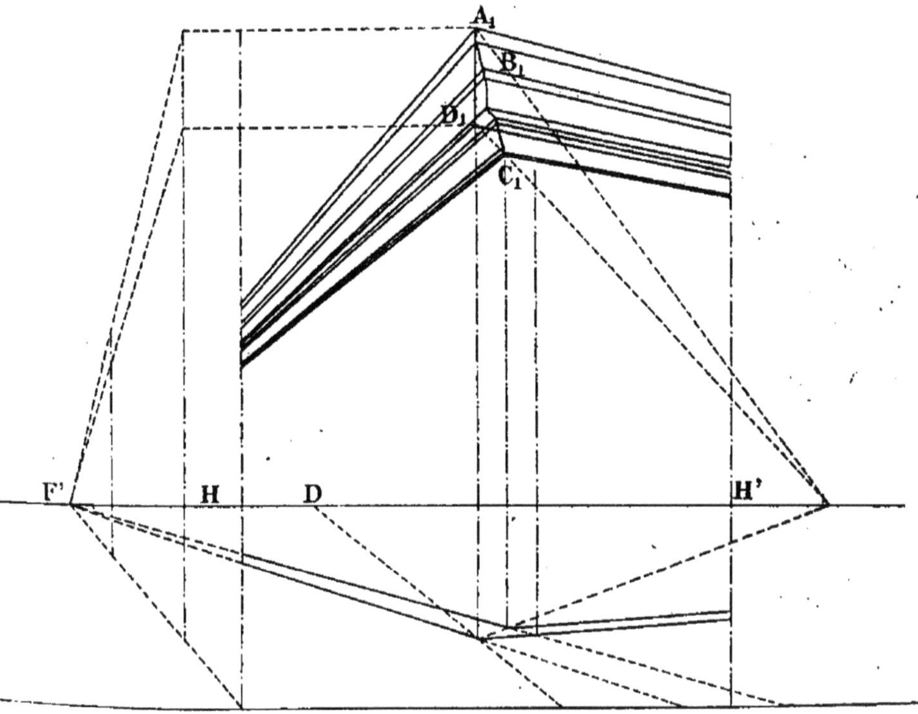


Fig. 315.

la perspective de ce plan en cherchant le point de fuite des lignes à 45° (*fig.* 313). On obtient ainsi la perspective du rectangle $A_1B_1C_1D_1$ représentée à plus grande échelle par la figure 316. Si maintenant on prolonge, en abscisses et ordonnées, les arêtes des moulures sur les côtés du rectangle circonscrit, et si on reporte sur le rectangle en perspective des divisions proportionnelles, on obtiendra en perspective un réseau de ligne qui permettra de tracer exactement le profil donné.

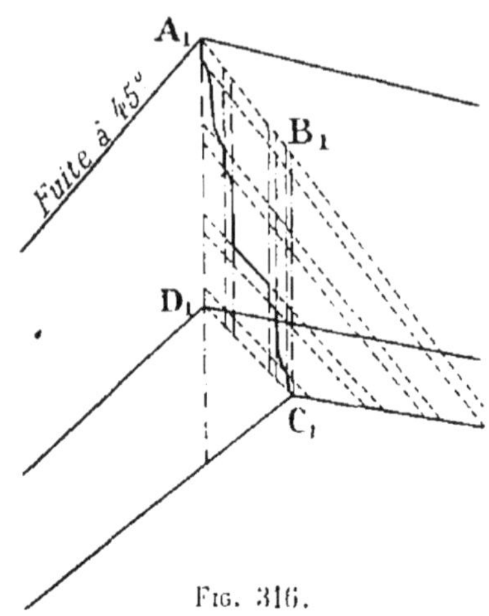


Fig. 316.

Par toutes les arêtes de ce profil il suffira alors de mener des lignes allant de part et d'autre aux points de fuite convenables, et on aura ainsi déterminé la perspective de la corniche donnée.

On a dit qu'il fallait reporter, sur le rectangle à 45° en perspective, des divisions proportionnelles à celles obtenues sur la figure 315. Ceci est vrai pour la verticale $A_1D_1$, mais ne l'est pas pour la ligne $D_1C_1$, qui devrait être divisée *perspectivement*. En réalité, dans la pratique, les surfaces sont assez petites pour qu'avec un peu d'habileté on puisse faire à l'œil les corrections nécessaires.

**Vue de front d'un soubassement.** — On déterminera d'abord la perspective des lignes principales de la figure en négligeant les moulures, puis, on remarquera que si, dans un corps de moulures, on fait une section par un plan de front, ces moulures sont coupées suivant un profil normal $\alpha\beta\gamma\varepsilon\delta\lambda$ que l'on peut tracer facilement, connaissant le profil géométral de la moulure. On fera alors passer, par tous les sommets, des droites allant au point principal de fuite P. Il faut arrêter ces droites aux profils d'angles C*Bcb*, E*Lcl*.

Pour cela on projette les différents sommets du profil sur $\alpha\lambda$ et, des points de division, on mène des droites allant à P et jusqu'à AB. Il faut maintenant par les points déterminés sur cette ligne AB mener des droites vers le point de distance qui est dans ce cas le point de fuite des lignes à 45°.

Pour ne pas surcharger l'épure, prenons sur la verticale

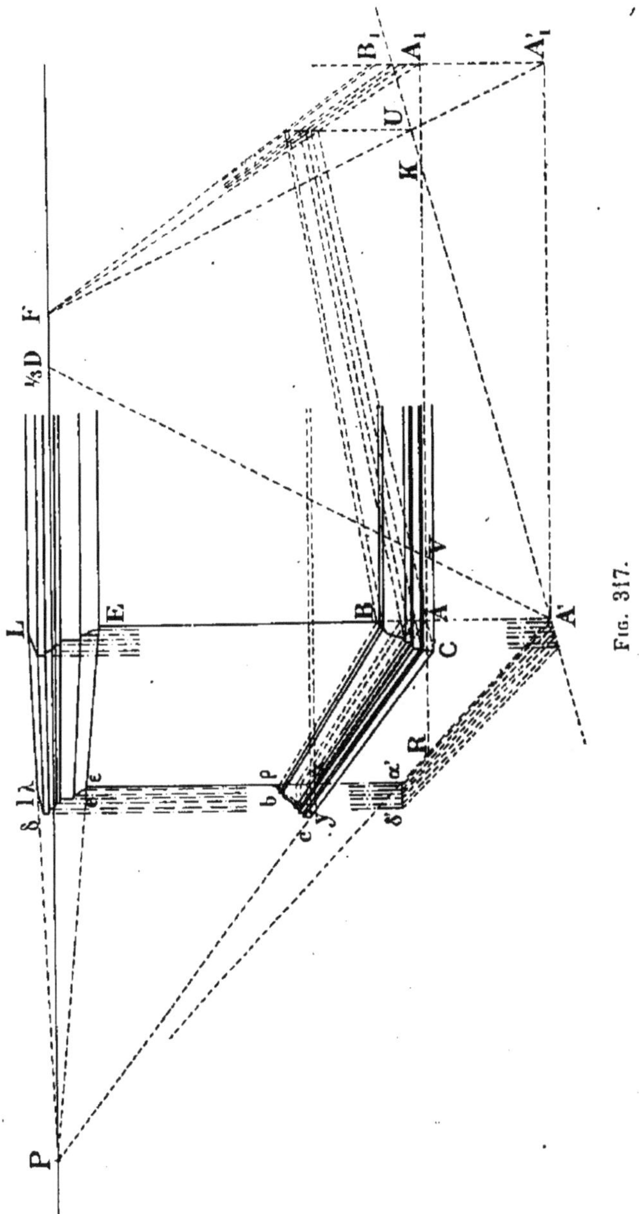


Fig. 317.

du point A un point A' et traçons A'P et A' $\frac{1}{3}$ D. Par le point A menons l'horizontale de front $AA_1$ et prenons sur cette ligne VK double de VR; la ligne A'K est dirigée vers le point de distance. Transportons la verticale A'AB dans son plan de front en $A'_1A_1B_1$, et joignons les points de divisions de cette ligne à un point F quelconque de la ligne d'horizon. Elevons la verticale en U, cette ligne détermine dans les convergentes de $A_1B_1$ des points qui appartiennent aux droites cherchées. — Il n'y a plus qu'à joindre à AB en ayant soin de prolonger ces lignes jusqu'à ce qu'elles rencontrent les lignes menées précédemment par les arêtes du profil normal.

Pour la corniche projetons le profil $\varepsilon\delta$ en $\alpha'\delta'$; joignons à P; les intersections avec UA' donnent les projections des différents sommets des profils d'angle. — Il n'y a plus qu'à relever ces points.

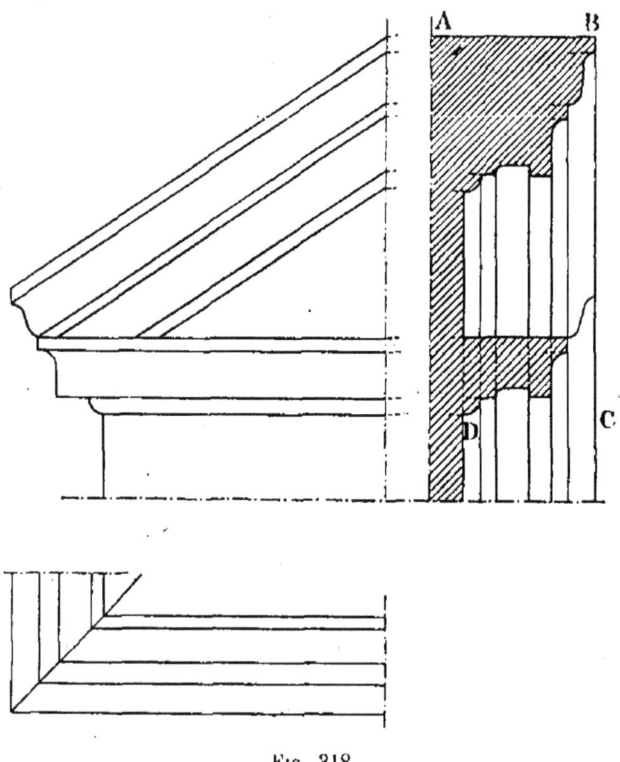


Fig. 318.

**Moulures inclinées. — Frontons triangulaires.** — Soit à mettre en perspective le fronton triangulaire représenté en coupe et en élévation par la figure 318.

On remarquera d'abord que le fronton est formé d'une

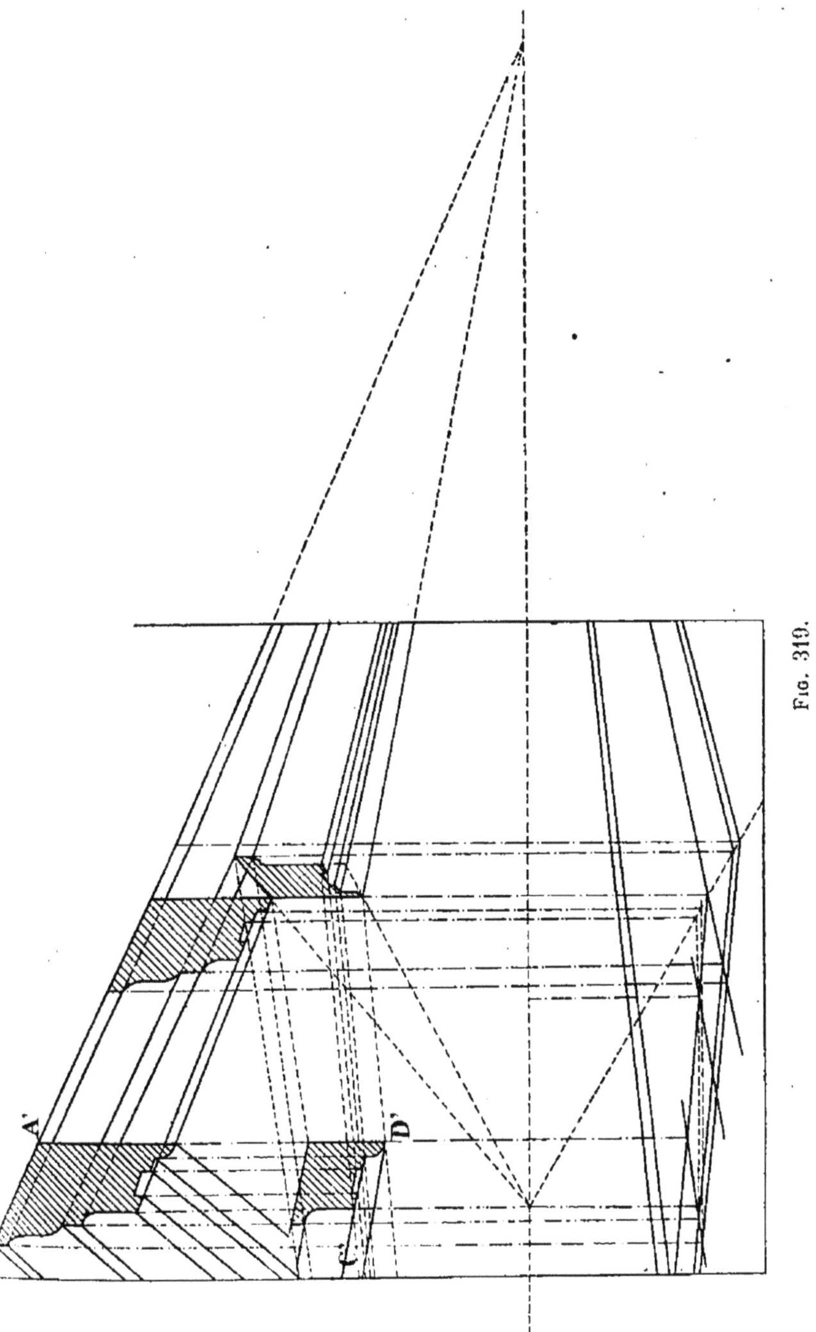

Fig. 319.

corniche horizontale, qui se continue sur le *rampant* avec le même profil.

La coupe verticale faite dans l'axe du fronton donne le rectangle ABCD, qui contient le profil suivant lequel les 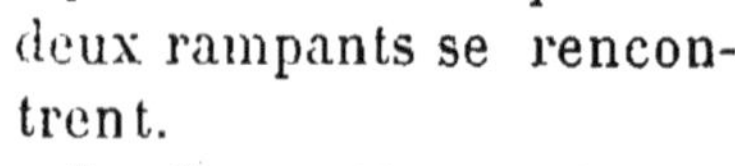 deux rampants se rencontrent.

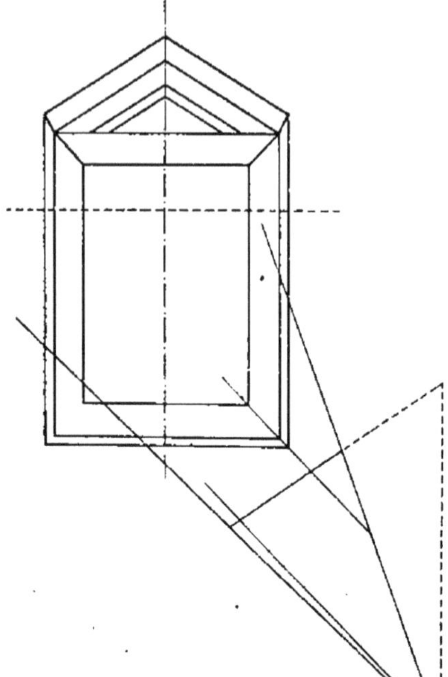

Fig. 320.

La figure 320 représente les données de la mise en perspective à l'aide desquelles on a obtenu la figure 319, en ne déterminant d'abord que les arêtes d'épannelages.

On obtiendra ensuite la perspective du rectangle A'B'C'D'. Ce profil sera facilement tracé, si l'on a reporté en perspective les abscisses et les ordonnées qui déterminent chaque arête, ainsi qu'il a été expliqué précédemment. Un deuxième profil parallèle au premier et obtenu d'une façon analogue permettra de tracer les arêtes du rampant.

Enfin un profil d'angle dirigé à 45° déterminera avec le premier profil les arêtes de la plinthe horizontale.

## PLAFONDS

**Perspective des plafonds.** — Il y a deux écoles pour la perspective des plafonds : l'école de Raphaël et l'école de Jules Romain. L'école de Raphaël considère les plafonds comme des tableaux verticaux sans tenir compte de la position horizontale. La perspective est faite comme s'il s'agissait d'un tableau vertical.

L'école de Jules Romain considère les plafonds comme des tableaux horizontaux dont la perspective est faite pour un spectateur qui les regarderait d'en bas.

Ce sont ces principes qui sont généralement appliqués et qui vont être étudiés.

Soit à représenter en perspective un plafond composé de poutres horizontales.

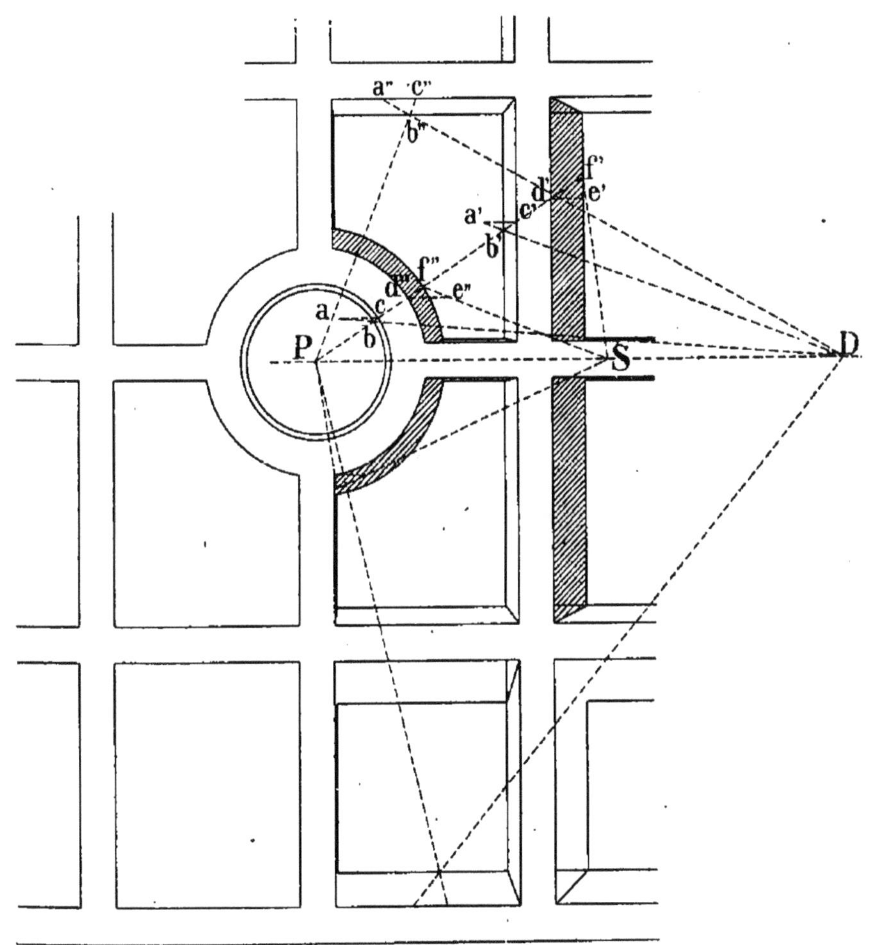


Fig. 321.

On suppose le spectateur en P au centre de la rosace. Il y aura sur la ligne PD un point de distance D tel que la distance PD sera égale à celle de l'œil du spectateur au plafond.

On prendra sur la rosace un point *c*, on mènera le rayon P*c* et on prendra sur une horizontale du point *c* une longueur *ca*, égale à la profondeur de la rosace; on joindra *a* à D, ce qui déterminera un point *b* par lequel on décrira un cercle du point P. Ce cercle sera la perspective de la rosace. On opèrera de même en *a'b'c'*, en *a''*, *b''*, *c''* pour la perspective des poutres.

Pour les ombres portées qui se trouveront naturellement à l'opposé de la perspective des poutres, on supposera un point lumineux placé sur la verticale du point P qui aura un point de distance correspondant en S.

La construction est la même que ci-dessus. On prendra *d' e* égale à la hauteur de la poutre, on joindra *e'* à S, ce qui déterminera sur le rayon P un point *f'* qui donnera la limite de l'ombre de la poutre en menant par ce point une parallèle à cette dernière.

On fera la même construction en *d''e''f''*.

Ce genre de perspective de plafond est ce qu'on appelle un *trompe-l'œil*.

**Plafond représentant des berceaux en voûtes d'arêtes.** — Les plafonds sont essentiellement des tableaux *de front*. On peut donc les tracer de suite sans géométral; néanmoins la construction est plus méthodique avec le géométral. L'épure qui va être faite est directe.

Le point de vue P supposé au-dessus du spectateur peut être pris d'une façon quelconque dans le plafond. On prendra comme ligne d'horizon une droite passant par P. Toutes les verticales vont en P.

Traçons en 1, 2, 3, 4, 5, 6, 7, 8, 9, 10, 11, 12 la section droite du pilier et traçons d'abord la ligne de l'angle rentrant 11, de façon qu'elle passe par l'angle du plafond. Ce n'est pas absolument nécessaire, mais on le fait généralement ainsi, c'est d'un meilleur effet que si cette ligne aboutissait à côté de l'angle.

Traçons toutes les verticales qui partent de ces sommets et qui vont en P. Il faut limiter la hauteur de ces verticales.

Pour cela on prendra la moitié de la hauteur que l'on veut donner aux piliers et on la portera de A en $x$; on joindra à $\frac{1}{2}$ D, ce qui déterminera le point B qui limite la verticale AP.

Les autres verticales sont faciles à déterminer par des lignes parallèles à celles de la section droite du pilier. Les points ainsi déterminés seront les naissances des voûtes.

Pour déterminer le point le plus élevé C de la courbe qui commence en B, on prendra la moitié de $AA_1$ qu'on portera de $A_1$ en $A_2$. On joindra ce dernier point à $\frac{1}{2}$ D, et on déterminera ainsi un point $c$ sur la droite AP. Par une horizontale on ramène le point $c$ en C qui est le sommet de la courbe. On peut alors faire passer une courbe par ces points.

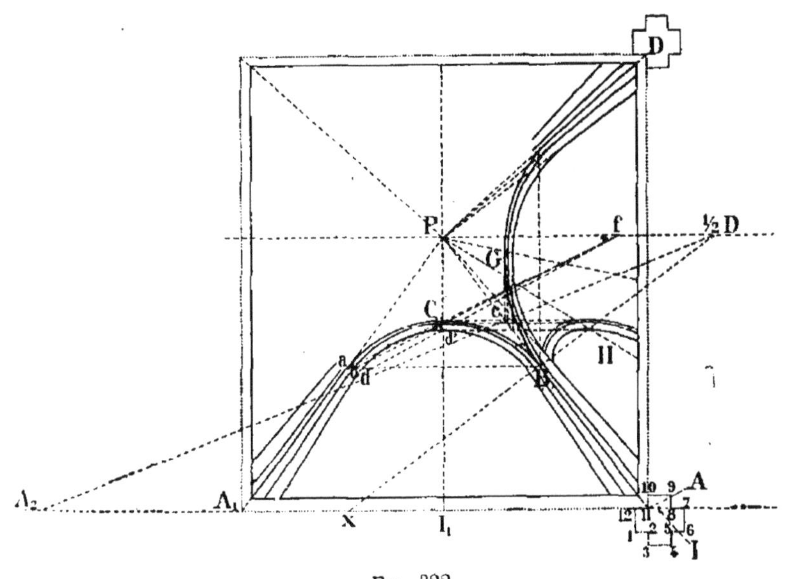


Fig. 322.

On pourrait opérer de même pour les autres courbes, mais il est plus simple de les déduire de celle que l'on vient de tracer.

On joint $a$ C qui détermine un point $f$ sur la ligne d'horizon et on joint les points $b$ et $d$ naissances des courbes à ce point $f$, on a en $b'd'$ sur la ligne PC les points les plus hauts de ces deux courbes. On voit qu'on peut retourner ces points par des perpendiculaires de manière à les obtenir sur la ligne PG tracée par le milieu de AD. On obtiendrait la voûte H en portant une distance $II_1$ à droite de l'axe du pilier et menant une droite au point P.

On voit que toutes les constructions sont symétriques et qu'il suffit d'en déterminer une pour obtenir facilement les autres.

Si l'on opère avec un géométral les figures sont renversées. On établit l'angle optique sur l'élévation.

## RESTITUTIONS PERSPECTIVES

La restitution perspective consiste à reconstituer géométralement les lignes représentées en perspective sur un tableau.

*C'est le problème inverse de la perspective.* Il peut être divisé en trois parties : la recherche de la *ligne d'horizon*, du *point de fuite* et du *point de distance.*

La recherche de la ligne d'horizon est généralement facile.

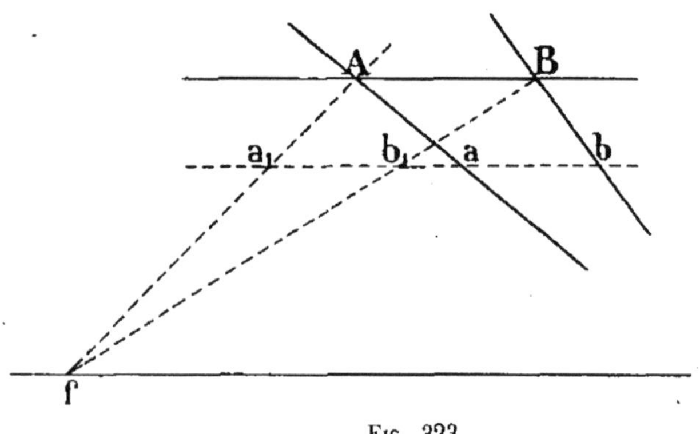


Fig. 323.

Il suffit le plus souvent de continuer deux lignes horizontales parallèles qui doivent se rencontrer sur la ligne d'horizon.

Si ces lignes ne se rencontrent pas dans les limites de l'épure, on prendra sur une ligne quelconque la longueur *ab*, qu'on portera en $a_1 b_1$, et on joindra à A et B, leur point de rencontre *f* sera sur la ligne d'horizon.

**Autre moyen pour obtenir la ligne d'horizon.** — Si on a sur une ligne horizontale deux longueurs AB, BC en perspective, égales en géométral, on portera en A*b*,*bc* deux longueurs quelconques, mais égales entr'elles, on joindra $bB$, $cC$; le point de rencontre de ces deux lignes est placé sur la ligne d'horizon.

Cette construction s'appliquerait également si la ligne était divisée en deux parties qui soient entr'elles dans un certain rapport par exemple 2 à 1.

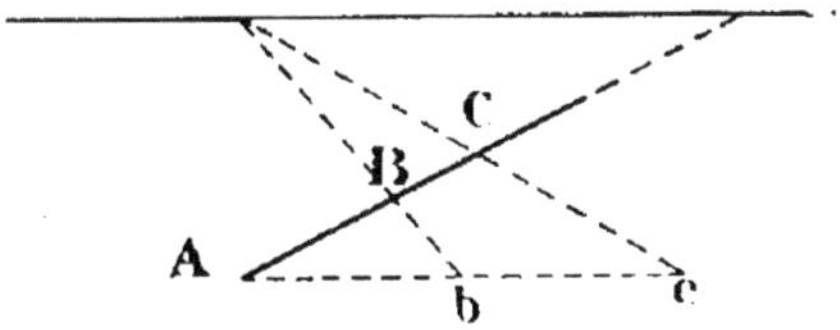

Fig. 324.

On prendrait sur $Ac$ trois parties égales, et on joindrait de même $Bb$, $Cc$. L'intersection de ces deux lignes serait située sur la ligne d'horizon.

Enfin, si on a des distances égales, mais non consécutives, il suffit de diviser la ligne $ad$ dans le rapport des divisions de la ligne AD, rapport qui alors doit être donné. On n'a plus qu'à joindre pour obtenir un point de la ligne d'horizon.

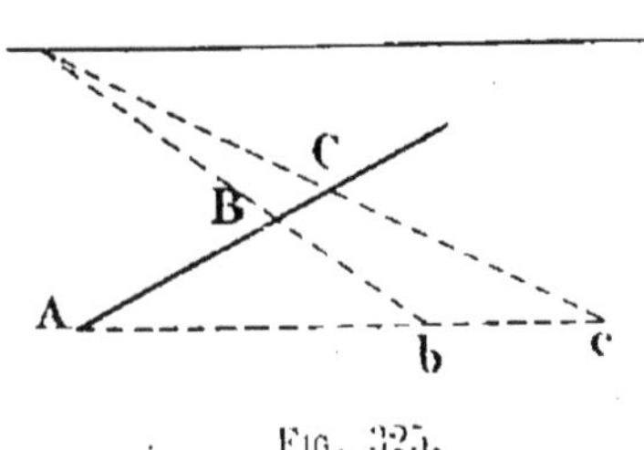

Fig. 325.

La position de la ligne d'horizon est facilement déterminée quand on a un tableau qui comporte des lignes géométriques, comme des lignes d'architecture, mais il n'en est pas de même dans certains paysages où cette ligne est indéterminée. Il faut alors la déterminer à l'œil.

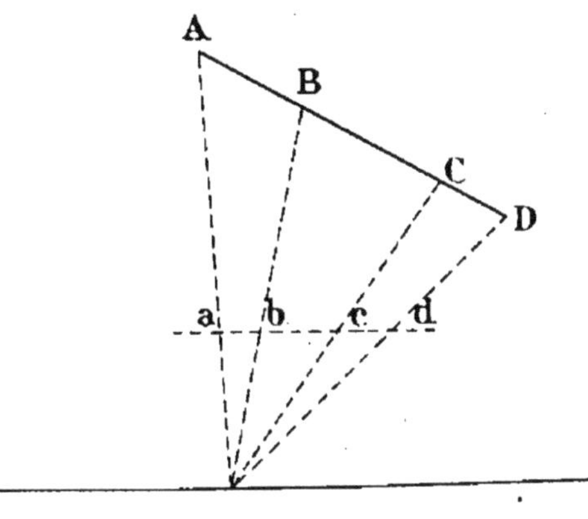

Fig. 326.

**Détermination du point principal de fuite et du point de distance.** — Le point principal de fuite est souvent au milieu du tableau. Cette règle n'est pourtant pas générale. On emploie alors le procédé suivant :

On peut placer le point principal de fuite et le point de distance sur la ligne d'horizon, quand on connaît les véritables

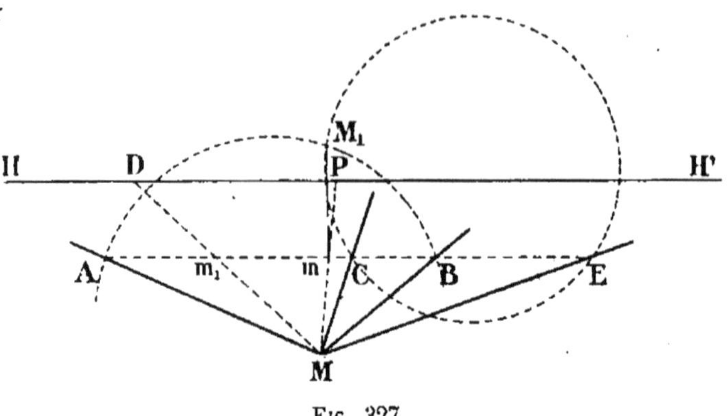

Fig. 327.

grandeurs de deux angles AMB et CME formés par des horizontales et ayant leur sommet en un même point M. On prend

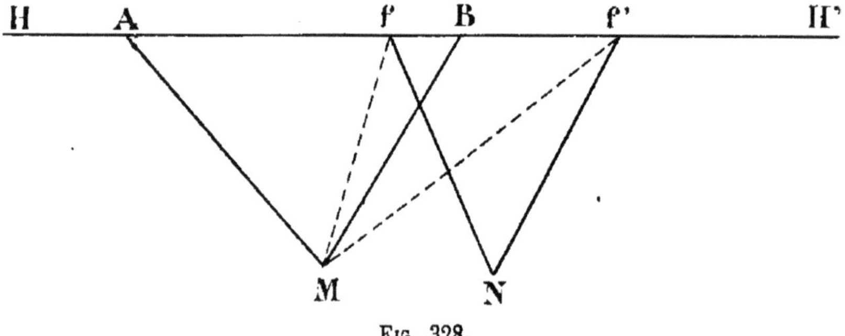

Fig. 328.

une ligne AE parallèle à l'horizon et qui coupe les côtés des angles. Sur AB on décrit le segment capable de l'angle AMB et sur CE le segment capable de l'angle CME (*fig.* 327). Ces deux cercles se coupent en un point $M_1$, qui dans le rabattement vient en $m$; la ligne $Mm$ détermine le point P sur la ligne d'horizon. Pour avoir le point de distance, on prendra $mM_1$

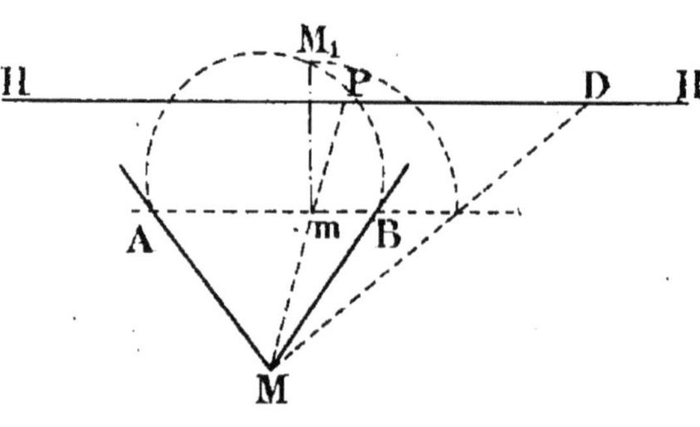

Fig. 329.

que l'on portera de $m$ en $m_1$ la ligne $Mm_1$ détermine le point de distance D (*fig.* 327).

Les cercles de ces segments capables peuvent se rencontrer en deux points. Il y a alors deux solutions. S'ils ne se rencontrent pas, il y a impossibilité.

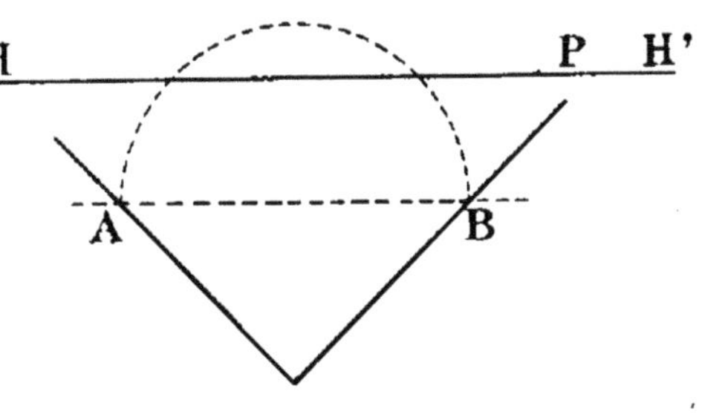


Fig. 330.

Il peut arriver que les deux angles n'aient pas le même sommet.

Soient les angles AMB et $fNf'$ (*fig.* 328). Joignons le point M aux points $f$ et $f'$. Les lignes $Mf'$ et $Nf'$ sont parallèles dans l'espace à $Nf'$, puisqu'elles ont même point de fuite. Il en est de même de $Mf$ et $Nf$. L'angle en N est donc transporté au point M. On retombe dans le cas examiné ci-dessus.

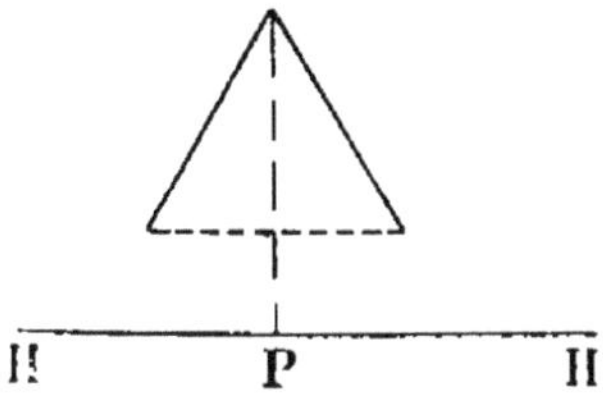

Fig. 331.

Avec un seul angle la question n'est pas complètement déterminée.

On décrit bien toujours le segment capable sur AB, mais on prend *arbitrairement* le point P *au milieu* du tableau; on mène PM qui détermine $m$; on prend $mM_1$ que l'on porte sur le prolongement de $Am$, ce qui permet de déterminer le point D (*fig.* 329).

Si l'angle est droit (*fig.* 330), un des côtés de l'angle ira au point P et le cercle, dans ce cas, étant décrit sur AB comme diamètre on voit que la distance sera *arbitraire*.

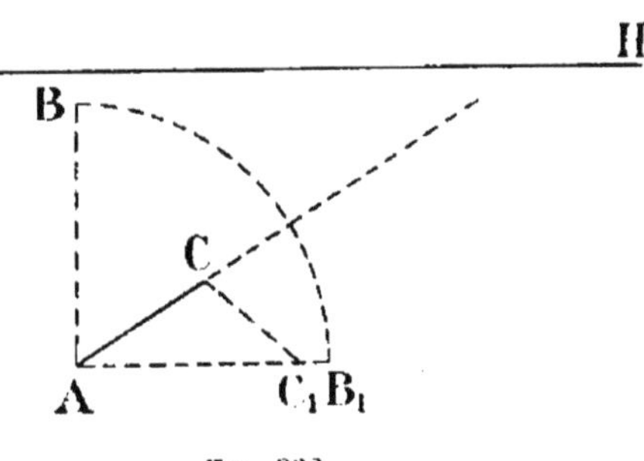


Fig. 332.

Si on a deux horizontales égales et également inclinées sur l'horizon, on voit que le point principal est déterminé, quoi qu'on n'ait que deux lignes.

Si les deux lignes ne sont pas sur le même plan horizontal, on peut toujours ramener l'une sur le plan de l'autre.

Si on connaît le rapport de deux droites, l'une de front,

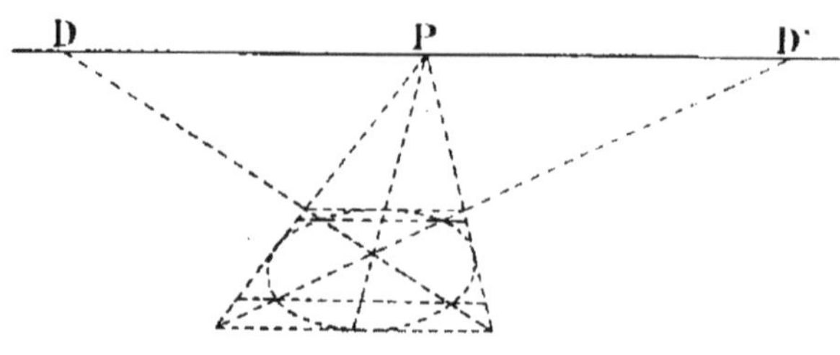


Fig. 333.

l'autre fuyante, comme dans le cas d'une porte par exemple, on fait tourner la verticale AB qui vient en $AB_1$ (*fig.* 332). On partage cette ligne dans le rapport donné, on joint $CC_1$ ; on a alors un triangle isocèle et on retombe dans le cas ci-dessus.

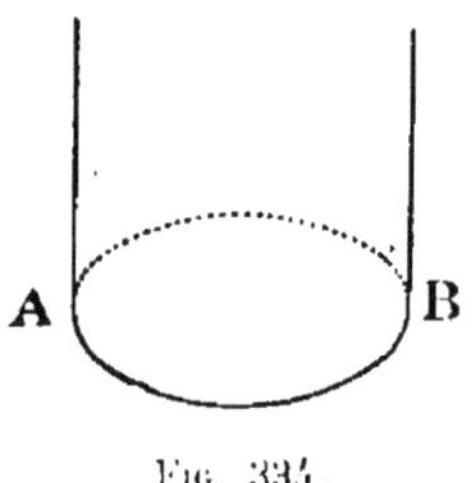


Fig. 334.

Si on a un cercle en perspective ; on le coupera par des cordes, dont on prendra le milieu ; en joignant ces points on déterminera le point P. Les points de distance D et D' seront déterminés par les diagonales du carré circonscrit qui sont des lignes à 45° (*fig.* 333).

Si on n'avait que la moitié du cercle et qu'on connaisse les points A et B où finit le demi-cercle ; on construirait la deuxième moitié du cercle et on retomberait dans le cas précédent.

**Effets de perspective. — Restitutions visuelles.** — Les restitutions perspectives, que l'on vient d'examiner, s'appliquent aux cas où toutes les conditions admises dans un tableau donné ont été employées, c'est-à-dire qu'on a reconstitué le géométral en prenant l'horizon, le point de vue et le point de distance choisis par le peintre. C'est la restitution précise.

On va examiner comment varie la restitution lorsqu'on fait varier l'un des éléments ci-dessus, lorsque, par exemple, le spectateur le déplace de manière que l'horizon, le point de vue et le point de distance, ne soient plus ceux adoptés par le peintre.

Il est évident d'abord que, quelle que soit la position du spectateur, une verticale est toujours restituée suivant une verticale.

Pour examiner les changements qui se produisent pour les autres lignes que les verticales, on supposera les deux cas suivants :

1° On conserve le plan d'horizon du peintre en supposant que le spectateur s'éloigne à droite ou à gauche du point de vue de construction et en avant ou en arrière de ce point ;

2° On supposera que le spectateur s'éloigne du plan d'horizon, c'est-à-dire qu'il s'élève ou s'abaisse par rapport à ce plan.

**Déplacement en conservant le plan d'horizon.** — Si on a (*fig.* 335 et 336) un point M en perspective, un point principal P et une distance PD, cela veut dire dans la restitution que le spectateur est en *o* devant le point P et à une distance de ce point P*o* égale à PD. Le point M est obtenu en prenant NM égale à N*m*.

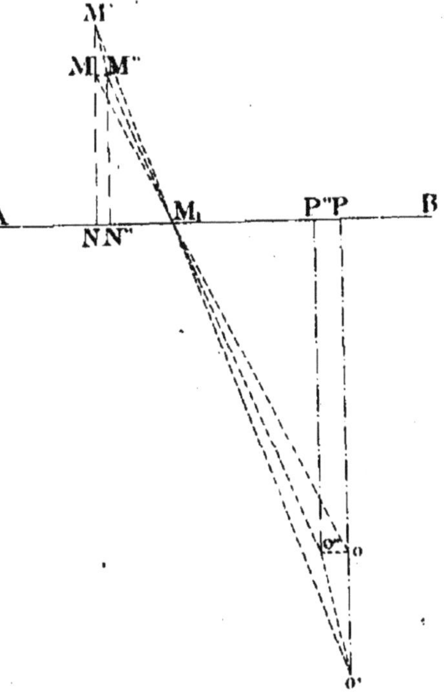

Fig. 335.

Supposons que le spectateur s'éloigne et que la distance devienne PD' (*fig.* 336). Le point *o* vient en *o'* (*fig.* 335) le rayon du point *o'* passe toujours par $M_1$ et l'éloignement devient NM'.

D'après cela, on voit que les objets représentés sur le tableau s'éloignent proportionnellement à l'éloignement du spectateur.

Supposons maintenant que le spectateur se place en P″, la distance restant la même. Le point N vient en N″, et le point M en M″; l'éloignement N″M″ reste le même. A cause des triangles semblables, la ligne M′M″ est parallèle à *o′o″*.

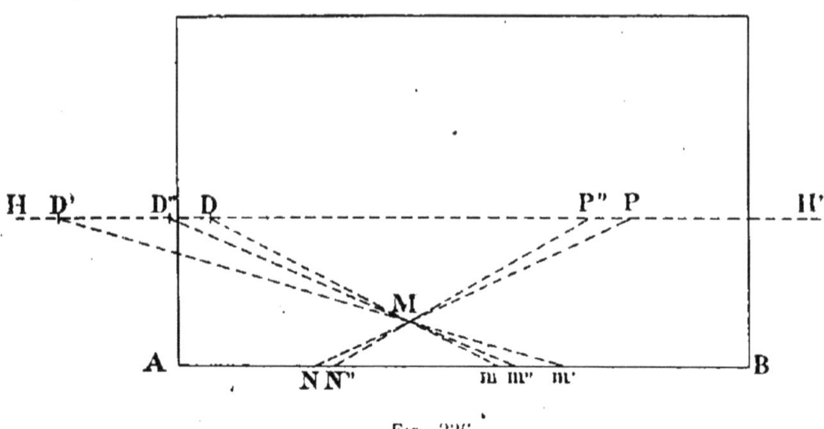


Fig. 336.

On voit que dans ce cas tout ce qui dépend de la distance ne varie pas. Deux objets de même hauteur avec le point de vue vrai paraîtront encore de même hauteur quand on se déplacera sans changer la distance.

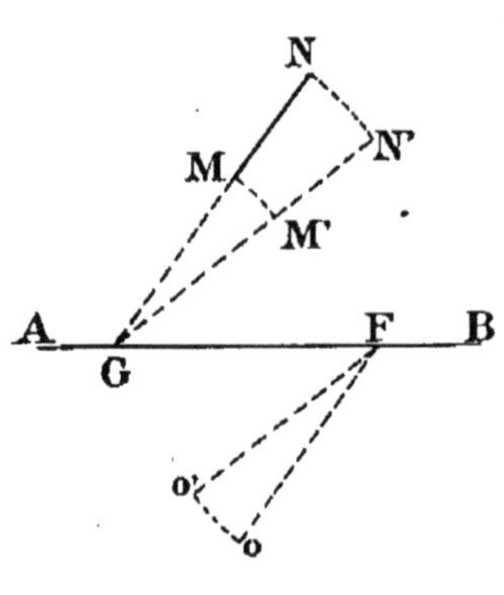


Fig. 337.

Considérons (*fig.* 337) une ligne MN, dont le point de fuite est en F. Faisons tourner cette ligne d'un certain angle autour du point G en lui conservant sa grandeur. Supposons que le point *o* tourne d'un angle égal et vienne en *o′*, rien n'est changé dans la perspective.

D'après cela, on voit que, si le spectateur tourne autour du point de fuite d'une ligne, cette ligne tourne en sens contraire d'un angle égal et rien n'est changé à la perspective. Si le spectateur arrive à être perpendiculaire au tableau la ligne sera perpendiculaire.

Si le point *o* s'avançait de moitié sur *o*F, le point D viendrait en D′ et, les éloignements étant ainsi diminués de moitié, la ligne MN serait diminuée de moitié, mais la perspective ne serait pas changée.

Les triangles semblables de la figure 335 montrent qu'on a (*fig.* 339), si l'œil vient en $o$,

$$e = \mathrm{E}\frac{d}{\mathrm{D}}.$$

et, si l'œil vient en $o'$,

$$e' = \mathrm{E}\frac{d'}{\mathrm{D}};$$

si l'on retranche ces deux équations membre à membre, on a :

$$e' - e = (d' - d)\frac{\mathrm{E}}{\mathrm{D}}.$$

On voit que le déplacement de l'objet est en raison inverse de la distance primitivement choisie, c'est-à-dire que dans une restitution l'objet se déforme moins, si la distance D est un peu grande, et qu'au contraire il se déforme plus si la distance est petite.

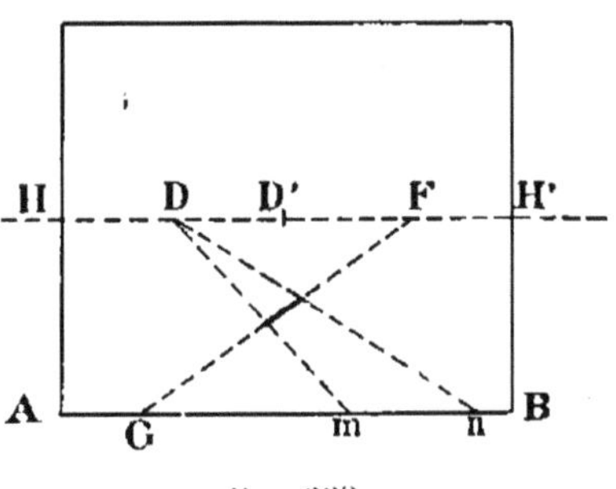

Fig. 338.

On voit qu'en conservant le plan d'horizon, si les ombres ont été bien déterminées dans un tableau, elles ne cesseront pas d'être exactes dans les restitutions visuelles.

De même, pour les réflexions dans les nappes d'eau, quel que soit le point où se place le spectateur, l'image ne changera pas, puisque les verticales ne se modifient pas.

Il n'en sera pas de même pour les réflexions dans les glaces qui sont généralement verticales. L'image dans ce cas cesse d'être exacte si le spectateur se déplace. On a vu que pour les réflexions dans les glaces on divisait les lignes en deux parties égales de chaque côté du plan de la glace; or si le spectateur se déplace, ces lignes ne seront

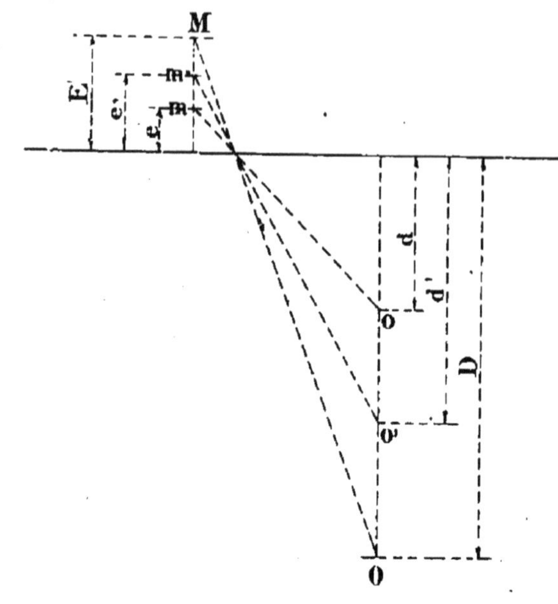


Fig. 339.

plus égales de chaque côté de ce plan et l'image ne sera plus exacte.

**Déplacement en dehors de la ligne d'horizon.** — Tout ce que l'on vient de dire est relatif au cas où le spectateur s'éloigne du point de vue choisi par le peintre, mais en restant dans son plan d'horizon. On arrive au cas où l'œil se déplace en dehors de la ligne d'horizon et l'on supposera que ce déplacement est considérable parce qu'il n'y aurait pas de différence appréciable si le déplacement était faible. Il faut supposer un déplacement de plusieurs mètres en dehors de la ligne d'horizon.

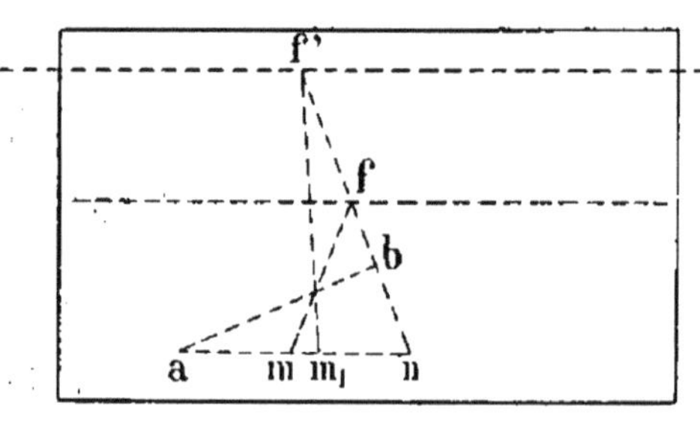


Fig. 340.

1° Les lignes horizontales paraissent inclinées. Si on suppose que le spectateur s'élève, sa ligne d'horizon se trouvera au-dessus de celle du tableau et les horizontales qui ont leur point de fuite sur le premier horizon paraîtront avoir un point de fuite terrestre. Elles paraîtront descendre.

2° Les rapports ne sont pas conservés. On voit que si on a un certain rapport déterminé par le point $m$ avec le point $f$ de la première ligne d'horizon, on en a un différent déterminé par le point $m_1$ avec $f'$ de la deuxième. Les divisions des premiers plans sont augmentées au préjudice des divisions du second plan.

On voit que les déformations provenant du déplacement de l'horizon sont importantes et qu'il convient de regarder un tableau en restant dans le plan d'horizon choisi par le peintre.

**Dérogations aux règles de la perspective. Cas des surfaces de révolution.** — La perspective des surfaces de révolution présente des anomalies que l'on va signaler :

*Colonnes.* — Si on a une série de colonnes de front, elles auront pour perspective, la première la ligne $mn$, la seconde la ligne $st$.

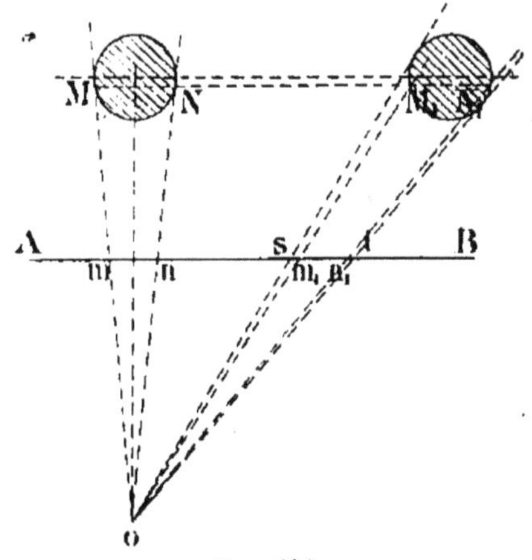

Fig. 341.

Or $st$ est plus grand que $mn$ puisque ces lignes sont déterminées en menant les tangentes du point $o$ et que $mn = m_1n_1$ ; la ligne $m_1n_1$ étant obtenue en menant du point $o$ des lignes aux points $M_1N_1$ qui est une corde égale à MN.

Il résulte de ceci qu'à mesure que les colonnes s'éloignent, elles deviennent plus grosses. Si donc le spectateur change de position et qu'il se mette devant la plus grosse colonne, il ne comprendra pas la plus petite. Il y a là un effet très choquant que les artistes évitent en faisant les perspectives des colonnes toutes égales. Ils ne suivent pas dans ce cas les règles absolues de la perspective. C'est une *dérogation*.

Si même les colonnes étaient légèrement fuyantes il y aurait deux effets : 1° parce qu'elles fuient, elles seraient plus petites ; et 2° parce qu'elles s'éloignent du point de vue, elles seraient plus grosses. Ces effets absolument contraires obligent à *déroger*.

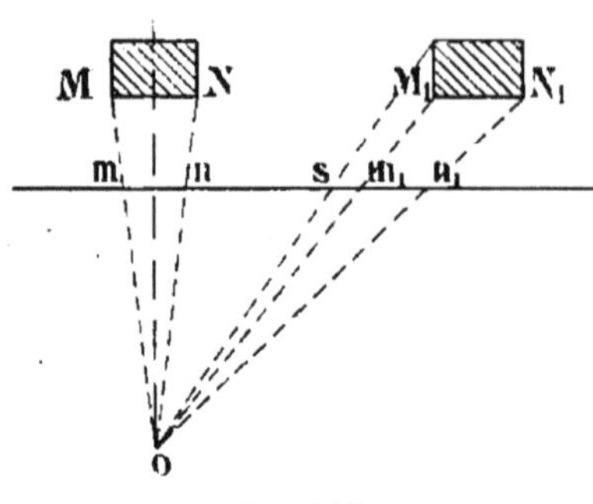

Fig. 342.

L'effet dont on vient de parler n'a pas lieu pour les piliers.

En effet ici $mn = m_1n_1$ quel que soit l'éloignement des piliers; il n'y a que la dimension en $m_1s$ qui va en augmentant et qui fait que le pilier paraît augmenter, mais la face antérieure du pilier conserve partout la même largeur.

*Sphère.* — Si la sphère est dans un plan de front ayant la perspective de son centre confondue avec le point principal, elle doit être figurée par un cercle ; si elle est dans un coin du tableau ou placée autrement que de front, sa perspective exacte serait une ellipse, mais en général l'excentricité est très petite.

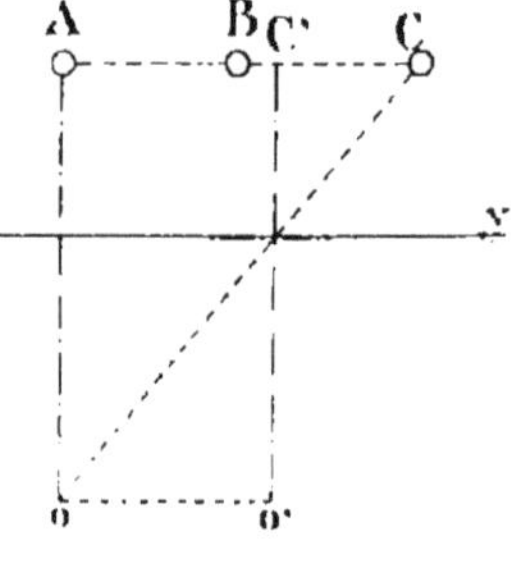

Fig. 343.

Raphaël dans son tableau de l'Ecole d'Athènes a figuré par un cercle la sphère qui tient un personnage placé sur le côté du tableau.

Voici donc pour les surfaces de révolution la méthode non définie par les artistes, mais adoptée par eux de fait :

Supposons qu'on ait une série de balustres A-B-C.

Le balustre C sera assujetti, quant à sa position, à la perspective prise du point *o*, mais pour en dessiner le détail on supposera le point *o* transporté en *o'* en face du point C' où *o*C rencontre *xy*.

On opérera de même pour tous les balustres de front analogues à C.

Si on a affaire à ce qu'on appelle des *surfaces enchâssées*, c'est-à-dire des moulures dans des polyèdres, on ne pourrait prendre à la fois deux points de vue, l'un pour les surfaces courbes, l'autre pour les polyèdres, il en résulterait un très mauvais effet. C'est alors une affaire de goût et il faut disposer la perspective de façon à ne pas choquer l'œil.

**Procédés pour la perspective des surfaces courbes. —** *Surfaces de révolution. Piédouche.* On prend (*fig.* 344) sur la surface à déterminer une série de cercles, tels que *ab*, et on

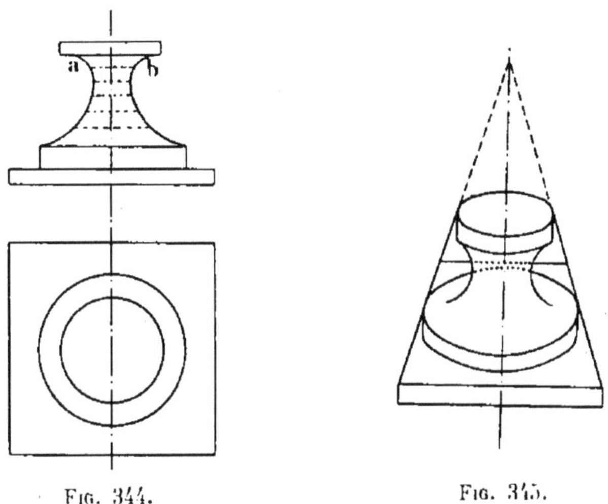


Fig. 344. Fig. 345.

fait successivement la perspective de ces cercles comme il a été indiqué précédemment. La courbe tangente à ces cercles détermine le contour apparent de la surface en perspective.

*Base d'une colonne.* — On emploie la même méthode, mais au lieu de prendre des parallèles comme dans le cas précédent on prend des *méridiens*. On détermine le profil d'axe *ab* et on le répète en *a'b'* en perspective autant de fois qu'on le juge convenable, pour pouvoir faire passer les courbes par ces méridiens (*fig.* 346).

On signalera une objection qu'on a faite à la méthode de perspective, objection dite des deux personnages.

Supposons un personnage en AB au pied d'une tour et un autre personnage en CD en haut de la tour. Ils sont dans un même plan de front et doivent par conséquent être égaux.

On a prétendu qu'ils ne devaient pas être égaux et qu'il était impossible qu'un personnage placé au pied d'une tour ait en perspective la même dimension que celui placé en

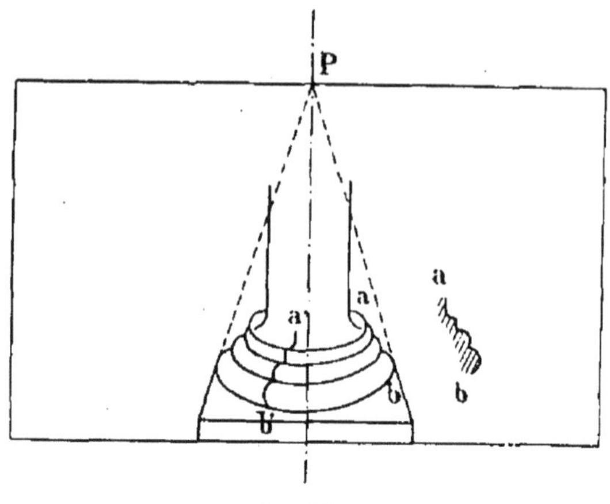


Fig. 346.

haut et que les géomètres avaient tort en les faisant égaux.

Il est facile de se convaincre de l'erreur de ce raisonnement. En effet DoC < BoA. On a de même *doc* < *boa*.

On voit donc que c'est l'angle qui correspond au personnage d'en haut qui est plus petit que l'autre, et comme l'*effet perspectif a lieu aussi bien sur le tableau que sur les objets*, il en résultera que si on fait les personnages égaux, celui du haut paraîtra plus petit que l'autre.

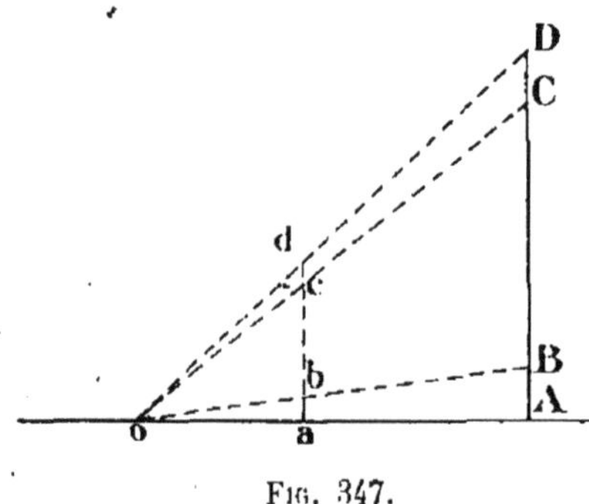


Fig. 347.

D'ailleurs si on admettait qu'il faille faire le personnage d'en haut plus petit que celui d'en bas, il faudrait aussi diminuer les étages de la tour, ce qui est absurde.

**Détermination du point de vue.** — Cette détermination se compose de trois parties :

1° Position de la ligne d'horizon.

2° Position du point principal.

3° Position du point de distance.

1° *Position de la ligne d'horizon.* La ligne d'horizon se place généralement à la hauteur des yeux du spectateur.

Cependant dans les tableaux de bataille on tient la ligne d'horizon un peu plus élevée que l'œil pour embrasser une plus grande étendue.

2° *Position du point principal.* — En général le point principal, qui est placé sur la perpendiculaire abaissée de l'œil, doit être situé vers le milieu du tableau.

Le Poussin le mettait du côté du tableau où se trouvait le plus grand intérêt. Il y a donc certain cas où il peut être déplacé.

3° *Position du point de distance.* — Les grandes distances ont deux avantages : Elles diminuent l'importance des rectifications lorsque le spectateur se déplace.

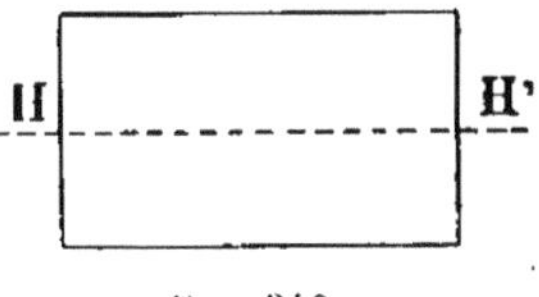


Fig. 348.

Lorsqu'on dessine des surfaces courbes, il y a certaines difficultés, comme l'anomalie des colonnes par exemple, qui diminuent avec les grandes distances.

Léonard de Vinci dit, dans son traité de la peinture, que la *distance* doit être *triple* de la largeur du plus grand objet représenté. On a encore donné comme règle un *triangle équilatéral sur HH'*.

Valenciennes dit que la distance doit être trois fois la largeur du tableau. Il tenait cette règle de Joseph Vernet. Cette donnée est discutable et beaucoup de tableaux de maîtres sont loin d'avoir cette distance.

Dans la Cène de Léonard de Vinci, la distance n'est pas même une fois la largeur du tableau.

L'Ecole d'Athènes de Raphaël a pour distance une fois et demie la largeur du tableau.

Néanmoins on reconnaît que la distance est une fonction de la largeur du tableau et que c'est là qu'il faut chercher la règle. Cette règle adoptée aujourd'hui varie entre *deux fois et demie et trois fois* la largeur du tableau.

**Les portraits.** — Les portraits ne sont pas soumis aux règles absolues de la perspective. Pourtant il est évident que pour les portraits la distance doit être très grande.

En photographie la distance est comprise entre 8 à 10 fois la largeur du tableau et à cette distance on a une figure géométrale.

Si on prenait une petite distance pour un personnage assis par exemple, les genoux venant devant le spectateur, les pieds et les genoux devraient être faits à une échelle plus grande que le corps, ce serait affreux. Il ne faut donc pas prendre de petites distances.

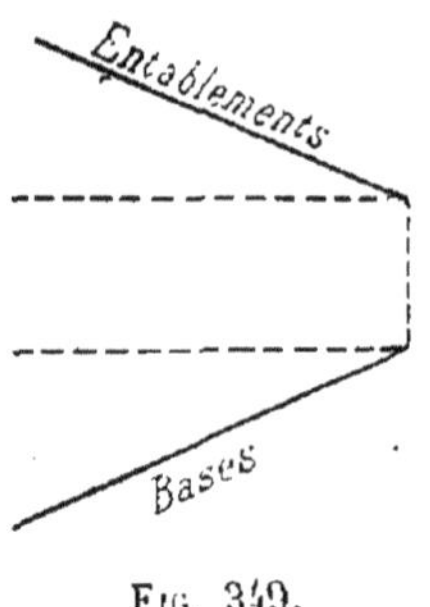

Fig. 349.

Certains tableaux ne sont pas soumis à un point de vue unique. La Smala d'Abd-El-Kader de Horace Vernet est dans ce cas. C'est une suite de scènes qui ont chacune leur point de vue.

Certains peintres se sont permis une licence pour la ligne d'horizon. Paul Véronèse dans les Noces de Cana a pris deux lignes d'horizon. Une pour les parties hautes de l'édifice, une autre pour les basses.

L'horizon n'est plus une ligne mais une zone.

C'est une bonne disposition en ce que l'œil est toujours compris dans cette zone et n'est pas choqué s'il n'est pas à la hauteur de l'horizon.

## INSTRUMENTS DE PERSPECTIVE

Les instruments de perspective servent à dessiner les perspectives qu'on a sous les yeux. Ils ne détruisent pas les méthodes de perspective, ils les complètent en les vérifiant.

Le plus simple de ces appareils consiste en un oculaire qui fixe la position de l'œil et une vitre dépolie. On fait ainsi des perspectives de paysages.

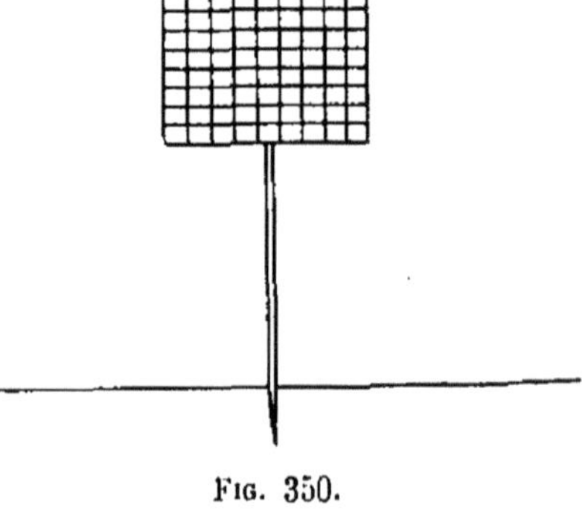
Fig. 350.

Ce même instrument consistant en une tige surmontée

d'une tablette quadrillée est connue sous le nom de châssis d'Albert Durer.

**Chambre obscure.** — La chambre obscure fut découverte au XVIe siècle par Porta qui remarqua que, si on place des objets devant une lentille posée sur un des côtés d'une caisse sombre, ces objets viennent se dessiner sur le fond de la caisse. L'image est renversée.

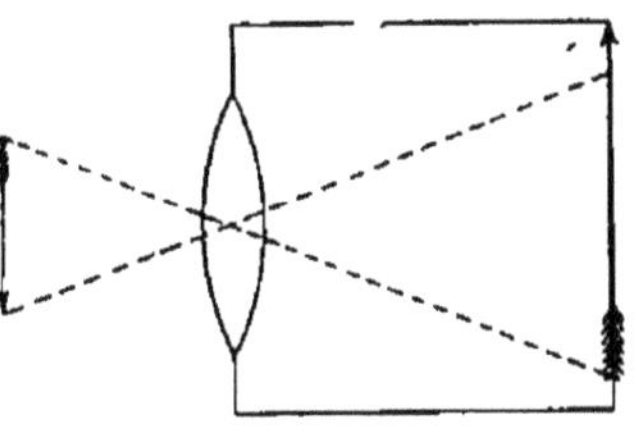

FIG. 351.

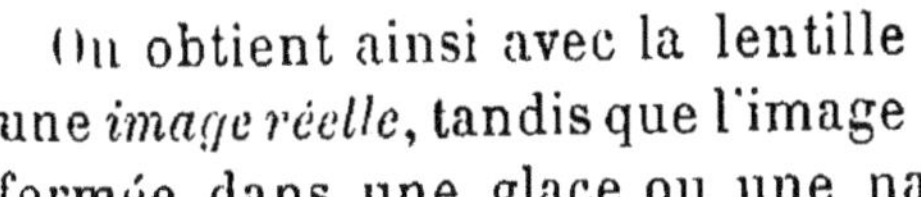

On obtient ainsi avec la lentille une *image réelle*, tandis que l'image formée dans une glace ou une nappe d'eau est une *image virtuelle*.

La chambre obscure est faite aujourd'hui comme elle est représentée ci-contre, de sorte que l'image n'est plus renversée et qu'on peut en se couvrant du rideau R dessiner les objets qui se présentent sur la planchette P.

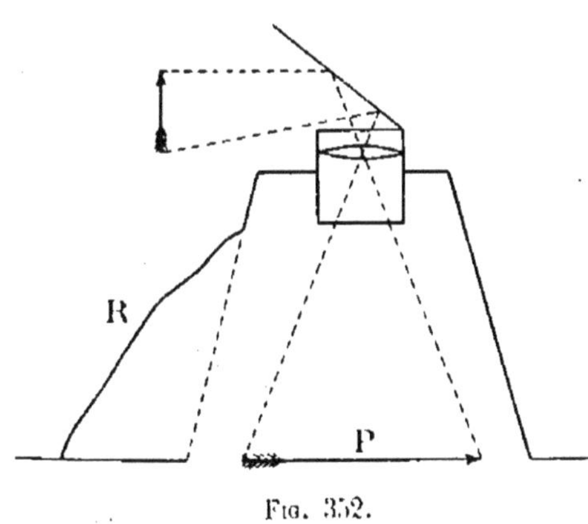


FIG. 352.

Le champ de vision dans la chambre obscure ne peut dépasser 30 à 35°.

**Chambre claire.** — La chambre claire fut découverte par Wollaston en 1804 (*fig.* 353).

Supposons deux miroirs AB et BC faisant entre eux un certain angle. Abaissons du point O une perpendiculaire; prenons OI = O'I, abaissons la verticale OM et menons O'N; enfin menons ND parallèle à OO', on a dans le triangle MND :

$$DMN + MND = 180^\circ - D; \qquad (1)$$

dans le triangle MBN :

$$BMN + MNB = 180^\circ - B. \qquad (2)$$

Or par construction l'angle DMN est double de l'angle BMN

et l'angle MND est double de l'angle MNB, donc le premier membre de la première équation est double du premier membre de la seconde. On peut donc écrire :

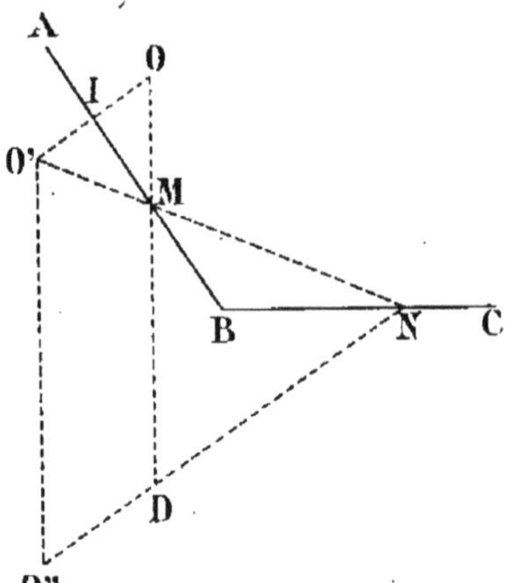

Fig. 353.

$$180^\circ - D = 360^\circ - 2B$$

où :

$$2B = 180^\circ + D,$$

d'où :

$$D = 2B - 180^\circ.$$

Si l'on prend l'angle $D = 90^\circ$ on a :

$$2B = 180 + 90 = 270^\circ,$$
$$B = 135^\circ.$$

Donc enfin si on prend deux miroirs faisant entre eux un angle de 135°, les rayons venant sur AB seront renvoyés perpendiculairement à OD. C'est le principe de la chambre claire.

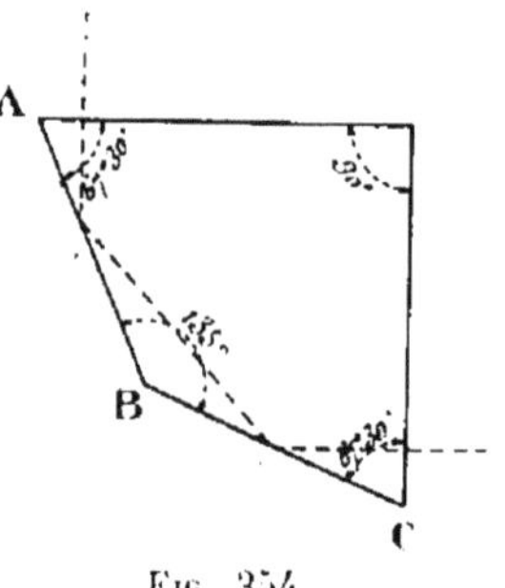

Fig. 354.

La chambre claire consiste donc en un prisme ayant la section ci-contre et dans lequel un rayon quelconque sur AB est renvoyé perpendiculairement sur BC.

La chambre claire est de beaucoup le meilleur des instruments de perspective. On l'a employé avec succès au lever de plans pour les places de guerre, parce qu'on peut faire la perspective sans pénétrer dans la place et en se plaçant à une certaine distance. On peut ensuite établir le plan d'après cette perspective.

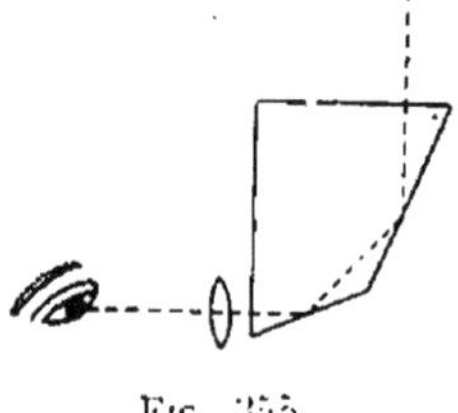
Fig. 355.

**Perspective sur surfaces courbes.** — On fait des perspectives sur des surfaces courbes comme sur des tableaux, plans, cylindres, coupoles, dômes, etc.

On représente rarement des édifices sur des surfaces courbes, mais si on veut en représenter c'est toujours en employant le *graticolage* au carreau d'après une perspective plane.

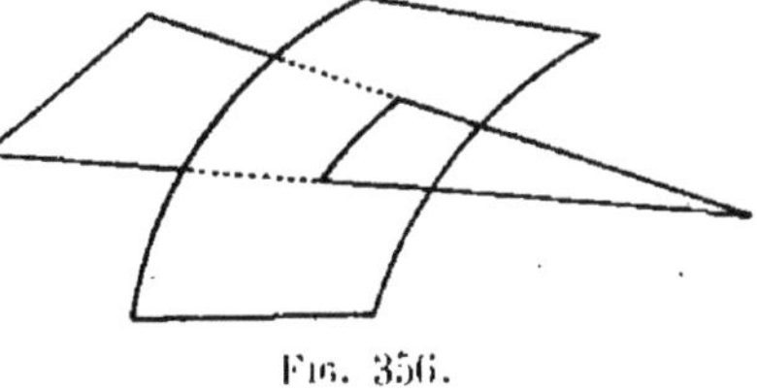

Fig. 356.

On comprend dans les surfaces courbes les tableaux cylindriques verticaux. Dans ce cas rentre par exemple l'hémicycle de l'Ecole des Beaux-Arts.

Cette disposition est beaucoup plus favorable que les autres tableaux courbes, parce que les verticales restent verticales.

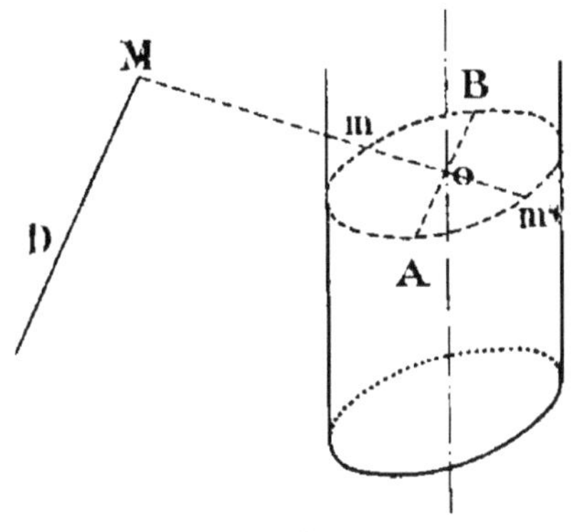


Fig. 357.

Dans le cas de tableaux cylindriques les droites parallèles ont deux points de fuite.

Le point de vue est à l'intérieur et sur l'axe. Menons par *o* une droite parallèle à la droite D. Les points de fuite de D sont A et B; un point quelconque M a pour perspective le point *m*, il en aurait un deuxième *m'*, mais comme il se trouve placé derrière le spectateur, il ne saurait en être question.

**Panoramas.** — Le panorama fut imaginé par Robert Barker en 1787.

Sa patente comporte cette condition de retenir le spectateur dans un pavillon central d'où il ne peut s'éloigner beaucoup du point de vue, elle comporte également la question de l'éclairage.

Les premiers panoramas furent inaugurés à Edimbourg, puis ils furent introduits en France par Robert Fulton, l'inventeur de la navigation à vapeur. Ce dernier vendit son brevet à M. James Ter qui acheta deux rotondes boulevard Poissonnière, où il fit deux panoramas qui furent célèbres de 1802 à 1814. Ils avaient 18 mètres de diamètre et représentaient Naples et Athènes et tous les champs de bataille de l'empire.

Prévost fit une rotonde de 32 mètres de diamètre. Le colonel Langlois en fit une aux Champs-Elysées de 40 mètres de diamètre.

*Exécution des panoramas.*

Dans les premiers panoramas on divisait la circonférence en 16 parties et on les considérait alors comme des prismes de 16 côtés. On levait séparément à la chambre obscure ce qui devait être représenté sur chaque côté du prisme et on dessinait en passant du prisme au cylindre.

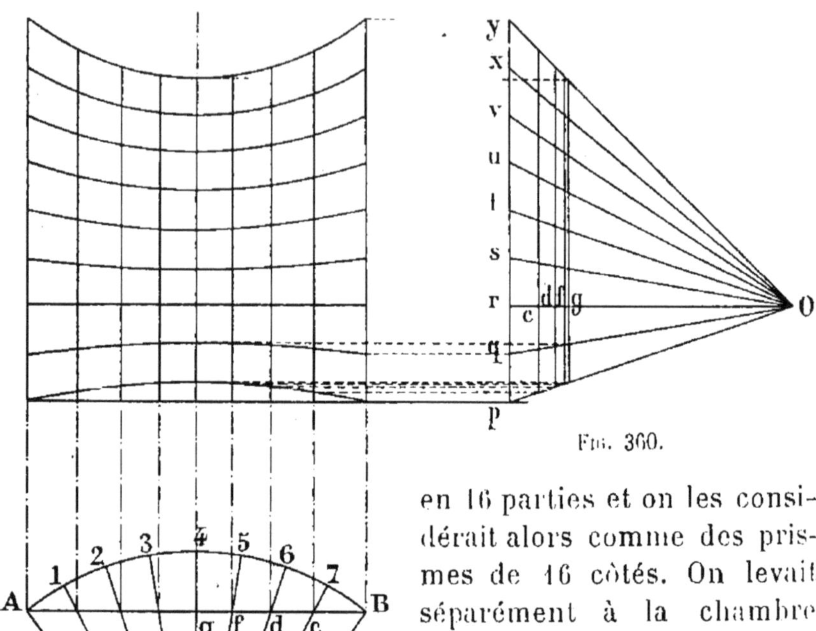


Fig. 360.

Fig. 358 et 359.

Le Colosseum de Londres fut fait ainsi.

En France on fait le panorama en opérant comme il est indiqué sur la figure 358. Soit un arc AB qui représente une portion de cylindre; on le divise en 8 parties égales par exemple, on porte ces parties en *p-q-r-s-t-u-v* (*fig.* 360), puis on porte O*c* de O en *c*, O*d* de O en *d*, O*f* de O en *f*, O*g* de O en *g*, on trace des verticales et les intersections de ces verticales avec les divergentes du point O déterminent les courbes.

On établit alors sur le dessin obtenu à la chambre claire le tracé ci-dessus.

On a tracé sur le cylindre lui-même des carrés correspondants ; il ne reste plus qu'à dessiner, dans chacun de ces carrés, ce qu'a donné la chambre claire.

Cette méthode est conforme à la géométrie descriptive. Il y a une autre méthode analytique qui consiste à chercher les équations des courbes qu'on obtient graphiquement dans la première méthode.

En résumé, les panoramas sont une curiosité, ce n'est pas l'art même, c'est à côté de l'art; mais ils sont intéressants par l'illusion qu'on arrive à faire subir à l'œil.

On a fait aussi des dioramas ou tableaux transparents qui changeaient d'aspect.

**Perspective cavalière.** — Prenons trois axes rectangulaires et construisons le cube OABCDEFG.

Les deux axes OC et OZ sont supposés *de front*. Ce sont les échelles des largeurs et des hauteurs; l'axe OY donne la direction des lignes fuyantes, c'est l'échelle des profondeurs. Sur les deux premières échelles, on portera les dimensions exactes de l'objet en géométral, sur la troisième on portera les profondeurs réduites dans un certain rapport, la moitié, le tiers, le quart, etc.

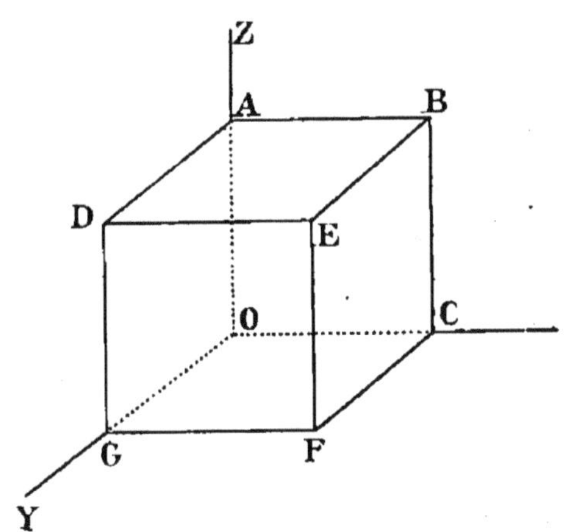

Fig. 361.

On voit donc que lorsqu'on veut dessiner un objet en perspective cavalière, il suffit de dessiner l'une des faces dans un plan de front et de mener par les angles de cette figure des parallèles à une direction convenablement choisie, puis de porter sur ces parallèles les épaisseurs ou profondeurs de l'objet réduites dans un rapport donné.

Soit par exemple (*fig.* 362), à représenter un voussoir

en perspective cavalière, comme il a été fait dans la coupe des pierres.

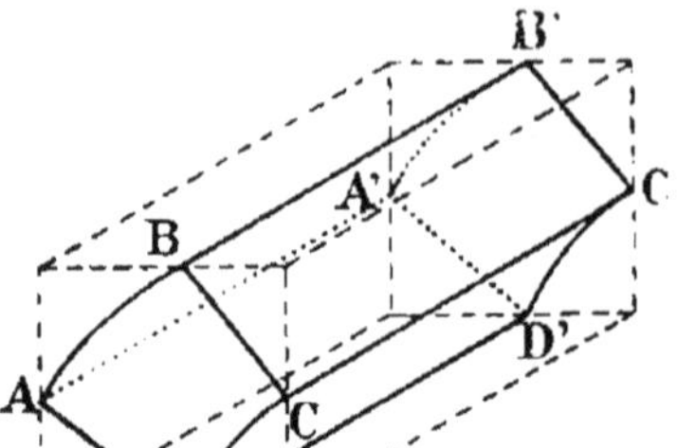

Fig. 362.

On dessinera la face ABCD telle qu'elle se présente dans l'élévation de l'appareil, et par les sommets des angles, on tracera des parallèles sur lesquelles on portera le rapport de réduction adopté.

Dans la figure 363 qui représente un assemblage de charpente à tenon et mortaise, on a pris les faces de front MN-PQ EF-CG telles qu'elles sont données en géométral et on a porté le rapport de réduction sur les épaisseurs des pièces AB-CD.

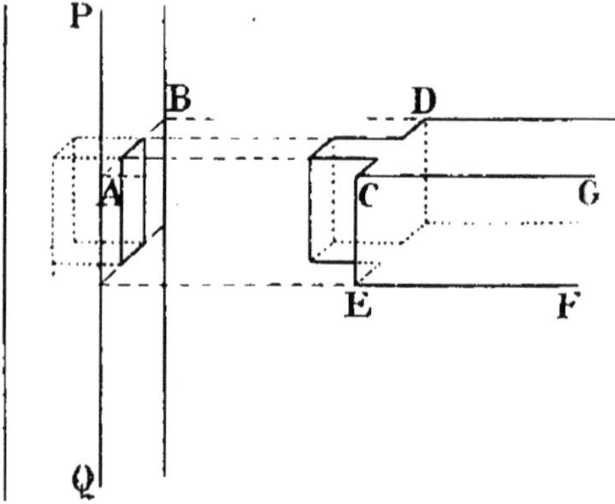

Fig. 363.

La direction des lignes fuyantes n'est pas indifférente. Il faut avoir soin de la prendre telle que le côté intéressant de l'objet soit mis en évidence.

Dans la figure 364, qui représente un plancher formé de voûtains en briques,

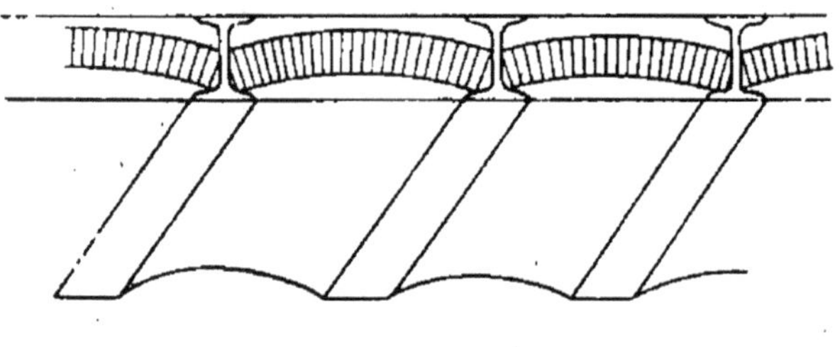
Fig. 364.

on prendrait pour lignes fuyantes les arêtes dirigées de haut en bas de façon que les voûtes soient vues en dessous.

**Perspective isométrique.** — On prend trois axes issus d'un même point et formant entr'eux des angles de 120° (*fig.* 365).

On établit la perspective en menant les lignes de la figure à mettre en perspective, parallèlement à ces trois directions.

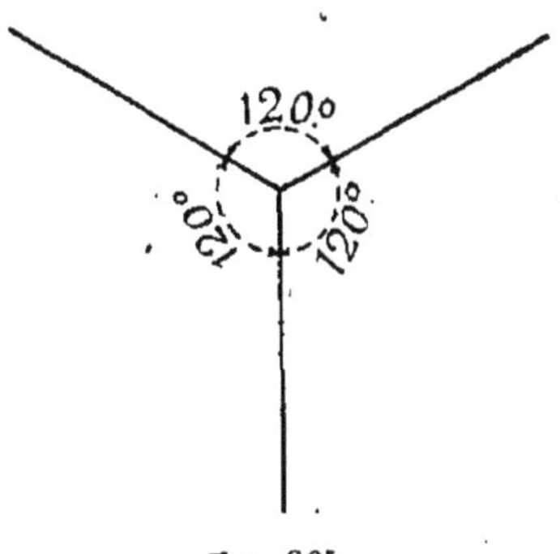

Fig. 365.

On admet que les échelles sont les mêmes pour les trois séries de lignes, c'est-à-dire que l'unité de mesure, par exemple 1 mètre, aura la même valeur sur les trois directions (*fig.* 366).

Un cube serait représenté, d'après ces conventions, comme l'indique la figure 367. On peut faire varier quelque peu ces conditions de manière à donner de l'objet la meilleure représentation possible. L'effet produit est meilleur par exemple, lorsque les trois axes ne sont pas rigoureusement inclinés à 120° les uns sur les autres. On parviendra par quelques tâtonnements au résultat le plus agréable à l'œil.

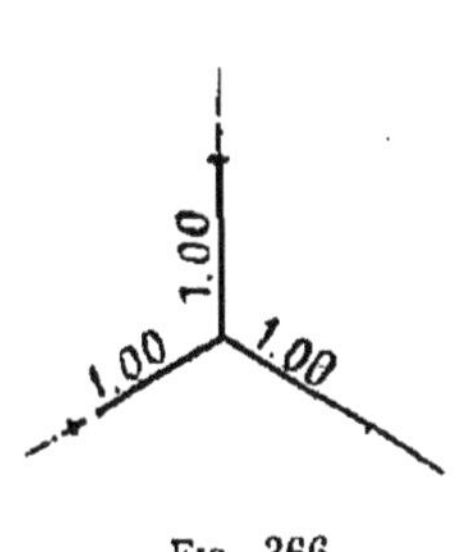

Fig. 366.

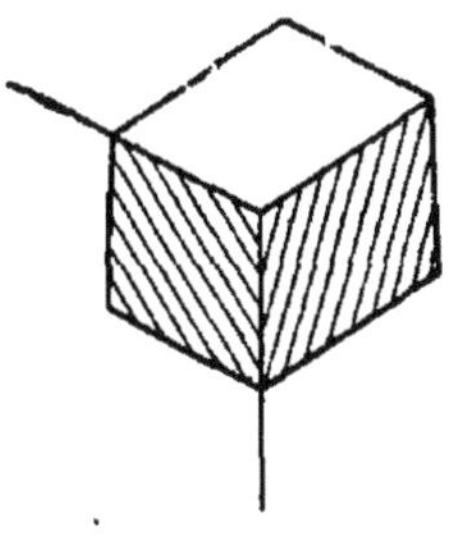
Fig. 367.

## PERSPECTIVE D'APRÈS NATURE

Dans la perspective d'après nature, le but est de préparer une aquarelle ou de conserver le souvenir d'un site ou d'un monument.

On ne trouvera pas généralement l'occasion d'appliquer dans leur entier les méthodes géométriques précédemment indiquées, mais il faudra en posséder parfaitement les principes fondamentaux et les appliquer de la façon la plus sûre et la plus rapide possible. C'est ce que l'on se propose d'indiquer dans ce qui va suivre.

**Route en palier.** — Supposons qu'on veuille mettre en perspective de front une route dont le profil est indiqué figure 368. On devra déterminer approximativement les di-

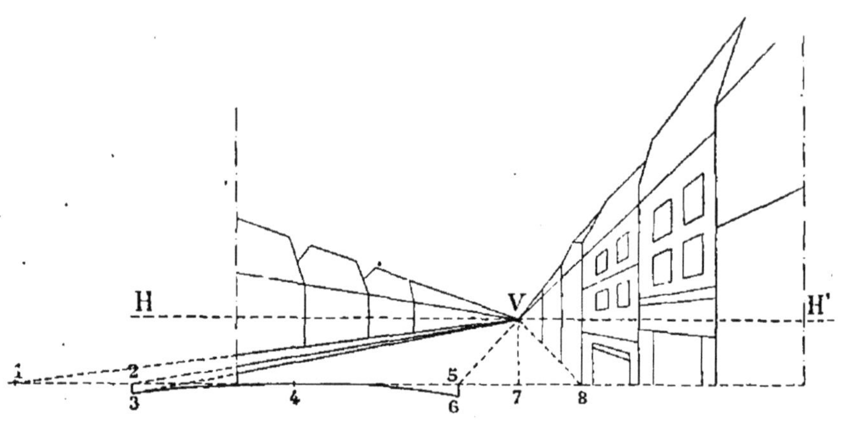


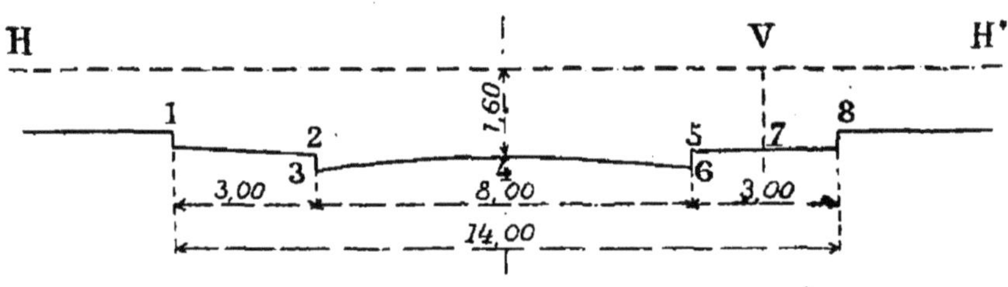


Fig. 368.

mensions des parties principales de la route, trottoirs, chaussée, etc.

On en fera un croquis sommaire sur lequel on indiquera la hauteur d'horizon et le point de vue.

On prendra ordinairement l'horizon à $1^m,60$ du sol. On supposera le point V sur la verticale du milieu de 5-8.

Supposons maintenant que la base du tableau ait $0^m,14$.

La largeur totale de la route étant de 14 mètres, cela revient à dire que dans le plan du tableau le profil de la route est réduit à l'échelle de 0m,01 par mètre soit au $\frac{1}{100}$.

On tracera donc sur la base le profil 1-2-3-4-5-6-7-8 à l'échelle de 0,01 par mètre et de telle manière que le point 7

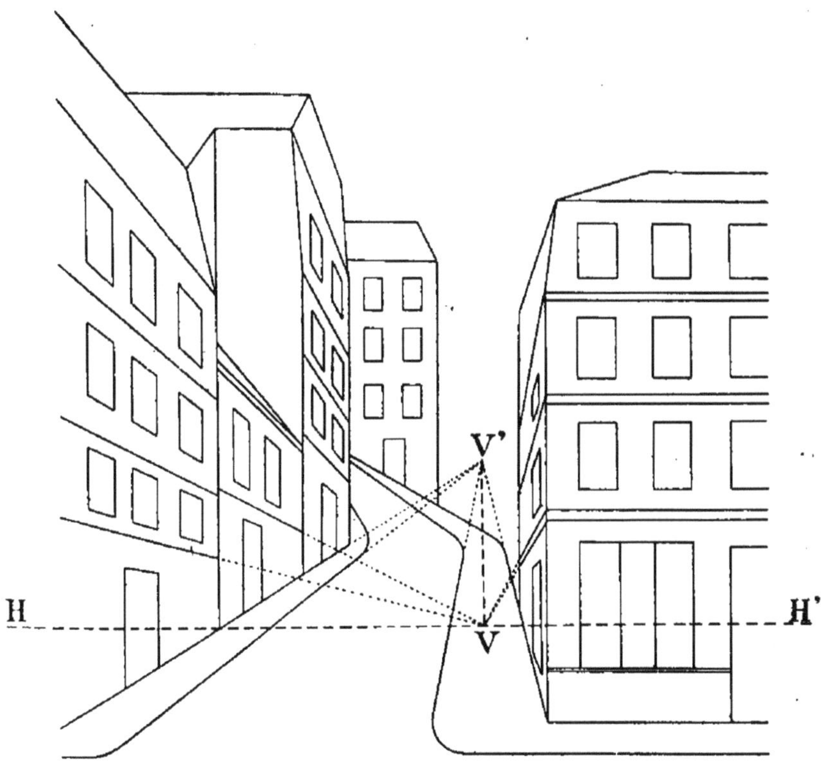


Fig. 369.

soit au milieu du tableau AB. On portera 7V = 0,016, ce qui déterminera la ligne d'horizon HH'. En joignant au point de vue, on aura les directions en perspective des lignes principales de la vue à faire.

Ayant ces lignes exactement déterminées il sera facile de placer à vue les maisons, les arbres, et tous les détails susceptibles de donner un aspect pittoresque à l'ensemble.

Ce tracé s'applique à une rue en palier, où toutes les

lignes, aussi bien celles de la voie que celles des constructions étant supposées horizontales, ont un point de fuite unique.

Si la rue est en rampe ou en pente, on appliquera les tracés suivants :

**Rue qui monte.** — Dans le cas de la voie en rampe, on tracera la ligne d'horizon HH' et la ligne VV' perpendiculaire. Les lignes de la voie ont un point de fuite V' situé au-dessus de l'horizon, tandis que les lignes de corniches, balcons, croisées, etc., étant horizontales, ont pour point de fuite le point V situé sur l'horizon.

Fig. 370.

**Rue qui descend.** — Dans le cas de la voie en pente, la ligne d'horizon sera placée en haut du tableau. Les lignes de la voie ont pour point de fuite le point V' situé au-dessous de l'horizon sur la ligne VV'. Les lignes des maisons, étant horizontales, ont pour point de fuite le point V situé sur l'horizon (*fig.* 370).

**Rue à la fois en pente et en rampe.** — Supposons l'horizon en HH' et le point de fuite des horizontales en $V_2$, aussi bien pour la partie en pente que pour la partie en rampe.

Fig. 371.

*Les alignements et les bordures de trottoirs vont au point* $V_1$ dans le cas de la pente et au point $V_3$ dans le cas de la rampe (*fig.* 371).

Nota. — Des exemples de ces divers cas sont représentés à la fin du livre dans les modèles de dessins à la plume et perspective (voir planche V).

## CHAPITRE IV

# CHARPENTE

**Assemblage de charpente.** — Les principales applications de la géométrie pure et de la géométrie descriptive se rencontrent dans la charpente, la coupe des pierres, la perspective et le dessin.

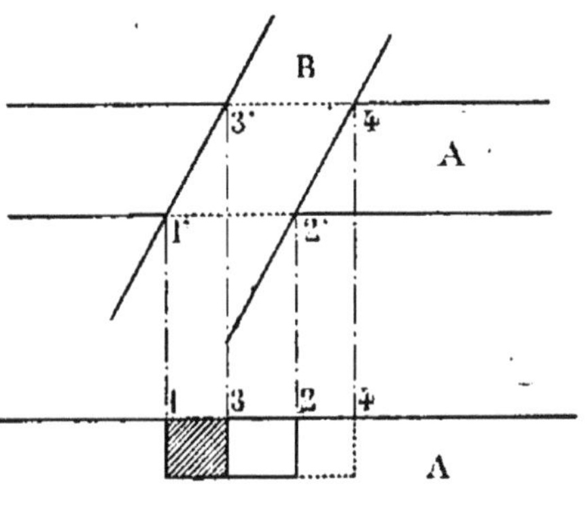

Fig. 372 et 373.

On examinera d'abord la charpente en commençant par les assemblages. Pour chacun de ces derniers on donnera l'épure de la section des pièces et une perspective cavalière des tenons ou mortaises.

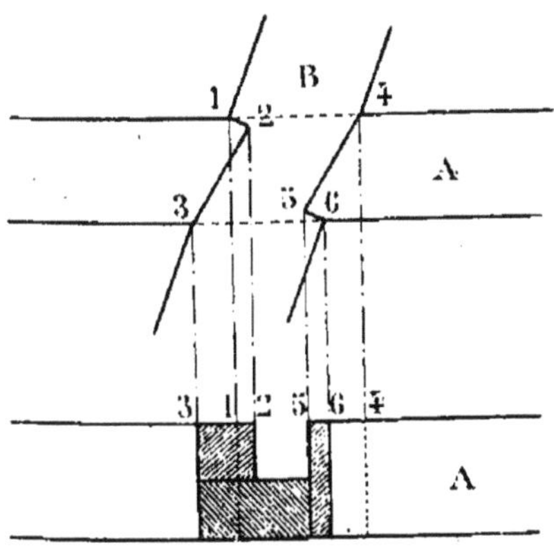

Fig. 374.

**Assemblage à mi-bois** (*fig.* 372 et 373). — On a représenté en A et B les deux pièces assemblées. Pour voir l'une des pièces sous deux faces on

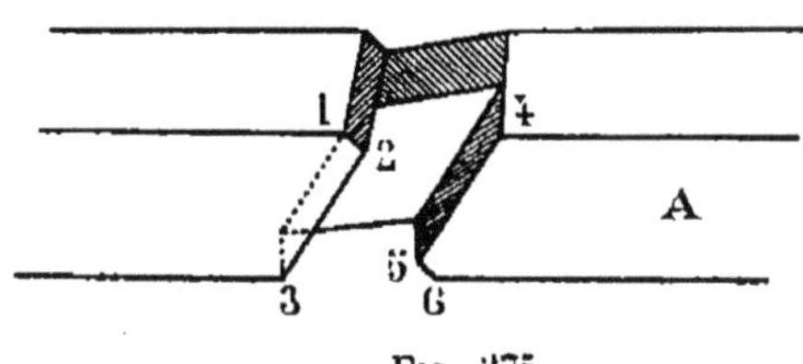

Fig. 375.

la fait tourner de 90°, ce qui s'appelle *donner quartier*.

Une vue en perspective cavalière complète la représentation graphique.

Il est d'usage de mettre des hachures sur les parties où les fibres du bois ont été coupées.

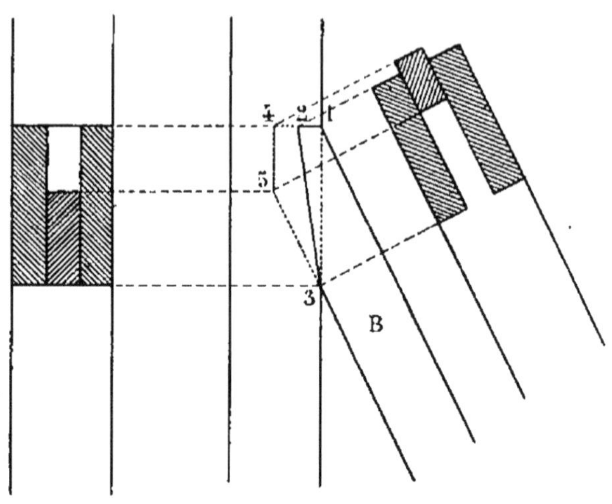


Fig. 376.

**Assemblage à mi-bois avec embrèvement.** — L'épure est représentée sur la figure 376.

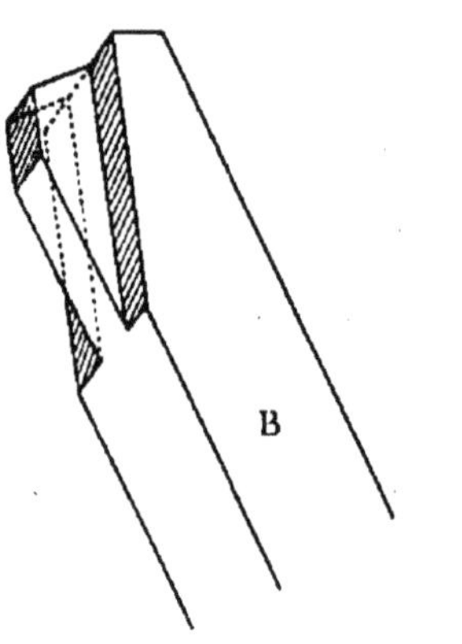


Fig. 377.

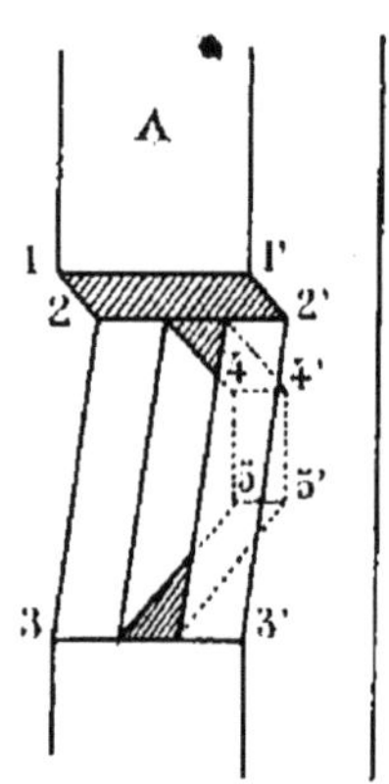


Fig. 378.

**Assemblage oblique avec tenon et embrèvement.** — Cet assemblage est utilisé principalement quand la pièce B doit exercer sur A un effort considérable, pour éviter en 2 un angle trop aigu. Ordinairement on prend l'about 1-2 de l'embrèvement égal au 1/5 de l'épaisseur de la pièce B.

Pour les pièces de grandes dimensions on trace un embrèvement à deux abouts (*fig.* 379); la ligne *ab* doit alors être perpendiculaire à la pièce B.

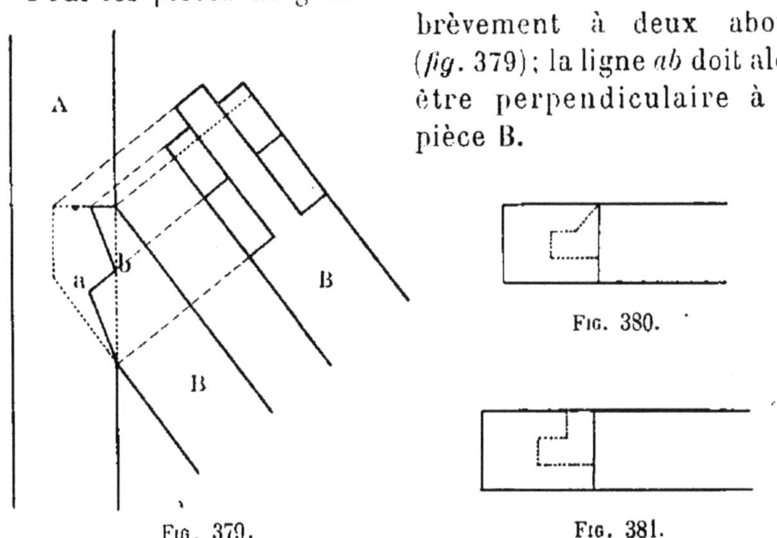


Fig. 380.

Fig. 379.

Fig. 381.

**Tenons avec renforts.** — On a reproduit sur les figures 380 et 381 deux types de tenons avec renforts; dans le premier cas le renfort est dit en chaperon, et dans le second il est carré.

**Tenon passant.** — Il est représenté sur les figures 382 et 383. Les chevilles sont placées en dehors.

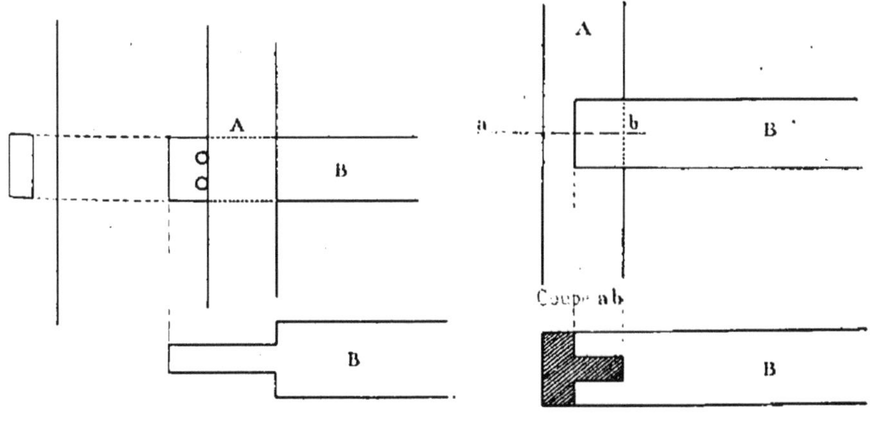


Fig. 382 et 383.

Fig. 384 et 385.

**Tenon apparent** (*fig.* 385). — Le tenon apparent est constitué par deux encastrements pratiqués dans la pièce A.

Ce genre de tenon est peu employé.

**Assemblage à queue d'hironde à mi-bois.** — On emploie cet assemblage quand les pièces A et B doivent résister à un effort qui tend à les séparer. La figure 387 montre le plan et le profil de l'assemblage, les figures 388 et 389 la

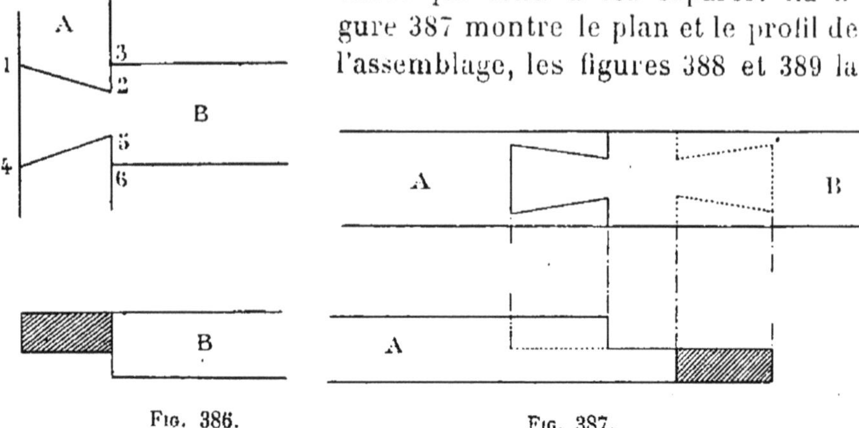


Fig. 386.

Fig. 387.

perspective cavalière de l'entaille de la pièce A, et celle du tenon de la pièce B.

L'assemblage est représenté angle droit, on fait aussi des assemblages à queue d'hironde oblique.

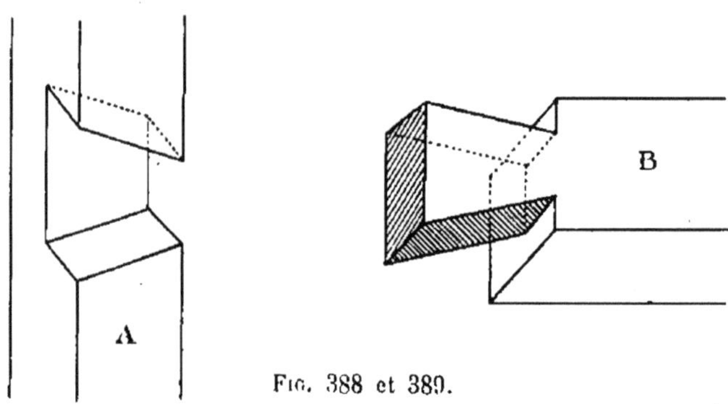


Fig. 388 et 389.

**Assemblage à oulice.** — Cet assemblage représenté sur les figures 390 à 392 n'est plus guère employé aujourd'hui. Il présente quelque analogie avec l'assemblage d'onglet employé en menuiserie.

**Assemblage à mi-bois d'une pièce non rectangulaire** (*fig.* 393 et 394). — Traçons la section *abcd* de la pièce B et *mnpq* de la pièce A. Projetons les arêtes de B perpendiculairement à *ad* et celle de A faisant avec ces dernières un certain angle.

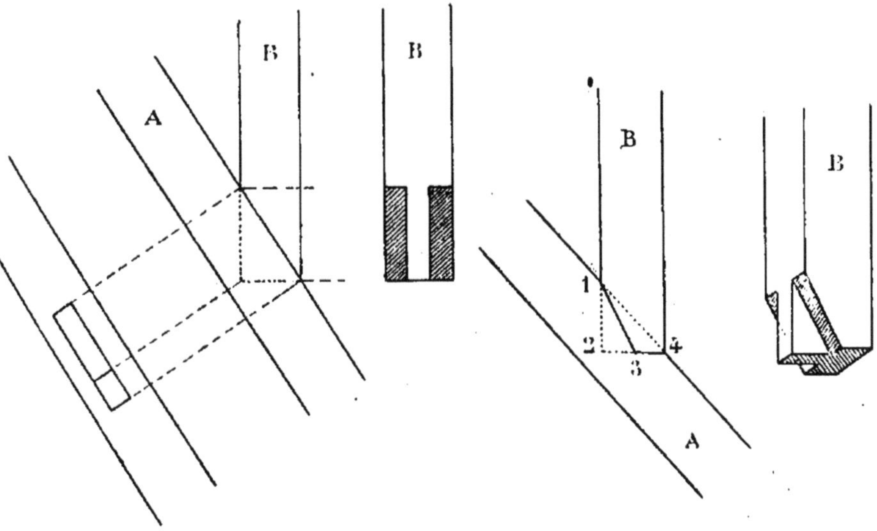


Fig. 390. Fig. 391 et 392.

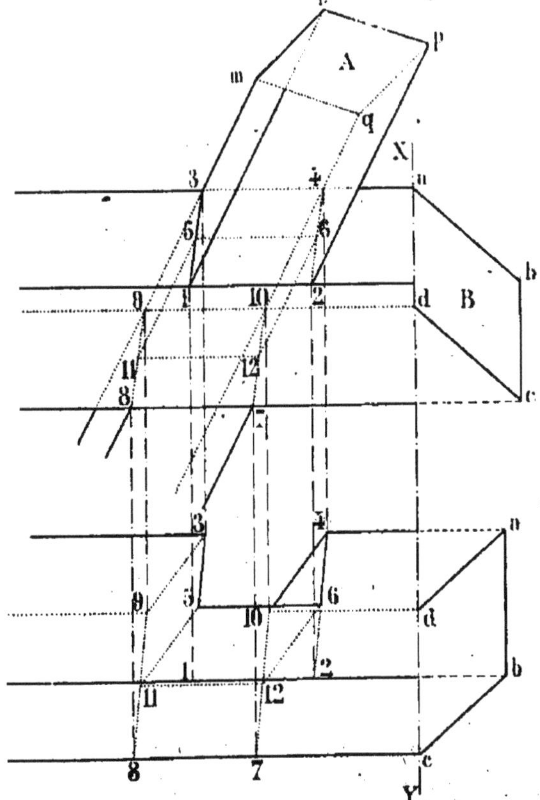


Fig. 393 et 394.

Les intersections des plans correspondants de chaque pièce se feront suivant les lignes qui détermineront les plans 1-2-3-4, 7-8-9-10 et le plan de l'assemblage coupant ces plans par le milieu sera 5-6-11-12.

Pour obtenir une vue de la pièce B toute seule, il faut la faire tourner autour du point *d* jusqu'à ce que le point *c* vienne s'appliquer sur la ligne verticale XY. La section vient alors dans la position *dabc*. On voit qu'on obtient l'entaille en projetant, par des verticales les points de la figure 393 et par des horizontales les points correspondants de la figure 394.

Puisque la face *ab* se projette en vraie grandeur, la ligne 5-6 sera au milieu de cette distance *ab*. On l'obtiendrait aussi par la projection des points 5-6 de la figure 393.

**Assemblage avec tenon et mortaise** (*fig.* 395 et 396). — Soit X*v*4'*x* la projection de la pièce avec tenon et mortaise. Prenons X'Y', perpendiculaire à la direction des arêtes de la pièce portant le tenon, comme intersection des plans, sur l'un desquels se projette cette pièce en *abcd*.

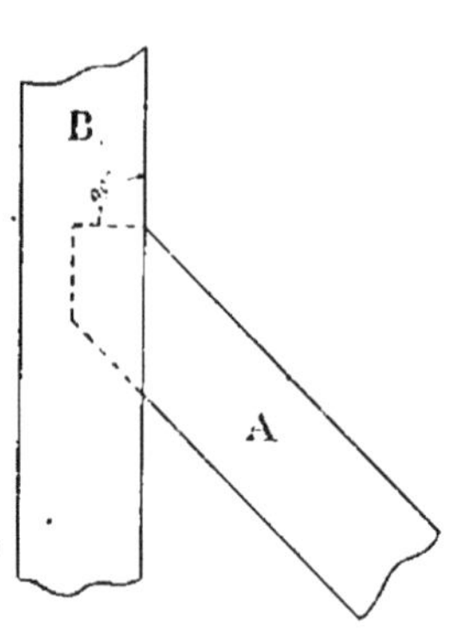

Fig. 395.

Les intersections des arêtes correspondantes des deux pièces déterminent le plan d'intersection 1-2-3-4. Le tenon s'obtient facilement.

Les arêtes 5-9 et 6-10 sont parallèles aux grandes arêtes de la pièce B; celles 9-11 et 10-12 sont parallèles à celles de la pièce A. Quant à la partie supérieure du tenon, qu'on termine ordinairement par un plan perpendiculaire à la pièce qui porte la mortaise, on l'obtiendra en menant 4'*y* perpendiculaire sur *v*4'. Au point *y* où cette ligne rencontre XY menons *yg* jusqu'à l'horizontale du point 4, et par les points 7-8, menons des parallèles à *g*-3. Enfin déterminons le plan supérieur du tenon dont l'intersection avec le plan vertical de face est 11-12.

De même que précédemment, pour obtenir une autre vue de la pièce B, appliquons la face *ad* sur X'Y' et projetons les arêtes correspondantes des points *abcd* et des points 1-2-3-4. Les autres points s'obtiennent facilement 5-9,10-6 parallèles à 1 *a*; 9-11,10-12 parallèles à 1-3 ainsi que 5-7, 6-8.

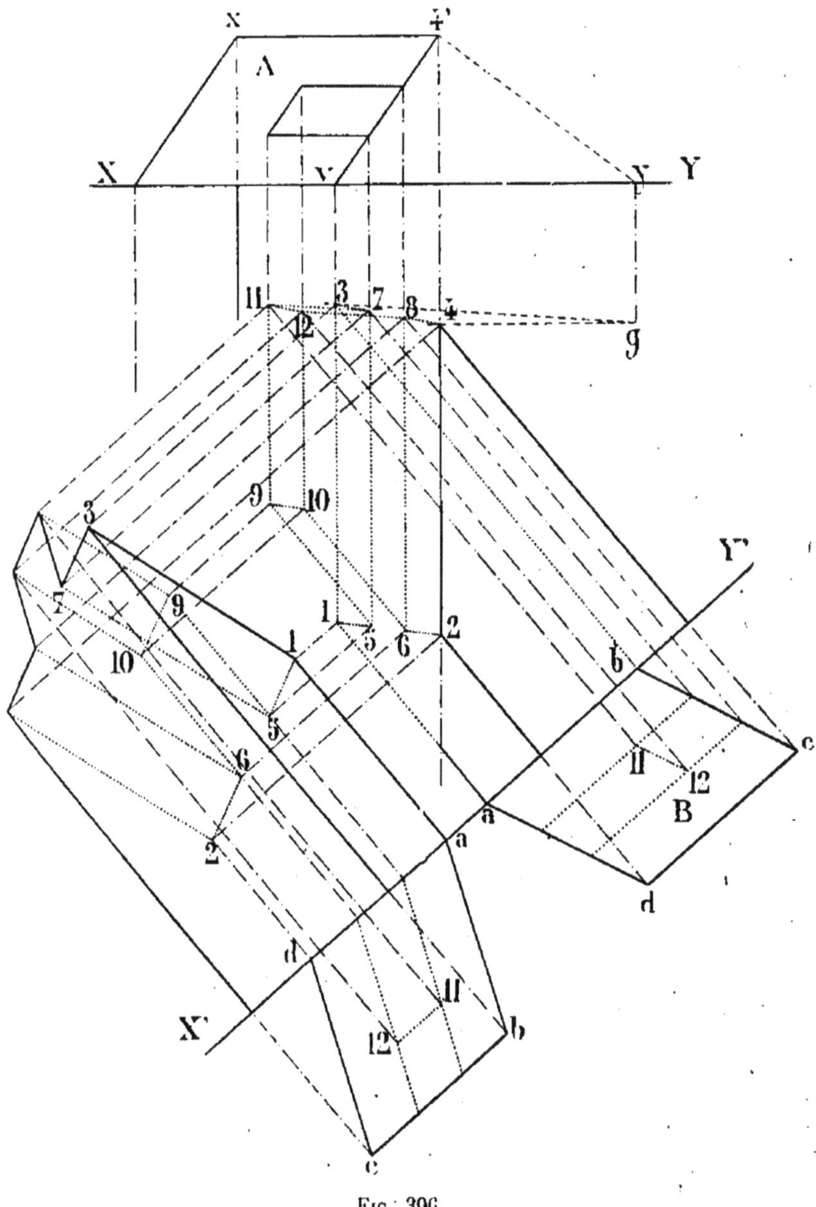


Fig. 396.

On aurait pu se servir du plan B en y traçant le tenon, on aurait obtenu alors directement la ligne 11-12.

**Entures**. — On appelle enture l'assemblage de pièces se joignant en ligne droite.

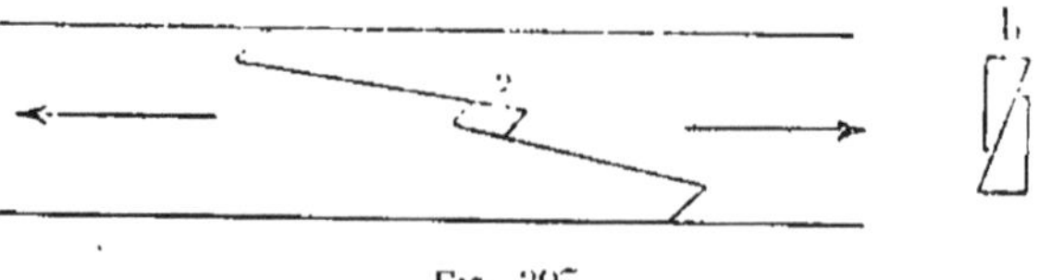

Fig. 397.

Une des entures les plus employées est le trait de Jupiter.

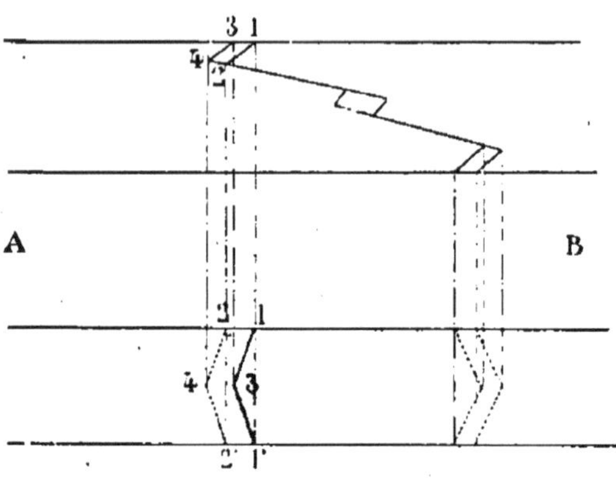


Fig. 398.

Les deux pièces à réunir sont taillées comme il est indiqué sur la figure 397.

On *chasse* dans l'espace laissé vide *a* les deux clés *b*. Cet assemblage est fait pour résister à l'effort agissant dans la direction des deux flèches.

**Trait de Jupiter avec about en coupe brisée.** — Les abouts sont disposés en chevrons.

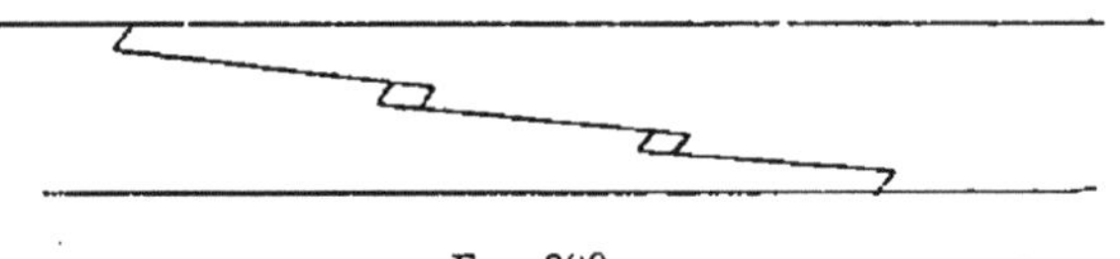

Fig. 399.

On trace les lignes 1-2-3-4 en projection verticale (*fig*. 398). On en déduit facilement la projection horizontale.

Le trait de Jupiter se fait aussi à deux ou plusieurs redans.

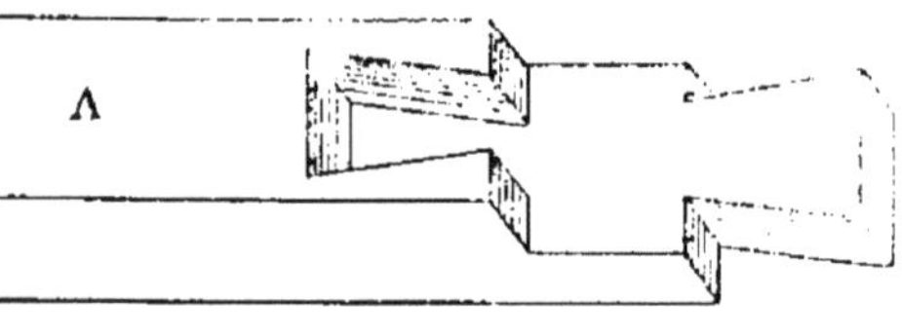


Fig. 400.

**Enture en queue d'hironde.** — Lorsque l'effort auquel les pièces sont soumises est faible, on emploie comme enture, la *queue d'hironde à mi-bois*, représentée par les figures 399 et 400. Sur la figure 400 on voit la perspective cavalière de la pièce A entaillée.

**Moises.** — Les moises sont toujours assemblées deux par deux. Elles servent à relier solidement une série de pièces

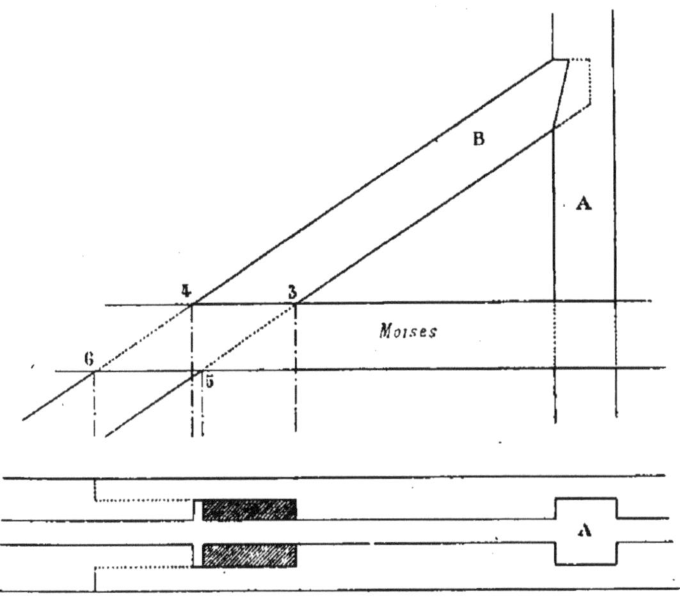


Fig. 401.

appartenant à un même pan de bois, par exemple le poinçon A et l'arbalétrier B de la figure 401.

**Poutre armée.** — Les pièces de bois doivent travailler dans le sens de leur longueur et jamais perpendiculairement à cette direction.

C'est sur ce principe qu'est construite la *poutre armée*

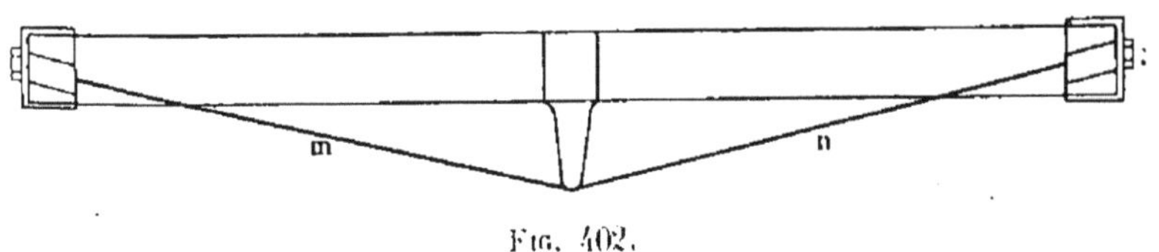


Fig. 402.

(*fig.* 402). La pression agissant d'abord perpendiculairement est reportée dans le sens de la longueur par les tirants *m* et *n*.

**Ferme Polonceau.** — Cette ferme est une véritable poutre armée.

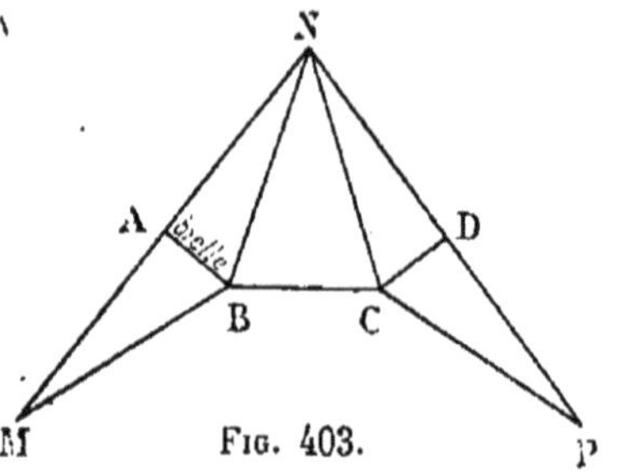

Fig. 403.

Si la pièce MN fléchit, BM et BN la ramènent; BC tient les points M et P (*fig.* 403).

**Ferme de 4 mètres d'ouverture.** — On appelle *ferme* l'ensemble de plusieurs pièces de bois assemblées, disposées suivant la largeur de l'édifice, et destinées à soutenir la couverture (*fig.* 404).

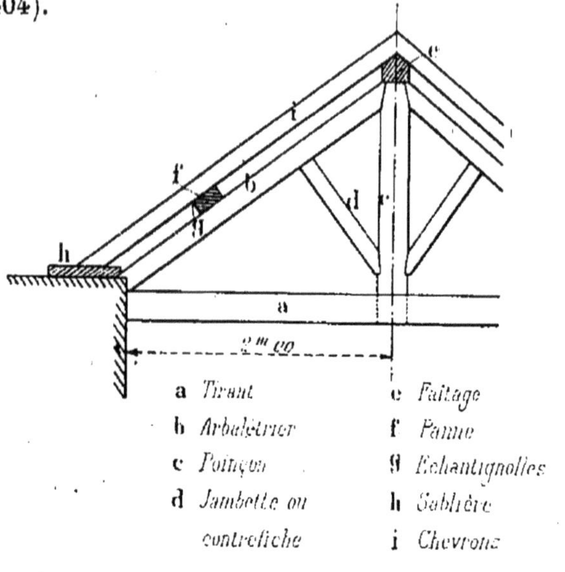

Fig. 404.

Ces fermes sont en général espacées de 3 mètres entre elles.

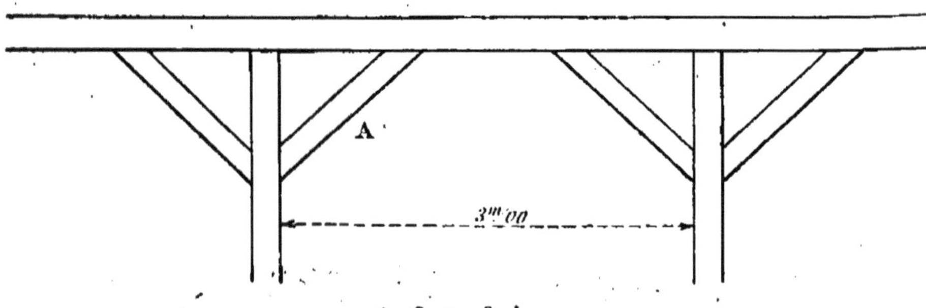

Fig. 405.

Les chevrons sont espacés d'environ 0m,45.

Tous les poinçons avec leurs contrefiches les reliant au faîtage forment ce qu'on appelle la *ferme sous faîte*.

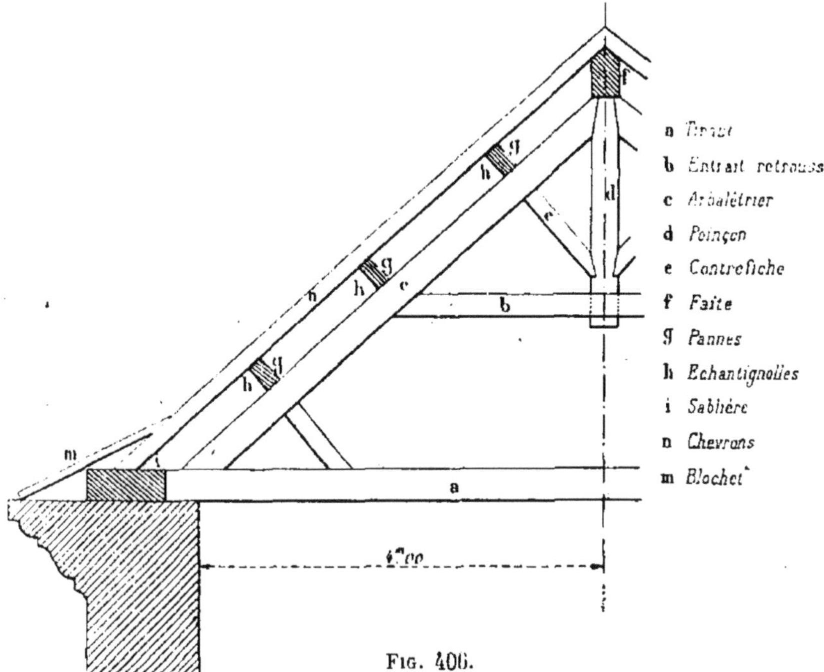


Fig. 406.

**Ferme de 8 mètres d'ouverture.** — Le plus souvent elle comprend les pièces désignées ci-dessus (*fig.* 406).

Pour une portée de dix mètres on modifie quelquefois la ferme comme il est indiqué sur la figure 407.

*a*, arbalétrier ;

*b*, faux arbalétrier ou jambe de force ;

*c*, aisselier.

Fig. 407.

**Comble à la Mansard.** — Dans la disposition la plus ordinairement employée pour le comble à la Mansard, on divise le demi-cercle en 4 parties égales (*fig.*, 408). Mais si l'on veut donner une grande hauteur aux logements qui recouvrent les combles mansards, on divise la demi-portée AF en trois parties égales et, sur la tangente au demi-cercle, on porte deux de ces parties, ce qui détermine le point B. On obtient de même le point D et, par suite, le profil ABCDE.

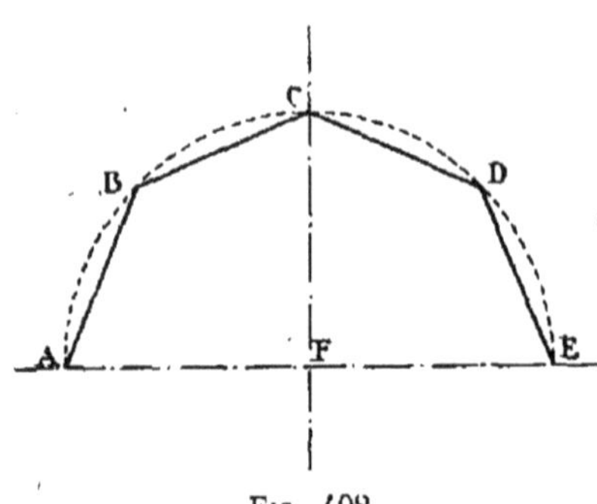


Fig. 408.

**Combles et croupes.** — Dans un ensemble de constructions accolées (*fig.* 409), voici les

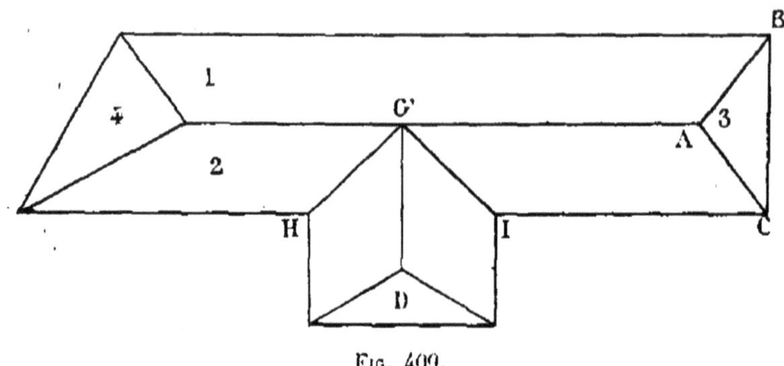


Fig. 409.

noms que l'on donne aux différentes parties de la couverture :

1-2, Egouts de long pan ;

3, Egout de croupe droite ;

4, Egout de croupe biaise.

Pour l'avant-corps HDI, on a 2 égouts de long pan et 1 égout de croupe.

AB-AC, arbalétriers d'arêtiers ;

HG-GI, noues ;

GD, faîte.

Les chevrons incomplets entre les points A et B sont des *empanons de croupe*.

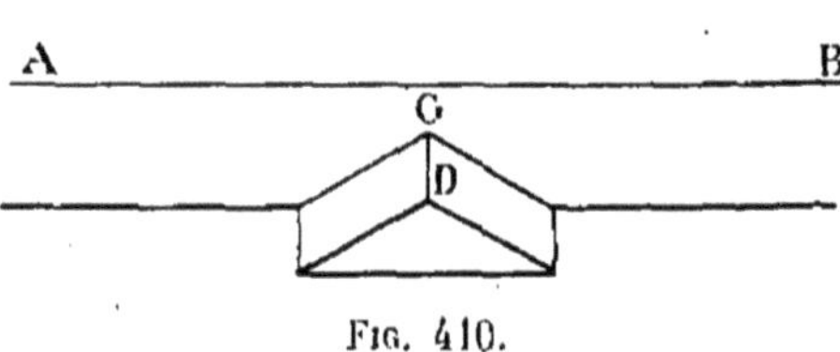


Fig. 410.

Ceux qui sont situés entre le point G et H sont des *empanons de noue*.

Lorsque la ligne GD n'est pas, comme dans l'exemple précédent, dans le plan du faîte du bâtiment et qu'elle est au-dessous, comme sur la figure 410, c'est un *nollet*.

**Niveau et devers.** — On dit qu'une pièce est *de niveau* quand les grandes arêtes sont horizontales.

Elle est *de devers* quand les perpendiculaires aux grandes arêtes sont horizontales, quoique la pièce ait une inclinaison sur l'horizon.

Elle est *déversée* quand ces mêmes perpendiculaires aux grandes arêtes sont obliques. La pièce est alors oblique dans les deux sens.

Enfin la pièce est de *niveau et de devers* quand elle est à plat.

## CROUPE DROITE

**Epure de l'arbalétrier de long pan.** — On commencera la série des épures par celle qui contient les détails nécessaires pour exécuter toutes les parties d'une croupe droite.

On appelle *enrayure* un ensemble de pièces dont les axes sont tous dans un même plan. Une ferme est une enrayure dont les axes sont tous dans un même plan vertical.

Dans une croupe droite la distance OA est toujours plus petite que OB. On prend ordinairement $OA = \frac{2}{3} OB$ (*fig.* 411).

Traçons les lignes *o*A (*fig.* 414), *o*B et pour tracer le poinçon prenons *oc* égale à la dimension qu'on veut lui donner (son autre dimension a déjà été portée par moitié à droite et à gauche du point *c*), menons *cn* parallèle à *o*A et le point *n* où cette parallèle rencontre *nq* détermine l'arête *nm* du poinçon ; on porte alors à partir de *nm*, son autre dimension *mp*. Dans cette position le poinçon est dit *dévoyé* parce que la ligne *oc* ne passe pas par son centre de figure.

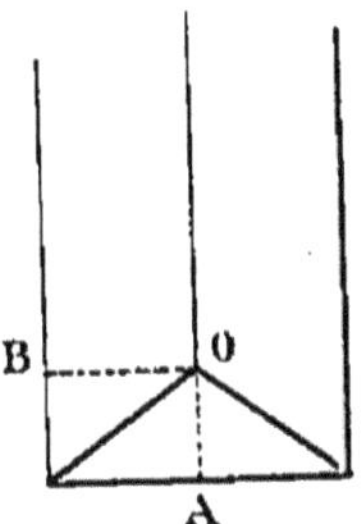

Fig. 411.

La ligne *oc* s'appelle la *ligne de voie*.

Le poinçon étant tracé, on représentera le tirant A qu'on

fait ordinairement d'un équarrissage un peu plus faible que le poinçon en le traçant dans l'axe de celui-ci.

La pièce D qu'on nomme *collier* est menée parallèlement à *o*A. Elle est aussi dévoyée par la construction que l'on a vue, en menant A*b* perpendiculaire sur *o*A et égale à la dimension que l'on veut donner à cette pièce, menant *bc* parallèle à AB et *cd* perpendiculaire à *o*A. La *ligne de voie* de cette pièce D est *o*A. Cette construction que l'on a reproduite encore pour l'arbalétrier d'arêtier F est employée en charpente sous le nom de : *Loi des homologues.*

La pièce D est engagée à mi-bois dans une pièce E qu'on appelle un *gousset* et qui est menée parallèlement à la diagonale du rectangle formant la partie vide de l'enrayure. Le gousset est engagé dans le tirant de la ferme de long pan et dans le tirant de la *demi-ferme de croupe* à tenon et mortaise ; mais pour plus de facilité on l'assemble souvent à mi-bois.

L'arbalétrier d'arêtier F dont la section est F' est obtenu par le tracé indiqué ci-dessus. La face *ff'* est le plan de l'égout de long pan, la face *f'f''* est le plan de l'égout de croupe. On voit que l'arbalétrier d'arêtier est aussi dévoyé et que la ligne de voie est *o*B.

On termine l'arbalétrier d'arêtier à l'endroit où il rencontre l'arbalétrier de long pan en joignant le point 2 où ces deux pièces se rencontrent au point *o*. On fait de même du côté de l'arbalétrier de la demi-ferme de croupe, cette surface suivant laquelle ces deux pièces de bois se rencontrent se nomme *face de déjoutement.*

La surface, formée par les points 3-*n*-4 suivant lesquels l'arbalétrier d'arêtier vient simplement reposer sur le poinçon, s'appelle l'*engueulement.*

Il y a deux espèces de déjoutements : le *déjoutement en tour ronde*, et *le déjoutement de pavillon.* C'est le déjoutement en tour ronde qui est représenté sur l'épure de la figure 414.

Représentons figure 413 en projection horizontale l'arbalétrier de long pan, et déterminons la projection verticale. Il n'y a, pour la projection horizontale, qu'à reproduire l'arbalétrier représenté figure 414, avec son tenon pénétrant dans le poinçon et son embrèvement. On indiquera aussi, à sa partie inférieure, l'embrèvement et le tenon qui pénètre dans le tirant.

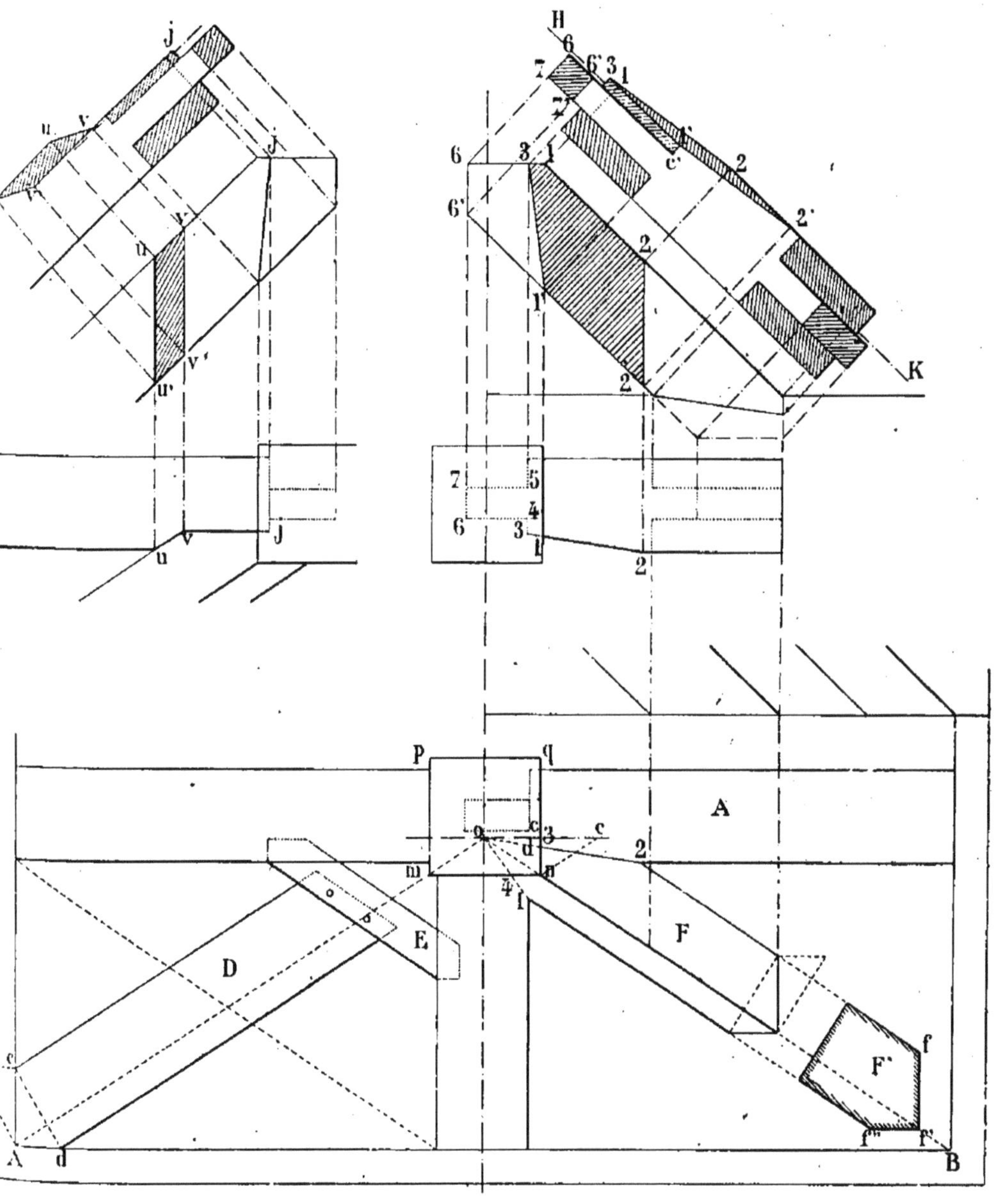


Fig. 412, 413 et 414.

La face de déjoutement se projette suivant 2'2-1-3-1' et le tenon suivant 1'-3-6-6'.

*Donnons quartier* à la pièce et traçons d'abord la ligne de voie HK. Il ne restera plus pour les dimensions transversales qu'à prendre les largeurs sur la figure 414 de chaque côté de la ligne de voie et à les porter du côté correspondant de la ligne de voie de la figure 413.

Pour le tenon de la partie inférieure le tracé est facile. Le tenon devant toujours être dans l'axe de la pièce, il suffit de tracer son épaisseur au milieu de la largeur de la pièce, sans s'occuper de la ligne de voie, et de projeter les points du tenon et de l'embrèvement pris sur la projection verticale.

On tracera de même pour la partie supérieure le tenon au milieu de la pièce et l'on portera à droite du tenon la distance *cd* de *c'* en 1'. La face de déjoutement se projette en 1'-2',2-1. Le reste de la projection du tenon ne présente pas de difficultés.

La figure 412 représente le *déjoutement de pavillon*. Il consiste à prolonger l'arête de l'arbalétrier d'arêtier qui rencontre celui de long pan, d'une certaine quantité *uv* et à mener par *v* une parallèle aux grandes arêtes de la pièce. La face de déjoutement se projette verticalement suivant *u'v'vu* et après avoir donné quartier suivant *vuu'v'*.

Le tenon est obtenu comme précédemment.

**Epure de l'arbalétrier d'arêtier** (*fig.* 415). — Traçons l'arbalétrier d'arêtier en projection horizontale ; comme on l'a obtenu dans l'épure précédente ; mais ramenons-le pour la clarté de l'épure, parallèlement au plan vertical ; on construira les lignes A-4-A2 perpendiculaires entr'elles et qui sont *les lignes d'about*, ainsi que les lignes B3-B1 qui sont les *lignes de gorge*. Portons A*m* égale à la largeur de l'arbalétrier, menons *m*-4 parallèle à A-2, les points 4 et 2 déterminent les arêtes de l'arbalétrier d'arêtier, par rapport à la ligne de voie A*o*. *Il est dévoyé.*

Traçons le poinçon et l'engueulement comme dans l'épure précédente à la partie supérieure de l'arbalétrier et le tenon à la partie inférieure dans le milieu de la pièce.

Pour obtenir la projection verticale, projetons le point A en A sur la ligne XA et traçons la ligne de voie A*o* ayant l'inclinaison donnée de l'arbalétrier. Les autres arêtes s'o-b tiennent facilement par projection. Traçons maintenant le tenon et l'embrèvement 1'-7-6-5-2 et déterminons leurs projections après avoir *donné quartier* à l'arbalétrier. Pour cela,

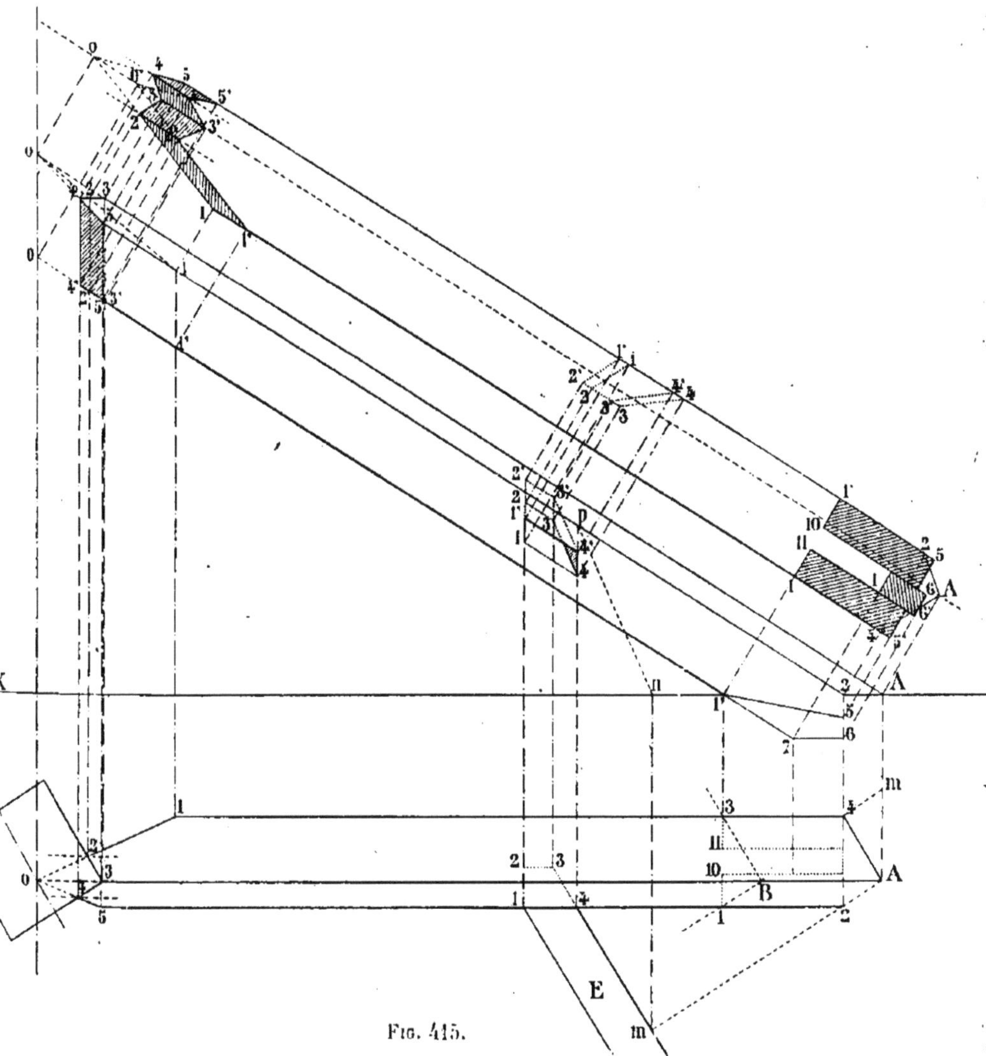

Fig. 415.

comme précédemment on tracera la ligne de voie A*o* parallèlement aux grandes arêtes et on prendra les largeurs de chaque côté de cette ligne sur la projection horizontale. Le tenon et l'embrèvement s'obtiennent alors facilement par projection. Il faut remarquer que le tenon n'ayant pas été prolongé jusqu'à l'arête Ao, il reste une petite surface triangulaire qui se projette en 4-A-2.

Voyons maintenant la projection verticale de la partie supérieure.

Remarquons d'abord que les lignes 2-3-3-4 sont parallèles respectivement aux lignes A-4-A-2 de la partie inférieure qui ont été nommées *lignes d'about*. Or celles-ci étant horizontales, les premières le sont nécessairement. Il en résulte que par le point 3 où la ligne 3-3 rencontre Ao on mènera 3-4 horizontalement, que la plus grande face de déjoutement qui est cachée se projettera suivant la surface 1'-1-2-2' et la plus petite qui est vue suivant 5'5, 44' (on met toujours des hachures sur les parties où le bois a dû être enlevé).

Les faces de l'engueulement qui sont cachées toutes deux se projettent : l'une suivant 4'4-3-3', l'autre suivant 2'2-3-3'. Comme vérification de cette construction les lignes 1-2-5-4 qui représentent les deux faces de déjoutement doivent concourir au point *o* où la ligne Ao rencontre *oo'*.

Construisons cette partie supérieure de l'arbalétrier d'arêtier après avoir *donné quartier* à la pièce comme il a été fait pour la partie inférieure. — Pour cela prenons sur la projection horizontale de la pièce les distances des lignes menées par les points 2 et 4 parallèlement à la ligne de voie *o*A, et portons-les de part et d'autre de la 3e ligne de voie Ao et dans le sens qui convient par rapport à cette ligne. — Ceci fait il ne reste qu'à projeter. Les points 22'-44' viennent sur les lignes que l'on vient ainsi d'obtenir ; les autres points déterminent la grande face de déjoutement 11'-2'-2, la petite face de déjoutement 4-55'4' et les deux faces de l'engueulement 22'3'-3-33'4'4.

La même vérification que précédemment doit conduire les lignes 1-2-5-4 au point *o*. Il existe même une 2e vérification pour le point *o* qui correspond à l'arête inférieure de la pièce ; ce point *o* vient en *o'* après avoir donné quartier et les lignes 1'2'-5'4' doivent y concourir.

On a ainsi toutes les projections de l'arbalétrier d'arêtier.

**Chevron d'arêtier.** — Pour le chevron d'arêtier, l'épure à faire serait identique à celle qui vient d'être indiquée pour l'arbalétrier d'arêtier, sauf pour le tenon de la partie inférieure *qui serait supprimé, mais c'est le chevron* d'arêtier qui reçoit les empanons et c'est sur lui qu'on doit pratiquer les mortaises.

On représentera donc, pour ne pas recommencer la même épure, une mortaise sur l'arbalétrier d'arêtier, mais il faut se rappeler qu'elle s'applique au chevron d'arêtier et non à l'arbalétrier.

L'empanon E avec sa mortaise 1-2-3-4 est parallèle à la ligne A4 (*fig.* 415). On le tracera donc facilement en projection horizontale. L'ouverture en projection verticale est 1-4-1'-4'. Pour avoir la direction des arêtes de la mortaise, on remarquera que ces arêtes sont parallèles à l'intersection du plan de croupe avec un plan vertical. Les traces de ces deux plans sont les lignes A*m* et *m*-4 et leur intersection est *np*. Traçons donc les deux lignes 4'-3'-4-3 parallèles à cette ligne *np* et projetant l'arête 3, la mortaise s'achève facilement sur les trois figures.

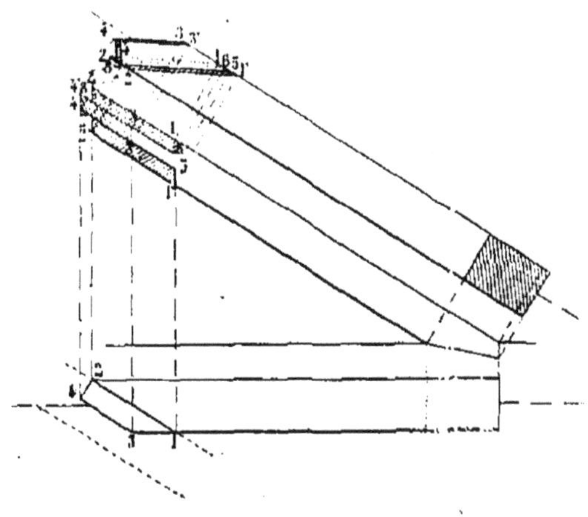

Fig. 416.

**Chevron de long pan.** — La figure 416 représente un chevron de long pan. Il porte un embrèvement et pas de tenon à la partie inférieure. On voit facilement sur l'épure comment on obtient les projections du tenon qui pénètre dans l'arêtier.

## CROUPE BIAISE

**Définition.** — On dit qu'une croupe est biaise quand sa projection horizontale n'est pas un rectangle.

Lorsqu'une pièce primitivement rectangulaire *acfd* doit,

par suite de sa position, prendre la forme d'un parallélogramme, *befc*, on dit qu'elle est *délardée* (*fig*. 417).

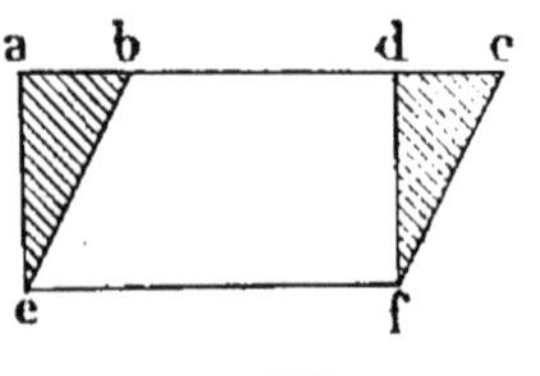


Fig. 417.

**Disposition de la croupe**. — La figure 418 représente les pièces principales d'une croupe biaise.

On tracera, comme on l'a déjà fait, les lignes de gorge et d'about avec l'inclinaison déterminée de la croupe, ainsi que les chevrons d'arêtier par le procédé dit : Loi des homologues.

Pour avoir le poinçon on tracera sa demi-largeur de part et d'autre de l'axe, ces lignes rencontreront les lignes de voie des chevrons d'arêtier en *p* et *q* qui détermineront la ligne *pq*

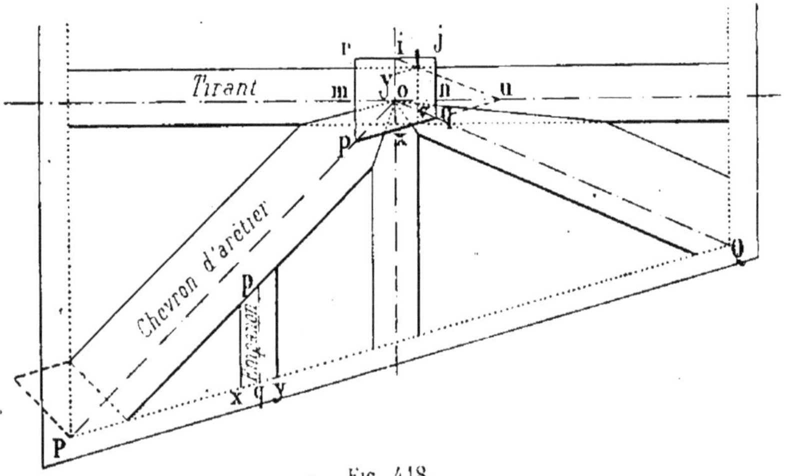


Fig. 418.

parallèle à PQ ; puis on portera de *p* en *r* l'autre dimension qu'on veut donner au poinçon. Ce poinçon n'étant pas rectangulaire est dit *délardé*.

Pour obtenir le tirant prolongeons *pq* jusqu'en *u* ; joignons *ui*, portons en *xq* la dimension qu'on veut donner au tirant, menons *yt* parallèle à *pq* et *tv* parallèle à l'axe ; les lignes menées perpendiculairement à l'axe par les points *t* et *v* sont les grandes arêtes du tirant.

Les arêtiers ne présentent pas de nouvelles difficultés dans la croupe biaise ; les épures seraient les mêmes que celles déjà faites pour la croupe droite.

On fera seulement l'épure de l'empanon qui se trouve dans une position spéciale.

En effet, si on veut lui conserver sa forme rectangulaire, la ligne $xy$ étant horizontale n'est pas perpendiculaire aux grandes arêtes, l'empanon n'est pas de devers. — On dit alors qu'il est *déversé*.

Si au contraire on veut que les faces de l'empanon restent verticales, la section n'est plus rectangulaire, l'empanon est *délardé*.

**Empanon délardé.** — C'est dans cette position que l'épure (*fig.* 419 et 420) représente l'empanon.

Il est désigné par la lettre A ; l'arêtier désigné par la lettre B est indiqué en ponctué ainsi que les lignes d'about et de gorge qui forment un des angles de la croupe biaise.

Il faut remarquer que la ligne de voie de l'arêtier forme avec les deux côtés extérieurs de la croupe des angles inégaux, puisque, comme on l'a vu, la pente est plus forte sur la croupe que sur le long pan.

L'inclinaison du lattis de long pan est déterminée par l'angle $HZh$ et la ligne $Hh$ est la hauteur connue qui détermine l'inclinaison de l'arêtier. Ayant cette hauteur, projetons l'empanon sur un plan parallèle à sa projection A.

Les points $xytz$ qui sont ceux de l'embrèvement se projettent sur la ligne LT, et les points $ab$ 1-2 qui déterminent le tenon se projettent en $abcd$ 1-2-3-4-5-6-7-8 sur l'arêtier.

En joignant les points qui se correspondent de l'embrèvement au tenon, on obtient la projection complète de l'empanon.

Pour donner quartier, la section n'étant pas rectangulaire, la pièce ne tournera pas de 90°. Cherchons donc la section droite de l'empanon. Pour cela coupons le solide par le plan perpendiculaire $P'\alpha P$, la section se rabat sur la projection A suivant $a_1\, b_1\, c_1\, d_1$ ; reportons cette section sur la ligne $\alpha P'$ en portant sur cette ligne l'arête $a_1 b_1$. Le solide a donc, en réalité, tourné de l'angle représenté sur la projection A par $a_1\, b_1\, y$. Comme vérification les lignes $a_1\, b_1$ et $c_1\, d_1$ doivent concourir respectivement aux points $o$ et $o'$, car ces lignes sont les intersections des plans de la face supérieure et de la face in-

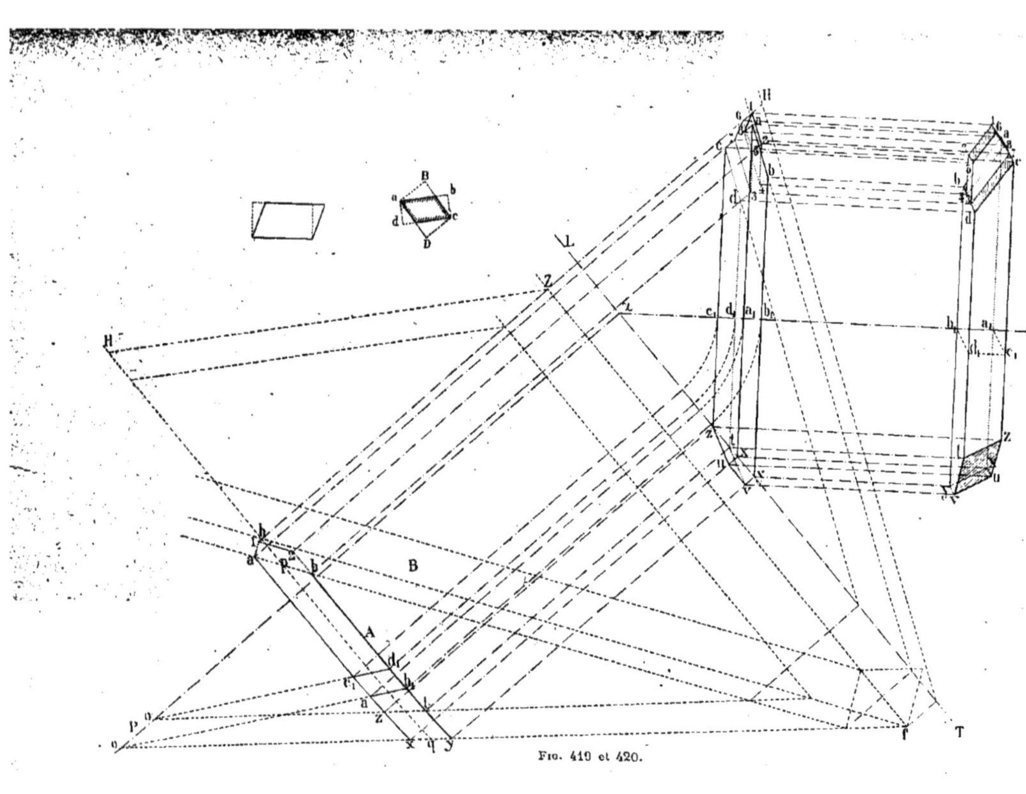

FIG. 419 et 420.

férieure de l'empanon avec le plan perpendiculaire P'αP.

Il ne reste plus qu'à mener par les points *abcd* des perpendiculaires à αP' et à projeter les points de la projection précédemment obtenue. Pour l'embrèvement on obtient la ligne *yv* en menant la perpendiculaire sur *xy*.

**Pour savoir quelle est la section qu'il est le plus avantageux de prendre, on calculera les surfaces des deux rectangles *abcd* et *a*BcD et l'on prendra celle qui présentera le moins de déchet.**

## CHAPITRE V

# COUPE DES PIERRES

## PRÉLIMINAIRES

**Définitions.** — La coupe des pierres ou stéréotomie est une branche de la géométrie qui a pour objet d'étudier les formes qu'il convient de donner aux pierres de taille, selon le genre de construction où elles doivent entrer et selon la place qu'elles doivent y occuper.

La forme générale de l'édifice à construire étant géométriquement définie, la nature des matériaux à employer, ainsi que les conditions de sta-

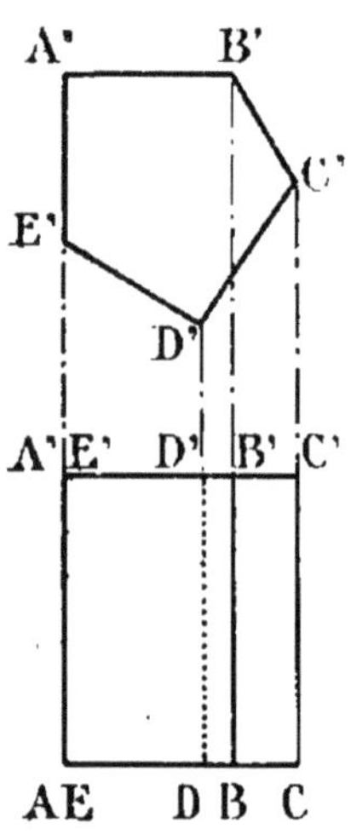

Fig. 421.

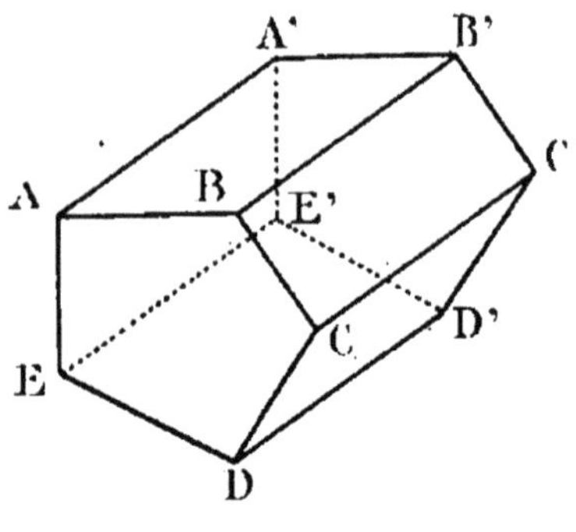

Fig. 422.

bilité auxquelles la construction doit satisfaire, déterminent les règles à suivre pour diviser le massif en parties juxtaposées dont chacune est formée d'un bloc distinct. Le mode de division employé dans chaque partie de l'édifice est ce qu'on appelle *l'appareil* propre de cette partie de la construction.

Pour exécuter un projet de bâtiment, on commence par tracer une *épure* sur laquelle sont figurées par leurs projections l'ensemble des masses solides qui constituent la construction, c'est l'épure d'ensemble de l'ouvrage.

Dans les épures de stéréotomie que l'on étudiera, on cherchera d'abord les projections du voussoir, puis, comme il sera très utile de représenter ce voussoir en perspective pour en faire comprendre les formes, on rappellera sommaire ment les principes de la perspective cavalière.

Soit un solide (*fig.* 421) donné en projections horizontale et verticale à représenter en perspective cavalière. On dessine, à une échelle déterminée, une des faces A'B'C'D'E' du solide (*fig.* 422). On mène par les sommets du polygone ainsi formé des lignes dans une direction quelconque. On porte sur ces lignes des longueurs correspondant à chaque arête et généralement plus petites que la vraie grandeur de cette arête. Ainsi se trouve formé, à l'autre extrémité du solide, un polygone semblable au premier. Les lignes qui joignent les sommets de ces deux polygones sont les arêtes du solide.

**Taille des pierres.** — Il y a deux méthodes de taille :

1° Taille par équarrissement;

2° Taille directe..

Dans la taille par équarrissement on prend le *solide capable*, c'est-à-dire ordinairement un parallélipipède rectangle capable de contenir la pierre, et on enlève de ce solide toutes les parties qui n'appartiennent pas au voussoir.

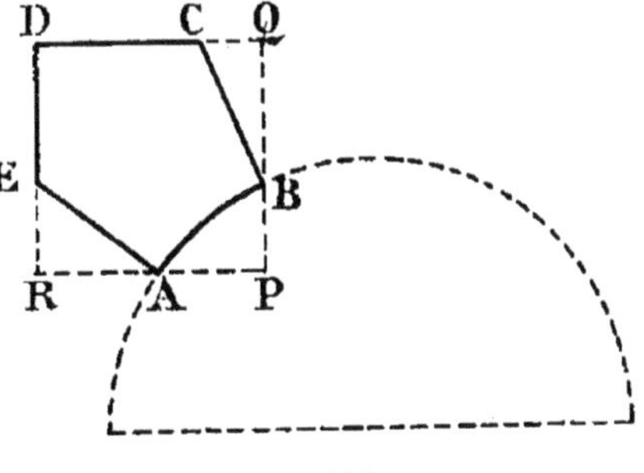

Fig. 423.

Soit, par exemple, le voussoir ABCDE; on prend le *solide capable*, c'est-à-dire une pièce dont la section PQRD puisse contenir la section ABCDE du voussoir et dont la longueur soit égale à celle de ce voussoir (*fig.* 423).

Sur la face PQRD on trace la figure ABCDE et sur la face P'Q'R'D' la figure A'B'C'D'E' (*fig.* 424). On voit qu'il suffit, par exemple, de faire passer un plan par les deux lignes CB-C'B' et d'abattre la portion BQC-B'Q'C'. On ferait de même pour les autres faces. La surface d'intrados de la voûte se trouve déterminée par le plan qui passe par les lignes AB-A'B'.

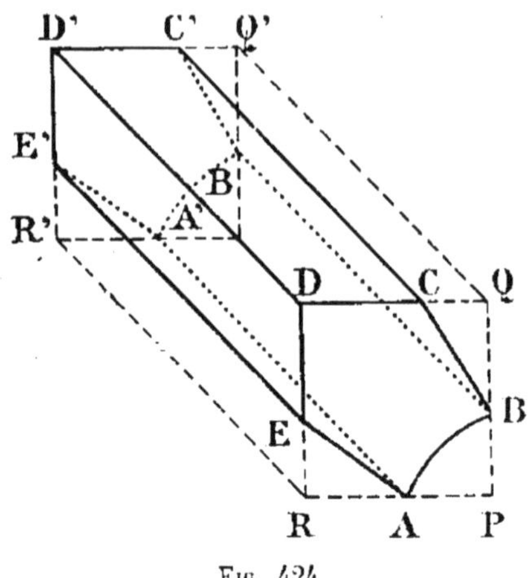

Fig. 424.

Dans la taille directe on prend le bloc de pierre tel qu'il sort de la carrière et qu'on juge pouvoir contenir le voussoir. On dresse l'une des faces de la pierre à établir, puis de cette face on passe à une face voisine au moyen de biveaux et de panneaux.

On nomme biveau l'ensemble de deux règles formant un

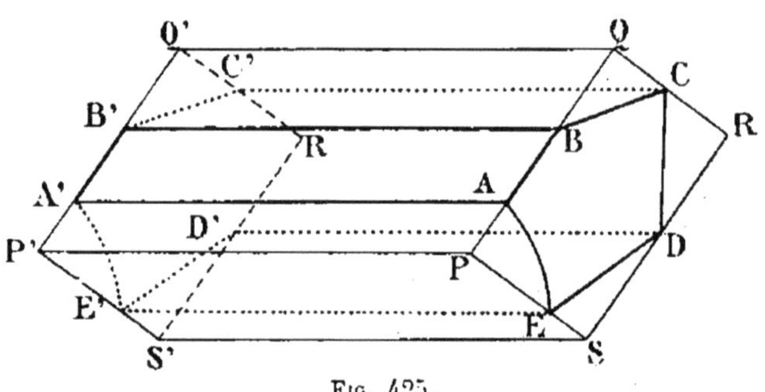

Fig. 425.

angle déterminé et permettant de passer d'un angle à un autre.

Soit, par exemple le voussoir ABCDE A'B'C'D'E'. Prenons encore le solide capable, dont on a dressé une face, la face PP'QQ'. Portons sur une arête la longueur AB et à l'aide du *biveau* qui forme l'angle ABC des deux côtés AB et BC on pourra abattre le solide BQC, B'Q'C'. On opérera de même pour chacune des faces.

La méthode de la taille directe est rarement employée et

c'est presque exclusivement la méthode d'équarrissement qui est usitée sur les chantiers.

**Tracé des courbes.** — Dans une voûte quelconque, la distance entre les piédroits est l'*ouverture ;* la hauteur entre les naissances et le point le plus haut de la voûte est la *montée ;* on distingue les voûtes en *plein cintre*, les voûtes *surhaussées* comme l'ogive, les voûtes *surbaissées* telles que l'ellipse.

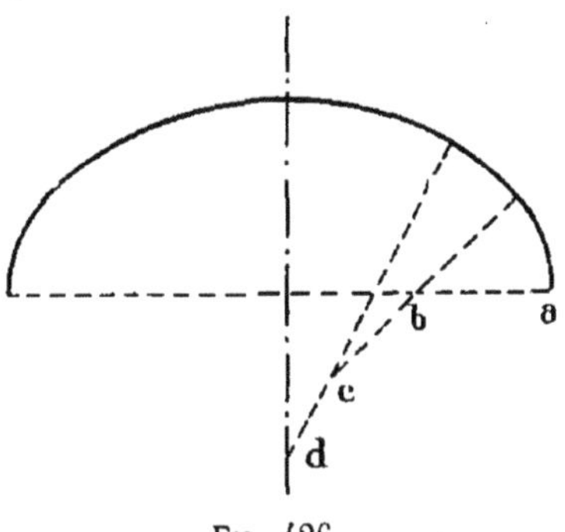

Fig. 426.

L'ellipse s'abaissant trop rapidement vers les extrémités du grand axe, on a cherché une courbe qui se relève davantage et qu'on appelle *anse de panier*. Cette forme de courbe était d'un grand intérêt à obtenir pour les ponts où il est important que le plus grand débouché possible soit donné aux eaux en temps de crue.

Le tracé de l'anse de panier consiste essentiellement à prendre les centres sur les sommets d'un polygone *abcd* en arrêtant chaque portion de courbe aux deux côtés prolongés dont le centre est l'intersection (*fig.* 426).

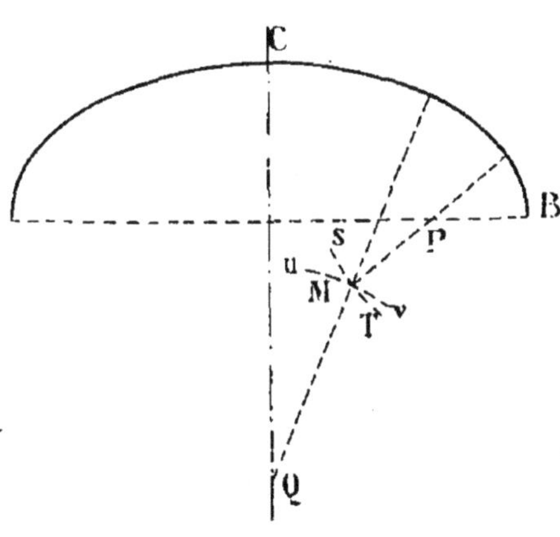

Fig. 427.

**Ellipse à cinq centres** (*fig.* 427). — Prenons le premier centre P arbitrairement ainsi que le centre Q. Le rayon intermédiaire sera moyen proportionnel entre les deux autres, soit :

$$R_1 = PB,$$
$$R_3 = QC.$$

On aura :

$$R_2 = \sqrt{R_1 \times R_3}.$$

On décrira du point P avec PB comme rayon un arc de cercle *s*MT ; du point Q on décrira avec un rayon double l'arc de cercle *u*M*r* qui coupe le premier en M. Les trois centres sont P,M,Q.

**Arcs rampants**. — Les arcs rampants sont employés dans les contreforts évidés des églises et dans les escaliers.

Soit le parallélogramme ABCD (*fig.* 428) dans lequel doit s'inscrire l'arc rampant de montée OM.

Sur AB décrivons un demi-cercle, menons des ordonnées OG, $O_1G_1$, $O_2G_2$ et aussi les verticales des points O $O_1O_2$ ; joignons le point G au point M et par les autres points $G_1$,$G_2$. menons des parallèles à GM jusqu'à la rencontre des verticales des points O,$O_1$,$O_2$. Les points d'intersection M,$M_1$,$M_2$ sont des points de la courbe.

Ce tracé donne une ellipse dont les diamètres conjugués sont AB et OM.

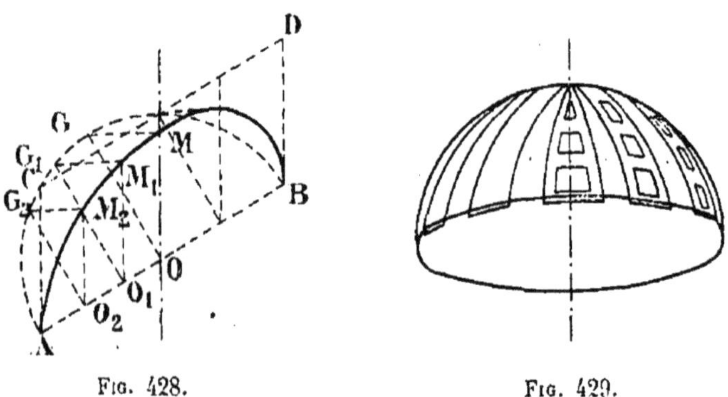


Fig. 428. Fig. 429.

**Tracé des caissons dans les voûtes sphériques**. — Les caissons sont très souvent employés dans les voûtes sphériques.

Ils sont constitués par des parties en saillie qui coupent la sphère suivant des grands cercles qui se réunissent au sommet (*fig.* 429). Ces saillies portent des ornements géométriques qu'on peut obtenir en projection par le tracé suivant :

On divise le cercle horizontal en partie *mn*-*np* alternative-

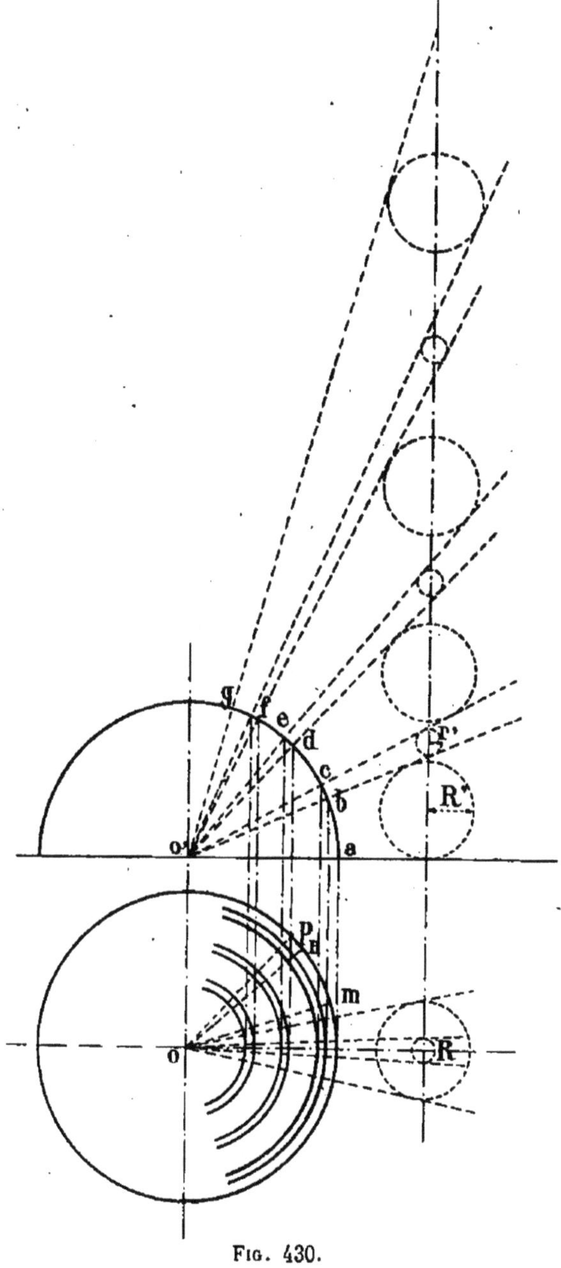


Fig. 430.

ment grandes et petites de manière à former l'intervalle entre deux caissons.

On trace deux cercles de rayon $r$ et R en projection horizontale, puis une première fois le grand cercle R′en projection verticale. On trace du centre $o'$ une tangente à ce cercle, puis on trace un petit cercle $r'$ tangent à cette droite, et ainsi de suite.

Les intersections de ces tangentes avec le cercle en projection verticale déterminent les caissons qu'on ramène en plan suivant des cercles décrits du centre $o$.

## MURS ET VOUTES

**Mur droit en talus** (*fig.* 431). — Dans un mur droit dont une des faces a du fruit, chaque pierre a la forme d'un prisme droit ayant pour base un trapèze dont la vraie grandeur est figurée en $a'c'e'g'$ sur la coupe verticale perpendiculaire aux faces du mur. L'élévation montre que le mur est formé d'assises horizontales en découpe.

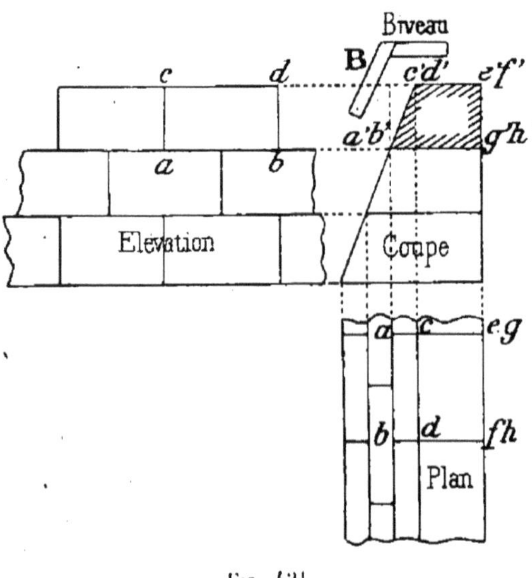

Fig. 431.

Pour tailler la pierre, il faut d'abord tailler un parallélipipède rectangle capable de la contenir. Sa base est donnée sur le plan en $abfe$ et sa hauteur est la hauteur d'une assise donnée en $ac$ sur l'élévation ou en $g'e'$ sur la coupe.

Pour tailler un parallélipipède rectangle dans la pierre grossièrement équarrie arrivant de la carrière, on dresse d'abord une face plane. Pour cela (*fig.* 432) on pratique au ciseau sur le bord de la pierre une ciselure $ab$ sur laquelle on applique une règle. Sur la face opposée on applique une seconde règle $cd$, de telle sorte que son arête supérieure $cd$

soit parallèle à l'arête inférieure *ab* de la première. On taille alors une ciselure *cd*; puis sur les autres faces des ciselures *ac* et *bd*. Il ne reste plus qu'à enlever la pierre entre les quatre ciselures; on s'assure en appuyant une règle dans toutes les positions que la face *abcd* ainsi dressée est bien plane.

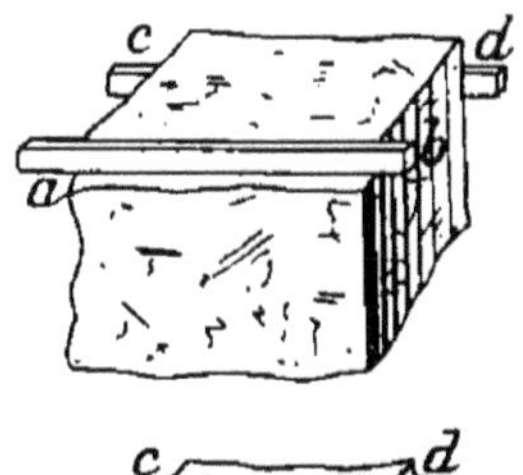


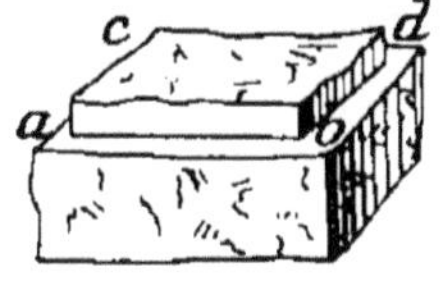


Fig. 432.

Sur la face plane obtenue, on trace au traceret la base du parallélipipède et on fait apparaître les faces verticales au moyen d'une équerre. Sur les arêtes latérales on porte des longueurs égales à la hauteur du parallélipipède, on obtient ainsi les sommets de la face inférieure, ce qui permet de la tailler.

Ayant obtenu le parallélipipède rectangle capable de contenir la pierre, on applique sur chaque face latérale le panneau de joint $b'd'f'h'$ relevé sur la coupe verticale (*fig.* 431). Le plan du parement est alors défini par les quatre sommets *abcd* et peut être taillé.

Dans la taille directe, il n'est pas nécessaire de tailler le solide capable. Sur la pierre brute on fait apparaître une face plane et on y applique le panneau de dessus $c'e'f'd'$, on passe aux faces latérales au moyen de biveaux ; pour trois de ces faces, le biveau est une équerre à angle droit; pour la face de parement *abcd* on aura le biveau B.

**Porte biaise en talus.** — On appelle *voûtes simples* celles qui sont formées par une seule surface d'intrados ; *voûtes composées* celles dont l'intrados résulte de la rencontre de plusieurs surfaces. On donnera, d'après le professeur Mannheim, l'épure de la porte biaise en talus.

Une porte plein cintre est percée dans un mur ; l'intrados est un cylindre à génératrices horizontales. La porte est *droite* si les génératrices du berceau sont perpendiculaires à la trace horizontale du parement du mur, *biaise* dans le cas contraire. Enfin, le parement du mur peut être vertical ou en talus. On prendra le cas le plus général d'une porte biaise dans un mur en talus; les constructions seront les mêmes mais plus simples dans le cas d'une porte droite dans un mur à parement vertical.

*Épure.* — On prend pour plan horizontal le plan des naissances du berceau (*fig.* 433). Le plan vertical $xy$ est perpendiculaire aux génératrices ; on a sur ce plan la section

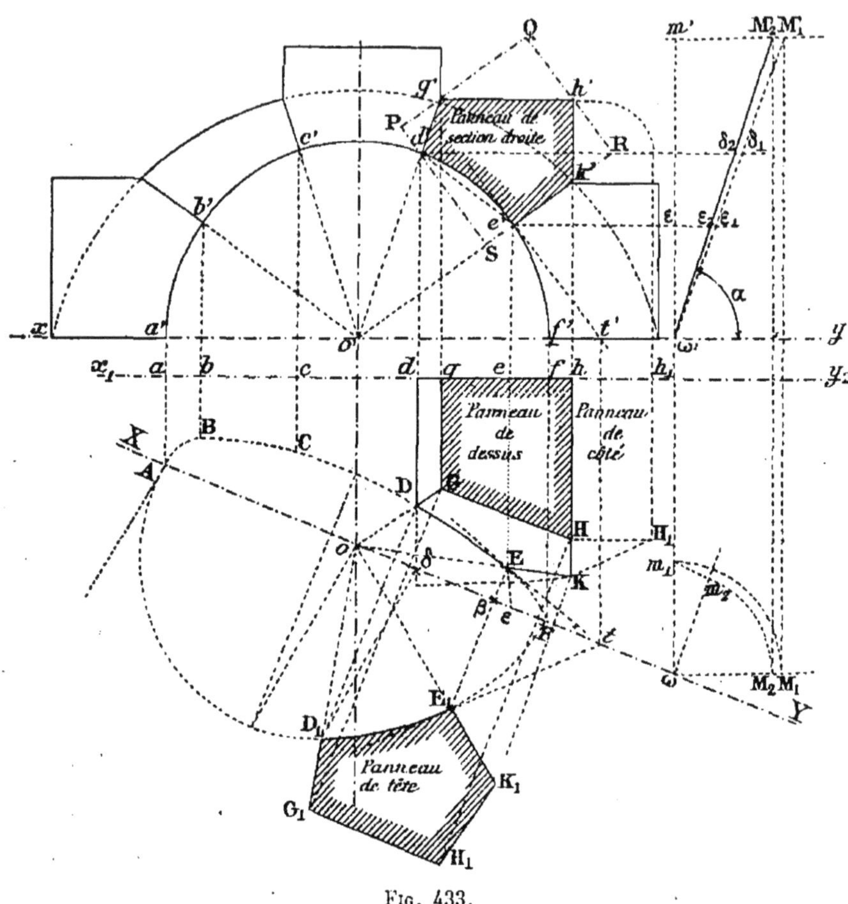


Fig. 433.

droite du berceau qui est une demi-circonférence. Soit XY la trace du parement du mur sur le plan des naissances ; enfin, on se donne le talus du mur, c'est-à-dire l'angle $\alpha$ avec l'horizontale du parement du mur.

*Appareil de la voûte.* — Le demi-cercle, section droite, de l'intrados a été divisé en un nombre impair de parties égales; les génératrices passant par les points de division $a', b', c', d', e', f'$

sont les lignes de joint des voussoirs sur l'intrados. Une surface de joint est, d'une manière générale, engendrée par le déplacement continu d'une normale à l'intrados tout le long d'une ligne de joint. En d'autres termes, c'est le lieu des normales à l'intrados en tous les points d'une ligne de joint. Les surfaces de joint sont ici des plans passant par l'axe du berceau et perpendiculaires au plan vertical $xy$ sur lequel leurs traces sont $o'a'$, $o'b'$, $o'c'$.....

La hauteur $d'g'$, $e'k'$ des joints doit être telle que l'épaisseur de la voûte soit suffisante. On place les points tels que $g'k'$...

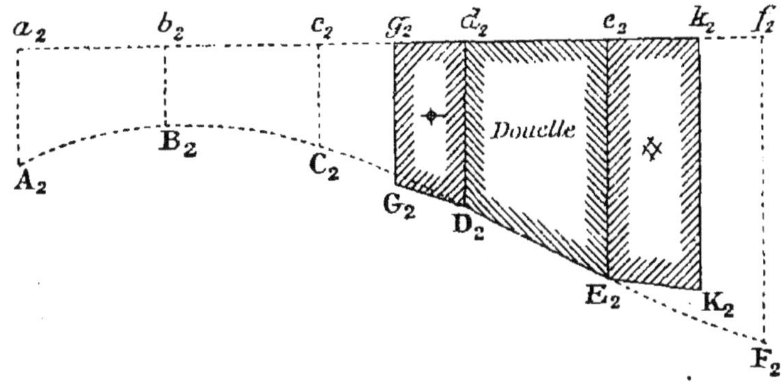


Fig. 434.

sur une ellipse de centre $o$ dont le grand axe est $xy$. On donne ainsi plus d'épaisseur aux reins $xa'$ qu'à la clef $d'g'$.

On peut *extradosser parallèlement* comme est le voussoir $b'c'$ ou *extradosser en tas de charge* comme est le voussoir $d'e'$ que l'on étudiera particulièrement. Ce voussoir sera limité par sa douelle cylindrique $d'e'$, ses plans de joint $d'g'$ et $e'k'$, le plan horizontal $g'h'$ et le plan vertical $h'k'$.

*Tête de voussoir.* — Il faut déterminer la tête de ce voussoir sur le parement en talus du mur et par suite chercher l'intersection avec ce parement des arêtes du voussoir parallèles à l'axe du berceau. La méthode utilisée par les appareilleurs semble un peu détournée, mais elle conduit sur le chantier à des constructions très simples ; aussi elle est généralement employée.

Considérons sur le parement en talus du mur deux droites issues du point $\omega$ pris sur XY. L'une $\omega m_1$ est la section du talus par un plan de profil perpendiculaire à $xy$; l'autre $\omega m_2$ est une ligne de plus grande pente, $\omega m_2$ est donc perpendiculaire à XY. Prenons sur ces droites les points $m_1, m_2$ sur une même horizontale du talus. Faisons tourner ces deux droites autour de la verticale $\omega$, de manière à les amener à être de front. La droite de plus grande pente du talus $\omega m_2$ vient en $\omega M_2 \omega' M'_2$ telle que l'angle $M'_2 \omega' y$ est égal à l'angle donné $\alpha$ du talus et du plan horizontal. La droite de profil vient en $\omega M_1 \omega' M'_1$ le point $M'_1$, étant sur la même horizontale que $M'_2$.

Ces droites étant tracées, cherchons l'intersection E avec le talus, de la génératrice d'intrados passant par $ee'$. Prolongeons $ee'$ jusqu'à sa rencontre en $\varepsilon$ avec la trace XY du talus, il suffit de connaître la longueur $\varepsilon E$. Pour cela, traçons la parallèle à $xy$ menée par $e'$, elle rencontre le rabattement de la droite de profil $\omega' M'_1$ en $\varepsilon_1$, on a $\varepsilon_0 \varepsilon_1 = \varepsilon E$.

En effet, dans la construction faite pour le point $m_1$ du plan du talus, la distance $m_1 \omega$ de ce point à la trace XY, distance comptée parallèlement à l'axe $oo'$ du berceau est :

$$\omega m_1 = \omega M_1 = m' M'_1,$$

$\omega' m'$ étant la cote du point $m_1$. De même ici $\omega' \varepsilon_0$ est égale à la cote du point cherché E situé sur la génératrice horizontale du berceau qui passe par $e'$ ; on voit qu'en répétant la même construction on trouverait bien :

$$\varepsilon E = \varepsilon_0 \varepsilon_1.$$

On obtient de même les autres points A, B, C, D,..., de la projection horizontale de la courbe de tête; une construction connue donne la tangente Et en un point quelconque.

Le panneau de section droite est obtenu en $d'e'k'h'g'$.

Pour obtenir le panneau de tête, on rabat le plan de tête sur le plan horizontal XY. Le point E, par exemple, se rabat sur la perpendiculaire menée par E à la charnière XY à une distance $\beta E_1 = \omega' \varepsilon_2$; la droite $\omega M'_2$ est en effet la ligne de plus grande pente du plan, rendue parallèle au plan vertical $xy$. On construit ainsi facilement le rabattement $E_1 D_1 G_1 H_1 K_1$ du panneau de tête en vraie grandeur.

Vérification : $D_1G_1$ et $E_1K_1$ passent par $o$.

Le panneau supérieur est tracé en GH$hg$.

On obtient aisément le panneau de côté rabattu sur un plan horizontal en $HH_1h_1h$.

Pour la douelle cylindrique, on l'obtient en développant la surface d'intrados; la section droite du cylindre se développe (*fig.* 434) suivant une droite $a_2b_2c_2$..... ; on porte sur les perpendiculaires à cette droite $a_2A_2 = aA$, $b_2B_2 = bB$, ..... $A_2B_2C_2$..... est le développement de la courbe de tête ; on a en $D_2E_2e_2d_2$ la douelle cylindrique développée.

On trace facilement chaque panneau de joint de part et d'autre de la douelle en prenant par exemple $d_2g_2 = d'g'$ et $g_2G_2 = gG$.

On a ainsi réuni tous les éléments de la taille.

*Taille par équarrissement.* — Il faut déterminer d'abord le solide capable. C'est un parallélipipède rectangle, d'arêtes parallèles au berceau, dont la trace sur le plan vertical $xy$ (*fig.* 433) est le rectangle PQRS. La face RS étant parallèle au lit de carrière, de manière que les pressions transmises d'un voussoir à l'autre par la surface de joint $e'k'$ soient normales au lit de carrière. La longueur de ce parallélipipède est égale à $h$K. Sur les deux bases du parallélipipède on place le panneau de section droite et on abat les prismes correspondant aux triangles P$d'g'$, $g'h'$Q, etc..... on a soin de faire apparaître en $d'c'$ une douelle plate. — En portant sur les arêtes correspondantes les longueurs $e$E, $d$D, $h$H, etc..... ; on fait apparaître la face de tête ; on vérifie au moyen des panneaux de tête et de joints. Puis on creuse la douelle cylindrique en se servant du développement $E_2D_2d_2e_2$ que l'on taille dans un carton flexible.

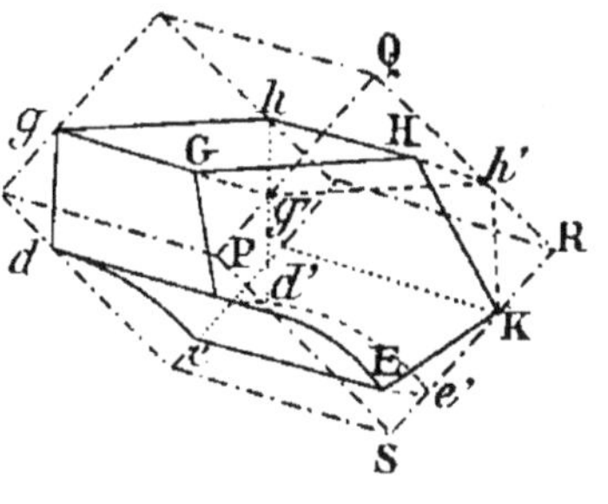

Fig. 435.

La figure 435 représente le solide capable et le voussoir qu'il contient.

*Taille directe.* — On taille d'abord un plan qui sera le plan de joint $e'k'$, puis on passe à la douelle plate $e'd'$ par un biveau dont l'angle est donné en $k'e'd'$. A l'aide du panneau de douelle plate on taille celle-ci, puis on passe à l'aide d'un autre biveau au plan de dessus $gh'$, etc..... On continue ainsi en faisant pour ainsi dire le tour du voussoir.

**Porte biaise en tour ronde.** — Un mur est dit en tour ronde quand sa surface extérieure est un cylindre de révolution. Quand un mur en tour ronde est en talus, son parement extérieur est un cône de révolution. Une porte en tour ronde est

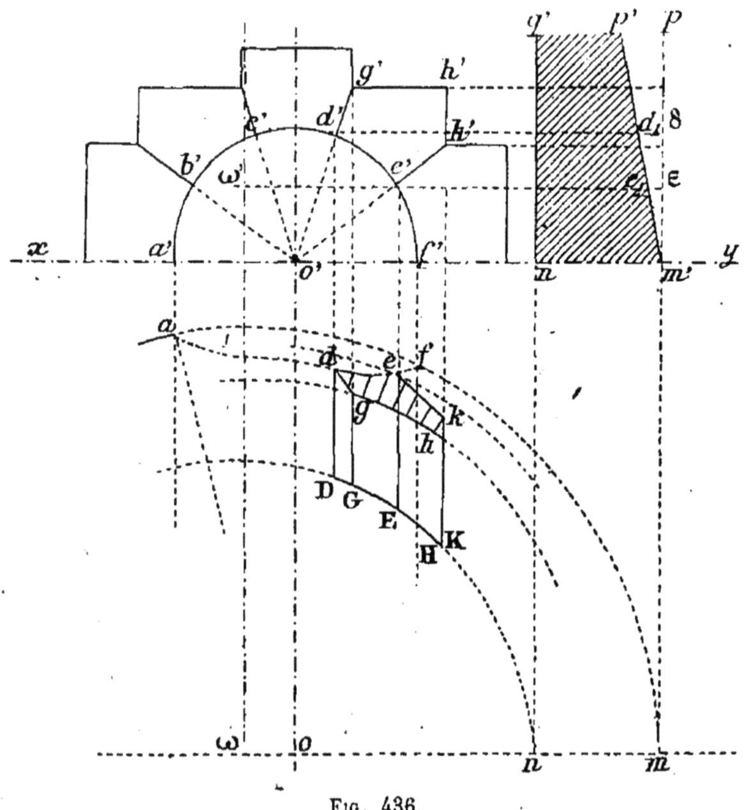


Fig. 436.

biaise quand l'axe du berceau ne rencontre pas l'axe de la tour ronde.

Prenons le cas général d'une porte biaise en tour ronde, le parement extérieur en talus (*fig.* 436), on en déduira aisément les autres cas plus simples.

*Épure.* — Soit $oo'$ l'axe du berceau de la porte, $\omega$ l'axe vertical de la tour ; le plan des naissances du berceau est pris pour plan horizontal. Sur le plan vertical $xy$ perpendiculaire à l'axe du berceau on a tracé l'appareil de section droite de la porte, qui comprend cinq voussoirs. En $m'n'q'p'$ on a la section du mur de la tour par le plan mené par l'axe $\omega$ parallèlement au plan vertical $xy$. Le talus du mur extérieur est l'angle $n'm'p'$.

Il faut trouver l'intersection du berceau et de la surface conique, parement extérieur du mur. On coupe par un plan horizontal celui qui contient la génératrice $e'$ par exemple, ce plan coupe la surface conique suivant un cercle dont le rayon est $\omega' e_1$. Le point $e$ où la génératrice $e'$ rencontre le parement extérieur est donc à l'intersection de la ligne de rappel de $e'$ et du cercle de centre $\omega$ et de rayon égal à $\omega' e_1$. On trace ainsi par points la courbe de tête de la voûte sur le parement extérieur.

Il importe de remarquer que cette méthode conduit à des opérations commodes sur le chantier : 1° on porte au compas sur la verticale $m'$ la longueur $m'\varepsilon$ = distance de $e'$ à $xy$ ; 2° on trace à l'équerre $\varepsilon e_1$ parallèle à $xy$ ; 3° on prend une ouverture de compas égale à $\omega e_1$ et on trace par parallélisme avec le cercle de base $afm$, le cercle qui donne $e$. On évite ainsi le tracé d'arcs de cercle de grands rayons.

Les autres points d'intersection $dghk$ s'obtiennent de la même manière, on a en $dekhg$ DEKHG un des voussoirs.

*Panneaux et taille.* — On détermine aisément les panneaux de joint $dgGd$ ; $ekKE$, le panneau supérieur $ghHG$, le panneau de côté $hkKH$. Le développement de l'intrados du berceau donnera la douelle cylindrique de DE. Pour tailler la face $dghke$ qui est une portion de la surface conique formant le parement extérieur, on trace sur l'épure des droites convergeant vers $\omega$ qui sont les projections des génératrices de la surface conique. On reporte sur la pierre les extrémités de ces génératrices et on taille la surface conique en se guidant avec une règle, que l'on applique le long des génératrices du cône.

**Descente biaise à tête verticale.** — On appelle *descente* une voûte cylindrique dont les génératrices ne sont pas horizontales. On en trouve par exemple au-dessus des escaliers.

Une descente est *droite* ou *biaise* suivant que les génératrices du berceau sont ou non perpendiculaires aux horizontales du plan de tête, lequel peut être vertical ou en talus.

On examinera le cas d'une descente biaise en mur droit, c'est-à-dire vertical.

*Épure* (*fig.* 437). — La courbe de tête est une demi-circonférence *af* tracée sur le parement vertical du mur; on

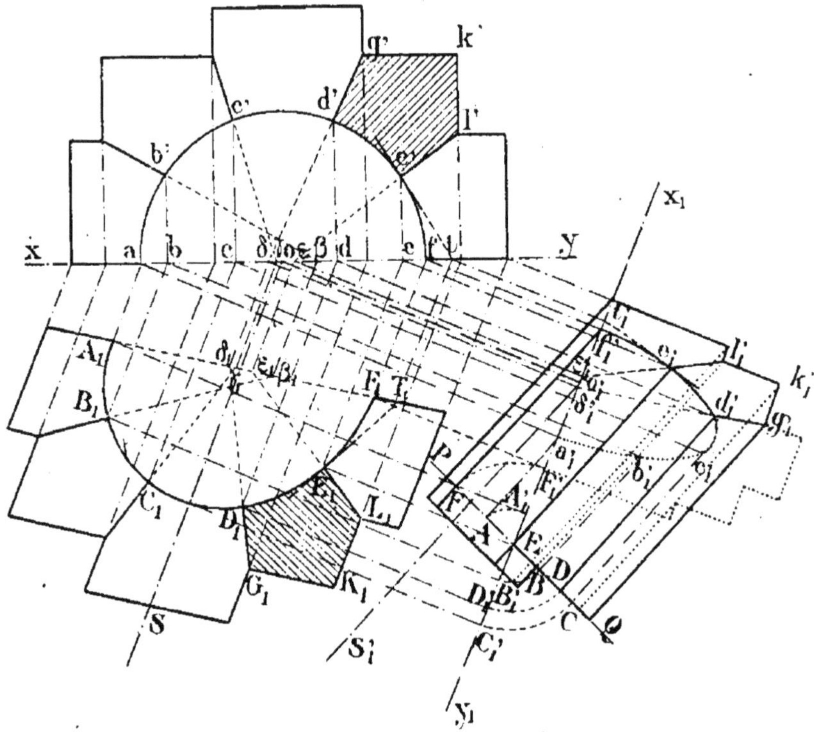

Fig. 437.

prendra ce plan pour plan vertical et pour plan horizontal le plan passant par le diamètre *af*. Soit *o*S la projection horizontale de l'axe de la descente biaise, elle fait un certain angle avec *xy*.

Prenons un plan vertical auxiliaire $x_1y_1$ parallèle à l'axe de la descente et soit $o'_1S'_1$ la projection de l'axe sur le plan vertical $x_1y_1$.

Divisons la courbe de tête en un nombre impair de parties égales par les points $a'b'c'd'e'f'$.

Les appareilleurs déterminent souvent les plans de joint, par les génératrices du berceau issues des points $b'c'd'e'$ et par les normales $ob'$, $oc'$, $od'$, etc..... à la courbe de tête ; mais dans ces conditions, les plans de joint ne sont pas normaux à l'intrados et cet appareil ne peut être employé que pour des biais peu prononcés.

Pour avoir des plans de joints normaux à l'intrados il faut déterminer la section droite du berceau. On commence d'abord par la projection de la courbe de tête sur le plan vertical $x_1y_1$ parallèle au berceau ; pour cela, on effectue le changement de plan vertical ; on obtient en $a'_1b'_1c'_1d'_1e'_1f'_1$ les projections verticales nouvelles des points de division de la courbe de tête ; on les joint par un trait continu qui donne l'ellipse projection verticale de la courbe de tête. On trace facilement la tangente en un point $e'_1$ de cette projection ; la tangente en $e'$ a sa trace horizontale en $t$, elle se projette sur $x_1y_1$ en $t'_1$, la tangente en $e'_1$ est $t'_1e'_1$.

En menant par $a'_1b'_1c'_1$..... les parallèles à $o'_1s'_1$ on a les projections verticales sur $x_1y_1$ des génératrices du berceau.

Dans le système $x_1y_1$ les génératrices du berceau sont parallèles au plan vertical ; on obtiendra la section droite du berceau en le coupant par un plan de bout PQ perpendiculaire à l'axe du berceau $o'_1S'_1$.

Soient ABCDEF les points de rencontre de PQ et des génératrices de joint. Rabattons le plan de section droite PQ sur le plan horizontal. Ce plan étant un plan de bout, le rabattement se fait très simplement, la charnière est la perpendiculaire $EE_1$ à $x_1y_1$ en E ; le point A par exemple vient en $A'_1A_1$ etc..... En joignant $A_1B_1C_1D_1E_1F_1$ on a le rabattement de la section droite du berceau.

Pour construire la tangente en un point $E_1$ du rabattement de la section droite, remarquons que le plan tangent le long de la génératrice qui passe par E, a pour trace, sur le plan vertical $xy$, la tangente $e't$ à la courbe de tête ; pour trace sur le plan des naissances la parallèle $tT_1$ aux génératrices.

Cette trace $tT_1$ rencontre le plan de section droite en un certain point T dont le rabattement doit se trouver sur la perpendiculaire $tT_1$ à la charnière et sur $A_1F_1$ rabattement de l'intersection du plan des naissances et du plan de section droite ; ce rabattement est donc $T_1$ ; par suite $T_1E_1$ est la tangente en $E_1$ à la section droite rabattue.

*Plans de joint.* — On peut ainsi construire les tangentes aux points $B_1C_1D_1E_1$ de la section droite rabattue ; on tracera ensuite les normales $\beta_1B_1$ ; $\gamma_1C_1$ ; $\delta_1D_1$ ; $\varepsilon_1E_1$ ; on détermine le plan de joint suivant la génératrice E, par la normale en $E_1$ à la section droite ; on obtient ainsi un plan de joint normal à l'intrados.

On construit facilement les traces sur le plan de tête des plans de joint ainsi déterminés; par exemple pour le plan de joint suivant la génératrice $E_1$ sa trace sur le plan des naissances est la parallèle $\varepsilon\varepsilon_1$ aux génératrices. La trace du plan de joint sur le plan de tête se projette en $\varepsilon e'$ sur le plan vertical $xy$ et en $\varepsilon_1 e'_1$ sur le plan vertical $x_1y_1$.

On achève à la manière ordinaire l'appareillage de la tête sur le plan vertical $xy$, on le projette ensuite sur le plan vertical $x_1y_1$. On a tracé sur la figure les projections des deux voussoirs de droite ; ces voussoirs sont en découpe ; on les limite par des plans de section droite.

*Panneaux et taille.* — Prenons par exemple le voussoir $d'e'$ ; on a en $d'e'l'k'g'$ le panneau de tête ; en $D_1E_1L_1K_1G_1$ le panneau de section droite. Les arêtes du voussoir parallèles aux génératrices se projettent verticalement en vraie grandeur sur le plan vertical $x_1y_1$ ; on a par suite les éléments nécessaires à la construction des panneaux de joint, de dessus et de côté ; il faut construire des trapèzes dont on connaît les grandeurs des quatre côtés. On pourra de même déterminer la douelle plate. Pour avoir la douelle courbe il faudra développer le cylindre, ce qui est facile puisqu'on connaît sa section droite.

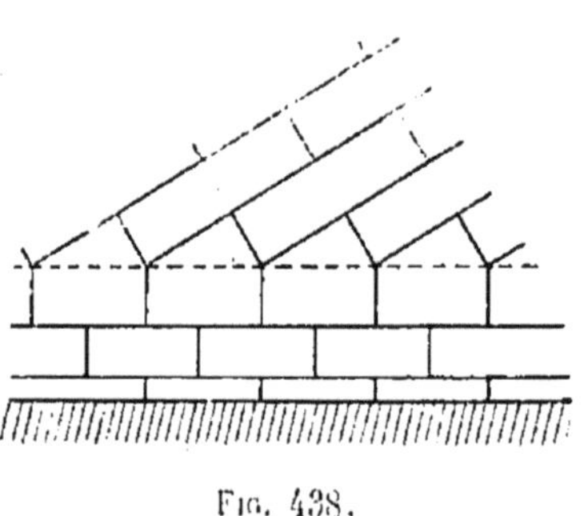

Fig. 438.

La taille s'effectuera d'une manière identique à celle qui a été exposée pour un voussoir de porte biaise.

REMARQUE. — Les piédroits de la descente sont des murs verticaux construits par assises horizontales ; on donne alors une disposition particulière aux voussoirs de la première assise qui viennent s'encastrer dans les angles de la crémaillère formée par les assises successives du piédroit (*fig.* 438).

## BERCEAUX COMPOSÉS

**Berceau coudé.** — Le berceau coudé est composé de deux cylindres qui forment intersection suivant une certaine

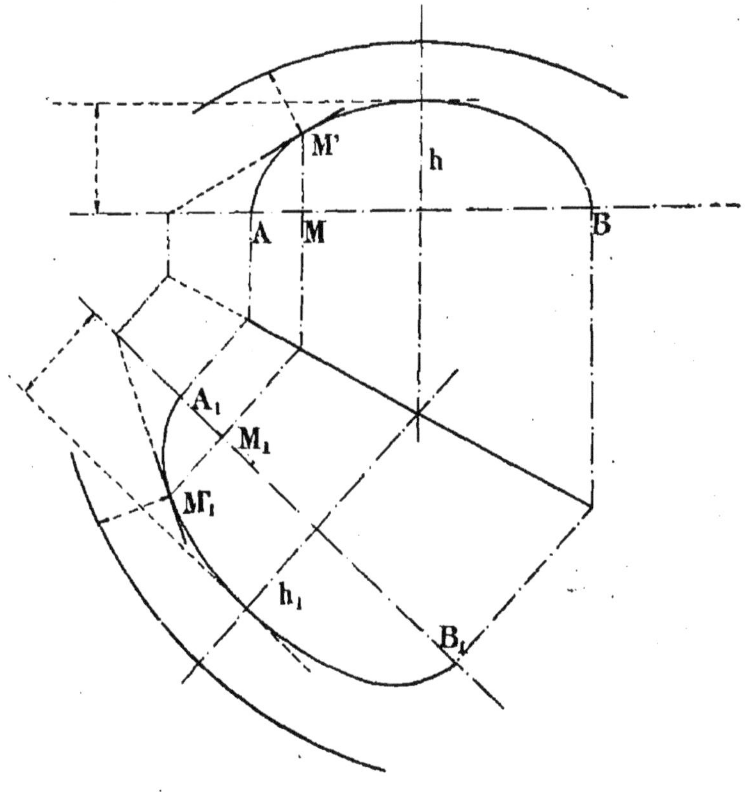


FIG. 439

courbe. Les naissances de ces deux berceaux sont situées dans un même plan et les *montées* sont égales.

On pourrait prendre les cylindres perpendiculaires, mais pour généraliser on les choisira faisant entre eux un angle quelconque.

On fera correspondre les courbes d'intrados de la manière suivante :

L'un des intrados étant donné, l'autre s'en déduit par la condition que l'intersection des deux cylindres se projette horizontalement sur une ligne droite. Si donc l'on se donnait l'ellipse de tête AB, on prendrait pour l'autre une hauteur $h_1 = h$. Un point M' viendrait en $M'_1$ à une hauteur $MM' = M_1M'_1$.

Si l'on se donnait directement les deux ellipses, sans vouloir déduire la deuxième de la première par conséquent, il suffirait de donner à ces deux ellipses la même montée.

Pour faire correspondre les extrados, on mène une normale en M' et on fait en sorte que le point correspondant $M'_1$ de l'autre berceau soit à la même hauteur.

La détermination de ces voûtes étant faite, cherchons les projections du voussoir et prenons les berceaux à angle droit.

**Projections d'un voussoir dans le berceau coudé.** — Dans le berceau coudé il y a deux sortes de voussoirs. Les uns de A en *o* (*fig.* 440) présentent une arête saillante, les autres de *o* en B présentent une arête rentrante.

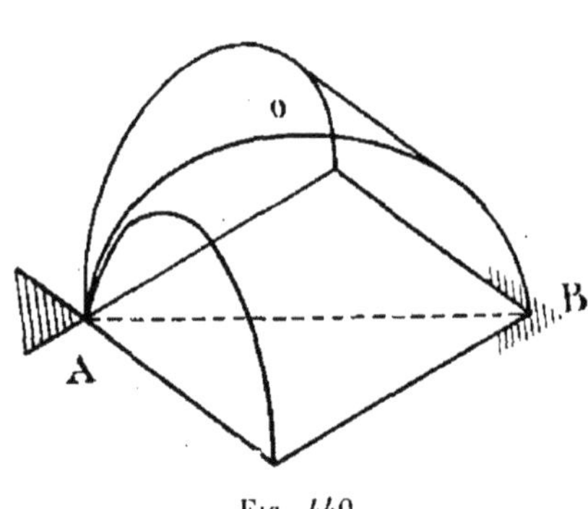

Fig. 440.

La figure 441 représente les projections de ces deux voussoirs. La courbe de tête AB étant donnée, celle $A_1B_1$ s'en déduit comme dans l'épure précédente.

La courbe d'intrados se projette suivant la ligne droite *ab* et la courbe d'extrados suivant la ligne droite *cd*, on voit facilement comment on a tracé le rabattement de ces deux courbes d'intersection. La surface d'intrados est déterminée par les points M, N, celle d'extrados par les points P, Q.

Les voussoirs sont terminés par des plans perpendiculaires aux génératrices du berceau.

La figure 442 représente en perspective cavalière le vous-

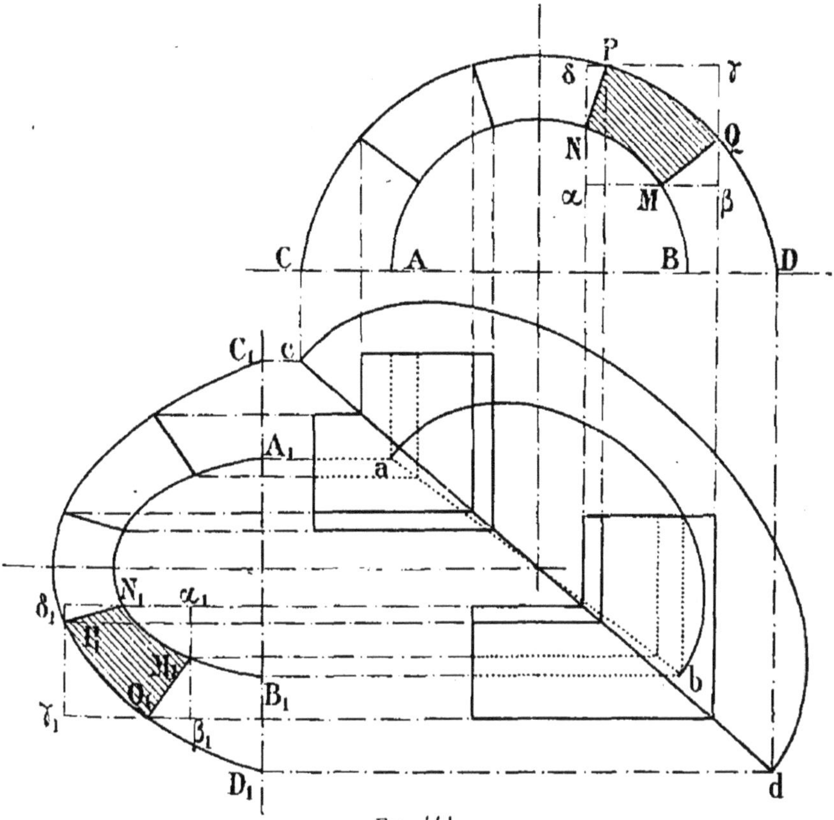

Fig. 441.

soir de l'angle rentrant. On prend le solide capable coudé à angle droit déterminé par les projections $\alpha\beta\gamma\delta - \alpha_1\beta_1\gamma_1\delta_1$ et on trace sur les faces du solide les deux têtes du voussoir ; on trace ensuite les arêtes parallèles à la direction des lignes fuyantes et on joint les intersections.

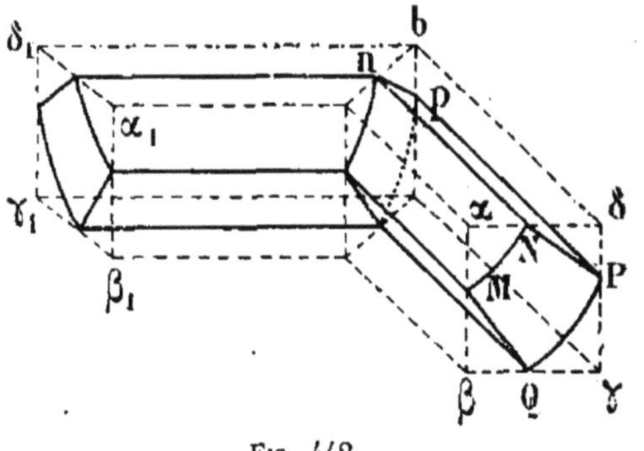

Fig. 442.

On obtient les panneaux d'un voussoir en portant sur une ligne droite les longueurs QMM-N-NP prises sur le voussoir, en élévation et en élevant de ces points des perpendiculaires dont les longueurs sont prises sur le plan (*fig.* 443).

La figure 442 s'appliquerait à la *taille par équarrissement.* On voit qu'il suffit, par exemple, de faire passer un plan par les deux lignes NP, *np* et d'abattre la portion N P $\bar{o}$, *npb* du solide capable et de même pour les autres faces.

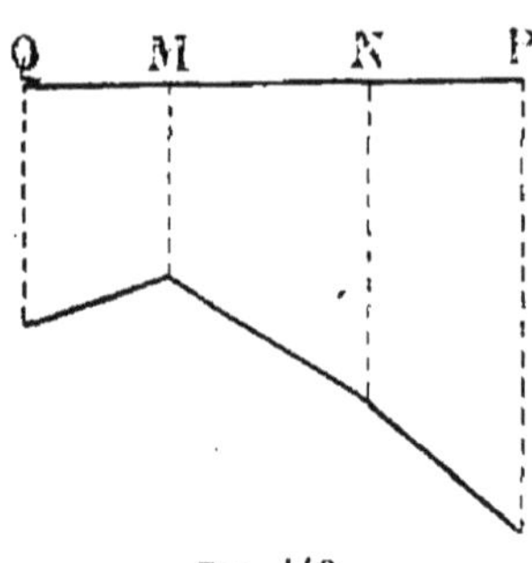

Fig. 443.

Dans la *taille directe* on prend aussi le solide capable et on commence par la taille des panneaux de douille plate, ce qui oblige à chercher l'angle des deux douilles plates. On taille directement les autres faces.

La figure 444 représente en perspective cavalière la clé du berceau coudé.

**Voûtes d'arête.** — Les voûtes qui dérivent du berceau coudé sont : 1° la voûte d'arête; 2° la voûte en arc de cloître.

On nomme voûte d'arête celle qui est formée par la rencontre de deux berceaux dont les naissances sont dans un même plan et dont les montées sont égales. C'est le cas du berceau coudé mais en supposant les deux berceaux prolongés. La projection et la taille du voussoir étant exactement les mêmes on devra se reporter à l'épure du berceau coudé. Il n'y a de différence avec le berceau coudé que pour la clé (*fig.* 446). Pour tailler cette clé on prend une pierre en forme de croix sur les faces de laquelle on porte le *démaigrissement.* On joint les points obtenus et on fait passer des plans.

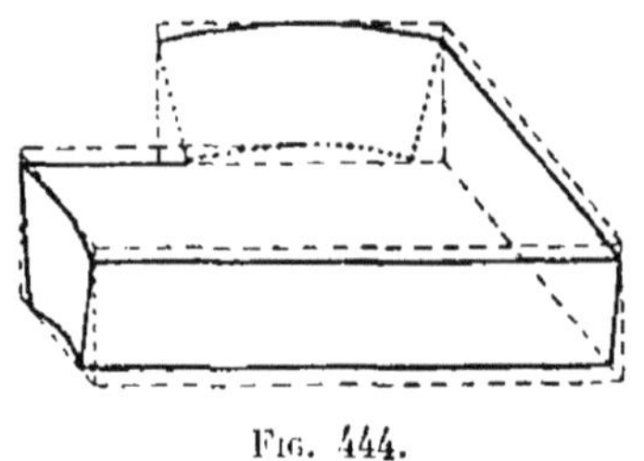
Fig. 444.

La voûte d'arête est *carrée* si le plan est carré, *barlongue* si le plan est rectangulaire.

On donne quelquefois aux voûtes d'arêtes des formes polygonales comme l'indiquent les figures 447 et 448.

L'épure est la même que précédemment. Quand le polygone a un nombre impair de côtés les arêtes ne sont pas dans le prolongement l'une de l'autre.

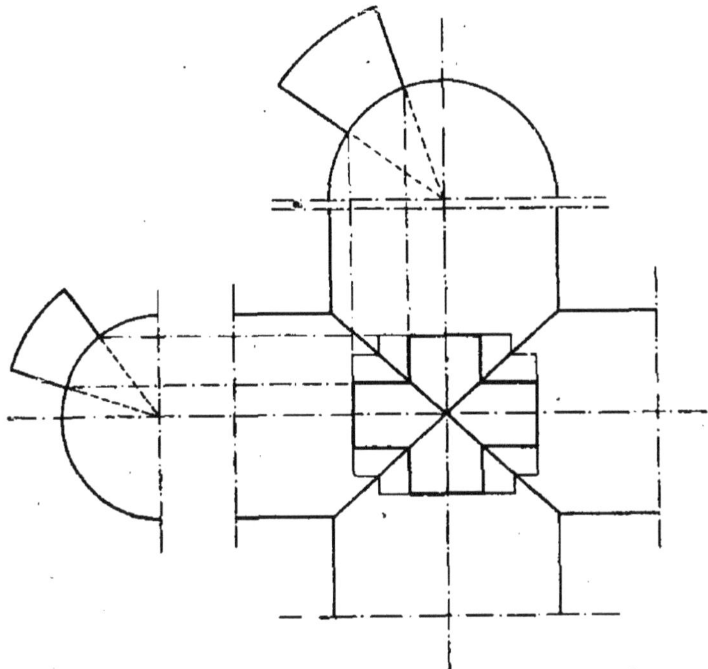

Fig. 445.

Les polygones peuvent même ne pas être réguliers. On en

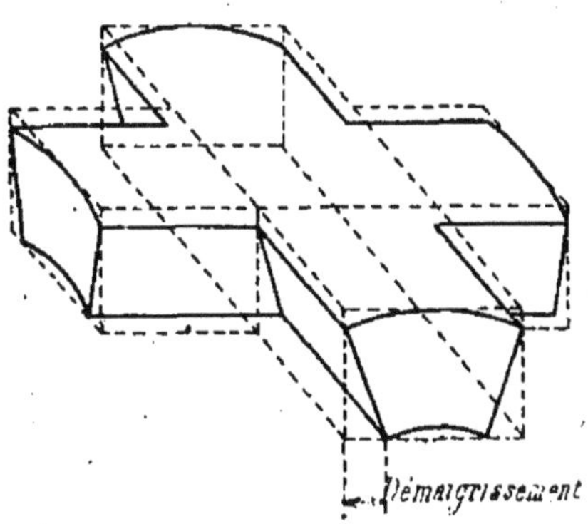


Fig. 446.

fait en forme de trapèze comme l'indique la figure 449. Les intersections sont rectilignes si les courbes ont même montée et des abscisses proportionnelles. On peut voir (*fig.* 450) que, dans la voûte d'arête, les génératrices se

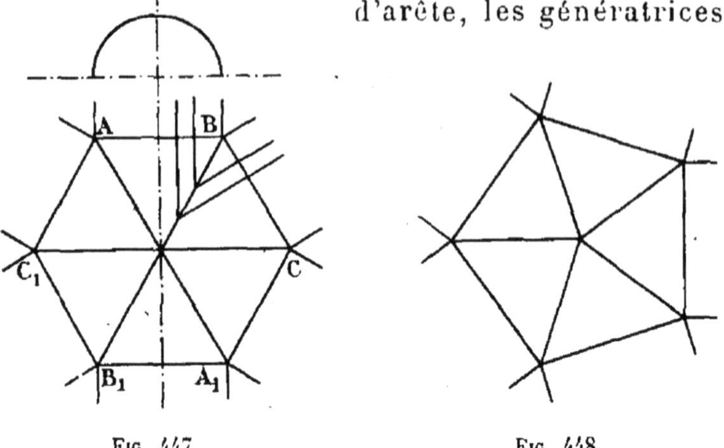


FIG. 447. FIG. 448.

rencontrant sous un angle dont les côtés ont la direction *abc*, tous les voussoirs ont leur arête d'intrados saillante.

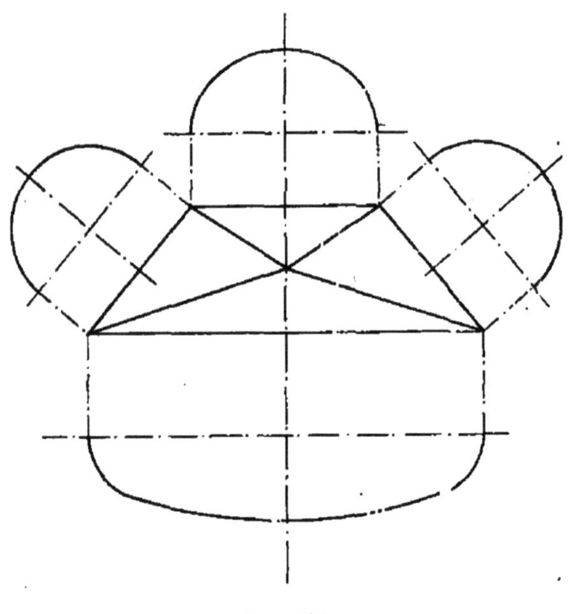

FIG. 449.

MODIFICATIONS AUX VOUTES D'ARÊTE (*fig.* 451). — 1° *Arcs doubleaux dans les voûtes d'arête.* — Supposons un pilier I sur les côtés duquel prennent naissance deux berceaux K et L.

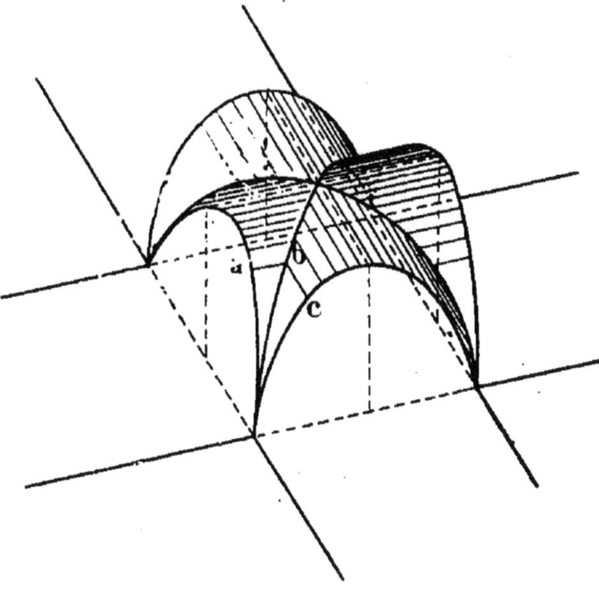


Fig. 450.

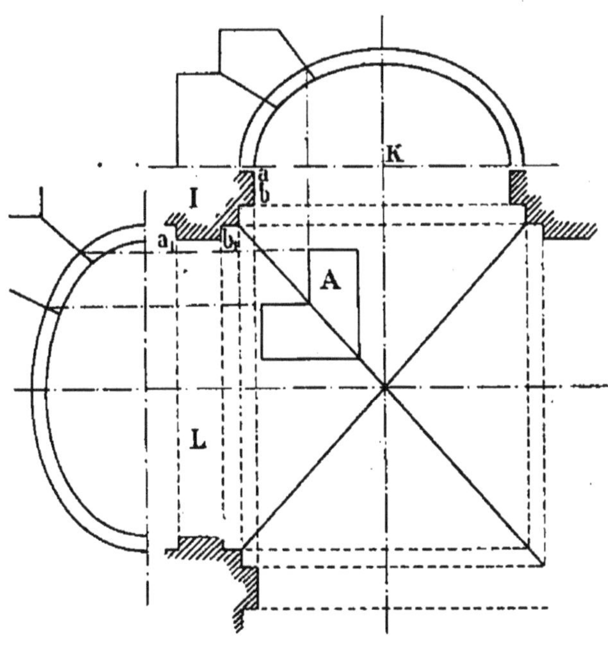


Fig. 451.

Les arcs doubleaux sont les parties cylindriques saillantes $ab$ et $a_1b_1$.

La figure 452 représente en perspective cavalière le voussoir qui serait placé immédiatement au-dessus des naissances.

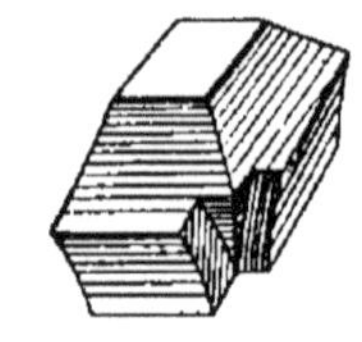

Le voussoir qui viendrait au-dessus est représenté figure 453.

Ils portent tous deux les traces de l'arc doubleau, mais il faut remarquer que le voussoir placé en A par exemple ne serait pas atteint par l'arc doubleau et qu'il se présenterait comme un voussoir de la voûte d'arête ordinaire.

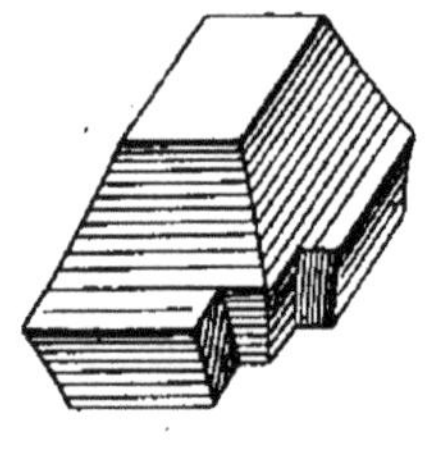

FIG. 452 et 453.

2° *Voûte d'arête à pan coupé et à double arêtier.* — Cette disposition a pour but d'éviter la saillie de l'angle de la voûte d'arête ordinaire.

Le tracé de cette voûte se fait de la façon suivante :

Prenons la ligne EF quelconque, prolongeons-la et prenons pour nouvelle ligne de terre une perpendiculaire à cette ligne.

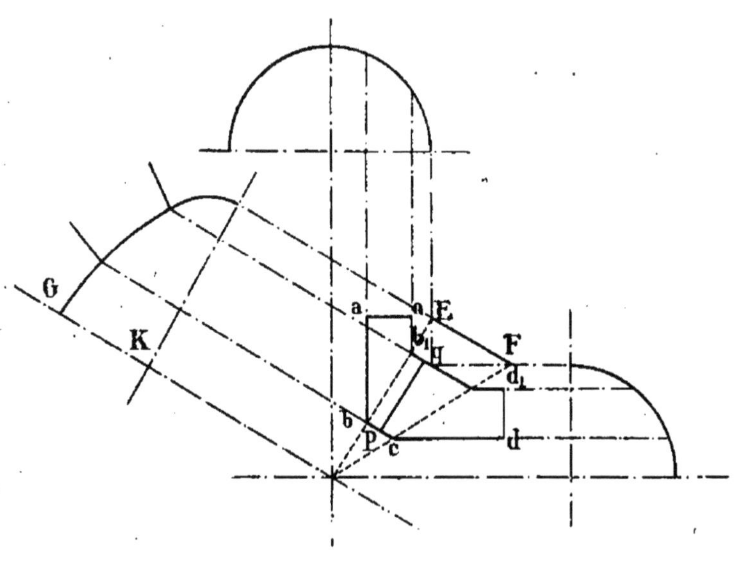


FIG. 454.

Prenons GK égale à la montée des deux autres courbes et traçons le voussoir.

On voit alors que la partie $pbaa_1 b_1q$ serait un voussoir de berceau coudé. Il en serait de même de la partie $pcdd_1q$ située à droite de $pq$ et par conséquent le voussoir entier est l'ensemble de deux voussoirs de berceau coudé.

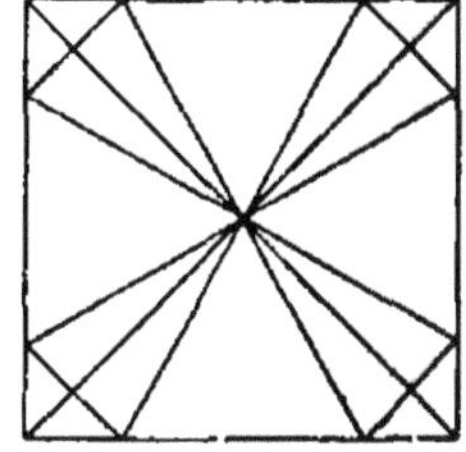

Fig. 455.

La figure 455 représente l'ensemble en plan de ce genre de voûte d'arête.

On emploie quelquefois une autre disposition de voûte d'arête à pan coupé qu'on appelle *pan coupé avec plafond* (*fig.* 456). Les points $a,b,c,d$, sont à la hauteur des clefs des quatre berceaux. Le rectangle $abcd$ est le plafond. Les projections et la taille du voussoir n'offrent rien qui diffèrent de la précédente disposition.

3° *Voûte d'arête avec pendentifs.* — Cette disposition comme la précédente a pour but d'éviter la saillie de l'angle de la voûte d'arête ordinaire.

Elle est déterminée de la manière suivante (*fig.* 456 et 457) :

Prenons $a$ à volonté et menons par ce point une parallèle à

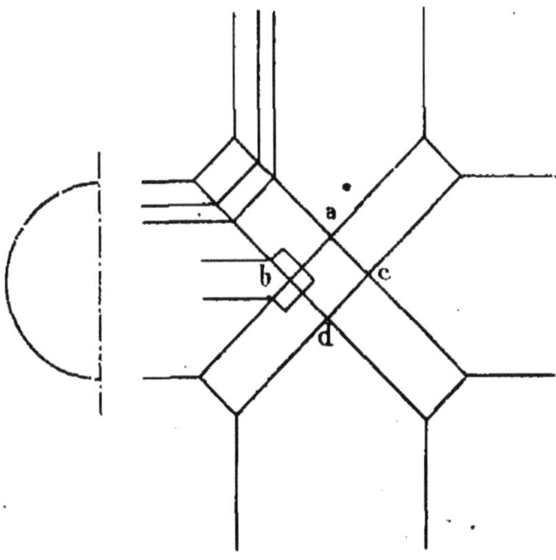


Fig. 456.

la diagonale $rs$. Prolongeons cette diagonale et prenons une ligne de terre perpendiculaire à cette ligne. Traçons le rabattement du plan de la diagonale *pq* en prenant les mêmes montées que dans le premier et le deuxième berceaux. L'espace *pab* se recouvre par le troisième berceau que l'on vient de tracer.

Quant au voussoir, dont les projections peuvent être ob-

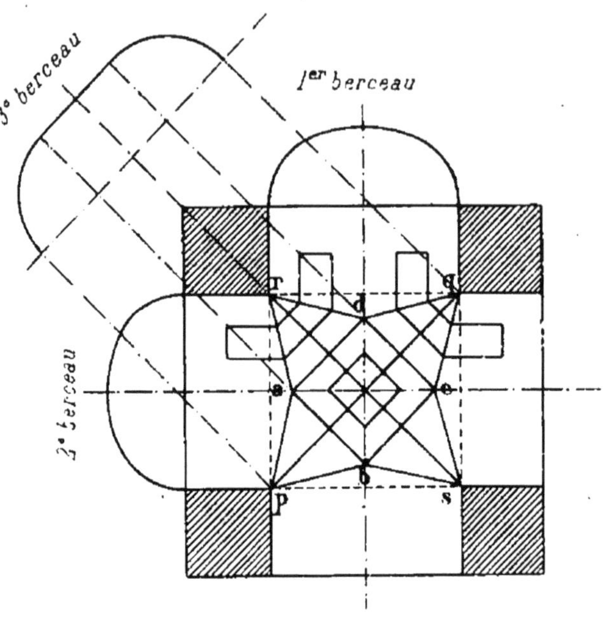


Fig. 457.

tenues comme dans le cas de la voûte d'arête à pan coupé et à double arêtier, il présente, comme dans ce dernier cas, la disposition de deux voussoirs de berceau coudé assemblés.

**Voûte en arc de cloître.** — La voûte en arc de cloître s'emploie pour recouvrir un espace rectangulaire limité par des murs. Elle est formée comme la voûte d'arête par la rencontre de deux berceaux dont les montées sont égales, mais les génératrices de ces berceaux ont des directions perpendiculaires dans ces deux genres de voûte.

Ainsi, tandis que dans la voûte d'arête les génératrices du berceau AB auraient le sens parallèle à AE, dans la voûte en arc de cloître, la voûte qui s'appuie sur AB a ses génératrices parallèles à cette dernière ligne.

Soit à couvrir l'espace ABCD (*fig.* 458 et 459) on construit les deux diagonales qui se coupent en E. Les triangles AEB, DEC sont couverts par un berceau circulaire rabattu à gauche de

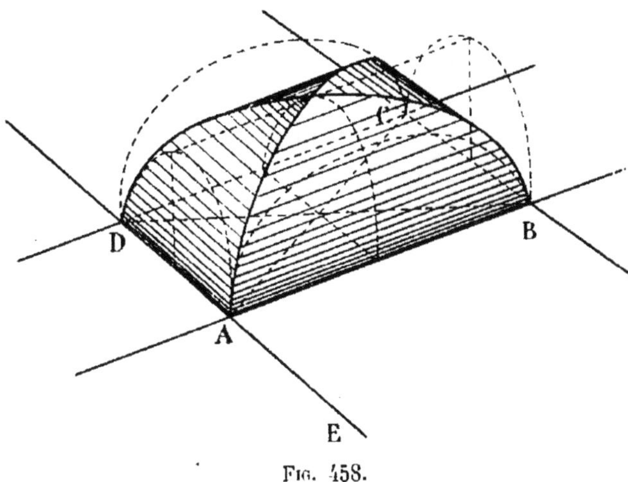


FIG. 458.

la figure ; les parties de voûte DEA, CEB appartiendront à un berceau elliptique qu'on obtient facilement par les lignes d'appareil rabattues.

Le tracé du voussoir présente la même disposition que le

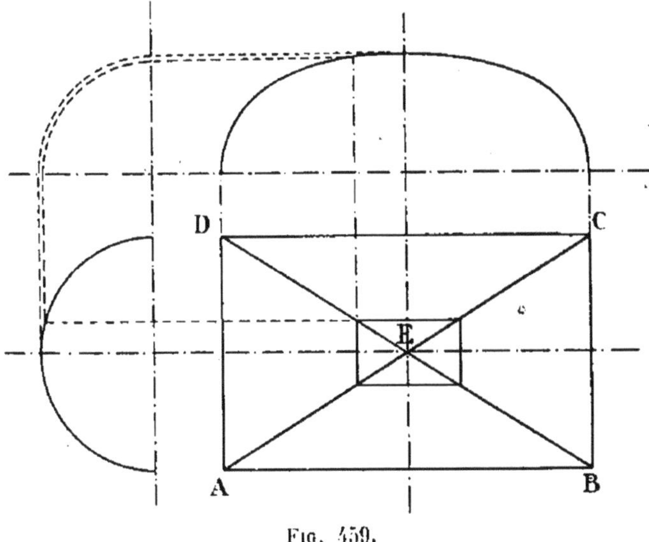


FIG. 459.

berceau coudé. La clé (*fig*. 460) seule diffère en ce que le démaigrissement existe sur toutes les faces.

On peut se rendre compte que, dans la voûte en arc de cloître, tous les voussoirs ont leur arête d'intrados rentrante.

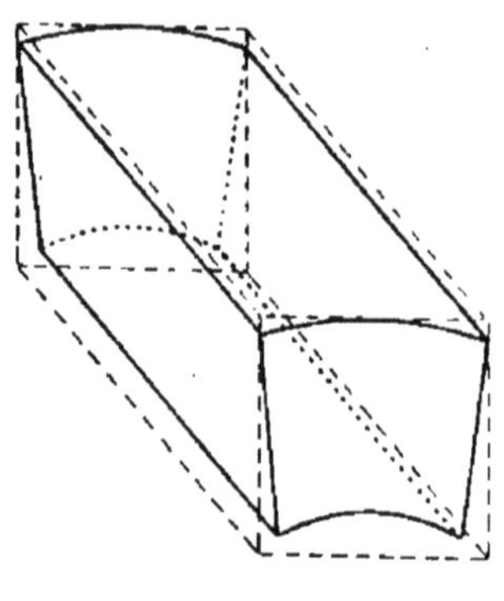

Fig. 460.

Dans ce genre de voûte, on peut enlever la clé sans que les assises successives tombent, c'est le contraire dans la voûte d'arête où la clé tient tout.

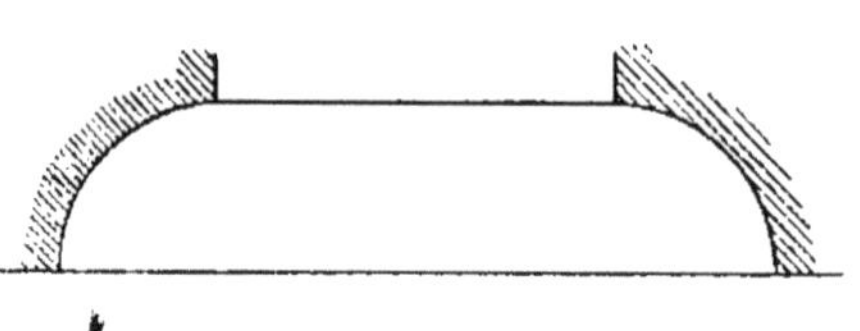

Fig. 461.

On utilise cette propriété de la voûte en arc de cloître pour faire des voûtes en arc de cloître avec plafond comme au tribunal de commerce de Paris (*fig.* 461).

**Lunette droite dans un berceau cylindrique.** — La lunette droite est formée par la rencontre de deux berceaux dont

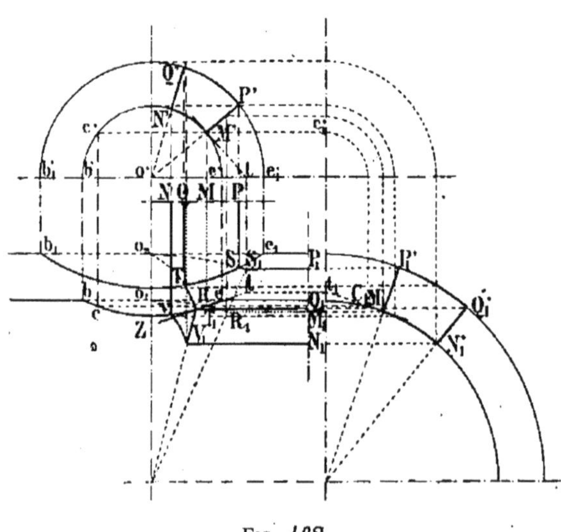


Fig. 462.

les naissances sont situées dans un même plan, mais dont les *montées* ne sont pas égales.

On voit (*fig.* 463) que le petit berceau A pénètre dans le

grand berceau B. L'intersection d'intrados est C, l'intersection d'extrados est D.

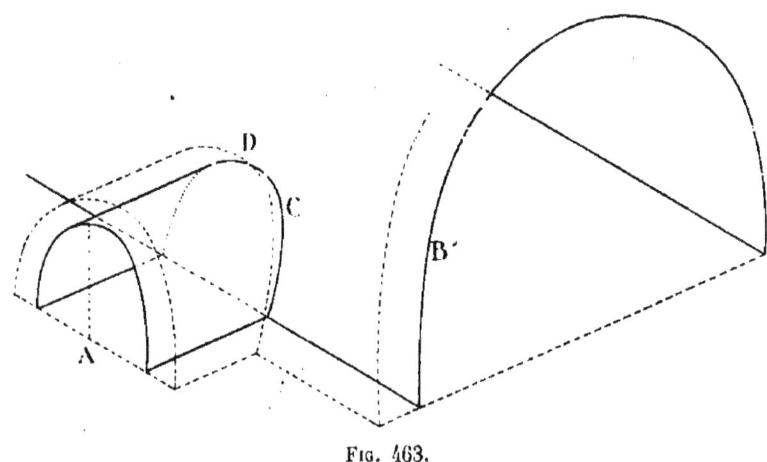


Fig. 463.

La figure 464 montre le voussoir en perspective cavalière. On voit que le voussoir se compose de trois parties principales.

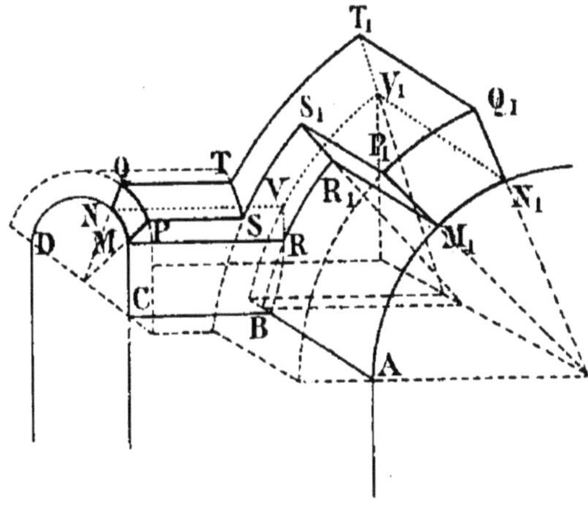


Fig. 464.

1° Le voussoir du petit berceau;

2° Le voussoir du grand berceau;

3° Une partie qui continue le voussoir du petit berceau en rachetant celui du grand berceau.

On voit aussi que le voussoir du petit berceau a un lit inférieur $MRR_1S_1SP$ et un lit supérieur $NVV_1T_1TQ$.

L'intersection des deux lits inférieurs des deux voussoirs est $S_1R_1$ ; l'intersection des deux lits supérieurs est $T_1V_1$ :

L'ordre de l'épure de la figure 462 sera donc celui-ci.

1° Intersection des intrados ;

2° Intersection des extrados ;

3° Intersection des lits inférieurs ;

4° Intersection des lits supérieurs.

Les points *b*,*c* de la courbe d'intrados sont obtenus par l'intersection des génératrices de naissance des deux berceaux.

Pour déterminer un point quelconque de la courbe d'intrados, projettons un point *c'* par exemple en $c'_1$, rabattons-le en $C_1$ sur la courbe de tête du grand berceau. On obtient sa projection horizontale à l'intersection de l'horizontale *cc* et de la verticale et du point *c'*.

Les points de la courbe d'extrados s'obtiendraient par un tracé analogue, mais en considérant les courbes d'extrados tête des deux berceaux.

Les arêtes d'intrados du petit berceau sont N*v* et MR limitées aux points *v* et R à la courbe d'intrados. Les arêtes d'extrados de même sont QT et PS limitées aux points T et S à la courbe d'extrados.

On obtient un point de l'intersection des lits inférieurs en traçant, d'une part, l'arête d'intrados du grand berceau qui part du point $M'_1$, et en reportant, d'autre part, ce point $M'_1$ en M' qui est l'intersection de l'arête d'intrados, avec le plan de lit inférieur M'P'. Ce point M' projeté horizontalement en $R_1$ donne un point de l'intersection des lits inférieurs. Un point tel que $S_1$ de l'intersection $R_1$ $S_1$ s'obtiendra de la même manière ; il en serait ainsi de même pour l'intersection $V_1T_1$ des lits supérieurs.

Il reste à raccorder les assises qui se correspondant dans chaque berceau. On voit que les lits du petit berceau sont composés d'une partie horizontale et d'une partie circulaire appartenant au grand berceau. Ces parties circulaires se projetteront sur l'épure suivant des arcs d'ellipses $V_1vo_1$-$T_1To_2$ pour le lit supérieur et $R_1Ro_1$-$S_1So_2$ pour le lit inférieur.

On obtient la tangente au point $M_1$ en menant *t*M' dans le petit berceau et $t_1$ $C_1$ dans le grand. Le point $t$ dans le plan est l'intersection des traces des plans tangents; la tangente $tZ$ est l'intersection de ces plans tangents.

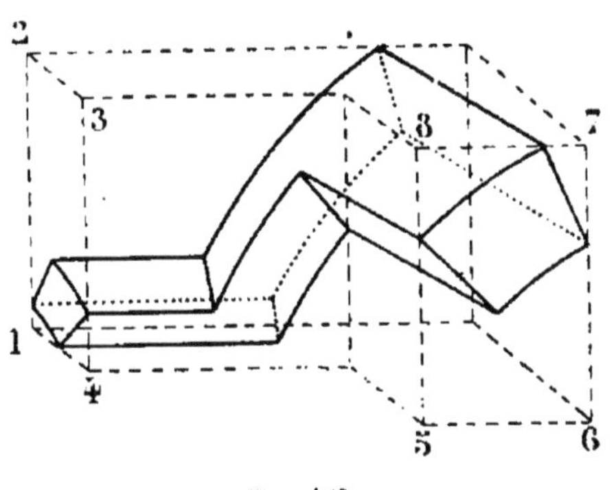

Fig. 465.

Pour la taille du voussoir on prendra le solide capable (*fig.* 465) déterminé par le rectangle 1-2-3-4, 5-6-7-8, de manière que le plan 2-3-7-8 soit au niveau du point le plus haut du grand berceau et le plan 1-4-5-6 au niveau du point le plus bas du petit berceau.

**Lunette conique dans un berceau cylindrique.** — La lunette conique est formée par la pénétration d'un petit berceau

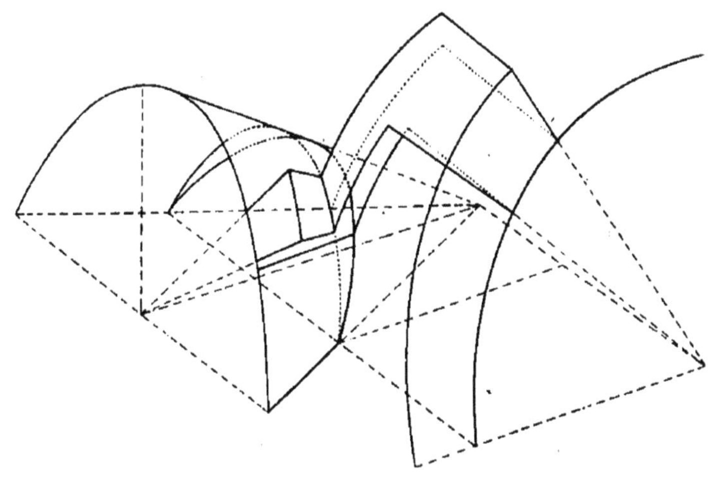
Fig. 466.

conique dans un grand berceau cylindrique. La figure 466 montre l'ensemble de cette disposition.

La marche de l'épure (*fig.* 467) est la même que celle de la lunette droite.

La taille se ferait par équarrissement. On prendrait un

solide ayant la forme du contour de la projection horizon-

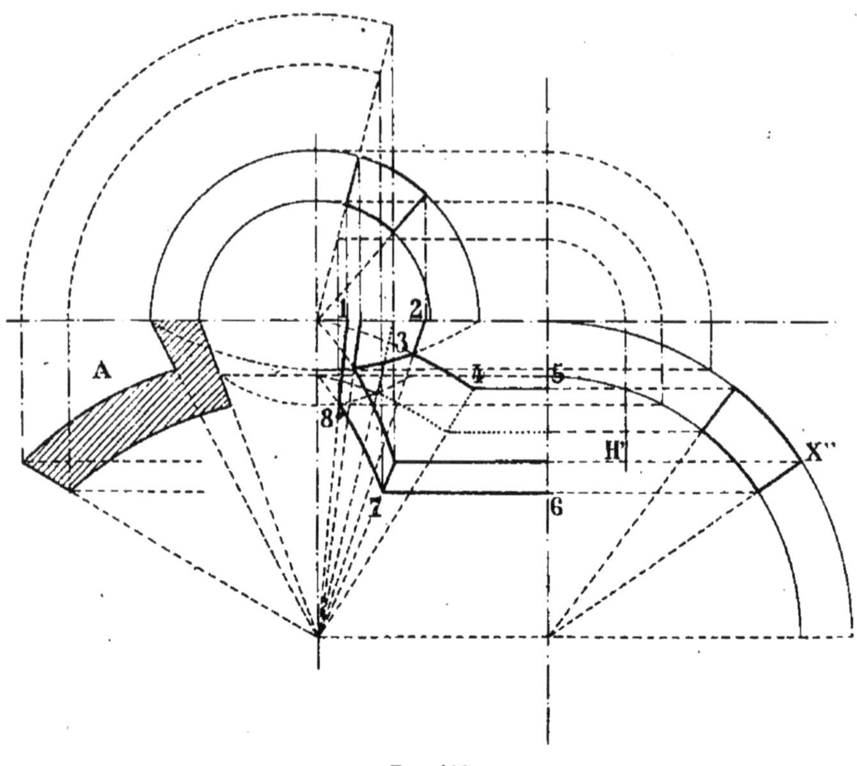


Fig. 467.

tale 1-2-3-4-5-6-7-8 et pour hauteur la distance H″X″ qui est comprise entre les points les plus éloignés du voussoir. On prendrait sur l'épure la distance de chaque point au-dessous du plan P et en portant cette distance sur l'arête convenable, on obtiendrait la perspective cavalière du voussoir.

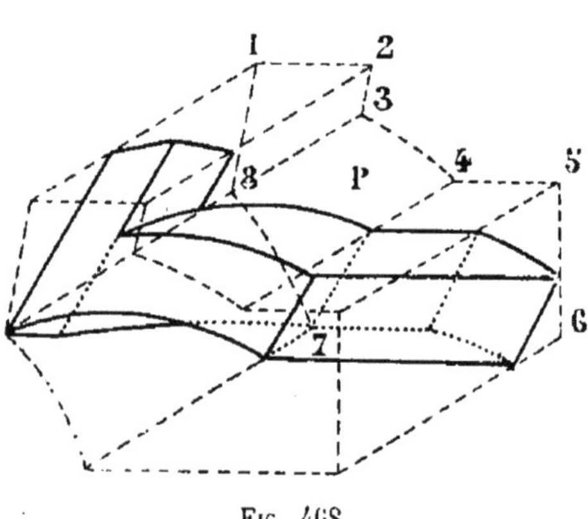


Fig. 468.

On obtiendrait facilement le panneau A rabattu en vraie grandeur sur le plan horizontal à gauche de la figure 467.

**Epaisseur à donner à la clé dans les voûtes cylindriques.** — Le joint de rupture est placé à 30°. Si l'épaisseur à la clé est déterminée à l'aide de la formule empirique ci-dessous, on porte KL = 2EF, on joint LF, on élève une perpendicu-

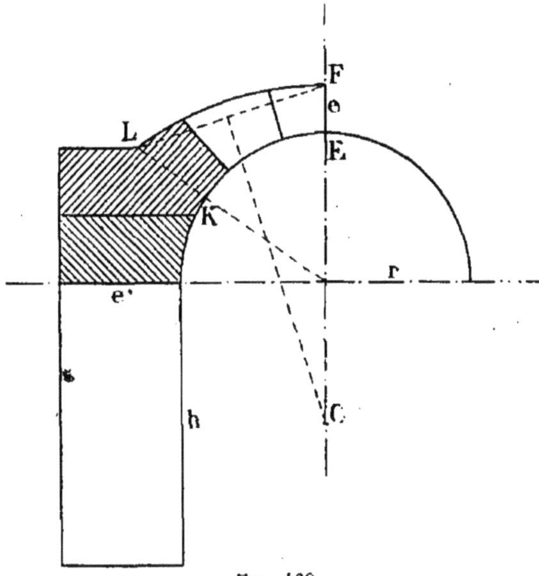


Fig. 469.

laire sur le milieu de cette ligne et on décrit l'arc de cercle dont le centre est C.

Pour l'épaisseur $e$ à la clé, Perronnet a donné la formule :

$$e = 0,33 + \frac{r}{15}.$$

$r$, rayon de l'intrados.

La formule suivante tient compte de la surcharge R par mètre carré d'extrados :

$$e = 0,43 + \frac{r}{10} + \frac{R}{50}.$$

On pourra faire le calcul avec chacune de ces formules et prendre un intermédiaire entre les résultats obtenus.

La formule du piédroit est :

$$e' = 0,30 + \frac{5r + 2h + R}{12}.$$

$h$, hauteur du piédroit.

## VOUTES DE RÉVOLUTION

**Voûte sphérique.** — On appareille les voûtes sphériques en

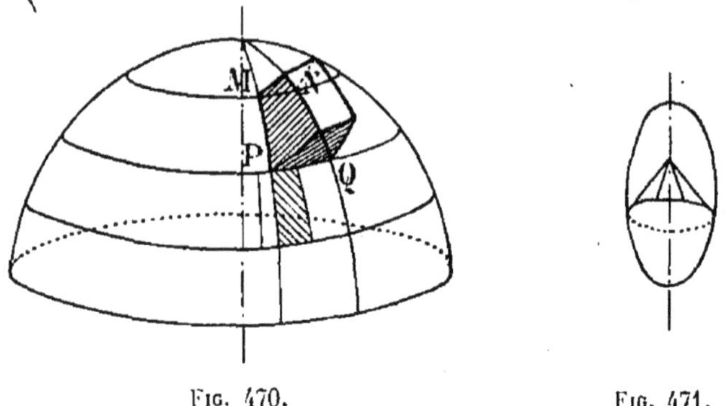


Fig. 470. Fig. 471.

menant des parallèles et des méridiens, ce qui forme deux

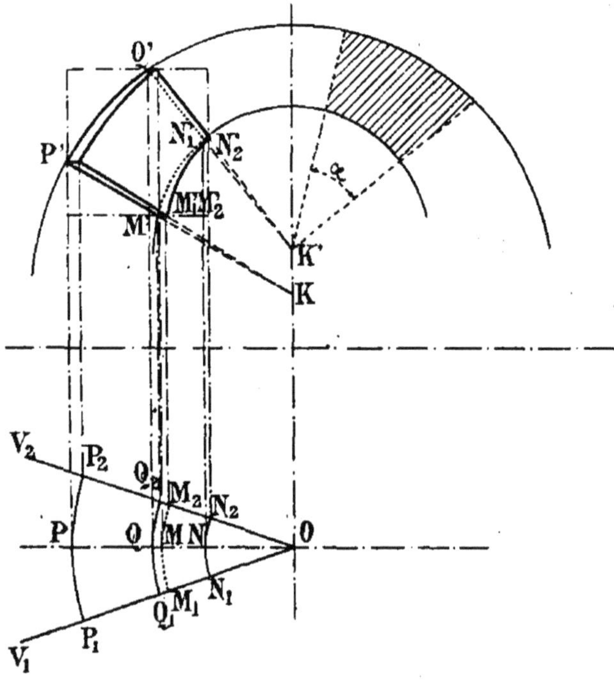


Fig. 472.

lits plans latéraux formés par des méridiens et deux lits coniques qui sont engendrés par la normale qui suit les contours MN et PQ, et l'on sait que la normale à la surface de révolution engendre un cône (*fig.* 471).

*Tracé de l'épure.* — On prendra de chaque côté de la ligne OP des lignes $OV_1OV_2$ également inclinées sur cet axe qui limiteront le voussoir. On prendra pour plan vertical de projection le plan qui partage le voussoir en deux parties.

On mènera en $M'_1N'_1$ les normales à l'intrados. On décrira du point O des arcs de cercle jusqu'aux plans qui limitent le voussoir; on projettera verticalement les points d'intersection de ces arcs avec les plans $V_1$ et $V_2$ et le voussoir s'achèvera facilement. Le point K n'est pas nécessairement le même que K'; ces deux points se confondent dans le seul cas de la voûte sphérique.

Taille du voussoir. — Il y a deux méthodes de taille suivant que le voussoir appartient aux assises inférieures ou supérieures.

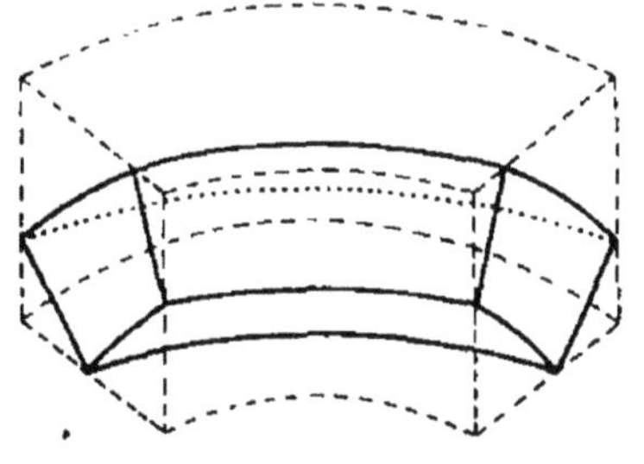
Fig. 473.

*Assises inférieures.* — On prend un solide capable ayant la forme du voussoir en plan et pour hauteur, la distance des limites en élévation.

Cette méthode est convenable pour les assises inférieures, mais elle ne conviendrait pas quand le panneau est très relevé. Il y aurait une perte de pierre trop considérable.

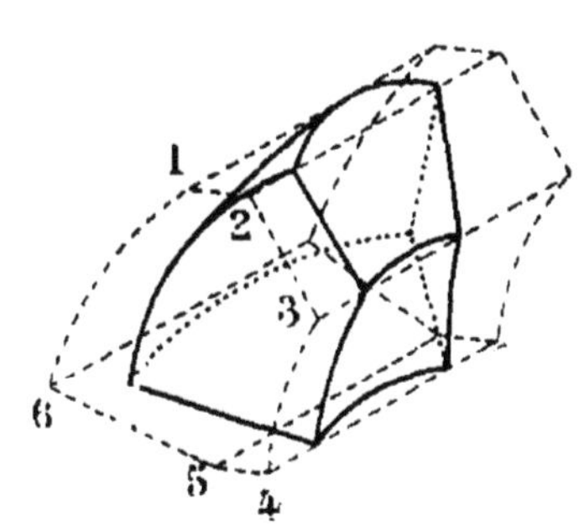

Fig. 474.

*Assises supérieures.* — On prend pour solide capable un prisme perpendiculaire au tableau ayant la forme extérieure 1-2-3-4-5-6 (*fig.* 474) de la projection verticale et, pour longueur, la longueur de la courbe $P_1P_2$ du plus grand arc en plan. On obtiendrait facilement les panneaux des lits plans latéraux.

Pour avoir les panneaux de lits coniques il faudra construire les développements des surfaces de troncs de cones.

**Méthode de taille dite de l'écuelle.** — Pour tailler la douelle des voussoirs dans les voûtes sphériques, on emploie la méthode dite de l'*écuelle*.

Sur la projection verticale du voussoir (*fig.* 472) on peut se rendre compte que les quatre points $N'_1$, $N'_2$, $M'_1$, $M'_2$, sont dans un même plan; si donc on mène un plan tel que *pq* (*fig.* 475) qui contienne ces points, ce plan coupe la sphère suivant un petit cercle de diamètre *pq*.

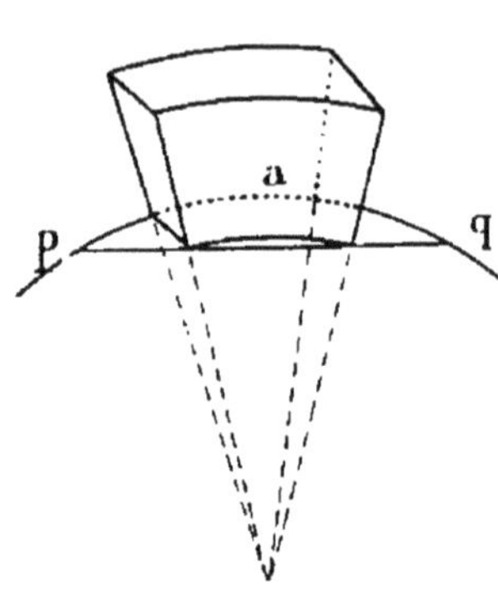

Fig. 475.

On prend alors un solide capable de contenir le voussoir et on trace sur l'une des faces bien dressée, un cercle de diamètre *pq* (*fig.* 476). On construit ensuite une cerce *paq* (*fig.* 475) et on creuse la pierre jusqu'à ce qu'on obtienne un vide dont le profil soit conforme à celui de la cerce. Cette opération s'appelle *vider l'écuelle*.

Pour délimiter la surface sphérique de la douelle on marque sur le cercle *pq* les 4 points *a*, α, *c*, γ, puis de *a* en α et de *c* en γ on trace les arcs pris avec des cerces dans le plan et de *a* en *c* et de α en γ les arcs tracés avec la cerce qui a servi à creuser l'écuelle.

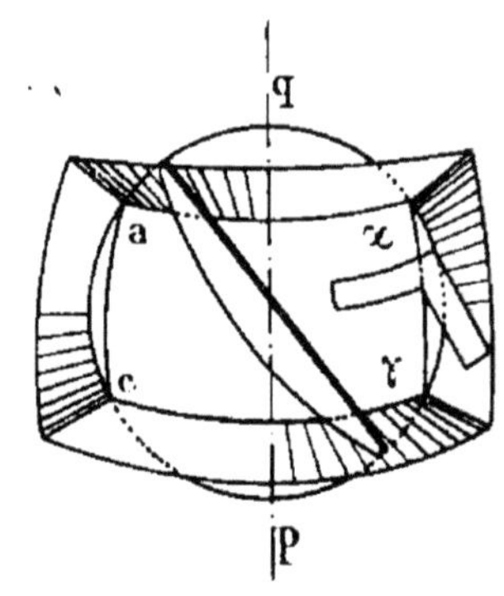

Fig. 476.

On tracera les faces du voussoir avec un biveau-cerce dont la partie curviligne sera celle de l'écuelle.

**Voûte sphérique sur plan carré avec pendentifs et fermerets** (*fig.* 477 et 478). — Si l'on inscrit un carré dans le cercle, qui représente la sphère en projection horizontale, les plans obtenus coupent la sphère et donnent naissance à un solide composé d'une calotte sphérique de quatre demi-cercles plans ou fermerets, et de quatre portions de sphère comprises entre ces fermerets qui sont les pendentifs.

Construisons (*fig.* 478) les projections d'un voussoir dont la partie centrale est contenue dans un pendentif et dont les extrémités reposent sur deux fermerets.

On remarquera que les assises sont horizontales dans les

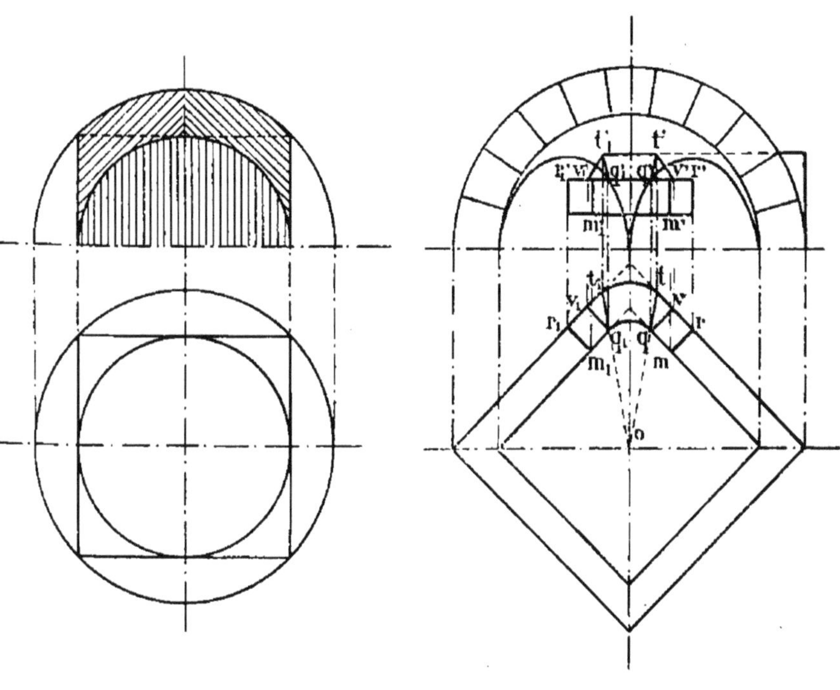


Fig. 477. Fig. 478.

fermerets et qu'elles sont des troncs de cônes dans les pendentifs qui sont comme on l'a vu des portions de sphères.

Menons deux lignes $m'm'_1$ qui sont deux lignes d'assises et limitons le voussoir dans les fermerets aux plans $mr$, $m_1r_1$. La ligne horizontale supérieure $v'v'_1$ coupe les deux courbes d'intersection du plan avec la sphère aux deux points $q'$ et $q'_1$ ; le plan de lit du pendentif étant un cône, les génératrices s'appuient sur la portion de cercle $qq_1$ et se dirigent vers le centre $o$ de la sphère ; on les trouve en $ot, ot_1$ en plan et $o't', o't'_1$ en élévation. La surface conique du lit se raccorde avec l'assise supérieure horizontale par des petites surfaces planes triangulaires $tqr$-$t_1q_1r_1$.

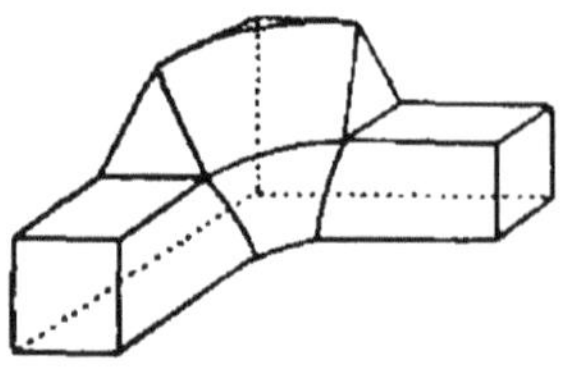

Fig. 479.

La figure 479 représente le voussoir en perspective cavalière.

La voûte sphérique pourrait être sur plan hexagonal. Il y aurait alors six pendentifs et six fermerets.

L'épure du voussoir serait analogue.

**Lunette dans une voute sphérique.** — La voûte sphérique sur plan carré pourrait avoir la disposition de la figure 481, mais en supposant que le carré soit le résultat de la pénétration de 4 berceaux cylindriques. Les fermerets seraient alors remplacés par le vide des berceaux. Il ne resterait de la voûte qu'une calotte terminée par des pendentifs, et cette disposition aurait l'inconvénient de présenter des voussoirs de naissance anguleux et très difficiles à construire.

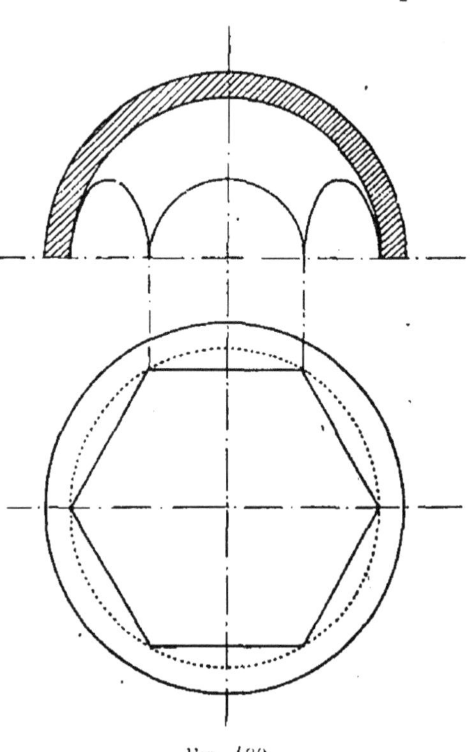

Fig. 480.

On adopte alors la disposition de la figure 482. On inscrit un carré plus petit dans le carré primitif et l'on prend le côté de ce carré pour diamètre des berceaux incidents. C'est la lunette dans une voûte sphérique dont l'épure est donnée figure 483.

Traçons les deux cercles en plan et en élévation qui représentent l'intrados et l'extrados de la voûte. Les intersections du petit berceau dans la voûte sphérique sont les lignes droites AB, CD puisque ce berceau coupe la sphère suivant des petits cercles.

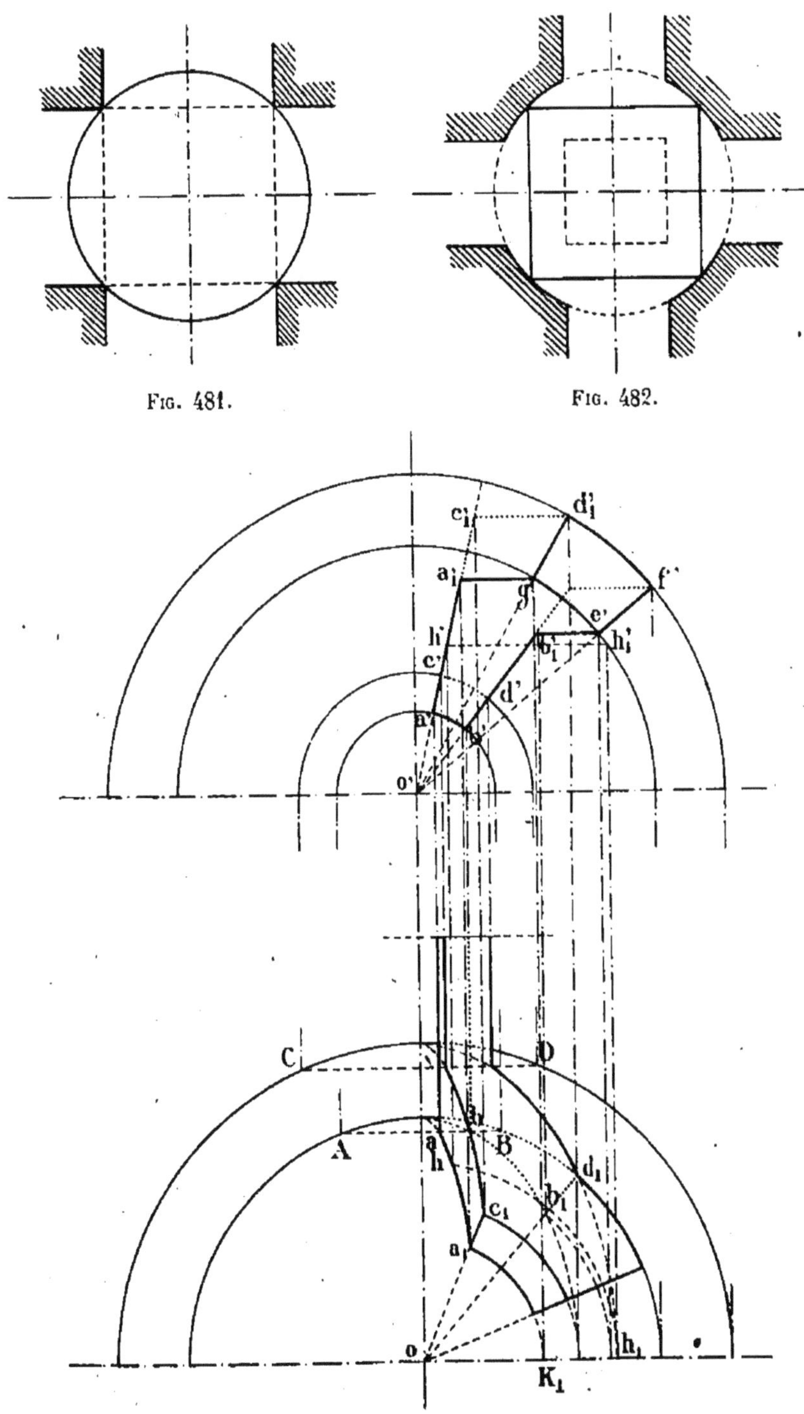


Fig. 481.

Fig. 482.

Fig. 483.

Traçons le voussoir $a'b'c'd'$ du petit berceau en projection verticale, et le voussoir correspondant $g'e'f'd'_1$ de la sphère dans le plan de front qui passe par l'axe.

La partie du voussoir située sur le petit berceau se termine sur l'intrados en $ab$ et sur l'extrados en $cd$. D'autre part le voussoir situé sur la voûte sphérique se termine sur l'intrados en $a_1b_1$ et sur l'extrados en $c_1d_1$. Ces deux parties du voussoir sont réunies par une portion de voûte cylindrique terminée par des plans qui coupent la sphère suivant des ellipses.

On projette le point $a'_1$ en $a_1$ où la projetante rencontre le parallèle $a_1K_1$ ; on obtient de même le point $b_1$ en projetant le point $b'_1$ sur le parallèle correspondant. On joint $a_1$ à $o$, et on obtient le point $c_1$ sur le parallèle d'extrados ; même construction pour $d$.

Pour obtenir un point intermédiaire des ellipses en plan on prend un point $h_1$, sur le prolongement de $a'c'$, on trace en plan le parallèle $h_1h$ ; le point cherché $h$ est à l'intersection de ce parallèle et de la ligne de rappel du point $h'$.

On a supposé que le berceau incident passait par l'axe

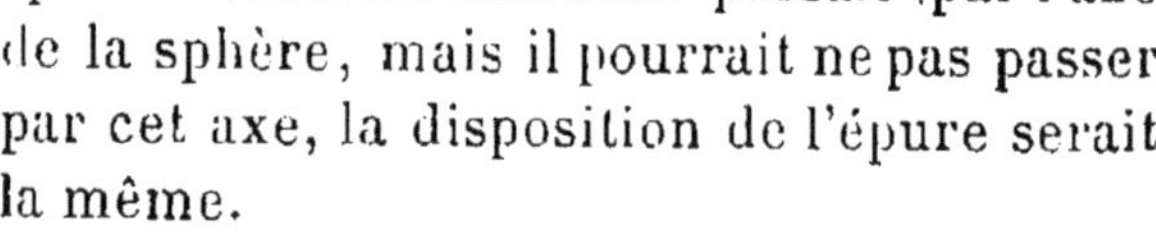
de la sphère, mais il pourrait ne pas passer par cet axe, la disposition de l'épure serait la même.

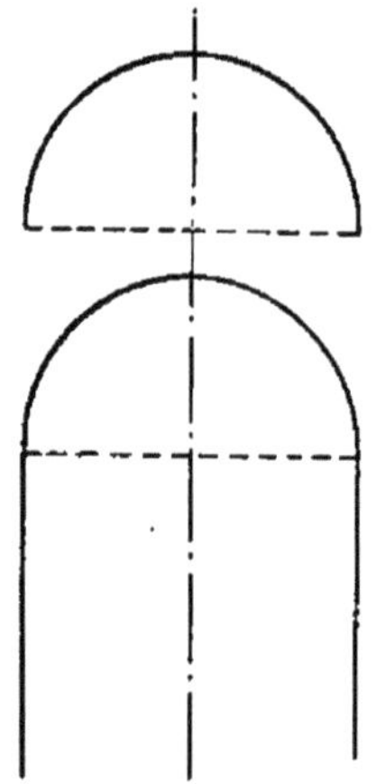

Fig. 484.

**Voûte sphérique en cul-de-four.** — Si l'on suppose une galerie ou berceau cylindrique (*fig.* 484) terminée par un demi-cercle, on obtiendra un quart de sphère qu'on appareillera en cul-de-four.

On peut adopter la disposition représentée figure 485, qui est l'appareil des voûtes de révolution. Les projections des voussoirs se voient facilement sur l'épure ; elles sont d'ailleurs semblables à celles de la figure 472.

On a plus souvent recours pour l'appareil en cul-de-four à la disposition représentée figure 487, semblable au précédent auquel on aurait fait faire un tour de 90°, c'est-à-dire que la clef est devenue le *trompillon*.

Les divisions des joints qui se font en élévation dans la figure 485 se font ici en projection horizontale en *abcdef*. On en déduit les petits cercles en élévation. Les joints de lits latéraux qui sont des lignes droites en élévation sont des ellipses en plan.

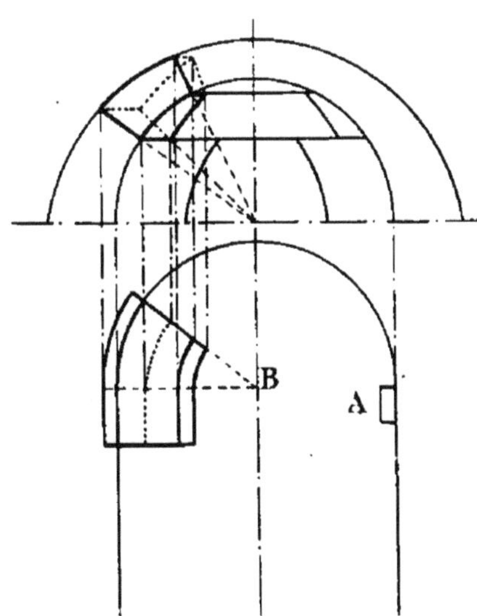


Fig. 485.

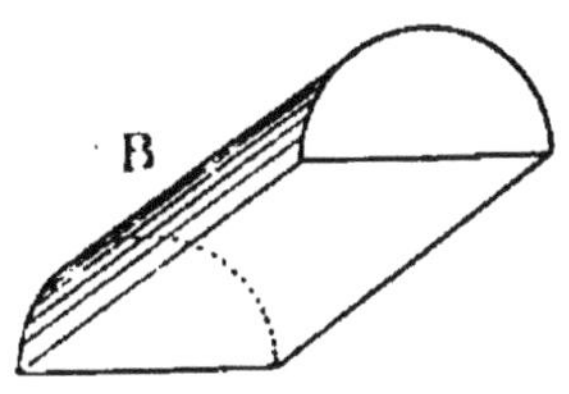


Fig. 486.

Dans l'appareil représenté figure 485, la voûte aurait une clé en B ayant la forme d'un demi-tronc de cône représenté figure 488, tandis que

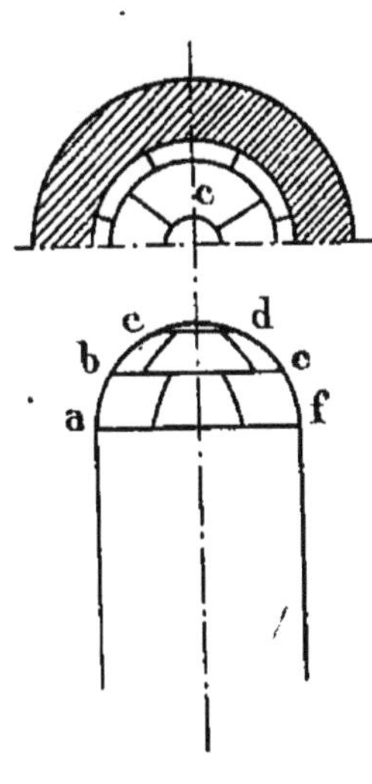


Fig. 487.

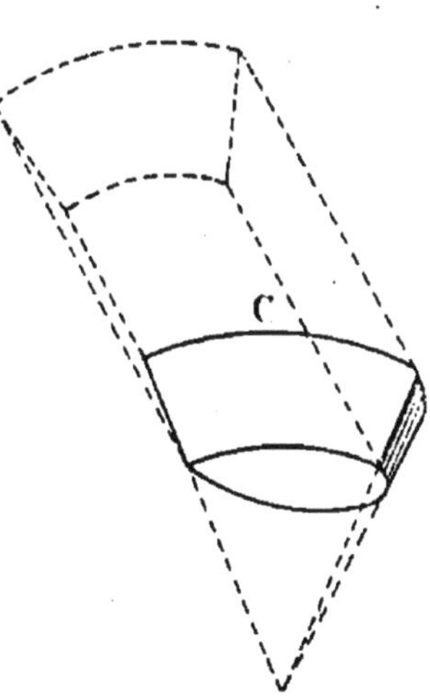


Fig. 488.

dans l'appareil de la figure 487 le trompillon placé en c aurait la forme demi-cylindrique représentée figure 486.

Remarque. — Il existe un autre appareil dit : appareil en *cul-de-four à enfourchement* (*fig.* 490). Les arêtes de douelles sont parallèles aux côtés du carré inscrit dans le cercle des naissances. On divise le cercle dans le plan vertical en petites parties égales, on projette en plan et on obtient une série de

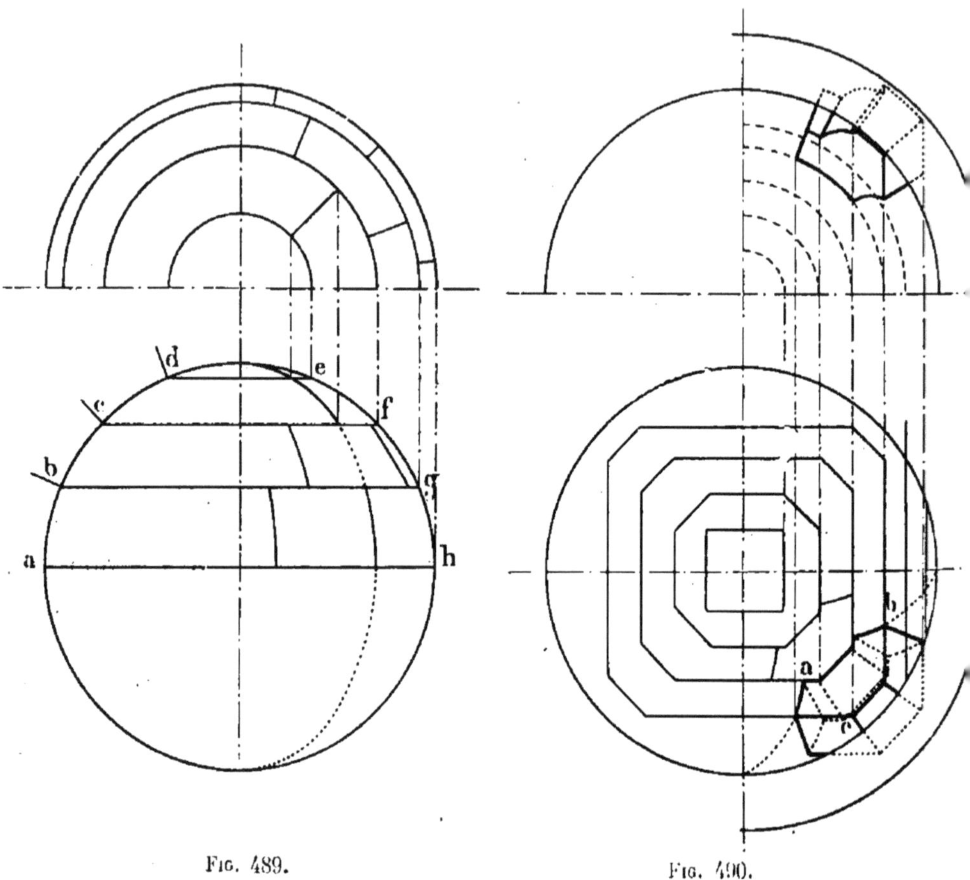


Fig. 489. Fig. 490.

carrés concentriques. On abat les angles et on obtient le voussoir *abc* dont on trouve facilement la projection verticale.

Si l'appareil de la figure 490 était appliqué à une voûte sphérique tout entière, il y aurait en réalité quatre culs-de-four.

**Conoïde.** — Soient X et Y (*fig.* 491) les deux faces parallèles d'un mur entre lesquelles on veut construire une voûte conique AB*ab* ayant son sommet en O.

La surface d'intrados de cette voûte est une surface gauche qui a pour directrices :

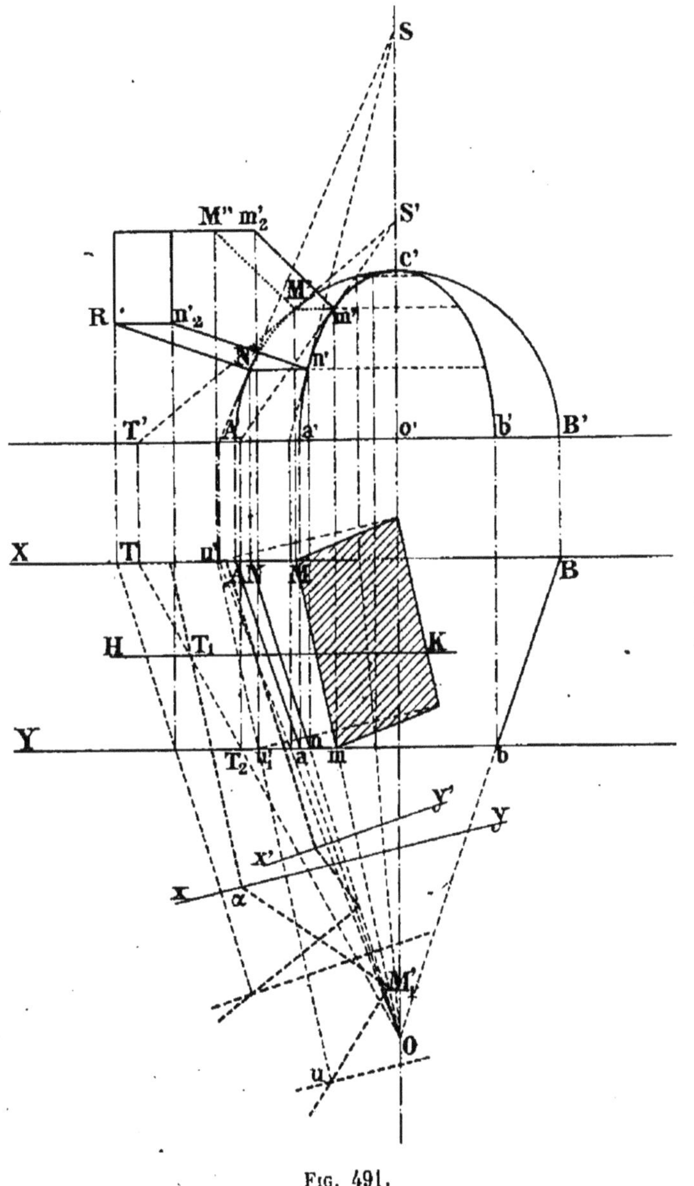


Fig. 491.

1° La droite verticale $o'S'$ projetée horizontalement par le point O ;

2° Une courbe HK qui serait prise au milieu des deux têtes ;

3° Le plan horizontal pour plan directeur, c'est-à-dire que la génératrice dans son mouvement reste toujours parallèle au plan horizontal.

La tête AB est supposée un cercle représenté en A'B' sur le plan vertical. On aura la projection de la face *ab* en prenant sur le cercle A'B', un point M' qui se projette en M. Menons OM ; le point *m* où cette droite rencontre la face *ab* est la projection horizontale d'un point de la courbe dont *m'* est la projection verticale. On obtient ainsi l'ellipse *a'c'b'*. On voit que toutes les sections de la douelle par des plans parallèles au plan vertical sont des ellipses ayant pour hauteur commune *o'c'* et pour axe horizontal une longueur égale à l'écartement des piédroits à l'endroit où serait faite la section.

Pour construire le voussoir on mènera la tangente M'T' et on remarquera que les tangentes le long de la génératrice M'*m'* s'appliquant à des ellipses de même hauteur se rencontrent au point S'; par conséquent, toutes les tangentes à cette génératrice ont leur trace horizontale sur la ligne $TT_2$ qui joint le point T au point O. La trace du plan tangent passe par $T_1$ situé aussi dans le plan pris entre les deux têtes ; menons par ce point une parallèle à la génératrice M*m*. Si l'on prend un plan *xy* perpendiculaire à cette génératrice et que l'on porte au-dessus de ce plan une longueur égale à la hauteur du point M' au-dessus du plan horizontal, la trace verticale du plan tangent sera $\alpha M'_1$ ; un plan normal sera indiqué par une perpendiculaire $M'_1u$ au plan tangent et si l'on porte au-dessus du plan *xy*, la hauteur du point M'' au-dessus du plan horizontal où se limite le voussoir, on aura à l'intersection de la normale et du plan supérieur du voussoir, le point *u* qu'on rabattra en *u'* et en $u'_1$ sur les faces AB et *ab* ; puis par des perpendiculaires à la ligne obtenue, on obtiendra les points M'' et $m'_2$ qui limitent le voussoir et qui avec les points M'*m'* donnent la direction des joints de lit.

La figure porte le tracé identique qui a servi pour obtenir les points R et $n'_2$ correspondant au lit $Rn'_2N'n'$.

Le panneau $M''m'_2M'm'$ s'obtient en traçant des perpendiculaires à M*m* des points *u'* et $u'_1$ et en portant, à partir du point *m*, la longueur $m'm'_2$ sur l'une de ces perpendiculaires.

La figure 492 représente la même disposition, mais on a pris pour courbe directrice au milieu des deux têtes un demi-cercle en projection verticale. Un point M′ de ce cercle se projette en M et la ligne joignant le point O au point M donne les deux points *m* et *n* qui se projettent verticalement en *m′* et *n′*. On obtient ainsi, pour les deux courbes de têtes, deux ellipses. C'est la disposition adoptée dans l'épure suivante du conoïde en tour ronde.

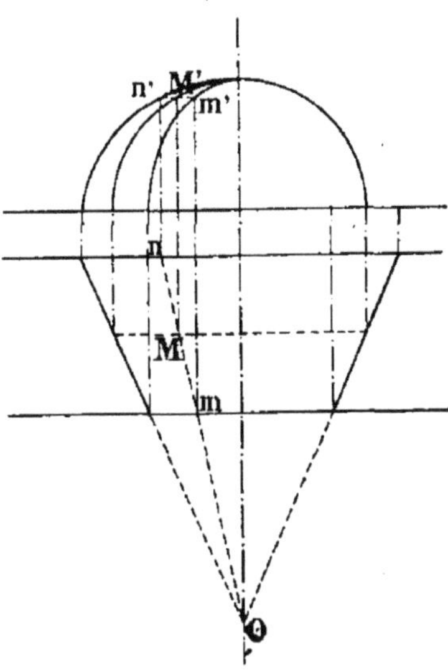


Fig. 492.

**Voûte d'arête en tour ronde.** — Soit une tour ronde A (*fig.* 493) entourée par une galerie annulaire B couverte par un berceau cylindrique. On pratique à l'extérieur de cette galerie des ouvertures telles que *m*, *n* ; on joint ces points au centre *o* et on propose de déterminer les intersections avec le berceau, des surfaces qui couvriront l'espace *mnpq*.

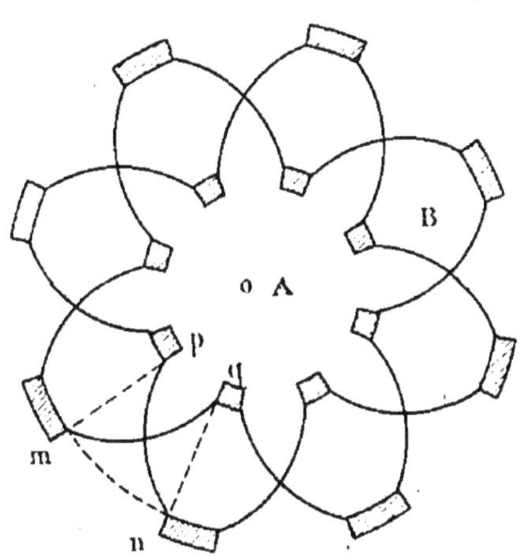


Fig. 493.

La voûte d'arête en tour ronde résulte donc de la pénétration d'une voûte conoïde dans une voûte annulaire.

La figure 494 est un croquis en perspective cavalière de la disposition de cette voûte réduite aux arêtes d'intrados.

La surface conoïde a pour plan directeur le plan horizontal, pour directrice rectiligne l'axe *oo′* et pour directrice courbe le demi-cercle *v′o′u′* projeté sur le plan horizontal, par la droite $vu$. Le rayon de ce demi-cercle est égal à celui du cercle rabattu (*fig.* 495) et qui provient de la section du berceau tournant par un plan méridien $ab$. On tracera les cercles horizontaux formant les arêtes de douelle du berceau tournant, puis on partagera le demi-cercle $v'o'u$ comme le cercle $acb$. On projettera les points de division sur la droite $vu$, ce qui déterminera les génératrices de la voûte conoïde et les intersections de ces droites avec les cercles qui sont à la même hauteur dans le berceau tournant appartiendront à deux courbes à double courbure KIJ-$l$IM provenant de la pénétration des deux voûtes.

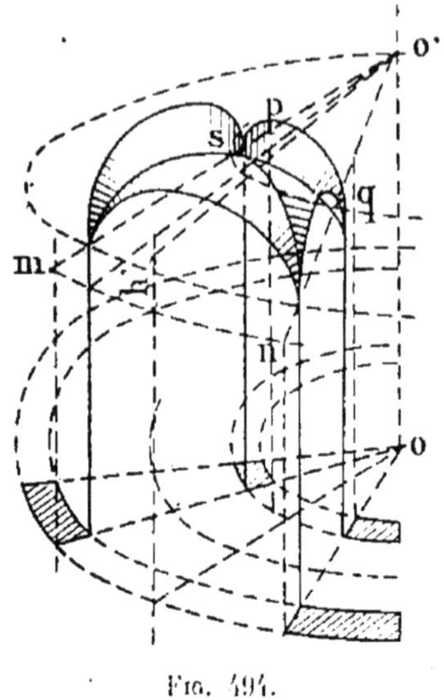

Fig. 494.

Un voussoir d'angle est représenté en plan par les chiffres 1, 2, 3, 4, 5, 6, 7, 8, 9, 10, $3_1$, $7_1$, $8_1$, en admettant que l'arête 4-10 soit sa limite.

Pour obtenir les arêtes cachées $3_1 7_1$, et $7_1 8_1$ on remarquera que la tangente en un point $yy'$ de la ligne de joint 1-12 1'-12' a sa trace en T', qu'elle se projette en $T_1$ sur le cerclé $vu$ et que toutes les tangentes à cette même génératrice ont leur trace sur la ligne $oT_1$ qui est la trace du plan tangent le long de la génératrice 1-12.

Ce plan tangent passe par $T_2$ à l'intersection de la perpendiculaire $M_2$ $T_2$ élevé sur le milieu de 1-5 et de la ligne $oT_2$.

Menons le plan $xy$ perpendiculaire sur la ligne 1-12 ; portons au-dessus de ce plan et sur cette dernière ligne, la hauteur de la ligne 1'-12' au-dessus du plan horizontal et joignons le point $T_3$ à ce point. La perpendiculaire S$v$ à la ligne $ST_3$ rencontre le plan $x_1y_1$ en un point V (on a pris le plan $x_1y_1$ à une hauteur au-dessus de $xy$ égale à $o_2o_3$ qui est la hauteur du lit supérieur du voussoir au-dessus des naissances). La parallèle $v3_1$ à l'arête 1-12 donne la partie cachée $3_1 7_1$.

Le point $7_1$ est à l'intersection du cercle abaissé du point $7_3$.

La même construction déterminerait les arêtes 3-7, et 7-8 du même voussoir.

Il faut remarquer que le voussoir que l'on vient de tra-

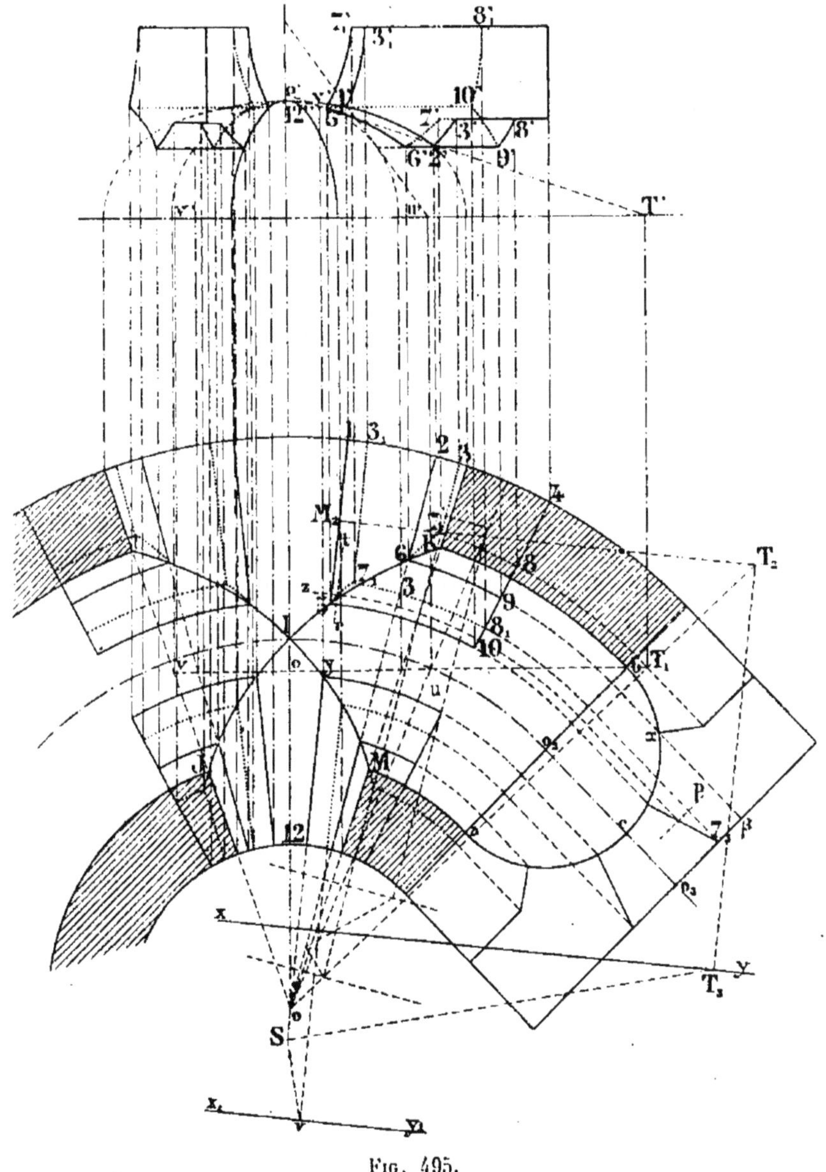

FIG. 495.

cer est constitué de la façon suivante : La douelle du conoïde est 1-2, 5-6; celle de la voûte annulaire est 9-10, 5-6. Ces deux douelles se rencontrent suivant la courbe d'intersection 5-6. Du côté de la ligne 5-10 la surface de lit est engendrée par la normale à la courbe de la voûte annulaire; c'est donc une surface conique.

Du côté de la ligne 1-5 la surface de lit est engendrée par la normale au conoïde. Cette surface est un paraboloïde.

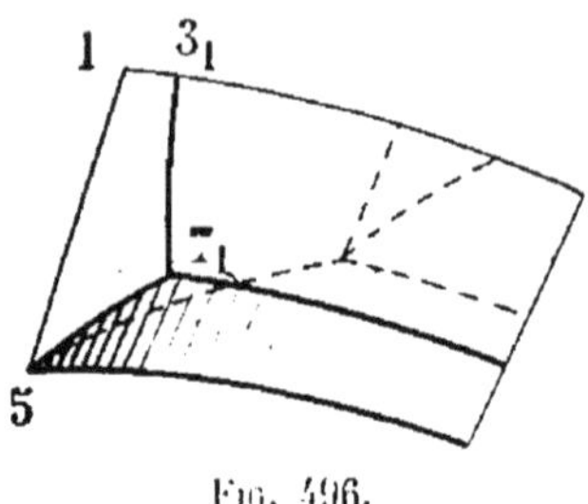


Fig. 496.

Or, si l'on trace ce paraboloïde, la ligne $3_1 7_1$, étant l'intersection de ce paraboloïde et du plan supérieur du voussoir, serait un arc d'hyperbole (*fig.* 497).

Dans la pratique on substitue au paraboloïde le plan tangent à cette surface qui donne l'arête $3_1$-$7_1$ parallèle à 1-5.

La projection verticale du voussoir s'obtient facilement à l'aide de la projection horizontale. Il suffit de projeter les points du plan horizontal sur les hauteurs dans le plan vertical.

Les intersections des surfaces des joints des deux voûtes sont des courbes que l'on obtiendra de la manière suivante. On construira (*fig.* 495) un plan horizontal $p$ qui coupera le joint de la voûte annulaire suivant un arc de cercle et le joint de la voûte conoïde suivant un arc d'hyperbole; le point où ces deux courbes se rencontreront fera partie de l'intersection des deux surfaces de joints.

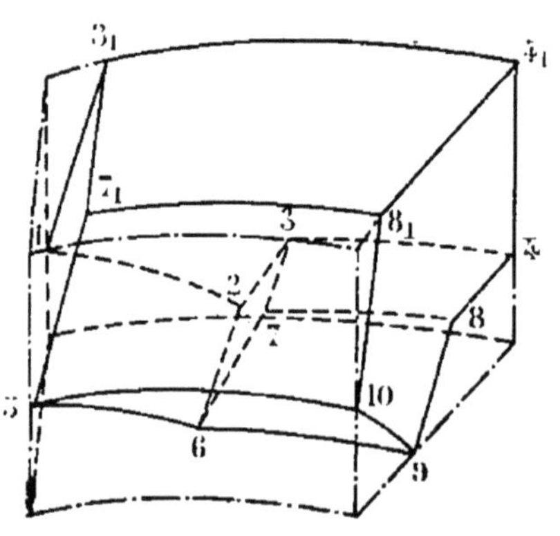


Fig. 497.

*Taille du voussoir.* — La figure 497 est une vue cavalière du voussoir. La taille se fait par l'équarrissement. On prend pour solide capable un prisme droit ayant pour base la projection horizontale du voussoir et pour hauteur la longueur $\alpha\beta$ (*fig.* 495).

On applique sur la face convexe le panneau $1$-$2$-$3$-$4$-$4_1$-$3_1$; sur la face concave le panneau $5$-$7_1$-$8_1$-$10$, et sur la face latérale de droite le panneau $4_1$-$8_1$-$10$-$9$-$8$-$4$.

On exécute la double conoïde et le joint conique à l'aide d'une règle qu'on promène sur les directrices de ces surfaces, en les faisant passer par des joints correspondants relevés sur les panneaux.

## ARRIÈRE-VOUSSURE

**Arrière-voussure de Marseille.** — Une porte ou fenêtre est pratiquée dans un mur, à parements verticaux et parallèles AD et CF (*fig.* 498) ; elle est formée par un berceau d'axe OO' dont la section droite est la demi-circonférence A'D'. Le piédroit $AA_1$, ou *tableau*, forme un retrait $A_1B_1B$, ou *feuillure*, dans lequel on scelle le *bâti* qui doit porter les *vantaux* ou battants de la porte. La feuillure est couverte par un berceau d'axe OO' dont la section droite est la demi-circonférence B'E'. A la suite le piédroit diverge et forme en BC une face d'*ébrasement*.

On appelle *arrière-voussure* la voûte qui couvre l'espace BCFE compris entre les deux plans d'ébrasement, le plan de feuillure BE et le parement du mur CF. Cette voûte doit être telle que le battant cintré O'B'H puisse tourner librement et venir s'appliquer contre la face d'ébrasement quand on ouvre la porte.

Dans l'arrière-voussure de Marseille, cette voûte est une surface réglée engendrée de la manière suivante. Sur le parement vertical du mur CF traçons un arc de cercle C'KF'.

Considérons une droite s'appuyant constamment sur cet arc et sur la demi-circonférence B'E' et rencontrant l'axe OO' du berceau ; cette droite engendre une surface gauche qui est l'intrados de l'arrière-voussure.

Cette surface gauche est ainsi définie par trois directrices :

1° L'axe du berceau OO' ;

2° La demi-circonférence B'HE' ;

3° L'arc C'KF'.

Comme cet axe OO' est debout, en projection verticale, toutes les génératrices de la surface gauche passent par le point O'. La surface est par suite terminée aux deux génératrices O'C' et O'F', et il est nécessaire de la continuer jusqu'aux faces d'ébrasement.

On pourrait pour cela prolonger l'arc C'KF' à gauche de F'

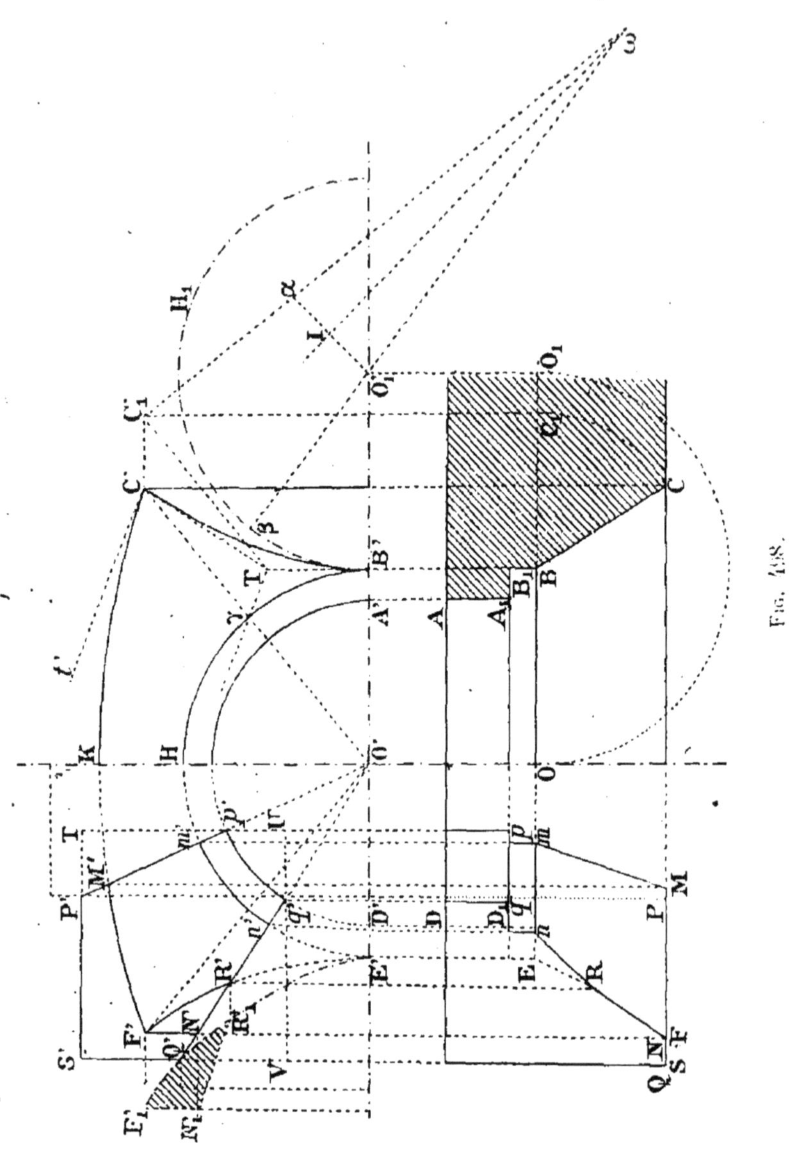

Fig. 198.

et à droite de C', mais dans ces conditions on obtiendrait une surface ne permettant pas au vantail de s'appliquer contre la face d'ébrasement.

*Courbes d'ébrasement.* — On définit la surface gauche qui

doit couvrir l'espace compris entre O'C' et le plan d'ébrasement, par les trois directrices suivantes :

1° L'axe du berceau OO' ;

2° La demi-circonférence B'HE' ;

3° La courbe B'C' tracée sur le plan d'ébrasement et appelée courbe d'ébrasement. Elle doit satisfaire aux conditions suivantes :

1° Le battant de la porte doit pouvoir, en s'ouvrant, s'appliquer sur le plan d'ébrasement.

Rabattons sur le plan vertical, autour de la verticale du point BB' ; le point CC' vient en $C_1C'_1$. Le vantail de la porte tournant autour de la verticale du point BB' se rabat suivant la demi-circonférence $B'H_1$ de centre $O'_1$. Le rabattement $B'C'_1$ de la courbe d'ébrasement doit donc être au-dessus de la demi-circonférence $B'H_1$.

2° La deuxième surface gauche ainsi définie doit se raccorder à la première tout le long de la génératrice O'C'.

On a vu en géométrie descriptive que deux surfaces gauches se raccordent le long d'une génératrice si elles ont mêmes plans tangents en trois points de cette génératrice. Or, les deux surfaces ont deux directrices communes. Elles ont donc même plan tangent au point situé sur l'axe OO' (plan tangent déterminé par la génératrice commune O'C' et la directrice commune OO'). Elles ont même plan tangent au point $\gamma$ (plan tangent déterminé par la génératrice commune $O'c'$ de la tangente en $\gamma$ à la directrice commune). Il suffit donc qu'elles aient même plan tangent en un autre point C' par exemple.

Le plan tangent en C' à la première surface gauche est déterminé par la génératrice O'C' et la tangente $C't'$ à la directrice C'KF'. Ce plan doit aussi être tangent en C' à la deuxième surface gauche et comme cette surface est déterminée par une directrice B'C courbe plane tracée dans le plan d'ébrasement, la tangente en C' à cette courbe est l'intersection du plan d'ébrasement et du plan tangent en C' à la première surface.

Le point C est un point de l'intersection de ces deux plans; pour en avoir un deuxième, coupons les deux plans par le plan vertical de front BO. Il coupe le plan tangent en C' à la première surface suivant la droite de front $\gamma$T qui est une parallèle à la droite de front $C't'$ de ce plan tangent; il coupe le plan d'ébrasement suivant la verticale $B'T$. Le point T est donc un point de l'intersection cherchée $C'T$.

La courbe d'ébrasement doit donc être tangente en C' à C'T.

Le problème est alors réduit à tracer sur le plan d'ébrasement une courbe tangente en B' à B'T et en C' à C'T, cette courbe devant laisser au-dessous d'elle le rabattement du vantail de la porte.

On peut tracer cette courbe au moyen de deux arcs de cercle. Rabattons le plan d'ébrasement autour de la verticale BB', de manière à l'amener de front ; le point CC' vient en $C_1C_1'$; le point T sur la charnière ne bouge pas ; la droite TC' se rabat en $TC'_1$. Elevons en $C'_1$ la perpendiculaire $C'_1\alpha$ à $TC'_1$ et portons $C'_1\alpha = O'_1B'$ ; la perpendiculaire à $O'_1\alpha$ en son milieu I rencontre $C'_1\alpha$ en un point $\omega$. Le rabattement de la courbe d'ébrasement est constitué par l'arc de cercle $B'\beta$ de centre $O'_1$ et l'arc de cercle $\beta C'_1$ de centre $\omega_1$. Il est facile de voir que ces deux arcs, non indiqués sur la figure, sont, le premier, tangent en B' à B'T, le deuxième, tangent en $C'_1$ à $TC'_1$, et qu'ils se raccordent en $\beta$. La courbe $B'\beta C'_1$ satisfait aux conditions exigées. Ayant le rabattement $B'\beta C'_1$ on passe facilement à la projection B'C' de la courbe d'ébrasement.

*Appareil.* — La voûte s'appareille comme une porte ordinaire. Les plans de joint passent par l'axe OO', on voit que par suite ils coupent la surface gauche de l'arrière-voussure suivant une génératrice rectiligne telle que $O'm'M'$ ou $O'n'R'$. Les lignes de joint sur l'arrière-voussure sont donc des droites, ce qui constitue tout l'avantage de ce tracé.

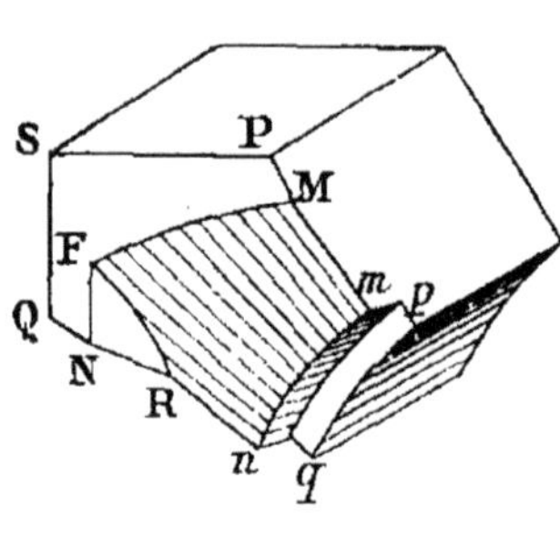

Fig. 499.

On a représenté, sur la partie gauche de la figure 498, les deux projections du voussoir d'angle. On a en $P'S'Q'q'p'$ le panneau de section droite. Les panneaux de joint des voussoirs s'obtiennent aisément en rabattant sur le plan horizontal autour de OO' comme charnière, les plans de bout O'M' et O'N'. Il est important de remarquer que *m*M et *n*R sont des droites génératrices des surfaces gauches considérées.

Le solide capable est un prisme rectangulaire ayant pour base le rectangle S'TUV et pour hauteur l'épaisseur du mur. On a représenté (*fig.* 499) la perspective cavalière du voussoir.

On applique d'abord le panneau de section droite P'S'Q'*q'p'* on taille la douelle cylindrique *pq*, puis au moyen d'un panneau en forme de trapèze *m'n'q'p'* on taille la douelle cylindrique *mn*. Sur le plan du parement intérieur on applique le panneau S'Q'N'F'M'P'. On a ainsi les deux directrices *mn* et M'F' de la première surface gauche que l'on taille en vérifiant avec une règle dont on place le bord suivant une génératrice de la surface. On peut préparer le plan d'ébrasement FNR au moyen du panneau courbe $F'_1N'_1R'_1$ obtenu sur le rabattement. Le panneau de joint donne NR, on taille avec précaution et en appliquant le panneau FNR on fait apparaître la courbe d'ébrasement FR.

**Arrière-voussure de Montpellier.** — L'arc de cercle CFC'F' est remplacé par une ligne droite horizontale. L'épure est tout à fait analogue à celle de l'arrière-voussure de Marseille.

**Arrière-voussure de Saint-Antoine** (*fig.* 500). — L'intrados de l'arrière-voussure n'est plus une surface réglée; il est engendré par un arc de cercle MN, M'N' satisfaisant aux conditions suivantes :

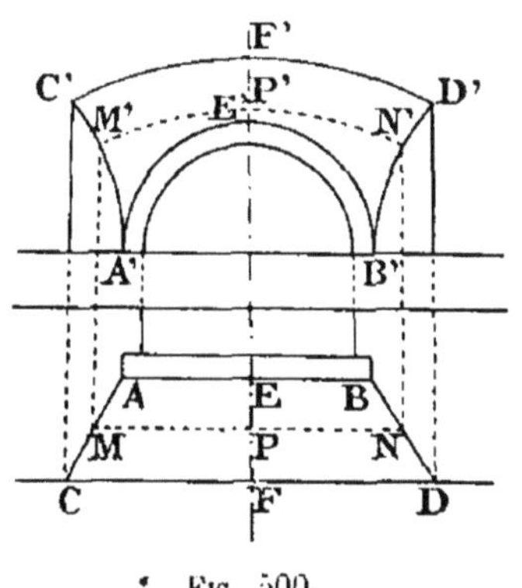

FIG. 500.

1° Son plan est vertical et parallèle au plan de tête ;

2° Il rencontre toujours trois directrices fixes : les deux courbes d'ébrasement AC, A'C' et BD, B'D' que l'on trace à l'avance; et la droite de profil FE, F'E' qui joint le point le plus haut du cercle de feuillure au point le plus haut de l'arc CD.

La surface est donc parfaitement définie ; le rayon du cercle MN, M'N' varie de manière à ce qu'il passe insensiblement de la forme du cercle de feuillure A'E'B' à l'arc de tête C'F'D'.

## TROMPES

**Trompe cylindrique en tour ronde** (*fig.* 501). — La trompe cylindrique en tour ronde est une tourelle en saillie sur le plan d'un mur. Cette saillie est rachetée par un cylindre dont les génératrices sont horizontales et parallèles au mur.

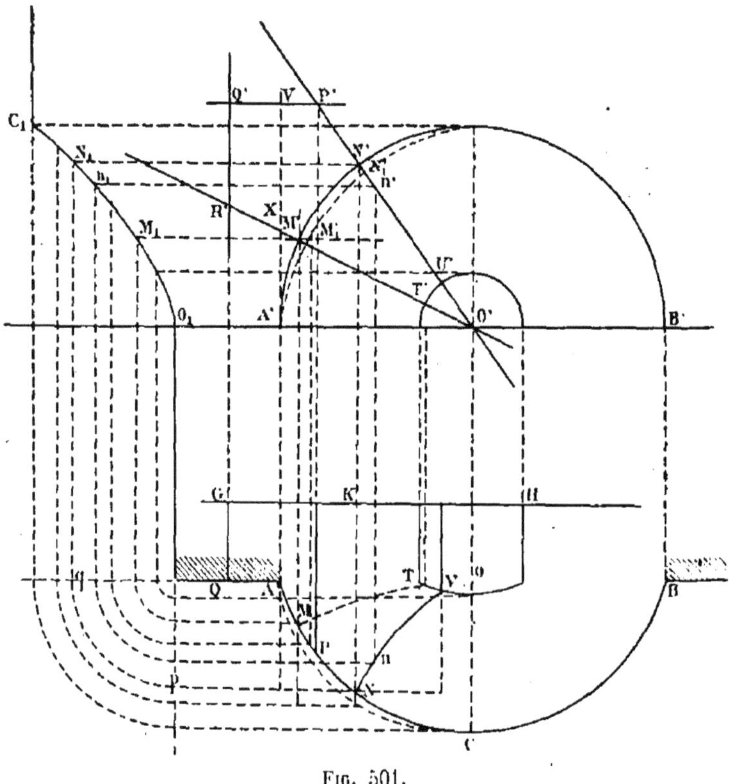


Fig. 501.

Soit l'arc de cercle ACB qui représente en plan la partie engagée d'une tourelle et en élévation le demi-cercle A'C'B' : si l'on rabat à gauche de la figure, on aura de profil une courbe $C_1O_1$ dont un point tel que $N_1$ est obtenu à l'intersection de l'horizontale $N'N_1$ et du rabattement $NpqN_1$.

Dans le cas de la figure où la courbe de tête et la courbe du plan sont des arcs de cercles, la courbe de profil est une hyperbole. Si l'on s'était donné cette courbe de profil comme point de départ, soit par une droite, soit par un arc de cercle ou une toute autre courbe et en conservant la forme cylindrique de la tour, ce serait la courbe de tête A'C'B' qui serait connue et qui ne serait plus un demi-cercle.

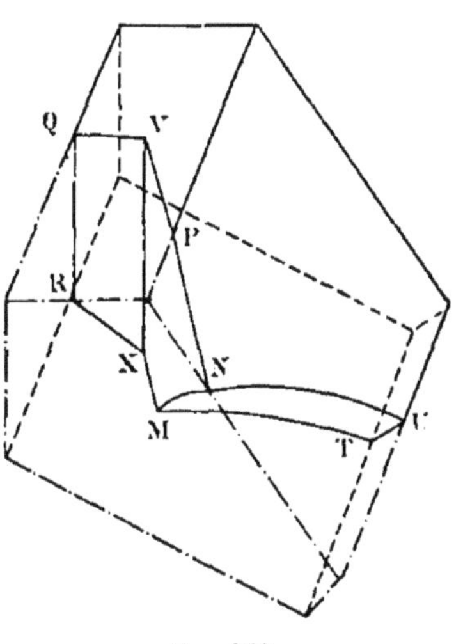

Fig. 502.

La construction est faite sur l'épure pour les points $M_1N_1$ dans le cas où on aurait pris une ligne droite dans le plan de profil.

Le voussoir T'U'N'P'Q'R'M' est appareillé par des plans passant par l'axe, ces plans s'arrêtent sur un trompillon pour éviter que le voussoir se termine par une arête vive.

Pour obtenir un point $n$ de la courbe NV, N'U' prenons un point $n'$ par exemple projetons-le en $n_1$ dans le plan de profil

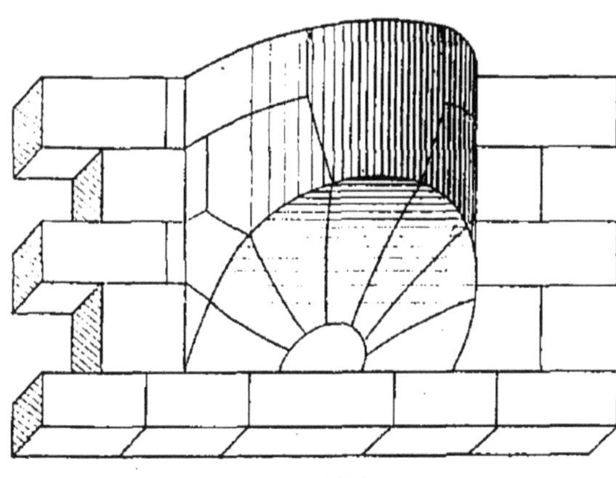
Fig. 503.

et ramenons-le par rabattement en $n$ à l'intersection de la verticale du point $n'$.

*Taille.* — On prendrait pour solide capable un prisme

droit ayant pour base le contour de la projection verticale et pour hauteur la distance NK comprise entre le point N en avant sur la tourelle et le plan de lit GH. On appliquerait sur les faces de ce prisme les panneaux correspondants déterminés d'après les projections du voussoir.

La figure 502 est une vue cavalière du voussoir.

La figure 503 est une vue d'ensemble de l'appareil de la trompe cylindrique en tour ronde.

**Trompe cylindrique sur pan coupé.** — Soient deux murs AB, BC se rencontrant suivant un angle que l'on suppose abattu suivant la ligne AC jusqu'à une certaine hauteur ; l'angle devant être reformé à la partie supérieure, on fait

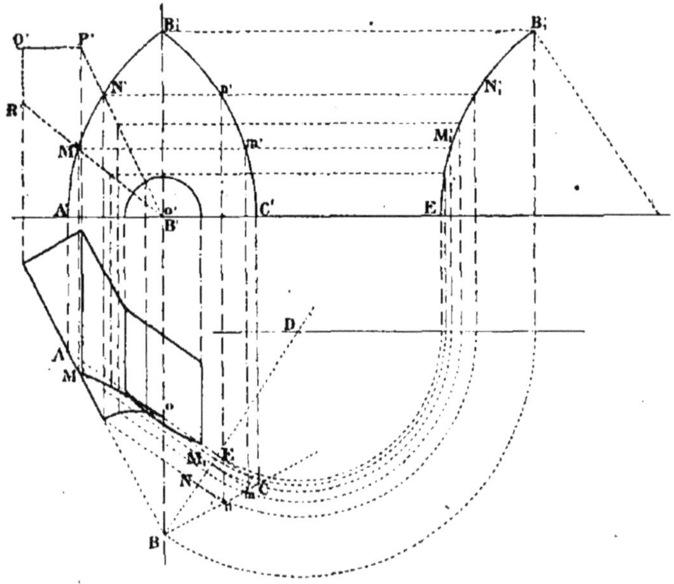

Fig. 504 et 505.

entre le pan coupé AC et le sommet B une voûte cylindrique dont les génératrices sont horizontales et parallèles à AC. La section droite BD rabattue (*fig.* 504) permet de déterminer la forme à donner à l'arc. Pour obtenir les projections verticales des arcs dans les plans AB, BC, prenons (*fig.* 504) des points tels que $M'_1N'_1$ que l'on ramène par rabattemen en $M_1N_1$ : par ces derniers points, menons des parallèles à AC;

ces parallèles sont des génératrices de la trompe cylindrique qui déterminent, par leurs intersections avec les plans AB et BC, les points M, $m$, N, $n$ qu'on relève en projection verticale.

Fig. 506.

On divise l'arc en un nombre de parties égales, tel qu'il ait un voussoir formant clé à la partie supérieure et l'on fait passer les plans de lits latéraux par $o$B, $o'$B'; ces plans s'arrêtent sur un trompillon comme dans l'exemple précédent.

On prend pour solide capable le prisme ayant pour base le contact de la projection verti-

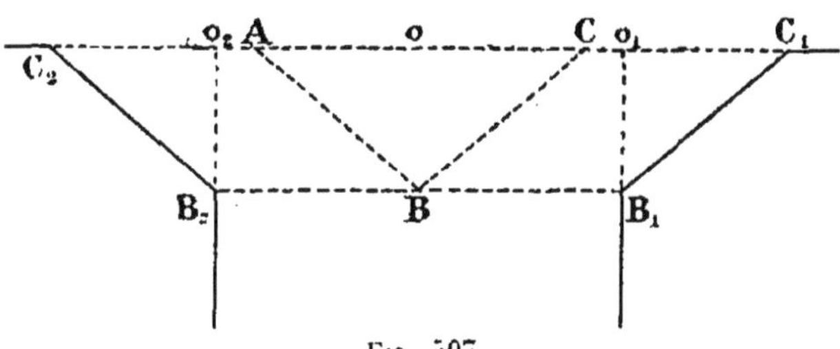


Fig. 507.

cale et pour hauteur la plus grande épaisseur du voussoir mesurée parallèlement à $o$B.

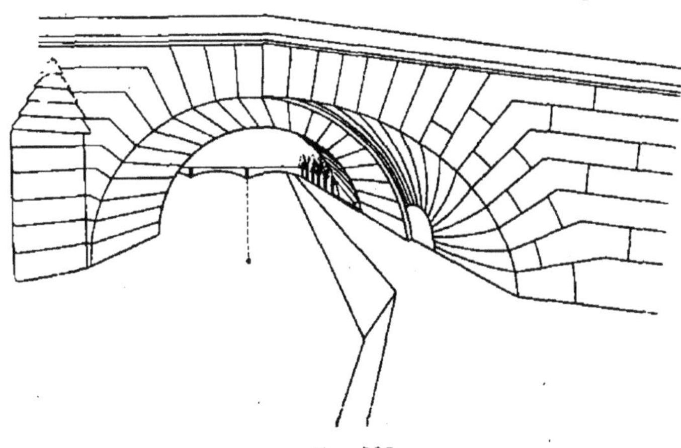

Fig. 508.

La figure 506 est une vue d'ensemble de l'apparei..

Remarque. — Supposons qu'on coupe cette trompe par le plan vertical *o*B, qu'on en fasse glisser les deux moitiés à droite et à gauche parallèlement à AC, A'C' et qu'on les réunisse par un cylindre qui prolonge chacune de ces moitiés (*fig*. 507). Ce cylindre forme une arche de pont qui vient se raccorder, au mur du quai, suivant la génératrice $o_1o_2$, et les deux moitiés de la trompe supportent au niveau de la chaussée les deux triangles $o_1B_1C_1$, $o_2B_2C_2$ qui facilitent la circulation aux angles du pont. La directrice de la trompe est nécessairement ici le cintre de l'arche, c'est-à-dire la section par le plan vertical *o*B.

La figure 508 montre l'ensemble de cette disposition qui existe aux deux extrémités du pont Royal à Paris.

**Niche sphérique.** — La niche sphérique est formée par un quart de sphère qui surmonte un demi-cylindre creux pratiqué

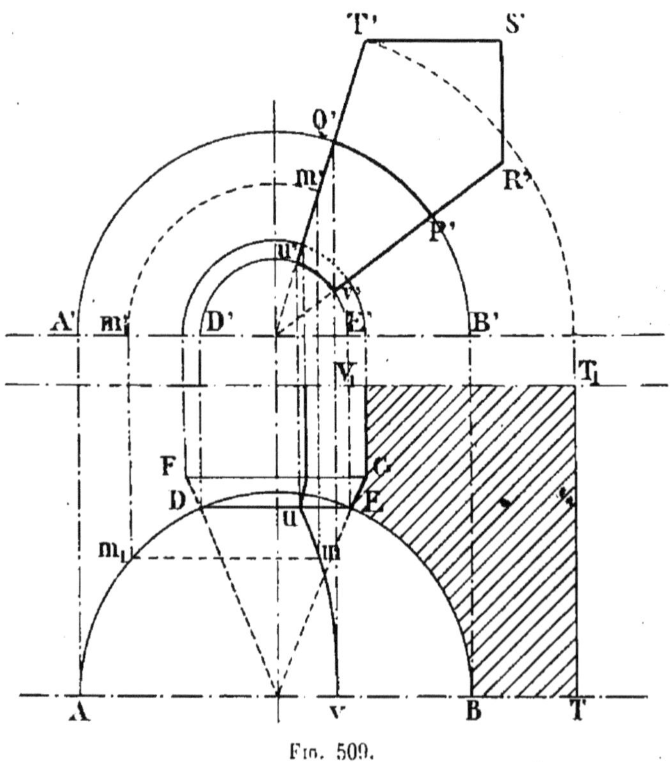


Fig. 509.

dans l'épaisseur d'un mur. Soient (*fig*. 509) les projections horizontale et verticale du quart de sphère.

Traçons la projection verticale d'un voussoir P'R'S'T'Q'u'v' arrêté sur le trompillon D'E'.

Les plans de lit latéraux du voussoir déterminent sur les voûtes des arcs d'ellipse dont on obtient la projection horizontale par la construction indiquée pour un point *mm'*.

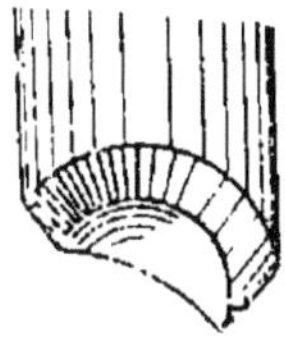

Les figures 510 et 511 montrent le trompillon et le voussoir en perspective cavalière.

Fig. 510.

On sait que le trompillon a pour but d'éviter que les voussoirs ne se rencontrent au centre en formant un angle aigu qui se casserait facilement. De plus il faut donner au trompillon la forme indiquée figure 510 parce que si on prenait un cylindre perpendiculaire au plan vertical ce cylindre ne serait pas normal à la sphère. On fait alors une partie tronconique qui se termine par une partie cylindrique.

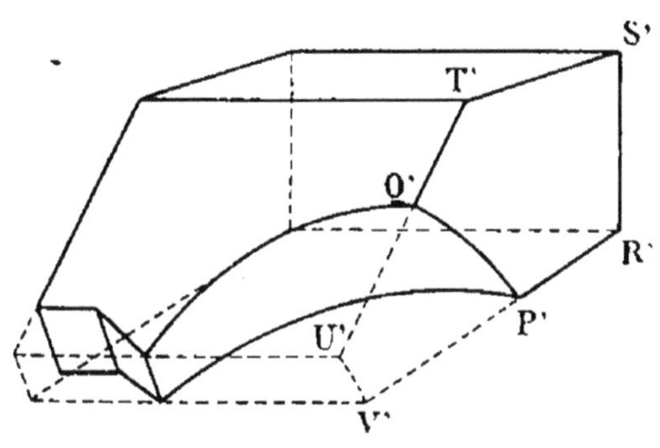


Fig. 511.

Pour tailler le voussoir on prendra un prisme ayant pour base le contour à la projection verticale U'V'R'S'T' et pour hauteur l'épaisseur du mur ou la largeur entre le plan de tête et le plan vertical qui limite le voussoir.

Fig. 512.

On applique sur les faces les panneaux de lit dont l'un est rabattu en $EGV_1T_1TB$ (*fig.* 509). On creuse la douelle au moyen d'une cerce découpée suivant l'arc EB qu'on fait glisser sur les arcs $u'v'$-Q'P'.

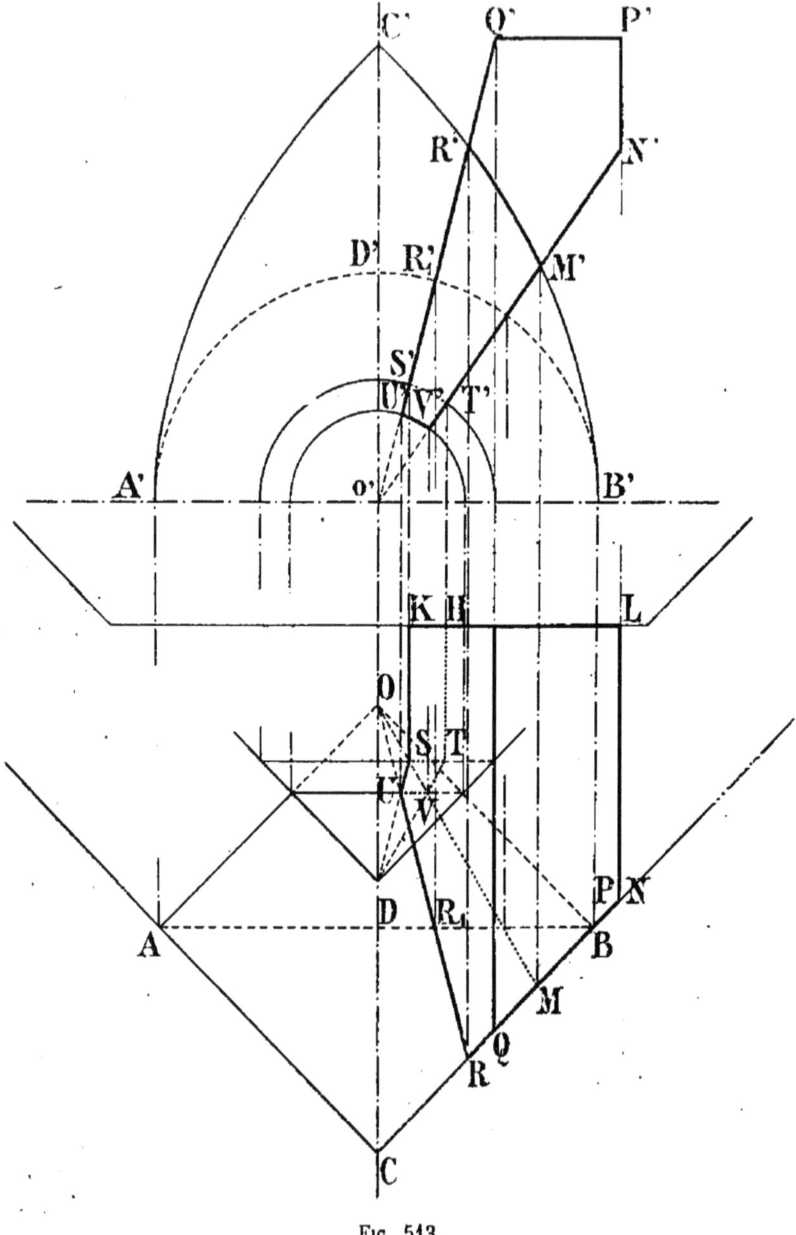


Fig. 513.

La figure 512 est une vue d'ensemble de l'appareil de la niche sphérique.

**Trompe conique sur le coin** (*fig.* 513). — Soient CA, CB les traces horizontales des faces extérieures de deux murs verticaux. On veut abattre le coin jusqu'à une certaine hauteur et soutenir la partie supérieure de l'encoignure qui subsiste par une voûte conique. A cet effet on trace sur CA et CB dans le plan de naissance de la voûte un parallélogramme OACB. Le point O est le sommet du cône, une courbe tracée de A en C dans le plan vertical en est la directrice. On prend

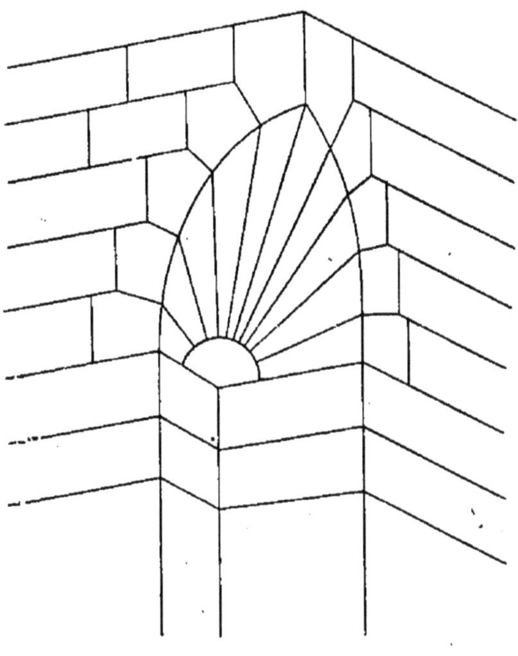

Fig. 514.

généralement pour directrice le demi-cercle décrit sur A'B' comme diamètre. Ce cône coupe les plans des murs suivant des paraboles. On obtient un point de ces courbes en menant, par exemple, la génératrice OR et projetant en $R'_1$ son intersection $R_1$ avec la directrice. On prend ensuite le point R d'intersection de la génératrice avec le plan du mur et on relève ce point en R'.

Cette construction n'est pas applicable au point CC', mais on voit facilement que le point C' est à une hauteur double du point D'.

On appareille par des plans passant par les points M'R' du

cercle et par $o'$. Les voussoirs reposent sur le trompillon de façon à éviter les angles aigus.

*Taille.* — On applique à ce voussoir la taille directe. On dresse d'abord une face plane sur laquelle on applique le panneau de lit NMVTHL. Les quatre points R,M,U,V étant dans un même plan, on taille ce plan à l'aide d'un biveau donnant son angle avec le plan de lit et on y applique le panneau de douelle plate. Ensuite on dresse le plan de tête et le second plan de lit à l'aide de biveaux donnant les angles de ces plans avec la douelle plate, et on y applique les panneaux de tête et de lit. Puis on taille la face horizontale PQ la face verticale NP et la face postérieure HL. On exécute alors à l'équerre le cylindre HKST sur lequel on trace la courbe ST à l'aide d'un panneau de développement.

On peut aussi tailler ce voussoir par équarrissement en prenant un prisme ayant pour base le contour de la projection verticale.

**Trompe conique biaise dans un mur en talus.** — Soit en projection horizontale le cône *asb*. Traçons la bissectrice de l'angle *asb* qui sera l'axe du cône dont les génératrices de naissance sont *as* et *bs*.

Prenons un plan vertical *xy* perpendiculaire à *ab* et traçons *a'b'z'* faisant avec *xy* un angle égal au fruit du mur.

Pour avoir la trace du cône sur le plan de tête, rabattons sur le plan horizontal la section du cône par un plan perpendiculaire à son axe. Cette section est un demi-cercle de diamètre *a* B. Divisons ce cercle en parties égales, en nombre impair, qui correspondent aux voussoirs. Un point $n_1$ vient en $n$ sur la section droite et en $n'$ sur le plan vertical $xy$ tel que $vn' = nn_1$ l'intersection de la génératrice $s'n'$ avec le plan de talus *ab'*Z'est $m'$ qui vient en M' sur le plan vertical et en M sur le plan horizontal. Ce point MM' est un point de la courbe de tête. En répétant cette construction on obtient cette courbe en *a*M'*ba*M*b*.

La trace des plans de lits sur le plan de tête s'obtient en joignant les points ωM, ωV, ωM'ωv' et les génératrices du cône correspondant à ces mêmes plans de lit s'obtiennent en joignant les points M′ et $v'$ à $S_1$ et M et V à $s$.

Les projections du voussoir $M'P'Q'R'v'$ se voient facilement

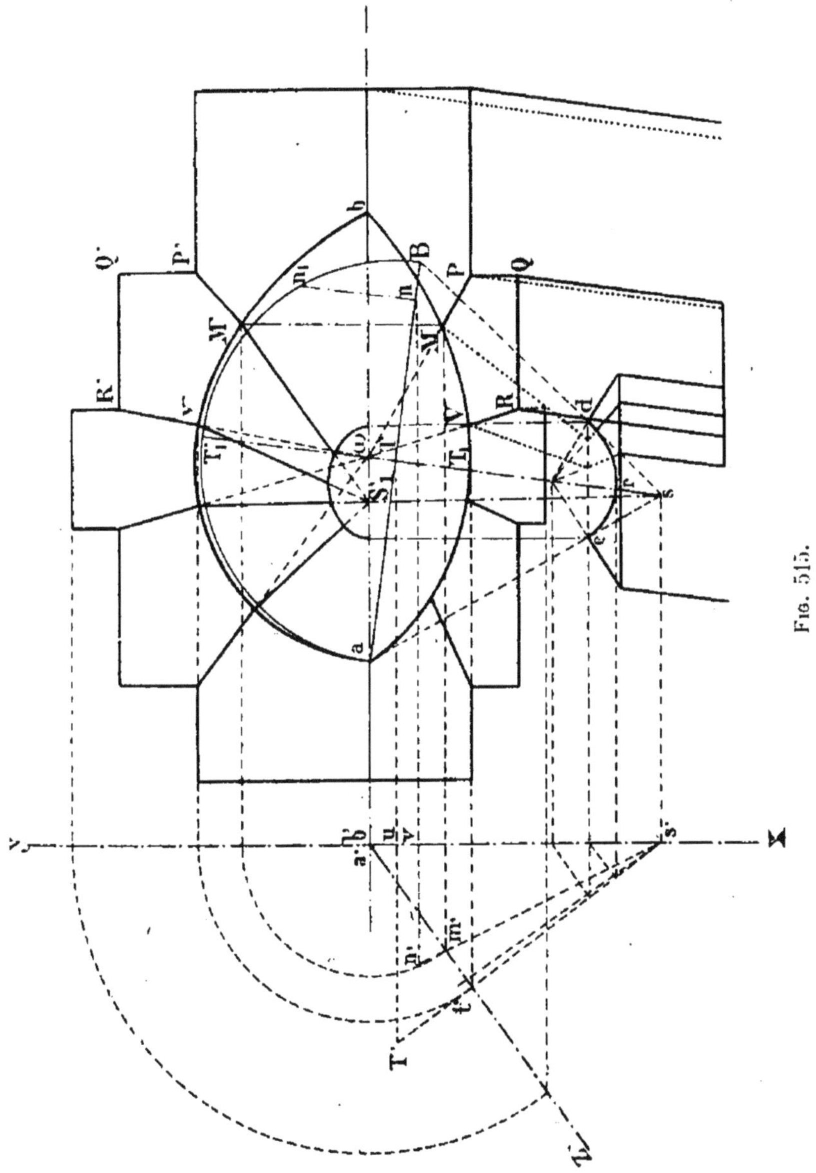


Fig. 515.

sur l'épure. Le plan de lit supérieur s'obtient en menant par R et Q des parallèles à la bisectrice $s\omega$.

Le point le plus haut de la courbe de tête où la tangente est horizontale s'obtient en prenant $uT' = TT'_1$ ; l'intersection de la génératrice $s'T'$ avec le plan $a'b'Z'$ donne le point $t'$ qui se ramène en $T_1$.

La courbe *crd* du trompillon est une courbe homothétique de la courbe de tête et s'obtient par les mêmes tracés.

## ESCALIERS

Un escalier est une construction destinée à permettre la communication entre les étages d'un édifice.

On appelle *ligne de foulée* la ligne que suit une personne montant librement. Cette ligne est située à 48 ou 50 centi-

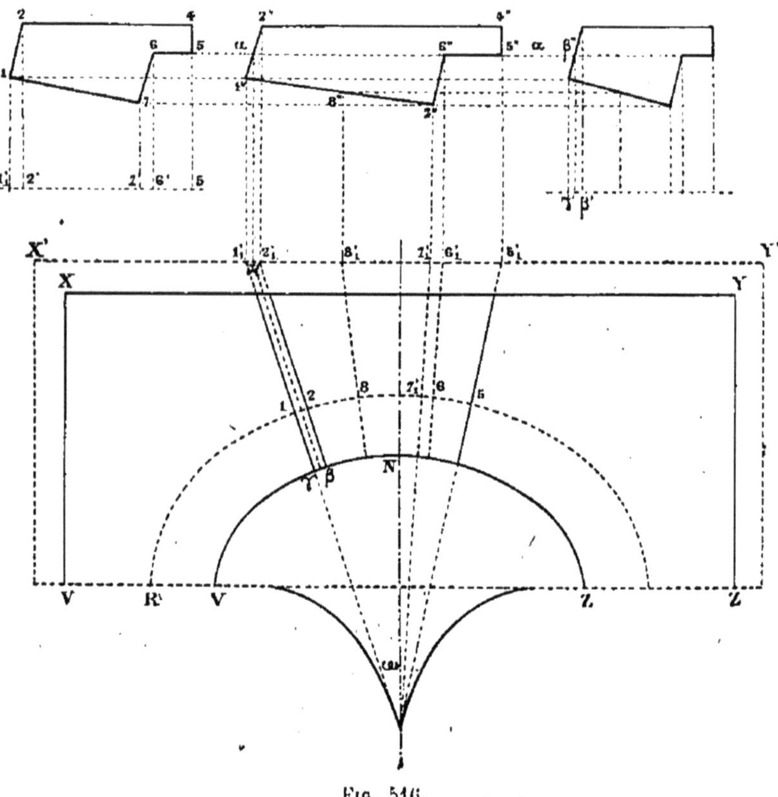


FIG. 516.

mètres des collets des marches, c'est-à-dire de l'extrémité de la marche du côté du limon.

Le *giron* est la largeur de la marche mesurée à la ligne de foulée.

*L'emmarchement* est la longueur des marches. Dans les escaliers courbes où certaines marches sont plus longues que d'autres, l'emmarchement est la longueur minima, c'est-à-dire celle de la plus petite marche.

On appelle *échappée* la distance entre une marche d'une volée et celle de la volée qui est au-dessus. Cette distance ne doit pas être moindre de $2^{m},20$ pour le passage facile d'une personne.

**Escalier vis à jour.** — Supposons une cage rectangulaire. On trace dans l'axe une courbe VNZ. On prend

$$RV = 1\gamma = 2\beta = 0^{m},48$$

et on trace une courbe concentrique à la première. C'est la ligne de foulée. Aujourd'hui la plupart des constructeurs placent la ligne de foulée au milieu de la longueur d'emmarchement, ce qui en général recule un peu cette ligne.

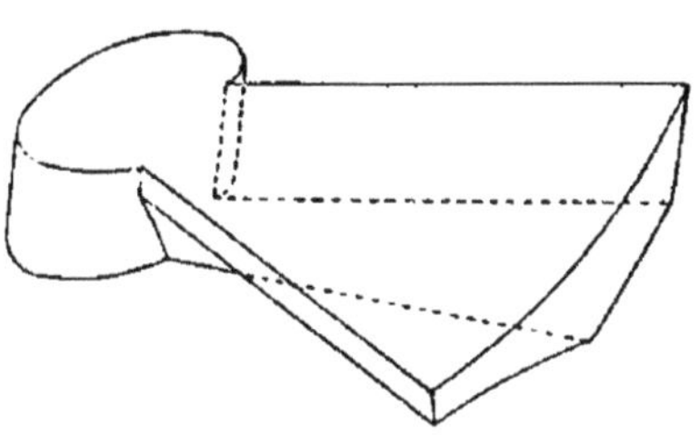

Fig. 517.

L'avantage de cette disposition c'est que les marches sont moins larges à leur encastrement dans le mur.

On divise la ligne de foulée en parties égales et on mène par les points de division des normales à la courbe du centre qui sont tangentes à une autre courbe qu'on apelle la *développée*.

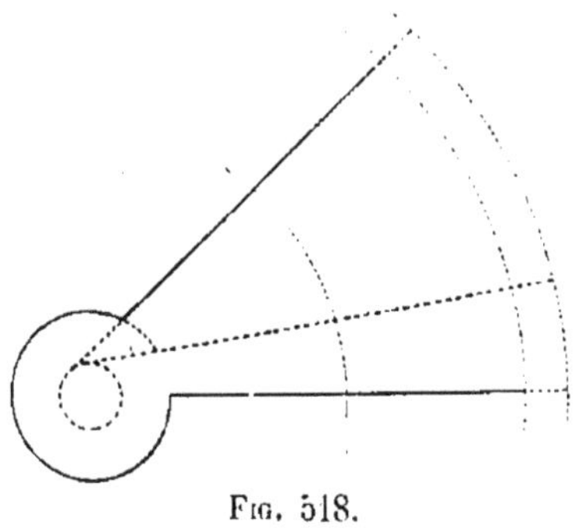

Fig. 518.

On se donne le profil de la marche sur la *ligne de foulée*, comme il est déterminé sur la figure 516.

La largeur du giron est déterminée par la relation empirique suivante :

$$\operatorname{tg} \alpha = \frac{G}{H};$$

G représente le giron, H la hauteur de la marche, tg α est voisin de 2. On prend généralement G = 0,32, H = 0,16.

Mais on peut faire varier ces deux quantités de telle manière que G reste toujours compris entre 0,24 et 0,40 et H entre 0,12 et 0,20, de façon que les valeurs adoptées satisfassent à la formule

$$G + 2H = 0,64.$$

Le profil une fois déterminé, comme l'indique la figure 516, on l'enroule sur le cylindre de foulée et en traçant des lignes par les points correspondants aux arêtes on obtient ainsi la projection horizontale de la marche.

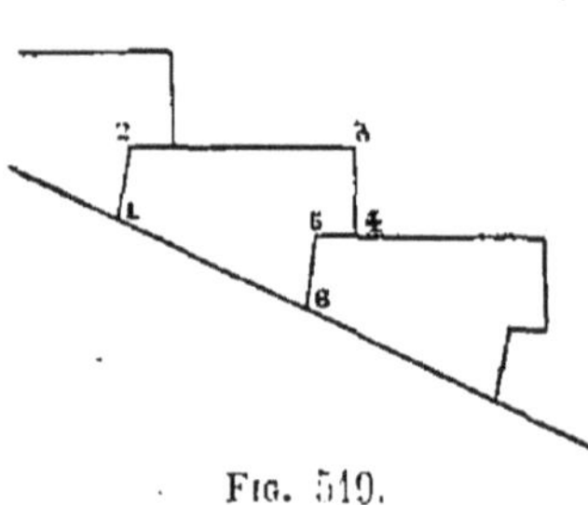

Fig. 519.

Les figures supérieures (*fig.* 516) représentent, respectivement, le profil de la marche par le cylindre de foulée ; le développement de la section de la marche par le cylindre VNZ ; la projection verticale de la section par le plan vertical qui termine la marche.

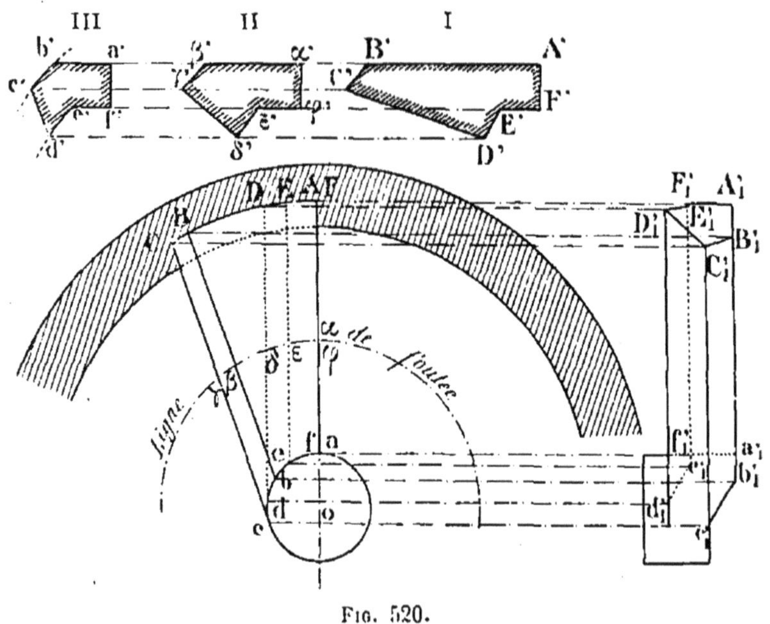


Fig. 520.

**Escalier à noyau plein.** — Lorsque la cage de l'escalier est trop étroite et si par suite les dimensions de la courbe VNZ deviennent trop faibles, on établit un noyau central plein.

Dans le cas où ce noyau a des dimensions suffisantes on y pratique des entailles où sont encastrées les extrémités des marches et l'épure ne diffère alors presque pas de la précédente. Mais quand le noyau a un trop faible diamètre, on ne peut adopter ce système. Le noyau est alors composé de morceaux superposés faisant corps chacun avec une marche. La taille doit être effectuée avec le plus grand soin, car de faibles déviations, en rompant la verticalité du noyau, donnent à l'escalier un très mauvais aspect.

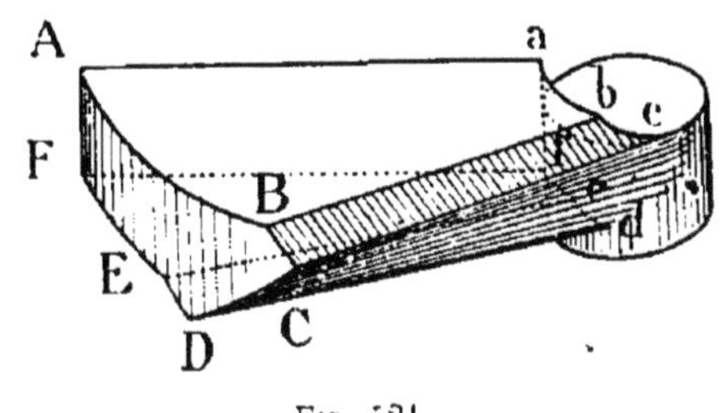

Fig. 521.

On suppose (*fig.* 520) que la ligne de foulée est une circonférence. Comme dans l'épure précédente, après avoir fait le calcul des dimensions des marches, on divise la ligne de foulée en parties égales au giron et on se donne le profil (I), développement de la section d'une marche par le cylindre de foulée.

Les arêtes des marches telles que A*a* sont normales à la ligne de foulée et par suite passent par le centre. Ces arêtes sont sur une surface gauche engendrée par une droite assujettie :

1° A rester parallèle au plan horizontal ;

2° A s'appuyer sur l'hélice obtenue en enroulant sur le cylindre de foulée une droite ayant la pente de l'escalier ;

3° A rencontrer l'axe vertical.

C'est la surface de vis à filets carrés.

*Intrados.* — Si on se donnait pour intrados cette surface de vis à filet carré abaissée d'une quantité convenable, les marches à leur attache avec le noyau auraient une épaisseur beaucoup trop faible. On prend alors pour intrados la surface gauche engendrée par une droite assujettie :

1° A rester parallèle au plan horizontal ;

2° A s'appuyer sur l'hélice obtenue en enroulant sur le cylindre de foulée une droite à la pente de l'escalier ;

3° A rester tangente au noyau.

Cette surface est un hélicoïde gauche à plan directeur (le plan horizontal).

*Épure d'une marche.* — Le profil (I) étant établi, on l'enroule sur le cylindre foulée en $\alpha\beta$, .... On joint $\alpha o$, c'est l'arête A$a$ de la marche ; par $\gamma$ et $\delta$ on mène les tangentes au noyau, ce sont les génératrices de l'intrados. Comme dans le cas précédent, au lieu de prendre pour surface de lit le paraboloïde lieu des normales à l'intrados le long de $d$D, on prend le plan défini :

1° Par la génératrice $d$D de l'intrados ;

2° Par la normale à l'intrados en $\delta$ ; on trace donc $\delta'\varepsilon'$ perpendiculaire à $\gamma'\delta'$. Le plan de lit ainsi défini coupe le plan de recouvrement de la marche inférieure suivant la droite $e$E parallèle à $d$D.

De même on trace $\gamma'\beta'$ perpendiculaire à $\gamma'\delta'$ et l'arête B$b$ parallèle à C$c$.

Le profil (II) est le développement de la section de la marche par la surface du noyau.

Le profil (III) est le développement de la section par le cylindre d'encastrement AF.

On a tracé à droite de la figure la projection verticale de la marche.

Chaque marche porte avec elle une partie du noyau.

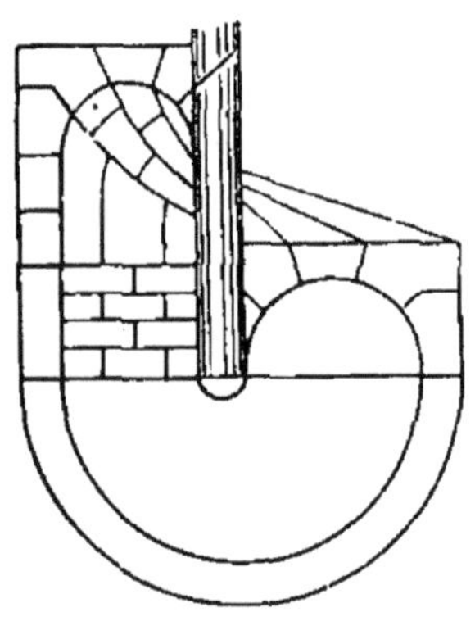

Fig. 522.

**Vis Saint-Gilles.** — La douelle de la voûte connue sous le nom de vis Saint-Gilles a pour génératrice un demi-cercle vertical qui se meut en montant autour d'un cylindre, de manière que chaque point décrive une hélice. Les joints sont des surfaces hélicoïdes engendrées par les normales à la courbe génératrice de la douelle. Cette voûte est destinée à soutenir les marches d'un escalier.

La figure 522 est un croquis d'ensemble de l'appareil de la vis Saint-Gilles.

*Épure* (*fig*. 523). — On trace d'abord l'axe de la vis et les deux demi-cercles verticaux avec les deux faces de vous-

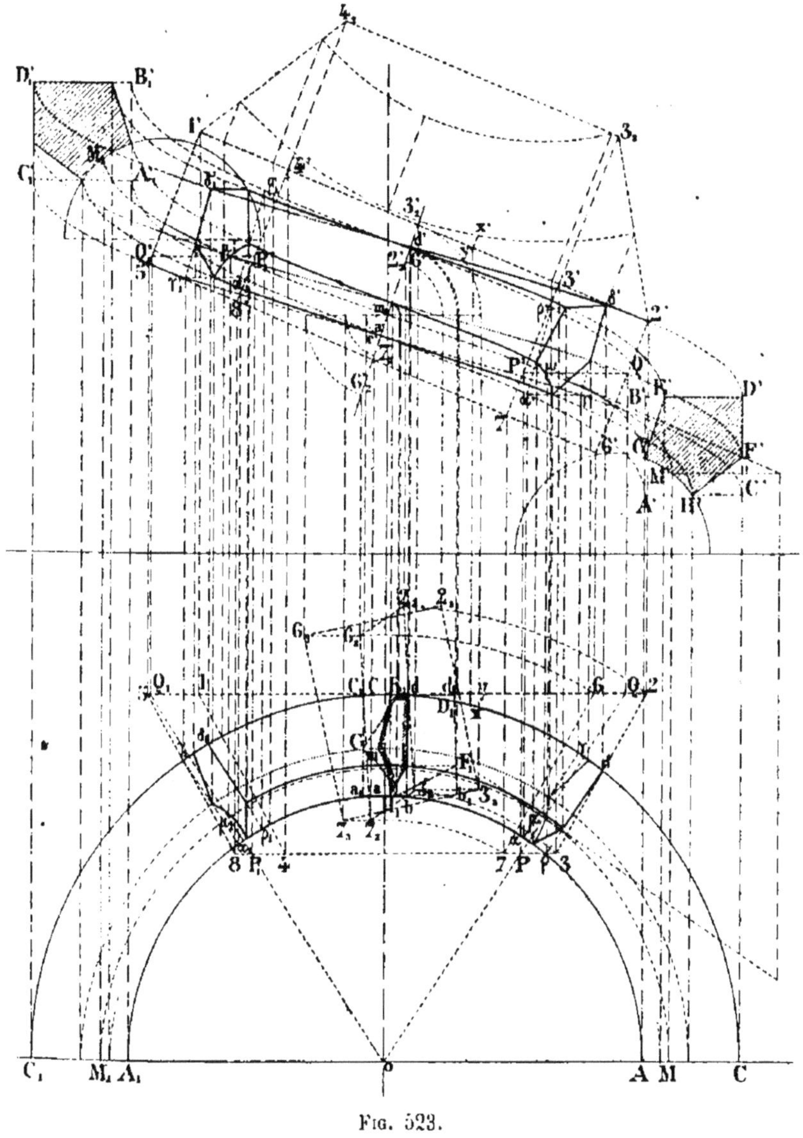

Fig. 523.

soirs qui portent des hachures. On trace ensuite les hélices qui passent par les sommets des polygones G'H'F'D'E'. On inscrira ces polygones dans un quadrilatère et l'on construira les hélices qui passent par les quatre sommets.

On a coutume, dans cet appareil, de faire les plans de joints normaux à l'hélice moyenne ; on construira donc avec beaucoup de soins l'hélice, M'$m'$ entre G' et H' et on mènera par le point $m'$ un plan perpendiculaire à cette hélice moyenne. Ce plan devra être perpendiculaire à la tangente à l'hélice au point $m'$. Or on sait que pour construire une tangente en un point $m'$ de l'hélice (*fig.* 524) il faut porter sur la ligne BD la longueur développée BC, projeter le point D en D' et joindre le point D' au point $m'$ ; D'$m'$ est la tangente demandée. C'est donc cette construction qu'il faudra faire sur l'épure pour obtenir le plan normal à l'hélice moyenne au point $m'$. Ce plan coupe les hélices de la surface de la vis à filet carré engendrée par le quadrilatère A'B'C'D' aux points $a'b'c'd'$ qui se projettent en plan en $abcd$.

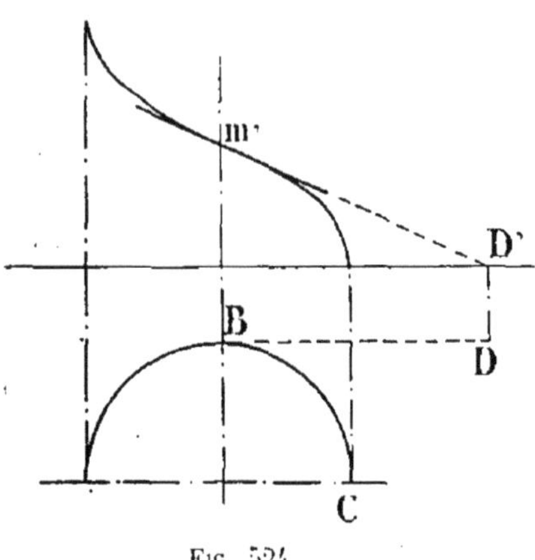

Fig. 524.

Pour limiter la longueur du voussoir, portons en plan sur l'hélice moyenne $MmM_1$ deux points $\mu$ et $\mu_1$ à égales distances de l'axe $om$ et plaçons les plans $\alpha\beta\gamma\delta$, $\alpha_1\beta_1\gamma_1\delta_1$ par rapport aux axes $O\mu O\mu_1$ dans la même position que le plan $abcd$ par rapport à l'axe $om$. Projetons les points, ces plans sur les hélices obtenues précédemment suivant $\alpha'\beta'\gamma'\delta'$, $\alpha'_1\beta'_1\gamma'_1\delta'_1$. On obtient ainsi le solide capable de la section du voussoir.

Pour avoir le solide capable du voussoir tout entier, on limite ce solide capable, qui vient d'être obtenu, par les deux plans parallèles 5-2, 8-3. Ces plans sont coupés par les lignes $o\mu$, $o\mu_1$ en PQ et $P_1Q_1$ : puisque les plans de joints doivent être normaux à l'hélice moyenne, on trace comme ci-dessus la tangente à l'hélice moyenne aux points $\mu'_1\mu'_1$, on projette PQ, $P_1Q_1$ en P'Q' et $P'_1Q'_1$ sur les horizontales menées des points $\mu'$ et $\mu'_1$ et, par les points P'Q', $P_1Q'_1$, on abaisse des perpendiculaires sur les tangentes des points $\mu'$ et $\mu'_1$. Ces derniers étant dans des positions symétriques, par rapport à l'axe, leurs tangentes sont parallèles, par conséquent il n'est nécessaire de faire la construction de la tangente que pour un seul de ces points.

Deux des faces du solide étant ainsi déterminées, on le limitera par les plans parallèles entre eux et perpendiculaires aux faces précédentes 1', 2', 5', 6' menés par les points 5' et 2' où les arêtes 1'-5', 2'-6' rencontrent les hélices C', $C'_1$, D', $D'_1$.

Ayant le solide en projection verticale on l'obtient facilement en projetant sur le plan horizontal.

On obtient le rabattement du panneau supérieur 1'-2'-$4_2$-$3_2$ en prenant 4'-$4_2$ égale à la largeur du voussoir en projection horizontale. On obtient de même l'intersection de la surface de la vis à filets carrés avec ce plan, en projetant un point $x$ et portant $xy$ en $x'y'$. On répèterait cette construction pour obtenir les courbes d'intersection.

Pour avoir la grandeur de la section faite par le plan normal à l'hélice moyenne, ramenons le plan 2-3-6-7 en $2_2$-$3_2$-$6_2$-$7_2$ dans le plan de *abcd*, et pour cela traçons ce plan par rapport à l'axe de la vis dans la même position que le plan 2-3-6-7 par rapport à l'axe $o\mu$ ; projetons ensuite ces points sur le plan normal à l'hélice moyenne au point $m'$ en $2'_2$-$3'_2$-$6'_2$-$7'_2$, et faisons tourner ce plan autour de $m'$ jusqu'à ce qu'il soit parallèle au plan horizontal.

Il viendra alors en projection horizontale suivant $2_3$-$3_3$-$6_3$-$7_3$ et la section du premier solide capable suivant $a_1$-$b_1$-$c_1$-$d_1$. On ne parle pas du tracé des hélices de tous les points du polygone D'E'G'H'F' qui s'obtiennent facilement comme on le voit sur l'épure; mais, si on les a tracées, on obtiendra comme il a été fait pour le panneau $a_1$-$b_1$-$c_1$-$d_1$ la vraie grandeur de la section par un plan normal à l'hélice moyenne en $D_1E_1G_1H_1F_1$.

*Taille.* — Il faudra pour la taille obtenir un premier solide capable à base de trapèze, comme il est indiqué sur l'épure, obtenir dans ce solide un deuxième solide de surface de vis à filet carré, au moyen de panneaux analogues à celui qui a été tracé dans le haut de l'épure, et enfin dans ce deuxième solide, tailler les faces du voussoir comme il est représenté par les hélices partant des points D'E'G'H'F'.

Pour cela, on tracera, dans le cylindre intérieur, l'hélice partant du point G′ et dans la surface réglée supérieure l'hélice partant du point E′. Ces deux courbes, sur lesquelles on aura soin de marquer des points de repère, serviront de directrices au joint supérieur ; on tracera ensuite dans le cylindre extérieur l'hélice partant du point H′ et dans la surface réglée inférieure l'hélice partant du point F′ ; ces courbes serviront de directrices au joint inférieur.

La douelle se taillera au moyen d'une cerce découpée sur le panneau $G_1H_1F_1D_1E_1$ ; on fera glisser cette cerce sur les deux hélices des points G′ et H′ en maintenant son plan perpendiculaire à l'hélice moyenne de la douelle.

*Surface des joints.* — Dans l'appareil de la vis Saint-Gilles tel qu'il vient d'être décrit, on voit que les lits ne sont pas normaux à l'intrados.

En effet, la ligne E′D′ décrit bien une surface de vis à filet carré, mais la ligne G′E′, par exemple, décrit une surface de vis à filet triangulaire.

Or la surface de vis à filet triangulaire est engendrée par une droite rencontrant l'axe, qui s'appuie sur un hélice et qui fait avec l'axe un angle constant.

Si donc on considère les joints de la vis Saint-Gilles comme engrendrés par les rayons prolongés du cercle générateur de la douelle, il en résultera que les surfaces de ces joints ne seront pas normales à la voûte. On voit en effet que la ligne G′E′ est bien normale au cercle générateur, mais qu'elle ne l'est pas au point G′ de l'hélice qui part de ce point. Il en est de même pour la ligne H′F′.

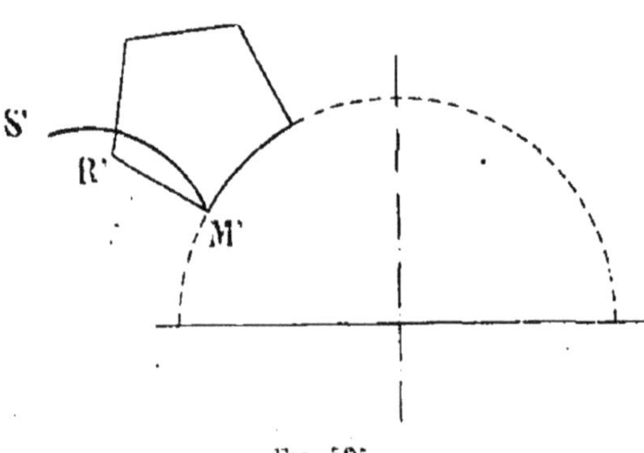

Fig. 525.

Il faut donc modifier ces surfaces, de façon à les rendre normales à l'intrados de la voûte.

La surface théorique serait engendrée par les normales le

long de l'hélice, mais une telle surface serait coupée par le plan du cercle générateur suivant une courbe M'S' dont l'effet dans le plan de tête serait désagréable.

On prend alors la tangente à cette courbe M'S' comme génératrice de la surface. On arrivera donc à tracer simplement cette surface si l'on sait mener la tangente à la courbe M'S' sans avoir à tracer cette courbe.

**Modification de la vis Saint-Gilles.** — La figure 526 indique le tracé qui permet d'obtenir la tangente à la courbe de tête, laquelle résulte de l'intersection de la surface engendrée par les normales à l'hélice et au plan de tête.

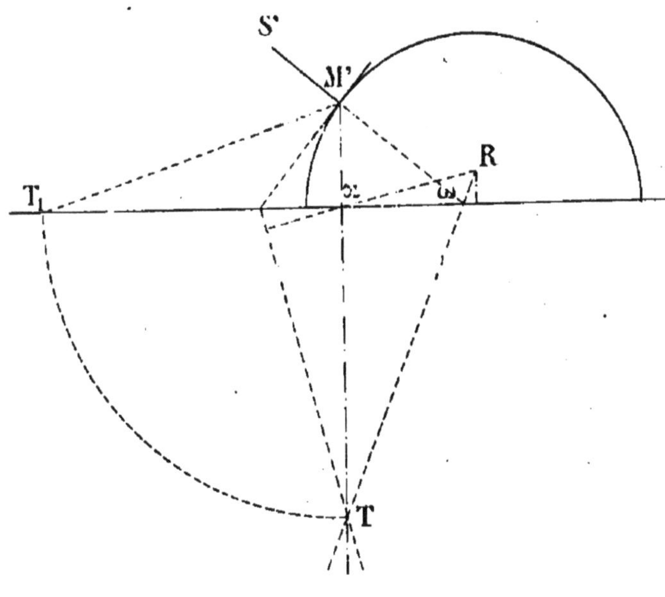


Fig. 526.

Soit à mener la tangente à la courbe au point M'. On porte en $\alpha T_1$ une longueur qui représente l'arc développé correspondant à la hauteur $\alpha M'$ dont un point de l'hélice s'est élevé. Ce point $T_1$ vient en T dans le plan horizontal. C'est la trace de la tangente à l'hélice. La tangente cherchée est l'intersection du plan tangent à la courbe en M' et du plan de tête. Ce plan tangent est déterminé par la trace T de tangente au point M′ et la trace R de la projection de la normale au même point M′. La trace de ce plan est donc TR. Il est coupé par le plan de tête suivant la ligne ωM′ qui est la tangente demandée et qui détermine la génératrice de la surface du lit de la vis Saint-Gilles.

## PONTS BIAIS

On a vu que le principe essentiel de la coupe des pierres, c'est de *placer les lits normalement à la pression.*

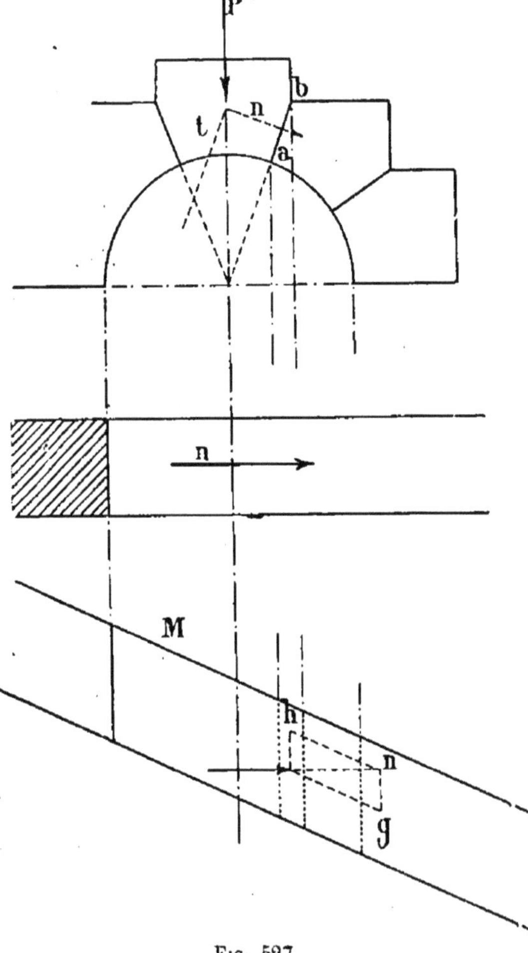

Fig. 527.

Dans une voûte appareillée en prenant pour surfaces de lits les plans engendrés par les normales à l'intrados, la pression P se transmet au voussoir inférieur par le plan *ab*. Cette pression se décompose en deux forces, dont l'une *t* est parallèle à ce plan, l'autre *n* est normale. Cette dernière se transmet aux piédroits supposés assez forts pour y résister.

Dans la voûte biaise appareillée comme une voûte droite, cette pression *n* n'étant plus parallèle aux têtes produirait le même effet que deux composantes, l'une *g* parallèle aux têtes, l'autre *h* parallèle aux génératrices de la voûte et qui tendrait à faire glisser le voussoir vers M. C'est ce que l'on nomme la *poussée au vide*.

Dans presque tous les appareils employés, quelle que soit leur disposition, les lits sont à peu près perpendiculaires aux têtes, d'où l'on voit, puisque les lits doivent être normaux à la pression qu'on a généralemeat admis que les pressions s'exercent parallèlement aux têtes. Il en résulte donc que dans l'appareil théorique parfait les lits *doivent être normaux à la fois à l'intrados et aux plans de tête*.

On décrira diverses dispositions d'appareil employées pour les arches biaises.

**Arches échelonnées** (*fig*. 528). — La figure 528 montre l'arche biaise formée d'une série d'arcs échelonnés parallèles aux têtes.

On voit que chacun de ces arcs constitue une voûte droite

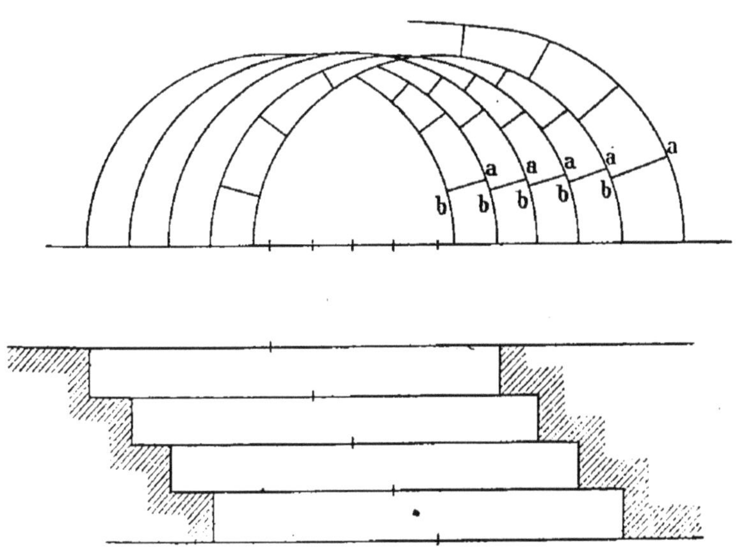


Fig. 528.

indépendante, dont la poussée est répartie dans les piédroits. On évite ainsi la poussée au vide. Cette maçonnerie manque d'élégance ; de plus, elle est très dispendieuse à cause de la grande quantité de parement vu.

**Biais passé** (*fig*. 529). — Soit le parallélogramme ABCD à recouvrir.

On décrit sur A'D un demi-cercle qu'on divise en un nombre impair de parties égales. Les lignes qui vont de ces points au centre O', déterminent les plans de lits des voussoirs.

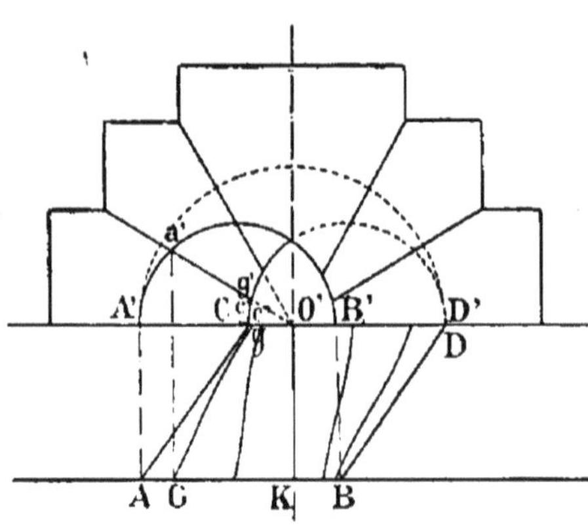


Fig. 529.

On voit facilement sur l'épure la projection horizontale d'un joint d'intrados qui est un arc d'ellipse.

Cet appareil est mauvais en ce qu'il n'y a pas normalité à l'intrados, condition essentielle de l'appareil biais. En outre, les voussoirs ont une petite tête d'un côté, et une grande de l'autre.

Il y a tendance au renversement.

On a remplacé l'arc d'ellipse du joint par une droite, ce qui constitue le *biais passé gauche;* mais cet appareil ne vaut pas mieux, car alors la surface d'intrados est engendrée par une droite qui se meut sur trois directrices : l'axe O' et les deux arcs de tête. L'intrados n'est plus un cylindre mais une surface gauche. Il en résulte que la voûte se rétrécit au milieu, ce qui est d'un effet désagréable pour l'œil et gênant pour la circulation.

**Appareil orthogonal.** — On a dit que, dans l'appareil théorique parfait, les lits *doivent être normaux à la fois à l'intrados et aux plans de tête.*

On a appelé *arcus perfectus* la porte droite dans un mur droit où les plans de lits sont perpendiculaires aux têtes et à toute section parallèle à celles-ci, et on a cherché à réaliser ces conditions dans les ponts biais.

Dans l'appareil orthogonal, les arètes des joints continus sont représentées par des lignes telles que AB-CD, appelées *trajectoires orthogonales* et qui sont déterminées par la condition *d'être perpendiculaires à toutes les sections parallèles aux têtes ou de faire un angle droit avec la tangente à chacune de ces sections* (*fig.* 530).

Concevons l'arc de tête partagé en autant de parties égales que l'on veut avoir de voussoirs et supposons que tous les points de division se mettent en mouvement sur la surface du cylindre, de manière que la courbe décrite par chacun d'eux rencontre partout à angle droit les arêtes des joints transversaux, on obtiendra par ce moyen un second système de lignes qui, avec le premier, remplira les conditions les plus favorables pour former les arêtes d'intrados, puisque ces lignes partageront toute la surface de la voûte en quadrilatères rectangles.

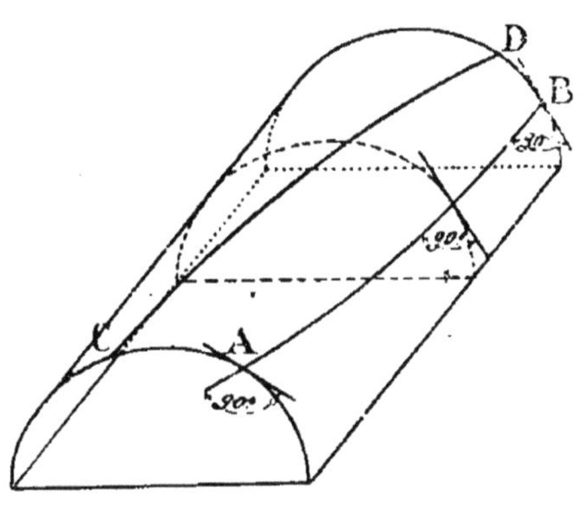

Fig. 530.

Des conditions indiquées ci-dessus pour déterminer la trajectoire orthogonale, résulte la construction suivante (*fig.* 531) :

On joint le point $a^{I}$ au point $o^{I}$, le point $a^{II}$ au point $o^{II}$, $a^{III}$ à $o^{III}$, $a^{IV}$ à $o^{IV}$, et l'on fait passer une courbe par ces droites. En projetant les points d'intersection de la courbe avec les sections droites on obtient cette courbe en projection horizontale.

On voit que les courbes obtenues en développement proviennent de sections obliques d'un cylindre, et sont, par conséquent, des sinusoïdes.

Pour obtenir ces courbes par points, on tracera $BA_1$, perpendiculaire à l'axe de la voûte, on portera sur cette ligne la longueur calculée de la section droite ; on divisera cette ligne en un nombre de parties égales, correspondant au nombre des voussoirs, les intersections des perpendiculaires abaissées de ces points avec les perpendiculaires abaissées des points qui se projettent sur AB, donneront la courbe de développement.

On remarquera que l'orthogonalité des lignes d'assises sur les sections parallèles aux têtes, se conserve dans le développement de l'intrados.

On peut tracer ces lignes directement dans le développement à l'aide de la construction suivante : Menons la tan-

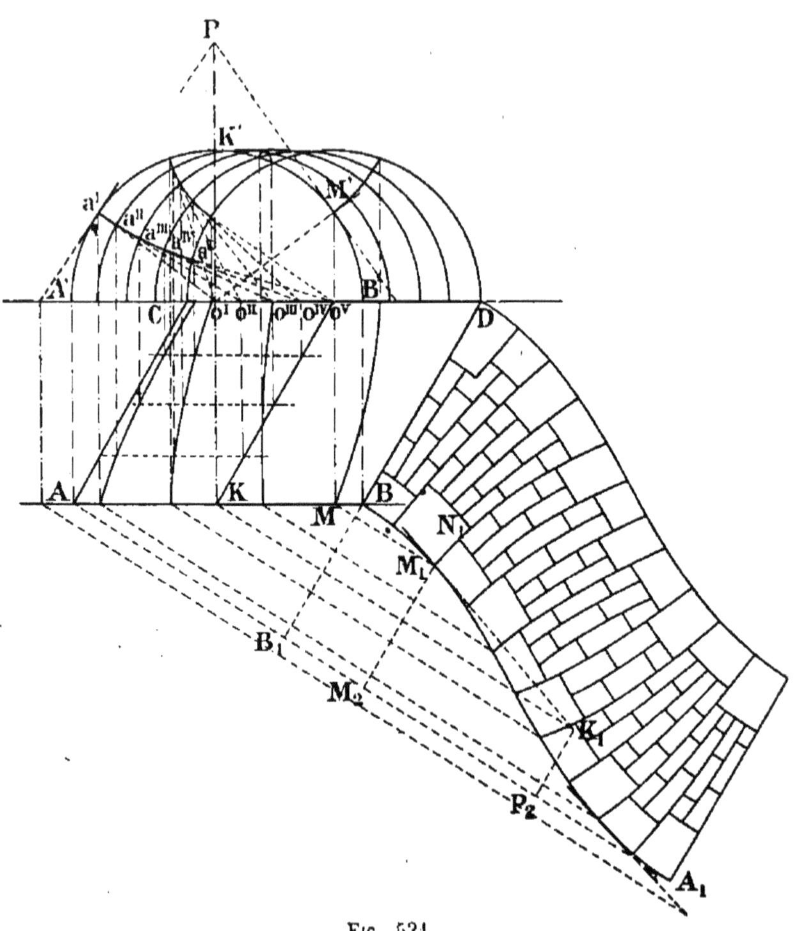


Fig. 531.

gente M'P qui rencontre l'axe en P, portons cette longueur M'P de $M_2$ en $P_2$ dans le développement, traçons deux lignes perpendiculaires des points K et $P_2$, le point d'intersection $K_1$ est un point de la tangente au point $M_1$. En traçant $M_1N_1$, perpendiculaire à cette tangente, on a une première direction de la trajectoire orthogonale. On projette le point $N_1$ sur les projections de la voûte et on recommence cette construction.

Les trajectoires orthogonales sont des courbes dont les asymptotes sont les génératrices des naissances, il en résulte que toutes ces courbes menées dans l'une des têtes avec des divisions égales, se rejoignent à l'infini, et que les voussoirs vont par conséquent en diminuant, ce qui rend la taille difficile et dispendieuse. C'est un inconvénient grave de ce genre d'appareil.

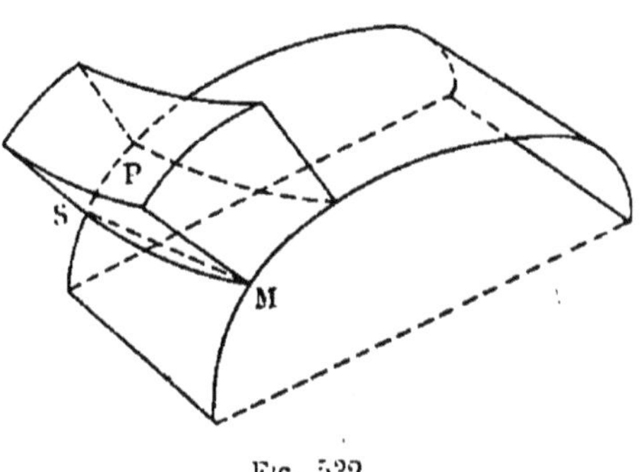


Fig. 532.

On peut considérer le tracé que l'on vient d'indiquer pour l'appareil orthogonal comme la *limite* de celui employé pour l'appareil des *arches échelonnées* (*fig*. 528). En effet, imaginons que l'on augmente indéfiniment le nombre des arceaux droits en réduisant leur épaisseur jusqu'à la rendre *infiniment petite* et supposons, en outre, que chaque plan de lit d'un arceau succède d'une manière continue au plan de lit de l'arceau précédent, on conçoit qu'à *la limite* les lignes discontinues *ab*, *ab*... de la voûte, qui, toutes étaient normales aux courbes de tête se transformeront en une ligne continue $a'a^v$ (*fig*. 531), rencontrant à angle droit les courbes parallèles aux têtes.

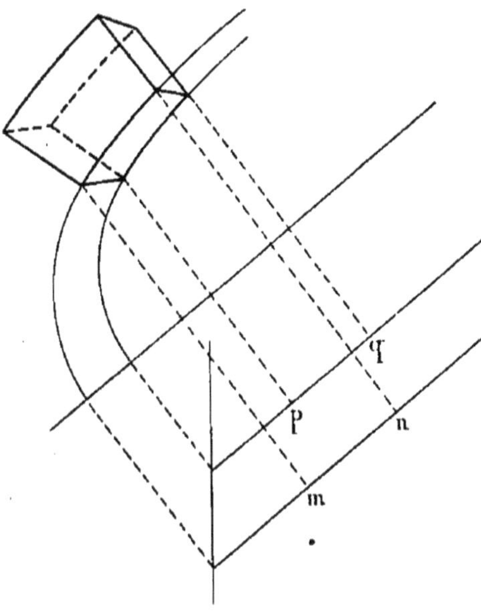


Fig. 533.

La taille d'un voussoir de tête serait difficile si on considérait ce voussoir comme formé de deux lits engendrés par les normales aux trajectoires orthogonales. On remplace dans la pratique ces lits gauches par des plans.

Le plan de lit, le long de la trajectoire orthogonale, est déterminé par la normale à l'ellipse MP (*fig.* 532), et par la corde MS qui remplace la courbe.

Le tracé du voussoir est représenté par la figure 353. Les points *m*, *n*, *p*, *q*, étant déterminés sur la douelle, on les projettera verticalement sur les courbes correspondantes et on mènera les normales à ces courbes pour former les lits.

**Appareil orthogonal convergent.** — Il peut arriver que les têtes AB et CD ne soient pas parallèles. Ces têtes concourent alors en un point *o*.

De ce point *o*, on fait des sections très rapprochées $C_1D_1$, $C_2D_2$, et l'on trace les trajectoires perpendiculaires à ces sections.

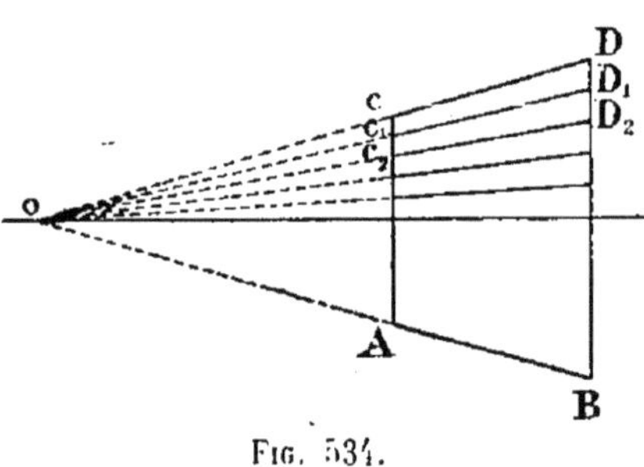


Fig. 534.

M. Ricard, ingénieur en chef des ponts et chaussées, a appliqué l'appareil représenté (*fig.* 535) à un pont du canal de l'Est. On a substitué les cordes aux sinusoïdes. Ces cordes sont concourantes en ω, et les trajectoires orthogonales devant être perpendiculaires à ces lignes sont des arcs de cercles décrits de ω comme centre.

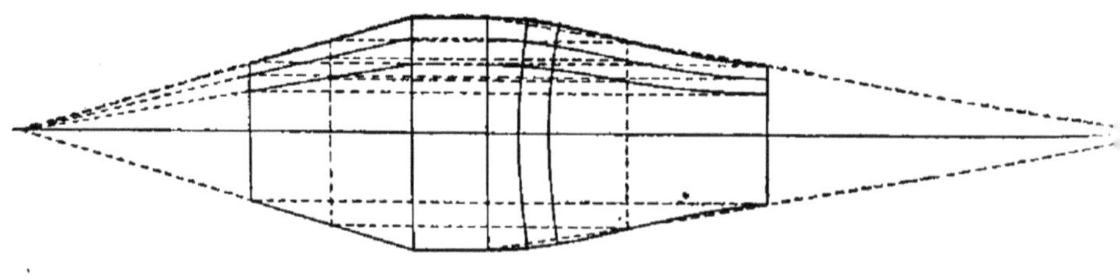

Fig. 535.

L'avantage de cette disposition, c'est que les cercles étant concentriques, les matériaux seront de même dimension partout, ce qui, comme on l'a vu, n'est pas réalisé dans l'appareil orthogonal ordinaire.

**Appareil hélicoïdal.** — Une grande simplification, par le fait du développement des chemins de fer, est venue d'Angleterre : c'est l'appareil hélicoïdal, qui a été substitué en France à l'appareil orthogonal, et qui va être étudié.

La projection horizontale de la voûte est le parallélogramme ABCD (*fig.* 536).

On développe sur la ligne A′B′ la demi-circonférence A′5′B′.

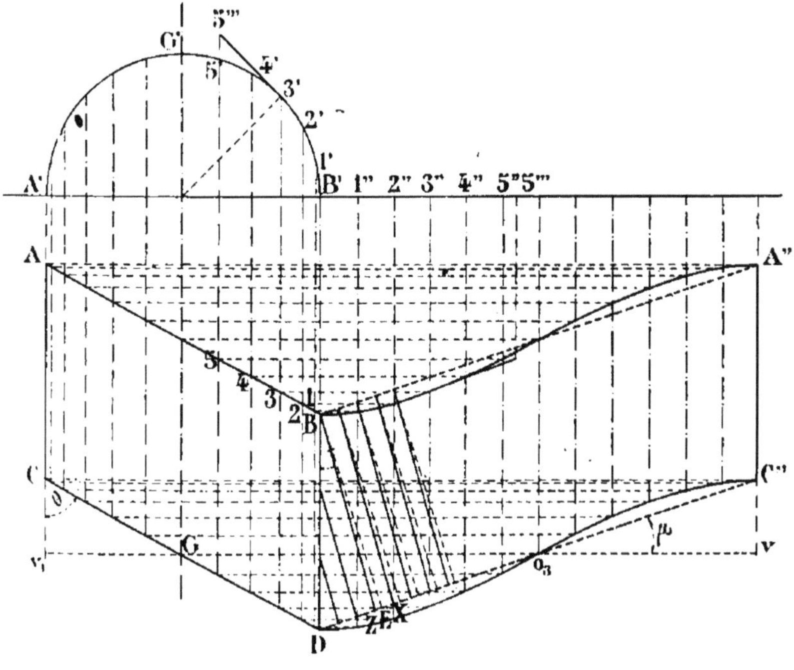


Fig. 536.

On obtient le rabattement de l'intrados et des courbes de tête suivant BA″, DC″ à la rencontre des lignes menées des points 1, 2, 3, 4, 5, 1″, 2″, 3″, 4″, 5″; ces derniers points étant les divisions de la demi-circonférence développées sur la ligne A′B′.

La tangente au point 3′ rencontre la ligne 5-5′ en 5‴; prenons la longueur 3′-5‴, portons-la sur la ligne A′B′ de 3″ en 5‴; le point de rencontre des lignes menées des points 5 et 5‴ est un point de cette tangente qu'on mène au point où la courbe rencontre la ligne 3″.

Lorsqu'on a fait sur l'épure les constructions préliminaires des projections et du développement de la voûte, voici comment on trace l'appareil hélicoïdal :

On divise en un nombre impair de parties égales les lignes BA″, DC″, qui sont les cordes des courbes de tête développées. Par les points de division de la corde BA″, on élève des perpendiculaires (représentées en ponctué sur l'épure).

On joint le point B au point de division de la corde DC″

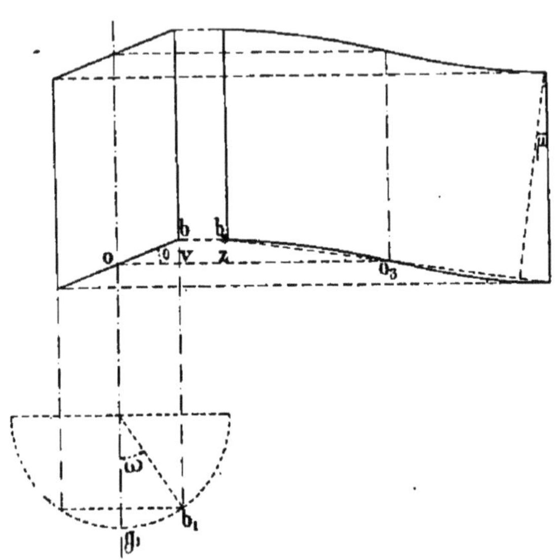

Fig. 537.

qui se rapproche le plus du point où la perpendiculaire du point B rencontre cette corde DC″. Ici, le pied E de la perpendiculaire tombe entre X et Z. On joint B à Z qui est le plus rapproché de E. On mène ensuite par les points de division de la corde BA″ des parallèles à BZ, et ces lignes sont celles que l'on prend pour *transformées* des lignes d'assises et qui servent de directrices aux lits, lesquels sont d'ailleurs engendrés par des normales à l'intrados. On sait que, par l'effet de l'enroulement, les droites parallèles que l'on vient d'obtenir donnent des hélices sur le cylindre et que les lits seront des surfaces de vis à filet carré. Quant aux joints transversaux, ce sont des droites à angle droit sur les précédentes, et qui, en s'enroulant, donnent des arcs d'hélice, et les joints transversaux, engendrés à leur tour par des normales à l'intrados le long de ces hélices, seront encore des surfaces de vis à filet carré.

L'angle $\mu$, formé par la perpendiculaire au point B à la corde DC″ (*fig.* 536) et la génératrice BD est l'*angle intradossal naturel.*

L'angle $m$, formé par la même génératrice avec la nouvelle ligne BZ, est l'*angle intradossal rectifié.*

Cherchons la valeur de l'angle intradossal naturel $\mu$.

On voit que l'angle $\mu$ est égal à l'angle $b_3o_3z$ (*fig.* 537). On a donc :

$$\operatorname{tg} \mu = \frac{b_3z}{zo_3},$$

mais

$$b_3z = bv,$$

et

$$zo_3 = \text{arc } b_1g_1.$$

On a donc :

$$\operatorname{tg} \mu = \frac{bv}{\text{arc } b_1g_1}.$$

D'un autre côté on a :

$$bv = ov \operatorname{cotg} \theta,$$

et

$$\text{arc } b_1g_1 = \text{R}\omega\,;$$

en remplaçant, on a finalement :

$$\operatorname{tg} \mu = \frac{ov \operatorname{cotg} \theta}{\text{R}\omega}.$$

De cette formule on tire cette règle, qu'en rectifiant l'angle intradossal, il faut le diminuer, c'est-à-dire joindre le point B (*fig.* 536) à la division immédiatement voisine du pied E de la perpendiculaire, mais du côté de la génératrice BD. En diminuant cet angle, on diminue l'inclinaison des lits aux naissances, et par suite les difficultés que présente la construction de la voûte du côté de l'angle aigu de la culée.

Remarque. — M. Watson Buck, ingénieur anglais, remarqua que dans les épures à grande échelle les cordes des joints de tête allaient sensiblement concourir en un même point F (*fig.* 538). M. de la Gournerie a démontré que

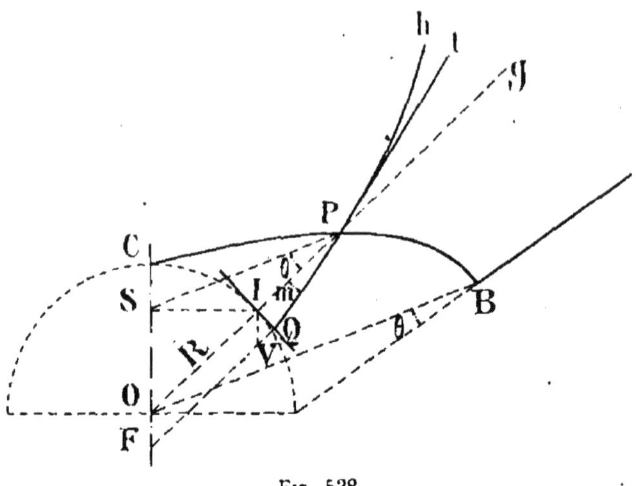


Fig. 538.

c'étaient non pas les cordes, mais les tangentes qui concourent en un même point. Ce point est nommé le foyer de l'arche biaise.

Proposons-nous de calculer la distance du foyer F au point O. Menons IV et IS. On a :

$$OF = IV.$$

Les triangles VIQ et OIS sont semblables, ce qui donne :

$$\frac{IV}{IQ} = \frac{IO}{SI},$$

d'où :

$$IV \text{ ou } OF = IO \cdot \frac{IQ}{SI}.$$

Or IO, c'est le rayon ou R, $IQ = IP \operatorname{tg} m$, et $SI = IP \operatorname{tg} \theta$. On a donc :

$$OF = \frac{R \cdot IP \operatorname{tg} m}{IP \operatorname{tg} \theta},$$

c'est-à-dire, en simplifiant :

$$OF = R \operatorname{cotg} \theta \operatorname{tg} m.$$

**Du foyer.** — 1° L'intrados de la voûte que l'on considère est un demi-cylindre horizontal dont la section droite est le demi-cercle B'VD' (*fig.* 539), BD est la trace du plan ver-

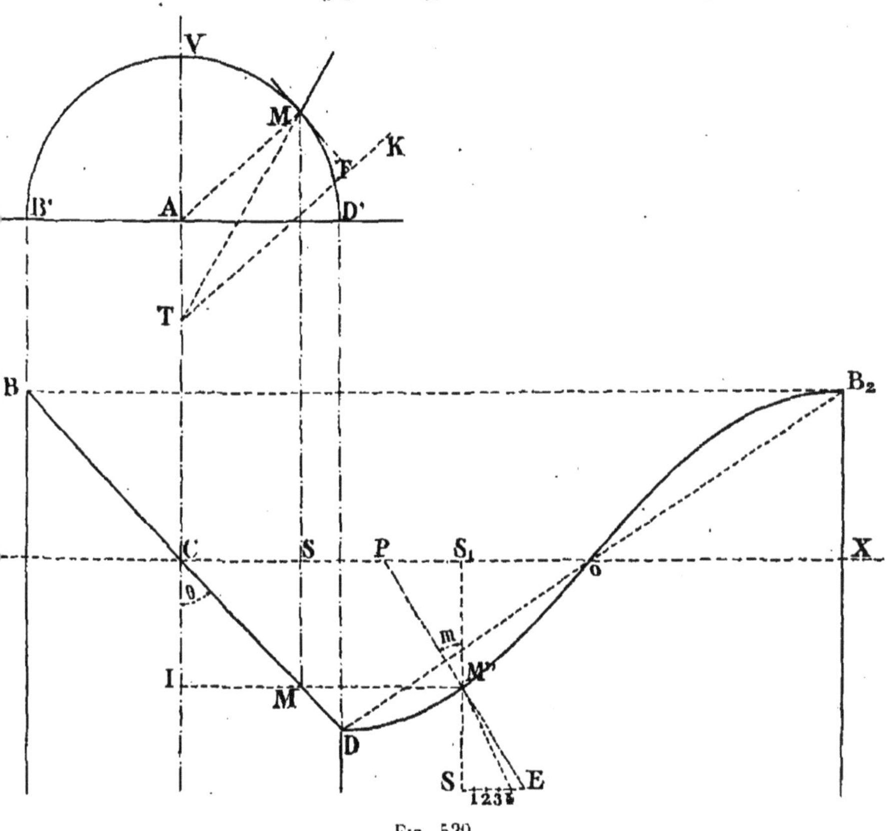


Fig. 539.

tical de l'une des têtes sur le plan horizontal des naissances. Dans le développement de l'intrados, l'ellipse de tête devient l'arc de sinusoïde $DoB_2$ et les hélices intradossales sont transformées en lignes droites à peu près perpendiculaires à la corde $DoB_2$ de la sinusoïde ; la nécessité de faire passer ces lignes par les points de division des voussoirs, sur chacune des deux têtes, ne permet pas généralement d'établir une perpendicularité exacte. La surface de chaque lit est engendrée par une ligne droite qui se meut de manière à rencontrer toujours l'une des hélices et à rester normale à l'intrados, c'est l'hélicoïde gauche connu sous le nom de *surface de la vis à filet carré.*

2° Considérons une droite M''E transformée par développement d'une hélice quelconque des joints continus. L'hélicoïde qui lui correspond coupe le plan de tête suivant une courbe dont on recherchera la tangente au point MM' situé sur l'ellipse de tête. Pour cela on construira d'abord le plan tangent en ce point à l'hélicoïde.

Ce plan contient la tangente à l'hélice directrice et la génératrice de la surface. Le point où la tangente à l'hélice perce le plan vertical CX est sur la tangente M'T de la section droite, trace du plan tangent au cylindre d'intrados le long de la génératrice qui passe par le point MM' et à une distance M'T du point M' égale à $PS_1$ ; car l'angle que fait l'hélice avec les génératrices du cylindre n'a pas été altéré dans le développement. La génératrice de la surface gauche qui passe par le point MM' est la droite IM, AM' parallèle au plan vertical. La trace verticale du plan tangent recherché sera donc la ligne FK menée par la trace T de la tangente à l'hélice et parallèlement à la projection AM' de la génératrice. Le point F, où les traces verticales du plan de tête et du plan tangent se rencontrent, appartient à la tangente cherchée, dont la projection sera, par conséquent, FM'.

**Coussinets.** — Les coussinets sont les voussoirs qui s'appuient d'une part sur la voûte, de l'autre sur les naissances. Quelquefois, le coussinet comprend une seule courbe de joint; d'autres fois il est à crémaillère.

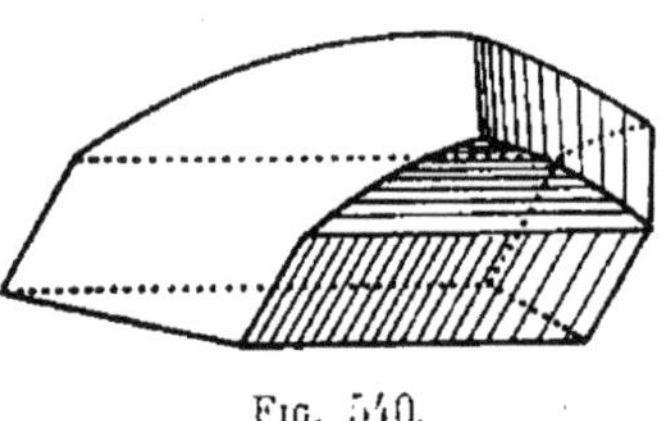

Fig. 540.

Dans une voûte biaise il y a le coussinet de l'angle obtus A et le coussinet de l'angle aigu B.

L'épure suivante est relative au coussinet *abmn*. La tangente au joint passe par le foyer $\varphi$.

*Épure.* — Prenons un premier plan vertical de projection LT parallèle à la tête et traçons les projections du coussinet. La ligne $m'n'$ est la tangente qui va au foyer $\varphi$. On obtient

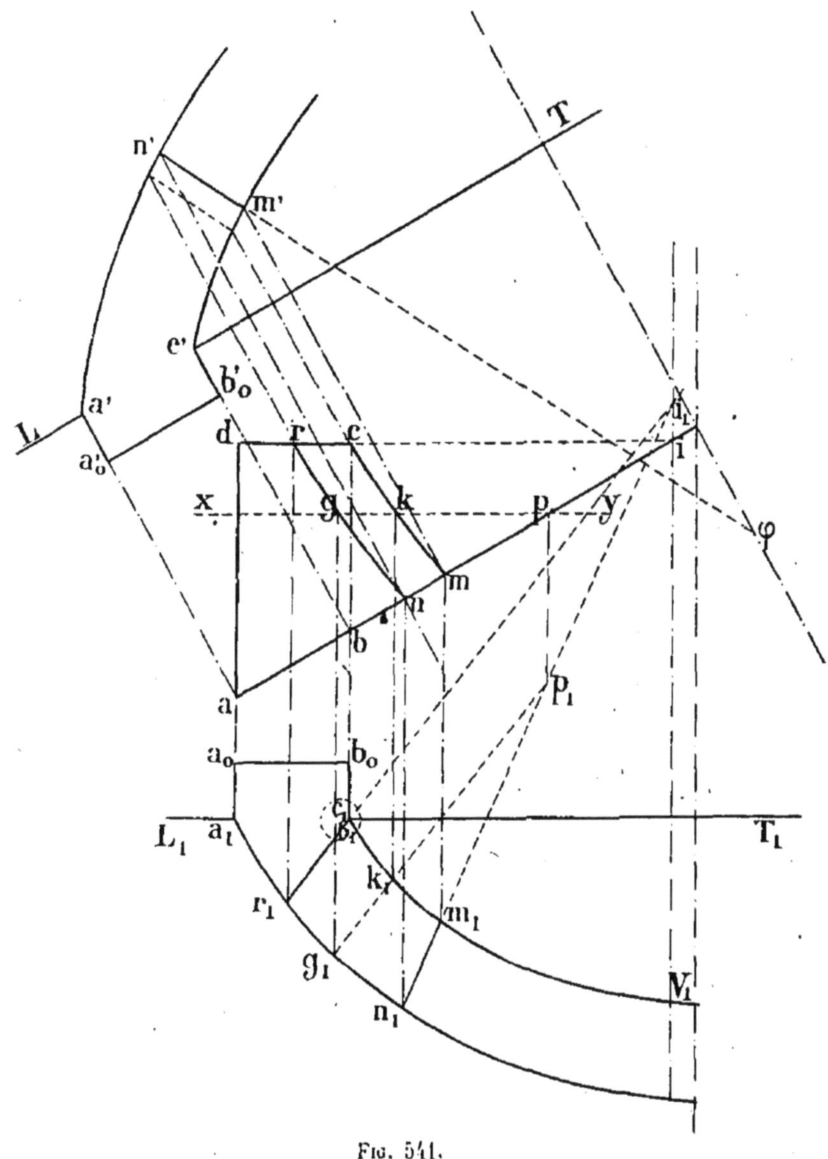


Fig. 541.

facilement la projection des hélices d'intrados et d'extrados $mc$ et $nr$.

Le plan de section droite qui termine le coussinet va couper le plan de tête suivant une ligne qui se projette sur un plan $L_1T_1$ parallèle au plan de section droite en $i_1$ $iV_1$. A l'aide d'un plan intermédiaire $xy$, on obtient la projection des points, $p$, $k$, $g$ en $p_1$, $k_1$, $g_1$. Ces deux derniers sont situés sur le lit hélicoïdal du coussinet.

La figure 540 est une perspective cavalière du coussinet. La taille de ce solide se fait par équarrissement.

---

# CHAPITRE VI

## GNOMONIQUE

**Définitions.** — La gnomonique est l'art du tracé des cadrans solaires. Un cadran solaire est une surface plane sur laquelle l'ombre d'une tige indique les différentes heures du jour ; la gnomonique a deux objets distincts qui sont :

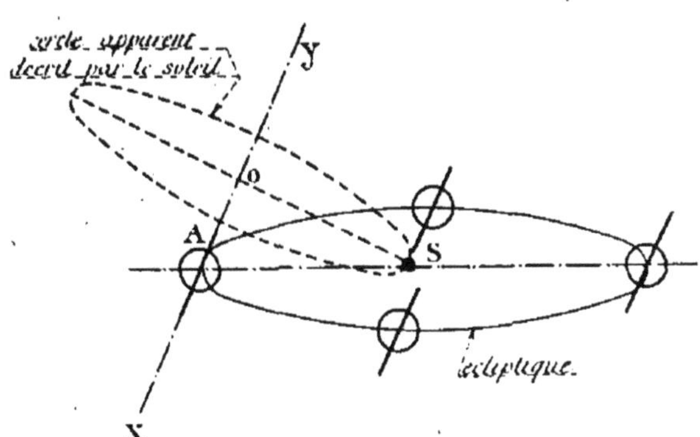


Fig. 542.

1° La détermination de la position convenable de la tige ou *style* ;

2° Le tracé sur la surface choisie des lignes de repère indiquant les heures.

Ces deux opérations nécessitent le rappel de quelques notions élémentaires d'astronomie.

**Mouvement de la Terre.** — On sait que la Terre fait une révolution autour de son axe en 24 heures, et une autre révolution autour du Soleil en 365 jours; cette dernière a lieu dans un plan appelé plan de l'écliptique avec lequel l'axe de la Terre fait un angle constant; il suit de là que, en 24 heures, pour un observateur placé sur la terre, le Soleil *paraît* décrire très sensiblement un cercle situé dans un plan perpendiculaire à l'axe du globe.

Si l'on suppose le cercle *o* divisé en 24 parties égales et si l'on fait passer par chacune des divisions et par l'axe $xy$ un plan, on voit que, pour un observateur situé au pôle, en A' par exemple, ces 24 plans déterminent, sur un plan tangent à la Terre au point A, 24 droites en prolongement deux à deux qui ne sont autre chose que les ombres portées par l'axe $xy$ aux différentes heures du jour sur le plan tangent considéré.

Ceci n'est vrai en toute rigueur que pour les pôles, mais peut être évidemment étendu sans erreur sensible à tous les points du globe, la distance de la Terre au Soleil étant de 24.000 rayons terrestres.

Le problème revient donc, en définitive, à construire une droite parallèle à l'axe de la Terre et à déterminer les intersections avec le plan sur lequel on veut tracer le cadran de douze plans passant par cette droite et faisant entre eux des angles égaux.

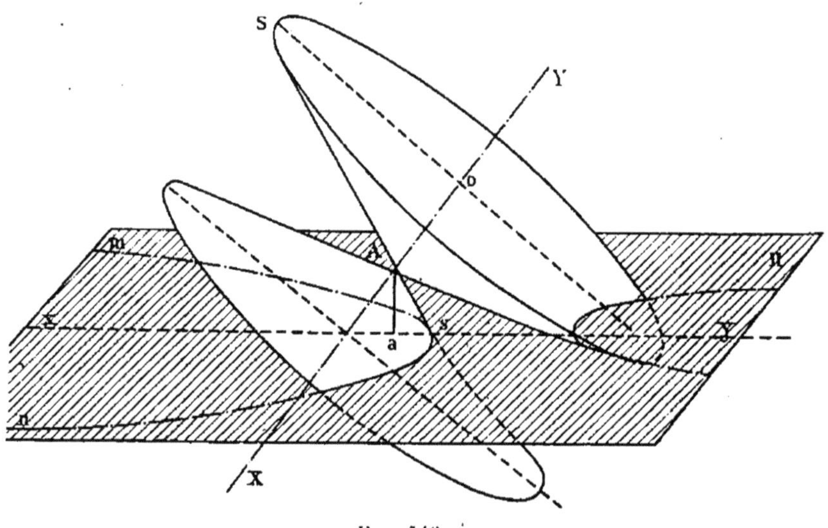


Fig. 543.

**Problème i.** — *Construire une droite parallèle à l'axe de la Terre.* — Il est nécessaire et suffisant de connaître les deux projections de cette droite, d'où deux problèmes distincts.

1° *Détermination de la projection horizontale d'une parallèle à l'axe de la Terre.* — Soit *o* le cercle apparent décrit par le Soleil et H un plan tangent en un point *a* de la Terre ; soit *a*A la verticale de ce point.

La simple inspection de la figure montre que, lorsque le Soleil décrit le cercle *o*, l'ombre portée du point A sur le plan H décrit l'arc d'hyperbole *msn ;* le point *s* est l'ombre du point A lorsque le Soleil est au maximum d'élévation au-dessus de l'horizon H, c'est-à-dire à midi, et la droite *xy*, intersection du plan H avec le plan vertical contenant XY, est l'axe transverse de l'hyperbole.

Remarque. — Le plan qui contient la verticale du point *a*, et l'axe de la Terre détermine sur celle-ci le *méridien* du point *a* ; c'est pourquoi la droite *xy* s'appelle la *méridienne.*

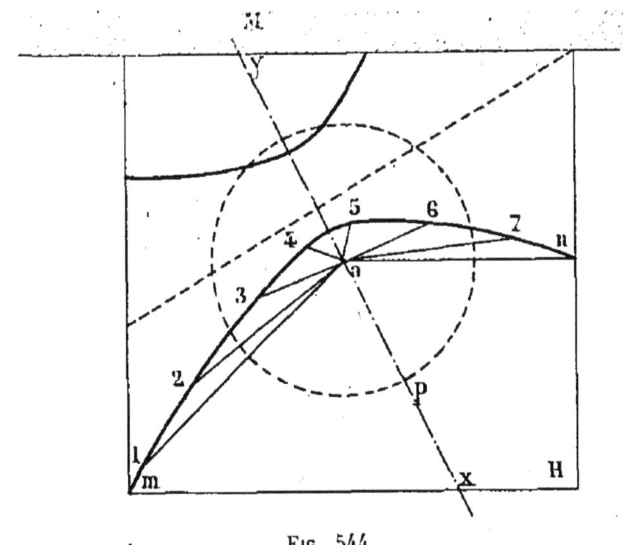


Fig. 544.

*Détermination pratique de la méridienne.* — Soit M la coupe horizontale du mur exposé au midi sur lequel on veut tracer le cadran solaire.

On disposera une surface H (*fig.* 544), dont on vérifiera soigneusement l'horizontalité, et en un de ses points, *a* par exemple, on plantera une verticale; on pourra faire usage dans ce but d'une planche à dessin et de deux équerres disposées comme l'indique la figure 545 ou d'un fil accroché à une potence et muni de deux masses pesantes, l'une arrivant au point *a* et l'autre A portant ombre sur la surface horizontale H (*fig.* 546).

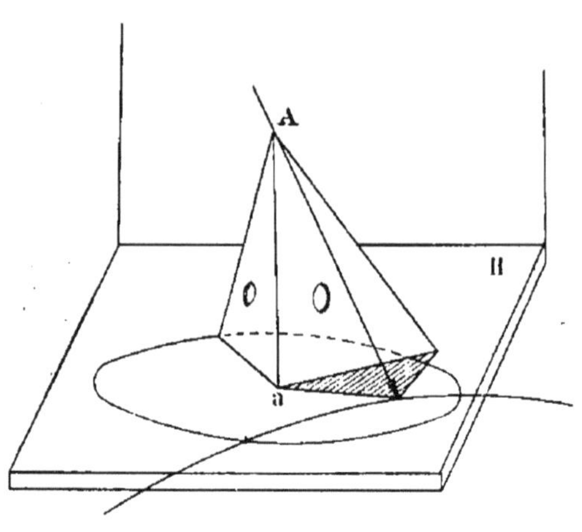


Fig. 545.

Il suffira ensuite de repérer les positions successives occupées par l'ombre portée du point A sur le plan H pendant une journée; ayant joint tous les points de l'hyperbole ainsi déterminée, on prendra le milieu *p* de l'arc intercepté par cette courbe sur une circonférence ayant *a* pour centre (*fig.* 544); *xpay* est la *méridienne* cherchée.

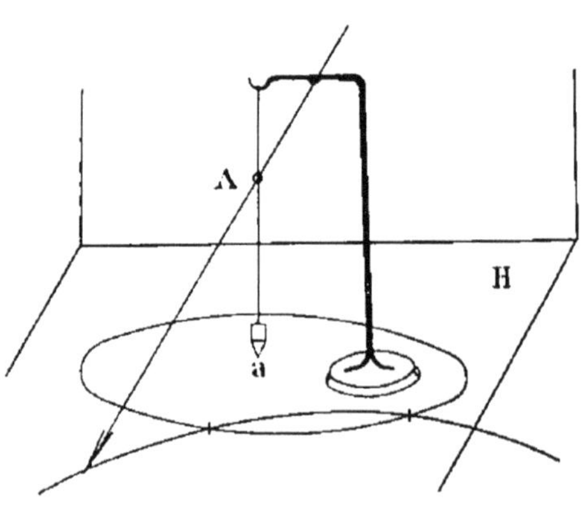


Fig. 546.

2° *Détermination de la projection verticale d'une parallèle à l'axe de la Terre.* — Soit *o* (*fig.* 547) le cercle méridien du point *a* de la Terre et *az* la parallèle en ce point à l'axe XY. L'angle *taz* formé par cette droite et le plan tangent en *a* à la Terre est égal à l'angle Y*oa*, *latitude* du point considéré. D'où la construction suivante d'une parallèle à l'axe de la Terre :

Lorsqu'on aura déterminé, par l'un des moyens indiqués ci-dessus, la projection horizontale de la droite cherchée, on se donnera le point N (*fig.* 548) où le style doit rencontrer le mur ; ce point devra être situé sur la verticale du point $y$ de la figure 544 ; on fera $S''Ny$ égal au complément de la latitude du lieu et l'on tracera, de $y$ comme centre, avec $yS''$ pour rayon, un arc de cercle qui coupera $zy$ en S ; la droite NS est la droite cherchée ; c'est suivant cette droite qu'on devra planter le style.

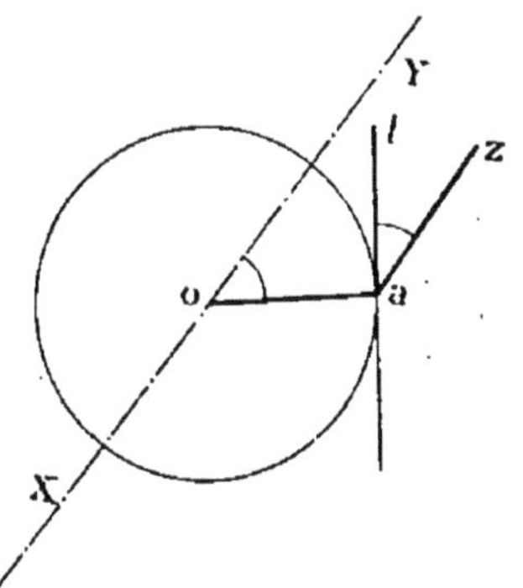


Fig. 547.

Problème II. — *Tracer les intersections des douze plans horaires avec le plan du cadran.* — On sait que ces plans doivent passer par la droite NS et former entre eux des angles égaux. De plus, celui qui contient le Soleil à midi se confond avec le méridien du point $a$ et sa trace sur le mur est la verticale $Ny$ (*fig.* 548).

Ces douze plans déterminent, sur un plan perpendiculaire à leur intersection, douze droites faisant entre elles des angles égaux, d'où la construction suivante :

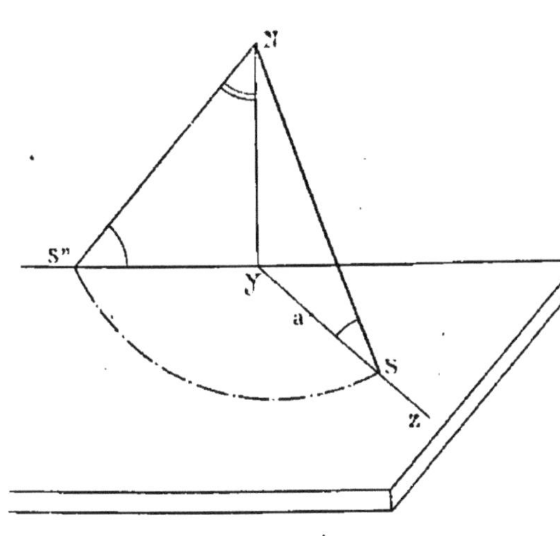


Fig. 548.

1° Construire un plan perpendiculaire à la droite NS (ce plan, parallèle à l'équateur, est appelé *plan équatorial*) ;

2° Tracer dans ce plan une demi-circonférence et la partager en douze parties égales ; joindre le centre à chacun des points de division ;

3° Faire passer un plan par chacune des droites ainsi déterminées et la droite NS ; chercher la trace de chacun de ces plans sur le plan du mur.

Les traces de ces plans doivent passer par les traces N' et

S du style sur le mur ; il suffit donc de déterminer un point de l'une des traces de chacun de ces plans.

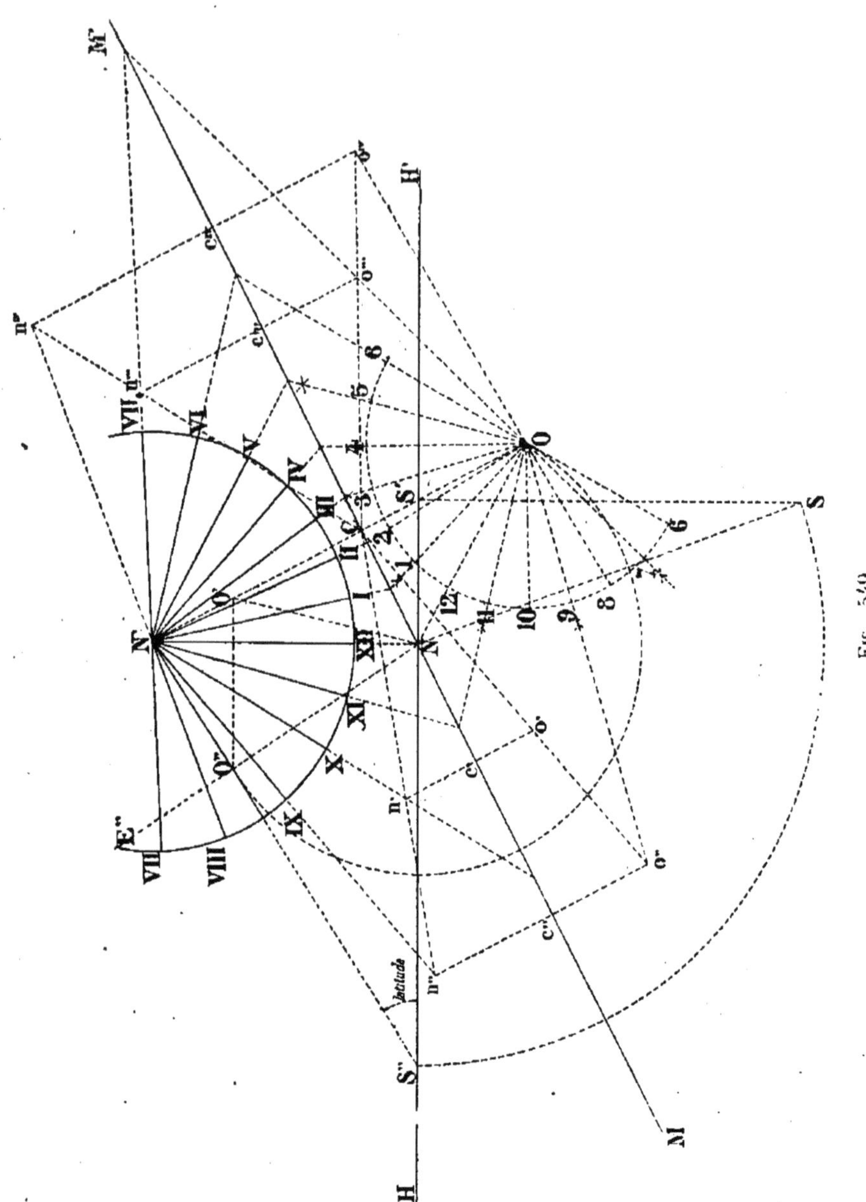

Fig. 349.

La trace verticale du plan équatorial est MM', perpendiculaire à la projection verticale N'S' du style ; on suppose, pour plus de simplicité dans le tracé, que ce plan contient le point N.

La droite NE″, perpendiculaire sur N′S″, sera l'intersection du plan équatorial MM′ et du plan méridien et le point O″ sera l'intersection du plan équatorial et du style.

Rabattons le plan équatorial sur le plan horizontal de projection en le faisant tourner autour de sa trace verticale MM′; le point O′O″ vient en O, sur l'arc de cercle décrit de N comme centre.

Sur le diamètre 6-6, perpendiculaire à ON, décrivons une demi-circonférence et partageons-la en 12 parties égales, l'une des divisions coïncidant avec ON. Joignons chacun des points de division au centre et prolongeons jusqu'à MM′; les points d'intersection appartiennent aux traces verticales cherchées; il suffit de les joindre à N′ pour obtenir, sur le mur vertical, les traces des plans horaires.

Si l'on voulait construire un cadran horizontal, il faudrait prendre les intersections des rayons O-1, O-2, etc., avec HH′ et joindre le point S aux points ainsi obtenus.

On a indiqué sur l'épure la construction simple à effectuer pour déterminer les rayons dont les intersections avec MM′ sont en dehors du tableau.

---

## CHAPITRE VII

# DESSIN GÉOMÉTRIQUE

### SECTION I

### DESSIN

**Divers genres de dessins.** — Le dessin comprend trois divisions : le dessin d'art, le dessin géométrique, le dessin industriel. Celui-ci se subdivise comme suit : le dessin topographique, le dessin de machine et le dessin d'architecture.

Toutes ces branches ont des relations entre elles; l'influence du dessin d'art : dessin d'ornement ou dessin à vue, sur tous les autres genres de dessin est universellement reconnue ; les deux premières grandes divisions constituent la base du dessin industriel.

Le dessin d'ornement, le dessin à vue, le croquis donnent l'habileté de la main et de l'œil pour la représentation juste et rapide d'un objet quelconque.

Les indications qui suivent peuvent servir de guide pour les principes, méthodes, conventions et usages, à appliquer dans les arts graphiques, mais il est évident qu'on ne peut devenir dessinateur habile qu'à la condition de faire beaucoup *d'épures de géométrie descriptive et de dessins d'ornements*, de *croquis à main levée.*

Ces travaux contiennent en germe la solution des difficultés que l'on rencontrera dans la pratique. Le dessinateur patient et entraîné y reviendra sans cesse. Ils constitueront la gymnastique nécessaire de l'œil et de la main, et seront pour lui ce que sont les gammes pour le musicien.

**Outils et matériel nécessaires au dessin.** — Les objets nécessaires au dessin sont indiqués ci-après : papier, planchette, compas, té, règles, équerres, double ou triple décimètre, un mètre pliant, crayons, porte-crayons, canif, grattoir, gomme élastique, rapporteur, colle à bouche, punaises, pinceaux, godets, verre, lave-pinceau, éponge, encre de chine, couleurs.

Papier. — Le papier utilisé pour le dessin au trait doit être bien collé, avoir un grain fin. La marque Canson est satisfaisante. Pour le lavis on préfère généralement la marque Watmann.

La face sur laquelle on dessine, l'endroit du papier est celle où l'on peut lire par transparence le nom du fabricant; à défaut de cette indication on prendra pour dessiner la face la plus unie et qui présente le moins d'irrégularité.

| | Formats | Cadres correspondants |
|---|---|---|
| Grand-aigle....... | $1^m,02 \times 0^m,70$ | $0^m,96 \times 0^m,59$ |
| Demi grand-aigle . | $0^m,70 \times 0^m,51$ | $0^m,59 \times 0^m,41$ |
| Quart grand-aigle. | $0^m,51 \times 0^m,35$ | $0^m,45 \times 0^m,27$ |

Il y a intérêt à prendre un bon papier un peu fort, en vue des corrections possibles qui sont souvent nécessaires en pratique.

Planchette. — Planche en bois blanc, mince (peuplier, marronnier, tilleul, etc.), très sec, parfaitement dressée, encadrée ou emboîtée en hêtre ou en chêne.

Les planches correspondant au format grand-aigle ont :

$$1^m,20 \times 0^m,80;$$

au format demi grand-aigle :

$$0^m,80 \times 0^m,60;$$

au format quart grand-aigle :

$$0^m,60 \times 0^m,40.$$

Les planches encadrées sont préférables parce qu'elles ont moins de chances de se voiler. Une planche déformée est inutilisable.

Il est indispensable pour dessiner que la feuille soit fixée sur la planchette. Pour certains dessins qui ne nécessitent pas une grande précision et qu'il y a intérêt à exécuter rapidement, on se contentera de fixer la feuille avec des punaises; mais, pour dessiner avec précision et surtout si

FIG. 550.

le dessin comporte des teintes, il faut que la feuille soit complètement collée. On s'y prendra de la façon suivante : placer la feuille de papier sur la planchette, l'endroit en dessous, la mouiller avec une éponge et attendre que l'eau ait pénétré dans le papier. La feuille doit être bien humide; mais il faut enlever les excès d'eau. Retourner la feuille, le côté mouillé venant en contact avec la planchette; avoir soin d'exercer une pression douce sur la feuille avec un linge propre, de façon à chasser l'air qui serait susceptible de former des cloches. Commencer par coller avec la *colle à bouche* convenablement humectée, les milieux des côtés et les milieux des milieux et ainsi de suite en allant vers les angles et sur une bande d'une largeur de 5 à 6 millimètres, placer un bout de papier fort à l'endroit où l'on vient de mettre de la colle et frotter énergiquement, soit avec le pouce, soit avec un manche de canif, jusqu'à ce que la colle ait adhéré au bois.

Il est nécessaire d'aller aussi vite que possible pour éviter la formation de godets par le séchage de la feuille.

Ne commencer à dessiner que lorsque la feuille est complètement sèche.

Il faut avoir soin de ne coller une feuille que lorsque la planche est, par un lavage à grande eau, débarrassée du papier collé provenant de la feuille précédente.

COMPAS. — Les compas indispensables sont les suivants : compas à pointes sèches, compas à pointes mobiles, crayon et tire-lignes de rechange, tire-lignes.

L'usage du compas à pointes sèches est limité ; en vue

d'éviter les trous dans le papier, on porte les dimensions à l'aide du double décimètre ou *kütsch*.

Le tire-lignes est le plus important des outils de dessin Il doit être de bonne qualité et bien ajusté. On peut, lorsque, les palettes fermées, le trait devient trop gros, l'améliorer

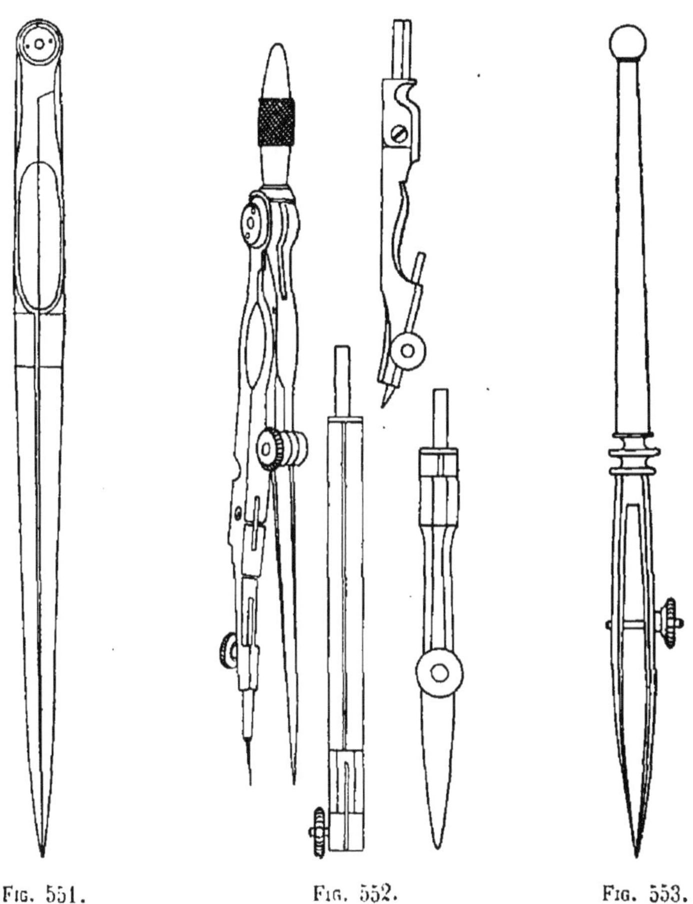

Fig. 551. Fig. 552. Fig. 553.

soi-même en le frottant légèrement dans le sens de la longueur sur du papier émeri très fin ou sur le fond d'un godet. Pour se servir du tire-lignes, on le présentera dans l'encre de Chine contenue dans le godet après avoir humecté les palettes pour faire monter l'encre plus facilement, et on essuiera avec un chiffon l'encre restée à l'extérieur des palettes. Il ne faut pas introduire l'encre à l'aide d'un papier comme on le fait souvent, ce qui a l'inconvénient de déposer dans l'encre des petites parcelles de papier qui se sont détachées. Il est utile d'avoir deux tire-lignes, un plus fin que l'autre.

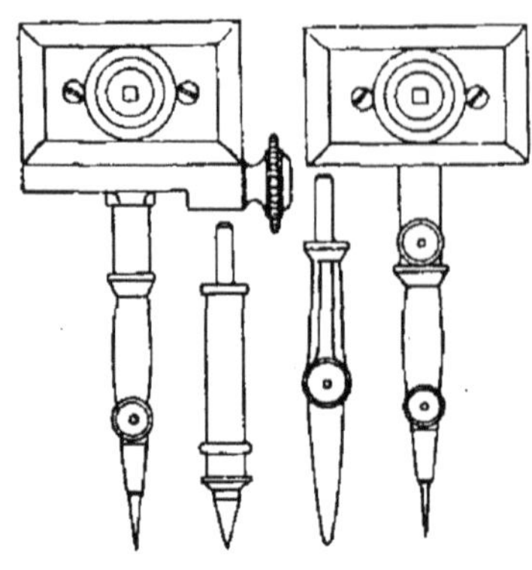
Fig. 554.

Té, équerres, pistolets. — Le té sera placé sous la main gauche et se déplacera sur la planchette pour tracer toutes les horizontales. Deux équerres suffisent : l'une à 45°, l'autre à 60°.

Il est préférable de les prendre plutôt de grandes dimensions et de s'en servir pour toutes les lignes obliques de la manière suivante :

Pour élever une perpendiculaire en un point de AC (*fig.* 559), on place l'équerre à 45° en ACB, l'hypoténuse coïncidant avec AC, puis l'équerre à 60° en EFG, l'hypoténuse de

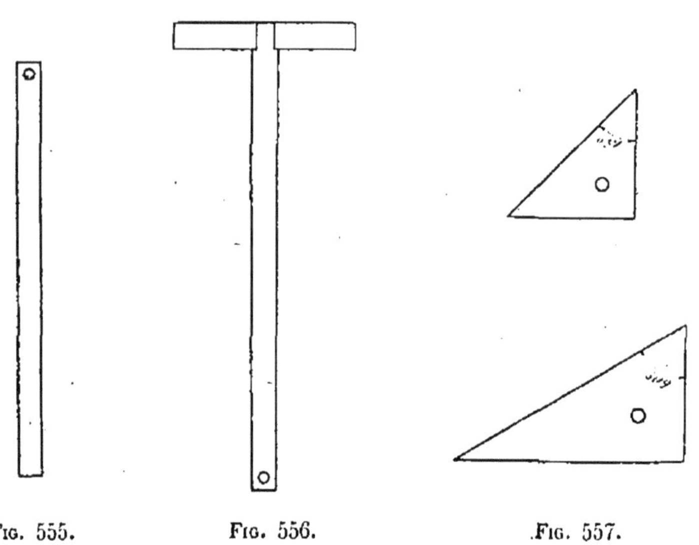
Fig. 555. Fig. 556. Fig. 557.

l'équerre à 60° s'appuyant sur l'un des côtés de l'angle droit de l'équerre à 45° ; puis l'équerre à 60° étant immobilisée par la pression de la main, il suffit de placer l'équerre à 45° en A'B'C' pour obtenir la direction A'C' perpendiculaire à AC.

Cette façon très commode de se servir des équerres rend de grands services en dessin. On fera bien de s'y habituer.

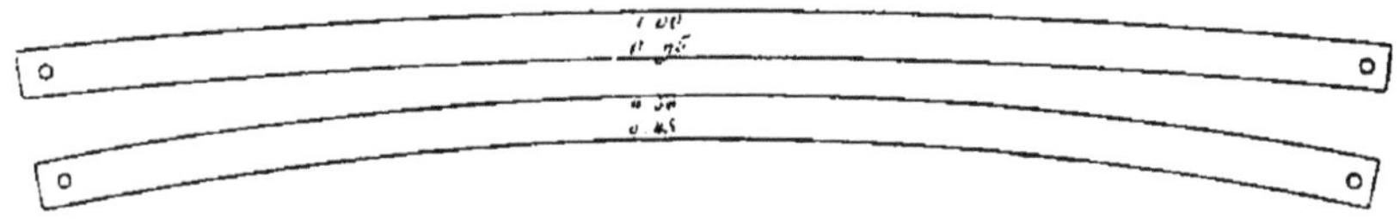

Fig. 558.

Pour les études de chemin de fer surtout il existe des collections de règles circulaires en poirier de différents rayons depuis 50 mètres jusqu'à 300 mètres et plus.

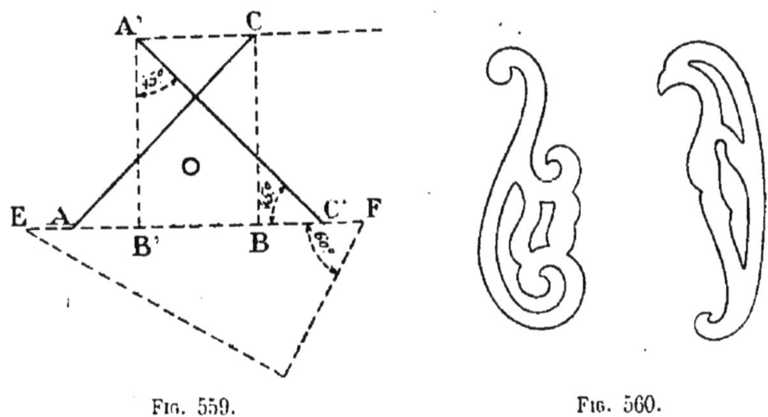


Fig. 559. Fig. 560.

*Pistolet.* — C'est une feuille de bois mince sur laquelle sont découpées un grand nombre de courbes de fantaisie à l'aide desquelles on peut arriver à tracer sur un dessin les courbes qu'on ne peut tracer au compas.

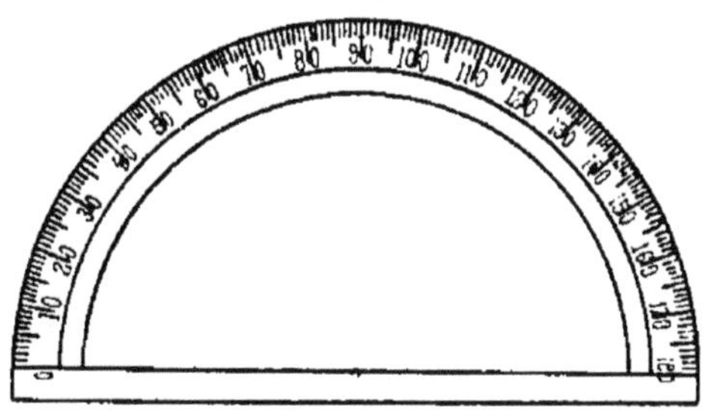

Fig. 561.

Crayons. — Le Faber n° 3 est un excellent crayon pour le dessin industriel. Pour une étude ou une esquisse, lorsqu'il faut un peu chercher, dessiner, effacer, puis redessiner, le Faber n° 2, plus tendre, est préférable. Au contraire, pour l'épure ou les dessins qui doivent rester au crayon, prendre un numéro plus dur, numéro 4.

Il existe, bien entendu, d'autres marques équivalentes.

Le porte-crayons permet d'utiliser les bouts de crayons devenus trop petits pour être tenus facilement.

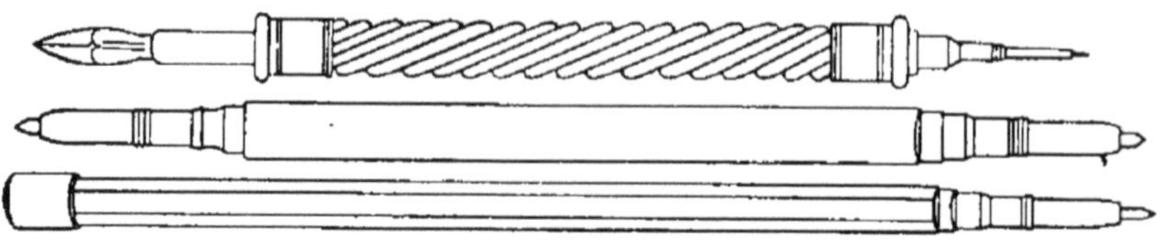

Fig. 562.

Il faut tailler le crayon sur une longueur de 25 millimètres environ, de manière à découvrir 8 à 10 millimètres de mine.

Se servir d'un bon canif. On peut, sans recommencer la taille au canif trop souvent, passer le crayon sur une feuille de papier émeri ou sur le fond d'un godet.

Pinceaux. — Prendre de préférence des pinceaux doubles, c'est-à-dire montés sur la même hampe de façon à avoir immédiatement sous la main celui des deux qui doit servir à absorber une tache ou l'excès de teinte.

Le pinceau est bon lorsque, trempé dans l'eau et secoué, il fait encore la pointe et lorsque, si on l'appuie sur le bord du verre, il reprend sa forme primitive.

Encre de Chine. — Couleurs. — Pour être de bonne qualité, le bâton d'encre de Chine doit présenter sur sa section d'emploi un reflet doré qui se retrouve dans l'aspect général du dessin. On ne rencontre pas cette qualité dans l'encre de Chine liquide, aujourd'hui très répandue, très commode aussi, il est vrai, mais en général trop peu noire et qui, en principe, doit être rejetée si l'on veut obtenir un dessin de premier ordre.

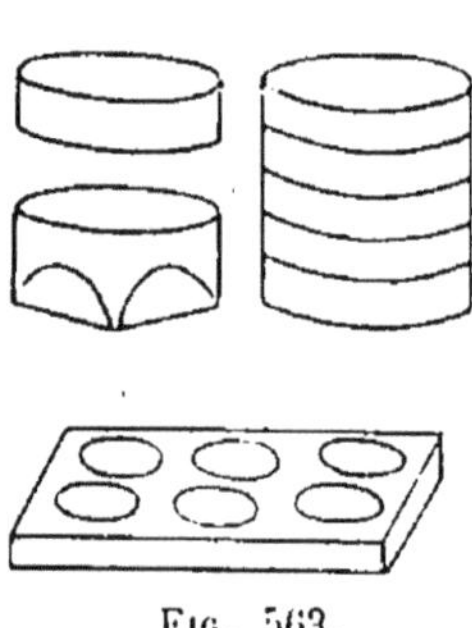

Fig. 563.

Il convient de « tourner » de l'encre de Chine nouvelle à chaque séance de dessin.

Les couleurs principales dont on a besoin sont les suivantes:

Carmin ou laque carminée, bleu de Prusse, indigo, terre de Sienne calcinée, terre de Sienne naturelle, gomme-gutte, ocre jaune, sépia, teinte neutre du gris de Payne.

En les employant seules ou combinées, on obtiendra toutes les teintes usitées en dessin. Les couleurs se présentent aujourd'hui sous plusieurs états : couleurs solides (en pain ou en tablette, en pastelle); couleurs moites (en tubes, en godets).

Les couleurs moites conviennent mieux pour l'aquarelle; sont préférables les couleurs en pains ou tablettes avec lesquelles on est plus certain d'obtenir la teinte que l'on désire. Il existe aussi des couleurs toutes faites aux teintes conventionnelles à l'usage des écoles industrielles. Elles ne sont pas toujours conformes aux teintes exigées. On obtiendra généralement un résultat meilleur en faisant ses teintes soi-même.

Soins aux outils. — Les outils et instruments doivent être entretenus avec le plus grand soin et la plus grande propreté. Les outils de métal essuyés avec une peau de gant. Le tire-lignes, mérite des soins spéciaux, il ne faut pas laisser sécher l'encre entre les lamelles, il faut l'essuyer avec soin quand on cesse de s'en servir. Le bénéfice de ces soins se retrouve non seulement dans la durée plus longue des outils, mais encore dans la meilleure exécution du travail.

**Croquis et dessins de machines.** — *Croquis à main levée.* — Le croquis est un *dessin à vue* fait au crayon seulement, entièrement à main levée et *coté*.

Il est destiné à reproduire par un dessin au net, une machine, un motif d'architecture, un ouvrage d'art, enfin un objet quelconque qu'il est impossible de dessiner directement. Il doit donc contenir *tous les renseignements* nécessaires à l'exécution de ce dessin qui lui-même devra être tel qu'on puisse exécuter, d'après lui, un objet identique au modèle primitif.

C'est donc bien comme *source de renseignements* qu'il faut traiter le croquis dont on conçoit par là toute l'importance.

Les difficultés d'exécution du croquis s'augmentent de ce

qu'en général, on sera très défavorablement placé pour dessiner.

Il faudra travailler debout où, s'il s'agit de machines, dans des positions incommodes et des endroits obscurs, parfois en plein vent, exposé aux intempéries, etc., toutes conditions très défavorables, mais qui ne sauraient excuser la mauvaise exécution du travail.

Avant de commencer un croquis on examine avec attention le modèle et on doit se demander quelles sont les vues ou coupes nécessaires à son intelligence complète. Ceci arrêté, on détermine l'échelle approximative des figures à faire. Cette échelle sera très variable. C'est une des qualités du dessin à vue, que de savoir proportionner l'échelle à l'importance du modèle. Il est évident que l'échelle sera d'autant plus grande que le modèle est plus compliqué.

Il serait inutile de faire à une grande échelle le croquis d'un objet de formes simples. Au contraire, dès que le modèle comporte des assemblages, des mécanismes ou des formes compliquées, il faut que l'échelle soit assez grande pour que la représentation en reste claire. Dans la plupart des cas et pour les organes symétriques, on obtient une représentation complète à l'aide d'une demi-élévation, demi-coupe verticale, demi-plan, demi-coupe horizontale. Après avoir arrêté les vues à faire, l'échelle à leur appliquer on limite la place approximative qu'elles occuperont sur la feuille de papier de l'album ou du carnet qu'on leur a destinée. On a longtemps recommandé de faire les croquis sur du papier quadrillé qui devait aider la recherche des proportions. On exécute aujourd'hui les croquis sur du papier blanc ordinaire. Le papier quadrillé constitue plutôt un embarras et il est certainement plus pratique d'habituer l'œil et la main aux proportions exactes sans le secours de cet aide, souvent illusoire.

Ainsi qu'on l'a dit, le croquis doit, en principe, être fait à vue et sans prendre de mesures. C'est ainsi qu'on l'exécute lorsque l'on est très exercé. Toutefois, au moins pour commencer, on procède généralement comme suit :

La figure à faire, surtout s'il s'agit de machines, comporte le plus souvent plusieurs axes, on trace deux de ces axes rectangulaires principaux A, B, C, D (*fig.* 564), on prend sur le modèle avec le mètre pliant *une* ou *deux* des dimensions principales de l'organe, telles que EF, GH par exemple,

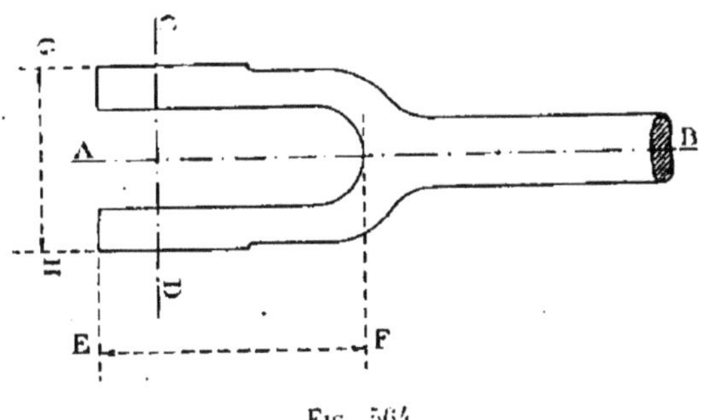


Fig. 564.

après avoir reporté sur le croquis à l'échelle approximative adoptée.

On achève le croquis entièrement à main levée autour de ces axes et d'après ces mesures qui constituent une garantie pour ne pas s'écarter des proportions du modèle.

Toutes les autres figures du croquis s'exécutent d'après ces principes.

On trace les circonférences comme suit. On tracera par le

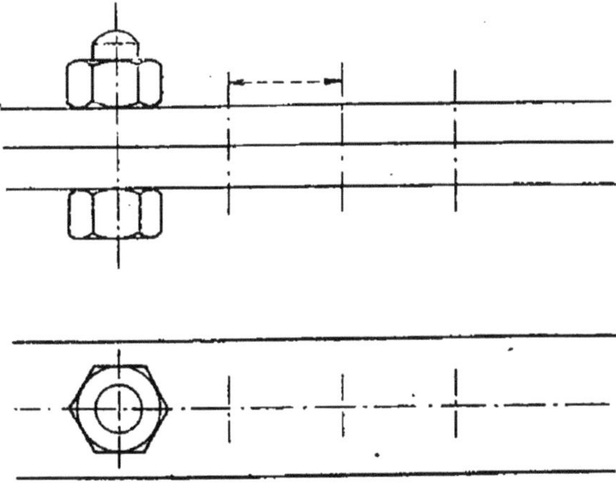

Fig. 565.

centre deux axes rectangulaires puis deux autres axes à 45°, on marque d'un point au crayon sur toutes ces lignes l'extrémité du rayon à l'échelle choisie, puis on joint légèrement ces huit points d'abord par une ligne pointillée, puis après rectification par une ligne continue.

Dans le croquis comme dans tous autres dessins d'ailleurs, les figures projetées sont disposées comme suit : le plan sous l'élévation, les élévations et les coupes sur une même ligne de terre.

Le croquis constituant une source de renseignements, on ne s'attardera pas à représenter des parties semblables. Par exemple, dans un assemblage on ne fera qu'un ou deux boulons, écrous ou rivets symétriques et les axes des autres (*fig.* 565).

On indique les axes des autres par deux petites lignes rectangulaires avec une cote sur un entr'axes et le nombre de parties semblables.

Dans une poulie, par exemple, on indique un croisillon et le nombre des croisillons semblables. On indique sa section sur le croisillon lui-même.

Cette représentation des sections rabattues sur l'objet lui-même se fera à chaque changement de profil. On trouvera souvent l'occasion de l'appliquer à la section d'un bâti en fonte d'un arbre, d'une fourche de bielle, d'une clavette, d'une colonne.

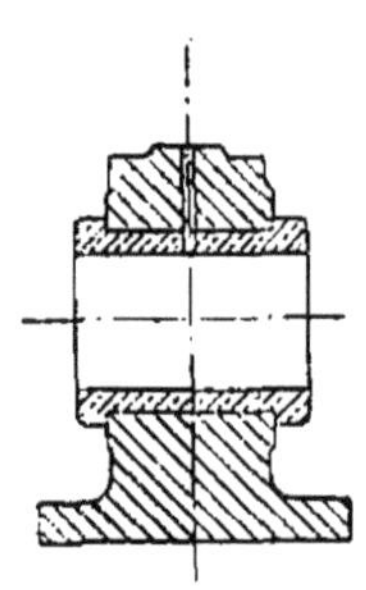

Fig. 566.

On ne coupe jamais un arbre, une tige de boulon, un écrou, ni aucune autre pièce pleine dont la coupe ne présente rien d'intéressant (*fig.* 566). On supposera que la coupe qui passe dans l'axe de la pièce est *décrochée* au droit de l'arbre pour le laisser voir tout entier.

Dans d'autres cas, on fait un *arrachement* laissant voir un assemblage en coupe, tandis que le reste de la figure est en vue extérieure (élévation ou plan).

*Hachures.* — Les hachures sur les parties coupées seront toujours à 45°. Elles se font de sens contraire sur deux épaisseurs, immédiatement voisines (*fig.* 567).

On se conforme, pour les différents métaux et matériaux, aux hachures conventionnelles indiquées sur la planche VIII (teintes conventionnelles).

*Courbes symétriques* — On rencontre souvent en croquis des courbes sans définition géométrique. On en déterminera quelques points par abscisses et ordonnées, très exactement cotés. Ces points suffiront à tracer la courbe lors de l'exécution du dessin au net ou de la pièce elle-même.

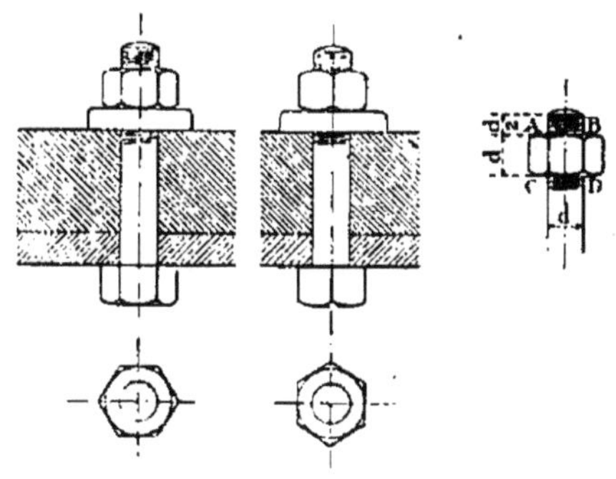

Fig. 567.

*Engrenages.* — Les engrenages ne se représenteront pas en entier ; on tracera et cotera la distance des centres, les circonférences primitives et leurs rayons et on écrira à côté le nombre de dents de chaque roue.

*Outils pour le démontage des pièces.* — On aura souvent besoin de démonter les pièces dont on fera le croquis. On devra opérer ce démontage avec précaution et méthodiquement, autant pour ne pas abîmer les pièces que pour pouvoir les remonter facilement.

Les outils nécessaires pour ces opérations sont, en général, des *clefs à écrous*, *clefs anglaises*, tournevis et marteaux.

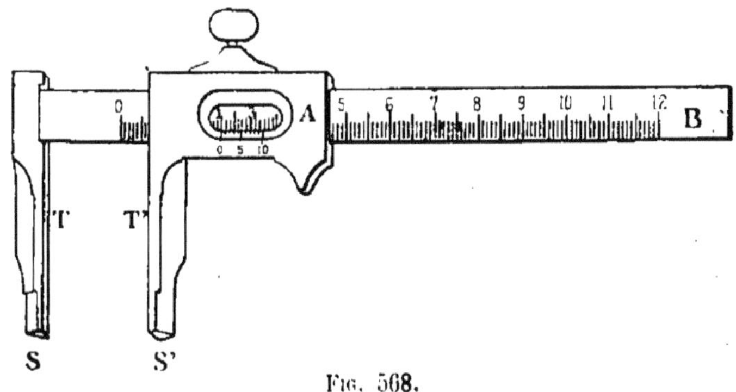


Fig. 568.

*Outils de mesure.* — Pour la mesure des cotes il faudra un *mètre pliant* en métal, un *double décimètre*, un *compas d'épaisseur* ou *pied à coulisse*, enfin un *fil à plomb*.

On dira quelques mots des compas d'épaisseur.

La figure 568 représente le compas d'épaisseur dit « pied à coulisse ». Il sert à mesurer les épaisseurs des pièces qui ne pourraient pas l'être aisément avec le double décimètre. La pièce à mesurer se place entre les talons T et T'. La coulisse A qui se glisse à frottement doux sur la règle B porte un vernier dont le zéro, lorsque les talons sont joints, coïncide avec le zéro de la règle. La dimension est déterminée par la division millimétrique de la règle B qui précède immédiatement le zéro du vernier.

Les dixièmes de millimètre sont indiqués par la division du vernier qui coïncide exactement avec une division de la règle.

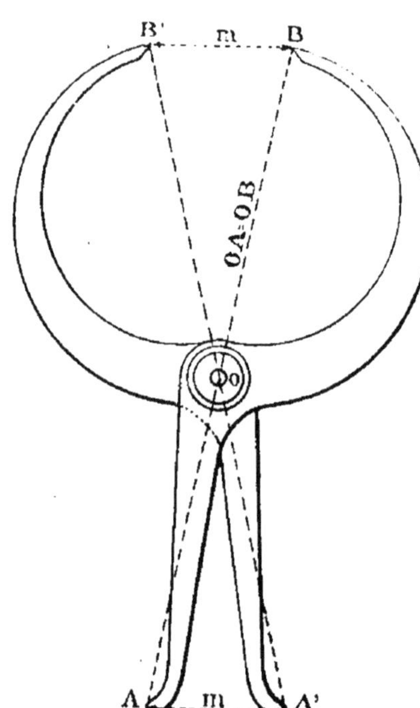

Fig. 569.

On peut aussi avec le pied à coulisse, prendre une dimension intérieure en appuyant aux parois les côtés extérieurs S et S' des talons.

L'épaisseur de ces talons réunis étant de 10 millimètres, il en résulte que la dimension indiquée par le zéro du vernier, devra être augmentée de 10 millimètres.

Il est plus commode pour mesurer les diamètres intérieurs tels que tuyaux, coussinets, etc., de se servir du compas d'épaisseur représenté figure 569 et nommé vulgairement *maître à danser*, à cause de la forme particulière de deux de ses branches.

On introduira les branches A et A' dans la partie creuse et on mesurera avec le décimètre l'écartement B'B des branches B que doit reproduire exactement celui des deux autres, à condition toutefois que les branches soient bien égales, c'est-à-dire que AB soient bien divisé au milieu par le centre de rotation.

*Cotes.* — En croquis comme en dessin de machine le millimètre est l'unité ; les cotes qui se prennent toujours en millimètres sont, en conséquence, représentées par des nombres entiers.

L'indication des cotes est la partie d'un croquis qui demande le plus d'attention. Il importe, au plus haut point, de n'en pas oublier, en raison de l'embarras où l'on pourrait se trouver, éloigné du modèle.

Il y a avantage pour laisser au croquis toute sa clarté à mettre les cotes autant que possible en dehors de la figure. Pour cela on prolonge les axes ou les lignes entre lesquelles la cote est comprise par des lignes pointillées qui se nomment des *attaches* et la ligne de cote elle-même terminée par deux petites flèches se nomme une *attente*.

Pour ne pas oublier de coter on peut employer la méthode suivante :

On trace les lignes de cotes ou les *attentes* des hauteurs soit sur l'élévation (*fig.* 570), soit sur les coupes ; puis les largeurs sur le plan ou sur l'élévation et enfin les profondeurs sur le plan ou les coupes. En faisant ce travail on est amené à établir l'ordre dans lequel il y a lieu d'exécuter le dessin et pour chaque détail les cotes nécessaires à son exécution, cette méthode conduit à mettre les cotes dans leur ordre d'importance : les distances entre les axes ou leur hauteur au-dessus de la ligne de terre, les bases et les hauteurs des bâtis, les diamètres des coussinets, des arbres, des boulons, etc., et enfin celles relatives aux détails.

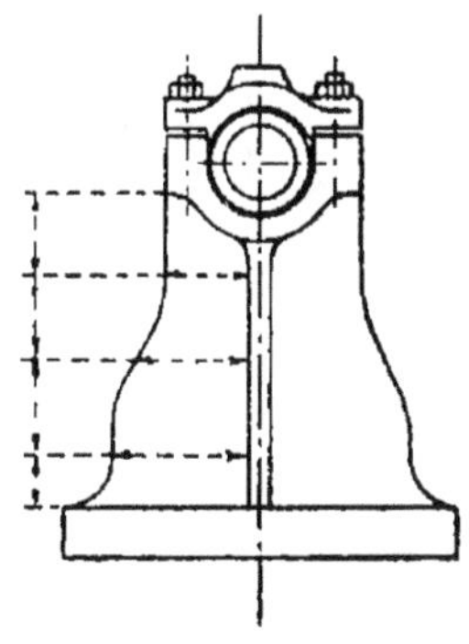

Fig. 570.

On risque moins en opérant ainsi d'oublier des cotes principales. On ne quitte d'ailleurs pas la machine à lever, sans avoir opéré la revision des cotes en exécutant par la pensée le dessin à faire. Il vaut mieux prendre deux fois la même que d'en oublier une.

*Boulons.* — *Écrous.* — Les boulons et écrous se représentent généralement comme il est indiqué par les figures 571 et 572, en observant que l'écrou hexagonal,

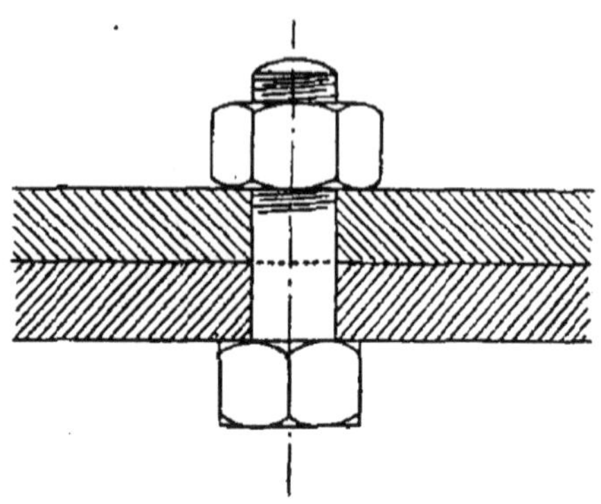

Fig. 571.

orienté comme l'indique la figure 571, a une face de front en vraie grandeur et deux faces symétriques inclinées à 60° dont la projection verticale est la *moitié* de la face de front. Il résulte de là que, pour la représentation d'un ensemble formé d'une tige de boulon, d'un écrou et d'une tête de boulon de forme hexagonale, il n'y aura qu'une seule cote à mettre, celle du *diamètre de la tige du boulon*, toutes les autres cotes étant déterminées en fonction de celle-ci.

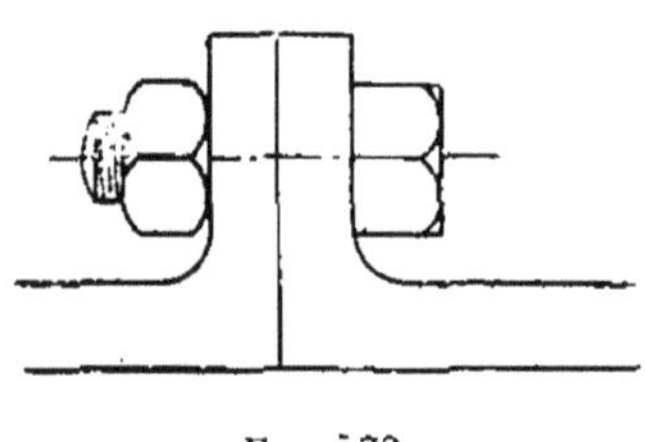

Fig. 572.

Ce qui précède n'est vrai que pour les boulons et écrous de dimension courante. Il faudrait coter tous les écrous hauts et bas qui ne seraient pas dans ce cas.

**Croquis d'architecture.** — Les indications générales qui précèdent sont en grande partie applicables à tous les genres de croquis, il reste à indiquer quelques détails relatifs à l'exécution du croquis d'architecture.

Soit le croquis indiqué (*fig.* 573) : Piédestal. Si la figure est symétrique, on indiquera une demi-figure complète; dans l'autre demi-figure, les corps de moulures seront indiqués par une ligne d'enveloppe appelée *taille d'épannelage*.

On donnera à part les détails à plus grande échelle des

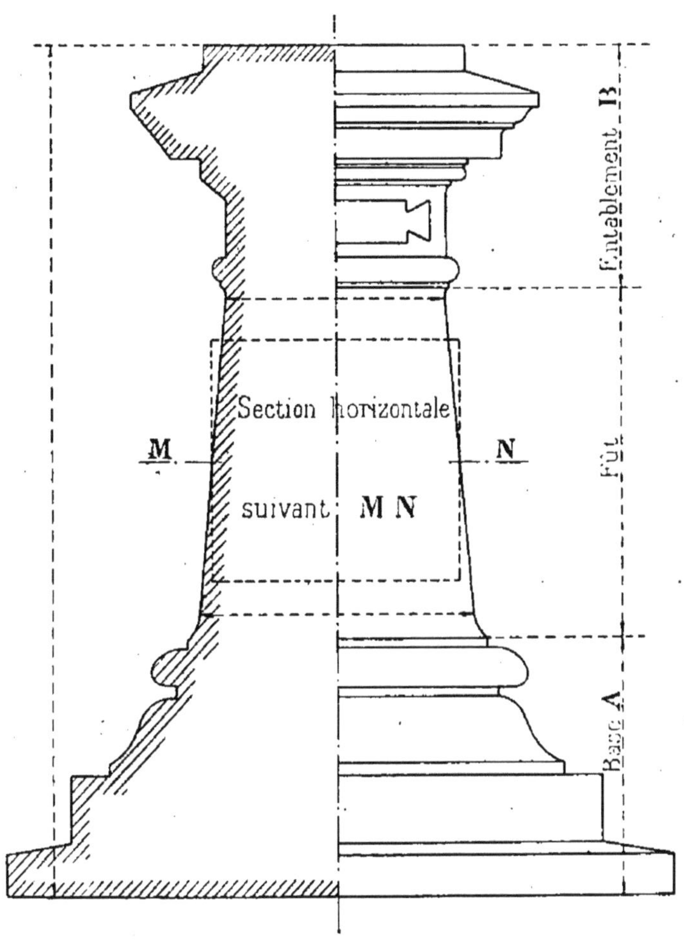


Fig. 573.

deux groupes de moulures principaux : la base A et l'entablement B (*fig.* 574 et 575).

On voit par la coupe MN, que, la section étant carrée, le plan est défini par cette condition et qu'il n'est pas nécessaire de faire de projection horizontale.

Ceci ne s'applique qu'au croquis, bien entendu, qu'il faut simplifier quand cela est possible.

Le principe pour l'indication des cotes est le suivant :

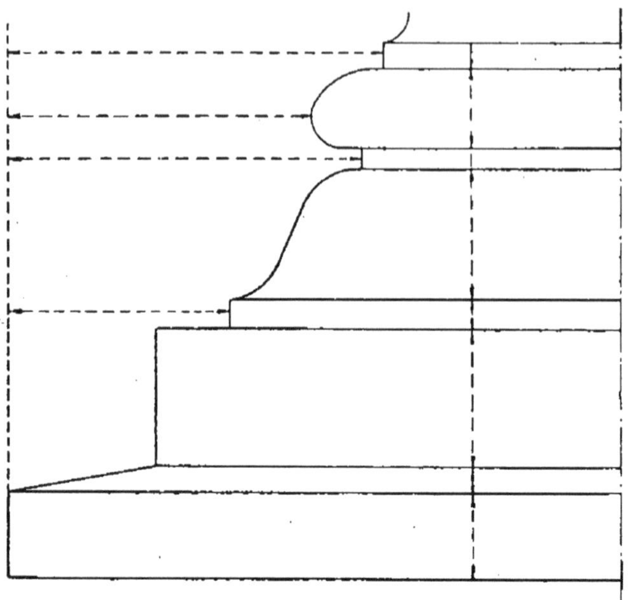

Fig. 574.

On indique sur la vue d'ensemble les cotes verticales qui mesurent les trois parties du monument : la base, le fût, l'entablement et la hauteur totale qui est la somme de ces trois cotes. On indique aussi les deux cotes extrêmes du fût en tronc de pyramide.

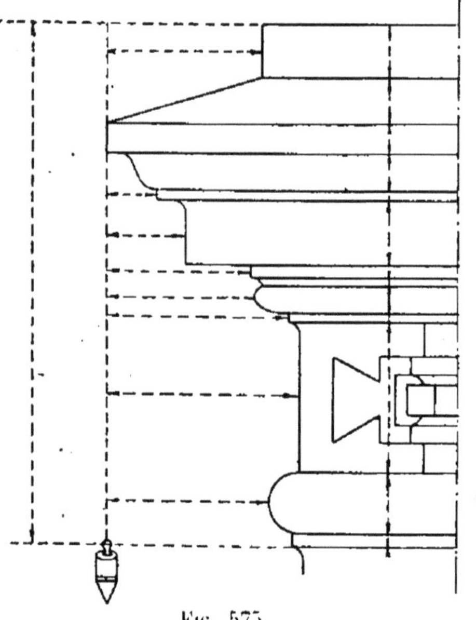

Fig. 575.

C'est ensuite sur les détails de A et de B que l'on inscrit toutes les cotes qui définissent les moulures.

Les cotes verticales peuvent se prendre comme il est indiqué (*fig.* 576). On applique sur la moulure la plus saillante une règle graduée de 30 centimètres par exemple, que l'on maintient verticalement; puis on prolonge avec un double décimètre ou avec une équerre, les lignes horizontales de la moulure et on lit la cote sur la règle graduée. On peut, soit inscrire la hauteur de chaque moulure, soit préférablement cumuler les cotes, et dans ce cas, le chiffre s'inscrit sur la ligne horizontale de chaque moulure.

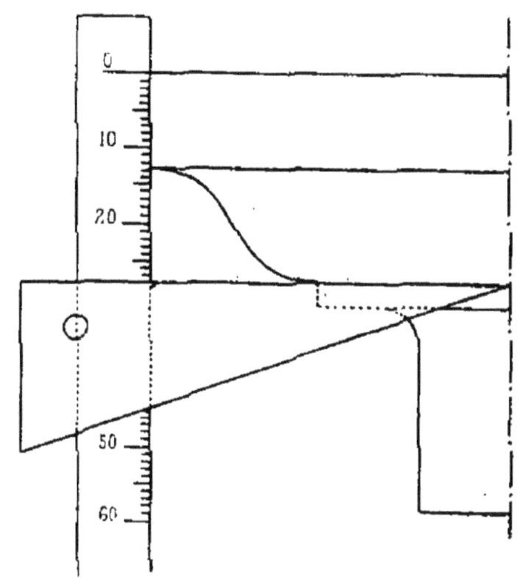

Fig. 576.

Pour déterminer les profils on prend les cotes de *profondeur*, c'est-à-dire les distances entre la partie la plus saillante des moulures et le profil de chacune d'elles. Ces dimensions s'obtiennent facilement à l'aide d'un fil à plomb (*fig.* 575).

Comme dans le croquis de machine, on prend le millimètre pour unité.

## EXÉCUTION DU DESSIN DE MACHINES

**Tracé au crayon.** — La feuille de papier, collée, sèche et bien tendue sur la planchette, on commence le dessin au crayon d'après le croquis.

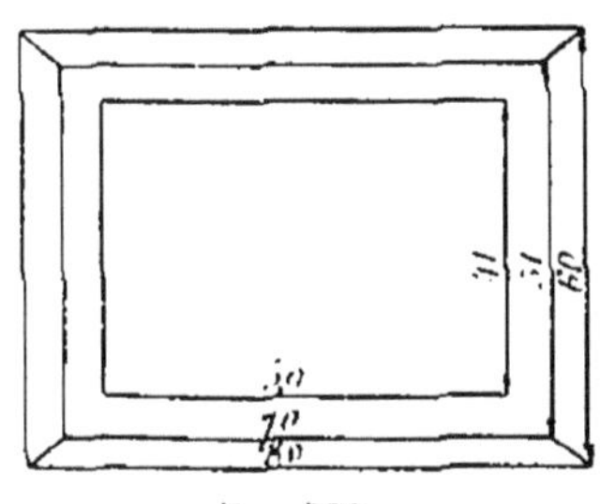

Fig. 577.

Il y a lieu tout d'abord de tracer le cadre, par exemple, un cadre demi grand-aigle, dont les dimensions sont 59 × 41.

On commence par déterminer l'intersection *o* (*fig.* 578), légèrement au crayon, des deux diagonales *mn* et *pr* du rectangle formé par la feuille de papier ; et par le point *o*, centre de la feuille, on trace à l'aide du té la ligne AB, et avec une équerre de dimension appropriée, la ligne CD.

C'est par rapport à ces axes que l'on détermine le cadre en employant le mètre pliant et en portant en $x$, $x'$, $y$, $y'$ à partir de $o$, de chaque côté de ces lignes la moitié de chacune des dimensions du cadre.

Les lignes horizontales seront tracées avec le té, les verticales avec l'équerre. Ce sera ici le cas d'avoir, pour les lignes verticales, une équerre de grande dimension qui facilite beaucoup le travail.

Le cadre sera formé par un trait fort ou deux traits fins distants de 1 à 3 millimètres.

*Axes.* — On commence alors le tracé au crayon de chacune des figures contenues dans la planche en déterminant d'abord *leur position par leurs axes.*

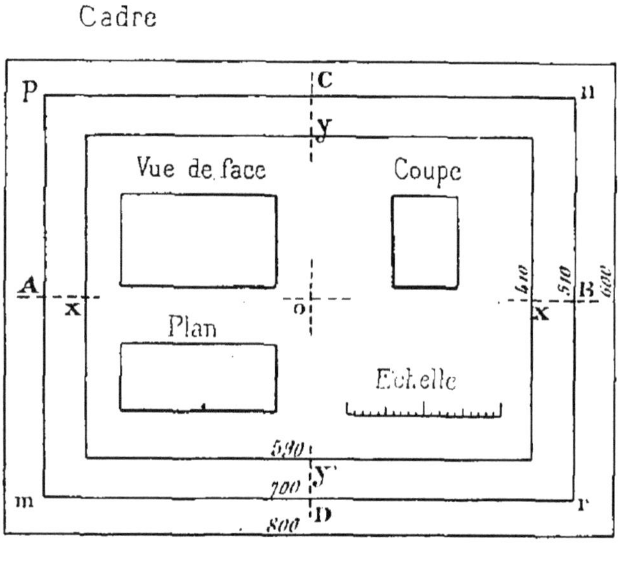

Fig. 578.

Cette considération des axes est d'*importance capitale* en dessin industriel, elle facilite beaucoup l'exécution des parties symétriques. Il faudra donc toujours, dans un dessin, déterminer les axes principaux autour desquels viennent se grouper les détails de la figure.

Il est de règle absolue que les figures d'une même planche

(élévation, plan, coupe) soient en projection : le plan sous l'élévation vue de face; la coupe ou la vue de côté sur la même ligne de terre que la vue de face; échelle ou légende dans l'espace libre à droite.

*Disposition des figures.* — Lorsque le nombre des figures d'une même feuille est relativement grand, et qu'on éprouve quelque embarras à les placer, on a recours au moyen suivant :

Ayant déterminé l'échelle ou les échelles des figures à représenter, on prend une feuille de papier à calquer sur laquelle on dessine à main levée, et approximativement, les contours enveloppes des figures à l'échelle donnée.

On découpe ces figures avec des ciseaux en suivant les traits au crayon et on les dispose sur la feuille en cherchant la place qui donne l'aspect le plus satisfaisant à l'œil. On y arrive après quelques tâtonnements et quelques variations dans les échelles si cela est nécessaire. On a soin, dans cette recherche, de laisser de l'air dans les figures et aussi la place des titres et des écritures.

On ne passe pas le dessin à l'encre avant que tous les détails en aient été exécutés au crayon.

On évite ainsi les erreurs possibles dans la position des grandes lignes du dessin et, d'autre part, le tracé à l'encre sera beaucoup plus facile si le tracé au crayon a été soigné.

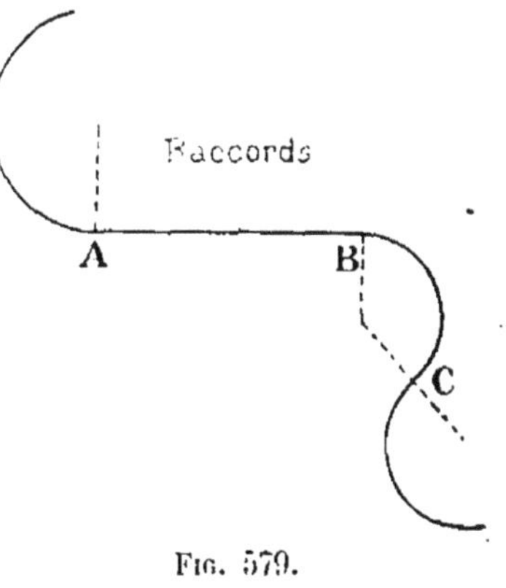

Fig. 579.

**Tracé à l'encre.** — Il faut passer à l'encre en commençant par les arcs de cercle. Il est plus facile, en effet, de raccorder une ligne droite avec un arc de cercle, qu'un arc de cercle avec une ligne droite parce que la main dirige plus facilement le tire-lignes que le compas.

Pour les raccords des arcs et des droites ou des arcs entre eux, on ne manquera pas de tracer les points de tangence par des petits traits au crayon tels que ABC, déterminés géométriquement et qui indiqueront les points exacts où devront s'arrêter et se raccorder arcs et droites (*fig.* 579).

Il faut obtenir des traits fins et réguliers ; pour cela, on l'a déjà dit, il faut de l'encre très fluide et très noire pour les épures et le dessin des machines. Il faut aussi que les branches intérieures du tire-lignes soient absolument propres.

Fig. 580.

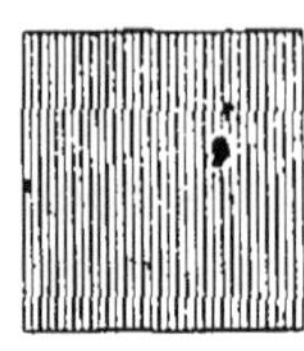

Fig. 581.

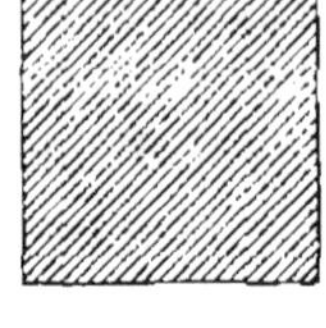

Fig. 582.

Fig. 583.

Le maniement du tire-lignes exige une grande habitude. On fera avec profit les exercices indiqués par les figures ci-dessus.

1° *Plans.* — Hachures (traits fins, réguliers et régulièrement espacés), horizontales, verticales et à 45° dans les deux sens.

2° *Cylindres.* — Hachures (lignes variant d'intensité et d'écartement), placées dans plusieurs sens.

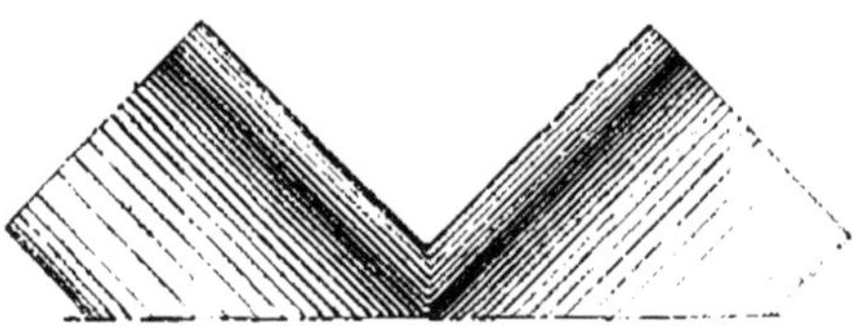

Fig. 584.

Fig. 585.

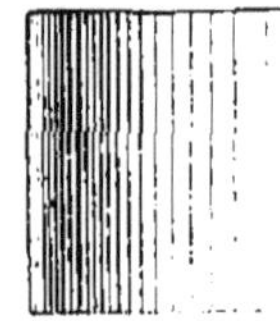

Fig. 586.

Il est utile de répéter ces exercices en les appliquant sur de plus grandes surfaces.

Certains arcs de cercle, de petite dimension, peuvent être passés à l'encre plus rapidement à main levée. C'est une bonne habitude à laquelle on doit s'exercer.

Il faut préalablement que l'arc soit tracé très exactement au crayon ; avec une bonne plume à dessin, on suit le crayon en procédant par petites portions d'arc bout à bout qui se raccordent de façon à ne faire qu'une seule ligne. On y arrive par la pratique.

**Dessin résistant au crayon, utilisé pour le dessin de machines.** — Dans l'industrie on fait aujourd'hui de nombreux dessins au crayon seulement. Ce système est employé surtout pour les dessins d'exécution à grande échelle sur papier bulle.

Il faut alors faire le tracé avec le crayon Faber n° 3 comme pour un dessin ordinaire, en prenant la précaution d'arrêter les lignes juste au point voulu pour avoir le moins possible à effacer. Puis, avec un crayon plus dur (n° 4), on repasse sur les traits primitifs en mettant les traits de force dont il sera question plus loin. Après avoir enlevé les lignes devenues inutiles, on applique des teintes conventionnelles sur les coupes comme pour un dessin ordinaire.

Sur les dessins de ce genre, on met les attaches des cotes en lignes pleines rouges, les axes en lignes pleines bleues.

On admet les écritures en ronde.

Ce genre de dessin bien traité a un aspect très agréable. Il est d'une exécution plus rapide, et son emploi tend à se généraliser.

**Dessin mixte.** — On exécute, d'autre part, des dessins du même caractère qui comportent à la fois du crayon et de l'encre, les traits fins restant au crayon et les traits de force étant passés à l'encre, il en résulte une grande intensité d'expression.

Enfin on fait aussi des dessins au crayon avec application des teintes conventionnelles très légères sur toutes les surfaces : fer, fonte, acier, bronze, etc.

La teinte a pour effet de limiter très nettement la surface, il en résulte une très grande clarté.

**Traits de force.** — On suppose que les objets sont éclairés dans l'espace par des rayons parallèles à la diagonale d'un cube dont les projections horizontale et verticale font un angle de 45° avec la ligne de terre, et dont les directions sont pour l'une de bas en haut, et pour l'autre de haut en bas.

Le trait de force se place sur l'arête qui forme intersection entre une surface plane éclairée et une surface dans l'ombre. On ne met pas de trait de force sur les lignes de contour apparent, ni sur les arêtes cachées.

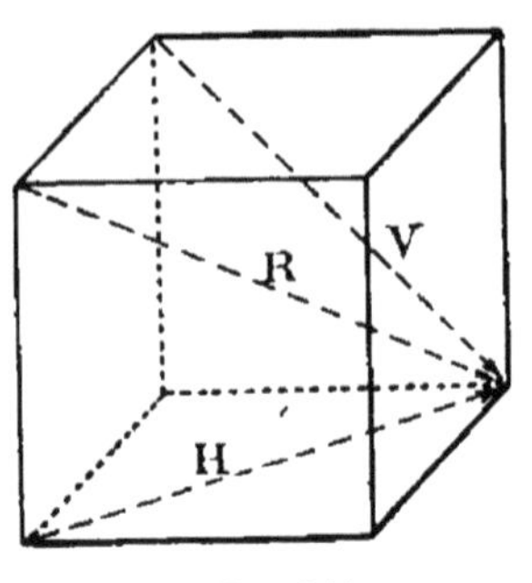

Fig. 587.

Les traits de force s'appliquent au dessin des machines et à certains projets de construction, mais on n'en met jamais dans les dessins d'architecture.

**Lignes, teintes et hachures conventionnelles. — Coupes.** — On indiquera ci-dessous les conventions qui sont adoptées généralement pour chaque genre de dessin.

1° *Dessin géométrique et épures de géométrie descriptive.* — Lignes vues des données et des résultats en traits pleins noirs uniformes, sans traits de force (*fig.* 588) ;

Lignes cachées en points ronds également espacés, et de même grosseur que les traits pleins; les pleins égaux aux vides (*fig.* 589);

Lignes de construction en traits rouges pleins et fins (*fig.* 590) ou noirs en éléments interrompus avec pleins égaux aux vides ;

Lignes de rappel en traits bleus pleins et fins (*fig.* 591) ou noirs traits mixtes fins : un trait, un point ;

Lignes d'axes des pièces ou des figures en traits mixtes : un trait, un point, de la force des lignes vues (*fig.* 592).

2° *Dessin de machines.* — Lignes vues, en traits pleins, traits fins et traits de force (*fig.* 593 et 594) ;

Lignes cachées en points ronds, comme ci-dessus, mais on remplace fréquemment les points ronds par des éléments rectilignes (*fig.* 595), interrompus, dont la longueur varie suivant l'échelle du dessin, mais qui est moyennement de $0^m,002$ ; les pleins égaux aux vides. Ces lignes ponctuées doivent être fines (*fig.* 596).

Lignes d'axe en bleu fin (*fig.* 597).

Lignes de cotes, rouge fin (*fig.* 598).

Lorsqu'on fait une coupe longitudinale ou transversale d'un objet, il faut indiquer, sur l'élévation ou le plan, l'endroit exact où cette coupe est faite.

Cette indication se fait par une ligne mixte noire ; un



Fig. 588. — 589. — 590. — 591. — 592. — 593. — 594. — 595. — 596. — 597. — 598.

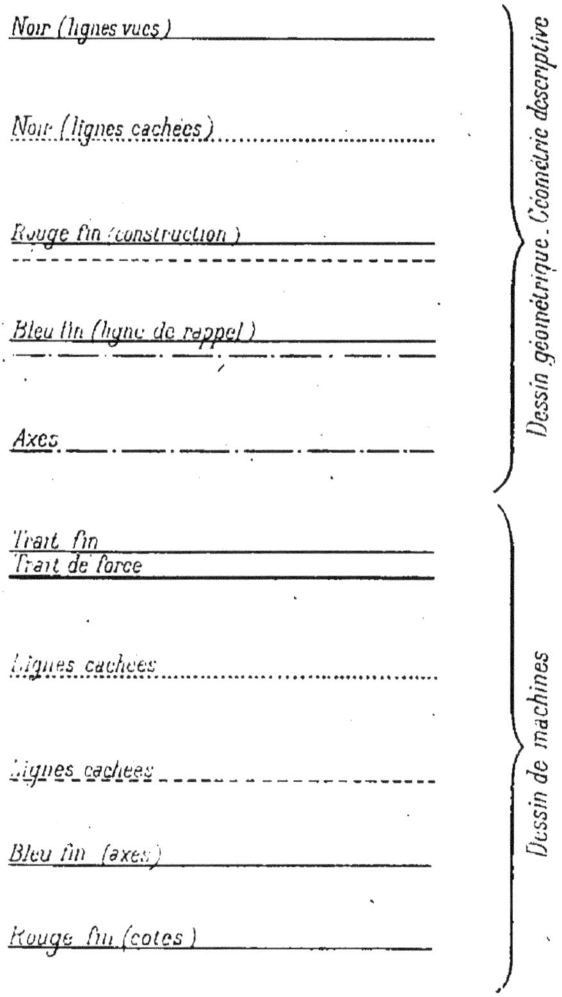

trait, un point, comme les lignes d'axes, mais beaucoup plus grosse. Il est utile qu'on puisse lire immédiatement où la coupe est faite.

Cette ligne ne s'indique que par ses extrémités et presque en dehors de la figure elle-même.

Le dessin étant terminé au crayon, on le passe à l'encre

d'un trait uniforme et léger et sans traits de force ; on passe alors toutes les teintes de coupe, et lorsqu'elles sont sèches, on fait les traits de force, les axes, les cotes et les lignes de coupe.

Bien entendu, on teinte avant de faire les traits de force et les traits de couleur ; on s'exposerait différemment à ce qu'ils s'étalent dans la teinte et gâtent le dessin. Il est même presque indispensable, lorsqu'on se sert d'encre de Chine en bâton, de faire une encre pâle, c'est-à-dire fortement étendue d'eau ; cette précaution est inutile avec les encres en bouteille.

**Écritures.** — On indiquera que le bon aspect des écritures a une très grande importance en dessin. Celui-ci, serait-il très bien fait d'autre part, produit une fâcheuse impression si les écritures sont mal faites.

Sans être très habile, on peut arriver à faire des lettres acceptables par la disposition géométrique qui a été adoptée. La largeur des lettres, leur écartement, l'écartement des mots sont des quantités fixes, à quelques exceptions près, pour les trois genres de lettres : CAPITALE, Romaine, *Italique*.

La capitale est employée pour le titre général, extérieur au cadre. La partie inférieure des lettres doit être placée à 8 millimètres dudit cadre. Les lettres ont 5 millimètres de largeur et 2 millimètres d'écartement ; les exceptions sont l'I, qui n'a pas de largeur ; l'M, qui a 7 millimètres, et le W, 7$^{mm}$,5.

La romaine majuscule est réservée pour les titres secondaires à l'intérieur du cadre.

La romaine minuscule s'applique aux indications des figures, l'italique à toutes les indications intérieures, légendes, notes diverses, etc.

On rappellera que l'écriture en ronde est admise, pour certains dessins de construction de machines. Il sera bon de s'exercer un peu dans ce genre d'écriture qui a besoin d'être correctement traité.

Comme pour les autres genres, c'est la simplicité qu'il faut rechercher. Le titre intérieur sera fait en lettres de

5 millimètres de hauteur. Les titres des figures auront 3 millimètres.

Enfin on admet en architecture, pour l'exécution des rendus ou des plans à grande échelle, des lettres de fantaisie, dont il a été donné quelques exemples (planche VII). Même dans cette fantaisie il convient de ne pas s'écarter trop des règles primitivement adoptées.

**Préparation et application des teintes de coupes.** — Les teintes de coupes sont, en général, des teintes très pures, comme le carmin lorsqu'il est employé seul, qui exigent la plus

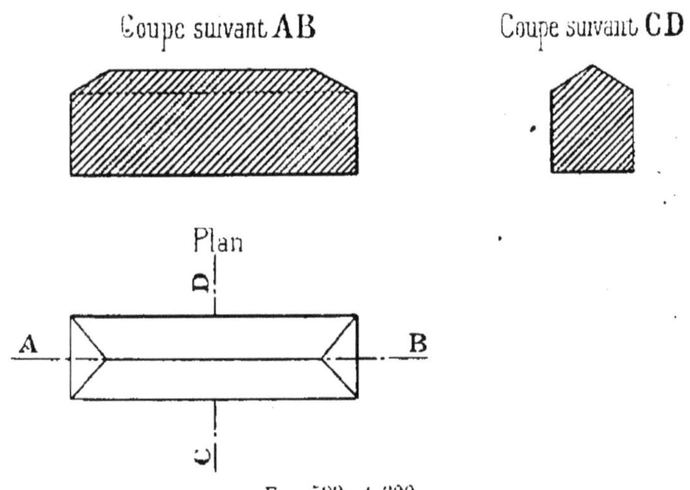


FIG. 599 et 600.

grande propreté de tout le matériel qui aura servi à les faire.

Les godets et les pinceaux doivent être lavés avec soin. Le pain de couleur lui-même ne doit contenir aucune trace d'une autre couleur provenant d'un mélange précédent. L'eau doit être absolument claire.

La teinte faite à point, suivant les indications conventionnelles, doit être remuée énergiquement avec le pinceau, de manière qu'elle soit bien limpide et qu'il n'y ait aucune matière en suspension.

Préalablement à la pose de la teinte on gomme la surface à teinter.

On prendra en excès la teinte dans le pinceau qu'on égoutte sur le bord du godet. La tendance assez générale de n'en pas prendre assez est la cause que la teinte sèche vite et fait des taches.

On réserve un filet d'environ 1 millimètre du côté de la lumière, c'est-à-dire du côté des traits fins; si on n'est pas sûr de sa main, on trace légèrement la ligne au crayon.

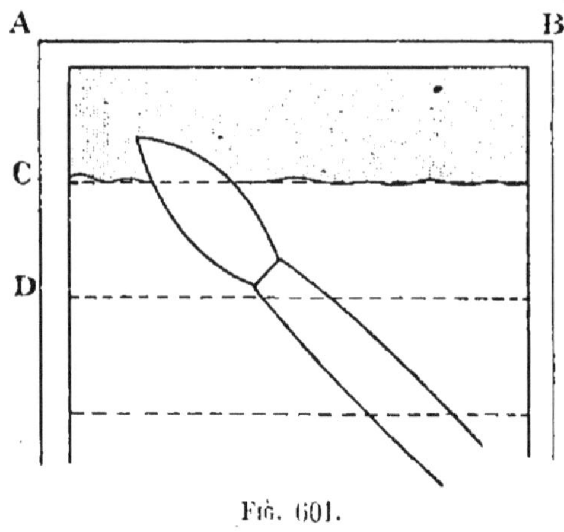

Fig. 601.

On pose la teinte de A vers B sur une zone AC et par petits coups de pinceau. On reviendra vers le côté C et on entamera une autre zone CD, toujours avec le pinceau suffisamment chargé pour que la teinte ne sèche pas. Il est préférable que les zones soient de petite largeur. Arrivé à la dernière zone, l'excès de teinte est repris par le pinceau à l'eau.

Il est favorable, pour passer une teinte, d'incliner la planchette vers soi.

Si, malgré l'attention apportée à la pose de la teinte, il s'est produit des *baroches*, c'est-à-dire des points où l'on a dépassé la ligne, on repousse vivement la teinte à cet endroit avec un doigt de la main gauche et en appuyant, ce qui a pour effet de faire sécher le papier immédiatement. On peut alors repasser en suivant le trait sans qu'il y paraisse.

**Échelles**. — Le dessin reproduisant généralement l'objet avec des dimensions réduites, il faut indiquer le rapport de réduction. On a fixé cette réduction avant de commencer le dessin, c'est-à-dire, prenant le mètre pour base dans le modèle, par quelle fraction du mètre celui-ci serait représenté dans le dessin. Cette fraction constitue l'échelle. Si on dessine un objet à la moitié ou au tiers, l'échelle sera de $0^{m},500$ ou $0^{m},333$ pour mètre. On ne doit jamais oublier de représenter ou d'indiquer l'échelle à laquelle est exécuté le dessin qu'on présente. Cette indication est de toute nécessité pour celui qui est chargé d'interpréter ou d'exécuter ce dessin.

En dessin de machines, les échelles peuvent être très variables, comme les dimensions elles-mêmes des organes à représenter. Généralement il y a intérêt, quand c'est possible, à adopter des rapports simples, comme $\frac{1}{2}$, $\frac{1}{3}$, $\frac{1}{4}$, $\frac{1}{5}$, $\frac{2}{3}$, $\frac{2}{5}$, $\frac{4}{5}$, $\frac{3}{4}$.

En dessin d'architecture, les échelles sont plus limitées et on adopte généralement $0^m,001$ ; $0^m,002$ ; $0^m,005$ ; $0^m,01$ ; $0^m,02$ par mètre, pour les ensembles ; $0^m,05$ et $0^m,10$ pour les détails.

FIG. 602.

Une échelle au huitième, par exemple, se représente par une ligne horizontale (*fig.* 602) sur laquelle on portera une série de divisions égales de $0^m,0125$, qui représentent à l'échelle adoptée, 1 décimètre. On porte en dehors du zéro de l'échelle une de ces divisions que l'on divise en dix parties qui représentent des centimètres. Si on prend sur le dessin avec le compas à pointes sèches une longueur qu'on veut évaluer et qui, à partir de 0, tombe entre les divisions 4 et 5, en appliquant l'une des pointes au point 4, l'autre point tombe sur les centimètres marqués en dehors. On estime ainsi le nombre de centimètres et de millimètres (évalués) qu'il faut ajouter aux 4 décimètres pour avoir la longueur de la ligne en question.

Toutes les échelles se traceront d'une manière analogue.

L'*échelle de précision*, qui donne les millimètres d'une manière très pratique et très exacte, se construit de la manière suivante (*fig.* 603) :

Soit une échelle aux $\frac{2}{5}$. On trace dix lignes horizontales distantes d'une quantité quelconque, 1,5 millimètre par exemple.

On portera deux ou trois fois ou davantage, suivant les dimensions du dessin, une longueur de 40 millimètres qui représente les $\frac{2}{5}$ d'un décimètre, on marquera un point zéro et on portera une fois en dehors de ce zéro cette longueur de 40 millimètres. On la divisera en 10, à la partie infé-

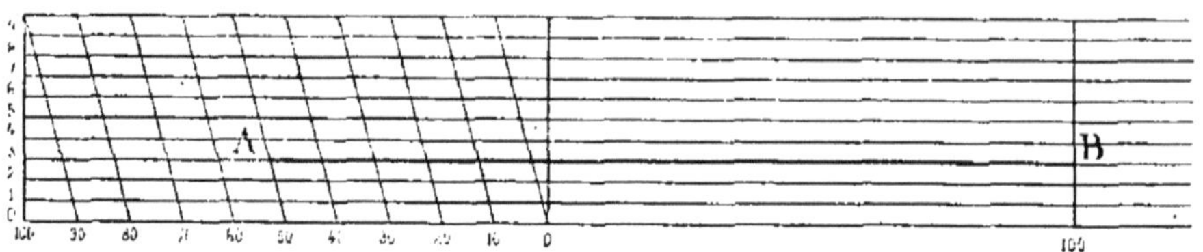

Fig. 603.

rieure et à la partie supérieure de l'échelle. On joindra le point 0 au point 10, le point 10 au point 20, etc., par des obliques parallèles.

Ceci fait, si l'on veut prendre sur l'échelle une longueur de 0,153 par exemple, on placera l'un des points du compas au point 1 et l'autre au point 50 du décimètre extérieur, ce qui fera 0,150 ; les 3 millimètres seront obtenus en remontant jusqu'à l'horizontale 3 et en ouvrant le compas jusqu'au point A.

La longueur cherchée est la ligne AB.

Dans les cas où le rapport des longueurs est compliqué il est nécessaire de construire une échelle *de service*. On prendra une bande de papier dont le bord sera coupé très franchement et on construira l'échelle sur ce bord. On aura alors une échelle mobile que l'on promènera sur le dessin et qui donnera directement les longueurs réduites. Lorsque le rapport est simple, il est plus rapide et plus exact d'opérer par le calcul de tête et de porter les longueurs avec le double décimètre ; la $\frac{1}{2}$, le $\frac{1}{4}$ se calculent facilement de tête ; le $\frac{1}{5}$, c'est $0^m,20$ pour mètre, il suffit de multiplier par 2 ; les $\frac{2}{5}$, c'est $0^m,40$ pour mètre, il suffit de multiplier par 0,4, tous calculs faciles à faire de tête. Il en sera de même pour les échelles d'architecture dont les rapports sont simples.

Il est entendu que, si l'on ne s'est pas servi d'échelle pour l'exécution, grâce à l'abréviation qui vient d'être indiquée, il faut néanmoins que cette échelle figure dans le dessin.

**Corrections; Nettoyage; Marges; Coupages; Pliages.** — Si malgré toute l'attention et le soin qu'on a dû apporter dans le travail, il est nécessaire d'enlever un ou plusieurs traits, ou une tache, on le fera à l'aide d'une gomme ponce un peu dure, mais en frottant légèrement de manière à enlever le moins de papier possible.

Si l'on a besoin d'enlever quelques traits à l'endroit d'une teinte, il ne faudra pas gommer, mais déposer avec une éponge quelques gouttes d'eau pure qu'on laisse séjourner deux ou trois minutes afin de détremper le trait; on passe alors l'éponge, le trait va en s'affaiblissant et on continue l'opération jusqu'à ce qu'il soit complètement disparu. On préparera ensuite une légère dissolution d'alun qu'on passera avec un pinceau sur la partie fatiguée du papier.

*Nettoyage.* — Avant de détacher la feuille, il faut, avec une gomme douce, enlever toutes les constructions au crayon.

On enlève la poussière résultant du frottement avec de la mie de pain rassis qui abîme moins le papier que la gomme. Quelquefois, par suite du temps passé, sur le dessin, les marges sont devenues très sales, on les nettoie bien en les frottant avec des *os de seiche* (poisson de mer).

*Marges.* — Les marges auront généralement $0^m,04$ de largeur tout autour.

Au moment de détacher la feuille, on tracera des lignes au crayon, parallèles au cadre à la distance indiquée, on appliquera successivement sur chacune de ces lignes une *règle à ébarber* à biseau de cuivre et on coupera avec un bon canif.

*Pliage.* — Généralement les dessins restent comme ils ont été coupés et sont rangés dans un carton ou dans un meuble. Quelquefois ils sont pliés d'une manière quelconque.

Dans l'Administration des Travaux publics, il existe une circulaire ministérielle du 14 janvier 1850, concernant la rédaction des projets dont on a extrait les articles suivants :

« Art. 39. — Tous les plans, profils, dessins et pièces écrites sans exception aucune, seront présentés dans le format dit *tellière*, de $0^m,31$ de hauteur sur $0^m,21$ de largeur.

« ART. 40. — Les plans, profils et dessins seront pliés suivant ces dimensions en paravent, c'est-à-dire à plis égaux et alternatifs, tant dans le sens de la hauteur que dans celui de la longueur, en commençant toujours par cette dernière dimension.

« ART. 41. — Les titres, signatures et autres écritures d'usage, ainsi que l'échelle seront placés sur le verso du premier feuillet des plans, profils et dessins, de manière qu'il soit toujours facile de les mettre en évidence, que le dessin soit plié ou qu'il soit ouvert. »

**Calques du dessin de machines.** — Le papier à calquer est un papier léger et transparent qu'on applique sur un dessin terminé, qu'on reproduit exactement à l'aide d'encre de Chine et de couleurs.

Le papier à calquer doit être parfaitement tendu sur la planche. Pour cela, sur la feuille à copier qui doit être elle-même collée, on appliquera une feuille de papier à calquer un peu plus grande que le dessin, et, avec la colle à bouche, on collera les bords tout autour sur la planche en dehors du dessin, puis on humectera avec une éponge humide toute la surface du papier qui se tendra et sur lequel on commencera à dessiner quand il sera parfaitement sec.

Comme pour le dessin, on commencera par tracer tous les arcs de cercle. On fera à la plume, avec le plus grand soin, les courbes non décomposables en arcs de cercle.

On passera des teintes sur les parties coupées, comme pour les dessins, en laissant des reflets du côté de la lumière.

Ces teintes peuvent se passer à l'endroit ou à l'envers; dans ce dernier cas, il faudra les tenir un peu plus intenses, et pour que le papier ne *gode* pas, il faudra retendre le calque à l'envers.

Il est plus commode de mettre les teintes à l'endroit, si on est assuré que l'encre ne s'étalera pas.

Il est bon alors de couper la feuille de papier à calquer sur un côté seulement et d'intercaler une feuille de papier blanc sur laquelle on verra mieux la couleur des teintes à passer.

Pour enlever un faux trait ou une tache, on touchera la

partie à enlever avec un pinceau à peine humide, et immédiatement on frottera très légèrement avec une gomme douce, en répétant cette opération plusieurs fois il ne restera pas trace de l'enlevage. On devra opérer avec précaution pour ne pas déchirer le papier.

**Toile à calquer.** — C'est un tissu très fin sur une face duquel est appliqué un enduit glacé qui forme une surface transparente qui peut recevoir des traits à l'encre de Chine. On dessine sur le côté glacé.

La toile à calquer est bien tendue avec des punaises, de manière à s'appliquer sur le dessin à copier. On opère comme sur le papier à calquer, mais l'encre de Chine ne prend pas très facilement sans préparation.

On y arrivera en frottant la surface avec un tampon contenant de la sandaraque ou de la poudre de savon.

Les teintes se placent à l'envers du côté mat.

La toile à calquer ne se prête pas beaucoup à l'emploi des teintes qui sont difficiles à passer et qui ont mauvais aspect. Il faudra préférer, quand ce sera possible, l'emploi des hachures conventionnelles à la teinte.

**Décalque.** — Il existe un procédé pour reproduire un dessin sur une feuille de papier ordinaire : c'est le *décalque*.

On applique sur la feuille de papier blanc une feuille de papier léger qui a reçu une couche de fusain, de mine de plomb ou de sanguine. On fixe le dessin à copier sur les deux feuilles précédentes et avec une pointe mousse, on en suit les lignes qui s'impriment sur la feuille de papier blanc.

On fixe le tracé ainsi obtenu au crayon ou à l'encre.

Ce procédé peut rendre de grands services pour reproduire systématiquement des formes non géométriques, en architecture, un grand nombre de motifs semblables, etc.

## DISPOSITIONS SPÉCIALES AU DESSIN D'ARCHITECTURE

On verra plus loin en quoi consiste le *rendu* d'architecture.

En ce qui concerne le trait de ce genre de dessin, on appliquera les dispositions suivantes :

On ne met *jamais de trait de force sur un dessin d'architecture.*

Si le dessin doit rester au trait sans être *rendu*, on le passera à l'encre d'un trait fin et uniforme, en ayant soin de ne pas employer de l'encre de Chine trop noire.

S'il s'agit d'un motif comportant des axes, colonnes, pilastres, etc., ces axes seront indiqués en traits mixtes noirs : un trait, un point, et non en traits bleus comme dans le dessin de machines.

Les cotes seront indiquées en rouge, comme il a été déjà dit.

Si le dessin doit être rendu, c'est-à-dire s'il doit être lavé à l'effet, on emploiera pour le trait de l'encre très pâle. Il devient inutile, en effet, de marquer les arêtes par une ligne visible, puisque les surfaces doivent recevoir des teintes qui les distingueront les unes des autres.

Quelquefois même le dessin reste au crayon, et certains détails, comme des lignes d'assises, de pierres, moellons. briques, ardoises, se font pâr-dessus les teintes.

Le calque d'architecture ne présente aucune disposition différente de celles qui ont été indiquées pour le calque de machines.

Si ce calque est destiné à une reproduction par la lumière, le trait doit être exécuté avec une encre de Chine bien noire. Il devra être un peu fort. Les coupes devront être indiquées avec des hachures conventionnelles et non avec des teintes.

## SECTION II

## TRACÉS GÉOMÉTRIQUES

Problème (*fig.* 604). — *Élever une perpendiculaire au milieu d'une droite donnée AB.*

Des extrémités A et B comme centres, avec un rayon plus grand que la moitié de AB, on décrit au-dessus et au-dessous des arcs de circonférence qui se coupent aux points C et D. La ligne CD est perpendiculaire sur le milieu D de la ligne AB.

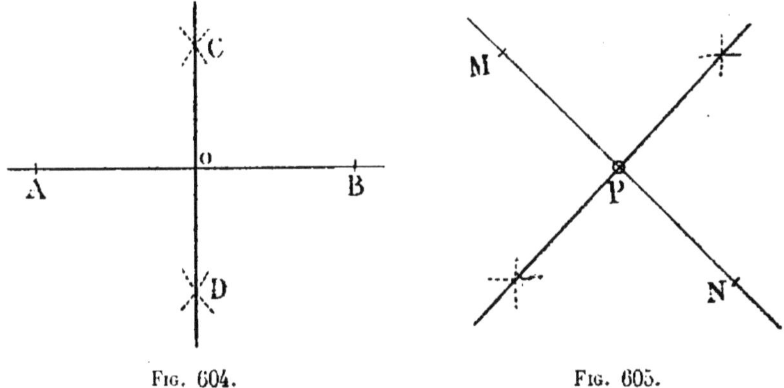


Fig. 604. Fig. 605.

Problème (*fig.* 605). — *Élever une perpendiculaire sur une ligne donnée MN par un point donné P de cette ligne.*

Du point P comme centre, avec une ouverture de compas quelconque, on détermine deux points M et N à égale distance de P. Il reste à élever une perpendiculaire au milieu de MN.

Problème. — *Abaisser une perpendiculaire sur une droite donnée BC d'un point donné.*

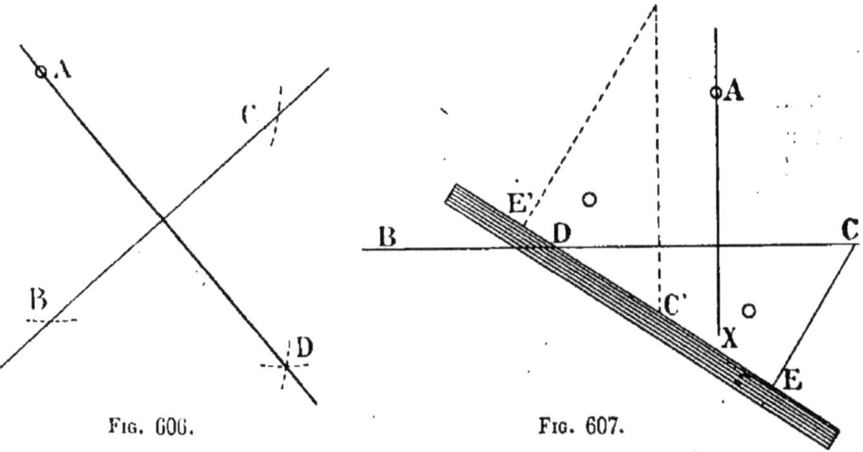


Fig. 606. Fig. 607.

*Première solution.* — Du point A avec un rayon approprié, on détermine les deux points B et C, de ces deux points comme centres et avec le même rayon, décrire deux arcs de cercle qui se coupent en D (*fig.* 606).

La ligne AD est la perpendiculaire demandée.

*Deuxième solution.* — Faisant coïncider le grand côté d'une équerre avec la droite donnée, on applique une règle suivant DE (*fig.* 607), puis on retourne l'équerre en appliquant la face EC sur la règle (voir le pointillé) et on la fait glisser jusqu'à ce qu'elle passe par le point donné A. La ligne AX est la perpendiculaire demandée.

Problème. — *Élever une perpendiculaire à l'extrémité A d'une droite AB qu'on ne peut prolonger.*

*Première solution.* — Par un point quelconque, décrire l'arc BAD; tracer le diamètre B*o*D. AD est la perpendiculaire demandée (*fig.* 608).

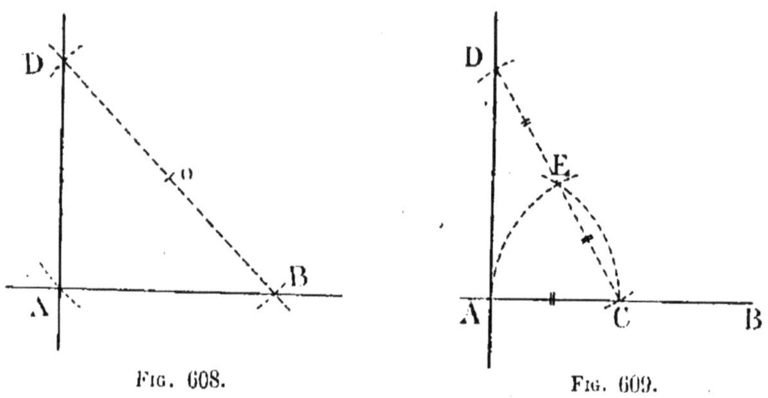


Fig. 608. Fig. 609.

*Deuxième solution.* — Du point A avec un rayon AC quelconque, décrire un arc CE; du point C, avec le même rayon, décrire l'arc AE et prolonger d'une quantité ED = EC ; la ligne DA est la perpendiculaire demandée (*fig.* 609).

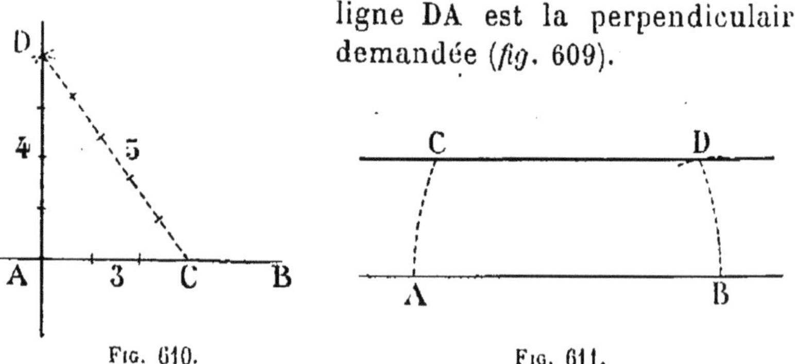


Fig. 610. Fig. 611.

*Troisième solution.* — Porter à partir du point A, sur AB, trois divisions quelconques, mais égales entre elles; puis décrire des points A et C, des arcs égaux respectivement à cinq et à quatre divisions égales aux précédentes et qui donnent le point D. Joindre AD (*fig.* 610).

PROBLÈME. — *Par un ou plusieurs points donnés, mener une ou plusieurs parallèles à une droite donnée.*

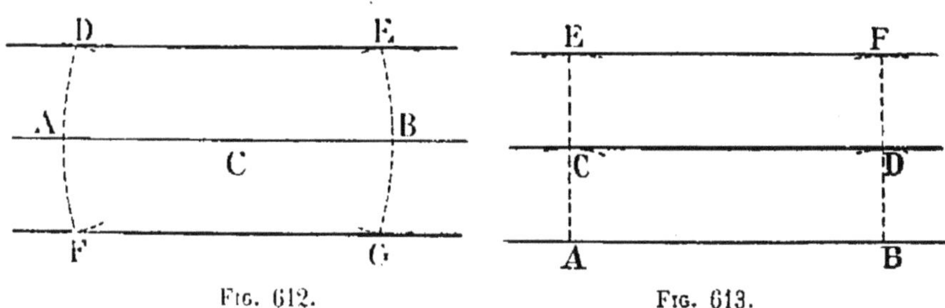


FIG. 612. FIG. 613.

*Première solution.* — Décrire un arc AC passant par le point C, de centre situé sur AB, et l'arc DB de même rayon que le précédent et de centre sur B. Puis prendre l'arc BD = l'arc AC et joindre CD (*fig.* 611).

*Deuxième solution.* — Décrire d'un point C pris quelconque deux arcs égaux dont l'un passe par D, point donné ; puis on prendra arc BE = arc AD. Ce tracé permet de tracer une parallèle symétrique (*fig.* 612).

*Troisième solution.* — Abaisser sur AB la perpendiculaire ECA passant par le point C, puis décrire un arc BD = arc AC et joindre CD (*fig.* 613).

*Quatrième solution.* — A l'aide de la règle et de l'équerre, on obtient aussi rapidement une série de parallèles passant par les points donnés (*fig.* 614).

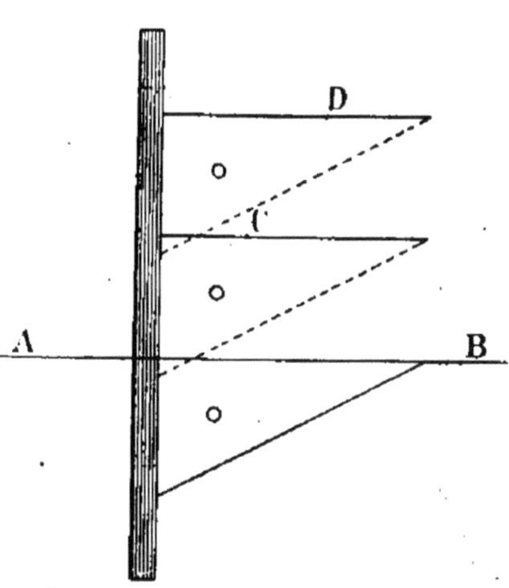


FIG. 614.

PROBLÈME. — ***Diviser une droite AB en deux, quatre, huit, etc., parties égales.***

Diviser la droite donnée d'abord en deux parties égales, puis chaque moitié en deux (*fig.* 615).

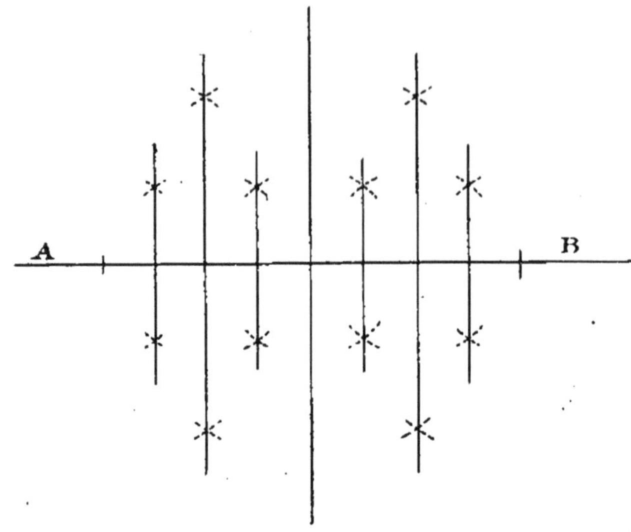


Fig. 615.

Problème. — *Construire sur la droite DE un angle égal à un angle BAC.*

*Première solution.* — Des points A et D, avec un rayon approprié, tracer les arcs CB, et EF. Prendre la longueur EF égale à CB, joindre DE. L'angle EDF est égal à l'angle donné (*fig.* 616).

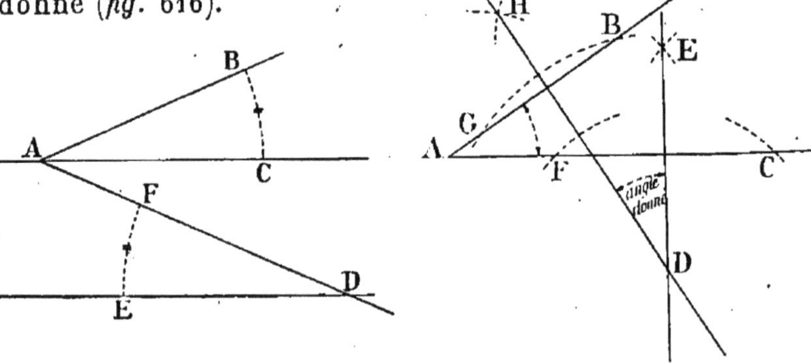


Fig. 616. Fig. 617.

Un procédé analogue permet d'ajouter ou de retrancher deux angles ou de multiplier un angle.

*Deuxième solution.* — La droite DE étant placée perpendiculairement à l'un des côtés AB de l'angle donné, on élève en un point quelconque de AB une perpendiculaire sur cette ligne qui fournit l'angle HCE = l'angle donné (*fig.* 617).

PROBLÈME. — *Diviser un angle BAC en deux, quatre, etc., parties égales.*

Décrire du sommet A un arc de cercle BC; des points B et C, avec une ouverture de compas plus grande que la moitié de l'arc, décrire deux arcs de cercle qui se coupent au point D. Joindre le point D au sommet et agir sur les deux moitiés de l'arc comme on vient de le faire sur l'arc entier.

La ligne AD est la bissectrice de l'angle BAC (*fig.* 618).

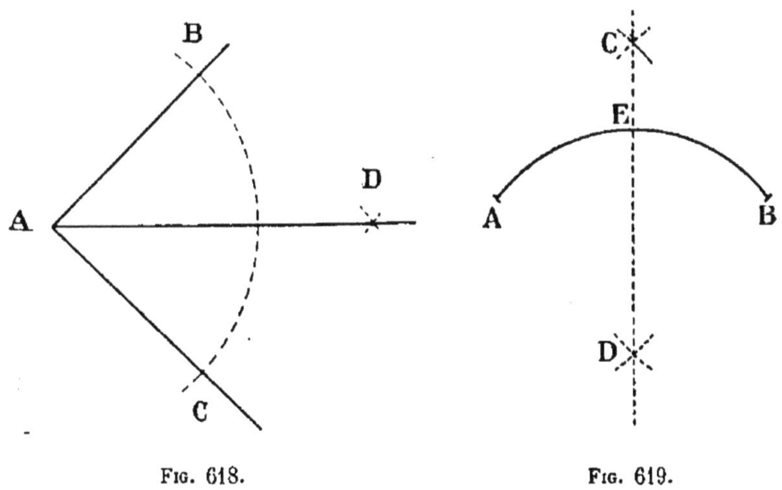

FIG. 618. FIG. 619.

PROBLÈME. — *Diviser un arc en deux parties égales.*

On divise la corde sous-tendant l'arc en décrivant des arcs égaux entre eux qui déterminent la perpendiculaire CD à la corde AB et par suite le point E (*fig.* 619).

PROBLÈME. — *Trouver la bissectrice d'un angle ABC dont le sommet est en dehors de l'épure.*

Tracer à des distances égales *m* de AB et de CD des parallèles à ces lignes. On formera ainsi un angle dont on aura le sommet et dont la bissectrice est aussi celle de l'angle donné (*fig.* 620).

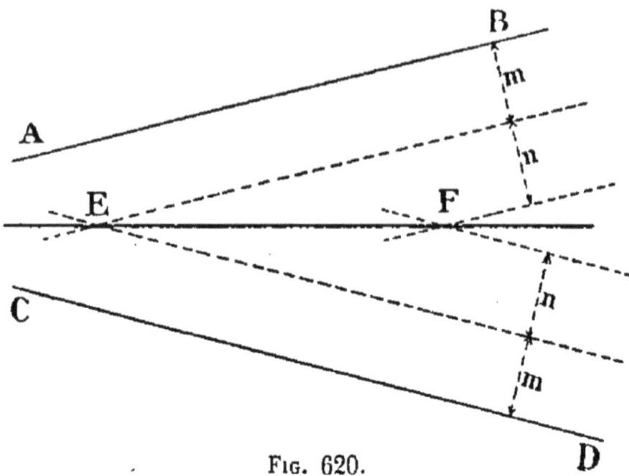


Fig. 620.

Problème. — *Diviser un angle droit BAC en trois parties égales.* Tracer un arc BC de rayon quelconque et le porter alternativement de B en E et de C en D. Les lignes AD et EA répondent à la question (*fig.* 621).

Problème. — Diviser une circonférence en six parties égales.

Tracer le diamètre AB. De ses extrémités avec le rayon de la circonférence, déterminer du point A les points C et D et du point B, les points A et F.

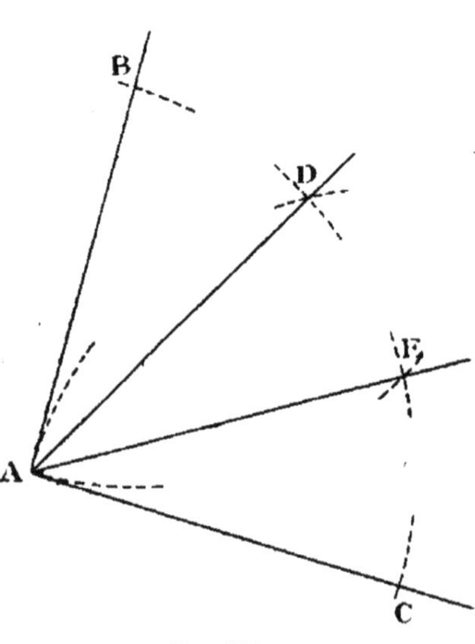


Fig. 621.

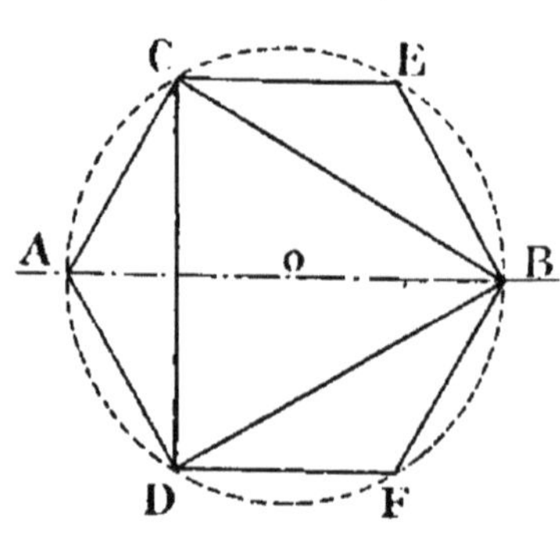


Fig. 622.

On obtient le triangle équilatéral en joignant de deux en deux les sommets de l'hexagone (*fig.* 622).

*Deuxième construction.* — A l'aide de l'équerre à 60° et de la règle, on peut tracer l'hexagone inscrit et circonscrit ; il suffit de faire coïncider la grande arête de l'équerre avec l'axe horizontal, et, en retournant l'équerre dans la position

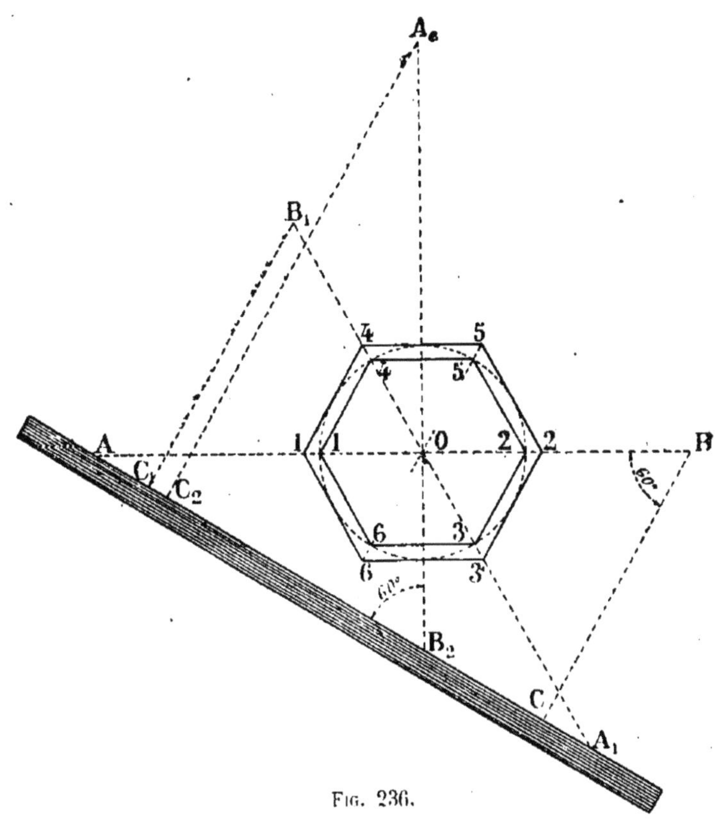


Fig. 236.

de la figure sur la règle immobile, on obtient à la fois tous les côtés de l'hexagone inscrit et circonscrit (*fig.* 623).

Problème. — *Mener une droite passant par le point de concours de deux droites AB, CD, qu'on ne peut prolonger.*

*Première construction.* — Des parallèles aux deux droites données menées à des distances respectivement égales à $m$ et $m + n$ donnent les points E, F appartenant à la droite cherchée (*fig.* 620).

*Deuxième construction.* — Sur deux droites parallèles AC et BD, on construit deux triangles semblables s'appuyant sur les deux droites. La droite FE joignant les sommets de ces triangles est la droite cherchée (*fig.* 625).

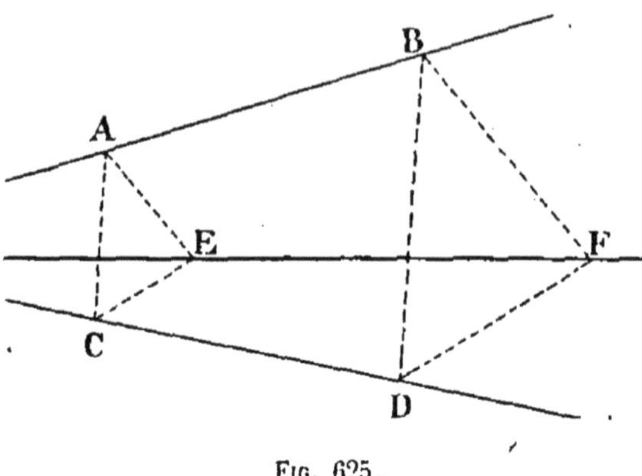


Fig. 625.

*Troisième construction.* — Mener une droite quelconque MN; les bissectrices des angles intérieurs formés par cette droite MN avec les droites données AB, CD donnent par leurs

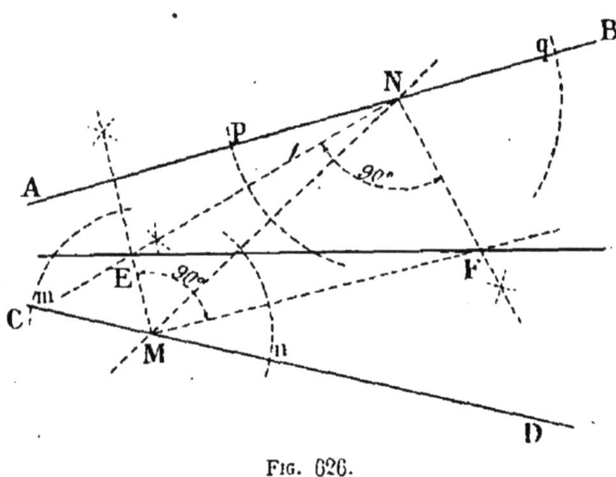


Fig. 626.

intersections deux points E et F appartenant à la droite cherchée (*fig.* 626).

Problème. — *Inscrire un carré dans une circonférence o.*

1° *Carré sur l'angle.* — Tracer par le centre de la circonférence deux diamètres perpendiculaires : un horizontal, un vertical ; joindre les points A, B, C, D (*fig.* 627).

2° *Carré sur le côté.* — Tracer par le centre à la circonférence deux diamètres à 45° ; joindre les points A, B, C, D, (*fig.* 628).

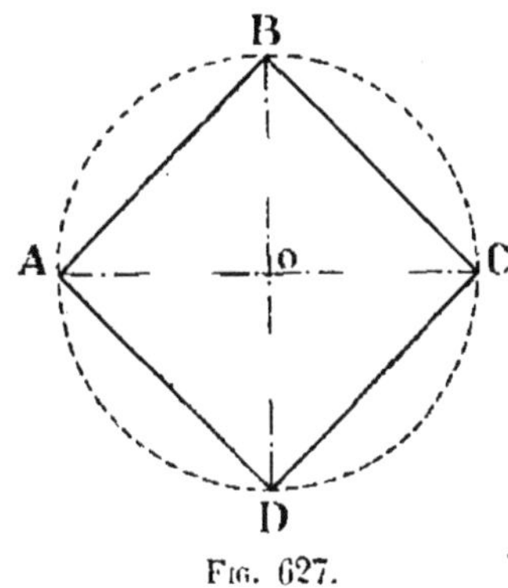

Fig. 627.

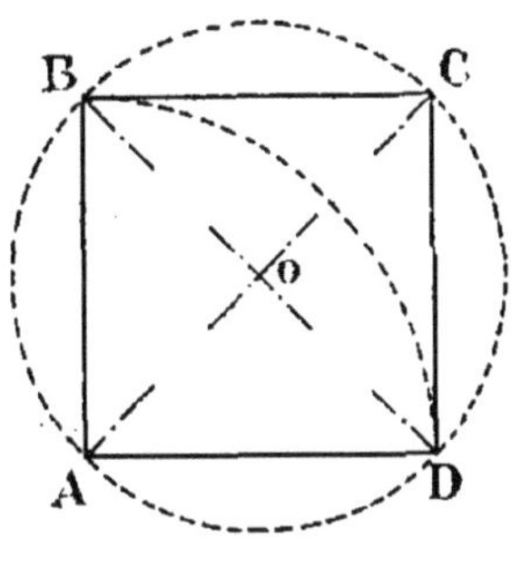

Fig. 628.

Problème. — *Construire un carré sur une droite donnée.*

Décrire des points A et B des arcs égaux entre eux avec AB pour rayon et du point C ainsi déterminé, avec le même rayon, l'arc BD. La droite AD détermine le milieu E de l'arc CB ; on décrira du point C comme centre les arcs CG et CF égaux à CE qui donnent par leurs intersections avec les précédents les sommets G et F du carré (*fig.* 629).

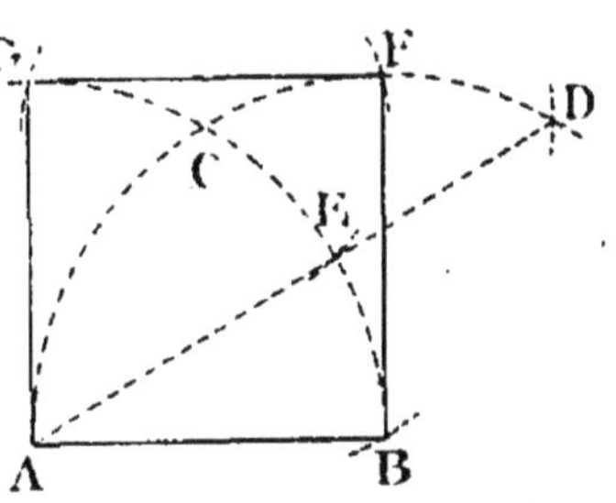

Fig. 629.

Problème. — *Tracer un triangle équilatéral sur une ligne donnée AB.*

Prendre avec le compas cette longueur AB et de chacun des points A et B, décrire des arcs qui se coupent au point C. Joignant ce point à A et à B ; ABC est le triangle équilatéral demandé.

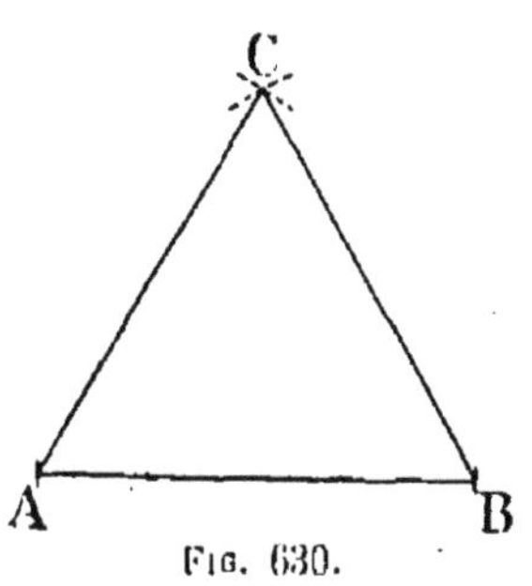

Fig. 630.

Problème. — *Diviser une droite AB en moyenne et extrême raison* (*fig.* 631).

Elever au point B sur AB une perpendiculaire égale à $\frac{1}{2}$ AB ; du point C, décrire un arc de cercle BD qui coupe CA au point D. Porter AD en AE. Le point E divise AB en moyenne et extrême raison. On sait que, dans une circonférence de rayon AB, le plus grand segment AE de ce

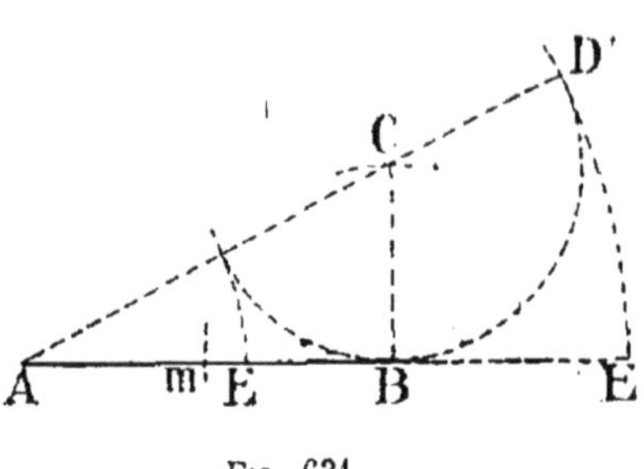

Fig. 631.

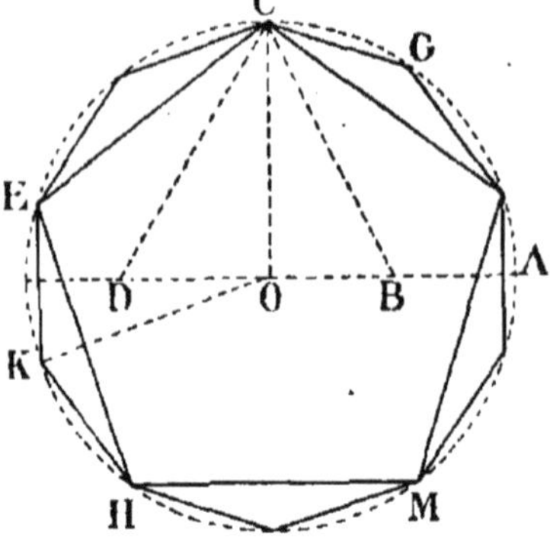

Fig. 632.

rayon, divisé en moyenne et extrême raison, est égal au côté du décagone inscrit.

On obtient le pentagone en joignant deux à deux les sommets du décagone.

On peut obtenir le pentagone directement par le tracé de la figure 632.

Du point B, milieu de OA, avec BC, décrire l'arc CD. Du point C avec CD, décrire DE. La ligne CE est le côté du pentagone régulier inscrit.

**Octogone inscrit.** — 1° *Octogone sur l'angle.* — Tracer deux diamètres : un horizontal, un vertical, et deux autres diamètres à 45°. La circonférence est divisée en 8 parties aux points d'intersection. Il n'y a plus qu'à joindre (*fig.* 633).

2° *Octogone sur le côté.* — Mener la bissectrice DoC de l'angle formé par un rayon à 45° *o*Q et le rayon vertical *o*B. Mener le diamètre EF perpendiculaire à DC et les diamètres EF et GH bissecteurs des angles droits ainsi définis. Il ne reste qu'à joindre les points déterminés sur la circonférence (*fig.* 634).

Nota. — Ce tracé comporte de nombreuses vérifications.

Le point C étant déterminé, il est aisé de tracer le carré QRTS en menant l'horizontale passant par C, l'horizontale ST et les verticales QS et RT distantes du point *o* d'une longueur égale à l'apothème.

Les intersections de ce carré avec la circonférence déterminent, dans de médiocres conditions de tracé il est vrai,

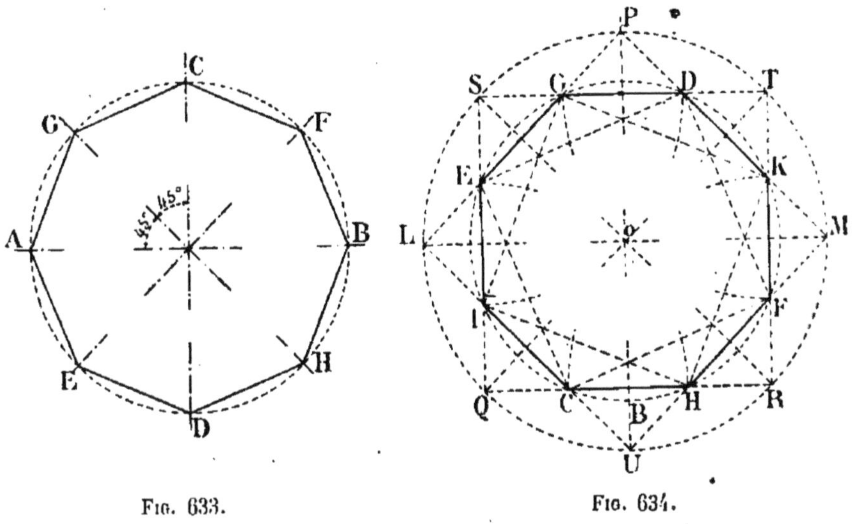


Fig. 633. Fig. 634.

les sommets de l'octogone. Mais le carré LUMP les détermine

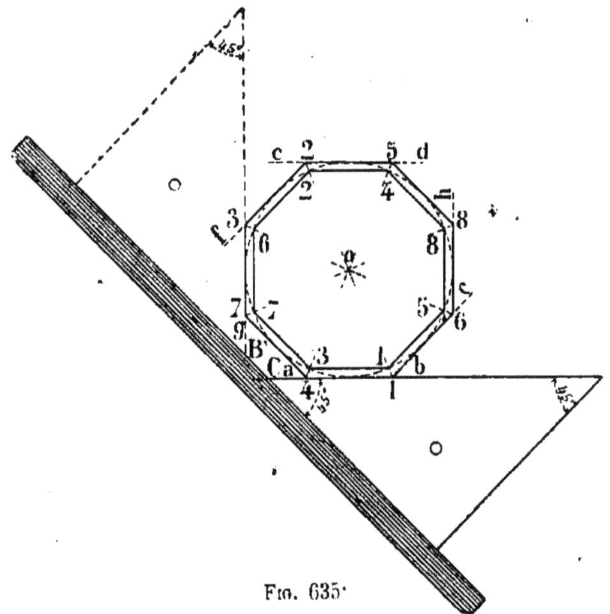


Fig. 635.

dans de meilleures conditions par ses intersections avec le carré QRTS. D'autre part, étant donné le carré QRTS, on détermine encore les sommets de l'octogone en décrivant des sommets à ce dit carré, avec le rayon OR, les arcs EH, CK, GF et DI.

Enfin les sommets saillants du polygone étoilé circonscrit de 16 côtés à l'octogone tracé sont situés sur les mêmes diamètres que les sommets rentrants du polygone correspondant inscrit dans le même octogone.

*Autre construction.* — A l'aide de l'équerre à 45° et de la règle, on peut tracer l'octogone inscrit et circonscrit. Il suffit de faire coïncider la grande arête de l'équerre avec l'axe horizontal pour tracer deux côtés, on tracera les côtés d'équerre en retournant l'équerre sur la règle immobile et, en menant les diamètres du cercle, on complétera facilement le tracé de l'octogone inscrit et circonscrit (*fig.* 635).

**Dodécagone (12 côtés).** — Des extrémités A, B, C, D, des diamètres perpendiculaires AB et CD, décrire, avec le rayon du cercle, des arcs de cercle qui partageront la circonférence en 12 parties égales.

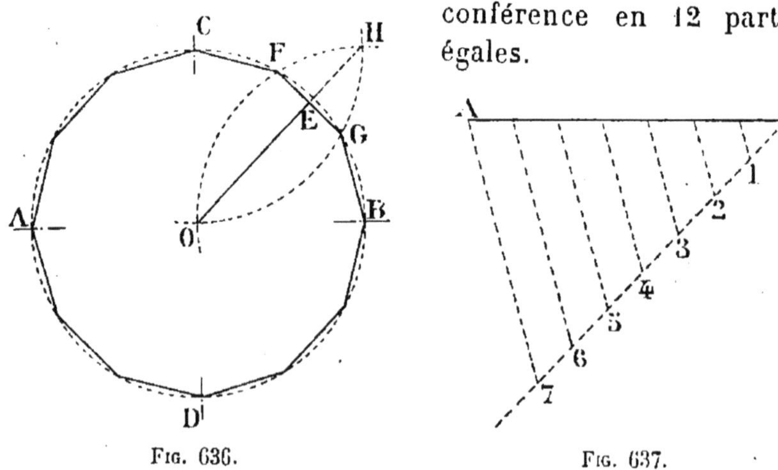


Fig. 636. Fig. 637.

L'apothème OE est déterminé par la ligne OH (*fig.* 636).

Problème. — *Diviser une droite AB en un nombre quelconque de parties égales (7 par exemple).*

*Premier procédé.* — Tracer une ligne B-7 indéfinie faisant un angle quelconque (60° environ) avec AB et sur laquelle on portera à partir du point B, 7 parties égales, de longueur telle que l'angle BA7 varie entre 60° et 120°; par les points de division, mener des parallèles à la ligne A-7 (*fig.* 637).

*Deuxième procédé. — Division en cinq parties.* — Construire un triangle équilatéral sur la droite AB en décrivant des arcs égaux à AB et prolonger les côtés ; mener deux parallèles à la droite AB ; porter sur la droite DG, 5 parties égales qui

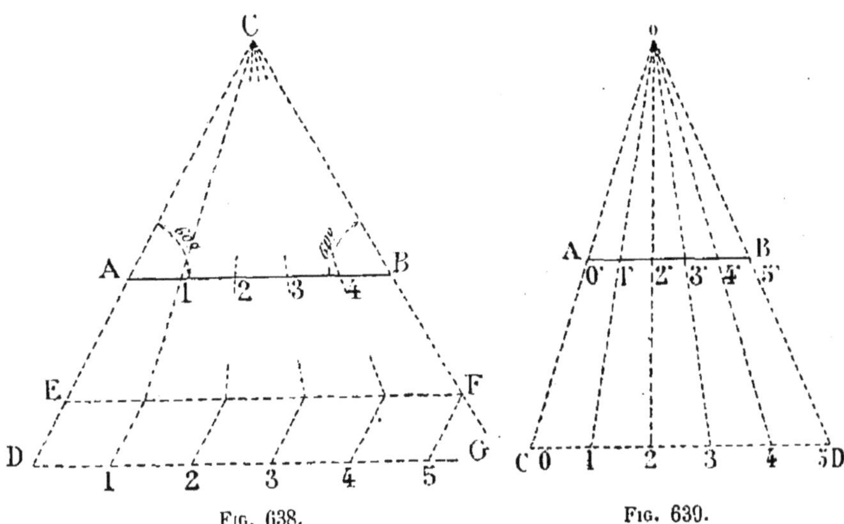


Fig. 638. Fig. 639.

servent à l'aide de parallèles à partager EF en 5 parties égales, et ces points de division reliés au sommet C servent à déterminer 1, 2, 3, 4, sur AB (*fig.* 638).

*Troisième procédé.* — Sur une parallèle CD à AB, on porte 5 divisions égales 0, 1, 2, 3, 4, 5. On joint CA, DB et on joint les divisions 0, 1, 2, 3, 4, 5 de CD au point *o*, ce qui détermine les divisions 0', 1', 2', 3', 4', 5' sur AB (*fig.* 639).

Problème. — *Diviser une droite en parties qui soient entre elles dans le même rapport que des lignes données.*

Soit AB la droite à diviser et *a*, *b*, *c*, les droites données.

Tracer une droite indéfinie formant un angle quelconque avec AB, et porter à la suite les unes des autres, les longueurs

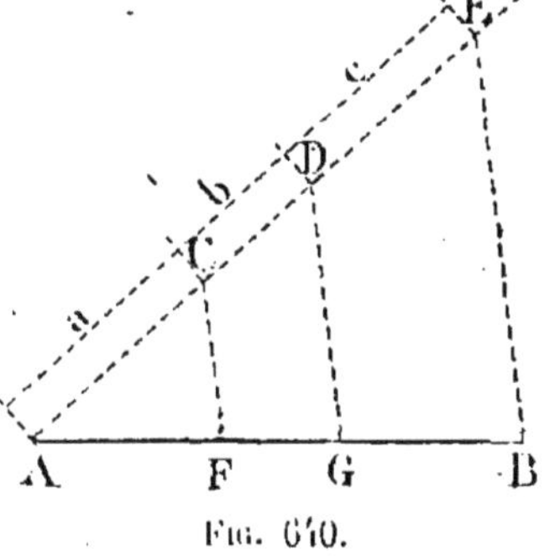


Fig. 640.

*a*, *b*, *c*. Joindre le point E au point B et par les autres points mener des parallèles à EB. La ligne AB est divisée aux points

F et G en parties proportionnelles aux lignes données (*fig.* 640).

Problème. — *Construire une quatrième proportionnelle à trois droites données.*

Soient $a$, $b$, $c$ les trois droites données.

Tracer deux droites indéfinies formant un angle quel-

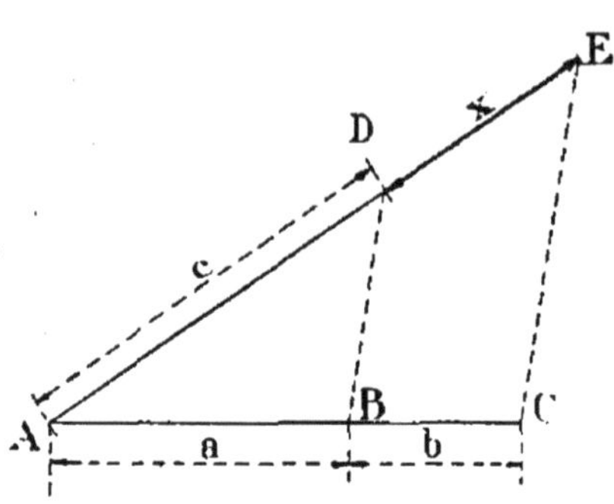


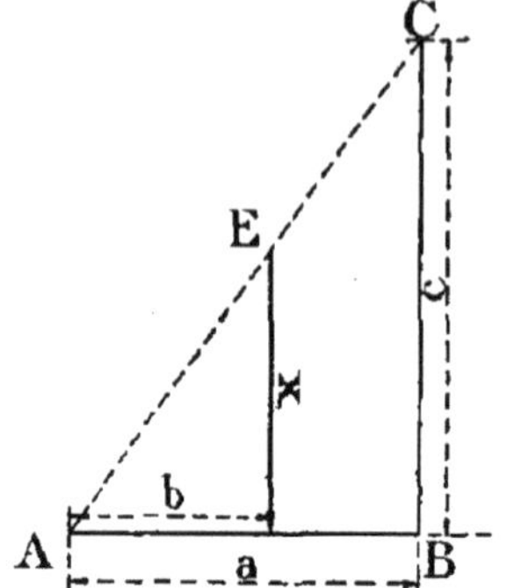


conque au point A. Sur AC porter $a$ de A en B et $b$ de B en C. Sur AE, porter $c$ de A en D. Joindre les points B et D et par le point C, mener CE parallèle à BD ; la ligne DE est la quatrième proportionnelle demandée (*fig.* 641).

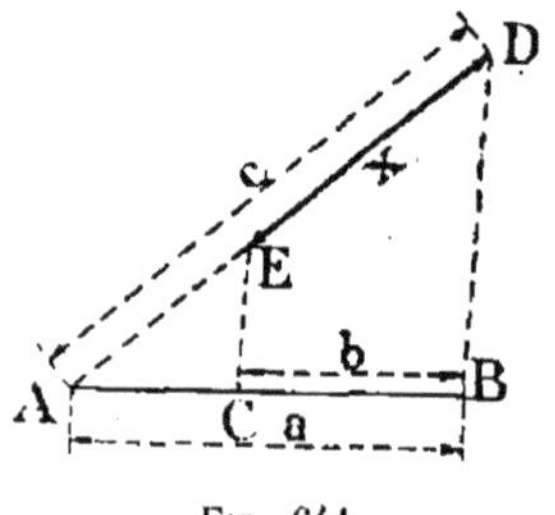


Fig. 641.

Les deux autres figures donnent d'autres constructions de la quatrième proportionnelle $x$ à trois longueurs $a$, $b$, $c$ :

$$\frac{x}{b} = \frac{c}{a}, \ x = \frac{bc}{a}.$$

Problème. — *Construire une moyenne proportionnelle à deux longueurs données $a$ et $b$.*

Sur une droite $AC = a + b$, décrire une demi-circonférence (*fig.* 642). Prendre $AB = a$; au point B élever une perpendiculaire jusqu'à la courbe ; la longueur $BD = x$. On peut aussi, comme sur la seconde figure, élever une perpendiculaire au point C et joindre son extrémité au point B.

Par la propriété de la tangente, on prend $BP = b$; sur AP comme diamètre on décrit une demi-circonférence à laquelle on mène la tangente BD qui est la moyenne pro-

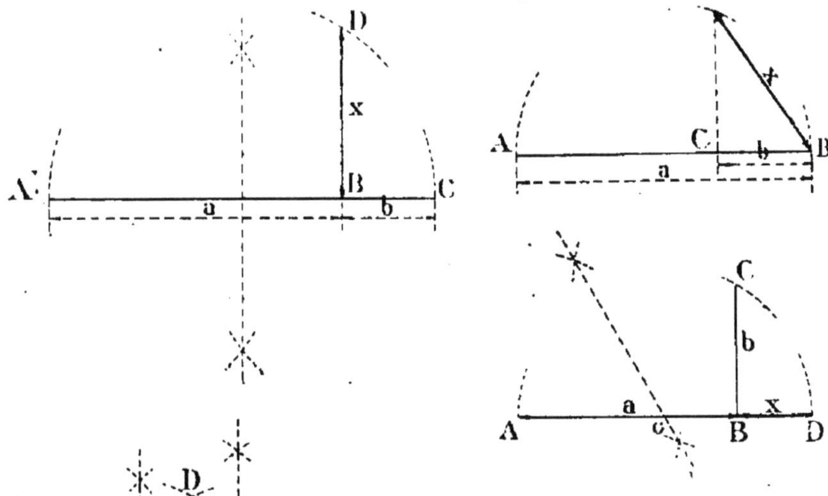


portionnelle cherchée.

La figure 642 donne également la construction de la troisième proportionnelle $x$ à deux longueurs $a$, $b$; $x = b^2 : a$.

Fig. 642.

**Angle de réduction.** — Lorsqu'on devra reproduire un dessin

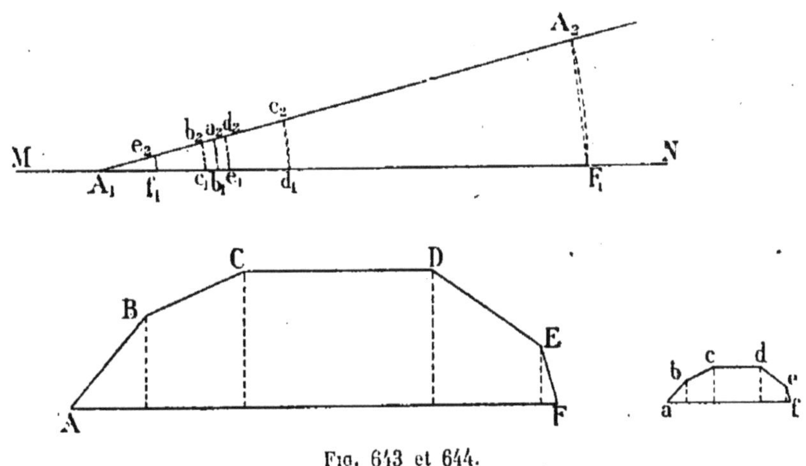


Fig. 643 et 644.

donné à une échelle plus petite, on se servira avec avantage de l'angle de réduction (*fig.* 643).

Supposons qu'il s'agisse de réduire une figure quelconque ABCDEF à une échelle donnée, par exemple au 1/4. On tracera, sur une feuille de papier séparée, une ligne MN indéfinie qui puisse contenir la plus grande dimension de l'objet à réduire. Du point M, avec une ouverture de compas égale à la plus grande ligne de la figure donnée (AF, *fig.* 644), on décrira un arc de cercle PQ sur lequel on portera la plus grande dimension correspondante *af* adoptée pour la figure réduite, soit le 1/4 de AF. On mènera la droite $A_1A_2$ et on aura construit l'angle de réduction. Pour s'en servir, il suffira de tracer, du point M comme centre, un arc de cercle ayant pour rayon les dimensions de la figure à réduire. La longueur réduite correspondante est donnée par l'ouverture de l'angle parallèle à $A_2F_1$ par exemple la ligne CD est réduite en $c_2d_1$, etc.

*Réduction par la méthode du graticolage.* — La méthode des carreaux ou du graticolage peut être employée avec avantage pour reproduire à la même échelle ou à une échelle différente un motif d'ornement, certains plans topographiques, géographiques, etc.

Fig. 645.

Etant donné un ornement (*fig.* 645) ou un plan, on inscrira le modèle à réduire dans un carré ou un rectangle. On divisera ce carré en un certain nombre d'autres carrés plus ou moins grands suivant la complication du dessin. Si on ne peut tracer ce réseau directement sur le modèle, on appliquera une feuille de papier à calquer sur laquelle il aura été tracé.

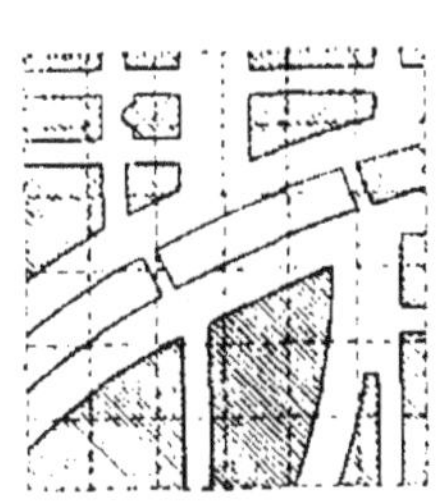

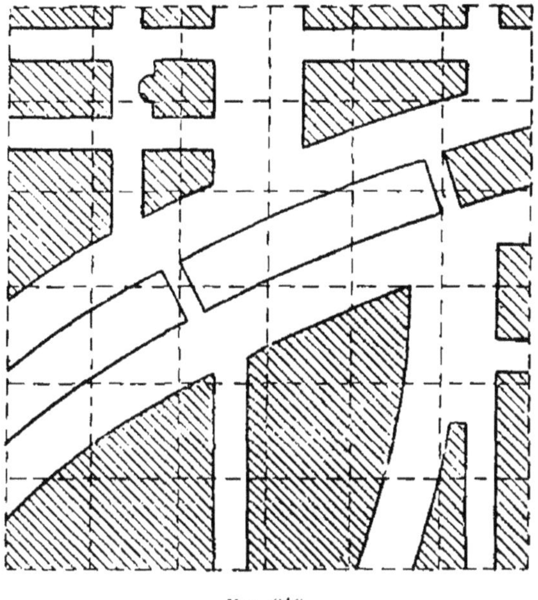

Fig. 646.

On dessine ensuite un réseau semblable à l'échelle réduite adoptée, et trace à main levée les lignes du modèle (*fig.* 646). Il faut *apprécier* la place des lignes dans chaque carré. Ce qui exige une certaine habitude du dessin.

Problème. — *Faire passer une circonférence par trois points.*

Soient les trois points donnés A, B, C.

Joindre AB et BC. Elever sur le milieu de chacune de ces lignes une perpendiculaire; ces deux perpendiculaires se couperont au point O qui sera le centre du cercle passant par les points A, B, C.

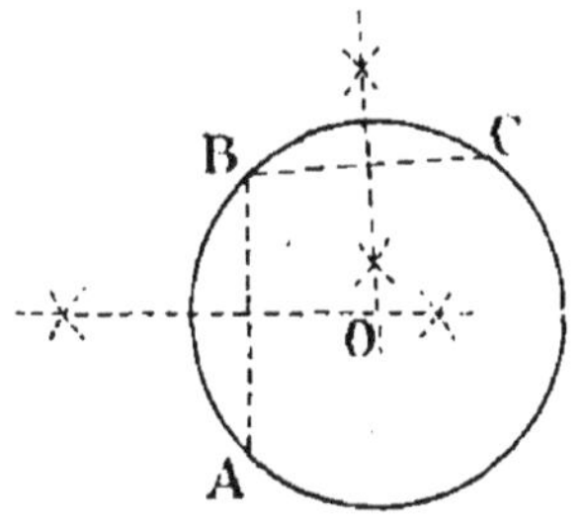


Fig. 647.

Problème. — *Trouver le centre d'une circonférence donnée.*

Prendre (*fig.* 647) sur la circonférence donnée trois points A, B, C. Joindre AB et BC. Elever sur chaque droite une perpendiculaire. Les deux perpendiculaires se coupent au point O qui est le centre de la circonférence donnée.

**Tangentes.** — 1° *Mener une tangente à une circonférence par un point donné sur cette circonférence.*

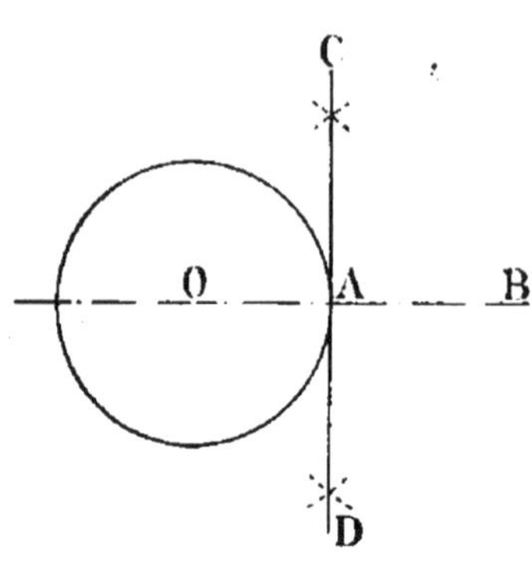


Fig. 648.

Soit (*fig.* 648) le point A donné. Tracer le rayon OA et élever au point A une perpendiculaire CD (la tangente est perpendiculaire à l'extrémité du rayon).

2° *Mener une tangente à une circonférence par un point donné extérieur à cette circonférence.*

Soient la circonférence O et le point A donnés (*fig.* 649).

Joindre OA. Elever sur le milieu de OA une perpendiculaire qui donnera un point O′, en prenant ce point O′ comme le centre d'une circonférence de rayon O′O, on coupera la circonférence donnée aux points B et C. AB, AC sont les tangentes demandées.

Il y a deux tangentes à une circonférence par un point extérieur.

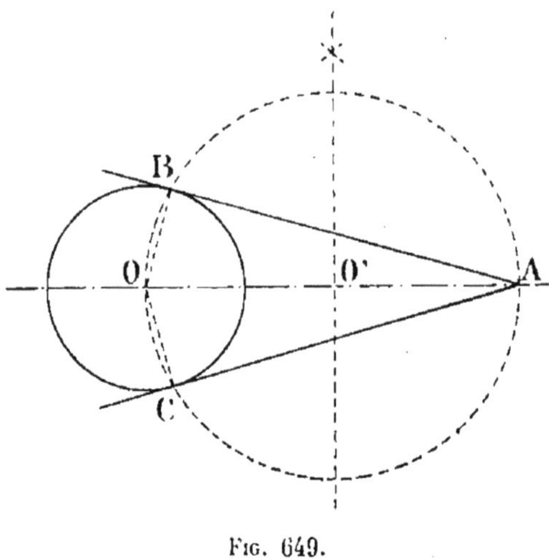


Fig. 649.

**Tangentes communes à deux circonférences.** — 1° *Tangentes extérieures.* — Soient les deux circonférences données O, O′ (*fig.* 650).

Joindre les centres O, O′; porter le plus petit rayon O′F′ sur le plus grand de A en C et décrire du centre O une circonférence OC qui aura par conséquent pour rayon la *différence* des rayons des deux circonférences données.

Mener à cette circonférence des tangentes du point O′,

et tracer par les points de tangence D,E des rayons prolongés en F et G. Par le centre O', mener des rayons parallèles à ces derniers; les lignes qui joignent les points F,F', G,G' sont les tangentes extérieures demandées.

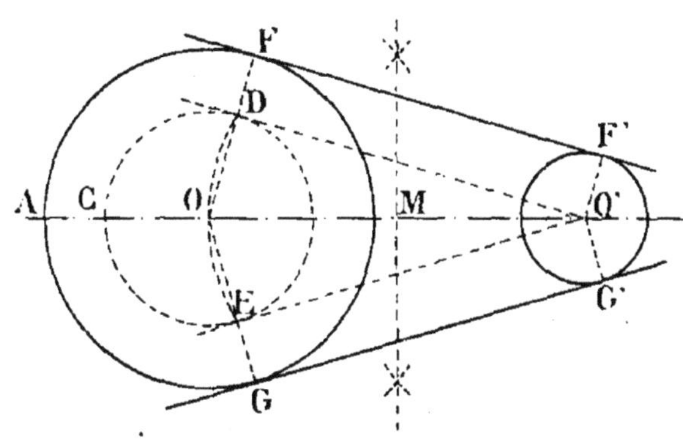


Fig. 650.

2° *Tangentes intérieures.* — Soient les deux circonférences données OA, O'A' (*fig.* 651).

Joindre les centres O,O'; porter le plus petit rayon de A en C et décrire du centre O une circonférence OC qui aura

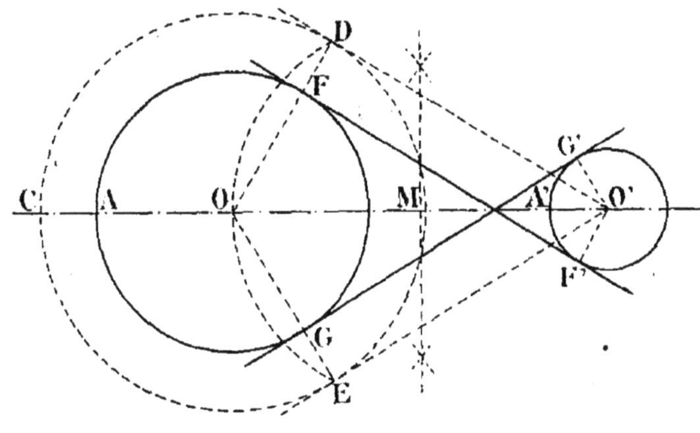


Fig. 651.

par conséquent pour rayon la *somme* des rayons des deux circonférences données.

Mener à cette circonférence des tangentes du point O', et tracer par les points de tangence D,E des rayons qui coupent la circonférence donnée en F et en G.

Par le centre O' mener des rayons parallèles à ces derniers, mais inversement placés par rapport à la ligne des centres; les lignes qui joignent les points F, F', G, G', sont les tangentes intérieures demandées.

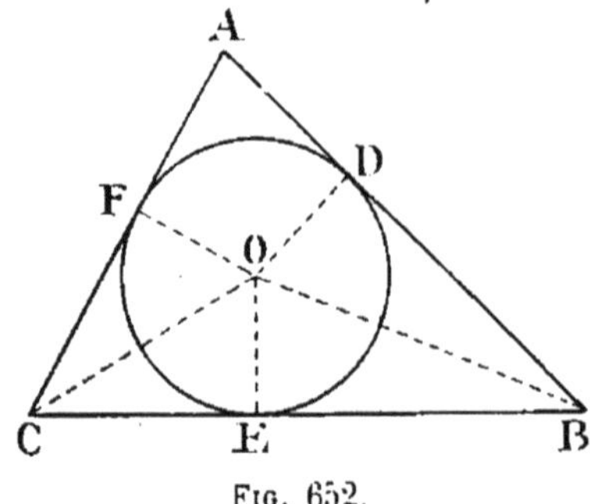

Fig. 652.

Problème. — *Inscrire un cercle dans un triangle.*

Soit le triangle ABC quelconque.

Le centre du cercle inscrit est à l'intersection des bissectrices (*fig.* 652).

Il suffira donc de tracer deux des bissectrices du triangle qui détermineront le centre O. Il faudra compléter le tracé par les points de tangence D, E, F, obtenus en abaissant des perpendiculaires du centre sur les deux côtés.

Les centres des cercles ex-inscrits s'obtiendraient de même à l'intersection de deux des bissectrices des angles extérieurs (*fig.* 653).

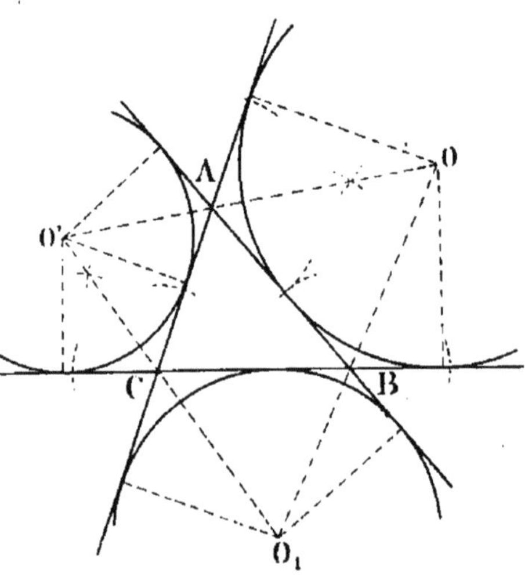

Fig. 653.

**Raccordements.** — 1° *Raccorder un cercle et une droite par un arc de rayon donné.*

Soit l'arc AB, la ligne CD, R le rayon donné.

Décrire du centre O une circonférence ayant pour rayon la somme des rayons : celui de la circonférence donnée, plus le rayon R donné.

Ensuite, mener parallèlement à CD une ligne EF qui en soit distante de la quantité R donnée.

Ces deux lignes se coupent en un point O' qui est le centre de l'arc de cercle cherché (*fig.* 654); on complétera le tracé en joignant les centres O et O' et en abaissant la perpendiculaire O'G sur CD, ce qui déterminera le rayon de l'arc et les points de tangence G et H.

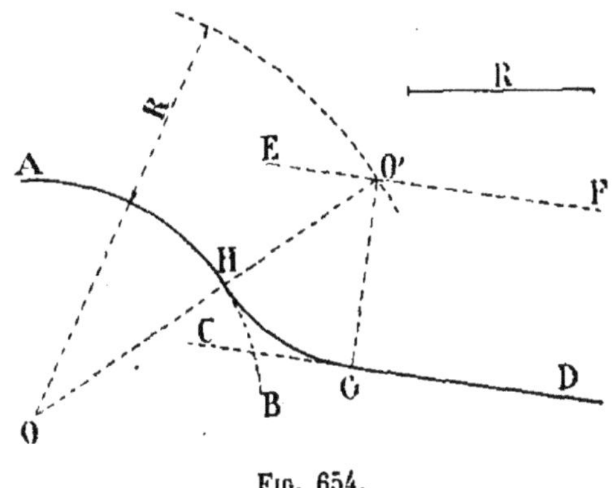

Fig. 654.

2° *Raccorder deux arcs de cercle par un arc de rayon donné.*

Soient AB, CD les arcs donnés.

Ajouter à chacun des rayons des arcs donnés le rayon donné R. Tracer des centres O et O', des arcs avec la somme des rayons ; le point M d'intersection est le centre de l'arc cherché. Joindre ce centre M aux centres O et O' pour avoir les points de tangence G et H (*fig.* 655).

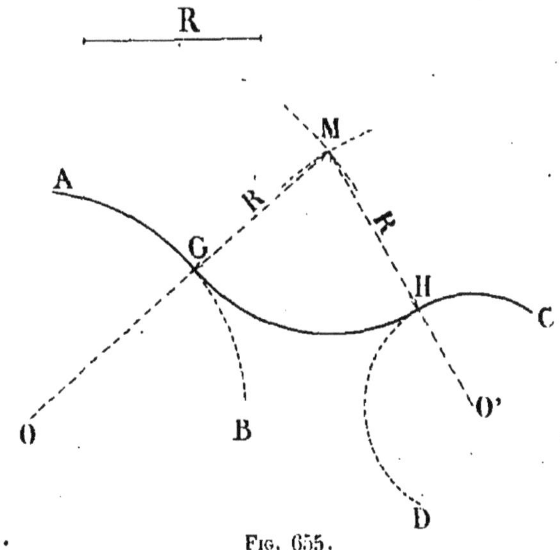

Fig. 655.

3° *Raccorder deux droites non parallèles par un arc de cercle qui soit tangent à une troisième droite donnée.*

Tracer les bissectrices des angles ABC, DCB ; le point d'intersection O est le centre de l'arc cherché. On abaissera du centre les perpendiculaires sur les lignes données pour avoir les points de tangence G, E, F (*fig.* 656).

PROBLÈME. — *Étant données deux droites non parallèles, décrire des circonférences tangentes entre elles et à ces droites.*

Soient les droites AB, CD.

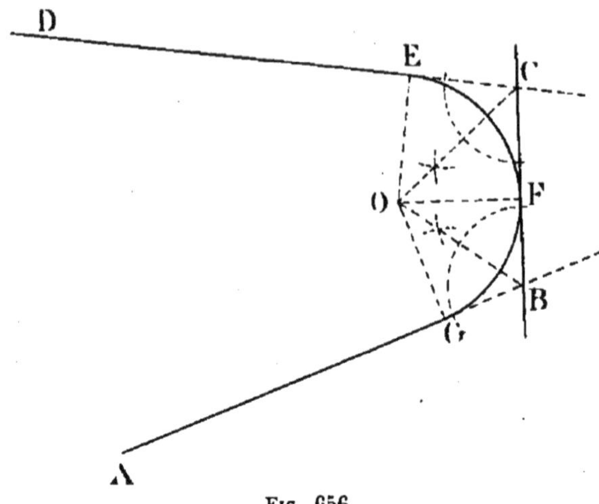


FIG. 656.

Déterminer le bissectrice de l'angle formé par ces droites. Prendre un point quelconque E, abaisser de ce point des perpendiculaires sur les droites données.

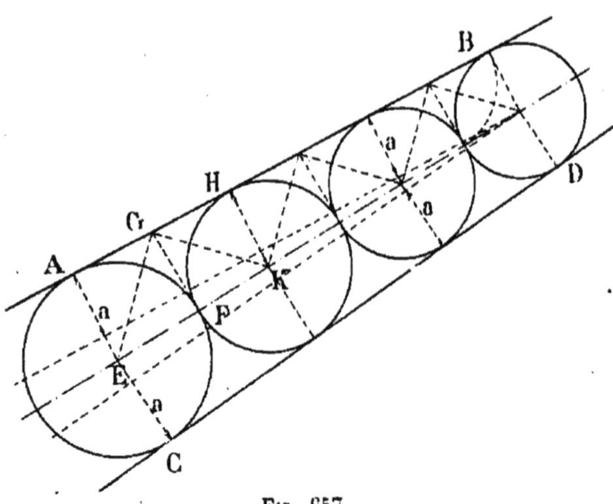


FIG. 657.

Decrire une première circonférence du point E comme centre.

Cette circonférence déterminera un point F sur la bissectrice ; en ce point, élever une perpendiculaire à cette bissectrice, ce qui donne un point G ; porter GF de G en H, élever une perpendiculaire au point H qui déterminera le centre K d'une seconde circonférence, et ainsi de suite (*fig.* 657).

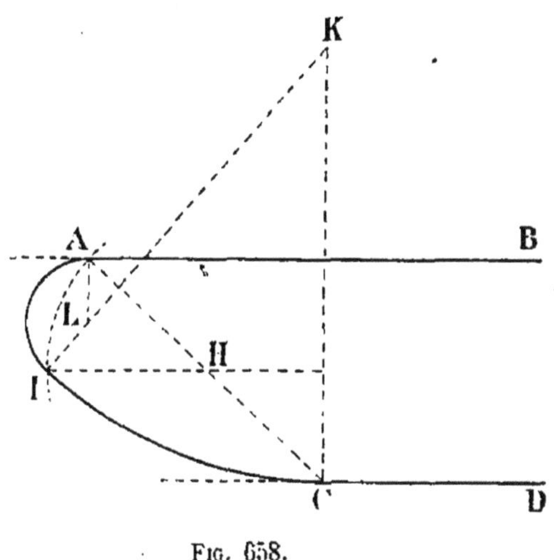

Fig. 658.

Problème. — *Raccorder deux parallèles d'inégale longueur par deux arcs convexes tangents entre eux.*

Soient AB, CD les deux droites données.

Joindre les points A et C.

Elever des perpendiculaires au point A et au point C.

Les centres doivent se trouver sur ces perpendiculaires.

Tracer une parallèle au milieu de l'intervalle des deux premières, ce qui détermine un point H. Porter AH de H en I. Du point I, tracer une perpendiculaire sur AC jusqu'à la rencontre des perpendiculaires tracées par les points A et C. Les centres des arcs cherchés sont les points L et K.

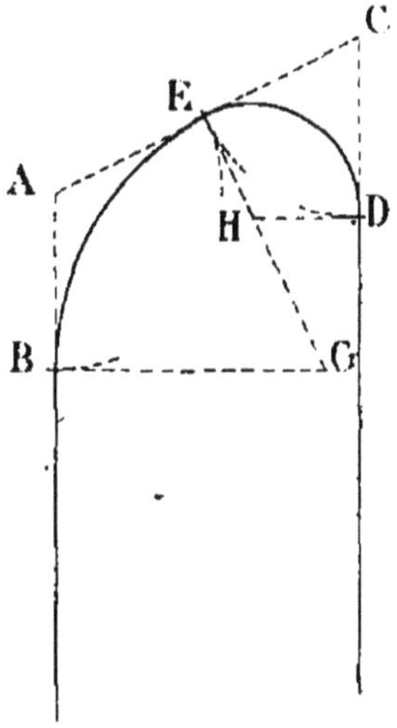

Fig. 659.

**Arc rampant.** — On nomme arc rampant la courbe formée par des arcades ou des croisées qui suivent la montée d'un escalier.

L'arc rampant est formé de deux arcs tangents entre eux et tangents à la ligne AC, parallèle à la direction de la montée.

Les données sont les verticales AB et CD, et la ligne du rampant AC.

Prendre le milieu E de AC, élever en E une perpendiculaire à AC ; des points A et C comme centres, décrire des arcs de cercle qui détermineront les points B et D. En ces points, élever des perpendiculaires aux lignes AB et CD. Les points d'intersection G et H sont les centres des arcs cherchés (*fig.* 659).

## COURBES USUELLES

**Anses de panier.** — L'anse de panier est une courbe dont l'aspect est celui d'une demi-ellipse, mais qui peut être obtenue par des arcs de cercles, se raccordant entre eux.

Les données sont *l'ouverture et la montée* qui correspondent au grand axe et au demi-petit axe de la courbe.

ANSE DE PANIER A TROIS CENTRES. — 1° On se donne arbitrairement le premier rayon AE. On prend BD = AE, on

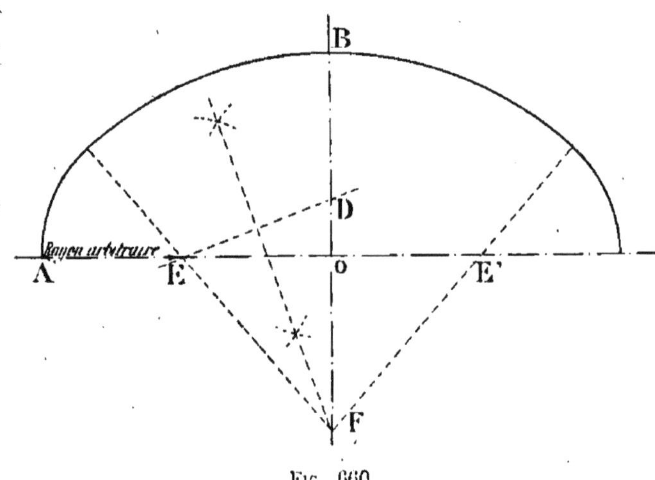


FIG. 660.

joint ED et on élève une perpendiculaire sur le milieu de cette droite. Cette perpendiculaire rencontre en F le petit axe de l'anse de panier. Le premier centre est le point E, le second le point F, le troisième centre serait un point E' symétrique de E par rapport au petit axe (*fig.* 660).

2° *Tracé de Bossut.* — On trace la corde AB et l'on porte sur cette corde de B en G la différence des demi-axes. Sur

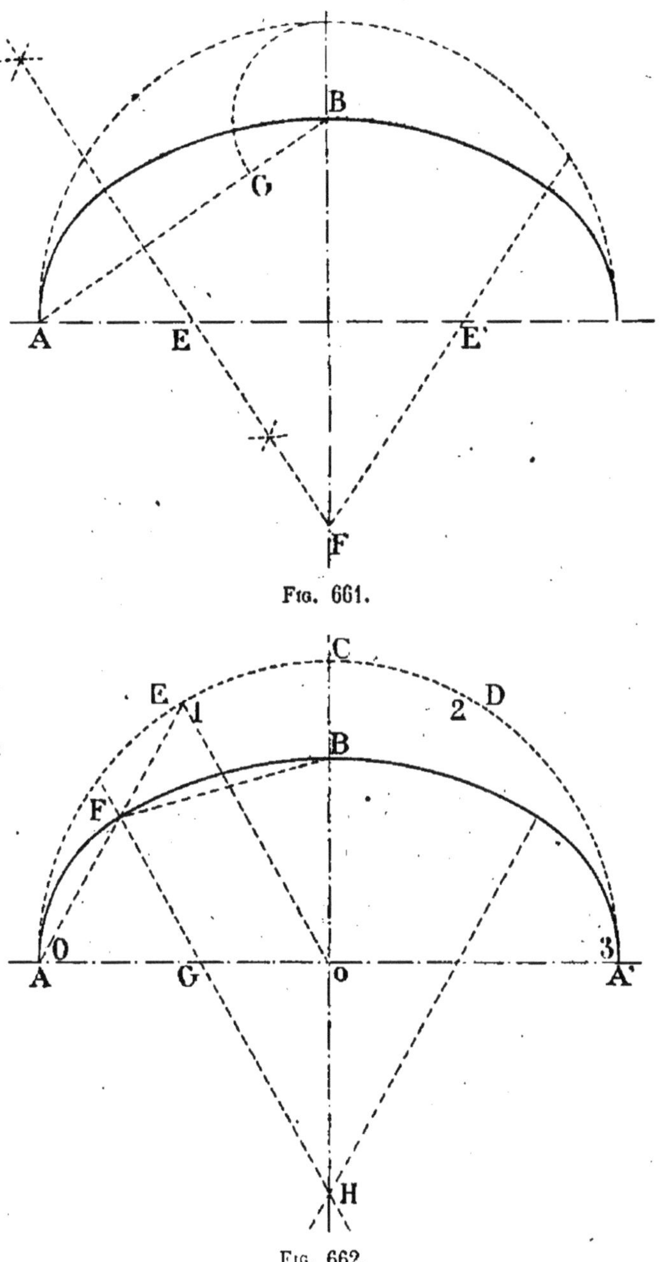


Fig. 661.

Fig. 662.

le milieu de la droite AG, on élève une perpendiculaire qui rencontre les deux axes en E et en F.

Le premier centre est le point E, le second est le point F, et les deux arcs se raccordent sur la ligne EF (*fig.* 661).

3° *Tracé de Huyghens.* — On trace une demi-circonférence ACA′ sur le grand axe ; on la divise en trois parties égales aux points D et E et on mène les cordes AE, EC, etc. ; par le sommet B on mène une parallèle à la petite corde CE, et l'on prend en F son intersection avec la corde AE. Enfin on mène FGH, parallèle au rayon E*o*, et les deux premiers centres sont G et H (*fig.* 662).

4° *Tracé de M. Rouché* (*fig.* 663). — On porte du centre O en C une longueur égale à la différence des demi-axes, et

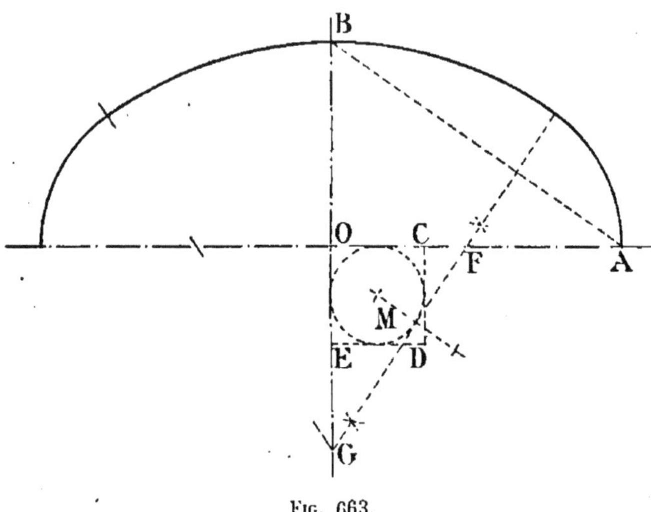


Fig. 663.

sur cette ligne OC on construit un carré dans lequel on inscrit une circonférence. On trace une tangente à cette circonférence perpendiculaire à la ligne BA qui joint les extrémités des axes ; cette perpendiculaire détermine deux points F, G qui sont les centres de l'anse de panier.

Anse de panier a cinq centres (*fig.* 664). — 1° On se donne arbitrairement le plus petit rayon $r$ et le plus grand rayon R, et on prend le rayon intermédiaire R′ moyen proportionnel entre $r$ et R.

Le tracé est alors le suivant :

On prend sur le grand axe une longueur AC = R′, sur le petit axe une longueur BD = R′ également.

Des points E et F comme centres, avec EC et FD comme rayons, on décrit des arcs de cercle qui se coupent au

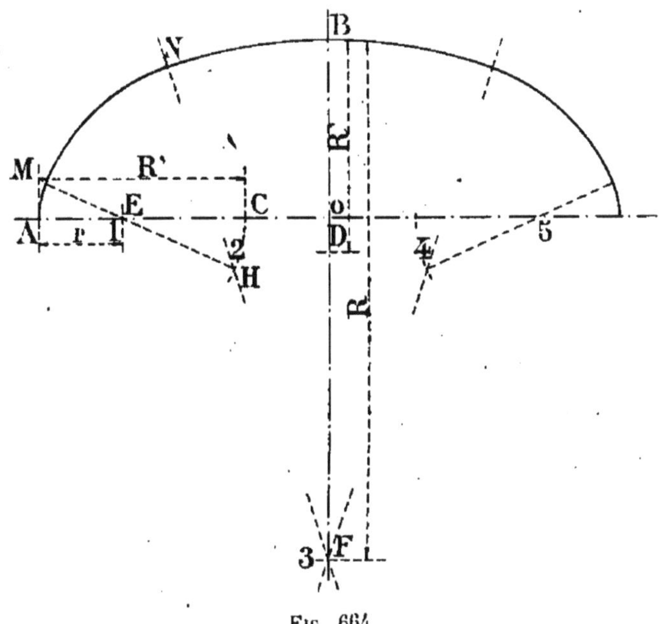


Fig. 664.

point H, qui est le centre intermédiaire cherché. Les rayons de passage sont donc HEM et FHN.

2° *Tracé de M. Pillet* (*fig.* 665). — Tracer (en dessous) la demi-circonférence ayant OA pour rayon, et chercher en K' sur cette circonférence le point qui est sur la bissectrice (à 45°) de l'angle droit AOF.

Mener la diagonale CO du rectangle construit sur les axes et, par une verticale, projeter le point K' en K sur cette diagonale.

Ce point K' serait ce que l'on nommera le *point moyen* de la véritable ellipse que l'anse du panier doit remplacer.

Mener, d'une part, KS perpendiculaire sur l'autre diagonale AB, et, d'autre part, OS perpendiculaire au rayon OK : on démontre en analyse que le point S ainsi obtenu est le centre de courbure de l'ellipse au point moyen K.

Avec SK comme rayon, et S comme centre, tracer un arc de cercle, ce sera le centre de courbure R' de l'ellipse au point moyen K. Cela fait, on achèvera l'anse de panier comme suit : en traçant d'abord un premier cercle tangent, d'une part, en A à la verticale AC, et tangent, d'autre part, au cercle précédent SK, puis ensuite un second cercle tangent à ce même cercle moyen SK, et tangent en B à l'horizontale BC.

A cet effet :

Prendre sur le grand axe AJ = KS = R'; joindre SJ, élever une perpendiculaire au milieu de cette droite; son intersection avec le grand axe donne en E le premier centre.

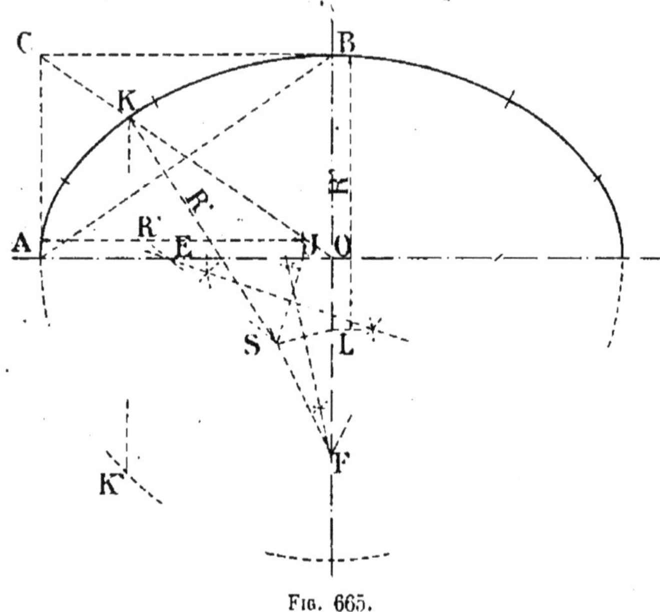


Fig. 665.

Prendre sur le petit axe BL = KS = R'; joindre SL; élever une perpendiculaire au milieu de cette droite; son intersection avec le petit axe, donne en F le troisième centre.

Le deuxième centre est le point S déjà trouvé.

Nota. — Cette anse de panier a de commun avec l'ellipse les trois points A, K et B. En ces points elle a même tangente qu'elle et, de plus, au point moyen A, même rayon de courbure R'; c'est grâce à ces conditions multiples qu'elle donne une courbe si peu différente de l'ellipse.

**Ellipse.** — L'ellipse est une courbe plane telle que la somme des distances de chacun de ses points à deux points fixes de son plan est égale à une longueur constante.

Les deux lignes perpendiculaires AA′, BB′ sont le grand axe et le petit axe. Les points fixes F et F′ sont les foyers. Ils sont déterminés de la façon suivante :

On prend une longueur $oA = oA'$ et, du point B comme

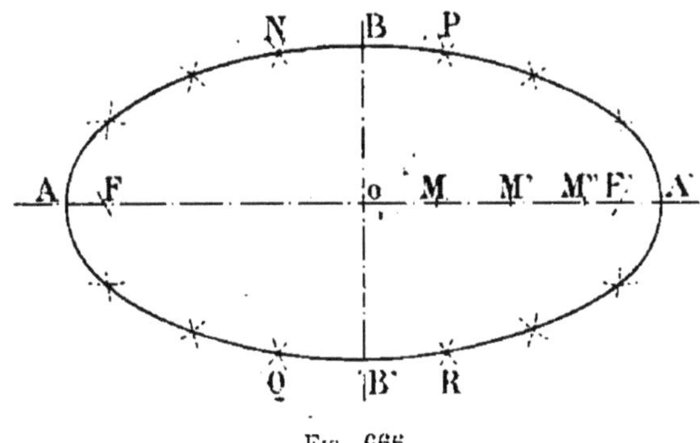


FIG. 666.

centre, on décrit deux arcs qui coupent le grand axe aux points F et F′.

1° *Tracé par points à l'aide des foyers* (*fig.* 666). — On prend sur le grand axe un point quelconque M. Avec le compas, on prend comme rayon la longueur MA et on décrit successivement deux arcs de cercle de chacun des foyers comme centre. On prend ensuite comme rayons la longueur MA′ et on décrit, des mêmes points F et F′ comme centres, quatre autres arcs de cercle qui coupent les premiers aux points N, P, Q, R. Ces points appartiennent à l'ellipse.

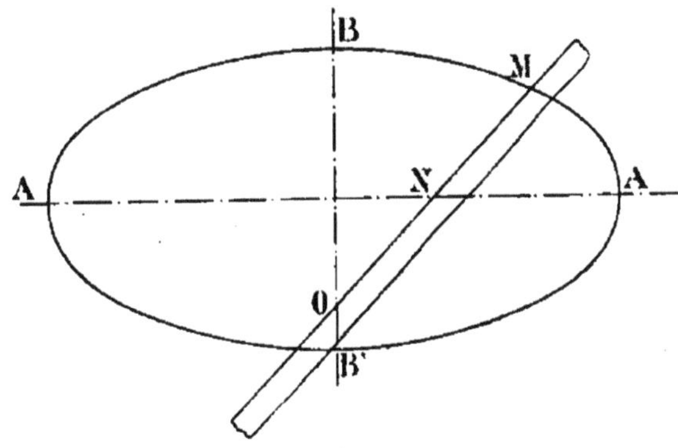


FIG. 667.

2° *Tracé par la différence des demi-axes* (*fig.* 667). — On porte sur une bande de papier une longueur OM égale au demi-grand axe et, sur cette ligne OM, une longueur MN égale au demi-petit axe, de sorte que la ligne ON est la différence des deux demi-axes. On promène cette bande de papier sur la surface en maintenant exactement les points O et N sur les axes et on marque par un point au crayon le point M correspondant à chaque position de la bande de papier. Ces points appartiennent à l'ellipse ; on les joint par un trait continu au crayon.

3° *Tracé par la somme des demi-axes* (*fig*. 668). — On porte sur une bande de papier une longueur $a = o$A et à la suite

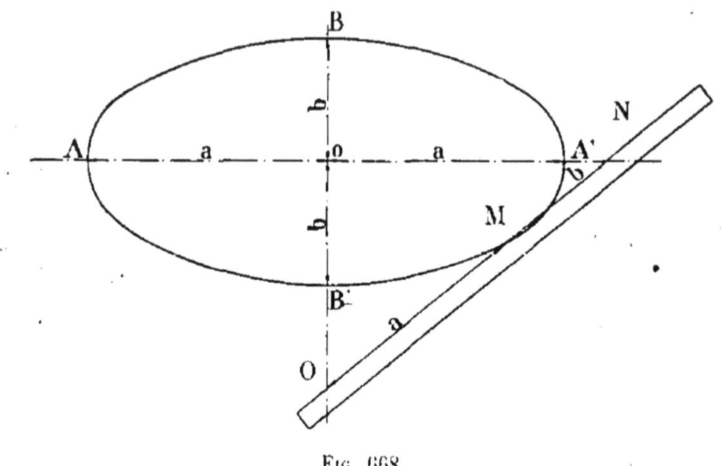


Fig. 668.

de cette ligne une longueur $b = o$B. On fait courir les deux points O et N sur les deux axes et on marque les positions successives du point M qui décrit l'ellipse.

4° *Par deux circonférences concentriques* (*fig*. 669). — On trace deux circonférences sur les axes comme diamètres. On divise ces circonférences en un certain nombre de parties égales et on trace les rayons correspondants. On prend les points d'intersection M et N d'un de ces rayons avec les circonférences. On mène par l'un une parallèle au grand axe, par l'autre une parallèle au petit axe. Le point d'intersection de ces deux droites est un point de l'ellipse.

On répète cette construction autant de fois qu'il est nécessaire pour pouvoir tracer facilement la courbe d'un trait continu. La division en huit ou en seize parties conviendra dans la plupart des cas.

5° *Par les tangentes* (*fig.* 670). — On peut construire l'ellipse comme enveloppe de ses tangentes.

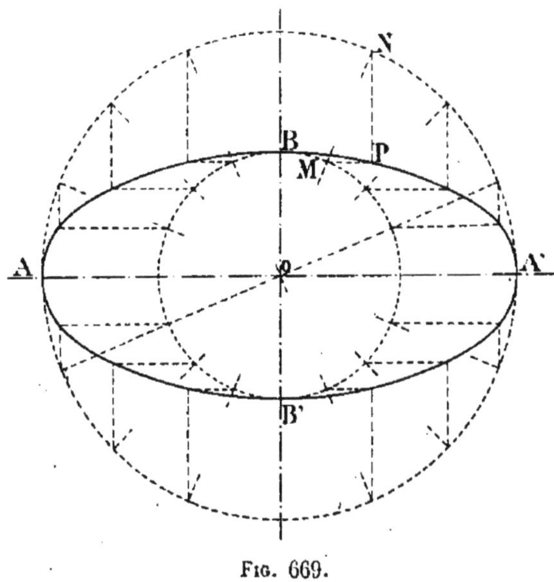


Fig. 669.

Tracer une circonférence sur le grand axe comme dia-

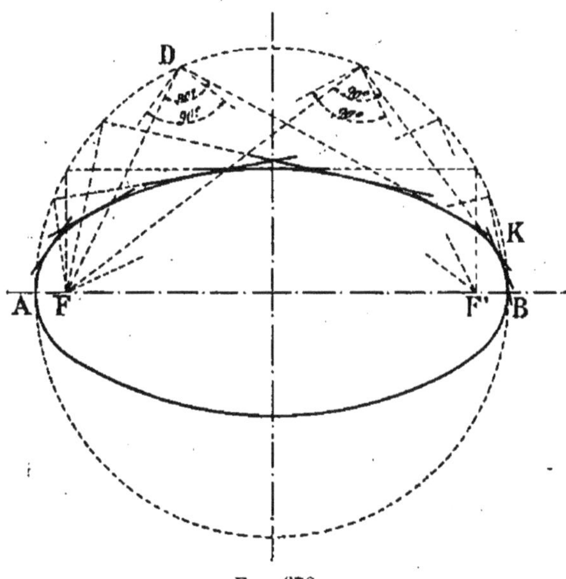


Fig. 670.

mètre et déterminer les foyers F et F'. Mener par F une droite quelconque FD jusqu'au cercle. En ce point D, tracer une perpendiculaire à DF. La ligne DK est une tangente à l'ellipse.

En répétant la construction pour un certain nombre de points, on pourra tracer d'un trait continu une courbe tangente aux lignes obtenues.

6° *Par ordonnées divisées dans un certain rapport* (*fig.* 671). — Tracer une circonférence sur le grand axe comme diamètre.

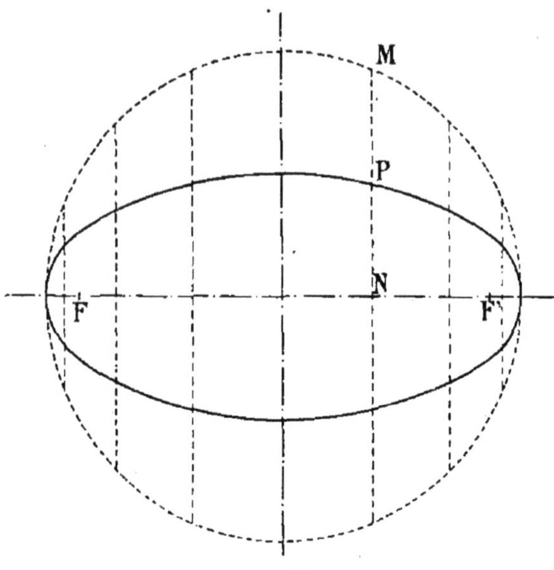


Fig. 671.

Diviser ce grand axe en un certain nombre de parties égales et tracer par les points de division des perpendiculaires qui rencontrent la circonférence.

Il suffira de diminuer toutes ces ordonnées d'une même fraction de leur longueur soit la moitié, le tiers, le quart, etc., pour avoir l'ellipse.

Soit l'ordonnée MN, et le rapport donné égal à la moitié ; on prendra la moitié de MN et le point P sera un point de l'ellipse.

7° *Par droites concourantes aux sommets* (*fig.* 672). — Sur les axes AA', BB', construire le rectangle CDEF. Diviser le grand axe en un certain nombre de parties égales, huit par exemple, et les petits côtés du rectangle parallèles au petit axe, également en huit parties égales.

Mener des extrémités B et B' du petit axe des lignes passant par les points de division du grand axe et par les mêmes points des lignes passant par les points de division

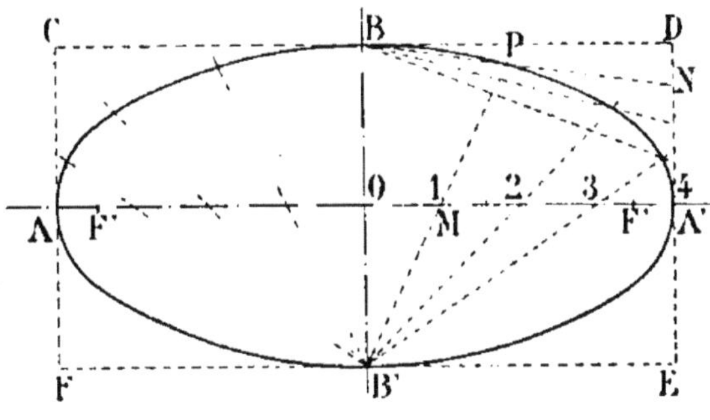


Fig. 672.

des petits côtés du rectangle. Les intersections de ces deux séries de lignes déterminent des points de l'ellipse.

Ainsi la ligne B'M, par son intersection avec la ligne BN, détermine un point P qui appartient à l'ellipse.

On obtiendrait le même résultat par deux séries de lignes d'ordre inverse, c'est-à-dire en divisant en un même nombre de parties égales ce petit axe et les grands côtés du rectangle, parallèles au grand axe.

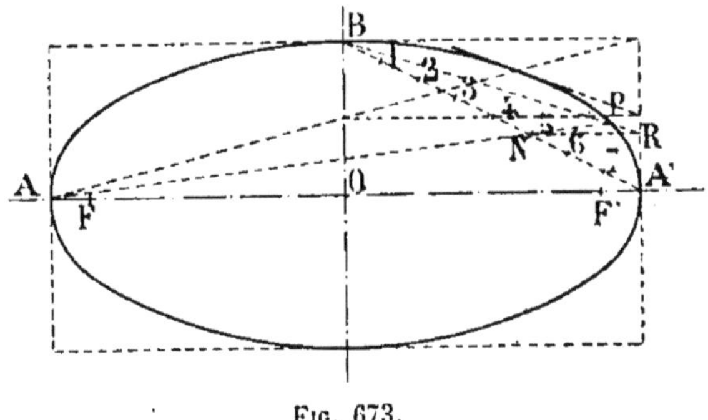


Fig. 673.

8° *Construction de M. d'Ocagne* (*fig.* 673). — Construire le rectangle sur les axes.

Un point de l'ellipse s'obtiendra de la manière suivante.

Tracer par une extrémité du grand axe A une ligne quelconque AP. Prendre son intersection N avec la diagonale A'B. Mener par N une parallèle NR au grand axe jusqu'au petit côté du rectangle, joindre le point R au point B, l'intersection de cette dernière ligne avec la ligne AP est un point de l'ellipse.

*Ellipse du jardinier* (*fig.* 674). — Les axes et la position des foyers étant déterminés sur le terrain. On prendra une corde

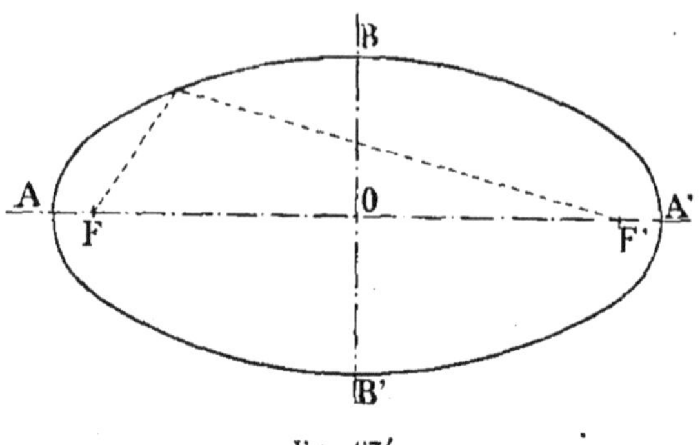


Fig. 674.

ayant exactement la longueur du grand axe AA'. On fixera les deux extrémités de la corde aux foyers, et, avec un traçoir et en tirant de manière que les deux parties de la corde soient bien tendues, on tracera sur le terrain une ellipse parfaite.

Il est essentiel que la longueur de la corde soit égale au grand axe, attaches non comprises.

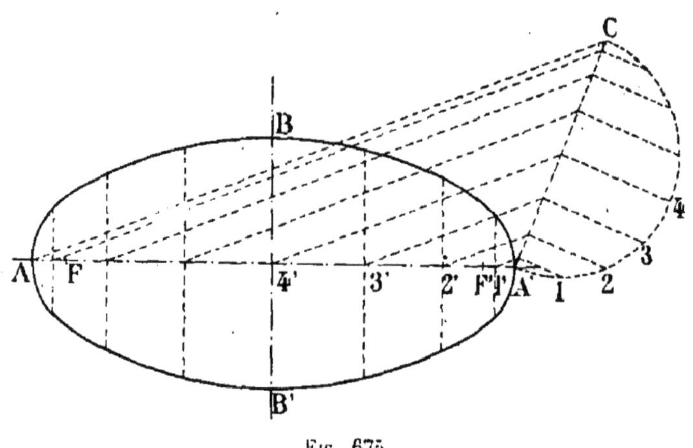


Fig. 675.

*A l'aide d'un demi-cercle auxiliaire égal au petit axe* (*fig.* 675). — On tracera la ligne A'C sous un angle quelconque et on décrira sur cette ligne une demi-circonférence ayant pour diamètre la longueur du petit axe. On divisera cette demi-circonférence en un nombre quelconque de parties égales 1, 2, 3, 4... Par ces points on tracera des perpendiculaires à A'C. On joindra le point C au point A par une ligne droite à laquelle on mènera des parallèles passant par les pieds de toutes les perpendiculaires. Leur intersection avec le grand axe donnera les points par lesquels on fera passer des droites parallèles au petit axe BB'. Il ne restera plus qu'à mesurer toutes les perpendiculaires 1-1, 2-2, 3-3, 4-4, et à les porter en 1'-1', 2'-2', 3'-3', 4'-4'. On obtiendra des points par lesquels on fera passer une courbe qui sera l'ellipse demandée.

*Ellipse considérée comme projection d'un cercle* (*fig.* 676). — Sur le grand axe comme diamètre, décrire une demi-circonférence. Inscrire cette demi-circonférence dans un rectangle

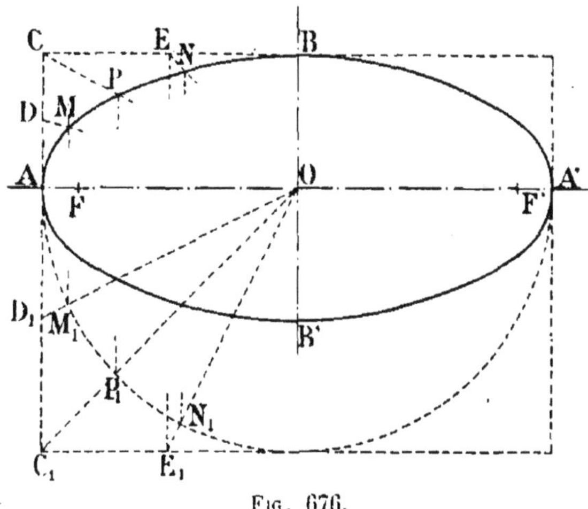


Fig. 676.

et construire aussi le rectangle des axes de l'ellipse. Ceci fait, on considère la seconde figure comme une projection de la première et on obtient dans cette dernière figure des points tels que $D_1$ et $E_1$ qui sont pris au milieu des intervalles $AC_1$ et $C_1$ $B_1$. On relève ces points; on trace les rayons correspondants. Les intersections $M_1$, $P_1$, $N_1$ de ces rayons avec la circonférence s'obtiennent par des lignes de rappel en M, P, E, qui sont points de l'ellipse.

Problème. — Construire une ellipse connaissant deux diamètres conjugués. — *Premier procédé* (*fig.* 677). — Soient les deux diamètres conjugués AB, CD. Construire sur ces deux lignes le parallélogramme A'B'B''A''. Décrire sur A'B' une demi-circonférence, la diviser en parties égales aux points

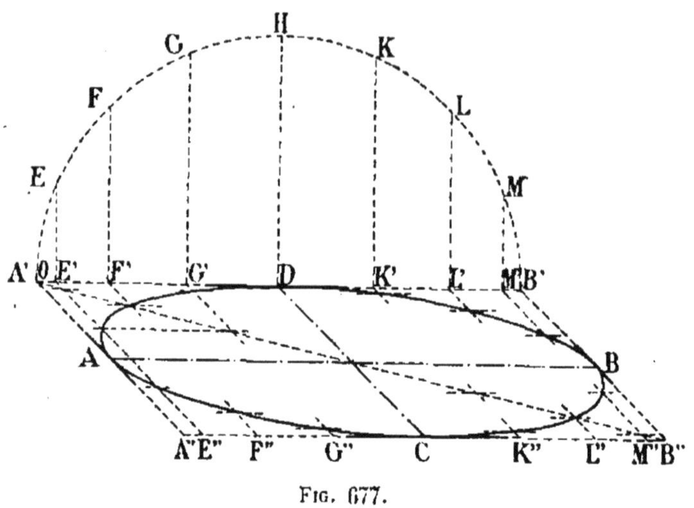


Fig. 677.

E, F, G, H, K, L, M. Abaisser de ces points des perpendiculaires sur A'B' qui donnent des points E', F', G', D, K', L', M'; mener par ces points des parallèles aux diamètres DC ; enfin racer la diagonale A'B'' et, par les points de rencontre de

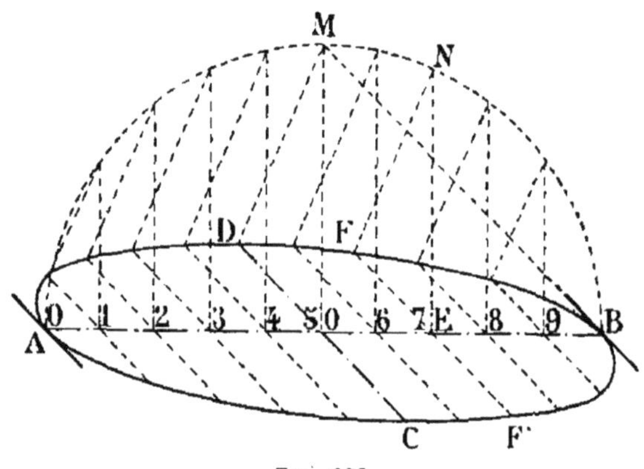


Fig. 678.

cette diagonale avec les lignes parallèles au diamètre DC, mener des parallèles au diamètre AB.

Ces lignes se rencontrent deux à deux en des points M, N, P, etc., qui appartiennent à l'ellipse.

Joindre ces points par un trait continu en remarquant que

l'ellipse est tangente aux points A, B, C, D du parallélogramme.

*Deuxième procédé* (*fig.* 678). — Décrire un cercle sur AB comme diamètre, élever la perpendiculaire OM et joindre MD. Si on construit sur une ordonnée quelconque EN du cercle un triangle ENF semblable à OMD, le point F et le point F' situé à une distance égale de E appartiendront à l'ellipse.

*Cas où les diamètres conjugués sont égaux* (*fig.* 679). — Soient AB, CD les deux diamètres conjugués égaux. Sur AB comme

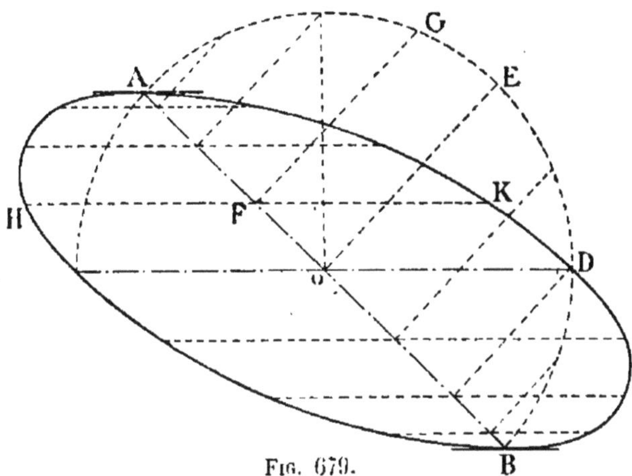


Fig. 679.

diamètre, tracer une demi-circonférence. Tracer une ordonnée quelconque FG et, par le point F, mener une parallèle à *o*D. Porter sur cette ligne, à droite et à gauche du point F, deux longueurs égales à FG. Les points H et K ainsi obtenus appartiennent à l'ellipse.

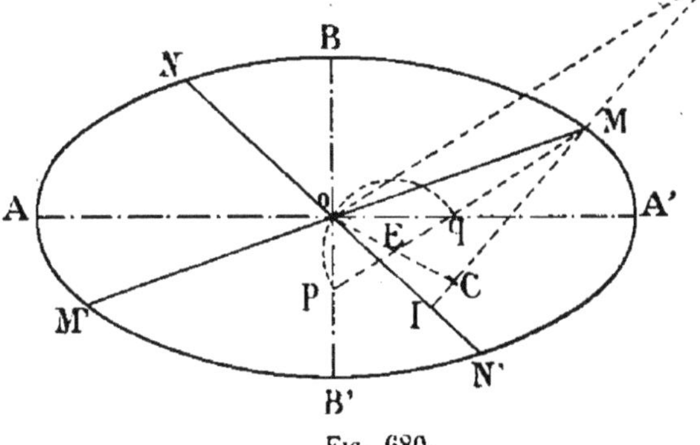


Fig. 680.

Problème. — *Trouver les axes d'une ellipse quand on connaît deux diamètres conjugués o*M *et o*N (*fig.* 680).

De l'extrémité M de l'un des diamètres, on abaisse une perpendiculaire MI sur l'autre et l'on prend sur cette ligne des longueurs MC et $MC_1$ égales à $oN$; on trace $oC$ et $oC_1$. On mène par le point M une sécante parallèle à $oC_1$, elle coupe $oC$ en un point E à partir duquel on prend les segments $Ep$ et $Eq$ égaux à $Eo$. Les axes sont en direction les droites $op$ et $oq$, en grandeur le double des segments $Mq$ et $Mp$.

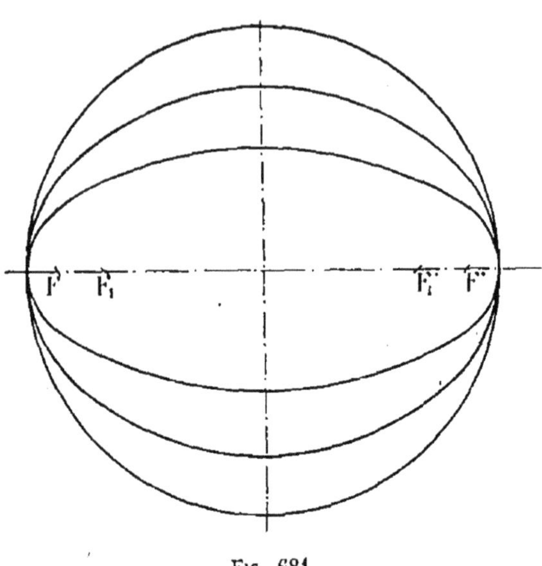


Fig. 681.

Ellipse et anse de panier superposées. — La figure 681 montre une ellipse et une anse de panier superposées. Ce tracé montre que l'anse de panier est plus relevée sur les reins de la voûte, ce qui la fait employer généralement pour les arches de pont.

Tangentes a l'ellipse (*fig.* 682). — 1° On obtient la tangente à l'ellipse en un point C en traçant la bissectrice de l'angle formé par un rayon vecteur et le prolongement de l'autre.

On peut aussi l'obtenir au point D en prenant $DG = DH$. Achever le parallèlogramme DGHK. La diagonale DK est tangente à l'ellipse.

La normale est perpendiculaire à la tangente.

2° On peut également opérer comme il suit pour mener une tangente par le point $m$ (*fig.* 683). — Décrire une demi-circonférence sur AA'. Tracer l'ordonnée *m*M, et la tangente à la circonférence en M. Par le point T, point d'intersection de la tangente avec le grand axe, mener T*m*, qui est la tangente

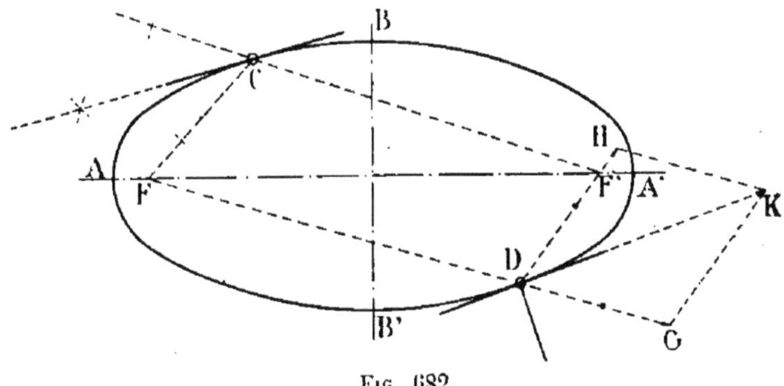


FIG. 682.

à l'ellipse. Pour tracer la normale, mener par *m* une parallèle à *o*M ; par les points d'intersection P, Q, mener deux droites perpendiculaires; S*m* est la normale.

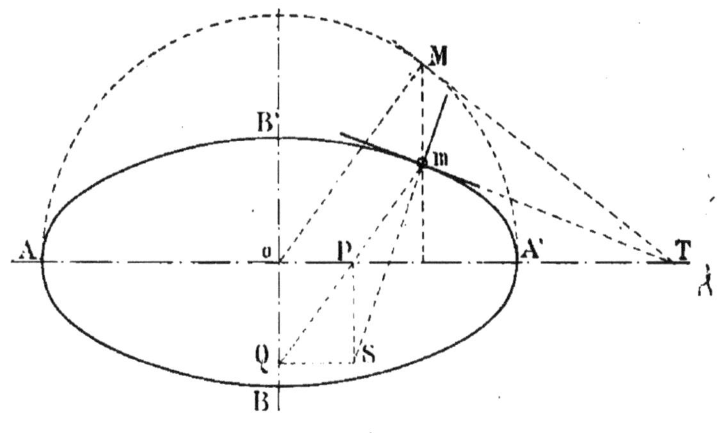


FIG. 683.

3° *Tangente par un point extérieur R* (*fig.* 684). — Mener RBK, joindre $KB_1$ ; le point $R_1$ est le rabattement du point dont R est la projection. Mener les tangentes à la circonférence $R_1M_1T_1$, $R_1MT$. On obtient facilement les tangentes à l'ellipse $Rm_1$, $Rm$ ; les points de contact sont $m_1$ et $m$.

4° *Tangente parallèle à une droite donnée* (*fig.* 685). — Soit la droite donnée OD. Mener la droite quelconque BNK ; son rabattement est $B_1N_1K$ et le rabattement de la ligne OD est

$OD_1$. Mener les tangentes au cercle parallèles à $OD_1$ et par T

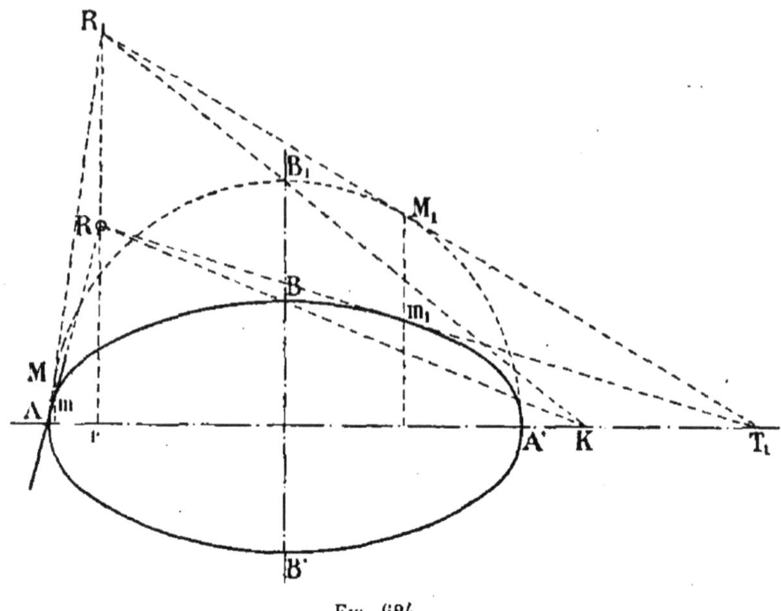


Fig. 684.

et T' les parallèles à OD. Les points de contact sont *m* et *m'*.

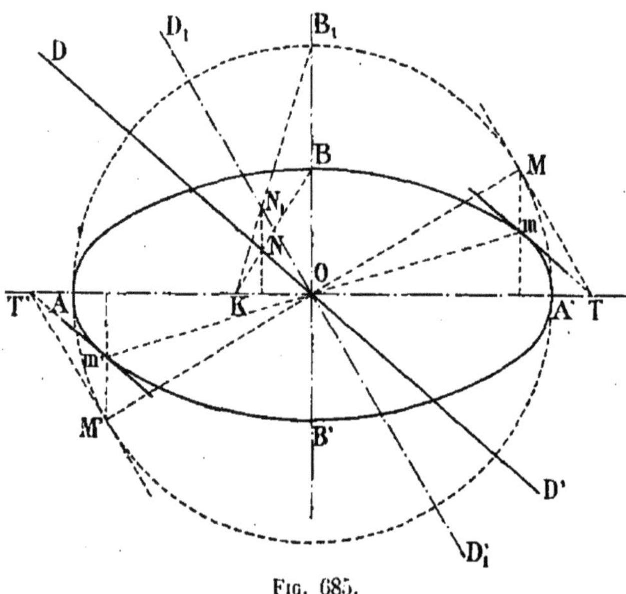


Fig. 685.

On peut encore opérer comme il suit (*fig.* 686) : soit la la droite donnée $D_1D$. Par le foyer F', décrire le cercle directeur relatif au foyer F (le cercle directeur est décrit de l'un des foyers comme centre avec la longueur du grand axe pour rayon).

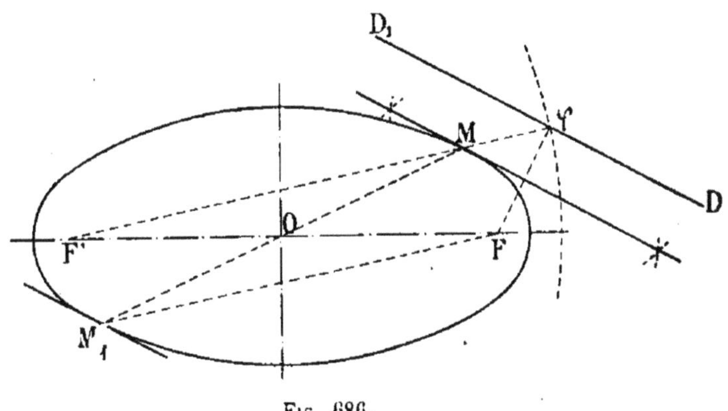


Fig. 686.

Abaisser la perpendiculaire du foyer F sur la direction donnée, l'intersection avec la circonférence détermine le point; sur le milieu de Fφ élever une perpendiculaire, mener le rayon F'M; le point d'intersection M est le point de tangence. La tangente est la parallèle menée à $DD_1$ par le point M.

Il y aurait un autre point symétrique en $M_1$ déterminé par le même cercle directeur.

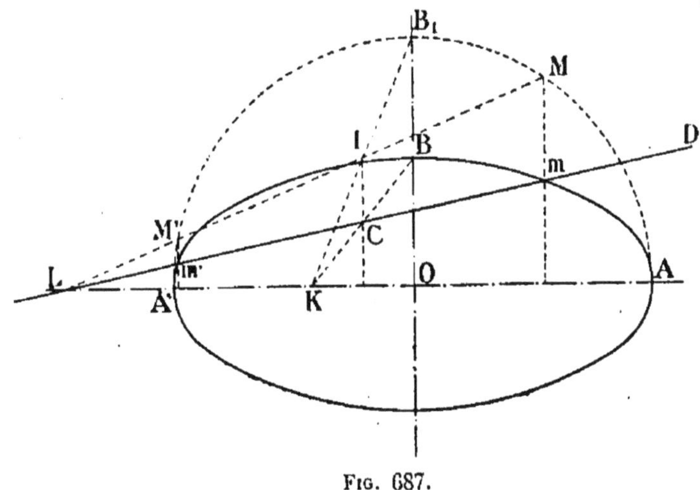


Fig. 687.

Problème. — *Connaissant les axes d'une ellipse, construire ses points d'intersection avec une droite donnée* (*fig.* 687).

Soient OA', OB les demi-axes de l'ellipse, LD la droite donnée. Sur AA', décrire une demi-circonférence. Tracer une droite quelconque BCK qui coupe la ligne donnée au point C. Mener KB, puis la ligne CI parallèle à OB ; l'intersection I de ces deux lignes est un point du rabattement LM de la ligne LD, comme $B_1K$ est le rabattement de BK. On ramène par des parallèles à OB les points d'intersection M' et M en *m'* et *m* sur la droite donnée LM. Ces points sont les points d'intersection cherchés.

**Parabole.** — La *parabole* est une courbe dont tous les points sont à égale distance d'un point fixe nommé *foyer*, et d'une droite nommée *directrice*.

La droite B*m'* est la directrice, la droite BB' est l'axe, le point F le foyer (*fig.* 688).

Le point A, qui est le sommet de la courbe, se place au milieu de BF.

*Tracé de la parabole par ses tangentes* (*fig.* 688). — Mener une droite quelconque F*m*. Par le point *m*, tracer une horizontale parallèle à l'axe BB'. Elever sur le milieu de *m*F une perpendiculaire. Le point d'intersection M est un point de la parabole. De plus, la droite MK est tangente à la courbe au point M.

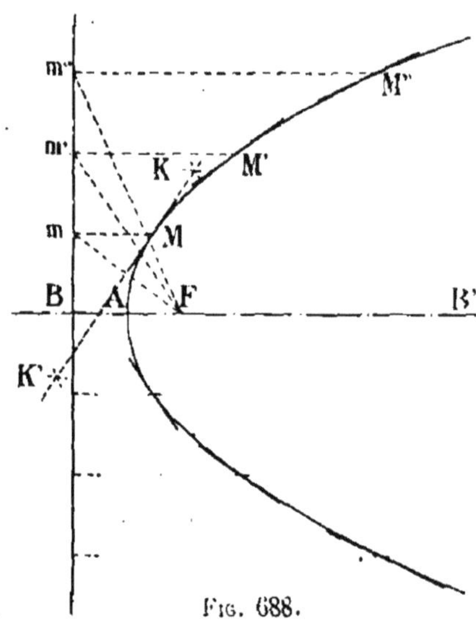

Fig. 688.

*Tracé de la parabole par points* (*fig.* 689). — Prendre un point quelconque P sur l'axe et, en ce point, élever une perpendiculaire. Prendre la longueur PB et, avec cette longueur pour rayon, décrire du point A des arcs de cercle qui coupent la perpendiculaire du point P en deux points M et M' qui sont des points de la parabole.

*Parabole dérivée du cercle* (*fig.* 690). — Décrire une circonférence de rayon OA ; du point A, tracer des cordes quel-

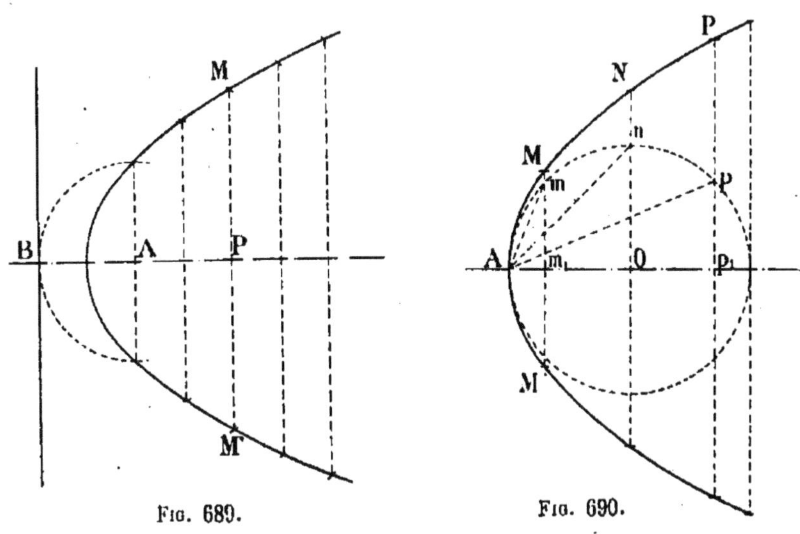


Fig. 689.

Fig. 690.

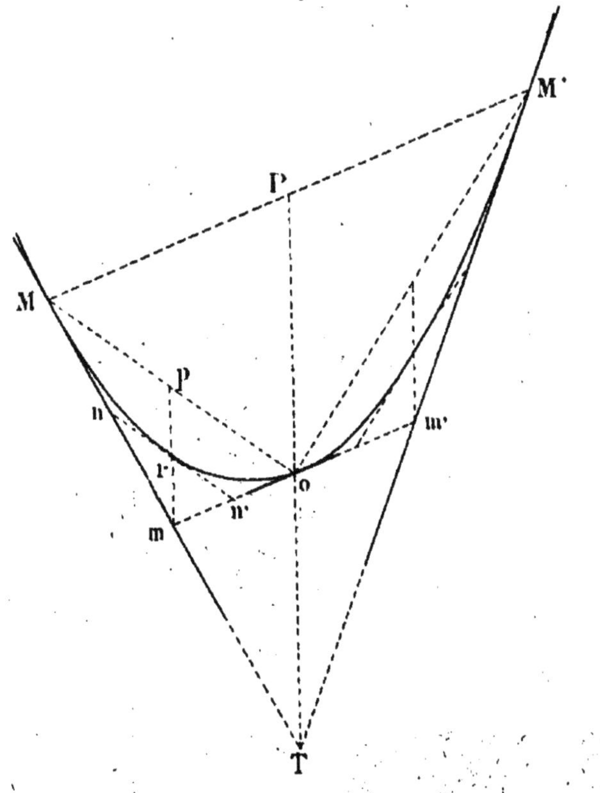


Fig. 691.

conques et des points d'intersection $m$, $n$, $p$, abaisser des perpendiculaires sur OA.

Prendre les longueurs des cordes A$m$, A$n$, A$p$ et les porter de $m_1$ en M, de O en N et de $p_1$ en P. Les points M, N, P sont des points de la parabole.

Problème. — *Tracer une parabole connaissant une corde et deux tangentes* (*fig.* 691).

Soient MM' la corde et TM et TM' les tangentes données. Prendre le point P au milieu de MM' et le point $o$ au milieu de TP. La parallèle $mm'$ à MM' est tangente à la parabole. On agit ensuite sur la corde M$o$ et sur les tangentes $m$M, $m$O. On prend $p$ au milieu de M$o$ et $r$ au milieu de $pm$.

La parallèle $nn'$ à M$o$ est tangente à la parabole.

On peut répéter ce tracé autant qu'il est nécessaire pour tracer la courbe.

Les deux tracés qui viennent d'être indiqués sont utilisés en statique graphique.

Problème. — *Construire une parabole tangente à deux droites données* OA, OB *en deux points donnés* A *et* B (*fig.* 692).

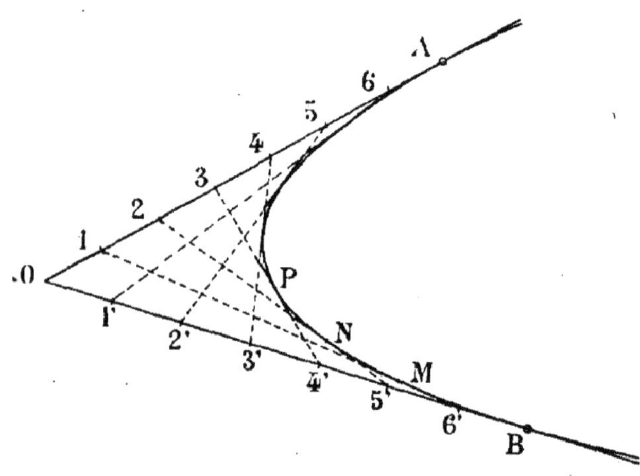


Fig. 692.

Soit O le point d'intersection des deux droites données et A et B les points où la parabole doit être tangente.

Diviser OA et OB en un même nombre de parties égales, aux points 1, 2, 3, 4, 5, 6; joindre 1'-6, 2'-5, 3'-4, 4'-3, 5'-2, 6'-1.

Il suffit de tracer une courbe tangente à ces droites en des points tels que M, N, P qui sont les milieux des cordes interceptées.

**Hyperbole.** — L'hyperbole est une courbe telle que la *différence* des distances d'un de ses points à deux points fixes nommés foyers est constante.

Les axes AA' BB' sont perpendiculaires, l'axe AA' est l'axe transverse. Ils se coupent au centre. Les sommets A et A' sont au milieu des distances OF, OF' (*fig.* 693).

Si l'on décrit une circonférence sur FF' comme diamètre et qu'aux points A et A' on élève des perpendiculaires, on obtient des points C,C',D,D', qui appartiennent aux branches infinies de l'hyperbole, qu'on appelle les *asymptotes*.

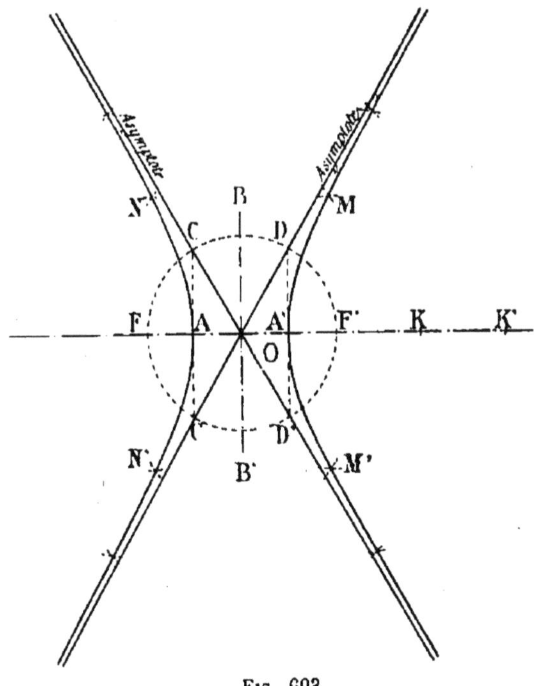


Fig. 693.

*Tracé de l'hyperbole par points* (*fig.* 693). — Prendre un point K quelconque sur l'axe transverse. Si, des points F et F' comme centres avec des rayons respectivement égaux à AK et à A'K, on décrit des arcs de cercle ; leurs points d'intersection M et M', N et N' appartiennent à l'hyperbole.

La tangente à l'hyperbole est bissectrice de l'angle formé par les rayons vecteurs du point de contact.

**Ove.** — L'ove est une courbe dont la forme se rapproche de celle de l'œuf. Elle a quelques applications en construction, voûtes, égouts, etc.

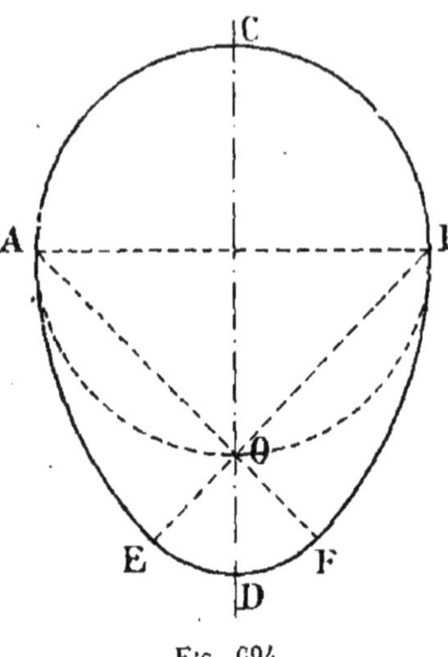


Fig. 694.

Soient AB, CD les axes de l'ove (*fig.* 694) ; sur AB comme diamètre, décrire une circonférence, joindre par des droites AO et BO et tracer, des points A et B comme centre, avec AB pour rayon, des arcs de cercle limités aux points E, F. Un arc EDF dont le centre est en O raccorde les deux précédents.

**Ove allongée** (*fig.* 695). — Étant donné le petit axe de la courbe AB, on décrit du point I, intersection des deux axes,

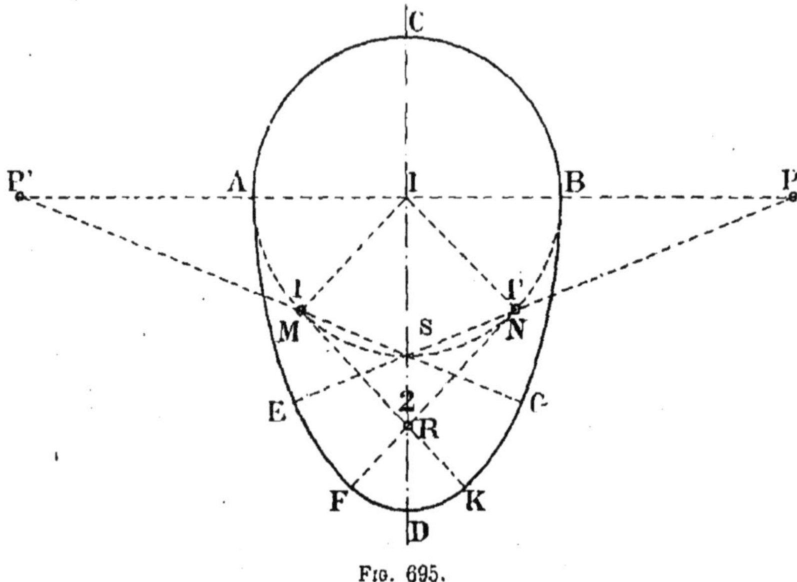


Fig. 695.

une circonférence dont la moitié supérieure appartient à l'ove

On trace les diamètres à 45° et on joint par une droite les points S, N, jusqu'en P, qui est le centre d'un premier arc AE. On mène ensuite la ligne NF parallèle à l'un des diamètres à 45° et le point N est le centre d'un second arc de cercle EF. Enfin le point d'intersection R avec le grand axe est le centre d'un arc FDK qui termine la courbe.

**Ovale à 4 centres** (*fig.* 696). — Le grand axe AB étant donné, le diviser en quatre parties. Prendre les points M et N comme centres, puis tracer, du point d'intersection O des axes, une troisième circonférence dans laquelle on inscrira un carré dont on prolongera les côtés.

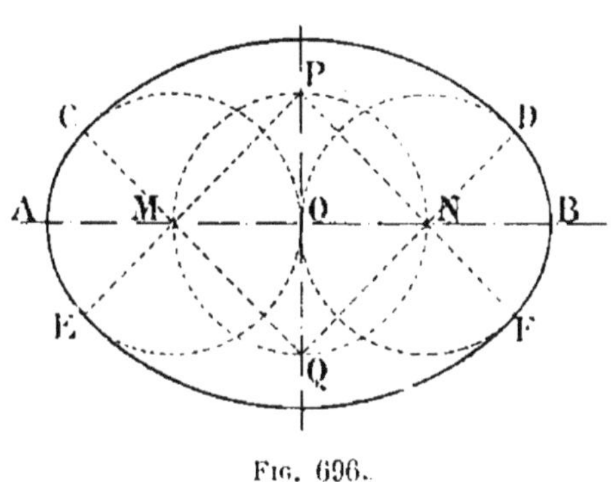

Fig. 696.

Les deux autres centres sont P et Q. Les courbes se raccordent aux points C, D, E, F.

**Ovale de Cassini** (*fig.* 697). — On appelle ainsi le lieu des points dont les distances à deux points fixes F, F font constamment un même produit. Soient AB, CD, F et F' les axes et les foyers de la courbe.

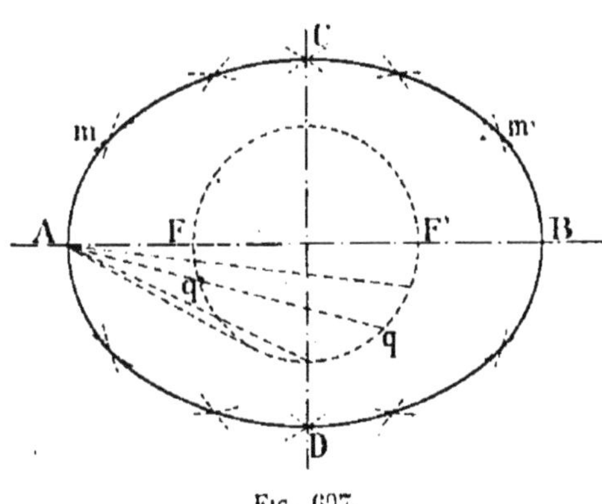

Fig. 697.

Construire la circonférence OF, et, par le sommet A, tracer à volonté la sécante A$q$. Des centres F, F', avec A$q$ pour rayon, décrire quatre arcs, deux au-dessus de AB, deux au-dessous; des mêmes centres, avec un rayon A$q'$, décrire quatre autres arcs qui coupent les premiers en $m$, $m'$, etc., qui sont des points de l'ovale.

## COURBES PARTICULIÈRES

**Spirale d'Archimède** (*fig.* 698). — C'est le lieu des points dont les distances à un point fixe nommé pôle sont proportionnelles aux angles qu'elles forment avec une droite fixe.

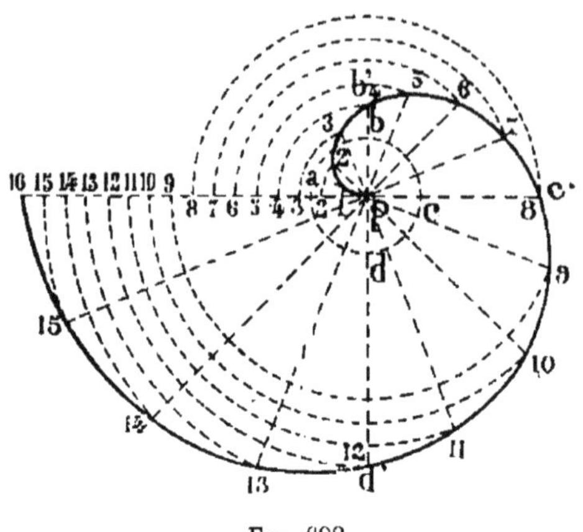

Fig. 698.

On divise la circonférence *pa* en parties égales aux points *b*, *c*, *d*, etc.; puis, sur les rayons *pb*, *pc*, *pd*, etc., on prend *pb'* = arc *ab*; *pc'* = 2 arcs *ab*; *pd'* = 3 arcs *ab*, etc. La ligne *pb'c'd'* est la spirale cherchée.

**Spirale hyperbolique** (*fig.* 699). — Lieu des points dont les distances à un point fixe ou pôle sont inversement proportionnelles aux angles qu'elles forment avec une droite fixe.

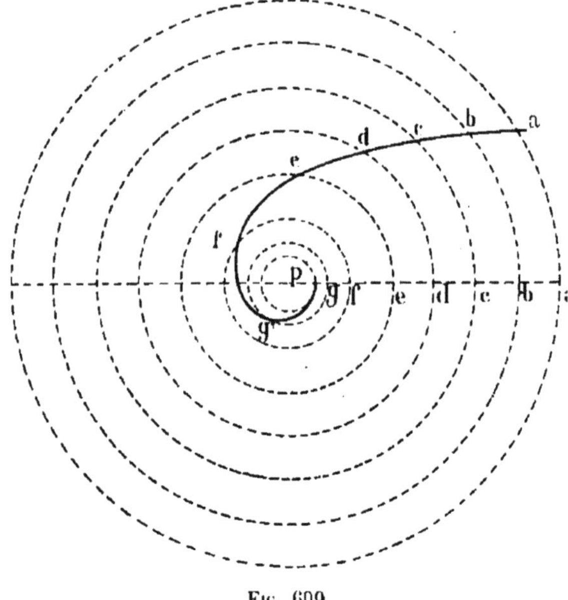

Fig. 699.

Décrire une série de circonférences concentriques au pôle *p*. Prendre arbitrairement, à partir du rayon *pd'*, des arcs *aa*, *bb*, *cc*, etc., égaux entre eux; la courbe *abcd*..., qui converge vers le pôle, est la spirale cherchée.

**Spirale logarithmique** (*fig.* 700). — Lieu des points dont les distances à un pôle fixe *p* croissent en progression géométrique lorsque les angles qu'elles forment avec une droite fixe croissent en progression arithmétique.

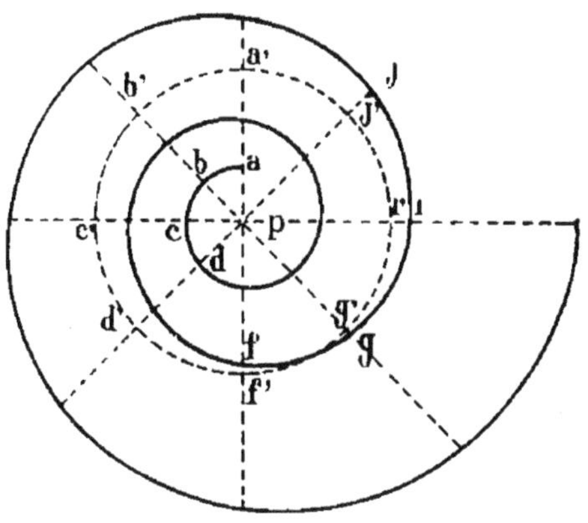

Fig. 700.

Construire un angle quelconque XOY et tracer des lignes *ab*, *bc*, *cd*, *de*, alternativement perpendiculaires sur chacun des côtés OX, OY de l'angle. Cela fait, diviser la circonférence en parties égales, et porter sur les rayons *pa'*, *pb'*, *pc'*, etc., des longueurs respectivement égales à O*a*, O*b*, O*e*, etc. La ligne *abc*, etc., est la spirale cherchée.

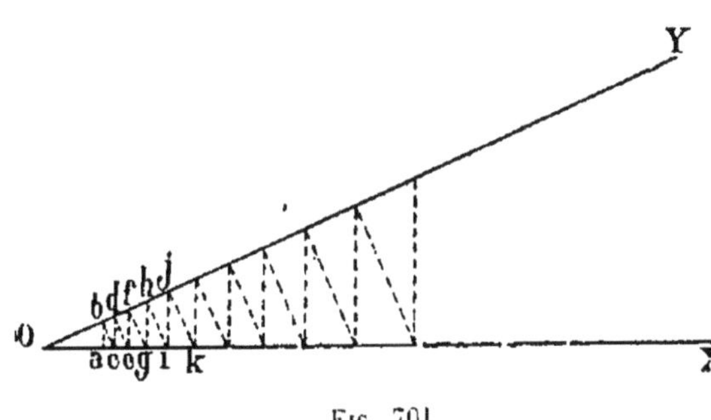

Fig. 701.

**Développante du cercle** (*fig.* 702). — C'est la courbe que décrirait sur une surface plane un crayon attaché à l'une des extrémités d'un fil enveloppant une circonférence et qu'on développerait en ayant soin de le tendre et de le tenir toujours tangent à la courbe.

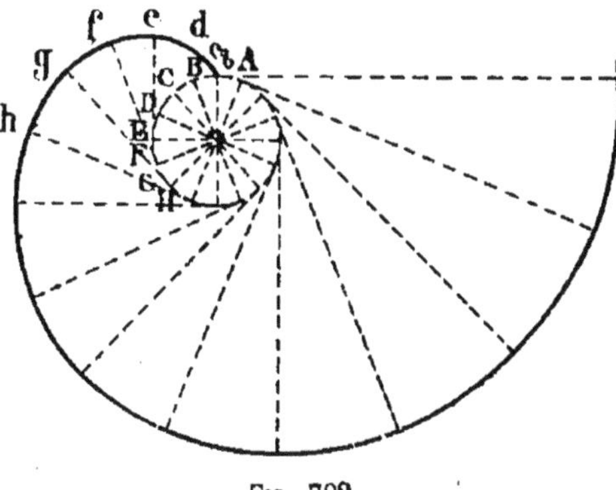

Fig. 702.

*Tracé de la développante.* — Soit un cercle OA. On le divise en parties égales et, en chacun des points de division, on trace des tangentes à la circonférence, et sur chaque tangente on porte la longueur de l'arc depuis l'origine de la courbe.

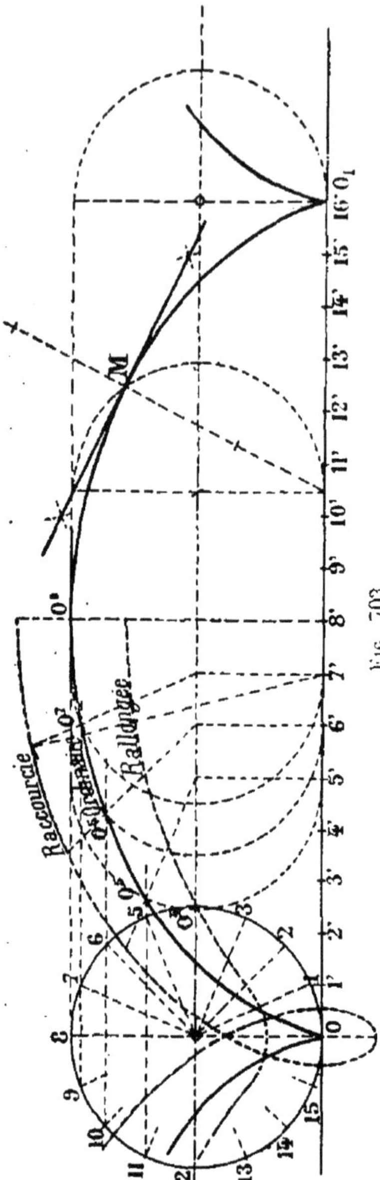


Fig. 703.

Ainsi, si la courbe part du point A, on portera sur la tangente du point H une longueur H*h* égale à l'arc AH, et ainsi de suite. La ligne *bcdefg* est la développante du cercle OG.

Il faut avoir soin de porter sur les tangentes les longueurs *calculées* des arcs correspondants.

**Cycloïde** (*fig.* 703). — La cycloïde est une courbe engendrée par un point d'une circonférence qui roule dans son plan sur une droite fixe.

Soit la droite $OO_1$ sur laquelle roule le cercle de centre C. Divisons la circonférence en 16 parties égales et cherchons à déterminer par exemple la courbe décrite par le point O dans son mouvement vers la droite. Au bout de un seizième de tour, c'est le point 1 qui est venu en contact avec la droite et le point O s'est relevé en O'. Dans la position où :

4' est tangent, O est venu en $O^4$
5' — — $O^5$
6' — — $O^6$
8' — — $O^8$

Ce dernier point est le plus haut de la cycloïde et représente son axe de symétrie. Dans l'autre partie du mouvement, les mêmes points décrivent les mêmes courbes jusqu'à ce que le point O de la circonférence soit redevenu tangent à la droite en $O_1$.

Tous les points de la circonférence décrivent des courbes semblables.

La cycloïde est allongée ou raccourcie lorsqu'on considère un point extérieur ou intérieur du rayon; les tracés de ces courbes sont les mêmes.

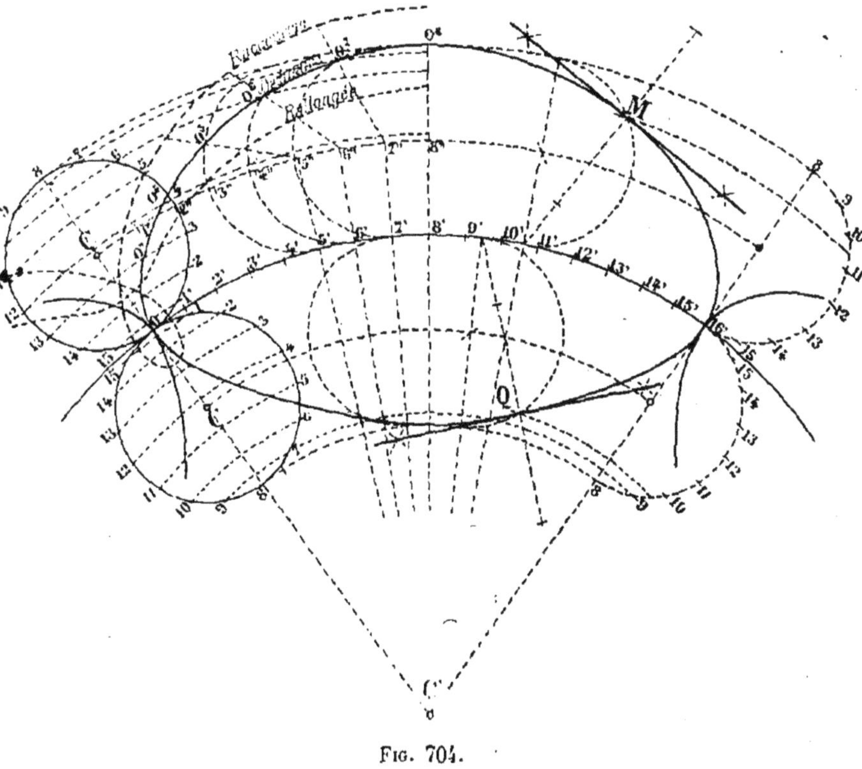


FIG. 704.

**Epicycloïde** (*fig.* 704). — L'épicycloïde est décrite par un point déterminé d'un cercle mobile qui roule sur un cercle fixe.

Soit le cercle de centre C qui roule sur le cercle fixe du centre C'.

Diviser le cercle C en seize parties égales et porter sur le cercle fixe des longueurs égales aux arcs développés du cercle mobile. Quand le point 2 de ce cercle sera venu en 2′, le point O sera en O″; quand le point 8 sera venu en 8′, le point O sera en $O^8$...

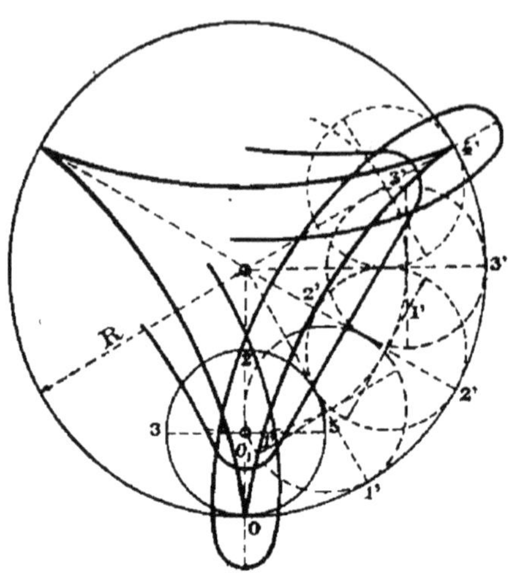

Fig. 705.

L'épicycloïde est allongée ou raccourcie suivant qu'on considère un point extérieur ou intérieur du rayon.

**Sinusoïde.** — Soit un cylindre (*fig.* 706), en plan et en élévation. Si on le coupe par un plan à 45° perpendiculaire au plan vertical, et qu'on suppose la surface de ce cylindre, développée sur une surface plane, on a la courbe représentée, figure 707.

Pour l'obtenir, on porte sur la ligne de terre du cylindre une longueur égale à la circonférence développée, et on divise cette longueur en autant de parties qu'on en a employé dans la projection horizontale du cylindre.

On trace des perpendiculaires par les points de division, et les hauteurs de ces perpendiculaires sont données par les génératrices correspondantes de l'élévation.

La ligne qui joint les points obtenus est la sinusoïde.

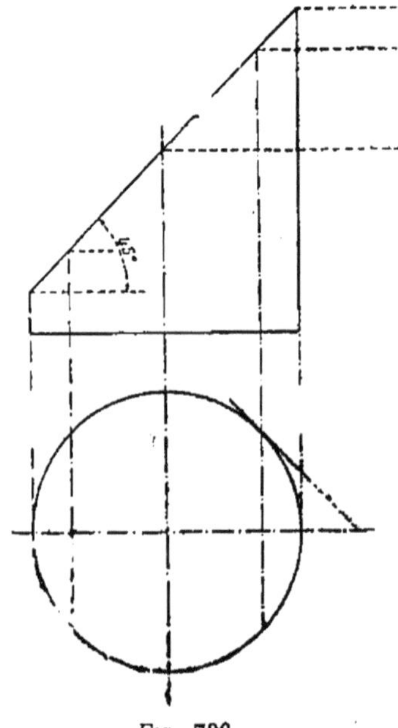

Fig. 706.

**Volute ionique** (*fig.* 708). — La volute ionique fait partie du chapiteau de l'ordre **ionique.**

Le tracé suivant est celui indiqué par Vignole.

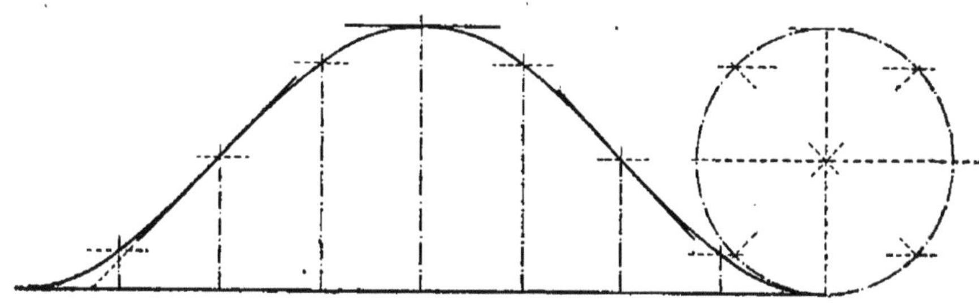

FIG. 707.

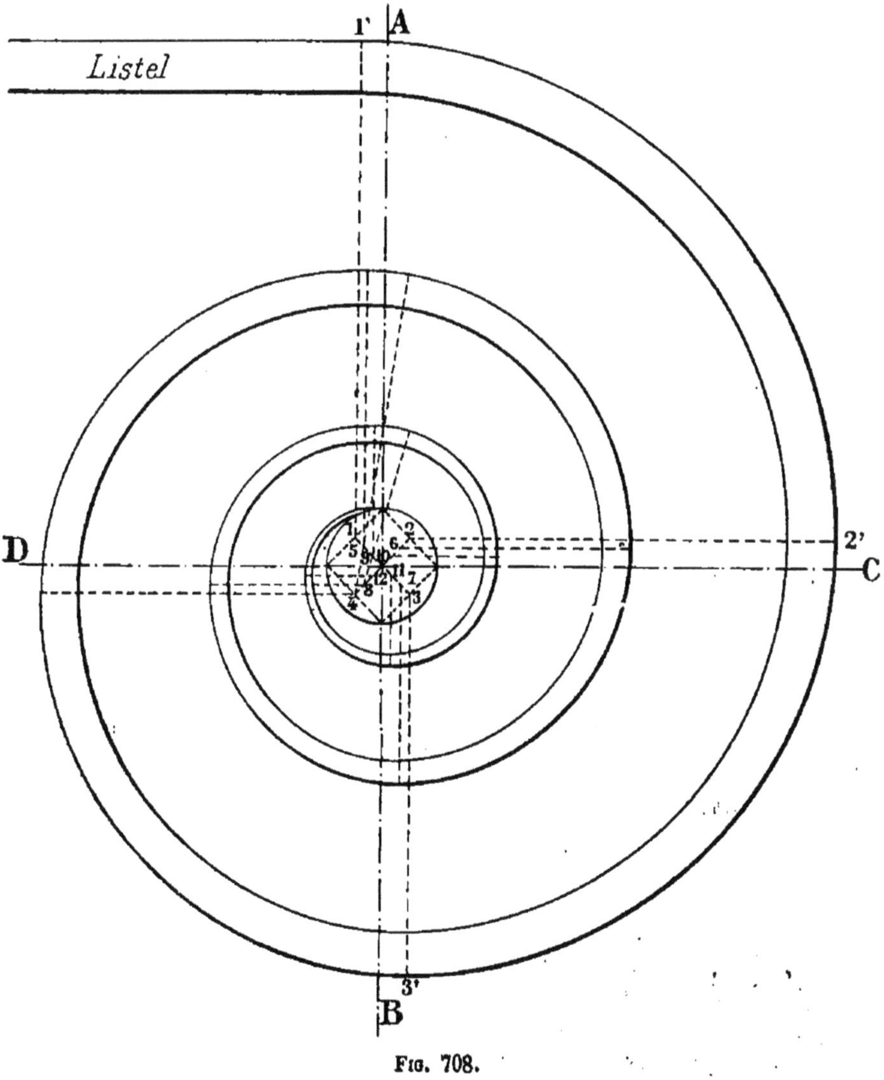

FIG. 708.

On établira d'abord les lignes d'axes ou cathètes ABCD passant par l'*œil* de la volute qui est le cercle central sur lequel vient se terminer la spirale.

L'axe vertical AB doit arriver juste à l'aplomb de l'extrémité du talon qui précède les volutes.

Pour tracer la courbe on inscrira dans l'œil de la volute un carré dont les cathètes sont les diagonales.

On divisera les côtés de ce carré en deux parties égales (*fig.* 709) et on tracera les droites 1-3, 2-4, qu'on divisera ensuite en six parties égales.

On fera passer par ces points des verticales et des horizontales parallèles aux cathètes et prolongées comme on peut le voir sur la figure 708. C'est sur ces lignes que devra s'arrêter chaque fragment de la courbe de la spirale pour se raccorder avec la suivante. Ces préparatifs terminés, on placera la pointe du compas sur le point 1, et avec une ouverture égale à 1-1', on décrira un premier arc de cercle 1'-2', s'arrêtant juste sur l'horizontale 1.

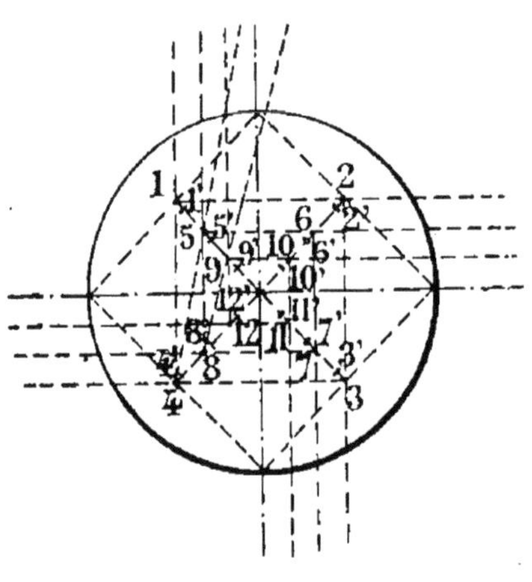

Fig. 709.

On reportera la pointe du compas sur le point 2, et avec une ouverture égale à 2-2', on décrira un second arc de cercle 2-3'.

On continuera ainsi jusqu'au point 4 et le centre suivant sera le point marqué 5 à l'intérieur du carré, puis 6, 7, etc., en allant vers le centre.

Pour tracer le filet, on subdivisera les premières divisions en quatre parties égales et on recommencera de la même manière en plaçant successivement la pointe du compas sur le point immédiatement à côté de ceux qui viennent de servir à tracer la première spirale.

Ainsi on prendra comme centres pour le filet les points 1', 2', 3', 4', etc., qui sont situés en arrière des points qui ont servi pour la première courbe d'une quantité égale au quart des divisions qui séparent les premiers centres.

**Hélice.** — Si l'on considère un cylindre circulaire droit ayant pour génératrice O'O" et qu'on enroule l'angle O"O'$_1$8 sur le cylindre, de manière que la ligne O'$_1$,8 s'applique sur la section droite O'C'O'$_1$, la courbe que le côté O'$_1$O" trace en s'appliquant sur la surface est une hélice. La hauteur O'O", qui représente la quantité dont le point O' s'est élevé après avoir parcouru une circonférence entière, s'appelle le pas.

*Tracé de l'hélice* (*fig.* 710). — Le cylindre étant représenté en plan et en élévation, diviser le plan en un certain nombre de parties égales et la hauteur qui représente le pas dans le même nombre de parties égales. Dans la figure 710, il y a huit parties dans le plan et huit parties dans la hauteur O'O" qui représente le pas.

Il suffit alors de projeter verticalement les points 0, 1, 2, 3, 4, 5, 6, 7, du plan sur les horizontales correspondantes de l'élévation. On obtient ainsi les points 0', 1', 2', 3', 4', 5', 6', 7', 0" qu'il suffit de joindre par un trait continu pour obtenir l'hélice.

Le *développement* s'obtient en portant à la suite de l'élévation une longueur correspondante à la longueur calculée de la circonférence du cylindre.

La hauteur verticale du pas étant représentée par O'O", l'hélice dans le développement sera représentée par la ligne droite O'$_1$O".

*Tangente.* — Si l'on veut la tangente au point 1' par exemple : mener la tangente en 1 dans le plan, porter sur cette tangente une longueur égale à la sous-tangente O1 prise dans le développement, ce qui détermine le point A, trace horizontale de la tangente au point 1. Projeter le point A en A' dans le plan vertical, la tangente est A'1'.

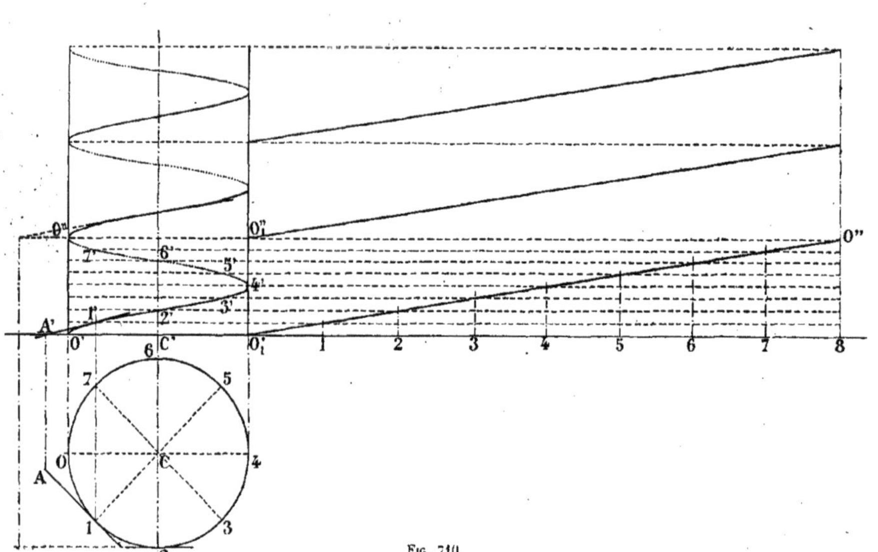


Fig. 710.

## CHAPITRE VIII

## LAVIS THÉORIQUE

**Principes fondamentaux du rendu.** — Le *rendu* en dessin géométrique consiste à donner aux objets, par des différences d'éclat et de couleur, un *modelé* dont l'aspect se rapproche de celui qu'ils ont en réalité.

Ce modelé est obtenu à l'aide de teintes graduées établies d'après certaines règles conventionnelles qui vont être exposées.

On parlera d'abord du lavis à l'encre de Chine.

Les surfaces sont éclairées différemment suivant qu'il s'agit de surfaces *dépolies* ou de surfaces *polies*. Dans le premier cas, la lumière est diffusée, c'est-à-dire renvoyée dans tous les sens; dans le second cas, elle

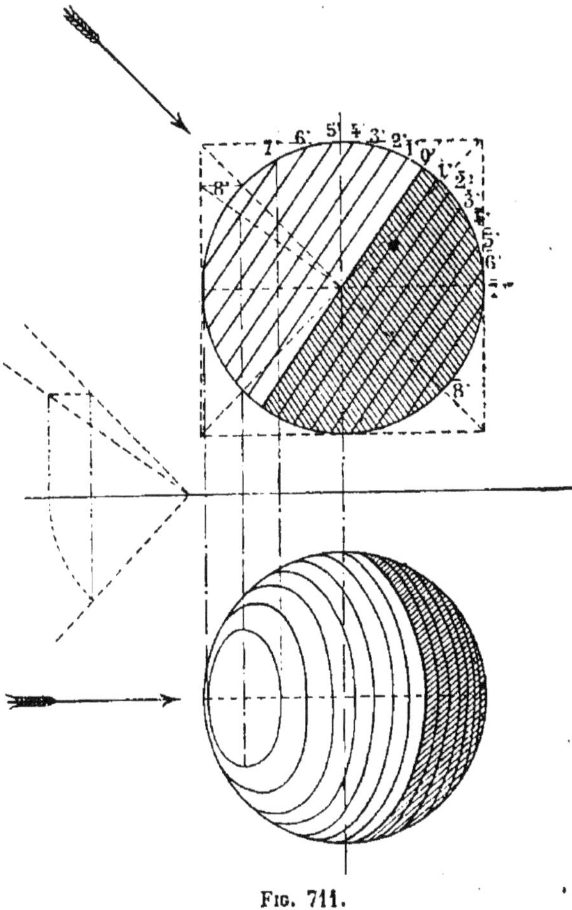

Fig. 711.

est *réfléchie* comme dans un miroir, c'est-à-dire qu'elle est renvoyée dans une direction bien déterminée.

On s'occupera des surfaces *dépolies*, qui sont celles qu'on rencontre le plus souvent dans le dessin industriel.

On appliquera d'abord le tracé des *lignes de teintes* à la sphère, qui est le plus simple des corps ronds. Cette sphère servira pour le tracé des lignes de teintes de toutes les autres surfaces. Ce sera la sphère-type. Soit (*fig.* 711) une sphère en plan et en élévation ; on supposera le rayon à 45° et on le ramènera dans un plan parallèle au plan vertical.

Dans cette position, la séparation d'ombre et de lumière est un grand cercle de la sphère dont le plan est perpendiculaire au plan vertical de projection.

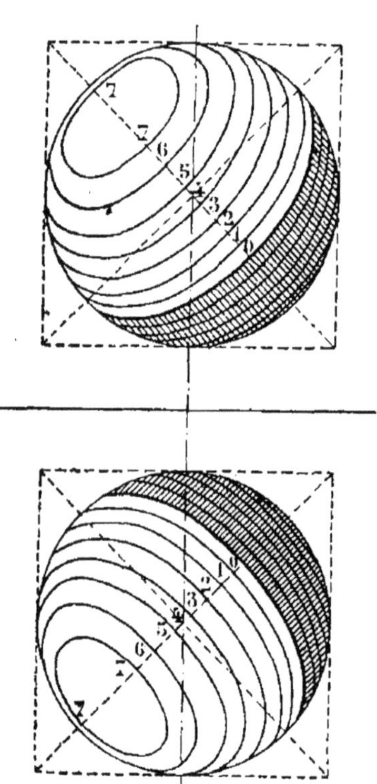

Fig. 712.

On divisera les surfaces en huit zones égales depuis la zone contiguë à l'ombre propre jusqu'au point d'incidence normale.

On désignera par 0 la ligne d'ombre propre ; par les numéros 1′, 2′, 3′, 4′, 5′, 6′, 7′, les lignes de séparation des zones en lumière, et par $\overline{1}'$, $\overline{2}'$, $\overline{3}'$, $\overline{4}'$, $\overline{5}'$, $\overline{6}'$, $\overline{7}'$, les lignes de séparation des zones dans l'ombre. Le point d'incidence normale porte le numéro 8′.

Épure de la sphère-type dépolie. — L'aspect des lignes de teintes de la sphère étant la même en plan et en élévation, il suffira de prendre la sphère obtenue en plan (*fig.* 711), et de l'orienter à 45° dans les deux projections de la figure 712.

Ayant tracé les lignes de teintes sur une sphère-type, il est facile d'en déduire les lignes de teintes sur des cylindres ou sur des cônes de révolution placés dans des positions quelconques.

Cylindre. — On appliquera le diamètre du cylindre sur le diamètre de la sphère (*fig.* 713).

On prendra les points de rencontre avec les courbes de teintes et on tracera par ces points les génératrices du cylindre.

On pourra ensuite réduire ou augmenter proportionnellement ces lignes suivant les diamètres des cylindres à diviser.

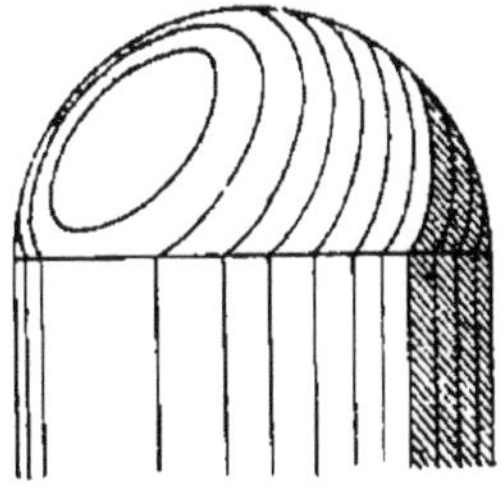

Fig. 713.

Cone en élévation (*fig.* 714). — On inscrira la sphère-type dans le cône en traçant le parallèle de contact.

Les intersections de ce parallèle avec les ellipses d'égales teintes de la sphère appartiennent aussi aux génératrices d'égales teintes du cône.

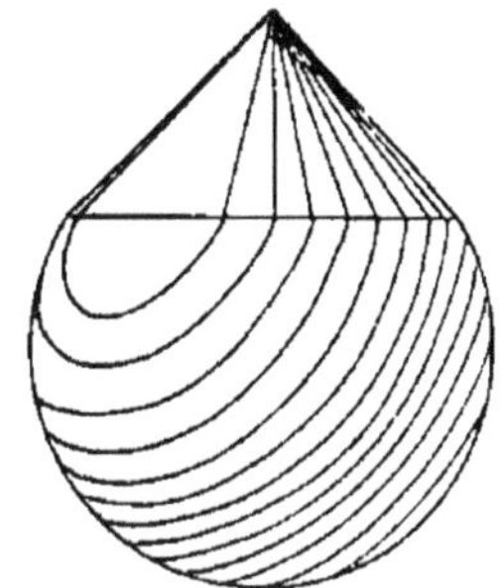

Fig. 714.

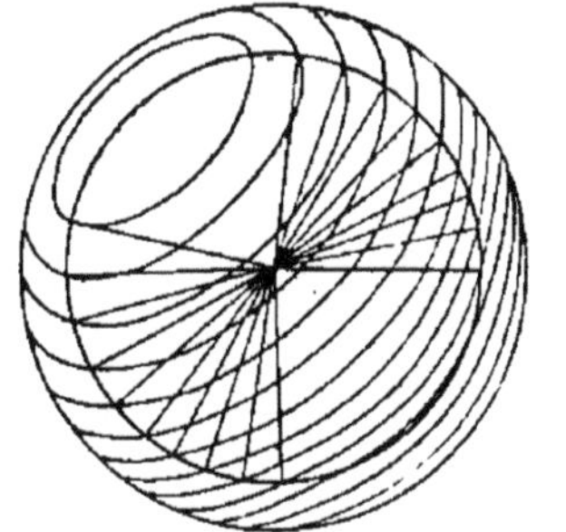

Fig. 715.

Cone en plan (*fig.* 715). — Sur la sphère en plan, on tracera le cercle de base du cône, et par les points d'intersection de ce cercle avec les lignes de teintes, on mènera des rayons qui détermineront les lignes d'égales teintes de la projection horizontale du cône.

*Principe des distances.* — Un ton clair s'assombrit en s'éloignant sans dépasser l'intensité des lointains.

Un ton foncé s'éclaircit en s'éloignant sans jamais devenir plus clair que les lointains.

Tous les tons, en s'éloignant, tendent à se rapprocher d'un ton unique qui est celui des lointains.

Prismes hexagonaux. — *Lavis des figures* 716 *et* 717. — On remarquera que, dans le prisme hexagonal en élévation tel

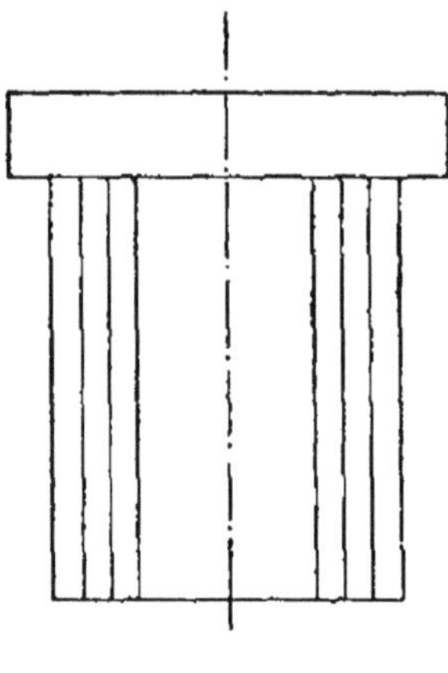

Fig. 716.

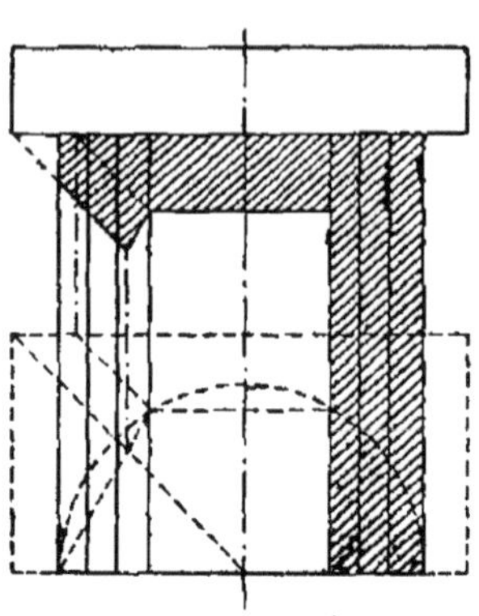

Fig. 717.

qu'il est indiqué ci-contre, il y a une face dans la lumière, une face de front et une face dans l'ombre.

Pour déterminer les lignes de teintes, inscrivons la sphère-type dans un hexagone.

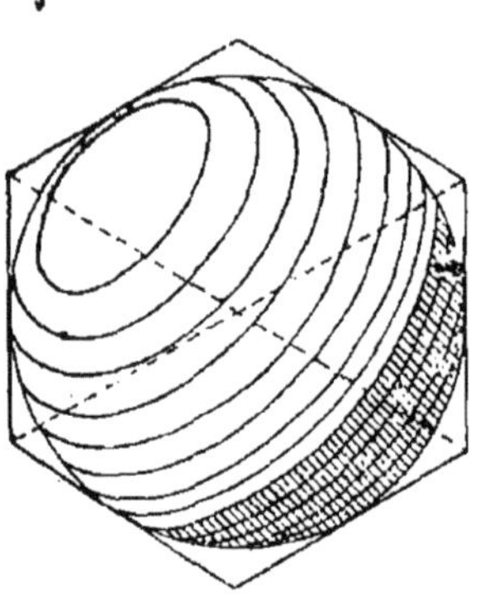

Fig. 718.

La face éclairée correspond aux zones 6 et 7, la face de front aux zones 4 et 5, la face dans l'ombre aux zones 0 et 1 (*fig*. 712).

On tracera sur les faces obliques du prisme des lignes de teintes équidistantes et on appliquera des teintes conformément au principe des distances énoncées ci-dessus.

La face du parallélipipède de base recevra une teinte un peu plus claire que celle de la face médiane du prisme pour tenir compte du même principe.

Pyramide hexagonale (*fig*. 719). — Toutes les faces sont fuyantes en plan comme en élévation.

On inscrira (*fig.* 720) la sphère-type *oo'* dans la pyramide

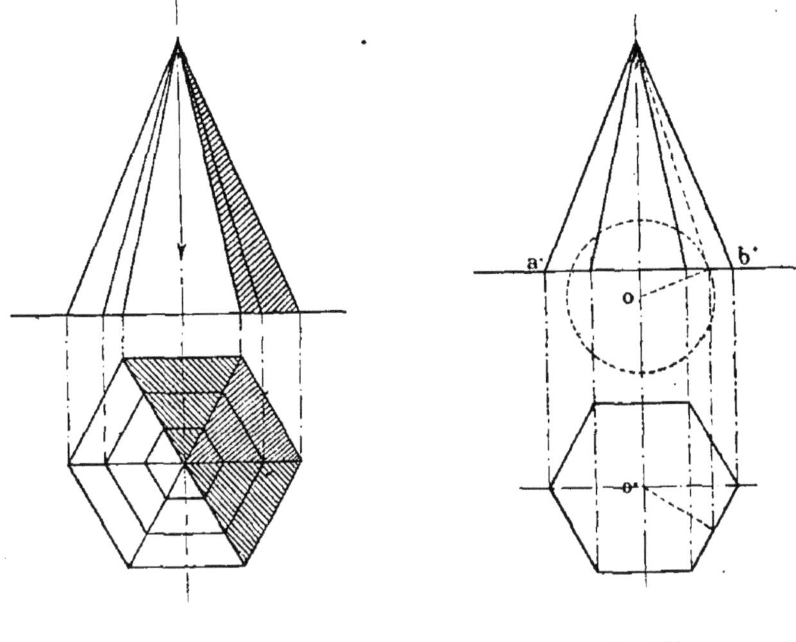


Fig. 719. Fig. 720.

et on prendra les points de contact des lignes de teintes,

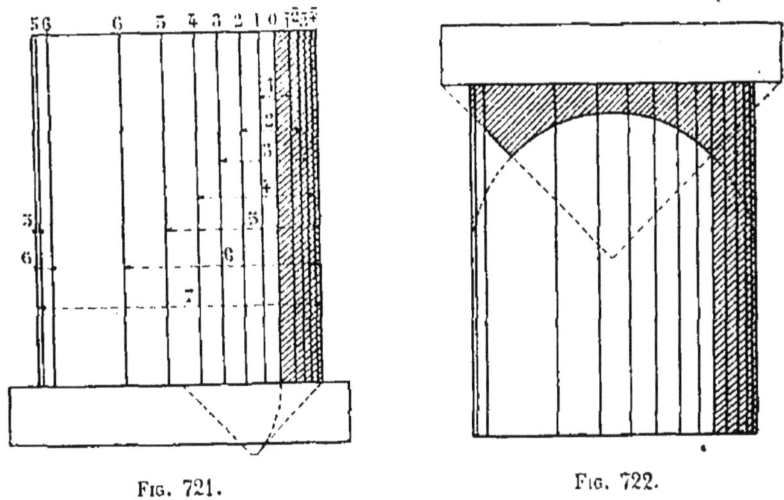

Fig. 721. Fig. 722.

d'une part, avec la ligne *a'b'* en élévation, et, d'autre part, avec les faces de la pyramide en plan.

Les figures 721, 722, 723 sont relatives au lavis du cylindre et du cône dans lesquels les lignes de teintes ont été déterminées à l'aide de la sphère-type, comme il a été dit précédemment.

Pour l'application des teintes, on procédera de la manière suivante :

*Teinte d'ébauche.* — On passera sur toutes les surfaces d'ombres propres et d'ombres portées une première teinte plate qui sera la *teinte d'ébauche.* Cette teinte devra être *grise*, assez claire.

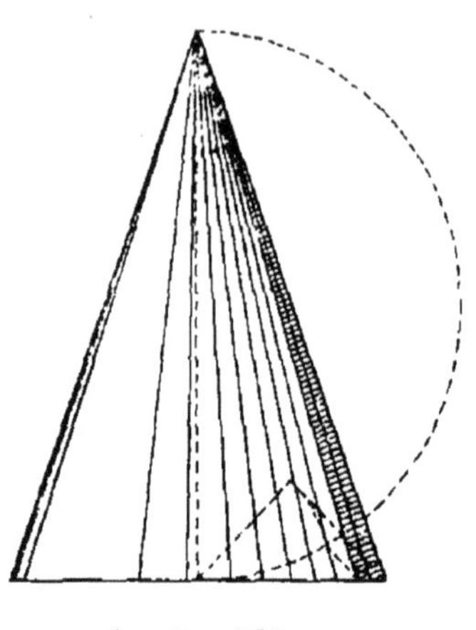

Fig. 723.

*Teintes d'ombre propre* (*fig.* 721). — On ajoutera un pinceau d'eau à la teinte d'ébauche. Ce sera la teinte n° 1, qu'on appliquera de 1 à $\bar{1}$ de la figure 711. On ajoutera deux pinceaux d'eau : ce sera la teinte n° 2, qu'on appliquera de 2 à $\bar{2}$. On ajoutera trois pinceaux d'eau, ce sera la teinte n° 3, qu'on appliquera de 3 à $\bar{3}$. Et ainsi de suite jusqu'à la fin, si le lavis doit être exécuté complètement à l'encre de Chine.

*Teintes de couleur.* — Si le lavis doit être fait en couleur, les teintes qui varient suivant la nature de l'objet seront les teintes 5, 6 et 7. Elles iront en augmentant de transparence.

Tore. — *Lignes de teintes du tore en élévation.* — 1° On prendra sur la sphère-type A les lignes de teintes suivant le diamètre *horizontal* et on les appliquera, augmentées ou réduites proportionnellement, sur l'équateur AA′ du tore à diviser (*fig.* 724).

2° Sur la même sphère-type, on prendra les lignes de teintes suivant le diamètre *vertical* et on les appliquera, augmentées ou réduites proportionnellement, sur le méridien MM′ du tore à diviser.

Ces points suffisent avec un peu d'habitude pour tracer les lignes de teintes du tore en élévation.

Pour le tore *en coupe*, le tracé est analogue au précédent.

*Lignes de teintes du tore en plan.* — On dessine d'abord au centre une sphère-type en plan dont le rayon est égal à celui du cercle méridien du tore. Les lignes de teintes du

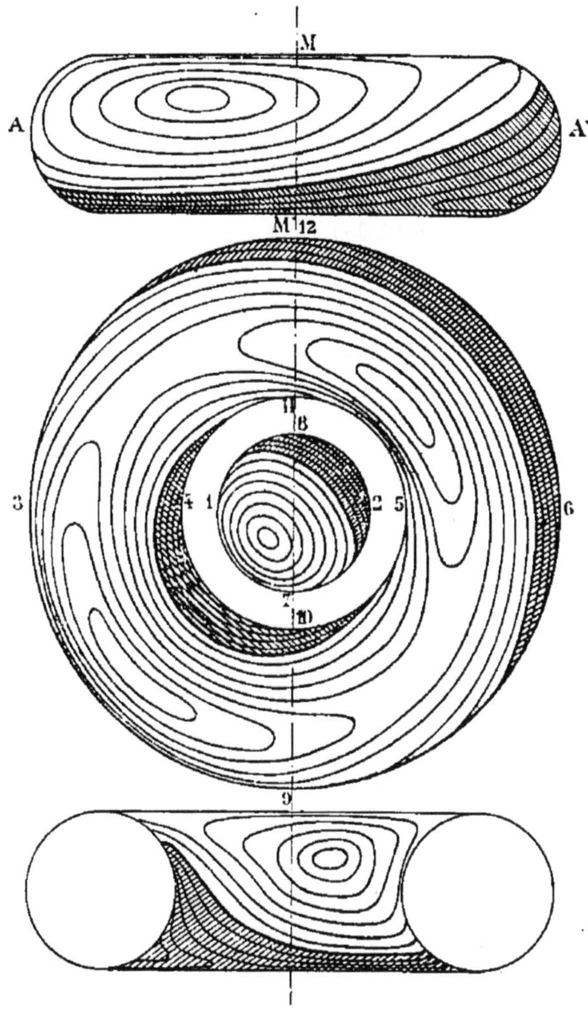


Fig. 724, 725 et 726.

tore en plan sont des *conchoïdes* des ellipses de teintes de la sphère centrale.

On obtient autant de points que l'on veut par le procédé suivant :

On marque sur une bande de papier le milieu et les

extrémités X et Y d'un diamètre du parallèle moyen. En faisant toujours passer cette bande de papier par le centre commun de la sphère et du tore et en faisant décrire à son milieu les ellipses de teintes de la sphère, les extrémités X et Y décriront les lignes de teintes du tore.

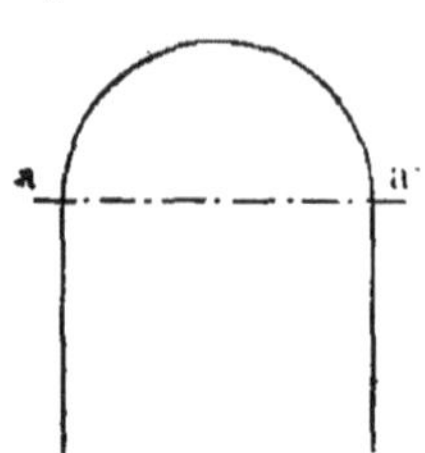

Fig. 727.

Plus simplement il suffira de prendre sur la sphère-type les lignes de teintes qui se projettent sur les deux diamètres perpendiculaires 1-2, 7-8, et de les porter sur le ton respectivement en 3-4, 5-6 et 9-10, 11-12 (*fig.* 725).

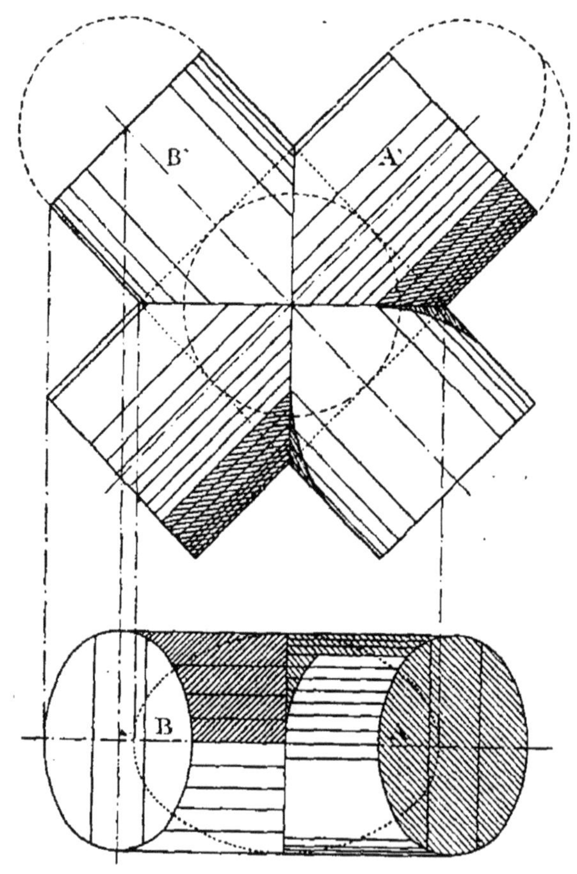

Fig. 728.

Cylindres en croix. — Les cylindres de la figure 728 sont perpendiculaires entre eux. Ils sont égaux et inclinés à 45°. L'un est en lumière, l'autre en demi-teinte.

Pour le cylindre AA', on obtiendra les lignes de teintes en plan et en élévation à l'aide de la sphère type conformément à la figure 729.

La section droite $a\ a'$ du cylindre sera appliquée suivant le diamètre $b'\ b'_1$.

La même construction s'applique au cylindre, conformément à la figure 730.

Pour le cylindre en creux de la figure 731, on prendra les

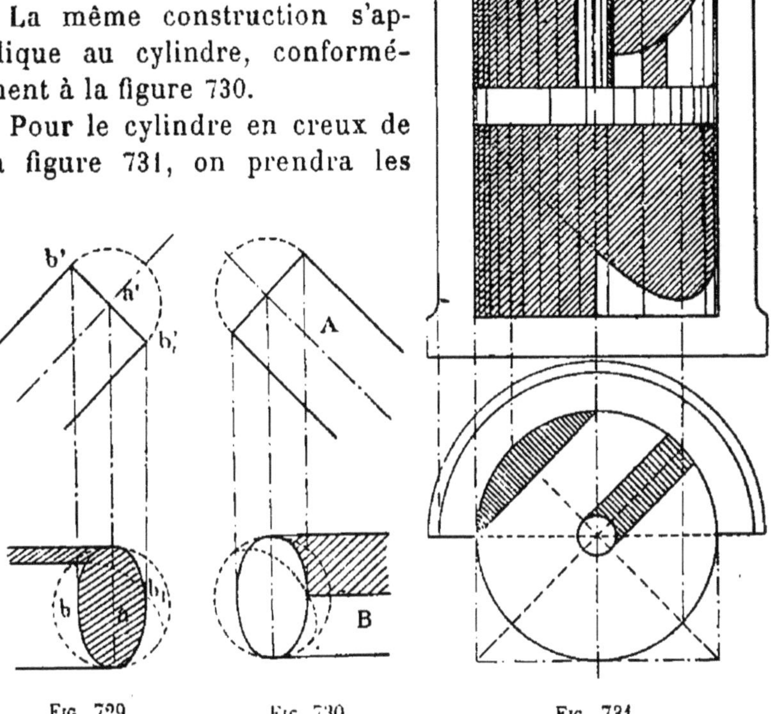

Fig. 729. Fig. 730. Fig. 731.

divisions sur la sphère-type comme s'il s'agissait de la surface convexe du cylindre ; et on renversera les divisions obtenues de telle manière que la zone claire vienne à la partie inférieure.

On lavera le cylindre en creux comme le cylindre du relief, sans s'occuper de l'ombre portée.

Puis on fera un lavis en sens inverse sur les teintes dans l'ombre portée en commençant avec une teinte un peu foncée par la teinte qui correspond à la zone claire du cylindre, en observant ce principe que les teintes d'ombre portée vont en diminuant d'intensité à partir de la teinte qui correspond à la zone claire du cylindre.

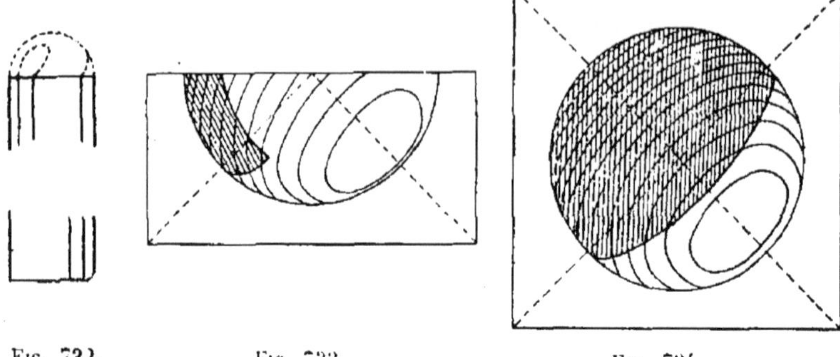

Fig. 732. Fig. 733. Fig. 734.

Ecuelle ou demi-sphère en creux. — Les lignes de teintes sont celles de la sphère-type, mais renversées (*fig.* 733 et 734).

Comme dans le cylindre creux, les teintes d'ombre portée sont plus foncées dans les parties qui correspondent aux zones claires de la sphère.

**Perspective aérienne.** — On admet dans le lavis du dessin géométrique les conventions suivantes qui résultent des effets observés dans la nature.

Lorsqu'un plan est parallèle au plan vertical, il n'est ni noir, ni blanc. Il reçoit la *couleur propre* de l'objet ou teinte locale. Si le plan se présente plus normalement à la lumière, il s'éclaircit : il devient plus blanc. S'il fait le contraire, il *se rabat :* il devient plus noir.

Les objets placés très près sont dits *au premier plan*, ils recevront leur couleur absolue.

Plus loin, les objets sont *au deuxième plan*, leur couleur propre sera atténuée et un peu grise.

Dans les plans suivants, cet effet va en s'accentuant jusqu'aux lointains qui prennent une teinte gris bleu.

En architecture, les baies des fenêtres paraissent très noires. Elles reçoivent une teinte d'encre de Chine fondue du haut en bas.

Dans un édifice en pierre de taille, les architectes ont l'habitude, dans leurs *rendus*, de passer la teinte la plus intense à la partie supérieure.

Plus généralement, à cause du contraste puissant dû au ciel très clair, tous les tons, ombre et couleur, doivent être plus intenses à la partie supérieure des édifices qu'à la partie inférieure.

Cet effet est dû aussi aux reflets qui viennent du sol et qui éclairent plus la partie inférieure de l'édifice que la partie supérieure.

Ces reflets du sol sont quelquefois assez intenses pour produire des ombres dans les ombres; ce sont les *contre-ombres*.

On les obtient par une teinte rapidement fondue au pinceau dont le contour ne doit pas être nettement défini.

MOULURES CYLINDRIQUES — Soit la moulure figure 735, *baguette ou gorge* formée par un demi-cylindre de révolution plein ou creux. On obtiendra les lignes de teintes à l'aide du cylindre circonscrit à la sphère-type.

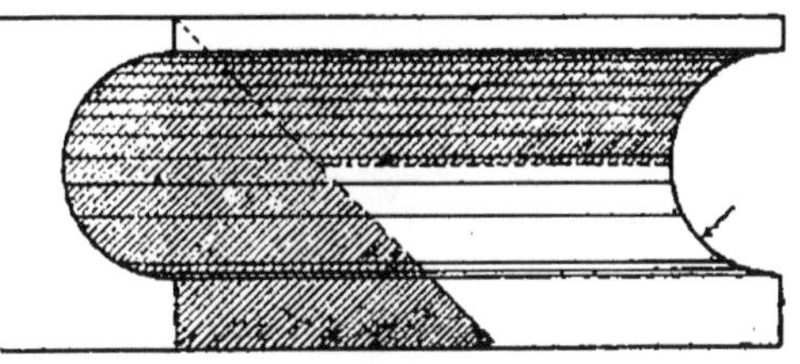

FIG. 735.

Les lignes de teintes sont les génératrices du cylindre qui passent par les intersections des ellipses de la sphère avec le diamètre vertical.

MOULURES ANNULAIRES. — *Cylindre terminé par un congé* (*fig.* 736). — Le cylindre étant divisé à l'aide de la sphère type, on appliquera au congé les lignes de teintes du tore, en les renversant.

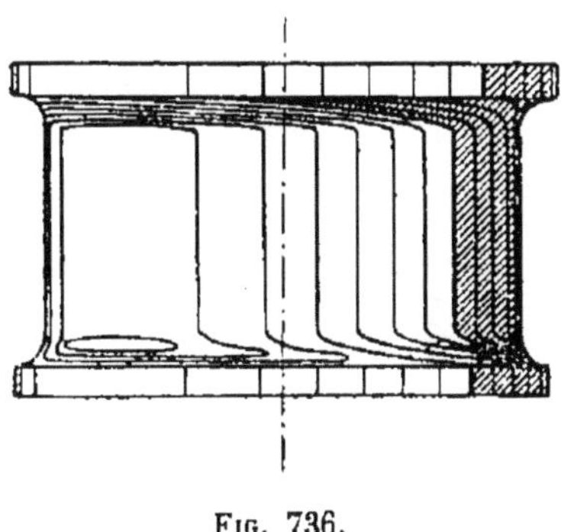

FIG. 736.

*Doucine droite* (*fig.* 737). — Le profil de cette moulure est composé de deux courbes inverses qui engendrent des tores.

On divise le diamètre comme un cylindre vertical. On

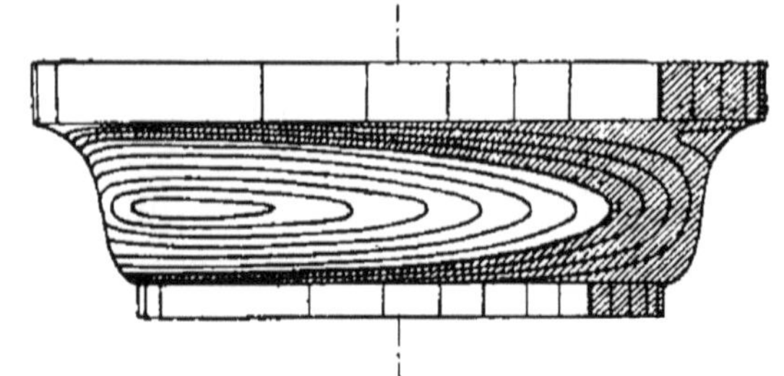

Fig. 737.

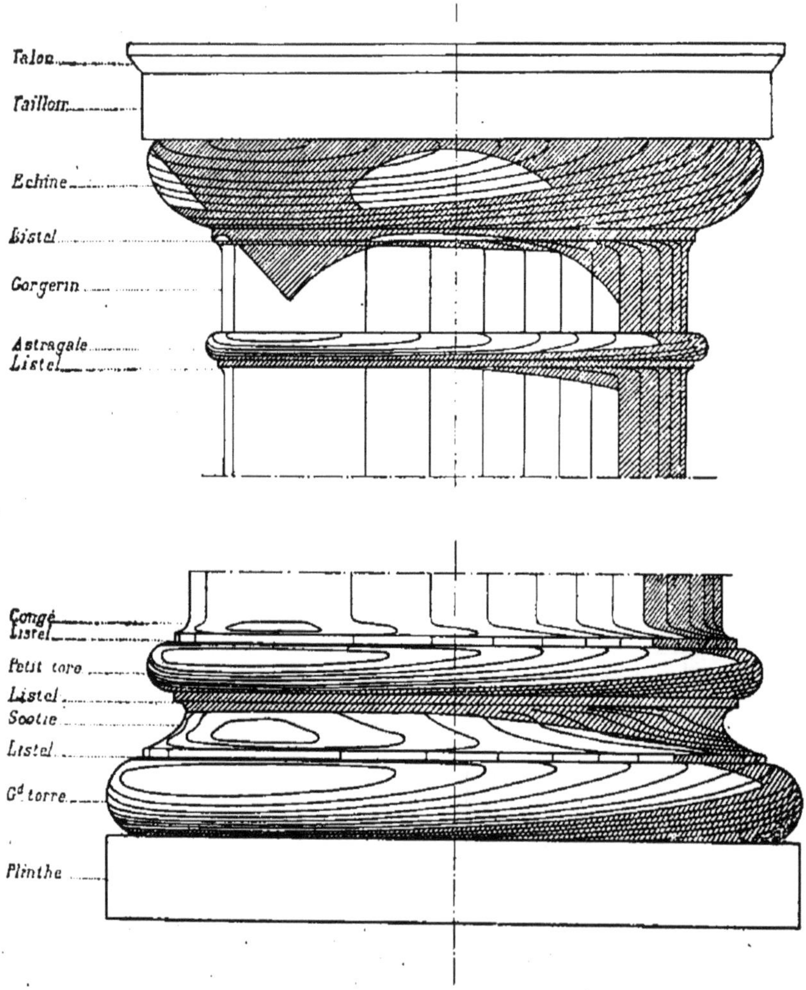

Talon
Tailloir
Echine
Listel
Gorgerin
Astragale
Listel

Congé
Listel
Petit tore
Listel
Scotie
Listel
G^d torre
Plinthe

Fig. 738 et 739.

place ensuite sur les méridiens de front et de profil des numéros comme on l'a fait pour les moulures cylindriques et l'on obtient ainsi assez de points pour tracer les lignes de teintes.

Chapiteau dorique. — *Echine.* — Mener au profil la tangente verticale et circonscrire un cylindre vertical le long du parallèle qui correspond au point de contact (sphère-type). Placer les numéros sur les méridiens de front et de profil comme on ferait pour les moulures cylindriques.

*Astragale.* — Lignes de teintes du tore en élévation.

*Gorgerin et listels.* — Lignes de teintes du cylindre fût de la colonne.

*Scotie de la base.* — Les lignes de teintes s'obtiennent de la même manière que pour l'échine.

**Modèles de dessins.** — Nous reproduisons ci-après, sur six planches séparées, à titre de modèles choisis, un certain nombre de dessins se rapportant à la menuiserie, serrurerie, architecture et à la topographie.



FIN

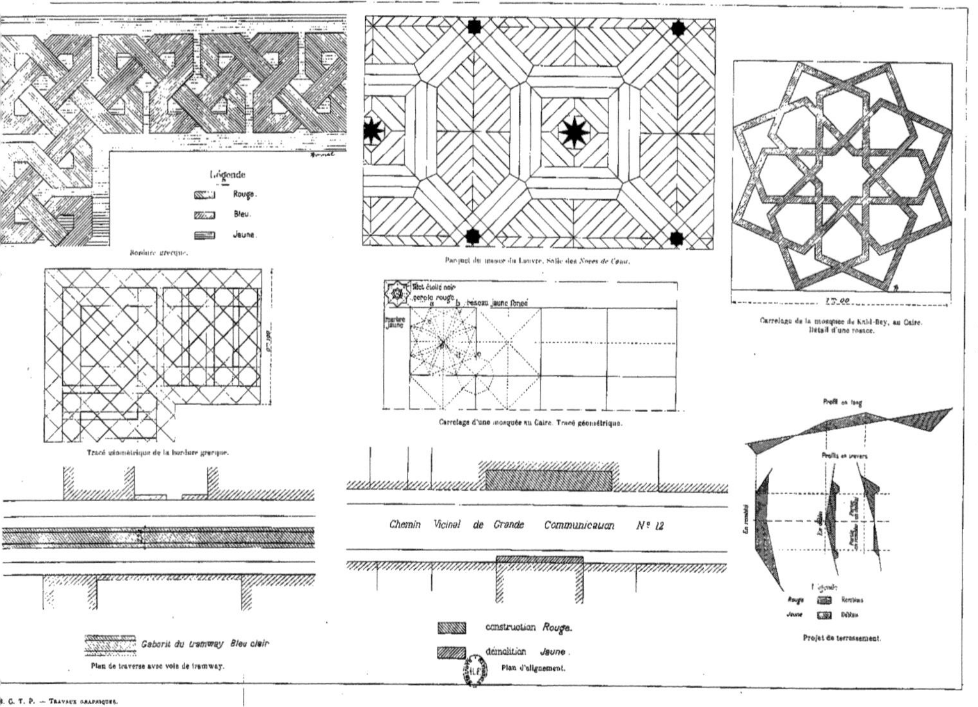


Bordure grecque.

Parquet du musée du Louvre. Salle des *Noces de Cana*.

Carrelage de la mosquée de Kaid-Bey, au Caire. Détail d'une rosace.

Tracé géométrique de la bordure grecque.

Carrelage d'une mosquée au Caire. Tracé géométrique.

Projet de terrassement.

Plan de traverse avec voie de tramway.

Plan d'alignement.

Bordure arabe.

Ensemble

Garde-corps en fer galvanisé. Ensemble.

Détail

Garde-corps en fer galvanisé. Détail.

Chaîne Galle à fuseaux et à mailles évidées.

Légende

Or

Rouge

Mosquée au Caire. Rosace.

Voies de tramways. Le triangle américain.

Coupe d'un égout.

# MODÈLES DE DESSINS AU COMPAS ET A L'ÉQUERRE AVEC HACHURES

Section transversale d'un câble métallique.

Tracé géométrique de la section transversale d'un câble.

Détail de la grille d'entourage des arbres.

Grille d'entourage des arbres.

Détail de la ventouse du Conservatoire des Arts et Métiers.

Cercles entrelacés. Emblème de la Trinité.

Tracé géométrique des cercles entrelacés. Emblème de la Trinité.

Ventouse dans l'amphithéâtre du Conservatoire des Arts et Métiers.

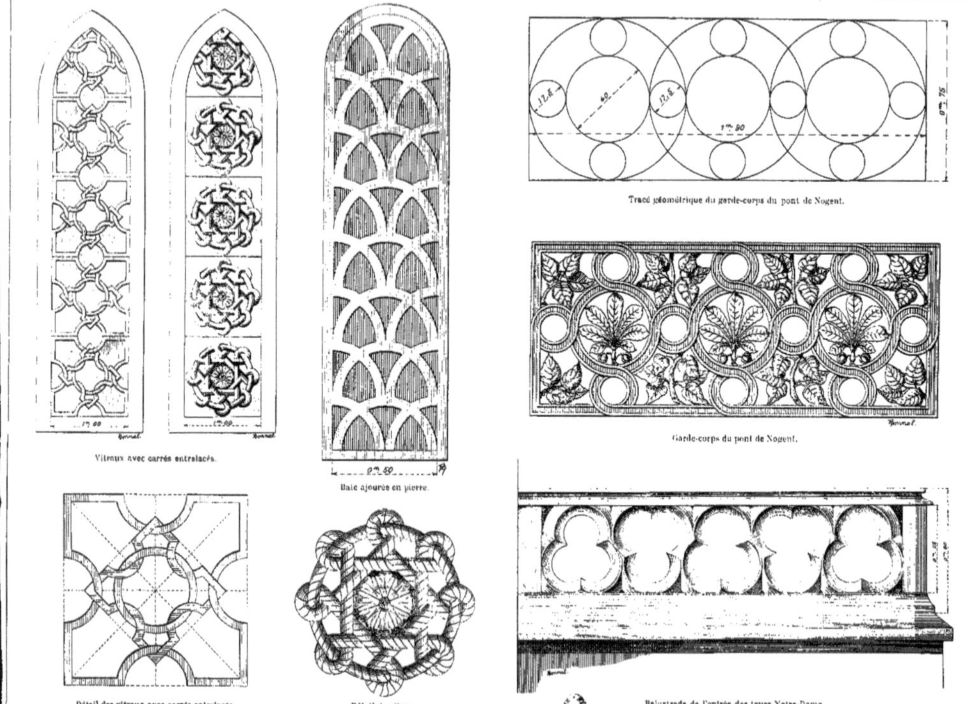


Vitraux avec carrés entrelacés.

Baie ajourée en pierre.

Tracé géométrique du garde-corps du pont de Nogent.

Garde-corps du pont de Nogent.

Détail des vitraux avec carrés entrelacés.

Détail de vitraux.

Balustrade de l'entrée des tours Notre-Dame.

Rue en palier.

Rue qui descend.

Rue qui monte.

Rue qui monte et descend.

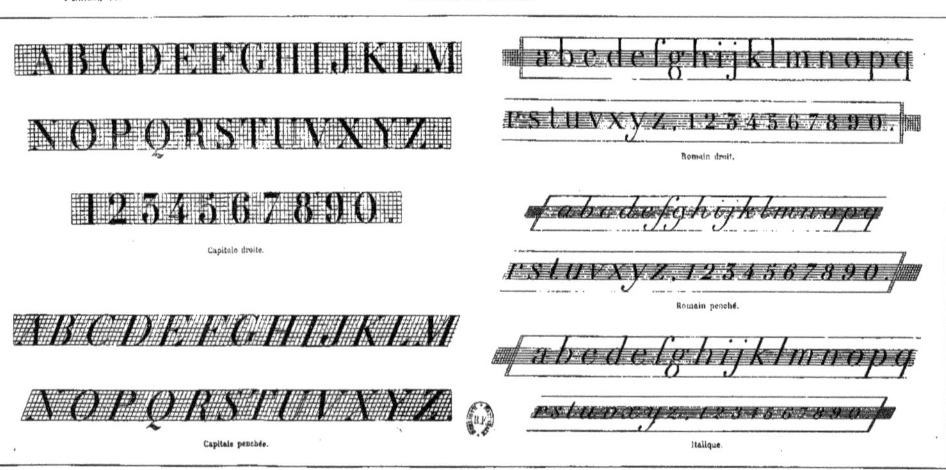


Capitale droite.

Romain droit.

Romain penché.

Capitale penchée.

Italique.

# TABLE DES MATIÈRES

CHAPITRE I

**GÉOMÉTRIE DESCRIPTIVE**



CHAPITRE II

**TRACÉ DES OMBRES**

---

## CHAPITRE III

## PERSPECTIVE



---

## CHAPITRE IV

## CHARPENTE

## CHAPITRE V

## COUPE DES PIERRES



---

## CHAPITRE VI

## GNOMONIQUE



---

## CHAPITRE VII

## DESSIN GÉOMÉTRIQUE

## CHAPITRE VIII

### LAVIS THÉORIQUE



---

# PLANCHES

Tours, imp. Deslis Frères, 6, rue Gambetta.

www.ingramcontent.com/pod-product-compliance
Ingram Content Group UK Ltd.
Pitfield, Milton Keynes, MK11 3LW, UK
UKHW020151250726
13967UKWH00003B/1001